PAPIERCHROMATOGRAPHIE IN DER BOTANIK

BEARBEITET VON

U. BEISS · H. DÖRFEL · K. FUJISAWA · R. HÄNSEL · A. HAGER
H. R. HOHL · H. F. LINSKENS · H. MACHLEIDT · K. MAKINO
G. MARTEN · G. A. J. VAN OS · B. PRIJS · H. W. J. RAGETLI
A. ROMEIKE · B. D. SANWAL · H. SCHWEPPE · H. SEILER · S. P. SEN
L. STANGE · E. STEIN VON KAMIENSKI · C. A. WACHTMEISTER
J. P. H. VAN DER WANT · S. YAMATODANI

HERAUSGEGEBEN VON

H. F. LINSKENS

ZWEITE, ERWEITERTE AUFLAGE

MIT 124 ABBILDUNGEN UND 2 FARBTAFELN

SPRINGER-VERLAG
BERLIN HEIDELBERG GMBH

ISBN 978-3-642-87771-1   ISBN 978-3-642-87770-4 (eBook)
DOI 10.1007/978-3-642-87770-4

Vorwort

Die papierchromatographische Methode hat auf Grund ihres relativ geringen apparativen Aufwandes, des zu erzielenden hohen Trenneffektes und der zur Analyse benötigten geringen Substanzmengen neue Aspekte für die biochemische Analyse im biologischen Laboratorium geboten. Zahlreiche Probleme sind in Angriff genommen worden, die auf Grund des geringen zur Verfügung stehenden Ausgangsmaterials einer experimentellen Untersuchung früher nicht zugänglich waren. Vorliegende Darstellung bringt in 2. Auflage die Anwendung papierchromatographischer Techniken für diejenigen Substanzen, die im Rahmen botanisch-biochemischer Fragestellungen von Interesse sind. Die Bearbeiter verfügen jeweils über eigene experimentelle Erfahrung im Bereich der dargestellten Stoffgruppe. Die Methoden und ihre Anwendung auf pflanzliche Objekte sind so ausführlich dargestellt, daß ein Nacharbeiten im allgemeinen ohne Hinzuziehen der Originalliteratur möglich ist. Es wurde wiederum nicht angestrebt, alle bisher beschriebenen Methoden zu erfassen. Vielmehr sind die brauchbarsten und erprobten Arbeitsgänge unter besonderer Berücksichtigung der Aufarbeitungsverfahren zusammengetragen.

Bezüglich einer ausführlichen theoretischen Grundlegung und der zahlreichen ständig neu entwickelten apparativen Möglichkeiten sei auf die zusammenfassenden Darstellungen in der Bibliographie verwiesen.

Mit allem Nachdruck muß wiederum auf die Grenze der papierchromatographischen Methodik hingewiesen werden. Es hat sich in den vergangenen Jahren gezeigt, daß sie zwar eine bedeutsame Erweiterung des methodischen Repertoirs besonders für den Biologen darstellt, jedoch keineswegs die klassischen Verfahren der Mikroanalyse überflüssig macht. Die Stärke liegt vor allem in der Kombination mit anderen chromatographischen und mikroanalytischen Verfahren. Hinsichtlich der quantitativen Anwendung muß die Papierchromatographie auf Grund ihrer großen Fehlerbreite als semi-quantitativ bezeichnet werden. Entscheidend für den Erfolg der Anwendung der Papierchromatographie ist wie bei allen experimentellen Arbeiten das Geschick und die Erfahrung des Experimentators. Eine Einführung in die Handhabung der Papierchromatographie im Rahmen des akademischen Unterrichts ist daher für alle jene Wissenschaftler und Praktiker, die sich mit der Zusammensetzung, dem Stoff- und Formwechsel sowie der Anwendung pflanzlicher Stoffe beschäftigen, von großer Bedeutung.

Für die Überlassung von Abbildungsvorlagen danken wir den Herren Dr. J. BARROLLIER (Berlin), Dr. G. BAZZIGHER (Zürich), Dr. A. BENSON (Berkeley), Prof. Dr. D. VON DENFFER (Gießen), Dr. R. NEHER (Basel)[1],

---

[1] Die Abbildungen 8, 9, 31, 40, 43 wurden bereits im J. Chromatogr. 1, 122 (1958) veröffentlicht

Prof. Dr. K. A. Piez (Bethesda), Dozent Dr. Schümmelfeder (Bonn), Dr. Y. Tsujisaka (Osaka), Prof. Dr. F. Turba (Würzburg), Prof. Dr. A. I. Virtanen (Helsinki), sowie der Schweizerischen Botanischen Gesellschaft, der Firma E. Merck (Darmstadt), der Firma LKB-Produkter AB (Stockholm) und dem Archiv des Springer-Verlages (Heidelberg).

Zu Dank verpflichtet für die Durchsicht einzelner Teile des Manuskriptes und für wertvolle kritische Hinweise sind wir: Frau Dr. A. Lacourt (Brüssel), den Herren Dr. O. Armbruster (Köln), Dr. G. Bazzigher (Zürich), Prof. Dr. F. Cramer (Heidelberg), Dr. M. Lederer (Arcueil/Seine), Dr. R. Neu (Karlsruhe-Durlach), Prof. Dr. R. Paris (Paris), PD Dr. H. Reznik (Heidelberg).

Bei der Durchsicht der Korrekturen haben die Herren Dr. W. Heinen und Dr. C. Stumm (Nijmegen) geholfen.

Die Vorlagen zu den übrigen Abbildungen wurden von Herrn A. von Höllert (Köln) und der Abteilung Med. Illustration der Universität Nijmegen umgezeichnet.

Die Abschnitte „Flechtensäuren", „Ascorbinsäure" und „Tocopherole" wurden vom Herausgeber überarbeitet; die Kapitel „Theorie der Papierchromatographie", „Isotopentechnik", „Wachstumsregulatoren", „Antibiotica" und „Nucleinsäuren" aus dem Englischen bzw. Niederländischen übersetzt.

Nijmegen/Nederland
Botanisches Laboratorium der R. K. Universität   H. F. Linskens

Inhaltsverzeichnis

Verzeichnis der Bearbeiter

Dr. U. Beiss, Institut für Landwirtschaftliche Technologie und Zuckerindustrie an der Technischen Hochschule Braunschweig, Langerkamp 5, Braunschweig.

Dr. H. Dörfel, Sudermannstraße 10 VII. Ludwigshafen am Rhein.

Dr. K. Fujisawa, Tokyo Jikei-Kai School of Medicine, Department of Biochemistry, Atago-cho, Shiba, Minato-ku, Tokyo (Japan).

Dr. A. Hager, Botanisches Institut der Universität München, Menzinger Straße 67, München 19.

Professor Dr. R. Hänsel, Institut für Pharmakognosie, Freie Universität Berlin, Königin-Luise-Straße 6—8. Berlin-Dahlem.

Diplom-Biologe H. R. Hohl, Institut für spezielle Botanik, Eidgenössische Technische Hochschule, Universitätsstraße 2, Zürich 6 (Schweiz).

Professor Dr. H. F. Linskens, Botanisches Laboratorium der R. K. Universität, Kapittelweg 36, Nijmegen (Nederland).

Dr. H. Machleidt, Biochemische Abteilung des chemischen Staatsinstitutes der Universität, Jungiusstraße 7—9, Hamburg.

Professor Dr. K. Makino, The Tokyo Jikei-Kai School of Medicine, Department of Biochemistry, Atago-cho, Shiba, Minato-ku, Tokyo (Japan).

Dr. G. Marten, Institut für Wirkstoffprüfung, Landwirtschaftliche Untersuchungs- und Forschungsanstalt, Gutenbergstraße 77, Kiel.

Lektor Dr. G. A. J. van Os, Laboratorium voor anorganische en physische Chemie, R. K. Universiteit, Kapittelweg 40, Nijmegen (Nederland).

Dr. B. Prijs, Anstalt für anorganische Chemie an der Universität Basel, Spitalstraße 51, Basel (Schweiz).

Dr. H. W. J. Ragetli, Instituut voor Virologie der Landbouwhogeschool, Binnenhaven 4b, Wageningen (Nederland).

Dr. Anneliese Romeike, Chemisch-physiologische Abteilung des Institut für Kulturpflanzenforschung, Deutsche Akademie der Wissenschaft, Gatersleben (DDR).

Dr. Dr. B. D. Sanwal, Department of Botany, University of Manitoba, Winnipeg (Canada).

Dr. H. Schweppe, in Firma Badische Anilin- und Soda-Fabrik A. G. Ludwigshafen am Rhein.

Dr. H. Seiler, Anstalt für anorganische Chemie an der Universität, Spitalstraße 51, Basel (Schweiz).

Dr. S. P. SEN, Radiochemical Laboratory, Bose Research Institute, 93/1 Upper Circular Road, Calcutta 9 (India).

Privatdozentin Dr. LUISE STANGE, Institut für Entwicklungsphysiologie der Universität, Gyrhofstraße 17, Köln-Lindenthal.

Dr. E. STEIN VON KAMIENSKI, Max-Planck-Institut für vergleichende Erbbiologie, Abteilung für Gewebezüchtung, Garystraße 9, Berlin-Dahlem.

Dr. C. A. WACHTMEISTER, Tjänsteförsändelse, Kungl. Tekniska Högskolan, Inst. för Organisk Kemi, Stockholm 70 (Sweden).

Professor Dr. J. P. H. VAN DER WANT, Laboratorium voor Bloembollen-Onderzoek, Lisse (Nederland).

Dr. S. YAMATODANI, Research Laboratories, Takeda pharmaceutical Industries Ltd., Juso-Nishino-cho Higashiyodogawa-ku, Osaka (Japan).

Bibliographie

R. J. BLOCK – E. L. DURRUM – G. ZWEIG: A Manual of Paper Chromatography and Paper Electrophoresis. New York 1958 (Handbuch; biologisch interessante Substanzen teilweise nur kurz).

F. CRAMER: Papierchromatographie. 4. Aufl. Weinheim/Bergstraße 1958 (ausführlicher, einführender allgemeiner Teil und kurze Hinweise auf einige Stoffgruppen).

I. HAIS – K. MACEK: Papirova Chromatografie. Prag 1954 (in tschechischer Sprache).

E. u. M. LEDERER: Chromatography. 2. Aufl. Amsterdam 1957 (eine Übersicht der Prinzipien und Anwendungen, ausführliche Literatur-Angaben).

J. OPIENSKA-BLAUTH – A. WAKSMUNDZKI – M. KANSKI (Hrsg.): Chromatografia. Warschau 1957 (in polnischer Sprache).

I. SMITH (Hrsg.): Chromatographic Techniques. London 1958 (Methoden und klinische Anwendungen).

F. TURBA: Chromatographische Methoden in der Proteinchemie. Berlin-Göttingen-Heidelberg 1954 (alle chromatographischen Methoden in Verbindung mit Proteinanalyse).

P. DECKER: Papierchromatographie. In: Pharmazie 8, 371—378, 477—484 (1953) (ein Übersichtsbericht).

A. GRÜNE – A. WACKER – W. STAMM: Papierchromatographie. In: Biochemisches Taschenbuch 1128—1144. Berlin-Göttingen-Heidelberg 1956 (Tabellen und Daten).

A. GRÜNE: Papierchromatographie und Papierelektrophorese. In: Chimia 11, 173—203, 213—256 (1957) (ein Colloquium in 7 Vorträgen).

H. HELLMANN: Papierchromatographie. In: Mod. Meth. Plant Physiol. 1, 127—148, Berlin-Göttingen-Heidelberg 1955 (methodische Einführung).

H. M. RAUEN: Papierchromatographie. In: Hdb. phys. path.-chem. Analyse 1, 217, Berlin-Göttingen-Heidelberg 1953 (methodische Einführung).

Journal of Chromatography, ab 1958. Herausgeber: MICHAEL LEDERER (Arcueil/Seine) Amsterdam - London - New York - Princetown (veröffentlicht Original-Arbeiten und kurze Mitteilungen über alle chromatographischen Methoden sowie Übersichtsberichte und chromatographische Daten).

Chromatographic Reviews, ab 1959. Herausgeber: M. LEDERER (Arcueil/Seine) Amsterdam — London — New York — Princetown (einmal jährlich Übersichtsberichte über die letzten Entwicklungen auf dem Gesamtgebiet der Chromatographie).

A. Theorie der Papierchromatographie

Von

G. A. J. van Os

1. Einleitung

Bei der Papierchromatographie wird in einem Stoffgemisch eine Trennung in die Einzelkomponenten erzielt, indem man ein Flüssigkeitsgemisch (Lösungsmittel) sich durch ein Papier bewegen läßt. Dazu wird das zu analysierende Stoffgemisch in Form eines kleinen Tropfens auf das Spezialpapier gebracht. Jede Komponente des Stoffgemisches verteilt sich dabei fortwährend zwischen Papier und Lösungsmittel. In dem Maße, in dem eine Fraktion in dem Lösungsmittel löslich ist, wird sie schneller transportiert. Diejenige Fraktion, welche dabei irgendwo auf dem Papier hinter der Lösungsmittelfront zurückbleibt, ist dann entweder gelöst, wobei eine an das Filterpapier absorbierte Flüssigkeit als Lösungsmittel dient (Filterpapier kann z. B. 10—30% Wasser enthalten), oder an das Papier adsorbiert, wobei die Adsorptionskräfte mannigfacher Art sein können. Im ersteren Fall spricht man von Verteilungs-Chromatographie *(partition-chromatography)*, im zweiten Fall von Adsorptions-Chromatographie. Gewöhnlich kommt jedoch die Mischform vor.

Die Verteilungs-Chromatographie stellt weitgehend eine Analogie dar zu der Trennungsmethode, welche durch Craig [1, 2, 3] zu großer Perfektion entwickelt worden ist. Nachstehend wird versucht, ausgehend von der sog. Gegenstromverteilung *(counter current distribution)*, die theoretischen Grundlagen der Papierchromatographie zu erhellen, um einige Einsicht in die wirksamen Mechanismen zu bekommen. Zur weitergehenden Erörterung muß auf die Original-Literatur verwiesen werden.

2. Die Craig-Methode

Wir stellen uns eine Reihe von 13 Gefäßen mit den Nummern 0—12 (Abb. 1) vor; jedes enthält ein gleiches Volumen Flüssigkeit, die sog. stationäre oder Unterphase (Hypophase). In der Flüssigkeit des Röhrchens Nr. 0 ist m Gramm eines Stoffes aufgelöst. Zusätzlich wird in Nr. 0 jetzt das gleiche Volumen einer zweiten Flüssig-

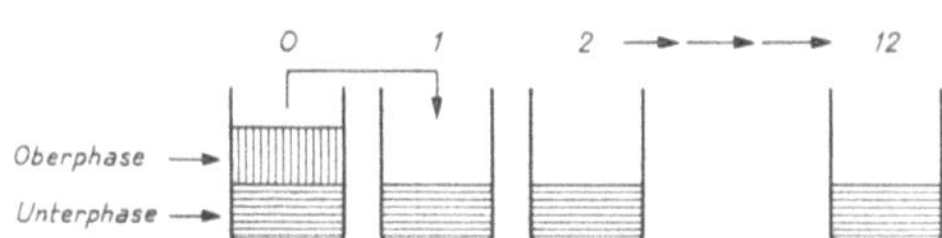

Abb. 1. Prinzip der Gegenstromverteilung nach Craig

keit zugegeben, welche mit der ersteren nicht oder nur beschränkt mischbar ist; diese zweite Flüssigkeit nennen wir mobile oder Oberphase (Epiphase). Das Röhrchen Nr. 0 wird nun gründlich geschüttelt, und der gelöste Stoff verteilt sich dabei zwischen den beiden Flüssigkeiten. Wenn sich nach Ruhigstellung die beiden Flüssigkeiten wieder vollständig entmischt haben, wird die Oberphase in das Gefäß Nr. 1 übergeführt und Gefäß Nr. 0 mit der gleichen Menge frischer Oberphase aufgefüllt. Nunmehr werden die Gefäße 0 und 1 wieder geschüttelt. Nach Absetzenlassen und Entmischung wird die Oberphase von Nr. 1 in Gefäß Nr. 2, die Oberphase von Nr. 0 in Nr. 1 gegossen; Gefäß Nr. 0 wird wieder mit frischer Oberphasen-Flüssigkeit aufgefüllt. Nach Einstellung des Gleichgewichtes und Entmischung werden die Oberphasen in gleicher Weise weitergegeben und das Gefäß Nr. 0 stets wieder frisch aufgefüllt. Diese Prozedur wird so lange wiederholt, bis das letzte Gefäß erreicht ist.

In jedem Gefäß verteilt sich die gelöste Substanz zwischen den beiden Flüssigkeiten. Für diese Verteilung gilt in vielen Fällen (bei konstanter Temperatur) das Nernstsche Verteilungsgesetz: $\frac{c_u}{c_o} = \text{konstant} = K$. Dabei bedeuten c_u und c_o die Konzentrationen in der Unter- und Oberphase (z. B. in Mol pro Liter). Nehmen wir an, daß der Verteilungs-Koeffizient K in unserem Fall den Wert $= 1$ hat, so hat sich die Substanz in jedem Gefäß gleichmäßig zwischen den beiden Phasen verteilt, da die Volumina der Unterphase (v_u) und Oberphase (v_o) gleich sind.

Die Verteilung der Substanz nach jedem Schritt ist in Tab. 1 angegeben. In Abb. 2 (Mitte) ist die Gesamtmenge der verteilten Substanz in jedem Röhrchen graphisch dargestellt in dem Augenblick, da

Tabelle 1: *Verteilung der Substanzmengen in den Röhrchen der Abb. 1 im Laufe der verschiedenen Verteilungsschritte in der Ober- und Unterphase. Die Zahlen müssen mit dem Faktor der letzten Kolonne multipliziert werden*

Fraktions-Nr.	0	1	2	3	4	...	12	Faktor
1. Schritt								
Oberphase	0	1						
Unterphase	1	0						$\times \frac{1}{2} m$
Total	1	1						
2. Schritt								
Oberphase	0	1	1					
Unterphase	1	1	0					$\times (\frac{1}{2})^2 m$
Total	1	2	1					
3. Schritt								
Oberphase	0	1	2	1				
Unterphase	1	2	1	0				$\times (\frac{1}{2})^3 m$
Total	1	3	3	1				
4. Schritt								
Oberphase	0	1	3	3	1			
Unterphase	1	3	3	1	0			$\times (\frac{1}{2})^4 m$
Total	1	4	6	4	1			
usw. bis:								
12. Schritt								
Oberphase	0	1	11	55	165		1	
Unterphase	1	11	55	165	330	...	0	$\times (\frac{1}{2})^{12} m$
Total	1	12	66	220	495		1	

die Oberphase das letzte Röhrchen erreicht hat. In dieser Abbildung ist ebenfalls die Verteilung angegeben, wenn der Verteilungs-Koeffizient $K = 3$ (links) und $K = \frac{1}{3}$ (rechts) ist. Je kleiner K ist (d. h. also: je weniger die Substanz durch die Unterphase festgehalten wird), um so schneller wird die Substanz weitergegeben.

Anhand des in Tab. 1 wiedergegebenen Beispieles ist leicht zu zeigen, daß die Menge Substanz in jedem Röhrchen im allgemeinen wiedergegeben werden kann durch die bei der Entwicklung des Binoms $(p + q)^n$ entstehenden Glieder. Dabei

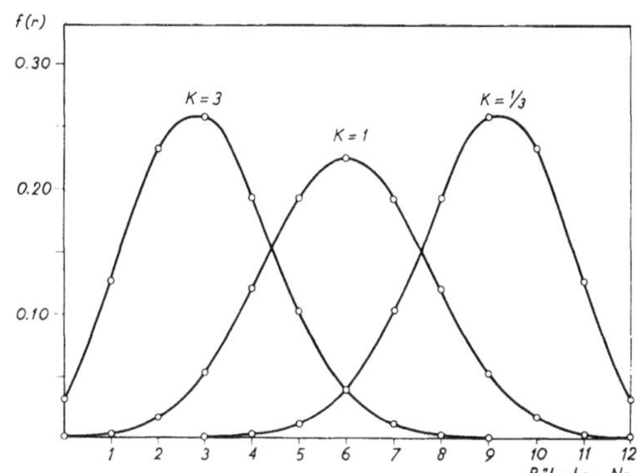

Abb. 2. Verteilung einer Substanz über die Röhren der Abb. 1 in dem Augenblick, da die Oberphase das letzte Röhrchen (Nr. 12) erreicht hat. Die Verteilung für die 3 verschiedenen Verteilungskoeffizienten (K) ist rechnerisch ermittelt. Abszisse: Nummer des Röhrchens, Ordinate: $f(r)$, d. h. Anteil der Substanz je Röhrchen

bedeuten: p der Teil der in einem Gefäß nach Einstellung des Gleichgewichtes vorhandenen Substanz in der Oberphase, q in der Unterphase, n die Nummer des Gefäßes, in das die Oberphase weitergegeben wurde. In dem Beispiel ist $p = q = \frac{1}{2}$, da $K = 1$ und $v_u = v_o$. Im allgemeinen sind jedoch die Volumina von Ober- und Unterphase ungleich und ist auch $K \neq 1$. Für die Fraktionen p und q gilt dann:

$$p = \frac{v_o\, c_o}{v_o\, c_o + v_u\, c_u} = \frac{1}{1 + aK} \quad \text{wobei } a = \frac{v_u}{v_o}$$

$$q = 1 - p = \frac{aK}{1 + aK}$$

Ein Röhrchen mit der Nummer r in der Reihe enthält dann einen Teil der ursprünglichen Substanz-Menge, in Übereinstimmung mit dem Glied der Rangnummer r des entwickelten Binoms $(p + q)^n$, welches bekanntlich dargestellt werden kann durch:

$$f(r) = \frac{n!}{r!\,(n - r)!}\, p^r\, q^{n-r} \tag{1}$$

Die Fraktion $f(r)$ hat einen maximalen Wert bei $r = pn$ [1]. In der Abb. 3 ist mit $a = 1$, für drei verschiedene Substanzen mit den Verteilungskoeffizienten $K = 3$, $K = 1$ und $K = \frac{1}{3}$ die Verteilungskurve für $n = 200$ dargestellt, errechnet mit

---

[1] Für den Fall, daß r_{max} eine ganze Zahl ist, läßt sich diese aufzeigen durch Berechnung von: $f(pn)$, $f(pn + 1)$ und $f(pn - 1)$. Man findet dann einfach: $f(pn - 1) < f(pn) > f(pn + 1)$.

Hilfe von Formel (1). Da in diesem Falle eine große Anzahl von Röhrchen (200) angenommen wurde, ist die Trennung nun vollständig geworden. Man kann, wie dies bereits aus der Abbildung ersichtlich ist, nachweisen, daß bei großen Werten für n die Kurven stark den Fehlerkurven von GAUSS sich nähern.

3. Papierchromatographie

Es wurde bereits darauf hingewiesen, daß die Verteilungschromatographie auf dem Papier eine große Analogie hat zu dem multiplen Extraktionsprozeß von CRAIG. In Abb. 4 ist schematisch die Situation auf dem Papier wiedergegeben (vgl. auch Abb. 5): Der eluierende Flüssigkeitsstrom bewegt sich entlang der dem Papier aufsitzenden stationären Phase. Dabei nimmt er, genau wie bei der CRAIG-Methode, die gelösten Substanzen in dieser Phase mehr oder weniger mit. Wir können uns den Papierstreifen in eine große Anzahl gleicher Segmente unterteilt denken (in sog. theoretische Boden)[1], deren Länge so gering ist, daß das Lösungsmittel beim Verlassen eines Segmentes als im Gleichgewicht sich befindend betrachtet werden kann mit der mittleren Konzentration der stationären Phase dieses Segmentes. Wenn wir die Diffusion zwischen den so definierten Segmenten vernachlässigen können, dann ist bei sprungweiser Weitergabe des Lösungsmittels mit einem stets gleichen Volumen von v_o dieses System identisch mit dem Craigschen System. Da jedoch der Flüssigkeitsstrom des Lösungsmittels sich kontinuierlich bewegt, entsteht ein prinzipieller Unterschied, so daß die binomiale Verteilung nicht gilt [6, 7, 8].

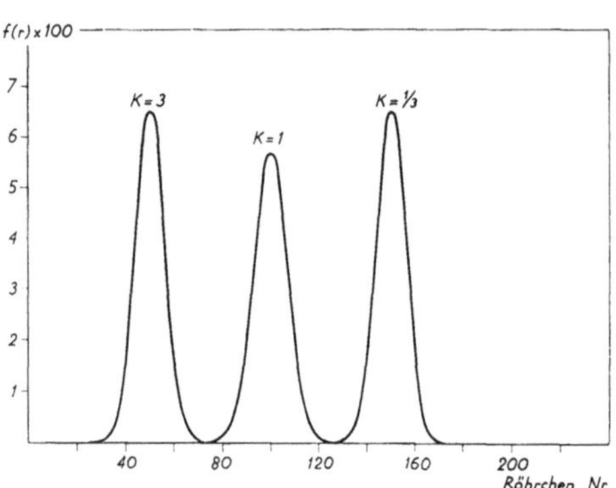

Abb. 3. Verteilungsdiagramm bei einer großen Anzahl von Röhrchen (hier: 200 Stück). Erklärung wie in Abb. 2

Abb. 4. Schematische Darstellung des Verteilungsvorganges auf dem Papier. Erklärung siehe Text

Bei einer sehr kleinen Verschiebung vom Lösungsmittel (entsprechend einem Volumen Δv) dringt in das Segment r die Substanzmenge $c_{o,\,r-1} \times \Delta v$ ein und tritt gleichzeitig aus diesem Segment die Substanzmenge $c_{o,\,r} \times \Delta v$ aus. Dabei bedeuten

[1] Der aus der Theorie der fraktionierten Destillation bekannte Begriff des theoretischen Bodens wurde zuerst durch MARTIN und SYNGE [4] auf die Säulenchromatographie angewandt und später von anderen Autoren mit Erfolg benutzt [5, 6].

$c_{o,\,r-1}$ und $c_{o,\,r}$ die Konzentrationen in den Oberphasen der betreffenden Abschnitte des Papieres. Die Zunahme im Segment r beträgt daher:

$$\Delta m_r = \Delta v(c_{o,\,r-1} - c_{o,\,r}) \quad \text{oder} \quad \frac{d\,m_r}{d\,v} = c_{o,\,r-1} - c_{o,\,r}\,.$$

Da m_r die Gesamtmenge der Substanz im Abschnitt r darstellt, ist es vorteilhaft, auch $c_{o,\,r-1}$ und $c_{o,\,r}$ in den Gesamtmengen der betroffenen Papierschnitte auszudrücken. Von der Gesamtmenge Substanz im Segment r befindet sich im Gleichgewichtszustand eine Fraktion p in der Oberphase ($p = \dfrac{1}{1 + aK}$ vgl. oben). Die Konzentration in der Oberphase ist dann: $c_{o,\,r} = \dfrac{p\,m_r}{v_o}$. Ähnlich gilt: $c_{o,\,r-1} = \dfrac{p\,m_{r-1}}{v_o}$ so daß: $\dfrac{d\,m_r}{d\,v} = \dfrac{p}{v_o}\,(m_{r-1} - m_r)$ ist. Stellen wir uns vor, daß bei Beginn des Experimentes m Gramm Substanz im Segment Nr. 0 anwesend sind, dann lautet die Lösung der Differentialgleichung:

$$m_r = m\,\frac{e^{-\frac{pv}{v_o}} \times \left(\dfrac{pv}{v_o}\right)^r}{r!} \qquad (2)$$

was durch Differenzieren leicht zu beweisen ist.

Da v das Volumen des Lösungsmittels darstellt, welches das erste Segment passiert hat, so ist $\dfrac{v}{v_o}$ die Reihennummer des Segmentes, das von der Lösungsmittelfront erreicht wurde. Gleichung (2) kann daher auch folgendermaßen geschrieben werden:

$$m_r = m\,\frac{e^{-pn} \times (p\,n)^r}{r!}\,.$$

Während bei diskontinuierlichem Flüssigkeitsstrom die Verteilung der Substanz über die einzelnen Segmente einer Binomialkurve folgt, finden wir bei kontinuierlichem Lösungsmittelstrom einen anderen Verteilungstypus: die sog. Poisson-Verteilung.

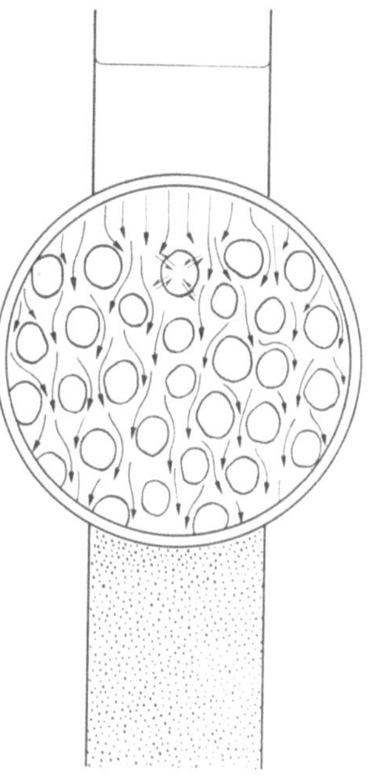

Abb. 5. Schematische Darstellung des Verteilungsvorganges im Papier oder in einer Verteilungssäule [16]. Im Kreis eine starke Vergrößerung der Papieroberfläche: Die Pfeile stellen den Flüssigkeitsstrom (mobile Phase) mit der zu trennenden Substanz dar. Die Substanzen (kleine Pfeile) dringen in die an den Zellulose-Fäden haftende stationäre Phase bis zum Erreichen des Gleichgewichtszustandes ein

Denken wir uns drei Stoffe mit z. B. $K = 3$, $K = 1$ und $K = \dfrac{1}{3}$ und ist z. B. $\dfrac{v_u}{v_o} = a = 1$, dann ist für diese drei Substanzen $p = \dfrac{1}{4}$, $p = \dfrac{1}{2}$ und $p = \dfrac{3}{4}$.

In Abb. 6 ist für diese drei angenommenen Substanzen der aus der Formel berechnete Wert für $\dfrac{m_r}{m} = f(r)$ als Funktion von r dargestellt, und zwar für 200 Verteilungsschritte ($n = 200$). Auch hier finden wir wieder glockenförmige Kurven, die bei großen Werten von n wie bei der binomialen Verteilung stark der einfachen Gauß-Kurve ähneln. An diesem Punkte stimmen also binomiale und Poisson-Verteilung überein. Durch Vergleich der Abb. 3 und 6 wird aber klar, daß das Trennvermögen bei kontinuierlichem Flüssigkeitsstrom kleiner ist als bei diskontinuierlichem Transport des Lösungsmittels.

Das Maximum der Einzelkurve liegt wiederum bei $r_{max} = p\,n$[1]. Nennen wir die Länge eines Segmentes s, dann befindet sich das Maximum in einer Entfernung $r_{max} \times s$ vom Startpunkt, während die Front des Lösungsmittels eine Strecke $n \times s$ zurückgelegt hat. Das Verhältnis $\dfrac{r_{max} \times s}{n \times s}$ bezeichnet man schließlich als R_F, so daß also:

$$R_F = \frac{r_{max}}{n} = p = \frac{1}{1 + a\,K} \quad (3)$$

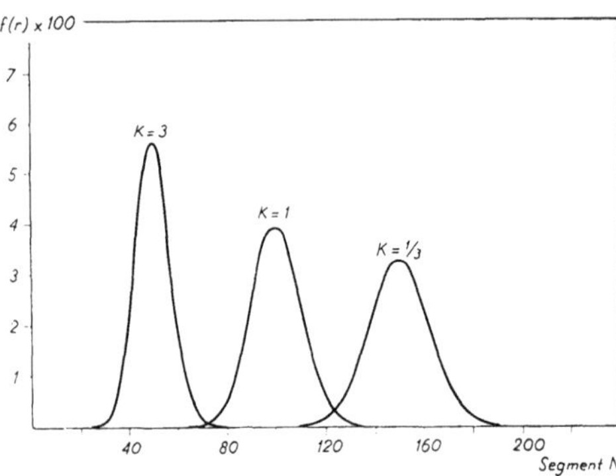

Abb. 6. Theoretisches Verteilungsdiagramm bei linearer Papierchromatographie. Abszisse: Segmente des Papierstreifens, Ordinate: $f(r) \times 100$

Vorstehende Gleichung gilt, wenn der Verteilungskoeffizient K bei konstanter Temperatur eine Konstante ist, d. h. es besteht eine lineare Abhängigkeit zwischen c_u und c_o. Daher spricht man in diesem Fall von linearer Chromatographie.

Aus der Gl. (3) kann abgeleitet werden, daß mehrere Faktoren den R_F-Wert eines Stoffes beeinflussen. In erster Linie wird er von der Art der mobilen und stationären Phase bestimmt, da K ebenfalls von diesen abhängt. Außerdem ist K (und damit auch R_F) bei gegebener Ober- und Unterphase im allgemeinen temperaturabhängig. Ferner ist $a = \dfrac{v_u}{v_o}$ abhängig von der benutzten Papiersorte, so daß infolgedessen R_F mit der verwendeten Papiersorte variiert. Weiterhin variiert v_0 im allgemeinen entlang der Papierstrecke, insbesondere bei der aufsteigenden Methode [9]; daher ist der R_F-Wert auch von der von dem Lösungsmittel durchlaufenen Gesamtstrecke abhängig.

Die Fließgeschwindigkeit des Lösungsmittels im Papier darf selbstverständlich nicht zu groß sein, da sonst Ober- und Unterphase in einem Abschnitt sich nicht vollständig ins Gleichgewicht einstellen können. Dadurch entstehen asymmetrische und verbreiterte Verteilungskurven, und der R_F-Wert ist nur ungenau zu ermitteln.

Auch ein hoher Salzgehalt in dem zu analysierenden Gemisch kann störend wirken, da das Salz Wasser bindet, wodurch auf dem Startpunkt vollständig andere a-Werte erreicht werden als auf anderen Stellen des Papieres. Außerdem ist die Löslichkeit vieler Stoffe abhängig von der Salzkonzentration. In manchen Fällen ist daher Entsalzung vor der Chromatographie notwendig.

---

[1] Dies kann auf gleiche Weise gezeigt werden wie bei der binomialen Verteilung (s. Fußnote S. 3).

Es ist klar, daß in der Praxis die Teilchen eines auf das Papier aufgebrachten Stoffgemisches sich nicht in einem einzelnen Abschnitt
befinden, sondern über mehrere Segmente verteilt sind. Jedes dieser
Einzelsegmente liefert dann eine Verteilungskurve; die Summe derselben
liefert dann eine verbreiterte Kurve. Der Startfleck muß daher so klein
wie möglich gehalten werden. Eine Verbreiterung kann ebenfalls entstehen, wenn die Diffusion zwischen den Segmenten nicht vernachlässigt
werden kann.

Trotz dieser begrenzenden Faktoren ließ sich zeigen [12], daß der aus
Gl. (3) errechnete Wert von K in manchen Fällen gut übereinstimmt mit
den direkt gefundenen Werten. Daher kann man in diesen Fällen von
einer l i n e a r e n Verteilungschromatographie sprechen.

In der Mehrheit der Fälle ist die Verteilungsisotherme jedoch nicht linear. Sie hat
dann die in Abb. 7a oder b dargestellte Form.
Man spricht dann von n i c h t l i n e a r e r Chromatographie. Betrachten wir zuerst den Fall
von Abb. 7a. Sinkt c_u, so nimmt c_o relativ stärker
ab. Die Geschwindigkeit, mit der die Substanz
durch das Lösungsmittel transportiert wird,
nimmt daher gleichzeitig ab, so daß der R_F-
Wert während der Verteilung kleiner wird.
Die Elutionskurve hat dann eine sehr scharfe

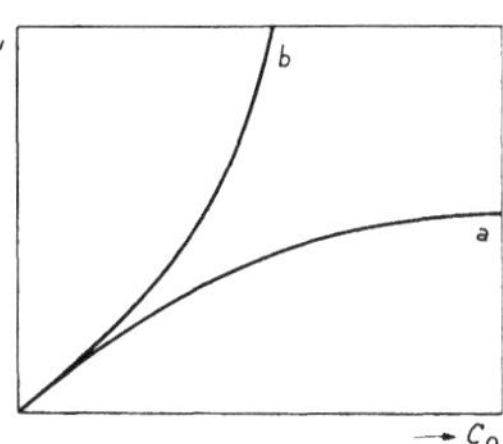

Abb. 7. Nichtlineare
Verteilungsisothermen

Front, während der hintere Teil diffus ausläuft. Es entstehen langgestreckte, zum Auftragspunkt diffus auslaufende Flecken (Schwanzbildung). Je größer die aufgebrachte Substanzmenge ist, um so stärker
wird dieser Effekt sein. Die auf den Startpunkt aufgetragene Stoffmenge
sollte daher so klein als möglich gehalten werden. Das gilt auch, wenn
der Fall von Abb. 7b vorliegt. Man wird dann aber Flecken finden, die
in Richtung des Flüssigkeitsfront diffus auslaufen (Zungenbildung).

Grundsätzlich können auch auf die A d s o r p t i o n s - C h r o m a t o -
g r a p h i e die obenstehenden Prinzipien angewendet werden. Die stationäre
Phase ist dann das Papier selber, das die Substanz durch Adsorption
festhält. Diese Adsorption an den Papierfasern kann auf verschiedenen
Kräften beruhen: van der Waalschen Kräften, elektrostatischen Kräften,
Bildung von Wasserstoff-Brücken.

An Stelle der Verteilungsisotherme tritt jetzt die Adsorptions-
isotherme. Diese hat eine Form, wie sie in Abb. 7a dargestellt ist, so daß
hier stets eine gewisse Schwanzbildung zu erwarten ist.

Abschließend noch einige Hinweise auf die Ionenaustauscher-
Chromatographie an Papier. Dabei ist entweder durch Oxydation die
Cellulose mit Carboxyl-Gruppen oder das Papier mit feinkörnigen Ionen-
austauscherharzen versehen [11—15]. In diesem Fall spielen bei der
Adsorption vor allem elektrostatische Kräfte eine Rolle. Die Adsorptions-
oder besser Ionenaustauscher-Isotherme hat stets die Form wie in
Abb. 7a. Der Verlauf dieser Kurve ist im allgemeinen stark abhängig
vom p_H-Wert und der Ionenstärke der Eluierflüssigkeit, da diese Größen
sowohl die Dissoziation der im Papier vorhandenen Gruppen, als auch der

Moleküle des Analysengemisches beeinflussen. Auch der R_F-Wert ist daher stark vom p_H-Wert und der Ionenstärke abhängig, so daß diese Größen vor jedem Analysengang sorgfältig ausgesucht und eingestellt werden müssen.

Literatur

[1] L. C. Craig: J. biol. Chem. **155**, 519 (1944). — [2] L. C. Craig–D. Craig: Technique of Organic Chemistry Vol. III. Chapt. IV. New York 1950. — [3] E. Hecker: Verteilungsverfahren im Laboratorium. Weinheim 1955. — [4] A. J. P. Martin–R. L. M. Synge: Biochem. J. **35**, 1358 (1941). — [5] S. W. Mayer–E. R. Tompkins: J. Amer. chem. Soc. **69**, 2866 (1947). — [6] E. Glueckauf: Trans. Faraday Soc. **51**, 34 (1955). — [7] A. Klinkenberg–F. Sjenitzer: Chem. Eng. Sci. **5**, 258 (1956). — [8] A. I. M. Keulemans: Gas Chromatography. New York 1957. — [9] D. Tollenaar–G. Blokhuis: Appl. Sci. Res. A **2**, 125 (1950). — [10] R. Consden–A. H. Gordon–A. J. P. Martin: Biochem. J. **38**, 224 (1944). — [11] Th. Wieland: Angew. Chem. **64**, 418 (1952). — [12] U. Ströle: Z. analyt. Chem. **144**, 256 (1955). — [13] T. R. E. Kressman: Nature (Lond.) **165**, 568 (1956). — [14] M. Lederer: Analyt. chim. Acta **12**, 142 (1955). — [15] G. Illing: Arch. Pharm. **290**, 581 (1957). — [16] H. Musso: Naturwissenschaften **45**, 97 (1958).

B. Einrichtung eines papierchromatographischen Laboratoriums

Von

H. F. Linskens

Die papierchromatographische Technik vermag zwar mit einfachen apparativen Voraussetzungen zu arbeiten; für Serienanalysen an einem Arbeitsplatz, an dem biochemische Fragestellungen in größerem Umfang bearbeitet werden, hat sich jedoch folgende Einrichtung als zweckmäßig erwiesen:

1. Arbeitsraum

Der Arbeitsraum soll alle Geräte und Vorrichtungen für die Vorbereitung und Gewinnung der Extrakte aus pflanzlichem Material enthalten. Dazu sind neben der normalen Laboratoriumseinrichtung zu rechnen: Homogenisator, hochtourige Laboratoriumszentrifuge, Gefriertrocknungs- und Entsalzungseinrichtung, Vakuumpumpe, Colorimeter und Spektralphotometer. Ein Abzug (Digestorium) und ein Kühlschrank für die Aufbewahrung von Vergleichslösungen, Extrakten sowie Pilz- und Bakterien-Stammkulturen sind notwendig. Im Arbeitsraum werden die chromatographischen Spezialpapiere gelagert. Dazu können gasdichte Schubladen vorgesehen werden, die eine flache Aufbewahrung der Bogen gestatten. Die einzelnen Papiersorten werden getrennt in Schubfächern aufbewahrt, die ein lichtes Maß von 65×70 cm haben sollen. Die Abdichtung kann durch Schaumgummiwülste oder Filzstreifen erfolgen. Innen sind die Schubladen allseitig zu paraffinieren und mit Chromatographiepapier auszuschlagen. Fertige Chromatogramme sind auf jeden Fall getrennt von den unbenutzten Papieren zu lagern. Auch hat sich die Aufbewahrung der Spezialpapiere in Plastik-Säcken entsprechender Größe bewährt.

Im Arbeitsraum werden keine Lösungsmittel-Gemische angesetzt: Er ist für die Herstellung der Chromatogramme bis einschl. Auftragen der zu analysierenden Substanz-Gemische zu benutzen. Nach der Trennung werden die Chromatogramme hier ausgewertet.

2. Dunkelraum

An den Arbeitsraum soll sich ein kleiner Dunkelraum anschließen (Größe etwa 2×3 m); bei beschränkten Raumverhältnissen genügt eine abgedunkelte Nische. Im Dunkelraum steht ein Durchleuchte-Tisch, der die Auswertung der entwickelten und getrockneten Chromatogramme im durchfallenden Licht gestattet. Außerdem sind hier UV-Lichtquellen als Handlampen montiert. Für langwelliges UV (Maximum 360 mμ) eignen sich u. a. die Quecksilberhochdruck-Lampen vom Typ Osram HQV 500, Philips HPW 125 oder Mineralight SI[1]. Als Lichtquelle für kurzwelliges UV (Maximum 250 mμ) kann eine Chromatolux-[2], Chromatolite-[3] oder Mineralight-SL-Lampe[1] dienen. Weiterhin ist der Dunkelraum für die photographische Dokumentation eingerichtet.

3. Chromatographieraum

Der Chromatographieraum wird meist räumlich von den Laboratorien getrennt liegen. Wegen des hohen Dampfdruckes zahlreicher

Abb. 8. Wärmeschrank mit Luftumwälzung und Schubladen für die temperaturkonstante Aufstellung von Chromatographier-Gefäßen. Rechts oben: eine Lade in ausgezogenem Zustand. Links: Luftzufuhr

[1] UV-Products Inc. San Gabriel (Calif.).
[2] G. Pleuger, Wijnegem (Anvers) België.
[3] Shandon Scientific Comp. Ltd. London 507.

Lösungsmittelgemische und der Giftigkeit ihrer Komponenten (Pyridin, Collidin u. a.) sollte er eine gute Luftabsaugung (Luftwechsel etwa 12—20 fach) und dicht schließende Türen (Schleuse) haben. Eine Einrichtung zur Erzielung konstanter Raumtemperatur ist besonders vorteilhaft, jedoch nicht unbedingt notwendig (Abb. 8). Der Zutritt von Tageslicht ist nicht erforderlich, in zahlreichen Fällen unerwünscht. Im

Abb. 9. Komplette Gefäße für die Papierchromatographie: rechteckige Batteriegläser mit geschliffenen Glasdeckeln. Abdichtung durch Silikon-Hochvakuumfett. Vorne: Streifenmethode absteigend, in der Mitte rechts: ganzer Bogen aufsteigend. Zuführung der Lösungsmittel nach Sättigung der Atmosphäre (links vorne: Schalen auf dem Boden!) durch in den Deckel aufgesetzte Schütteltrichter

Chromatographieraum finden 4 Arbeitsgänge statt: die Herstellung der Lösungsmittelgemische, der Trennvorgang (die eigentliche Chromatographie), das Trocknen der Chromatogramme sowie die Applikation der Nachweisreagentien.

Die Lösungsmittelgemische werden im Chromatographieraum hergestellt, um keine Entmischung durch Temperaturerniedrigungen beim Raumwechsel zu verursachen. Die Behälter für die Chromatographie lassen sich bei größerer Anzahl stufenweise auf Regalen aufstellen (Abb. 9), die mit einem säure- und lösungsmittelfesten Material belegt sind. Alle Chromatographiergefäße tragen eine Beschriftung, welche Auskunft über den Benutzer, die Zusammensetzung des Lösungsmittels und dessen Herstellungsdatum gibt. Für die Trennung zahlreicher Substanzen ist die Verwendung von Schutzgasen erwünscht; daher sind Leuchtgasanschlüsse im Chromatographieraum zweckmäßig. Die Verwendung

Abb. 10. Sprüheinrichtung und Trocknung in einem papierchromatographischen Laboratorium. Die Sprühkabine (Mitte) ist direkt mit dem Abluftkanal verbunden. Die Zerstäuber werden mit Druckluft bedient. Unter dem Digestorium-Tisch befindet sich ein Trockenraum (ebenfalls an Abzugsschacht angeschlossen). Die Chromatogramme werden an Schienen auf einer ausfahrbaren Haltevorrichtung festgeklemmt [*117*]

offener Brennstellen hat wegen der Explosionsgefahr durch die Dampfphase zahlreicher brennbarer Flüssigkeiten, die als Fließmittel-Komponenten dienen, zu unterbleiben. Die Trocknung der Chromatogramme kann im Luftstrom (Ventilator) bei Raumtemperatur oder in besonderen Trockenschränken (s. S. 39f) erfolgen. Diese sind mit einer Verbindung an das Luftabsaugesystem zu versehen. Für das Aufsprühen der Indicatoren haben sich Spritzkabinen als sehr zweckmäßig herausgestellt (Abb. 10). Diese sollen ebenfalls an das Abzugsystem angeschlossen und können an der Vorderseite mit einem gerahmten, rostfreien Drahtnetz (Maschenweite 2 mm) versehen sein, auf dem das Chromatogramm durch den Sog haftet und zugleich der überschüssige Indicatornebel abgesaugt werden kann. Zweckmäßigerweise ist zur Beurteilung des einheitlichen

Befeuchtungsgrades die Rückwand der Kabine mit einer weißen, unter Umständen durchleuchtbaren Glasplatte zu versehen [1]. Auch kann die Sprühkabine an der Rückwand durch einen herablaufenden Wasserfilm zur Entfernung von Sprühnebel eingerichtet werden [2]. Druckluftanschluß ist vorzusehen.

Wird im Zusammenhang mit der Papierchromatographie mit radioaktiven Indicatoren gearbeitet, so ist in räumlicher Nähe des Arbeitsraumes, jedoch getrennt von diesem, ein **Meßraum** vorzusehen, der den geltenden Sicherheitsvorschriften entspricht und die Meßgeräteausrüstung enthält.

Die Aufstellung von Geräten für die Papierelektrophorese erfolgt zweckmäßig in einem **Kühlraum,** der auf $+ 10°$ C eingestellt ist.

C. Techniken

Von

H. F. LINSKENS

Die papierchromatographische Methode vereinigt in sich eine physikalische Trennmethode und spezifische analytische Nachweisreaktionen. Sie gestattet die Auftrennung eines als Flecken auf ein Papier aufgetragenen Stoffgemisches in die Einzelflecken der Komponenten und deren Identifizierung durch chemische Farbreaktionen, optische Verfahren oder biologische Teste. Allen Anordnungen ist gemeinsam, daß ein Fließmittel (Lösungsmittel) sich in einem Spezialpapier bewegt, das sich in einem mit der Dampfphase des Lösungsmittels gesättigten Raum befindet.

Folgende Geräte werden zu allen Verfahren benötigt:

1. Ein Behälter, der gasdicht zu verschließen ist und nach Möglichkeit eine Beobachtung des Trennvorganges durch Glaswände hindurch gestattet. Er soll gleichzeitig die Vorrichtung zur Befestigung des Papierbogens oder -streifens enthalten.

2. Eine Wanne (Trog), die das Lösungsmittel zur Durchführung des Trennvorganges enthält. Sie sollte säurefest und beständig gegen organische Lösungsmittel sein. Den gestellten Anforderungen entspricht am besten Glas oder Quarzgut. Für gewisse Lösungsmittelkombinationen sind jedoch auch emaillierte Blechwannen, V 2 a-Stahlbehälter und Porzellangefäße brauchbar[1].

3. Der Träger für die stabile Phase ist das **Papier.** An dieses werden besonders hohe Anforderungen gestellt (s. S. 24 ff.).

Es sind zahlreiche Ausführungsformen und apparative Hilfsmittel für die Papierchromatographie beschrieben worden. Ständig erfolgen noch mehr oder weniger wertvolle Verbesserungen und Abwandlungen. Es sei dazu auf die einschlägigen Monographien der Bibliographie verwiesen. Nachstehend wird nur kurz auf die Arbeitsweise der verschiedenen Verfahren hingewiesen.

---

[1] Geeignete Wannen aus Stahl, Quarz und Glas liefern u. a.: Firma L. Hormuth, Inh. W. E. Vetter, Heidelberg, Bluntschlistraße 4; Fa. W. Kranich, Göttingen, Hospitalstraße; Fa. K. Willers, Paderborn, Uekern 13; Fa. A. Dumas, Zürich 7/44; Shandon Scientific Comp. Ltd., London SW 7; Research Equipment Corporation, Oakland 20, Calif.

I. Eindimensionales Verfahren

Es sind verschiedene Anordnungen zu unterscheiden:

1. Die absteigende Methode

Das Fließmittel sickert dabei capillar in einem Papier herab. Die Laufgeschwindigkeit ist daher nahezu konstant. Die absteigende Methode eignet sich besonders gut für solche Trennvorgänge, die eine lange Laufzeit erfordern. Die apparative Anordnung kann in verschiedener Weise erfolgen: es können sowohl Papierstreifen (Breite etwa 5 cm) (Abb. 11, 12) als auch für Serienanalysen ganze Bogen benutzt werden. Schärfere Trennungen lassen sich erreichen, wenn seitlich von der Auftragsstelle mit scharfer Klinge Fünfecke aus dem Papier geschnitten werden, so daß Papierzungen resultieren, die nach oben in einen 3,5 cm breiten Papierstreifen auslaufen, der in die Wanne eintaucht [3, 22] (Abb. 13).

Für Substanzen mit sehr kleinen R_F-Werten werden sog. „Durchlaufchromatogramme" benutzt: Man verzichtet auf die Markierung der Front und läßt das Lösungsmittel am unteren Rande des Papierbogens abtropfen. Zu diesem Zwecke wird die Kante entweder in spitz zulaufende gleichmäßige Zungen aufgeteilt oder in einem Paket von stark absorbierender Cellulose befestigt [4]. So lassen sich Langzeit-Trennungen von 2—3 Wochen durchführen.

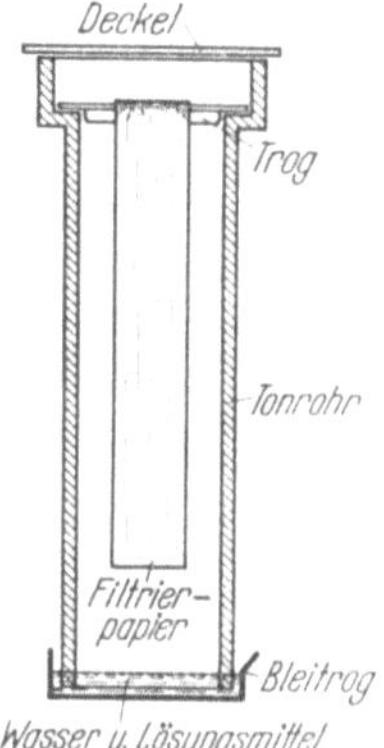

Abb. 11. Einrichtung zur eindimensionalen, absteigenden Trennung nach GORDON und DENT

2. Die aufsteigende Methode

Das Lösungsmittel steigt in einem Papier capillar entgegengesetzt zur Schwerkraft auf. Die aufsteigende Methode ist apparativ am einfachsten. Die Steiggeschwindigkeit verlangsamt sich bei längerer Laufzeit; bei Zimmertemperatur werden in 24 Std. etwa 30 cm, nach 48 Std. insgesamt etwa 40 cm zurückgelegt. Auch besteht die Gefahr, daß es bei Verwendung ternärer Lösungsmittel bei längeren

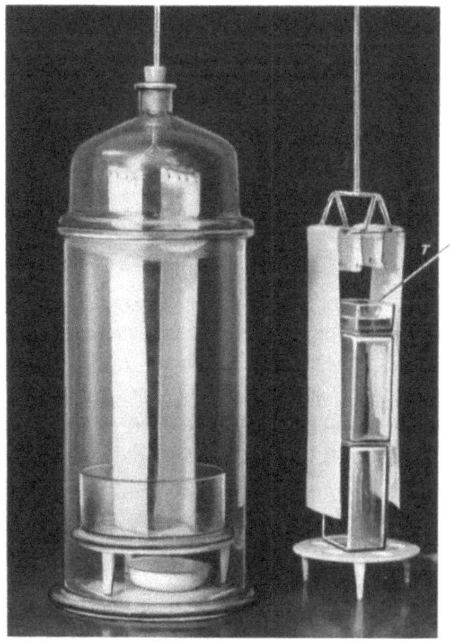

Abb. 12. Gläserner Chromatographiebehälter. Der durch den im Deckel sitzenden Gummistopfen führende Glasstab trägt die Haltevorrichtung für das Papier. Links: für aufsteigende Methode, rechts: für absteigende Methode eingerichtet. T = Glastrog für Trennmittel. Am Boden eine Schale zur Einstellung des Sättigungsgleichgewichtes [116]

Laufzeiten zu Entmischungen kommt. Durchlaufchromatogramme kann man auch aufsteigend erzielen, wenn man das Papier durch einen Schlitz des Deckels herausragen läßt und durch einen Luftstrom das Abdunsten beschleunigt [37].

Mehrere Substanzen werden gleichzeitig auf einem Bogen getrennt, wenn man diesen zu einem Zylinder zusammenrollt und in das Lösungsmittel einstellt [5] (Abb. 17).

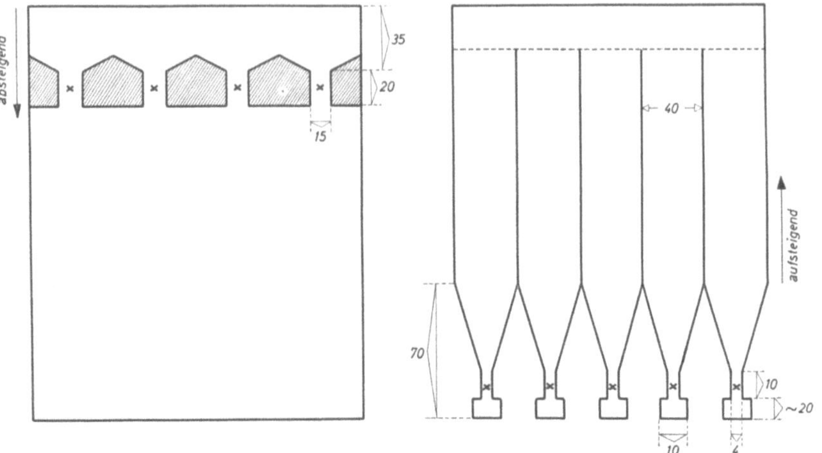

Abb. 13. Ausbildung der Chromatogrammbogen als Streifen mit verschiedener Zungengestalt. Links für absteigende, rechts für aufsteigende Methode. × = Startpunkte

Für den Trenneffekt ist die Ausbildung der Streifen am Startpunkt von großem Einfluß. Keilförmige Zungen, die in 2—4 mm breite Brücken auslaufen, auf denen die Auftragspunkte liegen (Abb. 13), ergeben bogenförmige Banden, so daß eine schärfere Trennung erfolgt [6, 22].

3. Die Mikromethode

Kleinste Mengen lassen sich auf Papierstreifen (Munktell OB) von 0,5—1,0 mm Breite chromatographieren [7]. Die Breite der Papierfäden muß mikroskopisch auf Einheitlichkeit kontrolliert werden. Als Entwicklungskammer dient ein Glasrohr von 80 mm Weite und 400 mm Länge. Die Trennzeit beträgt etwa 4—6 h. Auch ein einzelner Baumwollfaden gleichmäßiger Textur läßt sich als Träger benutzen [8]. Er wird vor der Trennung mit Benzin, heißem Wasser, Alkohol und Äther gewaschen und mit 0,15 m Phosphatpuffer imprägniert. Als Nachweismethode wird der Plattentest verwendet.

II. Zweidimensionale Verfahren

Wenn ein Lösungsmittel zur Trennung der Substanz nicht ausreicht, kann die zweidimensionale Methode angewandt werden [9]. Sie läßt sich sowohl auf- als auch absteigend ausführen. Dazu wird das Analysengemisch auf einem quadratischen Bogen in einer Ecke aufgetragen, etwa 5 cm von den beiden Rändern entfernt (Abb. 14). Man läßt zunächst das

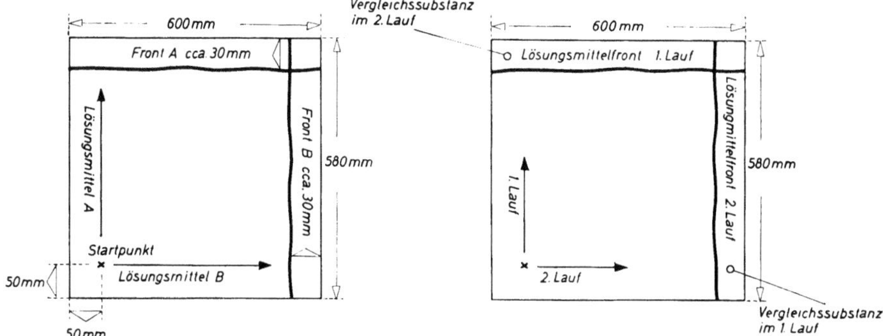

Abb. 14. Das zweidimensionale Chromatogramm. Anordnung der Startpunkte und der Auftragsstellen für Vergleichssubstanzen

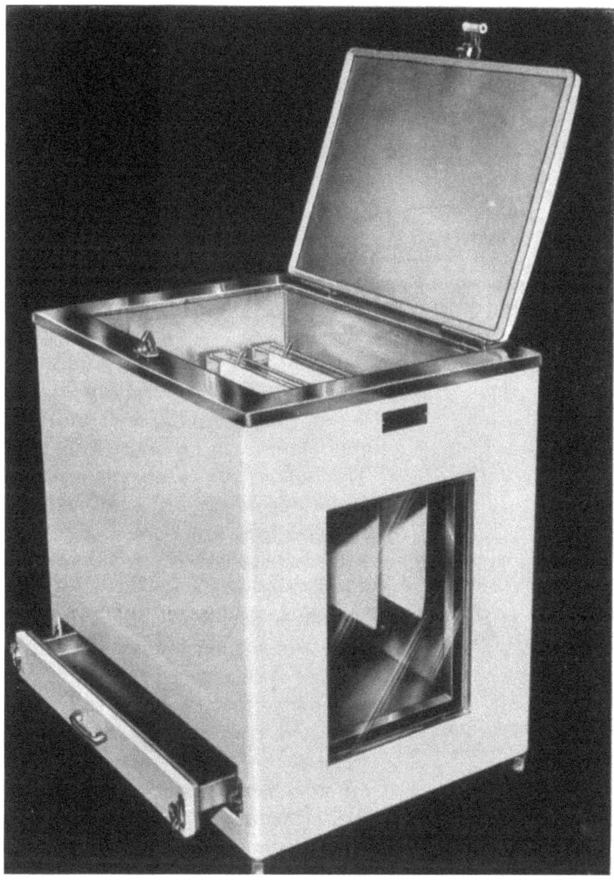

Abb. 15. Große Chromatographier-Kammer mit glaswollisolierten Wänden, Deckel mit Schaumgummiwülsten (geöffnet). Die Schublade gestattet das Einbringen der Lösungsmittel-Wannen bei aufsteigender Methode. Hersteller: Res. Equ. Corp., Oakland, Modell A 300

Lösungsmittel (A) in einer Richtung durchlaufen (1. Lauf), trocknet und hängt den Bogen um 90° gedreht wieder ein. Senkrecht zu der Lauf-

Abb. 16. Große Chromatographier-Kammer aus Holz mit eingekitteten Glasscheiben, von oben bei geöffnetem Deckel. Wannen für absteigende Methode eingerichtet [*115*]

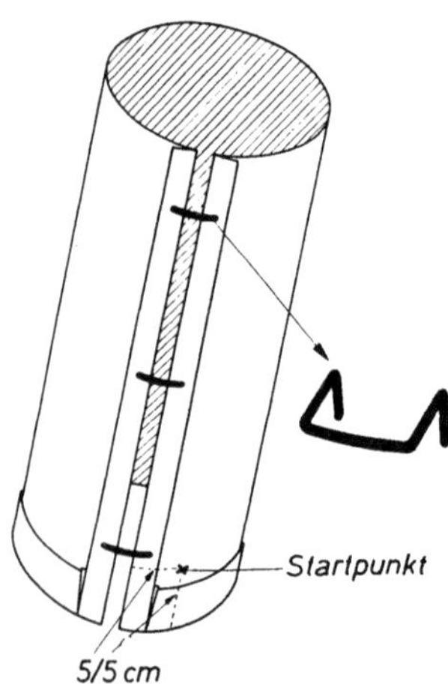

Abb. 17. Zur aufsteigenden Methode kann das Papier auch zum Bogen zusammengerollt werden. Am Falz zusammengehalten durch Büroklammer, Drahtstück, gebogenen Glashaken (Form rechts in der Abb.) oder Plastikklammer

richtung des ersten Lösungsmittels wird nun eine zweite Trennung mit einem anderen geeigneten Lösungsmittel (B) vorgenommen (2. Lauf). Für einen guten Trenneffekt ist es wesentlich, daß die Bestandteile des ersten Lösungsmittels flüchtig sind und vor dem 2. Lauf vollständig entfernt werden. Nach jedem Lauf werden die Fronten mit Bleistift gekennzeichnet.

Nach der Entwicklung entstehen auf dem zweidimensionalen Chromatogramm sog. „Landkarten", die eine weitgehende Identifizierung aller üblichen Substanzgemische gestatten. Zur Identifizierung werden die Vergleichssubstanzen doppelt an zwei verschiedenen Ecken des Bogens aufgetragen (Abb. 14), so daß sie in den verschiedenen Lösungsmitteln mitlaufen („Leitchromatogramme").

Die Größe der Chromatographiergefäße richtet sich nach den Dimensionen der zu verwendenden Papierbogen. Die Chromatographierkästen müssen gasdicht sein. Daher sind Ganzglasaquarien besonders vorteilhaft. Holzkästen [10] werden von beiden Seiten mit Glasfenstern (60×60 cm) versehen, der Deckel wird mit Schaumgummileisten luftdicht aufgepreßt. Die Holzteile müssen innen paraffiniert oder mit einem Speziallack überzogen sein. Solche Kästen lassen sich sowohl für ab- als auch für aufsteigende Methode einrichten (Abb. 15, 16).

Zweidimensionale Technik ist auch mit Papieren möglich, die zu einem Zylinder zusammengerollt sind. Nach dem 1. Lauf werden die Bogen getrocknet und erneut — um 90° gedreht — zu einem Zylinder zusammengerollt [5] (Abb. 17).

III. Mehrdimensionale Verfahren

Die vollkommene Trennung von theoretisch beliebig vielen Komponenten aus Stoffgemischen ist mit Hilfe der mehrdimensionalen Technik möglich [12, 13]. Durch Entwickeln eines Parallelchromatogrammstreifens wird der genaue Standort der einzelnen Komponenten ermittelt. Die noch ungenügend voneinander getrennten Substanzen werden gruppenweise auf neue Papierbogen übertragen und mit anderen geeigneten Lösungsmitteln weiter getrennt. Die Übertragung von einem Blatt auf das andere kann auf folgende Weise geschehen: Das Streifenstück eines nicht besprühten Chromatogrammes mit der ungenügend getrennten Gruppe wird herausgeschnitten und über ein ausgespartes Fenster entsprechender Größe auf ein neues Blatt aufgenäht. Zum Aufnähen dient eine Nähmaschine und dünner, weißer Baumwollfaden. Es ist darauf zu achten, daß absteigend der untere (aufsteigend der obere) Saum schmal gehalten wird und der Abstand der Naht vom Streifenrand nicht mehr als 1—1,5 mm beträgt (Abb. 18). Die Substanzen im aufgenähten Streifen werden vom Lösungsmittel quantitativ auf den neuen

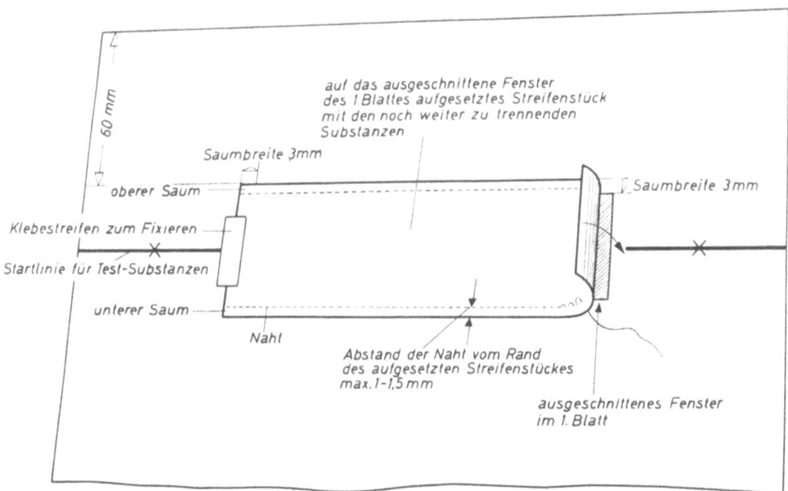

Abb. 18. Mehrdimensionales Chromatogramm. Der Abschnitt eines ersten Bogens wird auf das Fenster mit Baumwollfaden aufgenäht

Bogen übertragen. Ist die Trennung auch nach dem 2. Lauf noch unzureichend, so überträgt man die betreffende Substanzgruppe nach
gleicher Methode auf ein drittes Blatt.

Das mehrdimensionale Verfahren hat den Vorteil, daß auch kom-
ponentenreiche Gemische vollständig aufgetrennt werden können. Außerdem wird bei jedem Lauf in der Faserrichtung des Papieres chromatographiert. Zu jedem Lauf lassen sich erneut Leitchromatogramme entwickeln.

IV. Rundfilter-Technik

Bei der Ringchromatographie bewegt sich das Lösungsmittel radial
in meist waagerecht liegenden Rundfiltern fort. Es läßt sich in verschiedenen Anordnungen durchführen:

a) Aus einem Rundfilter wird bis zur Mitte eine streifenförmige Zunge
herausgeschnitten [14] und abwärts in das Lösungsmittel gebogen (Abb.19).
Dieses steigt dann in die Mitte des Filters auf und bewirkt bei weiter
radialer Verteilung die Trennung. Die zu trennenden Gemische und Vergleichssubstanzen werden entweder in der Mitte oder auf einem Kreis um

Abb. 19. Einrichtung zur Rundfilter-Chromatographie aus zwei Pyrex-Schalen mit breiten geschliffenen Rändern, zwischen die das Papier geklemmt wird. Die Zufuhr des Trennmittels erfolgt durch den
nach unten gebogenen Steg. Hersteller: Res. Equ. Corp., Oakland

den Ansatz der Zunge herum aufgetragen. Nach der Trennung ergeben
sie infolge der Orientierung der Fasern fast konzentrische Ellipsen. Der
Zufluß des Fließmittels kann im Zentrum auch durch einen Papierdocht
[15] oder durch eine aufgesetzte Pipette [16] erfolgen (s. Abb. 84).

b) Ein modifiziertes Verfahren [17] gestattet die Vortrennung des Substanzgemisches durch Vorschalten einer Papiersäule im Tswett-Röhrchen (Abb. 20). Auf diese Weise lassen sich bis zu 2 g festen Materials in scharf voneinander getrennte Zonen auftrennen.

c) Auch kann man die radiale Verteilung bei vertikaler Anordnung der Papiere mit der Stern-Technik durchführen. Die Lösungsmittelzufuhr erfolgt dann durch Papierdocht und Filtertablette (S & S 576) [18].

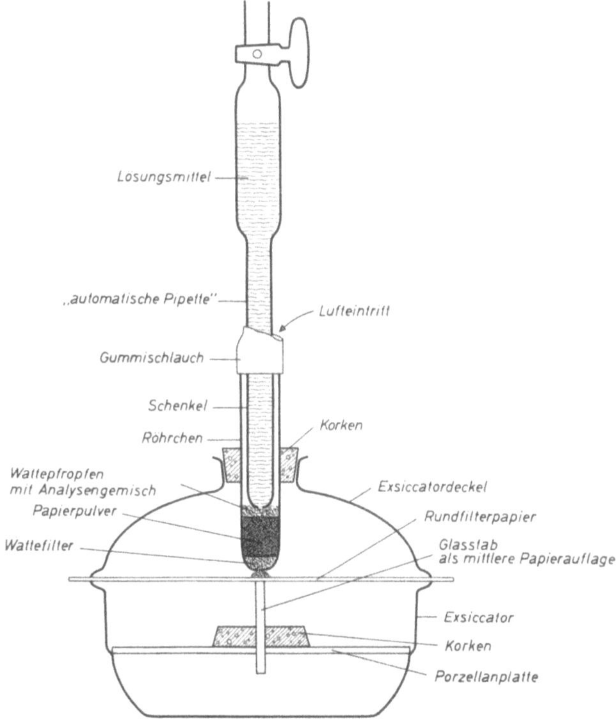

Abb. 20. Anordnung zur kombinierten Säulen-Papier-Chromatographie im Deckel eines Exsiccators. [Nicht maßstabgerecht, Pipetteneinrichtung stark vergrößert]

d) Rotiert man die Filterscheibe während des Trennvorganges, so wird durch die einwirkenden Zentrifugalkräfte eine Beschleunigung des Trennvorganges erzielt [19]. Diese **Rotations-Chromatographie** kann auch zweidimensional ausgebaut werden [20][1].

e) Bei der **Kegel-Chromatographie** wird aus der Rundfilterscheibe ein Sektor herausgeschnitten und diese zu einem Kegelmantel zusammengebogen. Die Basis des Kegels wird in das Lösungsmittel eingestellt. In geeignetem Abstand vom Basisrand sind die zu untersuchenden Substanzen aufzutragen [21]. — Während bei der klassischen Rundfilter-

---

[1] Apparaturen zur Rotations-Chromatographie werden hergestellt von: Labline Inc., 3070-82 West Grand Ave. Chicago 22, Ill. USA.

Technik mit fortschreitender Trennung eine Verdünnung der Fraktionen eintritt, werden diese bei der Kegel-Technik zum Zentrum hin konzentriert.

Das getrennte Rundfilter-Chromatogramm läßt sich in zahlreiche Sektoren zerlegen, an denen einzeln die verschiedenen Reagentien zur Anwendung kommen. Auch die R_F-Werte lassen sich genau bestimmen. Die Ringchromatographie arbeitet sehr schnell und ergibt meist hohe Trenneffekte. Auch kann sie quantitativ ausgewertet werden. Dazu wird das Chromatogramm entlang einer der beiden Symmetrieachsen geteilt und eine Hälfte zur Durchführung spezifischer Nachweisreaktionen benutzt. Man legt die unbehandelte Hälfte wieder auf und schneidet entlang der sichtbar gemachten Zonen den Sektor aus. Dieser enthält sodann die Hälfte der zu bestimmenden Komponente.

V. Präparative Papierchromatographie

Bei der Trennung größerer Substanzmengen kann man unter Benutzung der analytischen Einrichtung Papierbogen größerer Dicke benutzen, wenn ein Auftragen des Analysengemisches in Strichform [38] (vgl. Abb. 82, 87) nicht ausreicht. Geeignete Papiersorten sind Wh 3 MM und 31, S & S 2071, 2181 und 2230, MN 827, Ed 225 sowie D'Arches 310. Diese dicken Papiere und Kartons haben aber den Nachteil hoher Laufgeschwindigkeit. Man kombiniert zur Erzielung guter Trenneffekte daher zwei Papiersorten, indem man an das Ende des dicken Bogens einen Streifen harten, langsam laufenden Papiers mit Baumwollgarn annäht, so daß das Einsaugen des Lösungsmittels durch den „Ventilstreifen", der in die Wanne eintaucht, verlangsamt wird [23].

Für die Trennung im präparativen Maßstab hat sich auch eine Säule aus 200—500 übereinandergelegten Rundfilterscheiben bewährt *(Chromatopile*-Verfahren) [24]. Das zu analysierende Gemisch wird in 10 Scheiben eingetaucht, angetrocknet und oben auf die Säule aufgelegt. Diese wird sodann mit 20 Leerscheiben abgedeckt, auf die das Lösungsmittel von oben her auffließt. In ähnlicher Weise kann man einen Stoß aus 50—100 Streifen oder Bogen normalen Ausmaßes zwischen zwei Glasplatten pressen und dieses Paket dann aufsteigend chromatographieren *(Chromatopack*-Verfahren) [25].

Auch kann man eine größere Anzahl loser Bogen (Faserrichtung beachten!) in einen platzsparenden Schlitztrog einklemmen *(Chromatoblock*-Verfahren) [1, 26] und bei strichförmiger Substanzapplikation (pro cm Startlinie die gleiche Substanzmenge wie bei punktförmigem Substanzauftrag) durch absteigenden Lösungsmittelfluß eine gute Trennung komplizierter Gemische erzielen.

Ein einfaches, wenn auch etwas kostspieligeres Verfahren ist die Papierchromatographie in der Drucksäule *(ChroMax*-Verfahren)[114]. Man verwendet dazu eine Rolle chromatographischen Papieres, das kompakt auf einen Polyäthylenstab aufgewickelt und durch eine nahtlose Polyäthylenhaut geschützt ist. Um eine gute Homogenität der Säule und eine Trennung rechtwinklig zur Strömungsrichtung zu erzielen, wird mittels

Luftpumpe zwischen den elastischen Innen- und den starren Außenmantel der Säule ein Luftpolster gelegt (Abb. 21). Auch kann man die klassische Säulenchromatographie mit Cellulose-Pulver als Füllung zur präparativen Trennung verwenden. Hier gelten dann die Arbeitsvorschriften der Säulenchromatographie und deren höhere apparative Aufwendungen (Fraktionssammler usw.).

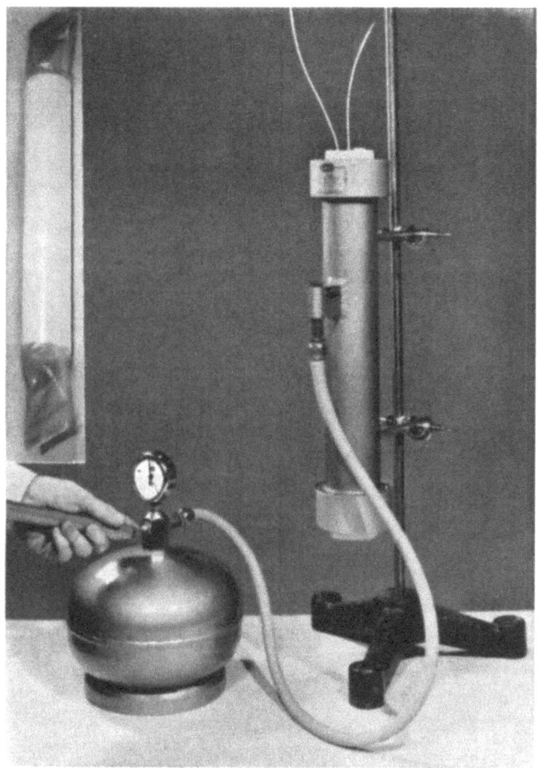

Abb. 21. ChroMax-Verfahren. Rechts der Metallzylinder, in den die Papierrolle (links oben) eingeführt wird. Vorne Luftpumpe mit Druckkessel (mit Manometer) zur Erzielung eines gleichmäßigen Innendruckes

Präparative Trennung kann auch erreicht werden durch Bewegung der festen Phase während des Durchströmens des Lösungsmittels [27] (*Collectochrom*-Verfahren). Dazu wird der Papierbogen als Hohlzylinder um eine Achse angeordnet und langsam rechtwinklig zur Strömungsrichtung des Elutionsmittels rotiert. Nur an einem Punkte wird kontinuierlich das Stoffgemisch zugeführt, während das Lösungsmittel an der gesamten Oberkante zutritt.

VI. Papierelektrophorese

Die Papierelektrophorese ist der Papierchromatographie [28, 29] durch die Verwendung von Papier als Trägermaterial verwandt. Überdies werden beide Trennprinzipien gelegentlich gleichzeitig oder kombiniert angewandt [*30, 31*]. Voraussetzung für eine elektrophoretische Auftrennung ist unterschiedliche elektrische Nettoladung der Moleküle, die sich im elektrischen Feld befinden. Die geladenen Moleküle wandern daher mit charakteristischer Geschwindigkeit, wenn sie sich auf einem mit geeigneten Puffern getränkten Papierstreifen befinden. Die Beweglichkeit der Teilchen entspricht der Wanderungsgeschwindigkeit (Wanderungsstrecke pro Zeiteinheit) dividiert durch Spannungsabfall (V/cm). Praktisch handelt es sich um eine freie Elektrophorese [*35*].

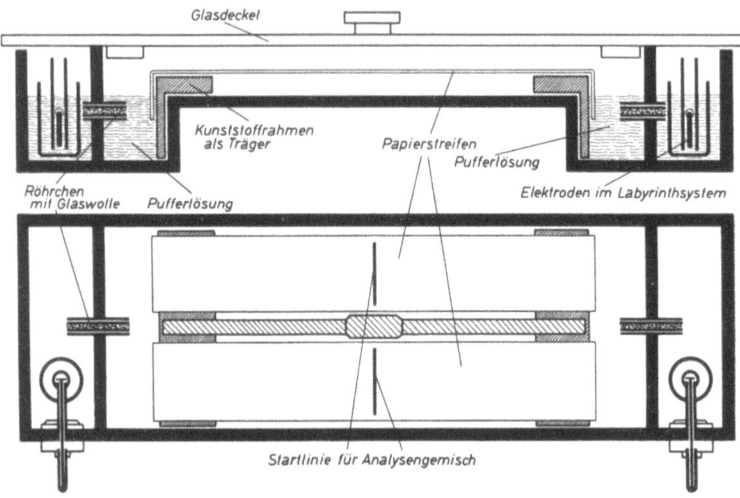

Abb. 22. Papierelektrophoresekammer nach GRASSMANN (Elphor H). Oben: im Schnitt; unten: in der Aufsicht bei entferntem Deckel und eingelegten Papierstreifen

Der Papierstreifen muß während des Trennvorganges in einer feuchten Kammer gehalten werden, um die Verdunstung zu unterbinden. Die beiden Enden des Papiers reichen in Elektrodengefäße, die mit Puffer beschickt sind. Zur Erzielung konstanter Wanderungs-Richtungen und -Geschwindigkeiten der Fraktionen ist es wichtig, daß sich Analysenlösung und Elektrolytflüssigkeit im Ladungsgleichgewicht befinden [*32*]. Dies wird am sichersten durch Dialyse der Analysenlösung gegen den Puffer erreicht.

Voraussetzung ist neben einer geeigneten Apparatur (z. B. Electro-I-onophor, Elphor-H nach GRASSMANN (Abb. 22, LKB-Produkter 3276, Spinco Modell R) eine Gleichstromspannung, die gegen Netzschwankungen stabilisiert ist. Außerdem muß die Ableitung der Jouleschen Wärme entweder durch geeignete Kühlvorrichtungen oder Durchführung der Papierelektrophorese im Kälteraum sichergestellt sein. Eine brauchbare Apparatur läßt sich auch mit einfachen Mitteln zusammenstellen (Abb. 23): Glasschalen (20 × 10 × 5 cm) einheitlicher Größe werden so zusammengesetzt, daß jeweils 2 zusammen, die eine als Deckel dienend, eine feuchte Kammer bilden. An jeweils zwei parallel aneinander gestellte Kammern schließen sich zu beiden Seiten gleichartige Schalen als Vorratsgefäße für die Pufferlösung an, die gleichzeitig die Elektroden aufnehmen [*33*].

Zahlreiche Faktoren beeinflussen den Ablauf einer papierelektrophoretischen Trennung: Die Lage der Auftragsstelle ist wesentlich, da durch Verdunstung von den Papierstreifen eine schwache Strömung des Puffers (Sog) von den Enden zur Mitte hin erfolgt [34]. Die isotonische Analysenlösung wird daher zweckmäßigerweise in der Mitte des Trägerstreifens aufgetragen. Der Sog kann bei unsymmetrischer Anordnung der Auftragsstelle zur Verfälschung der Fraktionierung führen. Zur Vermeidung von Heberwirkungen ist darauf zu achten, daß das Flüssigkeits-Niveau in den Behältern der Pufferlösungen keine Unterschiede hat. Gegen p_H-Verschiebungen während des Trennvorganges infolge der

Abb. 23. Anordnung der feuchten Kammern für eine behelfsmäßige Papierelektrophorese; rechts und links die Vorratsgefäße für die Pufferlösungen mit eintauchenden Elektroden

Elektrolyse an den Elektroden schützen je nach Modell der Apparatur Labyrinthsysteme oder Durchflußbehälter. Das störende Nachsaugen des Puffers (Dochteffekt) kann man durch Eintauchen der Enden des noch trockenen Streifens in eine 4%ige Collodium-Lösung verhindern. Nach dem Antrocknen verhindert die ionendurchlässige Collodium-Membran den Dochteffekt und setzt die Endosmose auf ein Minimum herab [113]. Von großer Bedeutung ist die Auftragung der Analysenlösung auf den puffergetränkten Streifen: Aufrauhen der Papieroberfläche ist zu vermeiden; die Auftragsstelle soll zur Vermeidung von Randeffekten an die Kanten nicht heranreichen. Die routinemäßigen Laufzeiten betragen 10—16 h. Die Spannung ist vor allem nach der 1. Stunde zu kontrollieren. Die Elektroosmose ist ein konstanter Faktor, der keine wesentliche Rolle spielt.

Neben der einfachen Papierelektrophorese sind auch Apparaturen für die präparative und kontinuierliche Analyse, sowie Einrichtung für Hochspannungs-Papierelektrophorese entwickelt worden. Wegen des hohen apparativen Aufwandes sollen sie hier nicht behandelt werden.

Die Papierelektrophorese hat besondere Bedeutung für die Protein- und Peptid-Trennung gewonnen. Außerdem lassen sich mit Erfolg auch Nucleinsäuren (vgl. S. 204), Zucker-Borate (s. S. 86), Wuchsstoffe und Antibiotika (s. S. 278) elektrophoretisch an Papier trennen.

Die Auswertung von Pherogrammen geschieht durch Anfärbung oder abschnittsweise Elution. Auch quantitative Bestimmungen von papierelektrophoretisch getrennten Fraktionen sind nach spezifischer Anfärbung auf Grund von Extinktionskurven durch integrierende Auswertegeräte und Extinktionsschreiber möglich (Zeiss-Extinktions-Schreiber, Spinco-Analytrol, Varicord, Photovolt-Densitometer, Elphor-Integraph[1]). Verwendet man eine 0,15—0,2 mm dicke Acetatfolie sehr geringer Adsorptionsfähigkeit (S & S-Membranfolie zur Elektrophorese; Membran filter strips Cowtaulds Ltd.; Oxo Ltd.), so erzielt man durch Behandlung mit Eisessig-Methanol eine glasklare Transparenz [36].

Die Beweglichkeit der Fraktionen bei der Papierelektrophorese wird im allgemeinen in μ/sec/Volt/cm angegeben. Sie ist jedoch stark abhängig von der Papiersorte, der Trennzeit, der Feldstärke und der Lage des Startpunktes [28, 119]. Hingegen ist der MG-Wert unabhängig von den genannten Faktoren [120]: Er läßt sich folgender-maßen definieren:

$$MG = \frac{\text{Wanderungsstrecke Substanz ,,}X\text{`` — Substanz } A}{\text{Wanderungsstrecke Substanz } B \text{ — Substanz } A}$$

Bei der papierelektrophoretischen Trennung von Proteinen dienen als Bezugssubstanzen: γ-Globulin (A) und Serum-Albumin (B); bei der Trennung von Aminosäuren: Arginin (A) und Asparaginsäure (B).

D. Papiere

Von

H. F. LINSKENS

Das Papier als stabile Phase ist für die Papierchromatographie von entscheidender Bedeutung. Es muß ein Filterpapier hohen Reinheitsgrades und möglichst homogener Verfilzung sein. Dieses ist bekanntlich dadurch charakterisiert, daß es aus reinem Linters (kurze Fasern von der Oberfläche der Baumwoll-Samen mit einem Polymerisationsgrad von 2000—3000) besteht und frei ist von löslichen Stoffen (Leimen). Seine Verwendbarkeit wird von der Gleichmäßigkeit der Textur (Größenordnung der Poren 1—14 μ) und der auf dem ganzen Bogen einheitlichen Saugfähigkeit bestimmt. Die wichtigsten Sorten, deren Eigenschaften und Verwendbarkeit, sind in den Tab. 2—7 auf Grund von Unterlagen der Hersteller zusammengestellt.

Bei der Handhabung der Papiere ist größte Sauberkeit am Platze; Fingerabdrücke ergeben bereits Verunreinigungen. Die Flächen, auf denen sich die Trennungen vollziehen, sind daher nicht zu berühren; die Verwendung von Gummihandschuhen ist zu empfehlen. Die Bogen müssen vor dem Gebrauch flach ausgebreitet liegen. Knicke beeinflussen den capillaren Sog beträchtlich. Der Zutritt von Dämpfen, insbesondere von Ammoniak und organischen Lösungsmitteln, ist durch geeignete Lagerung (s. S. 8) zu verhindern.

---

[1] Hersteller von Extinktionsschreibern, Densitometern und Direkt-Photometern: Dr. Bender & Dr. Hobein, München 15; Evans Electroselanium Ltd., Harlow/Essex Groß-Britannien; LKB-Produkter, Stockholm 12, Postfach 1 22 20 Schweden; Shandon Scientific Co., Cromwell Place, London SW 7; Etabl. Gerard Pleuger, 475, Chaussee de Turnhout, Wijnegem/Anvers Belgie; Photovolt Corp., New York 16 N. Y. USA.

Tabelle 2. *Whatman-Filter-Papiere (Wh) für die Chromatographie und ihre Eigenschaften* (Oktober 1958)

Wh Nr.	Mittleres Gewicht g/m²	Mittlere Dicke mm	Steiggeschwindigkeit min/30 cm	Mittlerer Aschegehalt %	Standardgröße cm	Qualität und Verwendbarkeit
1.	87	0,16	140—220	0,06—0,07	46×57	Mittlere Laufgeschwindigkeit, meist verwendete Sorte
2.	97	0,18	200—300	0,06—0,07	46×57	Langsam laufend. Besonders für Aminosäuren, Peptide und Proteine geeignet
3.	185	0,36	150—250	0,06—0,07	46×57	Zur Trennung von Anorganika und zur Papierelektrophorese
3 MM	180	0,31	140—180	0,06—0,07	46×57	Schneller als Nr. 3, mit geglätteter Oberfläche. Für Elektrophorese und präparative Arbeiten
4.	92	0,19	70—100	0,06—0,07	46×57	Schnell laufend. Besonders für Aminosäuren und Zucker geeignet
20.	93	0,16	400—600	0,06—0,07	46×57	Sehr langsam laufend. Scharfe Trennung
Extra Thick 31.	190	0,50	60—120	0,025	51×68,5	Schnell laufend. Für die Trennung hochmolekularer Substanzen
54.	93	0,17	60—120	0,025	46×57	Gehärtete Form der Nr. 4. Besonders zur zweidimensionalen Trennung von Zuckern geeignet. Guter Träger für Stärke, Al_2O_3, MgO
540.	88	0,15	200—300	0,008	46×57	Zweimal mit Säure gewaschenes und chemisch gehärtetes Papier. Besonders für anorganische Bestimmung
541.	82	0,16	60—120	0,008	46×57	Minimale metallische Verunreinigung

Manchmal enthält das Papier Verunreinigungen, die bei bestimmten Stoffgruppen (polymere und Zucker-Phosphate, Dicarbonsäuren, Anorganika) die Trennung stören. Sie sind z. T. zurückzuführen auf Spuren von Baumwollsaatöl, die bei der Verarbeitung des Rohstoffes in den Entlinterungsmaschinen im Fasermaterial zurückblieben [24]. Waschen kann daher notwendig sein. Eine geeignete Vorrichtung ist in Abb. 24 dargestellt. Man läßt destilliertes Wasser [1], Flußsäure, Schwefelkohlenstoff, 1%ige Alkalien [3] etwa 24 h durchlaufen. Besonders bewährt hat sich ein kurzes Bad in Äther [4]. Das noch feuchte Papier

Tabelle 3. *Selecta-Papiere für Chromatographie und Elektrophorese und ihre Eigenschaften.* Herbst 1958. (S & S)
(Carl Schleicher & Schüll, Dassel, Krs. Einbeck)

Sorte	Oberfläche	Gewicht g/m²	Dicke mm	Saughöhe mm/10 min	
2040a		85—90	0,18—0,19	140—160	weich, kurze Laufzeiten, Elphor-V u. VA, entsprechend in den Saugeigenschaften etwa Whatman 4
2040b	M	120—125	0,22—0,24	140—160	besonders geeignet für die Trennung von Purinen und Zuckern
2040b	Gl	120—125	0,16—0,17	140—160	sowie für zweidimensionale Chromatogramme mit ganzen Bogen
2043a		85—90	0,18—0,19	90—100	mittel, vor allem für die diskontinuierliche Elektrophorese mit Normal- und erhöhter Spannung
2043b	M	120—125	0,22—0,24	90—100	
2043b	Gl	120—125	0,14—0,15	90—100	Saugeigenschaften etwa wie Whatman 1
2043b	Mgl	120—125	0,20—0,22	90—100	für die meisten chromatographischen Arbeiten
2045a	M	90—95	0,16—0,17	60—70	hart, große Trennschärfe, langsam laufend, besonders für Rund-
2045a	Gl	90—95	0,10—0,11	60—70	filterchromatographie und kurze Streifen bei aufsteigender
2045b	M	120—125	0,18—0,19	60—70	Methode geeignet
2045b	Gl	120—125	0,15—0,17	60—70	
598 L		140—150	0,15—0,28	145—155	weich, für orientierende Vorversuche nach aufsteigender Methode
602h:P		115—120	0,24—0,26	110—120	mittel, für aufsteigende und absteigende Methode
604 L:90		80—85	0,20—0,22	160—190	sehr schnell laufend, für Hochspannungselektrophorese
2316		160—170	0,32—0,36	110—120	mittel, entspricht etwa Whatman 3MM, für Elektrophorese
2317		135—140	0,27—0,29	80—95	mittel, für Elektrophorese
2453b		155—165	0,45—0,50	170—190	sehr schnell, für kontinuierliche Elektrophorese
2247		300—320	0,60—0,70	200—220	sehr schnell, dick, für kontinuierliche und Hochspannungs-elektrophorese
2071		630—680	0,70—0,80	65—75	
2230		700—750	0,88—0,93	160—170	für Chromatographie mit größeren Mengen
2181		2400—2500	3,6—4,2	—	

M = matte, rauhe Oberfläche (Rundsiebpapier)   Gl = nachgeglättet (Rundsiebpapier)   Mgl = maschinenglatt (Langsiebpapier).
Alle Sorten auch mit Salzsäure und dest. Wasser gewaschen erhältlich, Zusatzbezeichnung „ausgew.".
Aschengehalt 0,04—0,07%; Fe-Gehalt 1—2%.

wird hängend getrocknet, um wellige Ausbeulungen zu verhindern. Auf gewaschenen Papieren kommt es zu exakteren Trennungen. Alle Papiere werden auch in gewaschener Form von den Herstellern geliefert (vgl. Tab. 3, 5, 6).

Die Formate der Papiere sind bei Whatman (Wh) im allgemeinen 46×57 cm, bei Schleicher & Schüll (S & S) 58×58 cm, bei Macherey-

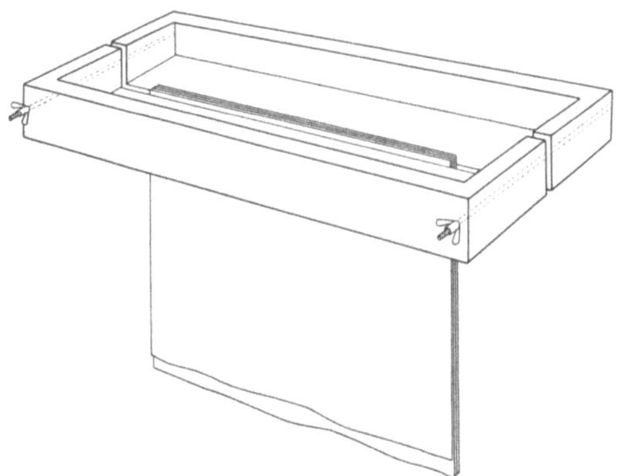

Abb. 24. Vorrichtung zum gleichzeitigen Waschen mehrerer Papierbogen für die Chromatographie. Die beiden Wannenhälften werden durch Flügelmuttern nach dem Einklemmen der Papiere zusammengepreßt

Nagel (MN) 60×58 und 30×29 cm, bei Binzer (Ed) meist 48×60 cm, bei Munktell 48×48 cm. Die längere Kante kennzeichnet die Laufrichtung, sofern kein Wasserzeichenpfeil angebracht ist. Bei Aufsetzen eines Wassertropfens gibt die größere Achse des nicht kreisrund auslaufenden Fleckens die Laufrichtung an.

Tabelle 4. *„Munktell"-Papiere, Grycksbo Pappersbruk (Schweden)*

Sorte	Gewicht g/m²	Dicke mm	Saughöhe mm/10 min	Asche %	Äther-extrakt mg/100 g	Eigenschaften
00	65	0,125—0,130	60	0,013	250—300	dünn langs.
20/150	155—160	0,30—0,35	95—105	0,04	500—600	dick schnell
0B	80—90	0,20	100—110	0,02—0,025	unter 150	schnell
00R	75—80	0,15—0,19	80—90	etwa 0,03	unter 150	mittel
00M	80—90	0,19—0,22	95—115	0,025—0,03	unter 200	schnell

Die Auswahl der Papiere zur Analyse richtet sich nach der zu benutzenden Methode, dem Lösungsmittelgemisch, der beabsichtigten Steighöhe und der Trenndauer. Um scharfe Trennungen zu erzielen, sind die Laufzeit und die Härte aufeinander abzustimmen [24]: man wählt eine Sorte, die auch bei kurzer Laufzeit noch ein gut differenziertes Chromatogramm mit scharf zentrierten Flecken ergibt. Als Standardpapiere für

Tabelle 5. *MN-Papiere für Chromatographie und Elektrophorese*
(Macherey, Nagel & Co., Düren)

I. Linterspapiere

Normal Nr.	ausgewaschen Nr.	Gew. g/m²	Dicke mm	Saughöhe mm/10min	Aust.-K. μval/g	Oberfläche	Qualität und Verwendbarkeit	Asche %
263	2263	90	0,18	30	8	rauh	geringe Sauggeschwind., scharfe Trennung	
261	2261	90	0,19	50	6,5	m-glatt	Standard-Papier	
212	2212	120	0,21	50	7	glatt	stärker, mittelschnell	
219	2219	70	0,17	60	8,5	rauh	mittlere Dichte	
807	2807	70	0,17	60	5,5	glatt	mittelschnell, f. Rundfilterchromatogr.	0,04 bis 0,06
214	2214	140	0,28	65	5	rauh	etwas stärker, geeignet f. Elektrophorese	
260	2260	90	0,25	80	5,5	rauh	schnell laufend	ausgewaschen
818	2818	180	0,40	90	7	rauh		0,008
827	2827	270	0,70	160	4,5	rauh		bis 0,012

II. Zellstoffpapiere

Normal Nr.	ausgewaschen Nr.	Gew. g/m²	Dicke mm	Saughöhe mm/10min	Aust.-K. μval/g	Oberfläche	Qualität und Verwendbarkeit	Asche %
	2283	90	0,17	30	30	natur	hohe Austausch-Kapazität, langsam laufend	
	2281	90	0,17	50	30	natur	hohe Austausch-Kapazität	
	2280	90	0,60	70	30	natur	hohe Austausch-Kapazität, schnell laufend	

Alle Sorten werden auch fettfrei extrahiert geliefert: Zusatzbezeichnung „f". Ausgewaschene Linterspapiere mit verminderter Austauschkapazität erhalten die Zusatzbezeichnung „a". Auftrennung stark saurer Substanzen mit gewaschenen Zellstoff-Papieren.

Tabelle 6. *„Ederol"-Filtrierpapiere für Chromatographie und Elektrophorese (Ed)*
(J. C. Binzer, Hatzfeld/Eder)

Sorte	Oberfläche	Gewicht g/m²	Saughöhe mm/10 min	Lagerformat cm	Eigenschaften
201	maschinenglatt	100	55—60	48 × 60	schnell saugend
202	maschinenglatt	120	55—60	48 × 60	schnell saugend
202/S	satiniert	120	55	48 × 60	schnell saugend
207	maschinenglatt	90	45—50	48 × 60	mittel-schnell saugend
207/S	satiniert	90	45	48 × 60	mittel-schnell saugend
208	maschinenglatt	120	45—50	48 × 60	mittel-schnell saugend
208/S	satiniert	120	45	48 × 60	mittel-schnell saugend
208/F	—	120	45—50	48 × 60	dto., entfettet
208/A	—	120	45—50	48 × 60	dto., mit Salz- und Flußsäure gewaschen
214	maschinenglatt	90	30—35	48 × 60	langsam saugend
215	maschinenglatt	110	30—35	48 × 60	langsam saugend
215/S	satiniert	110	35	48 × 60	langsam saugend
225	—	180	150	58 × 60	dick, sehr schnell saugend
226	—	140	50—60	58 × 60	dick, schnell saugend

Tabelle 7. *D'Arches-Papiere* (Papeteries Arches-Johannot-Marais, Paris 6e)

Papier-Type	Ge-wicht g/m²	Dicke mm	mm Steig-höhe in Wasser bei 20° C in 10 min	mm Steig-höhe in Äthanol bei 20° C in 10 min	Asche %	Bestandteile	Verwendung
301	115	0,240	64—68	17	0,23	SiO_2, CO_3	Papierelektrophorese, Trennung v. Proteinen
302	115	0,240	66—70	18	0,08	SiO_2	Qualitative Trennung v. Aminosäuren, Amino-alkoholen, Zuckern, organ. Säuren, Aminen und Alkaloiden
303	165	0,320	55—60	13	0,23	SiO_2, CO_3	Farbstofftrennung
304	160	0,320	56—60	14	0,08	SiO_2	Elektrophorese
306	160	0,320	0	25	0,37	SiO_2, Cr_2O_3	Höhere Fettsäuren *"reversed phase chromatography"* hydropholiert

Aminosäuren, Zucker, Alkaloide und Steroide haben sich im Laufe der Zeit die Sorten Wh Nr. 1 und S & S 2043 Mgl herausgeschält. Bei den einzelnen Stoffgruppen haben sich bestimmte Papiertypen bevorzugt bewährt. Sie sind im speziellen Teil erwähnt. Einige Sorten werden von den Firmen auch in fertigem Zuschnitt als „geformte Streifen" geliefert.

Sonderpapiere

Bei bestimmten Anforderungen reicht das reine Linters-Papier nicht aus und muß daher einer Vorbehandlung (Imprägnierung) unterzogen werden. Solche Spezialpapiere werden auch von den Fachfirmen geliefert (Tab. 8).

1. Hydrophobierte Papiere

Man kann diese gewinnen durch Tränkung des fertigen Papieres oder durch Veresterung der Faser. Bei einer Behandlung mit Silikone-Harzen wird das Papier mit einer 5%igen Lösung von Dowex 1107 in Cyclohexan (vgl. S & S 2043 b „hy"), einer 10%igen Silikone-Hahnfett-Lösung in Methylenchlorid oder der wäßrigen Emulsion von Natriummethyl-silikonat *(Bayer)* gebadet; anschließend ist durch Hitze (110° C) zu trocknen. Man kann auch Tränkungsmittel auf Fettbasis benutzen: Cerosin (Sdp. 190—220° C), weiße Vaseline oder Paraffinöl 2—5%ig in Äther oder Petroläther.

Hydrophobiertes Papier kann man jedoch auch durch Veresterung der Fasern erhalten. Je nach dem Veresterungsgrad und der Natur der Säure kann man Papiere fast jeden Grades von Hydrophobie erhalten. Ein Acetylierungsverfahren ist auf S. 126 beschrieben. Succinyl-Cellulose-Papier erhält man durch 4 h Behandlung im Thermostaten am Rückfluß-kühler (80° C) in einer Lösung aus 100 g Bernsteinsäureanhydrid in 500 ml Benzol und 400 ml Pyridin; dann wird 2 h in fließendem Wasser, 1 min in 0,5 n-Schwefelsäure und nochmals 2—3 h in Wasser gebadet.

Tabelle 8. *Besonders behandelte Papiere und Spezialpapiere*

Hersteller	Sorte	Dicke mm	Flächengewicht g/m²	Saughöhe mm/30 min	Format cm	Bemerkungen
S & S	2043a hy	0,16—0,18	etwa 90—95	—	58×60	mit Dowex 1107 hydrophobiert
S & S	2043b hy	0,20—0,23	etwa 125—135	—	58×60	wie 2043a hy
S & S	2043b niedrig acetyliert	0,23—0,25	etwa 160—170	—	56×58	20—25% der theoretischen Menge Acetyl
S & S	2045b niedrig acetyliert	0,16—0,18	etwa 150—160	—	56×58	
S & S	2043a hoch acetyliert	0,20—0,22	etwa 140—150	—	52×54	über 90% der theoretischen Menge Acetyl
S & S	Kationen-austauscherpapier	0,27—0,35	100—110	90—100	45×45	etwa 5% Dowex 50
S & S	Anionen-austauscherpapier	0,27—0,35	100—110	90—100	45×45	etwa 5% Dowex 2×8
S & S	Carboxylpapier I	—	80—85	90—110	45×45	0,8% Carboxyl
S & S	Carboxylpapier II	—	80—85	65—75	45×45	1,1% Carboxyl
Ed	208/IK	—	etwa 120	—	48×60	10% Dowex-Kationenaustauscher Nr.50
Ed	208/Al	—	etwa 120	—	45×60	10% Dowex-Anionenaustauscher Nr. 2
Ed	Acetylpapier	—	—	—	4×48	mit jedem gewünschten Acetylierungs-grad
MN	„WA"	—	—	—	60×58	silikon-imprägniert
MN	„Al"	—	—	—	60×58	Austausch-Kapazität mit Aluminium-Ionen abgesättigt
S & S	Glasfaserpapier Nr. 6	0,17—0,23	60—70	120—130[1]	58×58	schnell
S & S	Glasfaserpapier Nr. 8	0,27—0,33	60—70	190—210[1]	58×58	sehr schnell

[1] Saughöhe in 10 min.

Nach Trocknung bei 110° C ist das Papier besonders gut für die Trennung von Aminosäuren und Alkaloiden geeignet [105]. Auf billige und schnelle Weise kann man ein acetyliertes Papier gewinnen, wenn man es 15 min in einer 1%igen Aceton-Lösung von sek. Acetat-Cellulose (z. B. Glanzstoff-Courtauld „*Seraceta*") badet und dann im Warmluftstrom trocknet. Das Garn ist mit Petroläther (Sdp. 40—60° C) vorzuextrahieren und bei 60° C zu trocknen [106].

2. Carboxyl-Papiere

Die Erhöhung des natürlichen, durch Faseraufbereitung gegebenen Hydroxylgehaltes erfolgt durch Behandlung mit N_2O_4. Vgl. Tab. 8. Gute Trennungen ergeben sich bei Aminen, Alkoholen und anorganischen Kationen.

3. Austauscher-Papiere

Neben der Modifikation an der Cellulosefaser selber wird vor allem die Einlagerung von Partikeln benutzt. Man kann das Papier dazu in eine Lösung von 65 g/l Aluminiumsulfat tauchen und nach Passage von 2 n-Ammoniak dann bis zur Ionenfreiheit auswaschen. Verwendet man 25%ige wäßrige Lösung von Natriumsilicat, so wird der Bogen nach 30 min Abtropfen in 3 n-HCl gebadet und nach erneutem Abtropfen in Leitungswasser gespült und getrocknet; erhitzt man das Papier vor Gebrauch 15—30 min auf 100° C, so ergeben sich besonders gute Trennungen bei Terpenen, Blatt-Farbstoffen, Phenolen und Steroiden [107]. Die käuflichen Ionenaustauscherpapiere sind während der Herstellung mit feinst zermahlenen Austauscherharzen versehen worden. Für eine erfolgreiche Trennung ist die Wahl eines geeigneten p_H-Bereiches des Lösungsmittels von großer Wichtigkeit.

E. Aufbereitung

Von

H. F. Linskens

I. Extraktion

Extraktionsmethode und Extraktionsmittel richten sich weitgehend nach der Natur der zu untersuchenden Substanzen. In jedem Fall ist jedoch zu beachten, daß eine erschöpfende Extraktion von pflanzlichem Material sehr lange Zeiträume umfassen muß. Quantitative Aussagen bei solchen Extrakten sind daher immer in Beziehung zu setzen zur Extraktionsdauer. Die verschiedenen Stoffe lassen sich außerdem mit den gleichen Extraktionsmitteln unterschiedlich gut extrahieren (Abb. 25). Der Zeitfaktor spielt eine entscheidende Rolle. Es gelten also hier die Gesichtspunkte der allgemeinen biochemischen Analytik in vollem Umfang [49, 50]. Durch zweckmäßige Extraktionskolben lassen sich die Extrakte auch verlustfrei auf das Papier übertragen [46] (Abb. 26-28).

II. Störsubstanzen

Zur Vorbereitung eines pflanzlichen Extraktes für die Papierchromatographie gehört die Entfernung von störenden Substanzen. Die z. T. recht umständlichen Verfahren sind jedoch nicht in allen Fällen erforderlich. Man überzeugt sich daher durch Vorversuche, ob man ohne solche Vorsichtsmaßregeln auskommen kann.

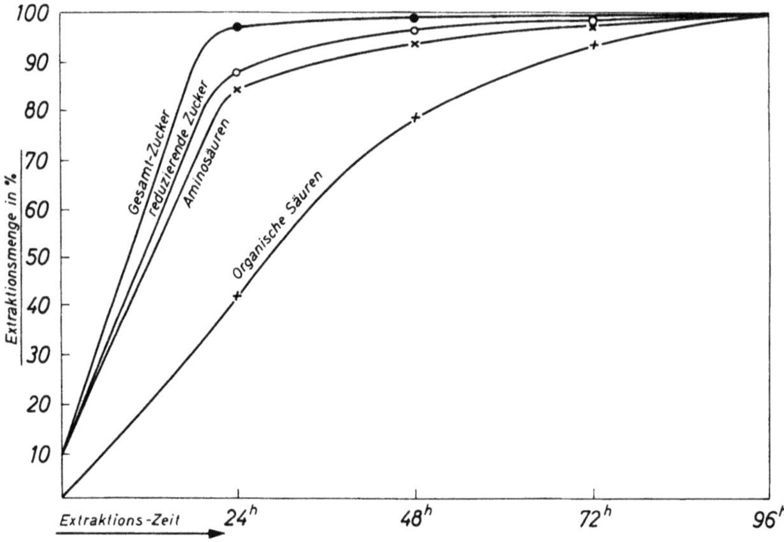

Abb. 25. Ausbeute bei kontinuierlicher Extraktion von jungen Maissprossen im Soxhlet mit 80%igem Äthylalkohol

1. Entsalzen

Biologische Flüssigkeiten und Extrakte enthalten meist eine größere Menge von Neutralsalzen, die bei papierchromatographischer Trennung sehr stören können: Entsalzen ist daher manchmal notwendig. Dies kann erfolgen durch Fällung mit $Ba(OH)_2$, AgOH oder Pyridin, durch Abdampfen und durch Ionenaustausch [39][1]. Auch Mikrodialyse gegen Wasser kann zweckmäßig sein [47]. Bei kleinen Extraktmengen sind jedoch die Verluste relativ groß. Nützlich kann auch eine Vorchromatographie in geeigneten Lösungsmitteln sein oder eine Ionophorese auf Papier, das mit Ammonacetat-Puffer getränkt ist. Dabei wandern die Salze schneller als Aminosäuren und Peptide, so daß Verluste nicht auftreten. Es sind weiterhin eine Reihe von Apparaturen zur Entsalzung durch Elektrodialyse beschrieben worden [40-42]. Besonders elegant ist die Entsalzung der Startflecken unmittelbar auf dem Papier. Dazu dient ein **Mikro-Entsalzer** (Abb. 29), der mit der Kathode B an der Unterseite, mit der durch eine Cellophanhaut abgeschlossenen Anodenzelle A auf der Oberseite

---

[1] Amberlite- und Dowex-Ionenaustauscherharze, z. B. lieferbar durch Serva-Entwicklungslabor Heidelberg; Lewatit-Austauscher zu beziehen durch Farbenfabriken Bayer, Leverkusen/Rhein.

des Papieres angebracht wird, solange der Flecken noch feucht ist. Ist die Substanz angetrocknet, so wird sie vor dem Entsalzen mit etwa 0,5 ml Wasser wieder angefeuchtet. Nach Einschalten des Stromes wird der Dreiwegehahn D so geöffnet, daß das Quecksilber aus dem Trichter durch den Kathodenraum strömen und langsam in die umgebende Plastik-

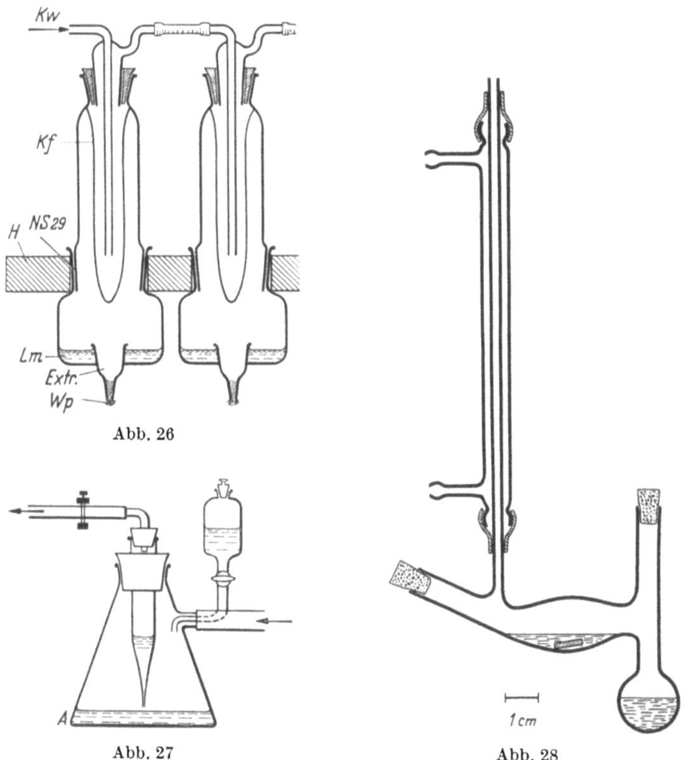

Abb. 26

Abb. 27

Abb. 28

Abb. 26. Die zu applizierende Substanz wird in den unten mit einem Wattepinsel (Wp) verschlossenen Trichter (Extr.) eingefüllt. Durch den Kühlfinger (Kf) zirkuliert Leitungswasser (Kw). Das durch einen Warmluftstrom zur Destillation gebrachte Extraktionsmittel (Lm) kondensiert an dem Kühl finger und tropft durch den Trichter und Docht direkt auf den Startpunkt

Abb. 27. Ein zur Capillare ausgezogenes Glasröhrchen (Extraktor) wird mit einem Stopfen in eine Saugflasche mit verkürztem Seitentubus eingesetzt und über einen Gummischlauch mit Klemme an eine Wasserstrahlpumpe angeschlossen. Das zerkleinerte, zu extrahierende Material im Extraktor wird mit dem Extraktionsmittel aus dem seitlichen, rechts befindlichen Kolben durch die Capillare mit dem Extraktionsmittel versehen und durch hochperlende Luftblasen durchmischt. Durch Niveauhebung (A) kann Lösungsmittel zugegeben werden. Nach Extraktion wird Klemme geschlossen und Capillare auf Startpunkt aufgesetzt; Extrakt tropft auf

Abb. 28. Mikroextraktionsapparat, der nach dem Rückflußprinzip arbeitet. Im Extraktionsraum (Mitte) befindet sich das zu extrahierende Material. Durch die Kondensation im Kühler (links) wird ein kontinuierlicher Extraktionsmittelfluß in Kolben [rechts über der Heizquelle (Kapazität 5 ml)] erzielt. Durch entsprechende Neigung des Extraktors kann die Kapazität des Extraktionsraumes vergrößert oder verkleinert werden [118]

schale abtropfen kann. Die Stromstärke sollte 40 mA nicht überschreiten, die Spannung bis 30 V langsam erhöht werden. Fällt die Spannung auf etwa 15 mA ab, so ist nach rund 5 min die Entsalzung beendet. Das Papier wird bei 40° C getrocknet und ist klar zur Chromatographie [43].

Schwache Säuren werden durch Elektrodialyse nicht vollständig entfernt. Essigsäurereste können jedoch durch Wasserdampfdestillation ausgetrieben werden. Bei Aminosäuren ist besondere Vorsicht geboten, da Verluste auftreten [44]. Durch entstehende Wasserstoffionen können leicht reduzierbare Stoffe hydriert werden. Als Störung können sich größere Konzentrationen von Ammoniumionen durch die Bildung von Ammoniumamalgam bemerkbar machen, da sie den Hg-Umlauf stören.

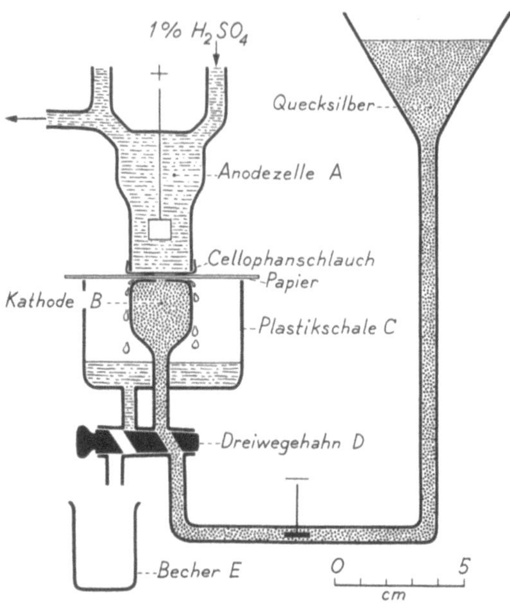

Abb. 29. Mikroeinrichtung zur Entsalzung von Substanzflecken (Startflecken) auf dem Chromatogramm

2. Entfernen von Lipoiden

Der zur Trockne eingedampfte Extrakt wird mit geeigneten Lipoidlösungsmitteln (Äther, Chloroform, Petroläther, Alkohol) aufgenommen. Es ist jedoch Vorsicht geboten, da auch Aminosäuren in Petroläther in Lösung gehen (etwa 20%). Vermutlich sind die nicht durch die Dialyse entfernten Peptide an Lipoide gebunden [45].

3. Entfernen von Eiweiß

Unter den verschiedenen Deproteinisierungsverfahren gibt die Anwendung von Äthylalkohol (Endkonzentration 80%) die geringsten Verluste. Weiterhin kann eine Fällung mit Phosphorwolframsäure oder Trichloressigsäure vorgenommen werden. Das Verhältnis zwischen der Menge des biologischen Materials und der Fällungslösung soll 1:5 (g:v) betragen. Phosphorwolframsäure wird in folgender Mischung verwendet: 10% Natriumwolframat, 0,66 n-Schwefelsäure, Wasser (20:20:60), (v:v:v). 20%ige Trichloressigsäure wird mit Wasser 1:1 verdünnt. Nach 10 min Stehen wird abfiltriert und das Filtrat zur weiteren Analyse benutzt.

III. Einengen

Liegen die Komponenten unterhalb der Nachweisgrenze im Extrakt vor, so muß durch Eindampfen im Vakuum eine Konzentrierung vorgenommen werden. Das Einengen empfindlicher Substanzen, insbesondere proteinhaltiger Lösungen, erfolgt auf schonende Weise durch Gefriertrocknung. Dazu dienen entsprechende komplette Einrichtungen[1], die auch für andere Zwecke verwendet werden oder mit Labormitteln zusammengestellte Apparaturen (z. B. Abb. 30) [48]. Auch lassen sich verdünnte Substanzen durch Kegel-Chromatographie (s. S. 19) konzentrieren [21].

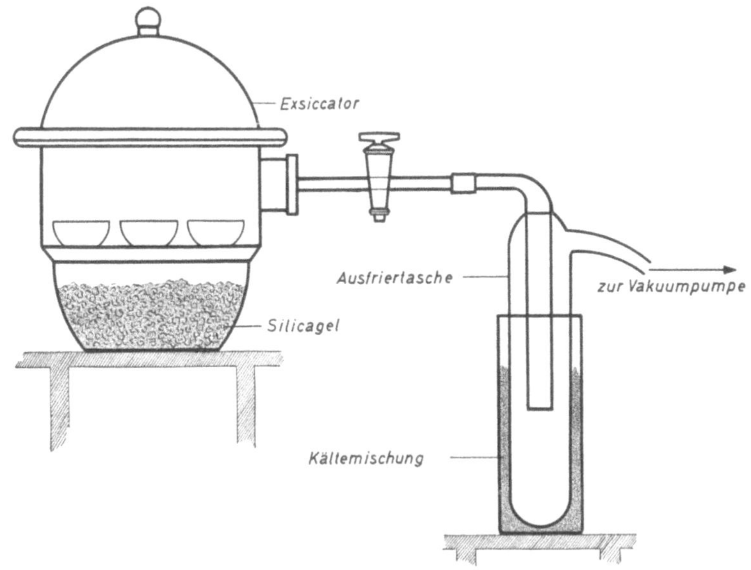

Abb. 30. Anordnung zur Gefriertrocknung. Der einzuengende Extrakt befindet sich in flachen Porzellanschalen. In der Ausfriertasche (Kältemischung z. B. Aceton-Kohlensäureschnee) wird die entzogene Feuchtigkeit niedergeschlagen (Kondensat). Zur Verhinderung des Schäumens wird der Extrakt vor dem Einbringen kurz eingefroren

F. Auftragen und Trocknen

Von

H. F. LINSKENS

Die Analysenlösung bzw. die Vergleichssubstanz-Lösung werden als Startpunkt oder als Startlinie auf das Papier aufgetragen. Dazu sollen je Flecken etwa 10 γ jeder Komponente (bei Aminosäuren maximal 50 γ) vorhanden sein. Im allgemeinen werden Volumina zwischen 0,002 und 0,02 ml Lösung verwendet, die in bezug auf jede Komponente etwa

---

[1] Zum Beispiel Gefriertrocknungsanlage G 01 von Fa. Leybold Nachf. Köln.

1%ig sein sollten. Beim Auftragen läuft die Lösung aus: der Startfleck darf einen maximalen Durchmesser von 10 mm haben. Größere Flecken bedeuten Ungenauigkeiten beim Trennvorgang.

Man markiert mit Bleistift (Kopier- und Farbstifte sind ungeeignet!) die Startlinie etwa 50 mm von der Papierkante; die Startpunkte sollen bei eindimensionaler Methode einen seitlichen Abstand von etwa 30 bis 40 mm haben. Die Markierung der Startpunkte auf dem Papier wird

Abb. 31. Aufbringen der Substanzlösungen auf Streifen und Bogen. Das Papier legt man während des Auftropfens und Antrocknens so über eine U-förmige Holz- oder Glasleiste, daß die Auftropfstelle über dem Hohlraum zu liegen kommt. Die Vergleichslösungen werden in Schliff-Gläsern aufbewahrt (links) [29].

erleichtert durch Verwendung einer Aluminium- oder Plastikschablone, die Bohrungen zum Anzeichnen der Kreise enthält [51]. Es hat sich als zweckmäßig erwiesen, beim Auftragen auf mehrere Bogen diese stufenweise übereinanderzulegen und durch zwischengeschobene Glasstäbe eine Berührung zu verhindern [52]. Trägt man auf Streifen auf, so sollen diese am Auftropfpunkt keinen Kontakt mit der Unterlage haben (Abb. 31).

Zum Aufbringen der Lösungen dienen dünne Glasstäbchen, Schmelzpunktröhrchen, Thermometercapillaren, Plastiktrichter, Blut- und Mikropipetten. Besonders handlich sind Mikropipetten mit Fülleinrichtung [1]; auch kann man durch Anbringen eines Glasrohrs eine einfache Kolbenpipette herstellen (Abb. 32). Quantitatives Auftragen kleiner Mengen läßt sich mit der Agla-Mikrometer-Spritze durchführen[1]. Bei

---

[1] Hersteller: Burroughs Wellcome & Co. London; Vertrieb durch Firma L. Hormuth, Inh. W. E. Vetter, Heidelberg, Postfach 127.

einer Kapazität von 0,5 ml und einer Graduierung von 0,2 mm³ ist die Ablesegenauigkeit 0,05 mm³. Die Vergleichslösungen bewahrt man in Schliffflaschen.

Kleine Organismen und Gewebeteile kann man auch ohne Extraktion unmittelbar auf dem Startpunkt auspressen [61]. Dazu wird das Papier mit einer Glasplatte unterlegt und beim Zerdrücken ein Glasstempel

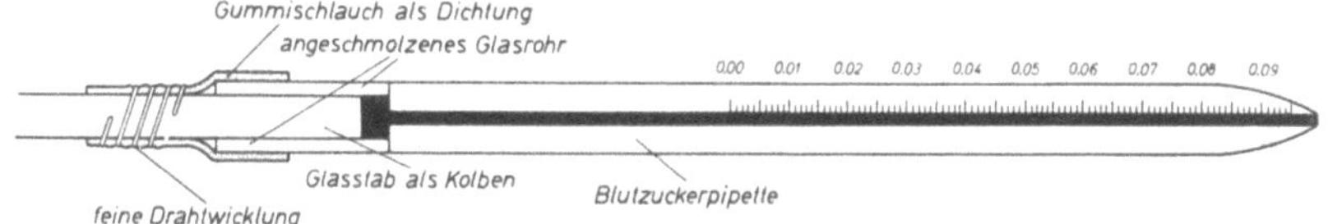

Abb. 32. Pipette zum Auftragen der Analysenlösung auf das Chromatogramm

benutzt. — Man kann den Extrakt auf dem Papier konzentrieren. Dazu wird die Lösung entweder portionsweise auf den gleichen Startflecken aufgetropft und das Lösungsmittel unter Zuhilfenahme eines Heißlufttrockners (Föhn) oder einer Infrarotlampe (z. B. Philips) rasch weggetrocknet; oder man läßt aus einer sehr feinen Pipette unter Aufsetzen auf das Papier einen kontinuierlichen Flüssigkeitsstrom von der Unterseite durch Anblasen mit heißer Luft schnell abdunsten [70]. Es ist darauf zu achten, daß die Konzentrationsverteilung auf dem Startflecken einheitlich bleibt. Wird sie im peripheren Bereich zu groß, so entstehen bei der Trennung „geschnürte" oder parallellaufende Doppelflecken.

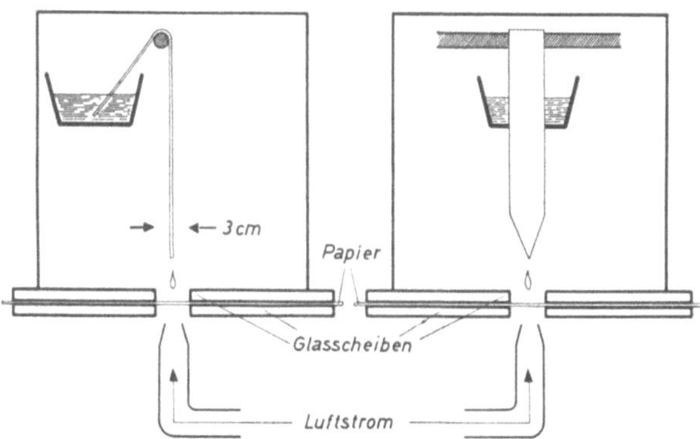

Abb. 33. Übertragen des Eluates auf neuen Startpunkt. Das Lösungsmittel der Tropfen wird durch einen Warmluftstrom, der von unten her auf das Papier gerichtet ist, schnell verdunstet

Auch kann man eine Konzentrierung der Startpunkte in der Weise vornehmen, daß man das ursprüngliche Auflösungsmittel, in dem alle Substanzen in der Front wandern, kurz im Bogen aufsteigen läßt [54]; entsprechend arbeitet die Kegelmethode für die Ring-Chromatographie [21] (s. S. 19). Zum Herauslösen der getrennten Substanzen aus dem Chromatogramm bzw. zum Übertragen auf neue Bogen sind verschiedene Methoden beschrieben worden (Abb. 28, 33, 34, 64) [54—57].

Ist eine ausreichende Trennung erreicht, so wird das Chromatogramm aus dem Behälter entnommen. Es ist darauf zu achten, daß dabei kein überschüssiges Lösungsmittel auf den Bogen tropft. Zunächst markiert

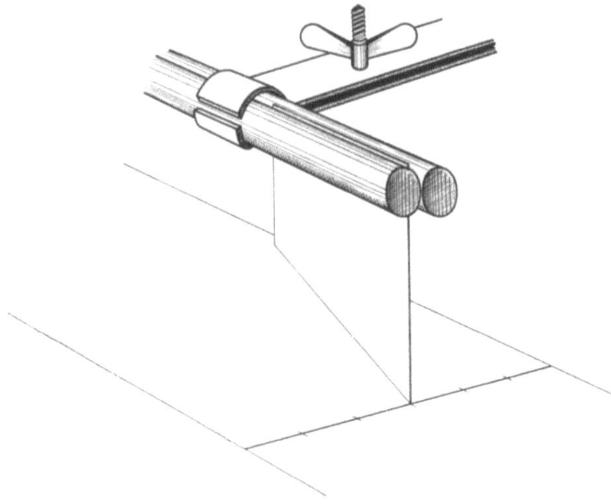

Abb. 34. Direkte Übertragung auf neue Startpunkte: Der Chromatogrammausschnitt wird zwischen 2 Glasstäbe geklemmt, das Eluat tropft ohne Verlust unmittelbar auf den neuen Startpunkt [56]

Abb. 35. Aufhänge-Vorrichtung in einem Trockenschrank für Papierchromatogramme (Res. Equ. Corp., Oakland). Die Bogen werden hängend auf Glasstäben einer ausfahrbaren Haltevorrichtung angeklemmt

man die Lösungsmittelfront und protokolliert den Zeitpunkt des Abbruches des Trennvorganges. Hat man dies vergessen, so kann man unter

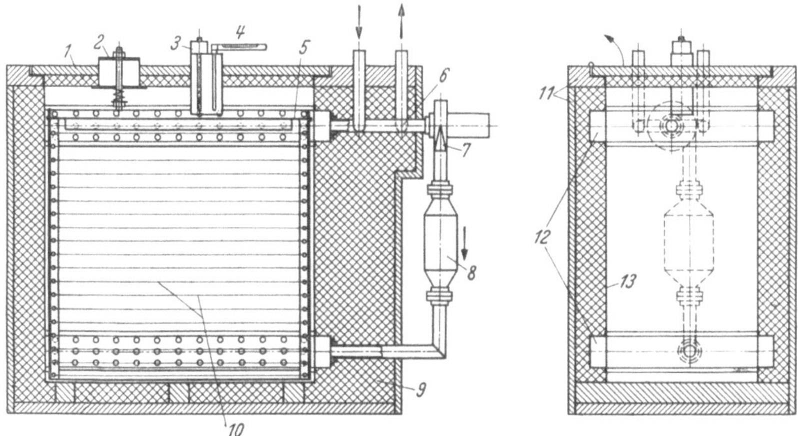

Abb. 36a. Trockenschrank für Papierchromatogramme im Schnitt [59]. Der mit einem Deckel (1) verschlossene Kasten aus geschweißtem, rostfreiem Stahlblech (13) mit den inneren Abmessungen 1050 × 950 × 500 mm hat an drei Seiten Luftkanäle (12) von rechteckigem Querschnitt, die in der als Wärmeisolierung dienenden Steinwolle (9) des Holzkastens (11) eingebettet sind. Die Heizdrähte (10) sind auf einem Heizeinsatz (5) montiert, der gleichzeitig zur Aufnahme der an Glasstäben hängenden Chromatogramme eingerichtet ist. Die Temperatur wird über einen Thermostaten (3), den Lufterhitzer (8) und ein Thermometer (4) geregelt und kontrolliert. Zum Schutz vor Explosionen ist ein Sicherheitsventil (2) eingebaut. Die Luftumwälzung erfolgt über den Ventilator (7) und kann durch das Umsteuerventil (6) auf Umluft und Abluft eingestellt werden

der UV-Lampe die Front zurückfinden anhand der stets vorhandenen Fluorescenz, die durch Stoffe aus energetisch katalysiertem Abbau der Cellulose bedingt wird. Das Papier wird sodann zweckmäßig hängend

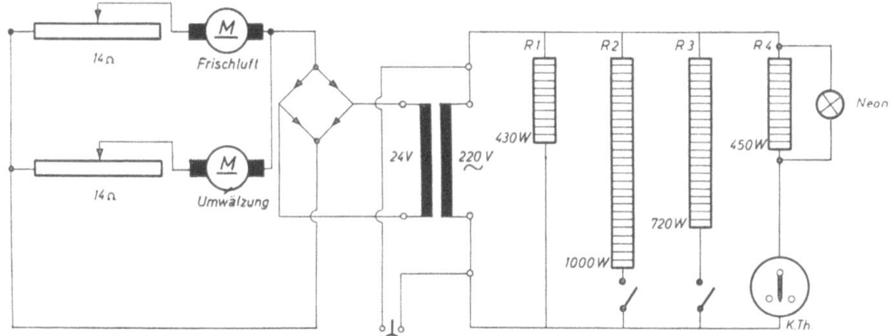

Abb. 36b. Schaltbild eines Trockenschrankes für Papierchromatographie. R_{1-4} Heizwiderstände: R_1 zum Anwärmen der Frischluft, R_2 zum Anheizen des Gerätes, R_3 Grundheizung, R_4 Zusatzheizung zur Feinregulierung, über das Kontaktthermometer K.Th. gesteuert. Die beiden Ventilatoren (M) werden über Regelwiderstände in der Umwälzgeschwindigkeit gesteuert

getrocknet. Erfolgt die Trocknung bei Zimmertemperatur, so beschleunigt man durch Ventilator. Für Phenol-Chromatogramme benötigt man einen Trockenschrank (Abb. 3, 35, 36).

Es werden zahlreiche Spezialtrockenschränke für die Papierchromatographie angeboten[1]. Ein Eigenbau ist ebenfalls möglich (Abb. 36a, b). In jedem Fall sollte man den Anschluß an die Luftabsaugung vorsehen [58, 59].

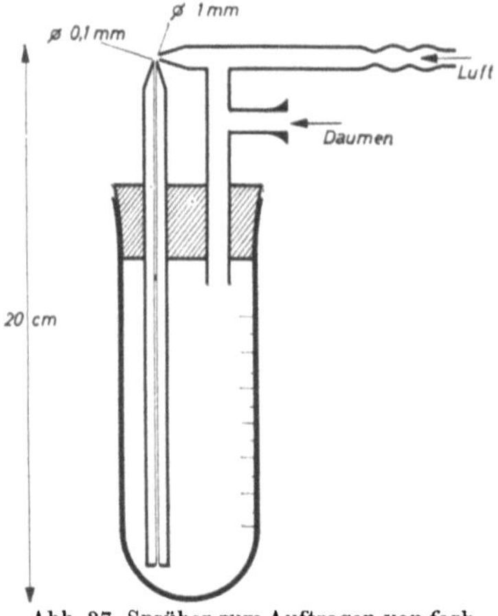

Abb. 37. Sprüher zum Auftragen von farbgebenden Reagentien. Durch partiellen Verschluß durch den Daumen kann der Sprühstrahl reguliert werden

Die Reagentien zur Identifizierung und Sichtbarmachung der getrennten Stoffe werden im allgemeinen auf das Chromatogramm aufgesprüht. Seltener wird der ganze Bogen durch ein Reagentien-Bad gezogen. Von den Fachfirmen werden zahlreiche Sprüher-Typen angeboten. Wesentlich ist, daß der Sprühstrahl weitgehend einheitliche Tröpfchengröße besitzt. Aus Gründen der Hygiene und Einfachheit sollte man eine Spritzkabine verwenden [1] (s. S. 11). Für die quantitative Bestimmung kann es notwendig sein, auch die Reagensmenge pro Fläche zu dosieren. Zu diesem Zwecke wird der Behälter kalibriert (Abb. 37).

G. Fehlerquellen

Von

H. F. LINSKENS

Schlechte Trennungen ergeben sich durch zu große Substanzmengen am Start und aus der falschen Wahl der Lösungsmittel, die dann zur „Schwanz- und Zungenbildung" (s. S. 7), sowie zur Überlappung der Flecken führen. Für die verschiedenen Stoffgruppen kommen 5 verschiedene Trennmittel-Systeme in Frage [60] (s. Tab. 9).

Voraussetzungen für die Reproduzierbarkeit der R_F-Werte sind: 1. Temperaturkonstanz $\pm\,0{,}5°$ C im Chromatographieraum [62] (vgl. Abb. 8) Die Lösungsmittelgemische sollten unter den gleichen Temperaturbedingungen hergestellt werden. Stärkere Abkühlungen führen insbesondere bei ternären Trennmitteln zu Entmischungen. Als relativ gut temperaturkonstante Chromatographiergefäße haben sich Steingut-Töpfe erwiesen. Auch Laufkammern mit doppelten, wärmeisolierten Wandungen fangen kleine Temperaturschwankungen ab. Auskleidung der Innenwände mit laufmittelgetränkten Papierbahnen dämpfen temperaturbedingte Änderungen der relativen Feuchtigkeit [68]. Bei der Verwendung wasser-

---

[1] Spezialtrockenschrank E 153 der Firma C. Gerhardt, Bonn; Research Equipment Corp., Oakland 20, Calif.; Ventilator-Lacktrockenofen der Fa. Heraeus, Hanau. Baurd & Tatlock Ltd., Chadwell Heath, Esses, England; New Brunswick Scientific Co., POB 606, New Brunswick, N. J. USA.

Tabelle 9

Stoff	Löslichkeit	Trennmittel
1. Stark hydrophil (Aminosäuren, Zucker)	In Wasser besser als in Alkohol	Unbeschränkt oder beschränkt wassermischbare organische Lösungsmittel mit 1—4% Wassergehalt. Gelegentlich Pufferzusatz. Wasserzusatz erhöht R_F-Werte
2. Mäßig hydrophil	In Alkohol besser als in Wasser	Wie 1. Außerdem wasserärmere Gemische mit unpolaren Lösungsmitteln (Chloroform, Benzol, Äther)
3. Aromatische und heterocyclische Stoffe (Phenole, Farbstoffe)		Wie 1. u. 2. Außerdem org. Mischungen mit 50—100% Wasser unter Zusatz von Salzen, Säuren, Alkalien
4. Lipoide	In Petroläther löslich, unlöslich in Wasser	Wie 1. u. 2. Außerdem wasserfreie Lösungsmittel auf imprägniertem Papier, streng zweiphasige Gemische, "reversed phase"-Chromatographie
5. Säuren und Basen		Wie unter 1. u. 2. Unter Zusatz starker Säuren oder Basen zur Zurückdrängung der Dissoziation oder Überführen in hydrophile Salze. Ionenaustauschpapiere

gesättigter Lösungsmittel muß beachtet werden, daß der Wassergehalt bei Sättigung temperaturabhängig ist. Um zu vermeiden, daß die Lösungsmittelfront bei der Verteilung durch Phasenentmischung gestört wird, müssen Sättigung und Trennung bei gleicher Temperatur vorgenommen werden oder die organische Komponente in geringem Überschuß zugesetzt wird.

Durch Temperaturerhöhung (60° C) kann der Trennvorgang beträchtlich beschleunigt werden. Es sind jedoch dazu besonders dicht schließende Kästen aus rostfreiem Stahl notwendig [*71*].

2. Die Laufzeit für das Chromatogramm (Trennzeit) sollte stets konstant sein.

3. Das Chromatogramm ist vor dem Beginn des Trennvorganges mit der Atmosphäre des Lösungsmittels zu äquilibrieren [*67*]. Im allgemeinen reichen dazu 2 h aus.

4. Vergleichbare Resultate lassen sich meist nur auf Papieren aus der gleichen Serie der Fertigung gewinnen.

5. Stets müssen auf dem Bogen eine oder mehrere Vergleichssubstanzen (Leitchromatogramme) mitlaufen. Wenn die R_F-Werte um mehr als ± 0,02 differieren, ist das Lösungsmittel frisch anzusetzen.

6. Werden Lösungsmittelgemische verwendet, die einer Veresterung unterliegen, so sollten diese erst nach 3 tägigem Aufenthalt bei der Temperatur des Chromatographieraumes benutzt werden.

Teile des Analysengemisches können mit Komponenten des Trennmittels [*63, 72*] oder mit den Carboxyl- bzw. Aldehyd-Gruppen der Cellulose [*74*] reagieren. Sobald polyvalente Ionen zusammentreffen, muß mit dem Auftreten von *"multi-spots"* gerechnet werden. Auch treten Verluste beim Trocknungsprozeß auf, wenn als Lösungsmittel wäßriges

Phenol verwendet wird. Es ist daher notwendig, unter diesen Bedingungen die Trocknungstemperatur nicht über 30° C einzustellen [64, 65]. Besonders bei Messung der Radioaktivität spielt der vorausgehende Trocknungsvorgang wegen eventueller einseitiger Verteilung der aktiven Substanz eine große, nicht zu vernachlässigende Rolle [66].

Die Papierchromatographie instabiler, zersetzlicher Substanzen bietet besondere Schwierigkeiten. Dazu bedient man sich der zweidimensionalen Methode, indem man in beiden Dimensionen das gleiche Lösungsmittelgemisch verwendet (,,*Doppelchromatographie*''). Sämtliche Substanzen müssen dann auf einer diagonalen Linie angeordnet sein. Wandelt sich eine Substanz während des Trennvorganges oder während der Trocknungsprozedur nach der ersten Dimension in ein Folgeprodukt abweichenden R_F-Wertes, so findet man dieses nicht mehr auf der Diagonalen, sondern auf einer davon abweichenden Stelle des Papieres wieder. Entsprechendes gilt für die Spaltung einer Verbindung in zwei oder mehr Komponenten. Das Doppelchromatographie-Verfahren ist sowohl zum Nachweis lockerer Additionsverbindungen, als auch zum Nachweis von Zersetzungserscheinungen z. B. durch Licht oder Autooxydation geeignet. Man kann den Papierbogen auch nach der ersten Dimension solchen zersetzenden Agentien (Chemikalien, UV-Strahlen) exponieren und die Ausgangssubstanz der Reaktions- bzw. Abbau-Produkte aus einem Gemisch ermitteln [69].

Bei dem Erhitzen der Chromatogramme in Zusammenhang mit den Nachweis-Reaktionen können mannigfaltige Fehlerquellen auftreten. Diese sind besonders bei quantitativen Bestimmungen genau zu beachten und durch parallel laufende Blanko-Versuche nach Möglichkeit zu eliminieren. So spielt z. B. das Tageslicht für das Ausbleichen der Farbreaktionen (Ninhydrin) eine wichtige Rolle [73].

H. Auswertung und Dokumentation

Von

H. F. Linskens

An den Trennvorgang und das Aufsprühen des Nachweisreagens schließt sich die Auswertung an. Das Charakteristikum für die einzelnen getrennten Substanzen ist die Wanderungsgeschwindigkeit. Als Maß der Wanderungsgeschwindigkeit in einem bestimmten Lösungsmittel und auf einem bestimmten Papier wird der Quotient (R_F-Wert; *"ration front"*) aus der Entfernung der Substanz vom Startpunkt durch die Entfernung der Lösungsmittelfront vom Startpunkt gebildet [9]:

$$R_F = \frac{\text{Entfernung: Startpunkt — Mitte Substanzfleck}}{\text{Entfernung: Startpunkt — Lösungsmittelfront}}.$$

Die Größe des R_F-Wertes liegt stets unter 1,0. Gelegentlich multipliziert man mit 100, um ganze Zahlen zu erhalten.

Da die Hauptsubstanzmenge meist an der Spitze des Flecken mitgeführt wird, kann man auch diese als Meßpunkt verwenden. Man bezeichnet den resultierenden Quotienten dann als R_L-Wert. Für die Ortnung der Phenole benutzt man eine Abwandlung in der Form [75]:

$$R_F' = \frac{\text{Entfernung: Startpunkt — Front des Fleckens}}{\text{Entfernung: Startpunkt — Lösungsmittelfront}} \cdot$$

Bei der Lokalisierung von Zuckern bezieht man die R_F-Werte der einzelnen Komponenten des Gemisches auf eine stets mitlaufende Bezugssubstanz. Als solche ist 2,3,4,6-Tetramethylglucose = 1,0 üblich [76]. Der sich ergebende Wert wird als R_G oder R_{TG} bezeichnet:

$$R_G = \frac{\text{Entfernung: Startpunkt — Mitte Fleck des gesuchten Zuckers}}{\text{Entfernung: Startpunkt — Mitte Tetramethylglucose-Fleck}} \cdot$$

Bei Durchlaufchromatogrammen fehlt als Bezugspunkt die Lösungsmittelfront. Auch in diesem Falle wird eine Lokalisierung vorgenommen, indem man die Lage des Fleckens zu einer mitlaufenden Standardsubstanz in Beziehung bringt. Der sich ergebende Wert wird *Positionskonstante* [77] genannt und hat sich besonders bei der Trennung von Phosphatestern eingebürgert. Hier dient Orthophosphat als Bezug:

$$P.\text{const} = \frac{\text{Entfernung: Startpunkt — Mitte Flecken} \times 100}{\text{Entfernung: Startpunkt — Fleckenmitte Orthophosphat}} \cdot$$

Als Abkürzung wird auch P_K verwendet [78]. Positionskonstanten lassen sich für alle Stoffgruppen aufstellen [51]. Sie sind sehr praktisch; Angabe der Bezugssubstanz ist notwendig.

Beziehungen zwischen dem R_F-Wert und der chemischen Konstitution lassen sich durch den R_M-Wert ausdrücken [*111*]:

$$R_M = \log\left(\frac{1}{R_F} - 1\right) = \log\frac{A_l}{A_s} - \log\alpha$$

$\alpha =$ Verteilungs-Koeffizient
$A_l/A_s =$ Phasenverhältnis mobile: stationär Phase

Alle Substanzen, die der Papierchromatographie zugänglich sind, bilden auf Grund der Beziehung: $\log\alpha = R_M + \log(A_l/A_s)$ eine unerschöpfliche Quelle für Verteilungskoeffizienten. Damit besteht prinzipiell die Möglichkeit bei bekannten Substanzen die R_F-Werte vorauszuberechnen und bei experimentellem Material aus den R_F-Werten Rückschlüsse auf die Konstanten der Substanz zu ziehen [79, 80].

Noch besser reproduzierbar sind die R_C-Werte:

$$R_C = [R_M - R_{M\,(\text{Basissubstanz})}]/K_{(\text{CH}_2)}$$

$R_{M\,(\text{Basis})} = R_M$-Wert der Basis der R_C-Skalen,
$K_{(\text{CH}_2)} = \text{CH}_2$-Konstante der R_M-Skala, entsprechend der gemessenen R_M-Differenz zwischen zwei homologen Substanzen.

Man kann den R_C-Wert als bezüglich der CH_2-Konstanten und der Lauflänge der Basissubstanz normierten R_M-Wert auffassen [*104*].

Die Ermittlung der R_F-Werte erfolgt rechnerisch nach Messung mit Zirkel oder Lineal, mit Hilfe von Schablonen, des „Partogrid“ [*81*], eines Gummibandes mit Hundertstel-Einteilung [*82*], mit Proportional-Zirkel [*83*] oder Winkel-Indicator [*84*].

R_F-Werte haben nur bis 0,9 Gültigkeit. Höhere Werte zeigen an, daß die Substanz praktisch in der Front wandert. Zur Unterscheidung zweier Stoffe anhand der R_F-Werte ist eine Differenz von $> 0{,}05$ notwendig. Es ist sinnlos, den R_F-Wert auf die 3. Stelle hinter dem Komma zu errechnen. Der R_F-Wert ist im Bereich der üblichen Versuchstemperatur praktisch temperaturunabhängig (Abb. 38).

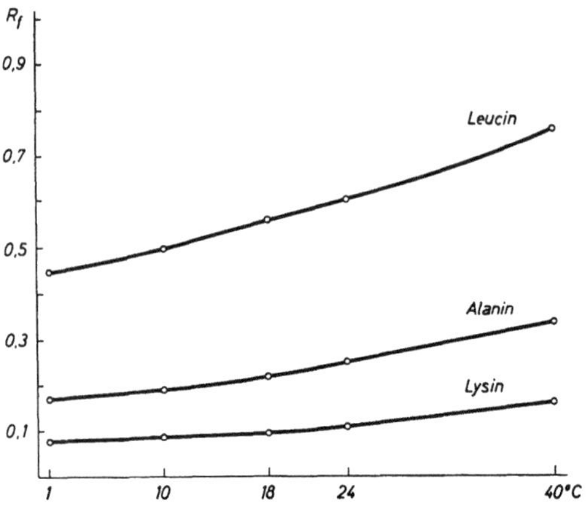

Abb. 38. Die Abhängigkeit der R_F-Werte von der Temperatur während des Trennvorganges. Trennmittel: Butanol–Eisessig–Wasser, Schleicher & Schüll 589 G

Werden in einem Laboratorium in großer Zahl Chromatogramme unter verschiedenen Bedingungen entwickelt, so empfiehlt sich zur Protokollierung der Versuchsbedingungen die Verwendung eines Stempels aus resistentem Gummi (Abb. 39). Auf den lösungsmittelfeuchten Chromatogrammen hat sich die Spezialstempelfarbe B 148/662 (Pelikan-Werke, G. Wagner, Hannover), die sich durch schwache Fluorescenz auszeichnet, bewährt. Um analytische Chromatogramme mit allen Ergebnissen festzuhalten, werden sie mit Hilfe eines Panthographen auf vorgedruckten Formularen registriert (Abb. 40). Da gleichzeitig eine Durchleuchtung auf einer Mattglasscheibe erfolgt, ist dies Gerät besonders nützlich [*1*].

Versuchs-Nr.: *Datum:*
Versuchsobjekt:
Aufarbeitung:
Methode: auf / ab / zweidim. / mehrdim. 1.—2.—3. Lauf
Entwicklungs-Beginn: *-Ende:*
Lösungsmittel: But.—Ess.—Wasser / Phenol—Wasser / /
Dampfphase: *Äquilibr.:* *min / Std.*
Papier: S&S Nr.: */ Wh. Nr / /*
Temperatur: *°C* *Vergleichslösung:*
Nachweisreagens: *%* *mol*
Erhitzung: *min / Std.* *°C*

Abb. 39. Protokollstempel für Chromatogramm

Jedoch kann man auch auf einem Durchleuchtetisch (Filmbetrachtungs-kasten) die Umrisse der gefärbten Flecken anzeichnen oder auf Transparentpapier übertragen.

Grundsätzlich sollten alle Chromatogramme vor dem Aufbringen der Nachweisreagentien im UV-Licht kontrolliert werden. Zahlreiche Substanzen haben Eigenfluorescenz [85]. Manche Stoffe lassen sich durch kurzes Erhitzen oder Abkühlen des Chromatogrammes (Eintauchen in flüssigen Stickstoff, Trockeneis) [86] zur Fluorescenz anregen. Die Fluo-

Abb. 40. Panthograph zur Auswertung von Papierchromatogrammen und Photokopien. Auf dem unbeweglichen Teil (rechts) wird das Formular fixiert, auf der von hinten erleuchteten Mattscheibe (links) wird das mit einem farbgebenden Indicator behandelte Chromatogramm oder eine UV-Kopie befestigt, wobei die Startlinie mit dem oberen Rand übereinstimmen muß. Die Übertragung geschieht mit Hilfe der beiden Plexiglas-Zeiger über eine bewegliche Stange. Bauanweisung: [1]

rescenzflecken werden auf dem Papier durch punktierte Bleistift-Linien umrandet. Flecken, die durch Anwendung eines farbgebenden Reagens auftreten, werden mit vollem Strich abgegrenzt.

In vielen Fällen wird **photographische Dokumentation** erwünscht sein. Chromatogramme lassen sich gut im Durchlicht aufnehmen. Sehr einfach ist die Photogramm-Technik, wenn die Flecken sich deutlich abheben. Sie ist auch zur Aufnahme von Hemmhöfen und Wachstumszonen von Bioautogrammen (s. S. 281f.) sehr geeignet. Hierbei erhält man scharfe Flecken durch Übergießen der Agarplatte mit einer klarfiltrierten Lösung von 5% p-Phenylendiaminhydrochlorid in Wasser (3 min), 2—3mal Abspülen mit dest. Wasser und Zugabe von 1% H_2O_2 [87]. Das Photogramm entsteht durch direkte Kopie auf lichtempfindlichem Material, z. B. Kontakt- oder Vergrößerungspapier. Dabei sind Papiere mit weißglänzender Oberfläche zu bevorzugen. Als zentral stehende Lichtquellen lassen sich auch Tischlampen benutzen. Im Hinblick auf die Scharf-

zeichnung durch Betätigung der Blende ist die Lichtquelle eines Ver-
größerungsapparates am günstigsten [*88*]. Bei schnell verblassenden
Farben kann der noch feuchte Chromatogrammbogen unter Zwischenschalten einer durchsichtigen Plastikfolie unmittelbar bei dem Auftreten
der Färbung auf das Photopapier aufgelegt werden. Solche Photogramme
lassen sich photometrisch ausmessen und so quantitativ auswerten [*89*].

Bei Vorhandensein geeigneter Apparaturen lassen sich die bei der Verwendung
von Farbreagentien entstehenden Flecken in remittierendem und durchfallendem
Licht [*90—92*], durch elektrostatische Entladung [*93*] oder auf Grund der spezifischen Absorption durch Zusatzgeräte zu Spektralphotometern (Beckman, Zeiss)
[*94*] auswerten (z. B. Abb. 41). Das Zeiss-Leucometer ist für die Auswertung eindimensionaler Aminosäuren-Chromatogramme ebenfalls brauchbar [121].

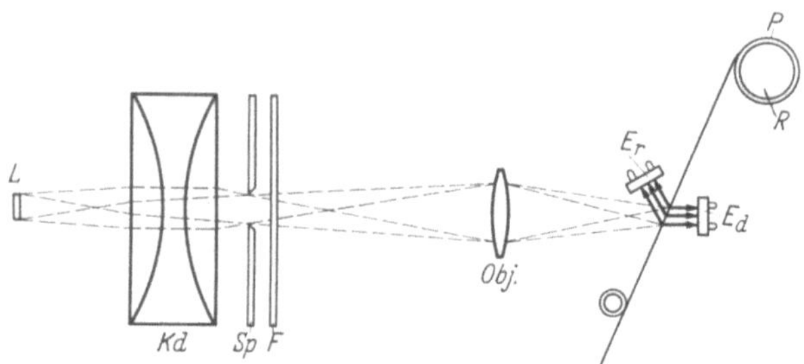

Abb. 41. Schema eines Auswertegerätes für photoelektrische Messungen im remittierenden oder durch-
fallenden Licht. Der Chromatogrammstreifen *P* wird in den Strahlengang der Lichtquelle *L* über
Kondensor *Kd*, Spalt *Sp*, Filter *F* und Objektiv *Obj.* gebracht und von einer Rolle *R* transportiert.
Je nach Stellung der Photozelle *E* wird das durchfallende E_d oder remittierende Licht E_r gemessen.
Remissionskurven sind zwar schwächer, aber gleichmäßiger [*91*]

Für die photometrische Auswertung müssen die Papiere transparent
gemacht werden. Der Streifen wird dazu 5 min lang in eine Mischung aus
α-Bromnaphthalin und Paraffinöl flüssig 0,0880 (1:1) eingelegt. Auf
blasenfreie Einbettung zwischen 2 dünnen Glasplatten für die Direktphotometrie mit einem Densitometer ist besonders zu achten.

Zur Haltbarmachung und Direktphotometrie hat sich besonders die
Umwandlung des Chromatogramms bzw. Pherogramms, in einen **trans-
parenten Trockenfilm,** der nicht schmiert und klebt, durchgesetzt: Das
Papier wird mit einem Polyurethan-Zweikomponenten-Lack[1] mit dem
Brechungsindex $n_D = 1,54$ getränkt. Die mit dem halben Volumen Toluol
verdünnten Komponenten, Lack und Härter, werden vor Gebrauch
frisch (1:1) gemischt und das Papier zweimal, mit 1—2 min Zwischen-
raum, langsam durch den Lack gezogen. Nach Trocknen bei Zimmertemperatur (5—6 h) steigt die Transparenz des Papieres von etwa 45%
auf fast 100%. Färbungen mit Amidoschwarz 10 B, Tetrazol bleiben
unbeeinflußt, solche mit Ninhydrin, Isatin und naphthochinosulfon-
saurem Natrium werden stabilisiert [*95*].

Schwierigkeiten bereitet die **Aufnahme von Fluorescenzflecken.** Dazu
wird das Chromatogramm mit HPW- (Philips) oder HQV-Lampen

---

[1] „Herbopan-Überzugslack, farblos", Hersteller: Lackfabrik Herbig-Haarhaus,
Köln-Bickendorf.

(Osram) beleuchtet. Vor die Linse des Aufnahmeapparates wird das Filter GG 3, 4 oder 13 (Schott) bzw. Voigtländer UV 317/32 [*108*] oder Leitz „Fiove" + „Fiola" [*109*] geschaltet. Die Belichtungszeit liegt bei Blende 10 und Verwendung von orthochromatischem Material je nach Abstand und der Intensität der Fluorescenz zwischen 10 und 30 min. Zu Farbaufnahmen eignen sich Agfacolor-Negativfilm CN, K und T [*96, 110*], Nitrofilm 191, Isopan FF [*109*]. Zur Beschriftung des Chromatogramms für die Aufnahme dient ein „Fluorescenz-Farbstift": Paraffin (Schmp. 50° C), Walrat und Farbstoff (100:100:1) werden im

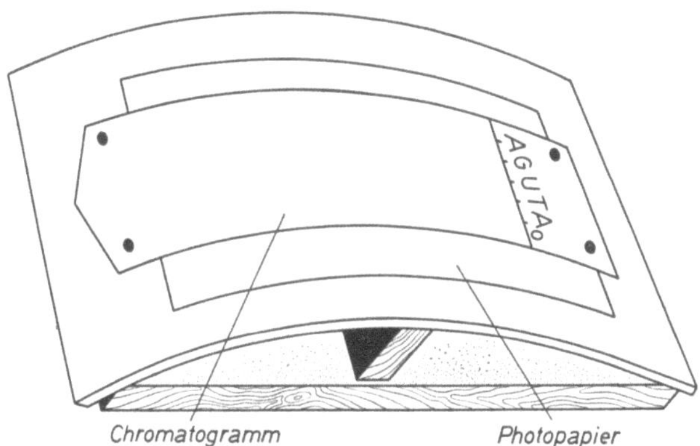

Abb. 42. Anordnung des Chromatogramms auf dem Photopapier für das Photoprint-Verfahren

Reagenzglas auf siedendem Wasserbad zusammengeschmolzen, in ein aus Papier hergestelltes Rohr gegossen und die Füllung in kaltem Wasser abgeschreckt. Als Farbstoffe können dienen: Protoporphyrinmethylester, Rhodamine oder Anthracen mit Sudanrot-Zusatz [*109*].

Für die Lokalisierung der Purin- und Pyrimidin-Derivate, die nicht fluorescieren, aber im UV-Licht bei etwa 2600 Å absorbieren, ist das **Photoprint**-Verfahren [*97*] anzuwenden. Das Chromatogramm wird auf das Photopapier aufgelegt und zwecks guten Kontaktes auf einer konvexen Holzplatte (Abb. 42) befestigt. Als Lichtquelle dient eine Quecksilberlampe, die Emissionsmaxima im geeigneten Bereich hat. Durch Vorschalten von Filtern werden die Linien 253,7 und 265 mμ herausgefiltert.

Als Filterkombination in Quarzcuvetten von 22 mm Apertur sind geeignet:

Filter A (30 mm): 350 g $NiSO_4 \cdot 7 H_2O$, 100 g $CoSO_4 \cdot 7 H_2O$ auf 1000 ml Wasser,
Filter B (35 mm): Chlorgas über CaCl.

Ein brauchbares Filter läßt sich aus 2 gekreuzten, gereckten Polyvenylalkohol-folien, die mit Jod angefärbt wurden (Käsemann, Oberaudorf/Inn), herstellen [*103*]. Andere Autoren arbeiten mit Corning-Filter Nr. 5860 (Durchlässigkeitsmaximum 360 mμ) vor der Lampe und 2 komplementären Absorptionsfiltern (Y-1 von Ednalite) vor dem Objektiv der Kamera [*98*]. Das Absorptionsbild erhält man auch nach Auflegen eines fluorescierenden Filterpapieres (Whatman Nr. 1, getränkt mit einer 1%igen Lösung von Uranin in Wasser mit 10% Glycerin). Auch ist der

Fluorescenzschirm (Abb. 43) zu verwenden. Eine solche Leuchtstoffplatte läßt sich durch Überzug mit Leuchtstoff S 5 grün/1 (= $ZnSiO_4$ und MnO_2 in Lösung von Subitogen) in Chloroform suspendiert, herstellen [99, 101]. Von den einschlägigen Firmen werden komplette UV-Lampen mit allen Filtern geliefert (s. S. 9). Ein Fluorometer für Papierchromatogramme hat A. Kühn [102] beschrieben. Als Aufnahmematerial für das Photoprint-Verfahren dient Ilford-Reflex-Document-Papier Nr. 50 oder Agfa-Dokumentenpapier. Die Belichtungszeit beträgt für einen Abstand von etwa 1,2 m und einer Fläche von 15×40 cm etwa 1,5 min. Sehr viel billiger ist die Verwendung von Ferricycanid-Blaupausen-Papier [100]. Die Expositionszeit hängt stark von der Papierdicke ab; sie beträgt 1—3 min; bei 254 mμ

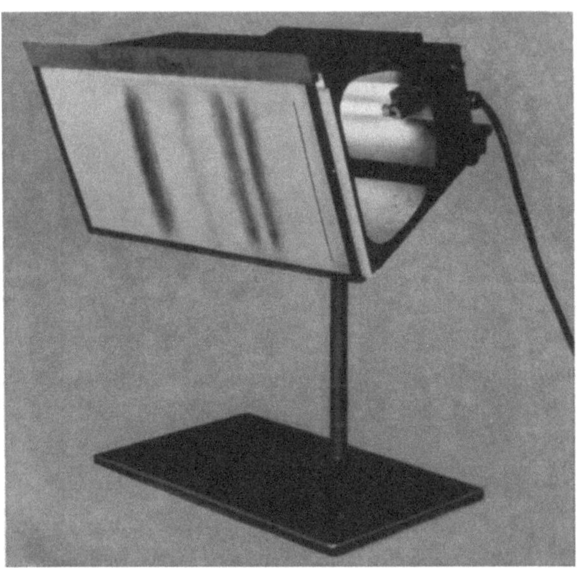

Abb. 43. Fluorescenz-Lampe zum Auswerten von Papierchromatogrammen. Das Chromatogramm wird zwischen Fluorescenzschirm und Lampengehäuse von oben eingeführt und kann seitlich beliebig verschoben werden. An der rechten Seite des Gehäuses befindet sich eine Aussparung, durch welche man mit einem Bleistift die UV-absorbierenden Zonen von hinten direkt auf dem Papier anzeichnen kann. Bauanweisung: [1]

ist gegenüber 360 mμ mit dem Faktor 2 zu verlängern. Nach der Belichtung wird das Blaupapier 5—10 sec lang unter Leitungswasser entwickelt und auf einer glatten Oberfläche (Hochglanzpresse) einige Minuten lang angetrocknet, sodann 10 min lang zwischen Fließpapier flach liegend fertig getrocknet. Während Diazo-Papier ungeeignet ist, kann Eisen-Silber-Papier (z. B. Dietzgen Nr. 227) ebenfalls verwendet werden.

Photoprint-, Fluorescenz- und Leuchtstoff-Schirm haben den Vorteil, daß die georteten Stoffe anschließend ohne Verlust eluiert und quantitativ bestimmt werden können.

Literatur

[1] E. von Arx—R. Neher: Helv. chim. Acta 39, 1664 (1956). — [2] E. C. Fiebig—H. Siegel: Analyt. Chem. 30, 161 (1958). — [3] E. Schwerdfeger: Naturwissenschaften 41, 18 (1954). — [4] J. K. Miettinen—A. Virtanen: Acta chem. scand. 3, 459 (1949). — [5] R. Williams—H. Kirby: Science 109, 541 (1949). — [6] F. Reindl—W. Hoppe: Naturwissenschaften 40, 245 (1953); F. Reindl—M. Hardt: Brauwiss. 8, 186 (1955). — W. Matthias: Naturwissenschaften 41, 17

(1954), **43**, 351 (1956); Züchter **24**, 313 (1954). — [7] J. E. EDSTRÖM: Biochim. biophys. Acta **9**, 528 (1952). — [8] D. S. VEBKATESH–M. STEENIVASAY: Curr. Sci. **20**, 156 (1951). — [9] R. CONSDEN–A. H. GORDON–A. J. P. MARTIN: Biochem. J. **38**, 224 (1944). — [10] K. HEYNS–G. ANDERS: Z. physiol. Chem. **287**, 1 (1951). — [11] T. WIELAND–E. FELD: Angew. Chem. **63**, 258 (1951). — [12] P. DECKER–W. RIFFART–G. OBERNEDER: Naturwissenschaften **38**, 288 (1951). — [13] A. STÖCKLI: Helv. chim. Acta **37**, 1581 (1954). — [14] L. RUTTER: Nature (Lond.) **161**, 435 (1948). — [15] N. C. GANGULI: Naturwissenschaften **42**, 486 (1955). — [16] G. ZIMMERMANN–K. NEHRING: Angew. Chem. **63**, 556 (1951). — [17] H. BROCKMANN–P. PATT: Naturwissenschaften **40**, 221 (1953). — H. ERBRING–P. PATT: Naturwissenschaften **41**, 216 (1954). — [18] H. SULZER: Mitt. Geb. Lebensmittelunters. u. Hyg. **47**, 149 (1956). — [19] H. J. MCDONALD–E. W. BERMES–H. G. SHEPHERD: Naturwissenschaften **44**, 9 (1957). — [20] H. J. MCDONALD–L. V. MCKENDELL: Naturwissenschaften **44**, 616 (1957). — [21] Y. OSAWA: Nature (Lond.) **180**, 705 (1957). — [22] H. HETTLER: J. Chromatogr. **1**, 389 (1958). — [23] I. H. MULLER: Science **112**, 405 (1950). — [24] H. K. MITCHELL–F. A. HASKINS: Science **110**, 278 (1949). — [25] W. L. PORTER: Analyt. Chem. **23**, 412 (1951). — [29] R. NEHER: J. Chromatogr. **1**, 122 (1958). — [27] J. SOLMS: Kalium-Symposium 291, 1954 (Bern); Helv. chim. Acta **38**, 1127 (1955). — [28] C. WUNDERLY: Die Papierelektrophorese. Aarau-Frankfurt a. M. 1954. — [29] A. DITTMER: Papierelektrophorese. Jena 1956. — [30] W. GRASSMANN–K. HANNIG–M. PLÖCKL: Z. physiol. Chem. **29**, 259 (1955). — [31] A. KARLER–C. L. BROWN–P. L. KIRK: Mikrochim. Acta **1956**, 1585. — [32] E. GRAF–P. H. LIST: Naturwissenschaften **40**, 273 (1953). — [33] W. HEYER: Diss. Münster 1953. — [34] K. SLOTTA–S. BRIT–A. BALLESTER: Z. physiol. Chem. **296**, 141 (1954). — [35] W. POHLIT–H. SCHLITTKO: Kolloid-Z. **156**, 71 (1958); **156**, 73 (1958). — [36] J. KOHN: Proc. 5. Colloq. "Protides of biological fluids" Bruges 1958, 120. — [37] H. FISCHBACH–J. LEVINE: Science **121**, 602 (1955). — [38] P. DECKER: Naturwissenschaften **38**, 287 (1951). — [39] H. F. LINSKENS: Mikrokosmos **46**, 139 (1957). — [40] R. CONSDEN–A. H. GORDON–A. J. R. MARTIN: Biochem. J. **41**, 590 (1947). — [41] T. ASTRUP–E. OLSEN–A. STAGE: Acta chem. scand. **5**, 1343 (1951). — [42] P. DECKER: Chem. Ztg. **74**, 268 (1950). — [43] G. ZWEIG–S. L. HOOD: Analyt. Chem. **29**, 438 (1957). — [44] W. H. STEIN–S. MOORE: J. biol. Chem. **190**, 103 (1951). — [45] V. WYNN–T. N. W. WILLIAMS: Nature (Lond.) **165**, 768 (1950). — [46] R. ANTOSZEWSKI: Naturwissenschaften **45**, 42 (1958); P. H. LIST: Naturwissenschaften **44**, 280 (1957). — [47] G. I. C. INGRAM: Chem. Ind. **1956**, 1474. — [48] E. WATZKE: Naturwissenschaften **43**, 83 (1956). — [49] K. PAECH: Mod. Meth. Plant Anal. **1**, 1 (1956). — [50] N. W. PIRIE: Mod. Meth. Plant Anal. **1**, 26 (1956). — [51] H. KALBE: Z. physiol. Chem. **297**, 19 (1954). — [52] R. H. MCMENAMY–G. J. NEVILLE: Chemist-Analyst **46** 13 (1957). — [53] R. NEHER: J. Chromatogr. **1**, 122 (1958) — [54] C. E. DENT: Biochem. J. **41**, 240 (1957). — [55] A. M. MOORE–I. B. BOYLEN: Science **118**, 19 (1953). — [56] M. ZIMMERMANN: Ber. schweiz. bot. Ges. **63**, 415 (1953). — [57] M. H. ZIMMERMANN: Plant Physiol. **32**, 399 (1957). — [58] N. ALBON–D. GOSS: Analyst **77**, 406 (1952). — [59] P. NEUENSCHWANDER–R. I. PELTONEN: Microchim. Acta **1957**, 71. — [60] P. DECKER: Pharmazie 8, 371, 477 (1953). — [61] R. N. GREENSHIELDS: Nature (Lond.) **181**, 280 (1958). — [62] E C. BATE-SMITH: Biochem. Soc. Symp. **3**, 62 (1950). — [63] C. S. HANES–F. A. ISHERWOOD: Nature (Lond.) **164**, 1107 (1949); C. H. HASSALL–S. L. MARTIN: J. chem. Soc. **1951**, 2766; A. S. CURRY: Nature (Lond.) **171**, 1026 (1953). — [64] C. H. HASSALL–K. E. MAGNUS: Experientia (Basel) **10**, 425 (1954). — [65] L. FOWDEN: Biochem. J. **48**, 327 (1951). — [66] F. POCCHIARI–C. ROSSI: Rend. dell'Inst. sup. Sanità 18, 1241 (1955). — [67] A. ENSGRABER: Naturwissenschaften **44**, 281 (1957). — [68] T. MÜNZ: Naturwissenschaften **41**, 553 (1954). — [69] P. DECKER: Naturwissenschaften **44**, 305 (1957); K. SCHWARZ–A. A. BITANCOURT: Science **27**, 607 (1957). — [70] K. MICZYNSKI: Bull. Akad. pol. Sci., Sér. Biol. **5**, 227 (1957). — [71] H. R. ROBERTS–M. G. KOLOR: Nature (Lond.) **180**, 384 (1957). — [72] A. R. V. MURTHY–V. A. NARAYAN: Curr. Sci. **25**, 145 (1956). — [73] S. H. v. HORST–V. JURKOVICH–Y. CARSTENS: Analyt. Chem. **9**, 788 (1957). — [74] C. H. HORDIS–G. N. KOWKABANY: Analyt. Chem. **30**, 1210 (1958). — [75] R. A. EVANS–W. H. PARR–W. C. EVANS: Nature (Lond.) **164**, 674 (1949). — [76] E. L. HIRST–J. K. N. JONES: Discuss. Faraday Soc. **7**, 268

(1949). — [77] D. C. Mortimer: Canad. J. Chem. 30, 653 (1952). — [78] H. Gunze-E. Thilo: S.-B. dtsch. Akad. Wiss. Berlin, Kl. math. allg. Naturwiss. 1953, Nr. 5 (1954). — [79] A. I. P. Martin: Biochem. Soc. Symp. 3, 4 (1949). — [80] H. K. Schauer-R. Bulirsch-P. Decker: Naturwissenschaften 42, 626 (1955). — [81] L. B. Rockland-M. S. Dunn: Science 111, 332 (1950). — [82] D. M. D. Philips: Nature (Lond.) 162, 29 (1948). — [83] J. Jerchel-W. Jacobs: Angew. Chem. 66, 298 (1954). — [84] R. L. Clements: Analyt. Chem. 30, 160 (1958). — [85] D. M. D. Philips: Nature (Lond.) 161, 53 (1948). — [86] A. Szent-Györgyi: Science 126, 751 (1957). — [87] A. Cresseri-A. Spelta: Experientia (Basel) 13, 47 (1957). — [88] B. Glückert: Photogr. u. Wiss. 3, 15 (1954). — [89] R. Mykolajewycz: Analyt. Chem. 29, 1300 (1957). — [90] J. Felligi-L. Slama: Chemick e Zvesti (Bratislava) 10, 314 (1956). — [91] H. Thies-F. W. Reuther: Naturwissenschaften 42, 486 (1955). — [92] J. Barrollier-J. Heilmann-E. Watzke: J. Chromatogr. 1, 434 (1958). — [93] G. G. Blake: Analyt. chim. Acta 15, 342 (1956); 16, 238 (1957); 17, 489 (1957); 17, 492 (1957). — [94] C. Eger: Experientia (Basel) 12, 37 (1956). — [95] J. Barrollier: Naturwissenschaften 42, 126 (1955). — [96] H. Mattis: Photogr. u. Wiss. 6, 29 (1957). — [97] R. Markham-I. B. Smith: Biochem. J. 45, 294 (1949). — [98] R. Mavrodineanu-M. C. Ledbetter: Contr. Boyce Thompson Inst. 19, 107 (1957). — [99] K. Wallenfels-W. Christian: Angew. Chem. 65, 459 (1953). — [100] H. T. Gordon: Science 128, 414 (1958). — [101] N. A. Drake-W. J. Haines-R. E. Knauff-E. D. Nielson: Analyt. Chem. 28, 2036 (1956). — [102] A. Kühn: Naturwissenschaften 42, 529 (1955). — [103] F. Dörr: Naturwissenschaften 44, 256 (1957). — [104] P. Decker: Naturwissenschaften 45, 464 (1958). — [105] F. Micheel-W. Leifels: Chem. Ber. 91, 1212 (1958). — [106] P. Harris-F. W. Lindley: Chem. a. Ind. 1956, 922. — [107] J. B. Roberts: Nature (Lond.) 181, 338 (1958). — [108] P. H. List: Photogr. u. Wiss. 4, 23 (1955). — [109] S. Nakamura-H. Stegemann: Photogr. u. Wiss. 4, 25 (1955). — [110] R. Kehl-K. J. Ehlebrecht: Photogr. u. Forsch. 6, 251 (1954/55). — [111] E. R. Reichl: Mikrochim. Acta 1956, 955. — [112] A. Lacourt: Mikrochim. Acta 1956, 700. — [113] J. Barrollier: Naturwissenschaften 42, 486 (1955). — [114] L. Hagdahl-K. D. Lerner: Science Tools 5, 23 (1958). — [115] F. Turba: Chromatographische Methoden in der Protein-Chemie, 1954; Abb. 50a, 53c, 55b u. c, 66a u. b. — [116] nach Hellmann 1956. — [117] E. Merck: Chromatographie unter besonderer Berücksichtigung der Papierchromatographie, Darmstadt o. J. (1955), Abb. 3. — [118] M. H. Zimmermann: Science 122, 766 (1955). — [119] M. Lederer: An Introduction to Paper Electrophoresis and related Methods, Amsterdam 1957. — [120] K. Sakamota-K. Tateoka: Bull. Agr. Chem. Soc. Japan 20, 98 (1956); K. Sakamoto-K. Saito: Bull. Agr. Chem. Soc. Japan 22, 55 (1958). — [121] S. Szöke-L. Szalai: Acta chem. 12, 295 (1957). —

J. Isotopentechnik

Von

B. D. Sanwal

Die Genauigkeit der papierchromatographischen Technik wird durch den Gebrauch der künstlich radioaktiven Isotope bei der Identifizierung und Bestimmung vieler chemischer Komponenten beträchtlich vergrößert. Der Wert der Isotopentechnik ist weiterhin noch gestiegen durch die Tatsache, daß mit ihrer Hilfe auch solche Stoffe identifiziert werden können, für die ein geeignetes Nachweisreagens noch nicht bekannt, ihre Lokalisierung daher mit den gewöhnlichen Methoden nicht möglich ist [22].

I. Qualitative Technik

Um eine radioaktiv markierte Substanz in einem biologischen Extrakt identifizieren zu können, muß man zunächst in der Lage sein, alle Komponenten dieses Gemisches auf einem Chromatogramm zu trennen. Ein Tropfen der Lösung, welche die markierte Substanz enthält, wird auf den Startpunkt aufgetragen und ein- oder zweidimensional mit geeigneten Lösungsmitteln getrennt. Die Größe des Chromatogrammbogens sollte etwa 20×20 cm betragen. Nach der Trennung wird das Papier bei Zimmertemperatur getrocknet. Die Lage der radioaktiven Flecken läßt sich alsdann mit zwei verschiedenen Methoden ermitteln: durch Autoradiographie und mit Hilfe eines Geiger-Müller-Zählrohres.

1. Lokalisierung durch Autoradiographie

Sie beruht darauf, daß die radioaktiven Strahlen eine photographische Emulsion in gleicher Weise zu schwärzen vermögen wie das sichtbare Licht. Wenn man nach Trennung und Trocknung das Chromatogramm in engen Kontakt mit einer photographischen Emulsion bringt, schwärzen sich auf dieser genau jene Orte, an denen sich auf dem Papier radioaktive Substanzen befinden. So kann die Lage der radioaktiven Substanz auf dem Papier durch das entwickelte Bild der Photoemulsion genau lokalisiert werden. Diese Technik wird allgemein als Autoradiographie und das entwickelte Bild als Radioautogramm bezeichnet. Sie wurde zuerst von LACASSAGNE und LATTES [16] entwickelt.

Isotopen senden sowohl α-, als auch β- und γ-Strahlen aus. In der Biologie sind jedoch nur solche radioaktiven Elemente von Interesse, die β- oder γ-Strahlen aussenden. Diese beiden Strahlenarten gehen allseitig in den Raum. Um daher ein möglichst klares Radioautogramm zu erhalten, ist es von großer Wichtigkeit, daß das Chromatogramm in sehr engen Kontakt mit der Photoemulsion gebracht wird. Weiterhin muß die spezifische Aktivität des betreffenden Strahlers auf dem Chromatogramm so hoch sein, daß sie eine Schwärzung zu erzeugen vermag, die 50% größer ist als die ursprüngliche Dichte der Emulsion. Erfahrungsgemäß sollten zur Erzielung einer guten Schwärzung während der Expositionszeit etwa 5—10 Millionen β-Teilchen je cm² auf die Photo-Emulsion auftreffen [17].

Es ist wichtig, daß man sich vor Augen hält, daß eine photographische Emulsion nicht nur durch radioaktive Teilchen geschwärzt wird, sondern auch durch reduzierende Substanzen, z. B. Phenole. Sehr leicht entstehen auch Pseudoautoradiographien durch kleine Graphit-Teilchen von Bleistiftstrichen und durch mechanischen Druck. Es ist daher, wenn irgend möglich, wünschenswert, zwischen Emulsion und Chromatogramm eine dünne Cellophanfolie zu legen, um den Kontakt mit reduzierenden Substanzen zu verhindern.

Die hauptsächlich verwendete Emulsion ist der Eastman Kodak *"No-Screen-X-Ray film"*, der in verschiedenen Größen hergestellt wird. Ebenfalls gute Resultate werden mit Agfa-Röntgenfilm, Du Pont 504 E und

Ansco- Superay „A" Film erzielt. Die Lage des Papierbogens auf der Emulsion wird mit Hilfe einer radioaktiven Tinte festgehalten [2]. Diese wird hergestellt durch Auflösen einer stabilen radioaktiven Verbindung mit langer Halbwertzeit (z. B. radioaktive C^{14}-Glucose) oder Zugabe einer Emulsion von $BaC^{14}O_3$ zu Tusche. Film und Chromatogramm werden zusammen in einen lichtdichten Behälter gelegt und so beschwert, daß der Druck allseitig gleich groß ist. Die Expositionszeit hängt von der spezifischen Aktivität des Strahlers auf dem Papier ab. Sie muß empirisch bestimmt werden. Im allgemeinen beginnt man mit etwa 2 Wochen. 50—60 Imp/sec/cm² C^{14} oder S^{35} ergeben bereits in 24 h eine leichte, aber brauchbare Schwärzung des Films. Ist die Aktivität sehr gering, so sind längere Expositionszeiten notwendig. Beträgt sie länger als 1 Monat, so wird die gesamte Kassette zweckmäßig in einem Eisschrank oder Kühlraum gelagert. Die Entwicklung des Radioautogramms erfolgt mit gewöhnlicher photographischer Technik bei rotem Dunkelkammer-Licht (z. B. 5 min bei 20° C in Kodak D-19 Entwickler).

Die radioautographische Technik ist vorzugsweise qualitativ, da die Schwärzung der Emulsion nicht proportional der Isotopenmenge ist und die Platte nicht linear zur eingestrahlten Energie geschwärzt wird [9].

Arbeitsgänge zur Identifizierung unbekannter radioaktiver Substanzen in einem Gemisch

Die Untersuchung des intermediären Stoffwechsels und seiner Reaktionsprodukte mittels radioaktiver Isotopen und Papierchromatographie vollzieht sich in zwei Schritten:

a) Einbau der Isotopen in den pflanzlichen Organismus

Die anzuwendende Methode richtet sich nach den Versuchspflanzen. Soll in einer höheren Pflanze das Schicksal einer markierten Verbindung verfolgt werden und ist diese löslich, so kann die bewurzelte Pflanze oder ein abgeschnittener Zweig in die radioaktive Lösung eingestellt werden. Die Pflanze nimmt dann das Leitisotop mit dem Transpirationsstrom auf. Isolierte Pflanzenteile (z. B. abgeschnittene Blätter, Kartoffelstückchen) können mittels einfacher Vakuuminfiltration markiert werden. Gewebestücke, Algen und Pilze lassen sich relativ leicht mit markierter Verbindung füttern, wenn die Zeitdauer keine große Rolle spielt. Die Organismen werden dazu im Mittelteil eines Warburggefäßes suspendiert; die radioaktive Lösung kann zur Zeit Null dann aus dem Seitenarm eingekippt werden. Werden radioaktive Kohlenstoff-Verbindungen verwendet, so wird das durch Atmung freiwerdende $C^{14}O_2$ durch ein gefaltetes Fließpapierstück, das mit 10% NaOH getränkt ist, im Zentraleinsatz absorbiert. Bei Beendigung des Versuchs wird dieser Papierdocht mit destilliertem Wasser eluiert und das Eluat mit $BaCl_2$ gefällt. Das gelöste $C^{14}O_2$ wird sodann als $BaC^{14}O_3$ erfaßt und gemessen. Eine verbesserte Anordnung der beschriebenen Methode haben CHERNICK, MASARO und CHAIKOFF [36] ausgearbeitet.

Bei Versuchen mit sehr kurzen Fütterungszeiten, die außerdem sehr präzis bestimmt werden sollen, wird die „Lollipop"-Anordnung von BENSON et al. [6] verwendet. Sie wird besonders erfolgreich bei Photosynthese-Untersuchungen an einzelligen Grünalgen (z. B. Chlorella, Scenedesmus) benutzt. Die Markierung von Pflanzen oder Pflanzenteilen mit gasförmigen Isotopen (z. B. $C^{14}O_2$) hat andere experimentelle Schwierigkeiten. Blätter in ursprünglicher Lage am Sproß lassen sich mit der Methode von ARONOFF [18] gut füttern (Abb. 44): Sie besteht aus 2 Glas-Halbkugeln mit einer kleinen Öffnung zum Durchführen des Blattstieles.

Bei lokaler Applikation an Blättern läßt sich die in Abb. 45 dargestellte Anordnung verwenden: Die kleine Gaskammer wird mit Vaseline an das Blatt angeheftet und $C^{14}O_2$ mit Hilfe einer trockenen Injektionsspritze in das geschlossene System eingeführt. Soll eine größere Anzahl von Pflanzen gleichzeitig mit $C^{14}O_2$ markiert werden, so ist die von SCULLY et al. beschriebene Versuchsanordnung zweckmäßig [*34*].

Abb. 44. Vorrichtung zur Fütterung von Blättern in toto in situ. Der mit Schliff versehene Stutzen unten wird mit dem $C^{14}O_2$-Generator verbunden. Die Abdichtung an der Einführungsöffnung des Blattstieles erfolgt mit Modellier-Ton

Abb. 45. Vorrichtung zur lokalen Applikation an einer Blattoberfläche. Mit einer trocknen, nicht gefetteten Injektionsspritze wird $C^{14}O_2$ in die Gaskammer durch den Gummi-Deckel injiziert

b) Extraktion und Identifikation

Für die Extraktion und Fraktionierung von isotopen-markiertem Pflanzenmaterial kann keine generelle Prozedur angegeben werden. In gewissen Zeitabständen werden Proben entnommen und die Gewebe mit geeigneten Extraktionsmitteln behandelt [*1, 2, 4, 5, 6*]. Besondere Vorsicht ist gegenüber enzymatischen und hydrolytischen Spaltungen während des Extraktionsprozesses am Platze. Als weitgehend universelles Extraktionsmittel kann 80%iger Äthylalkohol gelten. Darin sind nicht nur zahlreiche pflanzliche Bestandteile (z. B. Aminosäuren, Zucker, s. Abb. 25) löslich, sondern durch seine denaturierende Wirkung wird gleichzeitig die enzymatische Tätigkeit schnell blockiert. Tropfen des zu analysierenden Extraktes werden nun auf die Startlinie des Chromatogrammes aufgetragen und dieses mit für die Ermittlung der gesuchten Stoffgruppe geeigneten Lösungsmitteln entwickelt. Es ist sehr wichtig, daß für jede Analyse eine sorgfältig gereinigte Pipette verwendet wird. Ebenso ist bei der Handhabung der Chromatogrammbogen größte Sauberkeit am Platze, da schon geringste Spuren zu einer Verfälschung der Resultate führen. Nach Trocknung und Aufsprühen der verschiedenen Reagentien wird das Papier auf die Emulsion aufgelegt und so die Lage der radioaktiven Flecken in der aufgetrennten Mischung bestimmt. Eine annähernde Identifizierung der markierten Substanzen im Gemisch kann durch Errechnung der R_F-Werte und deren Vergleich mit den Daten der Literatur erfolgen. Besser ist es jedoch, die erwarteten Bestandteile als Vergleichssubstanzen einzeln mitlaufen zu lassen. Übereinstimmung der R_F-Werte mit den Angaben von anderen Autoren und den R_F-Werten der Vergleichssubstanzen kann nicht ausschließlich zur Identifizierung herangezogen werden, da mit dem p_H-Wert und anderen Variablen sich die Laufzeiten im Gemisch ändern können [7]. Nachdem eine ungefähre Identifizierung erfolgen konnte, wird die definitive Bestimmung nach folgenden 3 Methoden durchgeführt:

1. Bestätigung. Die erwarteten Substanzen werden einzeln mit der Lösung, die die markierte Substanz enthält, vermischt und chromatographiert. Das Chromatogramm wird mit einem geeignetem Reagens besprüht und nach Trocknung davon auf Film das Radioautogramm hergestellt. Wenn der Flecken, der durch die zugesetzte Substanz erzeugt worden ist (nachgewiesen durch Reagens), in seiner Lage mit der markierten Substanz auf dem Radioautogramm übereinstimmt, dann ist diese mit der hinzugesetzten identisch [20].

2. Bestätigung. Bei der Bearbeitung bestimmter Probleme ist es wünschenswert, die Identität bestimmter markierter Substanzen zweifelfrei festzustellen, z. B. bei der Untersuchung von Zwischenprodukten der Photosynthese [2]. Wenn die markierte Komponente eines Gemisches ungefähr identifiziert ist, dann wird die erwartete, mit einem geeigneten Leit-Isotop markiert, synthetisiert. Die synthetisierte, nunmehr markierte Komponente wird der Mischung zugefügt, chromatographiert und dann radioautographiert. Wenn die Photoemulsion auf der zu identifizierenden Stelle erheblich mehr geschwärzt ist als ohne Zusatz der synthetisierten Komponente, dann ist die Identität sichergestellt. Die Intensivierung der Schwärzung läßt sich mit Hilfe einer Photozelle messen. Mit dieser Methode wurden die Zwischenprodukte der Photosynthese erfolgreich untersucht (Abb. 46) [1, 2, 4, 5, 6].

3. Bestätigung. Eine weitere Sicherung der Identität kann durch Eluierung der radioaktiv markierten Flecken aus dem nicht besprühten Chromatogramm und nochmalige Trennung mit der synthetisierten Vergleichssubstanz erfolgen. Wenn auch jetzt nur ein markierter Fleck auf dem Chromatogramm erscheint, dann ist die Identität zweifelsfrei festgestellt [2].

Zu manchen Versuchen ist es notwendig, dem Versuchsobjekt gleichzeitig zwei und mehr Isotopen zu verabfolgen und ihr Verhalten im Stoffwechsel mit Hilfe der autoradiographischen Technik zu verfolgen [2, 12]. Ein Extrakt, der zwei verschiedene Leitisotope enthält, zeigt nach Trennung und Radioautographie Schwärzung durch beide Isotope, so daß eine Identifizierung schwierig wird. In diesem Falle wird die eine markierte Substanz identifiziert, indem sie in einer bestimmten Zeiteinheit eine selektive Schwärzung des Filmes ergibt.

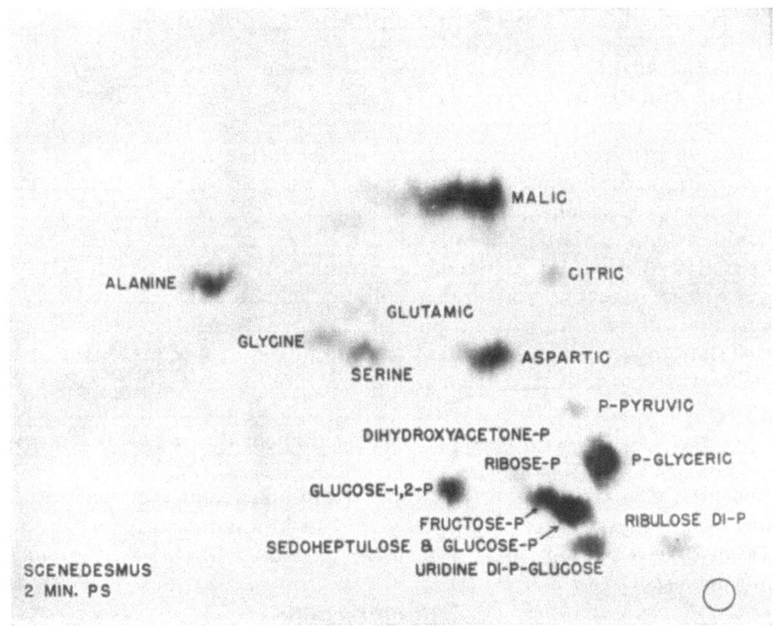

Abb. 46. Radioautogramm eines zweidimensionalen Chromatogrammes. Trennung von markierten Substanzen bei der Assimilation von radioaktivem CO_2 nach 2 min Photosynthese. Lösungsmittel: Phenol–Wasser und Butanol–Propionsäure–Wasser, Wh Nr. 4, *Scenedesmus*. Photo: A. A. BENSON, University of California

Dabei wird Gebrauch gemacht von der Verschiedenheit der ausgesandten Strahlen und der unterschiedlichen Energie der Teilchen. Wenn z. B. von einem Organismus gleichzeitig C^{14} und P^{32} im Stoffwechsel verwandt werden, so wird das Chromatogramm des Extraktes auf die hergebrachte Weise entwickelt, getrocknet, jedoch auf zwei Filmfolien aufgelegt, die übereinander liegen [1]. Die Emulsion, die in direktem Kontakt mit dem Chromatogramm steht, gibt sowohl die Schwärzung durch C^{14} als auch durch P^{32} wieder. Die untere Filmfolie zeigt nur Schwärzungen durch P^{32}. Die Differenzierung beruht auf der Tatsache, daß C^{14} nur sehr weiche β-Strahlen aussendet, die durch die obere Folie abgeschirmt werden, so daß sie die untere Emulsion nicht mehr zu schwärzen vermögen. P^{32} sendet demgegenüber energiereiche β-Strahlen aus, die auch die nicht im direkten Kontakt befindliche Photoschicht erreichen. Eine andere Methode besteht darin, daß die eine Seite des Chromatogrammes mit dem Film in unmittelbaren Kontakt gebracht wird, während auf der anderen Seite zwischen Emulsion und Chromatogramm ein etwa 1,5 mm dicker Karton gelegt wird. Diese Seite ergibt sodann auf dem Autoradiogramm lediglich die P^{32}-Flecke, während auf der Seite ohne Karton-Filter sowohl C^{14} als auch P^{32} erscheinen. In ähnlicher Weise lassen sich kombinierte Markierungen von J^{131} und S^{35} oder C^{14} auf Grund der verschiedenen Charakteristik der Strahler durch Radioautographie identifizieren [10, 11, 12, 24, 25]. Dazu wird die eine Seite des Chromatogramm-Papieres in unmittelbaren Kontakt mit der Emulsion gebracht, während auf der anderen Seite zwischen Film und Papier ein Aluminiumfilter geschaltet wird (etwa 0,07 mm dick). Der Film ohne Filter zeigt sowohl die Lage von J^{131} als auch von S^{35}, während der Film mit Filter lediglich die Flecken von J^{131} zeigt. Dies wird erreicht durch die Tatsache, daß die weichen β-Strahlen des S^{35} bereits von der Aluminiumfolie absorbiert wurden, während die härtere Strahlung von J^{131} diese zu durchdringen vermag.

Unter Berücksichtigung der Halbwertzeit lassen sich Strahler gleicher Strahlencharakteristik ebenfalls auf dem Radioautogramm identifizieren. So sind z. B. C^{14} und S^{35} beides β-Strahler. Wenn aus einem Gemisch eine Differenzierung stattfinden soll, so macht man unmittelbar im Anschluß an die Chromatographie ein erstes Radioautogramm. Sodann wird das trockne Papier-Chromatogramm ungefähr 6 Monate lang sicher aufbewahrt, so daß die Flecken von S^{35} mit einer Halbwertszeit von etwa 87 d infolge Zerfalls verschwinden. Ein nach diesem Zeitraum erneut angefertigtes Radioautogramm zeigt lediglich die Flecken von C^{14}-markierten Verbindungen.

Durch die Verwendung passender Kombinationen von Leitisotopen und Ausnützung ihrer verschiedenen Strahlungscharakteristiken und Halbwertzeiten kann jede Substanz in einem markierten Gemisch identifiziert werden.

2. Zählrohrtechnik

Diese Methode wird häufiger als die Autoradiographie angewandt, da sie auch quantitativ ausgebaut werden kann. Die meisten Probleme des intermediären Stoffwechsels werden heute unter Verwendung der Autoradiographie bearbeitet [23]. Die Zählrohrtechnik ist jedoch die einzige Methode, die bei der Verwendung von Leitisotopen bzw. radioaktiven Indicatoren mit kleiner Halbwertzeit angewendet werden kann, wenn also rasches Arbeiten erforderlich ist. Außerdem ergeben sich bereits bei der Ortung relative quantitative Werte.

Bei der Autoradiographie mit markierten Komponenten, z. B. mit P^{32} und C^{14}, können nur etwa 30 % der Aktivität der Flecken nachgewiesen werden [2]. Um ein brauchbares Autogramm einer Br^{82}-markierten Verbindung zu erhalten, ist auf dem Papierchromatogramm eine Menge von 10^9 Disintegrationen/cm² notwendig [29, 30]. Um diese Menge in 24 h zu erhalten, sind 0,5 μC Br^{82} notwendig. Ein Hundertstel dieser Aktivität kann jedoch (5×10^{-3} μC) mit $\pm$ 5 % Genauigkeit in einer Minute mit dem G-M-Zählrohr bestimmt werden. Diese Technik ist sehr einfach und kann in zwei Verfahren angewandt werden:

1. Die Komponenten der Mischung sind bereits vor der chromatographischen Trennung markiert.

2. Das entwickelte Chromatogramm wird durch Behandlung mit einem geeigneten radioaktiven Reagens markiert.

Meß-Methode

Das Papierchromatogramm wird nach der klassischen ein- oder zweidimensionalen Technik entwickelt; eindimensionale Streifen sind dabei leichter zu handhaben. Nach der Trocknung (vor oder nach Besprühen mit dem jeweiligen Reagens) wird der Bogen in Längsstreifen von etwa 2 cm Breite zerschnitten. Man achtet darauf, daß die radioaktiven Flecken in der Mitte der Streifen liegen. Sodann wird das Chromatogramm Quadratzentimeter um Quadratzentimeter vor dem Maskenfenster eines Geiger-Müller-Zählrohres vorbeigeschoben. Die Impulse pro Minute pro Flächengröße des Maskenfensters werden in Abhängigkeit von der Entfernung vom Startpunkt in einem Koordinaten-System graphisch aufgetragen. Die Maxima entsprechen den einzelnen markierten Komponenten, die auf dem Chromatogramm vorhanden sind. Als Zählrohre verwendet man Zylinder- oder Endfenster- Zählrohre. Einzelheiten über die apparative Ausrüstung müssen bei KAMEN [9] sowie FÜNFER und NEUERT [33] nachgelesen werden.

Die Zylinderzählrohre sind anwendbar bei γ- und energiereichen β-Strahlern, wie sie z. B. die Elemente J^{131} und P^{32} darstellen [19, 21]; sie sind jedoch unbrauchbar für weiche Strahlen, wie sie z. B. von C^{14} und S^{35} ausgesandt werden. Hier arbeitet man besser mit einem Endfenster-Zählrohr, dessen Fensterdicke nach Möglichkeit bei 1,5 mg/cm² Glimmerfolie liegen soll. Der Papierstreifen wird zur Messung unter eine dünne Bleimaske gelegt, die genau über dem Fenster des Zählrohres eine rechteckige Öffnung von 2—5 mm in der Breite und 20—25 mm in der Länge hat [3, 20, 30]. Die gleiche Geometrie muß bei allen Messungen gewahrt bleiben. Das Chromatogramm wird am besten auf einer graduierten Metallschiene befestigt, mit deren Hilfe sich eine fortlaufende, gleichmäßige Verschiebung des Chromatogramms durchführen läßt. Die Größe der Öffnung unter dem Fenster des Zählrohres kann entsprechend dem Typ des verwendeten Chromatogramms und der Art des Strahlers durch Einsetzen verschiedener Masken variiert werden. Es ist zweckmäßig, das Chromatogramm stets um 2 mm zu verschieben, so daß sich in der graphischen Darstellung eine Kurve mit Meßpunkten von 2 mm Abstand ergibt. Eine einfache Meßeinrichtung in Verbindung mit einem Universal-Bleiturm zeigen Abb. 47 und 48.

Einzelne Forscher benützen kontinuierlich arbeitende Auswertegeräte [28, 30]. Der Vorteil dieser Konstruktionen ist:

a) Das Chromatogramm wird stets in gleicher Lage gemessen.

b) Die Verschiebung des Chromatogramms ist gleichmäßig und automatisch gesteuert.

c) Aus den gemessenen Werten wird selbsttätig eine Auswerte-Kurve gewonnen. Die automatisch arbeitenden Zählanlagen sind naturgemäß viel genauer, rentieren sich jedoch nur in großen Laboratorien, in denen zahlreiche Chromatogramme täglich ausgemessen werden.

Die Ausmessung zweidimensionaler Chromatogramme ist umständlicher. Zwei verschiedene Methoden werden dazu benützt: Die einzelnen Flecken werden zuerst durch Nachweisreagentien oder Autoradiographie festgelegt. Sie werden dann ausgeschnitten und direkt in einer bestimmten Zählrohrstellung ausgemessen [*28*]. Diese Methode ist jedoch nicht

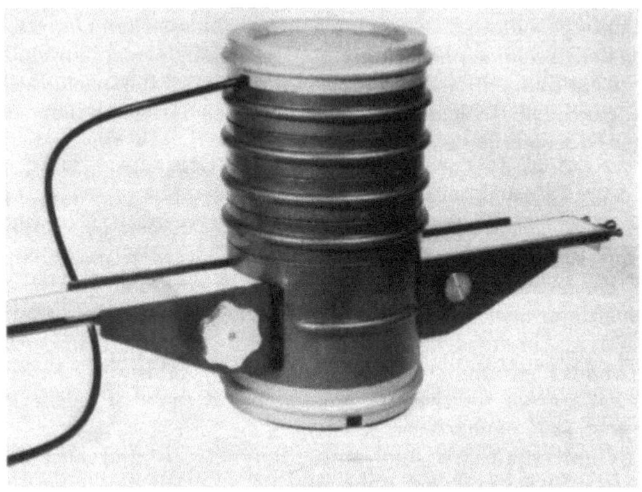

Abb. 47. Philips-Universal-Bleiturm mit eingesetzter Meßbank zum Ausmessen von Chromatogramm-
und Pherogrammstreifen

sehr präzise. Besser ist es, den Bogen in einer Richtung in schmale Streifen zu zerschneiden, die gerade die Breite der Flecken haben. Diese werden sodann ausgemessen [*30*].

Abb. 48. Meßbank vor dem Einsetzen in den Bleiturm. In der Mitte die auswechselbare Spaltblende
aus Blei

Bei der qualitativen Auswertung der markierten Flecken durch die Zählrohrtechnik wird der R_F-Wert der Substanz errechnet mit Hilfe des Maximums der Schwärzung auf der Autoradiographie. Dieser wird sodann verglichen mit den Angaben aus der Literatur und, wenn möglich, mit einem geeigneten Farbreagens. Zur sicheren Bestätigung wird eine kleine Menge der markierten erwarteten Substanz zum Gemisch zugefügt und nochmals chromatographiert und ausgewertet. Ist bei dieser Wiederholung die Anzahl der ermittelten Impulse auf dem gleichen Orte in der Zeiteinheit sehr viel höher, dann wird die Identität der beiden Substanzen als sichergestellt angesehen.

Analyse einer Mischung von Stoffen mit der Leitisotopen-Technik

a) Identifizierung nicht markierter Stoffe mit der Leitisotop-Derivat-Technik

Die Isotop-Derivat-Technik wurde von KESTON, UDENFRIEND und CANNAN [*10*] ausgearbeitet und von KESTON und Mitarbeitern weiterentwickelt [*11, 12, 24, 25*], so daß sie sowohl qualitativ als auch quantitativ angewandt werden kann. Sie läßt sich besonders gut bei der qualitativen Identifizierung von Stoffen anwenden, die gleiche oder sehr nahe beieinanderliegende R_F-Werte auf dem Chromatogramm zeigen, z. B. Leucin und Isoleucin oder Valin und Norvalin; die R_F-Werte sind in beiden Fällen gleich groß [*24, 25*]. Die Methode ist daher vorzuziehen, wenn sich solche Stoffe mit ihren Flecken auf dem Chromatogramm überlappen. Sie nützt wiederum die verschiedenen Strahlen-Charakteristiken der verschiedenen Isotope aus. Man läßt ein Gemisch von Aminosäuren (die man z. B. durch Extraktion oder Hydrolyse erhalten hat) reagieren mit J^{131}-markierten p-Indophenylsulfonylchlorid (Pipsyl-Chlorid). Dadurch werden die Aminosäuren quantitativ zu p-Jod^{131}-Phenylsulfonyl-Aminosäuren. Diese werden sodann mit 70% Alkohol aufgenommen, nachdem man die überschüssige p-Indophenyl-sulfon-säure mit 0,2 n HCl entfernt hat. Die nunmehr radioaktiv markierten Aminosäuren werden auf Whatman-Papier Nr. 1 mit 1 n-Ammoniak gesättigtem n-Butanol oder anderen geeigneten Lösungsmitteln chromatographiert. Die Lage der verschiedenen pipsylmarkierten Derivate wird auf dem Papier mit Hilfe der Autoradiographie festgelegt und diese soweit als möglich identifiziert. Authentische Proben der erwarteten Aminosäuren werden sodann einzeln in Pipsylderivate umgewandelt, jedoch diesmal unter Verwendung eines anderen Isotops in Form eines S^{35}-markierten Pipsylchlorids. Die sich so ergebenden S^{35}-markierten Pipsyl-Aminosäuren werden sodann einzeln mit dem Gemisch der J^{131}-markierten Pipsylaminosäuren chromatographiert. Der gesuchte Flecken wird in zahlreiche kleine Streifen geschnitten und diese einzeln mit Wasser eluiert, der Rückstand in einer kleinen Cuvette getrocknet und anschließend ausgemessen. Das Zählrohr mißt jetzt sowohl die Impulse von J^{131} als auch von S^{35}. Bei einer zweiten Messung am gleichen Rückstand wird eine Aluminiumfolie (0,7 mm dick) zwischen Cuvette und Zählrohrfenster geschaltet. Die Aluminiumfolie absorbiert 99,2% der von S^{35} ausgesandten Strahlung; die damit gezählten Impulse stammen also ausschließlich von J^{131} (d. h. etwa 56% der Gesamtstrahlung). Das Verhältnis der gefilterten und der ungefilterten gemessenen Impulse wird für jeden Streifen getrennt errechnet. Alle Streifen eines Fleckens werden in der gleichen Weise behandelt. Wenn das Verhältnis der Impulse J^{131}/S^{35} auf allen Streifen konstant ist, dann ist die Identität der S^{35} und J^{131} markierten Derivate absolut sicher. Mit dieser Methode wurden bisher sehr kleine Mengen von γ-Aminobuttersäure im Mäusehirn gefunden. Die gleiche Methode kann auch unter Verwendung des Isotopenpaares $P^{32}-C^{14}$ angewandt werden. Sie eignet sich ausgezeichnet für Substanzen mit gleichen R_F-Werten auf dem Chromatogramm. Wenn z. B. in einer gegebenen Mischung Leucin und Isoleucin zu identifizieren sind, so wird das Gemisch zunächst umgewandelt in J^{131}-Pipsylderivate, wie oben beschrieben. Diese werden sodann chromatographiert, wobei sowohl die Leucin- als auch die Isoleucin-Flecken radioautographisch lokalisiert werden. Um zu entscheiden, ob diese Flecken von Leucin oder Isoleucin her-

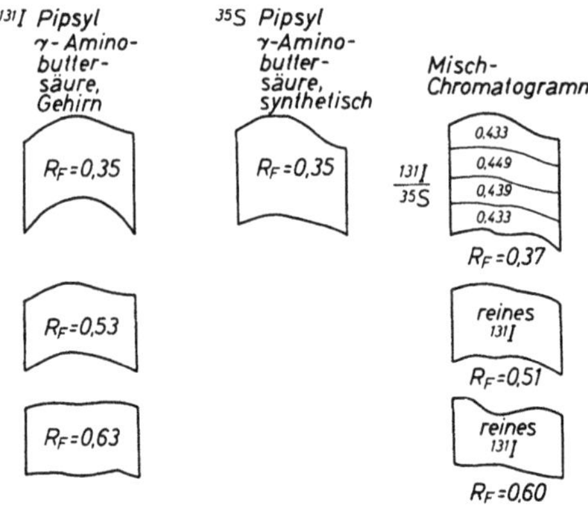

Abb. 49. Chromatogramme von J^{131}-markierten Pipsylderivaten aus Mäusehirnextrakten sowie einer S^{35}-markierten synthetischen Pipsyl-α-Aminobuttersäure. Analysensubstanz und authentische Probe stimmen überein

stammten, wird eine der beiden Aminosäuren allein mit S^{35}-Pipsylchlorid markiert. Sodann wird sie mit dem Gemisch (das aus J^{131}-Pipsylderivaten besteht) zusammen chromatographiert und die ermittelten Flecken in Streifen zerschnitten. Von diesen wird nach Eluieren das J^{131}/S^{35}-Verhältnis bestimmt (wie oben beschrieben). Ist dieser Quotient aus allen Streifen konstant, so ist der Flecken sicher identisch mit der als S^{35}-Pipsylchlorid zugefügten Vergleichssubstanz (Abb. 49). Ist das Verhältnis jedoch nicht auf allen Streifen gleich, dann ist der untersuchte Flecken nicht mit der S^{35}-markierten, zugefügten Vergleichssubstanz identisch.

Abb. 50. Chromatogramme von J^{131}-markierten Pipsylisoleucin und S^{35}-markiertem Pipsylleucin. Analysensubstanz und authentische Probe stimmen nicht überein

In diesem Falle muß der Versuch mit der anderen in Frage kommenden markierten Vergleichssubstanz wiederholt werden (Abb. 50).

b) Identifizierung von nicht-markierten Substanzen durch Reaktion mit einem radioaktiven Reagens

Chemische Methoden. Zunächst wird das nichtmarkierte Gemisch durch ein geeignetes Lösungsmittel auf dem Papier getrennt. Dann läßt man auf das getrocknete Chromatogramm ein markiertes Reagens einwirken, das mit den getrennten Flecken reagiert und diese radioaktiv macht. Die Radioaktivität wird sodann mit Hilfe eines Fenster-Zählrohres auf der gesamten Länge ausgemessen. Die dabei erhaltenen Impulse pro Minute pro Abschnitt ergeben eine Kurve (Abb. 51). Auf diese Weise können die Flecken mit Hilfe der R_F-Werte identifiziert werden. Wie später gezeigt werden wird, kann die Methode auch für die Bestimmung kleinster Mengen in einem Gemisch quantitativ ausgebaut werden. Das Verfahren ist z. B. auch bei der Bestimmung von nicht markierten Aminosäuregemischen brauchbar. Das nicht markierte Gemisch wird nach Trennung und Trocknung mit J^{131}-Dämpfen von Methyl-Jod bei Zimmertemperatur (Vorsicht vor Verseuchung!) behandelt. Durch diese Be-

handlung werden die Aminosäuren methyliert und J^{131} wird im Bereich der Aminosäurezonen frei. Das überschüssige Methyl-Jod wird entfernt und die Aktivität auf dem Bogen bestimmt [30]. Durch die Behandlung ist das gesamte Papier schwach radioaktiv geworden; dies stört jedoch bei der Identifizierung der Aminosäuren nicht (Abb. 51, B).

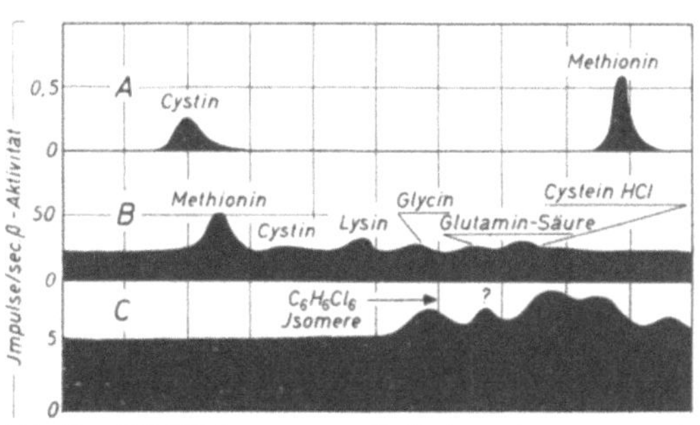

Abb. 51. Aktivitätskurven aus Radiochromatogrammen. *A* Chromatogramm eines Proteinhydrolysates von Weizenpflanzen, die auf einem Substrat mit S^{35} aufwuchsen; *B* Gemisch bekannter Aminosäuren. Papier mit J^{131}-markiertem CH_3J behandelt; *C* durch Neutronenstrahlen aktiviertes Chromatogramm von $C_6H_6Cl_6$-Isomeren

Eine andere Methode zur Trennung nicht markierter Gemische von Aminosäuren ist von WIELAND und Mitarbeitern [26] ausgearbeitet worden. Dabei wird das Gemisch auf einem Chromatogramm oder Pherogramm getrennt und getrocknet. Dann läßt man in dem trocknen Bogen eine 0,1%ige Lösung von Cu^{64}-Acetat in Tetrahydrofuran (5% Wassergehalt, gemischt mit einigen Tropfen Eisessig) capillar aufsteigen. Sobald die Lösung die Flecken erreicht, reagiert das radioaktive Cu^{64} mit den Aminosäuren quantitativ, so daß diese markiert werden. Das so mit Cu^{64} versehene Chromatogramm oder Pherogramm wird unter einem Endfenster-Zählrohr ausgemessen und die verschiedenen Aminosäuren identifiziert.

Physikalische Methoden: Die physikalischen Methoden werden nur selten angewendet, weil sie die Zugänglichkeit eines Zyklotrons voraussetzen. Das trockne Chromatogramm wird dem Neutronenstrahl eines Zyklotrons ausgesetzt. Die inaktiven Verbindungen werden auf diese Weise radioaktiv. Das Verfahren kann angewendet werden, wenn auf dem Papierchromatogramm Halogen-, Schwefel- und Phosphor-Verbindungen vorhanden sind. Das Papier wird durch die Neutronenbestrahlung stark aktiviert, so daß der Nulleffekt relativ hoch ist. Er kann jedoch reduziert werden, indem die Messung hinter einem Filter von 30 mg/cm² Flächengewicht vorgenommen wird [30, 31] (Abb. 51 C).

II. Quantitative Technik

1. Interpretation des Chromatogramms

Bei der Ausrechnung und zeichnerischen Auswertung der gemessenen Impulse sind folgende Gesichtspunkte zu beachten:

a) Nulleffekt ("background activity")

Der Geiger-Müller-Zähler registriert die Höhen-Strahlung und die geringen radioaktiven Spuren der Atmosphäre. Diese Aktivität wird als Nulleffekt bezeichnet. Er ist über eine genügend lange Meßdauer für das gleiche Zählrohr nahezu konstant. Daher setzt sich die Impulshöhe eines Fleckens zusammen aus den Impulsen der radioaktiven Indicatoren und den Impulsen des Nulleffektes. Letztere müssen daher substrahiert werden, wenn man die Aktivität der Probe allein bestimmen will. Bei dem Chromatogramm wird der Nulleffekt auf den Stellen des Papieres gemessen, wo sich keine Flecken befinden.

b) Handhabung der Proben

Der Geiger-Müller-Zähler spricht verschieden auf das gleiche Material an, je nach dessen Stellung zum Fenster. Außerdem hängt die Veränderung noch von der Strahlenart ab. Bei der schwachen β-Strahlung (wie von C^{14} oder S^{35} ausgesandt) bedingt eine Verschiebung von 1 mm einen Fehler von etwa 1 %, während die starke Emission von P^{32} z. B. geringere Fehlerquellen ergibt [9]. Es ist daher von Bedeutung, daß das Chromatogramm stets in der gleichen Lage unter das Zählrohr-Fenster gebracht wird. Wenn man einzelne Flecken aus zweidimensionalen Chromatogrammen ausschneidet und ausmißt, sind die ermittelten Impulse nur gleich, wenn die Papierstücke genau in die gleiche Lage unter das Zählrohrfenster gebracht werden. Im Idealfall wird die Aktivität stets von der gleichen Fläche eines Fleckens bestimmt; dies läßt sich jedoch nicht immer in der Praxis realisieren. Um den Fehler zu verringern, ist es aber daher besser, stets nur kleine Ausschnitte von etwa 2—3 mm Breite jedesmal auszumessen. Einige Untersucher benützen Weitfenster-Zählrohre (etwa 1 cm²) [3]. Diese sind besonders zweckmäßig für zweidimensionale Chromatogramme, bei denen die Flecken meist nicht genau in der Mitte des Papierstreifens liegen.

c) Absorption und Selbst-Absorption der Strahlung

Verluste infolge Selbstabsorption durch die Dicke der Probe und des Papieres sind besonders bei schwacher β-Strahlung (z. B. C^{14}) zu beachten. Es ist daher wichtig, zu allen Chromatogrammen stets Papier von gleicher und einheitlicher Dicke zu verwenden [30].

d) Intensitätsbefall

Einige Isotopen, z. B. Cu^{64}, haben eine sehr kurze Halbwertzeit ($Cu^{64} = 12,8$ h). Sie benötigen daher eine Korrekturfaktor; ist die Meßzeit sehr kurz, so kann dieser Faktor, ohne größere Fehler zu bedingen, weggelassen werden. Bei Verwendung von sehr kurzlebigen Isotopen ist die Korrektion anzubringen. Die ist abhängig von der zu messenden Fläche (auf dem Chromatogramm) und von der Meßzeit und wird nach folgender Formel ermittelt [32]:

$$N_0 = N \cdot e^{-(1n \cdot 2) \cdot \frac{t}{T}}$$

Dabei bedeuten:

N = gemessene Aktivität $\qquad$ $e^{-(1n \cdot 2)}$ = Zerfallskonstante
N_0 = Anfangsaktivität $\qquad$ t = Zeit ab Anfangsaktivität
T = Halbwertzeit

2. Quantitative Bestimmungen

a) Isotop-Derivat-Indicator-Technik

Beim Gebrauch der Radioisotopen-Derivat-Technik ist es möglich, die Menge der Unbekannten in einer Mischung zu berechnen. Diese Methode wurde an die Bedürfnisse der Chromatographie angepaßt. Dabei wird das Gemisch unbekannter Aminosäuren (wie oben beschrieben) quantitativ in J^{131}-Pipsylderivate umgewandelt. Dieses wird in kleinsten Mengen (etwa 30 γ) auf die Startlinie des Whatman-Papiers aufgetragen. Das Chromatogramm wird mit n-Pentanol (gesättigt mit 2 n-Ammoniak) entwickelt, in 5 mm breiten Bahnen ausgemessen und so die Flecken identifiziert. Die Aminosäure-Äquivalente werden errechnet aus der Zahl der Gesamtimpulse pro Fläche und dividiert durch C_r (Impulse pro Mol Leit-Isotop-Reagens) [11]. Alle Arbeitsgänge dieser Methode sind standardisiert auszuführen. Fehler entstehen durch Verluste bei der Extraktion. Diese Schwierigkeit wird durch die Einführung der „Indicator-Technik" vermieden. Diese Methode ist besonders zweckmäßig zur quantitativen Bestimmung von Aminosäuren in Protein-Hydrolysaten oder in biologischen Extrakten. Das unbekannte Gemisch wird durch Zugabe von J^{131}-Pipsylchlorid bekannter spezifischer Aktivität in J^{131}-Pipsylderivate übergeführt. Zu diesem Gemisch J^{131}-pipsylierter Aminosäuren wird eine kleine Menge der gesuchten Aminosäuren als S^{35}-Pipsyl-Verbindungen mit bekannter spezifischer Aktivität zugefügt. Nach der chromatographischen Trennung wird die Lage der radioaktiven Flecken (S^{35} und J^{131}) auf Radioautogrammen mit und ohne Aluminiumfilter ermittelt. Bei Verwendung eines *"K industrial X-Ray film"* von Eastman Kodak erhält man brauchbare Autogramme in 1—4 h [11]. Mit Hilfe dieser Radioautogramme werden die S^{35} und J^{131} enthaltenden Flecken lokalisiert, ausgeschnitten und in je 5 schmale Streifen gleicher Breite zerteilt. Jeder Streifen wird getrennt mit 0,1 m-Ammoniak eluiert; das Eluat wird in einer Cuvette mittels Infrarot-Bestrahlung getrocknet, sodann mit und ohne Aluminium-Filter ausgemessen. Wenn der Flecken eine einheitliche Substanz enthielt, dann ist das Verhältnis der gemessenen Impulse mit und ohne Filter in allen 5 Streifen gleich [13]. Das Verhältnis J^{131} zu S^{35} wird auf folgende Weise berechnet:

Wenn J^{131} die Imp/min für Jod und S^{35} die Imp/min für den Schwefel in der Probe angeben, dann ist die gesamte Impulszahl ohne Filter gemessen also:

$$J^{131} + S^{35} = A \text{ (d. h. Gesamtimpulszahl ohne Filter)};$$

für die Messung mit Filter gilt entsprechend:

$$f_1 \cdot J^{131} + f_2 \cdot S^{35} = B \text{ (d. h. Gesamtimpulszahl mit Filter).}$$

Dabei bedeuten f_1 und f_2 die Filter-Faktoren für J^{131} bzw. S^{35}. Sie werden ermittelt durch Messung des Strahlungsanteiles von Standard-Proben von S^{35} und J^{131} mit und ohne Filter. Für J^{131} liegt der Faktor bei Filterdicken zwischen 2,0 und 3,5 mm bei 0,70—0,48, für S^{35} variiert er zwischen 0,021 und 0,003 [11]. Das Verhältnis $J^{131}:S^{35}$ ergibt sich dann aus folgender Gleichung:

$$J^{131}/S^{35} = \frac{B/A - f_s}{f_1 - B/A}$$

Da S^{35} bekannt ist, kann der Wert von J^{131} errechnet werden [13].

Wenn in einem Gemisch sehr zahlreiche Komponenten vorliegen, z. B. Aminosäuren eines Proteinhydrolysates, dann ist die Trennung auf dem Chromatogramm oft unvollständig, da sich die Einzelflecken überlappen. Diese Schwierigkeit kann im Falle der Aminosäuren dadurch überwunden werden, daß man diese durch Gegenstromverteilung zwischen Chloroform und 0,2 n-HCl in 3 Gruppen vortrennt. Jede dieser Gruppen kann weiter chromatographisch analysiert werden [13]. Der Vorteil dieser Methode ist, daß eine quantitative Ausbeute nicht notwendig ist, da die Berechnungen auf dem Isotopen-Quotienten beruhen (z. B. $J^{131}:S^{35}$). Dieses Verfahren wurde erfolgreich bei der Baustein-Analyse von Proteinen und bei der Amino-Endgruppen-Bestimmung angewendet [14, 15].

b) Kupfer-Chelat-Technik

Bei p_H 8—12 reagieren Kupfer-Ionen mit α-Aminosäuren und ergeben Chelat-Komplexe vom Typ: $(H_2N \cdot CHR \cdot COO)_2Cu$. Dies dient zur Grundlage eines Verfahrens, bei dem die Aminosäuren nach der Trennung durch Behandlung mit Cu^{64} zu Chelaten werden. Diese Methode kann sowohl auf dem Chromatogramm direkt [26] oder nach Elution der Flecken [27] angewandt werden. Dazu wird das Chromatogramm (Whatman Nr. 3 MM) in 11 Streifen gleicher Breite eingeteilt. Auf die Streifen 8, 10 und 11 wird die zu analysierende Mischung in bekannter Menge aufgesetzt. Auf die Streifen 1, 2, 4, 5 und 7 wird ein bekanntes Gemisch von Aminosäuren in steigenden Konzentrationen aufgetropft. Die restlichen Streifen erhalten definierte Mengen bekannter Aminosäuren als Leitsubstanzen. Nach der Trennung werden die letzteren zur Lokalisierung und Identifizierung der Flecken aus dem Gemisch mit Ninhydrin (s. S. 164) besprüht. Die Einzelflecken werden getrennt, ausgeschnitten und mit je 2 ml 0,18 m-Na_2HPO_4 in Röhrchen (etwa 5 ml Inhalt) eluiert. Nach Zugabe von je 2 ml einer radioaktiven Suspension von Kupferphosphat wird die ganze Lösung umgeschüttelt und über ein Whatman-Filter Nr. 42 filtriert. 1 ml des Filtrates wird jeweils auf ein Polyäthylentellerchen ($\varnothing$ etwa 23 mm, Tiefe 7 mm) pipettiert und unter einem G-M-Zählrohr dessen Aktivität ermittelt. Standard-Kurven ergeben sich aus den Aktivitätskurven, die sich aus den in gleicher Weise gewonnenen Eluaten der Streifen 1, 2, 4, 5 und 7 gewinnen lassen; sie werden als Imp/min gegen μg α-Amino-N aufgezeichnet. Anhand dieser Kurven können die absoluten Werte ermittelt werden.

Diese Methode ist sehr genau, hat jedoch den Nachteil, daß das Cu^{64}-Phosphat wegen seiner kurzen Halbwertzeit stets frisch hergestellt werden muß.

Unter den andern quantitativen Methoden bei der Bestimmung von Aminosäuren ist noch die von Wada [35] ausgearbeitete zu nennen, welche das Prinzip der Isotopen-Verdünnung auf die Papierchromatographie anwendet.

Literatur

[1] A. A. Benson–M. Calvin: Cold Spr. Harb. Symp. quant. Biol. 13, 6 (1948). — [2] A. A. Benson–I. A. Bassham–M. Calvin–T. C. Goodale–V. A. Haas–W. Stepka: J. Amer. Soc. 72, 1710 (1950) — [3] J. C. Boursnell: Nature (Lond.) 165, 399 (1950). — [4] M. Calvin–A. A. Benson: Science 107, 576 (1948). — [5] M. Calvin–A. A. Benson: Science 109, 140 (1949). — [6] M. Calvin: Chemical Education 26, 639 (1949). — [7] C. E. Dent: Biochem. J. 43, 169 (1948). — [8] R. M. Fink–C. E. Dent–K. Fink: Nature (Lond.) 160, 801 (1947). — [9] M. D. Kamen: Radioactive tracers in Biology, 3rd. Ed., Academic Press, N. Y. 1957. — [10] A. S. Keston–S. Udenfriend–R. K. Cannan: J. Amer. chem. Soc. 71, 249 (1949). — [11] A. S. Keston–S. Udenfriend–M. Levy: J. Amer. chem. Soc. 72, 748 (1950). — [12] A. S. Keston–S. Udenfriend: Cold Spr. Harb. Symp. quant. Biol. 14, 92 (1950). — [13] S. F. Velick–S. Udenfriend: J. biol. Chem. 190, 721 (1951). — [14] S. Udenfriend–S. F. Velick: J. biol. Chem. 190, 733 (1951). — [15] S. F. Velick–L. F. Wicks: J. biol. Chem. 190, 741 (1951). — [16] A. Lancassagne–J. Lattes: C. R. Soc. Biol. (Paris) 90, 352 (1924). — [17] L. D. Marinelli–R. F. Hill: Amer. J. Roentgenol. 59, 396 (1948). — [18] S. Aronoff: Techniques of Radiobiochemistry, Iowa State College Press, Ames, Iowa 1956. — [19] O. Lindberg–J. P. Hummel: Ark. Kemi 1, 17 (1949). — [20] S. Lissitzky–R. Michel: Bull. Soc. Chim. France 1952, 891. — [21] J. Roche–M. Jutisz–S. Lissitzky–R. Michel: Biochem. biophys. Acta 7, 459 (1951). — [22] E. L. Smith–D. Allison: Analyst 77, 29 (1952). — [23] R. M. Tomarelli–K. Florey: Science 107, 630 (1948). — [24] S. Udenfriend: J. biol. Chem. 187, 65 (1950). — [25] S. Udenfriend–T. C. Clark–E. Titus: Experientia (Basel) 8, 379 (1952). — [26] T. Wieland–K. Schmeiser–E. Fischer–H. Maier–Leibnitz: Naturwissenschaften 36, 280 (1949). — [27] S. Blackburn–A. Robson: Biochem. J. 54, 295 (1953). — [28] R. R. Williams–R. E. Smith: Proc. Soc. exp. Biol. (N. Y.) 77, 169 (1951). — [29] F. P. W. Winteringham: J. chem. Soc. 1949 416. — [30] F. P. W. Winteringham–A. Harrison–R. G. Bridges: Analyst 77, 19 (1952). — [31] A. Harrison–F. P. W. Winteringham: Nucleonics 13, 64 (1955). — [32] G. Schubert–W. Dittrich–H. Künkel–H. J. Schwermundt: Strahlenther. 84, 328 (1951). — [33] E. Fünfer–H. Neuert: Zählrohre und Szintillationszähler, Karlsruhe (1954). — [34] N. J. Scully–W. Cherney–G. Kostral–R. Watanabe–J. Skok–J. W. Glattfield: Geneva Conference paper No. P/274 (1955). — [35] T. Wada: J. Agr. chem. Soc. Japan 30, 229 (1956). — [36] Chernick–Masoro–Chaikoff: Proc. Soc. exp. Biol. (N. Y.) 73, 348 (1950).

A. Anorganische Kationen und Anionen

Von

H. Seiler und B. Prijs

Eine zusammenfassende Darstellung der chromatographischen Methoden für die Trennung und Identifizierung der Anorganica findet sich bei Lederer [1], McOmie-Pollard [2] und Blasius [3].

I. Aufbereitung des Materials

Es empfiehlt sich, zunächst eine orientierende Veraschung vorzunehmen, um den Gehalt des Pflanzenmaterials an anorganischer Substanz zu bestimmen.

Zu diesem Zweck verglüht man einige Gramm des Materials im Platin-Tiegel, bis der Rückstand rein weiß erscheint. Es ist vorteilhaft, das Material vorher im Trockenschrank bei $120-150°$ einige Stunden zu trocknen. Der Platin-Tiegel soll möglichst nicht zur Rotglut kommen, um die Sublimation flüchtiger Substanzen und die Ausbildung eines unlöslichen Films im Tiegel zu vermeiden.

Für den endgültigen Aufschluß wählt man die Materialmenge so, daß sich mit dem Rückstand mindestens 1 ml einer an Metalloxyden 2 %igen Lösung herstellen läßt.

1. Trockene Veraschung

Man verascht das genau gewogene und vorgetrocknete Material vorsichtig (s. oben) im Platin-Tiegel. Sodann verrührt man den Rückstand mit halbkonz. Salz- oder Salpetersäure (1 Volumenteil dest. Wasser + 1 Volumenteil konz. Säure) unter Erwärmen und ersetzt jeweils die verdampfte Säure, bis der Glührückstand vollständig gelöst ist.

Darauf dampft man vorsichtig zur Trockene ein, löst den Rückstand in dest. Wasser und füllt auf ein definiertes Volumen auf. Sollen Spuren von Schwermetall bestimmt werden, so sind die verwendeten Säuren vorher zu destillieren, da sie nach längerer Lagerung Ionen aus dem Glas aufgenommen haben. Die zur Destillation verwendeten Geräte müssen während einiger Tage mit der entsprechenden Säure ausgekocht werden.

Diese Aufschlußmethode ist geeignet für die Bestimmung von Kationen und Phosphat, dagegen nicht für die Bestimmung der übrigen Anionen.

2. Nasse Veraschung

Die nassen Veraschungen werden vorteilhaft in einem Pyrex-Langhalsrundkolben durchgeführt. Der Kolben muß zuerst während einiger Tage mit konz. Salpetersäure ausgekocht werden.

a) Mit rauchender Salpetersäure

Das gewogene und vorgetrocknete Material wird in den Kolben gegeben. Hierauf werden pro Gramm trockenes Material 10 ml rauchende Salpetersäure zugesetzt. Man erwärmt vorsichtig in einem Sandbad, wobei rotbraune Dämpfe entweichen. Nach dem Abklingen der Reaktion wird stärker erhitzt, bis die Säure ganz abdestilliert ist. Nun wird der Rückstand nochmals mit Salpetersäure versetzt. Die Zugabe muß sehr vorsichtig erfolgen, da sich hierbei das Material leicht entzünden kann.

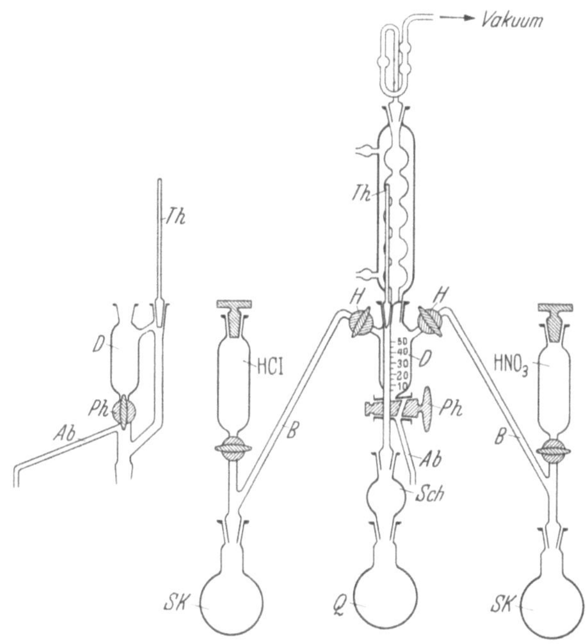

Abb. 52. Apparatur für die nasse Veraschung (Maßstab 1:6). *Ab* Ablauf; *D* Destillatkammer in Seiten- und Frontalansicht; *Th* Thermometer; *Sch* Schaumfänger; *H* Schwanzhahn; *B* Destillierbrücke; *Ph* Patent-2-Wege-Hahn; *Q* Verbrennungskolben aus durchsichtigem Quarzglas; *SK* Säurekolben. Die gewünschte Säure wird kurz vor dem Gebrauch aus dem Kolben *SK* in die Kammer *D* redestilliert

Man dampft wiederum zur Trockene ein und wiederholt die Operation so lange, bis der Rückstand rein weiß ist. Schließlich wird der Rückstand in einem abgemessenen Volumen verdünnter Salpetersäure aufgenommen. Diese Methode gestattet auch die Bestimmung der Anionen mit Ausnahme von Sulfat, Carbonat und Nitrat. Die Bildung unlöslicher Oxyde wird vermieden. Die entstehenden Nitrate sind leicht löslich, so daß konzentrierte Lösungen des Rückstands herstellbar sind. Von Nachteil ist die Bildung stabiler organischer Nitrokörper, die als gelbe Krusten erkennbar sind. Sie können durch trockenes Erhitzen zerstört werden. Der Rückstand muß jedoch nach dieser Behandlung nochmals mit Salpetersäure aufgeschlossen werden.

Eine spezielle Apparatur zur nassen Veraschung wird von E. Pedretti [*4*] beschrieben (Abb. 52). Diese Anordnung hat den Vorteil,

daß die zur Verwendung gelangende Säure jeweils vor Gebrauch frisch destilliert wird und Verluste durch Verspritzen nicht eintreten können; sie gestattet auch eine genaue Dosierung der Säure sowie die Verwendung eines Gemisches zweier Säuren.

b) Mit konz. Schwefelsäure

Man gibt das gewogene und getrocknete Material in den Kolben und setzt pro Gramm trockenes Material 5 ml konz. Schwefelsäure zu. Das Material zersetzt sich sofort unter Bildung einer schwarzen, teigigen Masse. Nun erwärmt man so vorsichtig, daß kein schwarzer Säurefilm über den Kolbenhals kriecht. Man raucht die Säure im Sandbad vorsichtig ab, gibt wiederum Säure zu und wiederholt die Operation, bis der Rückstand rein weiß ist. Nun wird mit einem abgemessenen Volumen verdünnter Schwefelsäure versetzt und von den entstandenen schwerlöslichen Sulfaten abfiltriert. Die im Filtrat vorhandenen löslichen Sulfate werden nun für sich chromatographisch untersucht.

Der Rückstand wird durch Schmelzen mit analysenreiner Soda im Nickeltiegel aufgeschlossen und anschließend der Chromatographie unterworfen, wobei naturgemäß Nickel und Natrium im Chromatogramm in Erscheinung treten.

Mit dieser Methode können außer den Kationen auch alle Anionen mit Ausnahme von Sulfat und Carbonat erfaßt werden. Sie erfordert jedoch wegen der Schwerflüchtigkeit der Schwefelsäure viel Zeit.

c) Mit rauchender Salpetersäure und konz. Schwefelsäure

Das gewogene und vorgetrocknete Material wird im Kolben mit 1—2 ml konz. Schwefelsäure pro Gramm Trockenmaterial versetzt und während einer Stunde auf dem Wasserbad erwärmt. Hierbei färbt sich die ganze Masse schwarz. Nun gibt man vorsichtig einige Tropfen rauch. Salpetersäure zu und erwärmt weiter, wobei starke braune Dämpfe entstehen. Die Zugabe von rauch. Salpetersäure wird so lange tropfenweise fortgesetzt, bis die Lösung farblos ist (sie kann wenig weißen Niederschlag enthalten). Nun wird die konz. Schwefelsäure vorsichtig abgeraucht und der Rückstand 3 mal mit je 5 ml rauch. Salpetersäure pro Gramm Material versetzt und jeweils zur Trockene eingedampft. Schließlich wird der Rückstand in einem abgemessenen Volumen dest. Wasser aufgenommen.

Diese Methode ist die bequemste, da hierbei einerseits alles organische Material zerstört wird, andererseits keine unlöslichen anorganischen Salze entstehen. Bestimmbar sind alle Kationen sowie die Anionen, mit Ausnahme von Sulfat, Nitrat und Carbonat.

3. Soda-Schmelze zur Bestimmung der Anionen

Die bisher beschriebenen Aufschlußmethoden sind vor allem zur Bestimmung der Kationen geeignet; die Anionen lassen sich vorteilhafter mit der folgenden Methode erfassen: Eine der Kationenbestimmung entsprechende Menge gewogenes und getrocknetes Material wird in einem Porzellantiegel mit der 8fachen Menge analysenreinem Na_2CO_3 gut vermischt und während 3 h vor dem Gebläse gerade im Schmelzfluß gehalten. Danach wird die Schmelze in dest. Wasser aufgekocht und vom Unlöslichen abfiltriert.

Hier empfiehlt es sich, die Lösung zwecks Austausch der großen Kationenmenge gegen H˙ mit einem Kationenaustauscher (am besten Amberlite IR 120) zu behandeln. Vor der Behandlung mit dem Austauscher ist es notwendig, dessen Kapazität zu bestimmen: Eine abgewogene Menge frisch regenerierten Austauschers wird mit einem Überschuß NaCl-Lösung versetzt. Man schüttelt etwa $1/2$ h, saugt vom Harz ab und titriert die freigewordenen H˙-Ionen mit einer eingestellten NaOH-Lösung gegen Phenolphthalein.

Man gibt nun zu der Aufschlußlösung das 1,5fache der für die eingewogene Soda berechneten Austauschmenge, schüttelt etwa 30 min, filtriert vom Harz ab, wäscht 2—3mal mit dest. Wasser und engt die vereinigten Filtrate in einer Porzellanschale langsam bis zum Entweichen saurer Dämpfe ein. (Rotfärbung eines darübergehaltenen, angefeuchteten blauen Lackmuspapiers.) Die eingeengte Lösung wird dann mit dest. Wasser auf ein definiertes Volumen gebracht.

II. Papier, Geräte

1. Papier und dessen Reinigung

Zur anorganischen Papierchromatographie eignet sich besonders das Whatman-Papier Nr. 1. Daneben werden Whatman Nr. 4 sowie Schleicher & Schüll-Papiere verwendet.

Vor allem bei der Bestimmung der Alkali-, Erdalkali- und Phosphationen ist es notwendig, die im Papier vorhandenen Alkali- und Erdalkaliionen sowie organische Verunreinigungen zu entfernen. Dies kann auf verschiedene Arten erfolgen:

1. Waschen des Papiers in einem Bad von 2 n-HCl, anschließend in dest. Wasser bis zur neutralen Reaktion [5]. Whatman-Papier Nr. 541 ist bereits mit HCl gereinigt.

2. Tagelanges Einlegen des Papiers in 2 n-Essigsäure, Neutralwaschen mit dest. Wasser und Einlegen in eine Mischung von 50% Aceton und 50% Alkohol mindestens eine Woche lang. Trocknen des Papiers kurz vor Gebrauch [6].

3. Man behandelt das Papier in einem Chromatographiekübel während 3 Tagen absteigend mit einem Gemisch von 100 ml n-Butanol, 40 ml Eisessig und 100 ml Wasser und trocknet dann 24 h bei 50° [7].

2. Pipetten, Büretten

Für qualitative und semiquantitative Bestimmungen eignet sich zum Auftragen der zu chromatographierenden Lösungen die in Abb. 32 dargestellte Pipette mit Saugkolben, welche sich leicht aus einer sog. „Blutzuckerpipette" herstellen läßt. Für quantitative Bestimmungen sind jedoch Präzisionsbüretten notwendig (CONVAY, LÜSCHER [7]; AGLA).

III. Methode

Im allgemeinen wird wegen des geringen apparativen Aufwands die *eindimensionale aufsteigende Chromatographie* verwendet. Sie zeigt gute Trennungseffekte, allerdings bei relativ langen Laufzeiten. Es empfiehlt sich, an mehreren Punkten der Startlinie steigende Mengen der zu analysierenden Lösung aufzutragen, wobei die Fleckengröße möglichst konstant gehalten wird. So trägt man z. B. auf Punkt 1—4 je 0,005 ml der Lösung auf, trocknet, trägt dann auf Punkt 2—4 wiederum je 0,005 ml auf usw., so daß sich die aufgetragenen Mengen schließlich verhalten wie 1:2:3:4.

Die *absteigende* Methode empfiehlt sich besonders in Fällen, wo ein Teil der Ionen durch Komplexbildung zurückgehalten werden soll, während der Rest durch das Fließmittel ausgewaschen wird. Nachträglich können dann die zurückgehaltenen Metallkomplexe auf demselben Papier, evtl. aufsteigend, mit einem zweiten Fließmittelsystem getrennt werden.

Für orientierende Schnellchromatogramme ist die *Rundfilterchromatographie* zu empfehlen, die schnelles Arbeiten mit sehr kleinen Mengen gestattet. Allerdings sind die Trennungseffekte nicht so deutlich wie bei einem nach den anderen Methoden durchgeführten Chromatogramm.

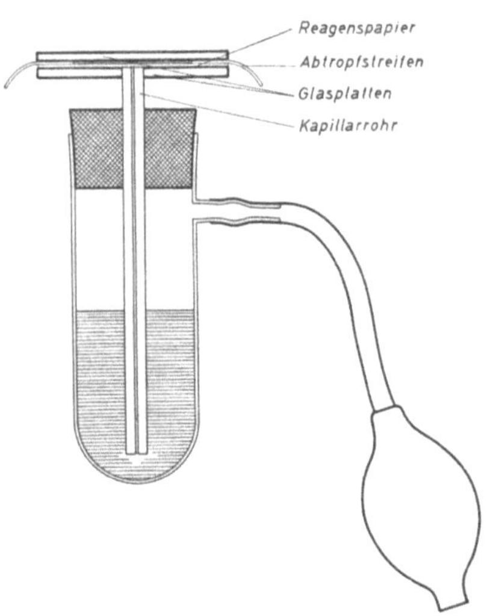

Abb. 53. Vorrichtung zur Anreicherung von Ionen. Erklärung im Text

Bei gewissen Kationen und Anionen zeigt die *Elektrophorese* [8] sehr gute Trenneffekte. Der Vorteil dieser Methode besteht darin, daß sowohl Kationen wie Anionen in einem Arbeitsgang bestimmt werden können. Eine Erhöhung des Trenneffektes der Elektrophorese erzielt man durch die sog. *elektrochromatographische* Versuchsanordnung. Bei dieser findet in vertikaler Richtung (auf- oder absteigend) eine normale chromatographische Entwicklung statt, während senkrecht zur Richtung des Fließmittels ein elektrisches Feld angelegt wird [9].

Ist ein Ion nur in schwer erfaßbaren Spuren vorhanden, so empfiehlt sich die Anwendung der Anreicherungsmethode [10]. Hierzu sind zwei genau aufeinanderpassende, runde Glasplatten erforderlich, wovon die eine im Zentrum durchbohrt ist. Zwischen diese Glasplatten bringt man ein Filterpapier, das mit einem für die gesuchte Ionengruppe spezifischen Fällungsreagens, z. B. Oxin, Ammoniumsulfid, getränkt ist. Durch das Loch in der unteren Platte führt ein Capillarrohr, welches vermittels eines dichtschließenden Gummizapfens in einem „Säugling" steckt (Abb. 53). In dieses tubulierte Glas bringt man die zu analysierende

Lösung und kann nun diese mittels eines angeschlossenen Ballons in der Capillare empordrücken, so daß die Flüssigkeit vom Reagenspapier angesaugt wird. Der Lösung setzt man vorteilhaft etwas Fällungsreagens zu. Am Reagenspapier bringt man beidseitig herabhängende Filterpapierstreifen an, um ein Ablaufen der Flüssigkeit und damit die Entfernung der anderen Ionen zu ermöglichen. Die so auf dem Rundfilter angereicherte Substanz wird nun durch Extraktion oder Aufschluß in eine zur Chromatographie geeignete Form gebracht und analysiert. Mit dieser Methode lassen sich noch Bruchteile von γ Schwermetall nachweisen und bestimmen.

IV. Lösungsmittel und R_F-Werte

Es empfiehlt sich, vor der Ausführung der Hauptanalyse ein orientierendes Chromatogramm durchzuführen. Da im Pflanzenmaterial — neben Spuren von Schwermetallionen — hauptsächlich Alkali- und Erdalkaliionen zu erwarten sind, wählt man zur Ausführung eines orientierenden Chromatogramms ein System, welches die Alkali- und Erdalkaliionen trennt und die Anwesenheit von Schwermetallionen anzeigt.

Zu diesem Zweck eignet sich besonders die von H. T. GORDON und C. A. HEWEL [11] beschriebene Methode, welche auch die Analyse noch nicht veraschten Materials erlaubt. Whatman Nr. 4-Streifen von 30 mm Breite und 570 mm Länge werden in der Mitte zu Doppelstreifen von 285 mm Länge gefaltet und mittels einer Büroklammer in einen Standzylinder eingehängt (s. Abb. 54). Da das Papier von der Herstellung her noch Verunreinigungen enthält, läßt man nun zur Reinigung folgendes Fließmittel bis zum oberen Rand des Papiers aufsteigen: Dest. Wasser-Pyridin-Eisessig (80:15:5). Danach wird der Doppelstreifen im Ofen gut getrocknet. Die Auftragungen erfolgen in 38 mm Abstand vom Falz auf beiden Hälften des Doppelstreifens.

Als Fließmittel für die Analyse wird ein — möglichst frisch hergestelltes — Gemisch von Isopropanol–Pyridin–Eisessig–Wasser (8:8:1:4) verwendet. Entwicklungsdauer bei 30° etwa 2 h. Die entwickelten Chromatogramme werden im Trockenofen gut getrocknet.

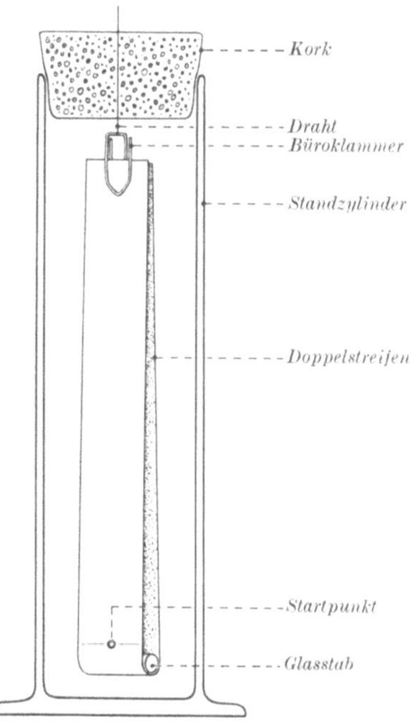

Abb. 54. Anordnung zur aufsteigenden Chromatographie

Mehrwertige Anionen wie Sulfat, Phosphat, Citrat und Proteine stören die normale Entwicklung des Chromatogramms. Sulfat und Phosphat können selektiv durch eine Aluminiumoxydsäule entfernt werden; man kann auch alle Anionen mittels Anionenaustauscher in der Acetatform durch Acetat ersetzen. Diese Austauschmethoden erfordern jedoch größere Mengen. Auch eine Umsetzung mit Bleiacetat zeigt gute Ergebnisse: Ein Whatman Nr. 4-Streifen (30×325 mm) wird mit der unten genannten Waschlösung gereinigt. Hierauf werden in 10 und 15 mm Distanz vom unteren Ende des Streifens je 2 μl 0,1 m Bleiacetat-Lösung aufgetragen. 1 μl der störende Anionen enthaltenden Analysen-Lösung wird nun in der Überlappungszone der beiden Bleiacetatflecken (etwa 12 mm vom unteren Rand), aufgetragen. Man taucht das untere Ende des Streifens in dest. Wasser ein und läßt dieses 60—70 mm aufsteigen. Hierauf trocknet man das untere Ende mit Filterpapier, um überschüssiges Wasser zu entfernen. Hierbei läuft die Wasserfront noch etwa 10 mm weiter. Man zieht an der Wasserfront eine Bleistiftlinie, die nun die Startlinie bildet. Nun wird der Streifen 38 mm unterhalb und 247 mm oberhalb dieser Startlinie abgeschnitten, getrocknet und das Chromatogramm normal entwickelt. Das Chromatogramm zeigt zusätzlich einen großen Pb$\cdot\cdot$-Fleck bei $R_F = 0{,}70$, die Flecken der anderen Kationen sind jedoch normal.

Reagentien:

Waschlösung: dest. Wasser–Pyridin–Eisessig (80:15:5).

Fließmittel: Isopropanol–Pyridin–Eisessig–dest. Wasser (8:8:1:4).

Bleiacetatlösung: 580 mg bas. Bleiacetat in 9,5 ml dest. Wasser und 0,5 ml Eisessig.

Nachweisreagens 1: 145 mg 8-Hydroxychinolin (Oxin) und 360 mg Aminoäthanol gelöst in 50 ml Aceton.

Nachweisreagens 2: 100 mg Bromkresolpurpur-Indicator in 10 ml abs. Äthanol lösen und mit Aceton auf 100 ml verdünnen, 1—2 Tropfen konz. Ammoniak zufügen, bis die Lösung rot-gelb gefärbt ist.

Nachweisreagens 3: 1%ige Lösung von Zinkuranylacetat in abs. Äthanol, welches 5% Eisessig enthält. Wenn notwendig, bis zur klaren Lösung auf dem Wasserbad erwärmen.

Die Nachweisreagentien werden mit Vorteil nicht aufgesprüht; man bringt sie mit einer 1 ml-Pipette am oberen Ende des Chromatogramms in einem Strich auf und läßt das Chromatogramm absteigend bis zur Startlinie durchfließen.

Nachweisreagens 1 gibt fluorescierende Flecken (UV 360 mμ) mit Be-, Mn-, Ca-, Sr-, Ba-, Zn-, Cd-, Al-, Y-, In-, Zr-, Ga-, Ag- und Li-Ionen; Mn-, Fe-, Co-, Ni-, Cu- und Pb-Ionen erscheinen als dunkle Flecken auf schwach fluorescierendem Hintergrund.

Nachweisreagens 2 zeigt als Indicator saure und basische Stellen auf dem Papier an. Da frisch getrocknete Chromatogramme noch Pyridin und Essigsäure vom Fließmittel her enthalten, werden nur die stärksten Basen angezeigt, d. h. man findet nur die Alkali- und Erdalkaliionen als schwache purpurne Flecken auf gelbem Hintergrund. Hält man das Chromatogramm kurze Zeit über Wasserdampf, so werden die Flecken intensiviert, der Hintergrund wird dunkelgrün, und die Anionen erscheinen als gelbe Flecken.

Die Flecken müssen sofort umrandet werden, da die Färbung nach einiger Zeit verblaßt. Überlappen die Flecken von Kationen und Anionen, so bilden sich neutrale Salze, und es ist kein Farbunterschied erkennbar. Daher sollte das Chromatogramm zuerst mit Nachweisreagens 1 und nach dem Umranden der dabei entstandenen Flecken mit Nachweisreagens 2 behandelt werden.

Nachweisreagens 3 dient zum definitiven Nachweis von Alkaliionen. Nachdem das Reagens auf das Papier gebracht ist, trocknet man während einigen Minuten an der Luft und dann in einem Ofen bei 120° während 2—5 min. K· und Rb· fluorescieren hellgelb, Na· und Li· blaßgelb.

Reagens 3 kann nicht zusammen mit 1 und 2 auf demselben Papier angewandt werden.

Aus den R_F-Werten der nach dieser Methode erhaltenen Flecken können mit Hilfe der Tab. 10 die in der zu analysierenden Lösung enthaltenen Ionen ermittelt werden.

Tabelle 10. *Orientierungsanalyse nach* GORDON *und* HEWEL

Ion	aufgetragene μMol	Nachweis mit Reagens			R_F-Werte Zentrum und Grenzen
		1	2	3	
SO_4''	0,2		+		0,03 (0,09—0,00)
$Ba^{..}$	0,01	+	±		0,09 (0,12—0,06)
$Cs^·$	0,2	—	++	—	0,16 (0,18—0,14)
$Rb^·$	0,03		+	±	0,15 (0,17—0,13)
$K^·$	0,01		+	±	0,13 (0,15—0,11)
	0,4	±	++		0,15 (0,19—0,10)
$Sr^{..}$	0,02	+	±		0,19 (0,21—0,13)
$Na^·$	0,01		±	+	0,24 (0,26—0,22)
	0,3	±	++		0,30 (0,31—0,27)
$Ca^{..}$	0,002	±			0,35 (0,36—0,34)
	0,1	++	+	—	0,41 (0,44—0,34)
H_2PO_4'	0,1		+		0,42 (0,45—0,38)
H_2AsO_4'	0,1		+		0,47 (0,50—0,43)
Cl'	0,04		±		0,47 (0,50—0,44)
	0,4		++		0,51 (0,54—0,48)
$Mg^{..}$	0,001	±			0,53 (0,55—0,51)
	0,01	++	±		0,57 (0,61—0,47)
	1,6		++		0,61 (0,67—0,47)
$Li^·$	0,02	±	—	—	0,58 (0,61—0,55)
	0,1	+	+	+	0,61 (0,63—0,59)
Br'	0,1		+		0,66 (0,69—0,63)
$Al^{...}$	0,05	++			0,69 (0,77—0,57)
$Pb^{..}$	0,2	++	++		0,71 (0,82—0,60)
NO_3'	0,1		+		0,75 (0,78—0,71)
$Mn^{..}$	0,05	++	±		0,84 (0,89—0,80)
$Cu^{..}$	0,05	+			0,88 (0,98—0,78)
$Be^{..}$	0,02	++	—		0,91 (0,95—0,82)
$Zn^{..}$	0,2	++			0,91 (0,97—0,82)
$Ni^{..}$	0,05	+			0,92 (0,98—0,85)
$Co^{..}$	0,1	+			0,92 (0,99—0,84)
$Fe^{...}$	0,05	+			0,96 (0,99—0,90)
$Cd^{..}$	0,1	++			0,97 (0,99—0,92)

Auf Grund der Probeanalyse wird man für die Hauptanalyse gemäß den Angaben der folgenden Tabellen das Lösungsmittelgemisch so wählen, daß eine möglichst deutliche Trennung der vorhandenen und zu bestimmenden Kationen (Tab. 11) bzw. Anionen (Tab. 12) erreicht wird.

Tabelle 11. *Bestimmung der Kationen*

Kationen	Methode	Fließmittel	R_F-Werte	Reagens	Papier	Literatur
1. Li, Na, K (Acetate)	aufsteigend	Methanol/Eisessig (98:2)	0,66; 0,48; 0,32	Bromkresolgrün	Binzer 202	[12]
2. Li, Na, K (Acetate)	zirkular	abs. Methanol	0,68; 0,42; 0,20	Violursäure	Whatman 1	[13]
3.* Li, Mg, Ca, Na, K (Acetate)	aufsteigend	Äthanol/2 n-Essigsäure (8:2)	0,76; 0,76; 0,68; 0,56; 0,45	Violursäure	Whatman 1	[7]
4.* K, Rb, Cs	absteigend	konz. HCl/Methanol/n-Butanol/Isopropyl-methylketon (55:35:5:5)	K < Rb < Cs	$Na_2Pb[Co(NO_2)_6]$	Whatman 1	[14]
5. Li, Na, NH_4, K (Chloride)	{aufsteigend zirkular	Äthanol/Methanol (1:1)	{0,65; 0,23; 0,32; 0,08; 0,82; 0,47; 0,59; 0,27	2,6-Dichlorphenol-indo-phenol (0,2 g) u. $AgNO_3$ (3 g) in Äthanol (100 ml)	Whatman 1	[15]
6.* Be, Mg, Ca, Sr, Ba (Acetate)	aufsteigend	Äthanol/2 n-Essigsäure (8:2)	0,86; 0,76; 0,68; 0,55; 0,43	Violursäure	Whatman 1	[16]
7. Ca, Sr, Ba	aufsteigend	Isopropanol/Wasser/6 n-HCl (4:3:3)	0,93; 0,61; 0,48	Ca: Alizarin; Sr; Ba: K-Rhodizonat	Whatman 3	[17]
8. Mg, Ca, Sr, Ba	zirkular	Methanol/Äthanol (1:1)	0,80; 0,62; 0,49; 0,28	wie bei 5.	Whatman 1	[18]
9. Be, Mg, Ca, Sr, Ba	aufsteigend	Methanol/konz. HCl/Wasser (8:1:1)	0,85; 0,70; 0,47; 0,26; 0,11	8-Hydroxychinolin 1% ig in Äthanol	S & S 2043b	[19]
10. Fe, Cu, Co, Mn, Ni	absteigend	Methyl-n-propylketon/Aceton/konz. HCl (8:1:1)	Fe > Cu > Co > Mn > Ni	Ni; Co; Cu: Rubean-wasserstoff; Mn: am-moniakalisches $AgNO_3$ Fe: $K_4[Fe(CN)_6]$	Whatman 1 oder 3	[20]
11. Fe, Zn, Co, Mn, Ni, Al, Cr	aufsteigend	Eisessig/Pyridin/konz. HCl (80:6:20)	0,92; 0,82; 0,68; 0,57; 0,39; 0,30; 0,26	Fe; Zn: Zn-Reagens nach EEGRIEVE; Co:$(NH_4)_2$S; Mn:NH_4OH/H_2O_2 Cr:NH_4OH; Ni: Dime-thylglyoxim; Al: Morin	Binzer 202	[12]
12. Fe, Cu, Co, Ni	zirkular	Aceton/konz. HCl/Wasser (87:8:5)	Fe > Cu > Co > Ni	Rubeanwasserstoff	Whatman 1 oder 3 MM	[21]
13. Fe, Mo, Ti, V, K	absteigend	n-Butanol/1 n-HNO_3/Acetylaceton (1:1:0,01)	0,54; 0,58; 0,60; 0,20; 0,07	$(NH_4)_2$S od. 8-Hydroxy-chinolin	Whatman 1	[22]

	Methode	Fließmittel	R_F-Werte		Papier	Literatur
14. Fe, Mo, Ti, V	aufsteigend	n-Butanol/H_2O_2 30%ig/Wasser/konz. HCl (10:1:8:1)	0,35; 0,79; 0,09; 0,27	Eigenfärbung der Ionen	Arches 302	[23]
15. V, U, Cu, Co, Ni, Mn	aufsteigend	Tetrahydrofuran/konz. HCl($d=1,19$)(5:1,5)	0,55; 0,97; 0,91; 0,77; 0,27; 0,50		S & S 2043 b	[24]
16. Hg, Sn, Cd, As, Bi, Sb, Pb, Cu, Ag	aufsteigend	n-Butanol gesättigt 3 n-HCl	0,90; 0,86; 0,83; 0,82; 0,71; 0,39; 0,28; 0,20; 0,00	Hg; As; Bi; Sb; Pb; Cu: KJ; Sn: Quercetin; Cd: $(NH_4)_2S$; Ag: Licht	Binzer 202	[12]
17. Hg, Pb, Bi, Cu, Cd	aufsteigend	n-Butanol ges. 1 n-HCl	1,00; 0,00; 0,65; 0,10; 0,65	H_2S		[25]
18. As, Sb, Sn	aufsteigend	n-Butanol ges. 1 n-HCl	0,70; 0,80(schwanzt); 0,97	$(NH_4)_2S$		[25]

* Eignet sich auch zur quantitativen Bestimmung.

Tabelle 12. *Bestimmung der Anionen*

Anionen	Methode	Fließmittel	R_F-Werte	Reagens	Papier	Literatur
1. Molybdat; Borat; Silikat	absteigend	Aceton/konz. HCl (95:5); Atmosphäre: Butanol/konz. HCl (95:5)	Mo > B > Si	Borat: Curcumaextrakt Silikat: Ammonium-molybdat-Benzidin; Molybdat: 8-Hydroxy-chinolin	Whatman 4	[26]
2. Cl'; Br'; J'; ClO_3'; BrO_3'; JO_3'; NO_2'; NO_3'; AsO_3'''; AsO_4'''; CO_3''; PO_4'''; CrO_4''; SCN'; SO_4''	absteigend	Butanol/Pyridin/1,5 n-NH_4OH (2:1:2)	0,24; 0,36; 0,47; 0,42; 0,25; 0,09; 0,25; 0,40; 0,19; 0,05; 0,06; 0,04; 0,00; 0,56; 0,07	ammoniakalisches $AgNO_3$	Whatman 1	[22]
3. J'; Br'; Cl'; F' (Alkalisalze)	absteigend	Butanol/Pyridin/NH_3 ($d=0,88$) (4:2:1)	J > Br > Cl > F	$AgNO_3$, nach Auswaschen $(NH_4)_2S$	Whatman 1	[21]
4. Cl'; Br'; J'; SCN'	aufsteigend	Butanol/1,5 n-NH_4OH (1:1)	0,10; 0,16; 0,30; 0,45	J'; SCN': H_2O_2/Fe$(NO_3)_3$ Br'; Cl': $AgNO_3$ Licht, nach Auswaschen H_2S mit radioaktiven Tracern		[27]
5. SeO_3''; TeO_3''	aufsteigend	Butanol gesättigt 1 n-HNO_3 oder 1 n-HCl	Se > Te			[28]
6. F'; Cl'; Br'; J'; NO_3'; SO_4''; PO_4'''; CH_3COO'; $HCOO'$ (Alkalisalze)	absteigend	Äthanol/NH_3(g=0,88)/Wasser (80:4:16)	0,27; 0,43; 0,48; 0,53; 0,48; 0,09; 0,02; 0,52; 0,65		Whatman 54	[29]
7. F'; Cl'; Br'; J'	absteigend	Aceton/Wasser (8:2)	0,25; 0,50; 0,61; 0,77		Whatman 1	[30]

V. Nachweis

Für den Nachweis von Ionen im entwickelten Chromatogramm stehen zwei Arten von Nachweismethoden zur Verfügung.

1. Physikalische Methoden.
2. Chemische Methoden.

1. Physikalische Methoden

a) Radioaktive Isotope

Die Verwendung von Isotopen ist eine hochempfindliche Methode zum Nachweis von Ionen. Voraussetzung ist, daß die nachzuweisenden Ionen vor dem Chromatographieren mit Hilfe einer Neutronenquelle ohne Schwierigkeit zu einem kleinen Prozentsatz in radioaktive Isotope überführt werden können.

Der Nachweis kann auf zwei Arten erfolgen:

α) *Autoradiographie.*

β) *Auszählungsmethode.*

Darstellung der Methoden s. S. 50ff.

Nach M. LEDERER können Ionen noch in Mengen von $10^{-3}-10^{-6}\,\gamma$ nachgewiesen werden [31].

b) Colorimetrische Methode

Diese Methode kann für alle Substanzen Verwendung finden, welche im sichtbaren, ultravioletten oder infraroten Bereich absorbieren. Vielfach ist es möglich, durch geeignete chemische Behandlung die chromatographisch getrennten Substanzen in einem geeigneten Spektralbereich colorimetrisch erfaßbar zu machen.

Man benutzt bei dieser Methode mit Vorteil ein *Densitometer* (Photovolt, Eppendorfer, Beckman) und rastert mit diesem das Chromatogramm ab. Am Ort der Substanz zeigt das Instrument die geringste Durchlässigkeit an [32].

c) Spektrographische Analyse

Diese Methode findet hauptsächlich Anwendung für die seltenen Erden [33, 34].

2. Chemische Methoden

Bequemer und daher gebräuchlicher ist der chemische Nachweis. Man macht hierbei die Ionen auf dem entwickelten Chromatogramm durch Behandlung mit einem Reagens sichtbar, das mit den betreffenden Ionen charakteristisch gefärbte Salze bildet. In den folgenden Tabellen findet man eine Auswahl der für die verschiedenen Kationen (Tab. 13) und Anionen (Tab. 14) geeigneten Nachweisreagentien [35].

Beim Besprühen des entwickelten Anionenchromatogramms mit Bromthymolblau-Indicatorlösung [36] erscheinen alle Anionen als dunkelblaue Flecken auf grünem Grund. Enthält das verwendete Lösungsmittelgemisch organische Basen, so sind die Flecken blau auf gelbem Grund.

Tabelle 13. *Farbreaktionen verschiedener Nachweisreagentien für Kationen*

Ion	1	2	3	4	5	6	7
Li·	—	—	—	—	—	—	rotviolett
Na·	—	—	—	—	—	—	violett
K·	—	—	—	—	—	—	violett
Be··	—	—	—	—	—	—	gelbgrün
Mg··	—	—	—	—	(blaugrün)	—	gelbrosa
Ca··	—	—	—	—	(grün)	—	orange
Sr··	—	—	—	—	(blaugrün)	—	rotviolett
Ba··	—	—	—	—	(blaugrün)	—	hellrot
Pb··	braun	—	—	rotviolett*	(gelbgrün)	gelb	hellrot
Co··	schwarz	grün	blau	rotviolett	gelbgrün	braun	grün
Ni··	schwarz	—	grün	rotviolett	gelbgrün	blau	hellrot
Cu··	braun	rotbraun	schwarz	braun	gelbgrün	olivgrün	gelbbraun
Zn··	—	—	—	rotviolett	gelbgrün (goldgelb)	—	hellrot
Mn··	braun	—	—	—	gelbgrün	gelbbraun	hellrot
Hg··	schwarz	—	schwarz	hellrot*	gelbgrün	graugelb	hellrot
Fe···	braun	blau	rot	—	blau-schwarz	braun-schwarz	blau
Al···	—	—	—	—	gelbgrün (gelbgrün)	—	—
As···	gelb	—	—	—	—	—	—
Bi···	braun	—	gelb	—	—	—	—
Ag·	schwarz	—	—	rotviolett	—	braun-schwarz	rötlich
Mo	schwarz	dunkel-braun	rot	—	—	—	—

Erklärung zu Tab. 13

1. Gesättigte H_2S-Lösung mit NH_3 alkalisch gemacht, oder gelbe Ammonium-sulfidlösung.

2. 5%ige Lösung von $K_4[Fe(CN)_6]$ in dest. Wasser.

3. 5%ige Lösung von KCNS in dest. Wasser.

4. Frisch bereitete 0,05%ige Lösung von Dithizon in Tetrachlorkohlenstoff. Sprüht man vorher mit 6,1 g KCN in 100 ml dest. Wasser, so sind mit Dithizon nur noch die mit einem * versehenen Kationen sichtbar.

5. 0,5 g Oxin in 100 ml 60%igem Alkohol. Hält man nach dem Sprühen das Chromatogramm in NH_3-Dampf und betrachtet es im ultravioletten Licht, so werden die in ( ) genannten Farben sichtbar, während die anderen Flecken schwarz sind.

6. 0,5%ige Lösung von Rubeanwasserstoffsäure in 96%igem Alkohol. Das Chromatogramm wird besprüht, NH_3-Dampf ausgesetzt und getrocknet.

7. 0,1 m Lösung von Violursäure in dest. Wasser. Anschließend bei 60° trocknen. Alkalische Dämpfe sind auszuschließen, da auch sie Farbe erzeugen.

Darstellung von Violursäure: 20 g Alloxan und 10 g Hydroxylaminhydrochlorid werden in 150 ml dest. Wasser während einer Stunde auf 45—55° erwärmt. Man läßt über Nacht bei 0° stehen und filtriert. Weitere Kristalle entstehen beim Ein-engen im Vakuum. Die Temperatur darf 60° nicht übersteigen, da sich die Säure über 60° zersetzt. Die Violursäure ist nur im Dunkeln längere Zeit haltbar, die Lösung sollte jeweils frisch bereitet werden.

Tabelle 14. *Reagentien auf Anionen*

Ion	Sprühreagens	Farbe
F'	$Fe(CNS)_3$	farblos, auf rotem Grund
Cl'	$AgNO_3$; dann in H_2O einlegen, trocknen, mit $(NH_4)_2S$ besprühen	dunkelbraun-schwarz
Br'	s. Cl'	
J'	Bleiacetat	gelb
ClO_3'	KJ in 2 n-HCl, 150° erwärmen	braun
BrO_3'	KJ in 2 n-HCl, ohne Erwärmen	braun
S''	Nitroprussidnatrium	rot
PO_4'''	warme Lösung von Ammoniummolybdat + HNO_3, danach $(NH_4)_2S$	gelb-blau
CH_3COO'	gleiche Teile H_2O und Universalindicatorlösung	gelb auf hellrot. Grund
$HCOO'$	0,01%ige $KMnO_4$-Lösung	farblos auf rotem Grund
$(COO)_2''$	s. $HCOO'$	
CNS'	0,1% $FeCl_3$-Lösung mit HCl angesäuert	rotbraun-blutrot
AsO_4'''	$AgNO_3$ ammoniakalisch	braun

Man führt das zur Bestimmung der Anionen dienende Chromatogramm so aus, daß man die zu analysierende Lösung an mehreren Punkten nebeneinander aufträgt, dann entwickelt, eine Laufbahn abtrennt (s. Abb. 55) und auf dem abgetrennten Streifen die Lage der Anionen mit Bromthymolblau feststellt. Sodann teilt man in weitere Streifen auf und bestimmt die einzelnen Anionen mit Hilfe der in Tab. 14 angegebenen Spezialreagentien.

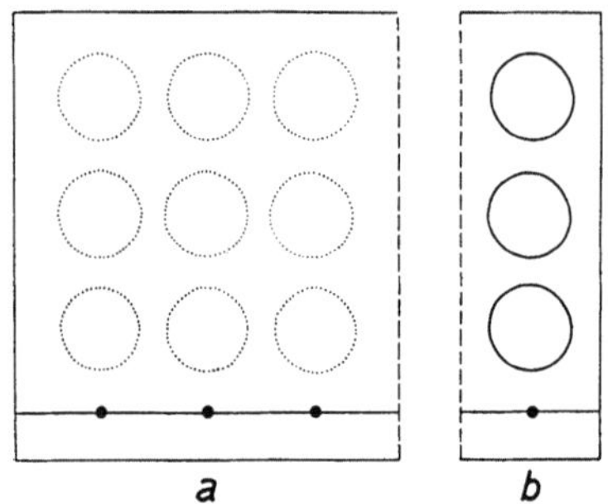

Abb. 55. Auf dem Chromatogramm werden mehrere Startpunkte mit der zu analysierenden Lösung aufgetragen. Eine Laufbahn wird abgetrennt (*b*) und entwickelt. Die so lokalisierten Flecken der übrigen Bahnen (*a*) können nunmehr mit Spezialreagentien behandelt oder auch eluiert werden (Schema)

VI. Quantitative Bestimmungsmethoden

Es sind hier im Prinzip zwei Methoden zu unterscheiden.

1. Bestimmung auf dem Papier.
2. Isolierung der getrennten Substanzen und anschließende Bestimmung.

1. Bestimmung auf dem Papier

a) Auf Grund der Fleckengröße

Diese Bestimmung basiert meist auf einem Vergleich der Größe der erhaltenen Flecken mit derjenigen von Vergleichsflecken. Zu diesem Zweck trägt man neben der zu analysierenden Substanz für jedes zu bestimmende Ion eine Kontrollsubstanz in möglichst ähnlicher Konzentration (gemäß den Ergebnissen einer Orientierungsanalyse) auf dem gleichen Chromatogramm auf. Die Größe der durch ein Ion nach Entwicklung und Besprühen des Chromatogramms erzeugten Flecken kann nun z. B. mit Hilfe eines Planimeters gemessen und so der Gehalt der zu analysierenden Lösung an dem betreffenden Ion mit einer Genauigkeit von 2—5% bestimmt werden. Es können mit dieser Methode durchschnittlich 20 γ noch erfaßt werden.

Voraussetzung für diese Methode ist die Verwendung eines Lösungsmittels, das runde oder ovale homogene Flecken erzeugt. Eine Abschätzung der Fleckengröße kann auch so vorgenommen werden, daß man rechts und links von der zu analysierenden Lösung Kontrollflecken von deutlich größerem bzw. deutlich kleinerem Gehalt an zu bestimmendem Ion mitlaufen läßt. Durch Vergleich der erhaltenen 3 Flecken kann eine ungefähre Gehaltsbestimmung durchgeführt werden [7].

b) Durch Intensitätsmessung

Hierbei mißt man die Absorption der Flecken mit Hilfe des Densitometers (s. S. 24, 26) und kann hieraus auf die Menge der aufgebrachten Substanz schließen [37].

2. Isolierung der getrennten Substanzen und anschließende Bestimmung

Man trägt die Substanz in mehreren Flecken gleicher Konzentration auf dem gleichen Chromatogramm auf, entwickelt und schneidet das Chromatogramm so in der Laufrichtung auseinander, daß eine Laufbahn von den übrigen getrennt wird (s. Abb. 55).

Der abgetrennte Teil b wird nun mit einem geeigneten Reagens besprüht und so die Lage der Flecken auf dem Teil a ermittelt, wo sie dann ausgeschnitten und eluiert bzw. verascht und aufgeschlossen werden können. Der Gehalt der so erhaltenen Lösungen kann nun colorimetrisch oder polarographisch bestimmt werden.

3. Spezielle quantitative Methoden
a) Alkali- und Erdalkali-Ionen [7]

Die Alkali- und Erdalkali-Ionen müssen zur Ausführung der folgenden Bestimmung in Form ihrer Acetate vorliegen. Man trägt auf einen Punkt des Chromatogramms die zu untersuchende Lösung, auf zwei anderen Punkten zum Vergleich bekannte Mengen der zu bestimmenden Ionen auf, wobei einmal eine bestimmt kleinere, einmal eine bestimmt größere Menge gewählt wird. Man entwickelt in 80 ml 96%igem Äthanol und 20 ml 2 n-Essigsäure aufsteigend während 12—14 h, trocknet bei 50° C und besprüht das Chromatogramm mit Violursäure. Danach trocknet man wiederum bei 50° C. Die entstandenen Flecken kann man auf einer von unten beleuchteten Glasplatte gut umranden. Die umrandeten Flächen werden nun mit einem Planimeter ausgemessen. Der gesuchte Gehalt errechnet sich wie folgt:

$$\gamma_x = (F_x - F_u) \frac{\gamma_o - \gamma_u}{F_o - F_u} + \gamma_u .$$

γ_x gesuchte Menge; γ_o obere Kontrollmenge; γ_u untere Kontrollmenge; F_x gefundener Flecken unbekannter Konzentration; F_u unterer Kontrollfleck; F_o oberer Kontrollfleck.

b) Bestimmung von Molybdän [*38*]

Molybdän kann mit einem Gemisch von n-Butanol, welches mit gleichen Teilen 2 n-Salzsäure und 2 n-Salpetersäure gesättigt ist, durch absteigende Chromatographie von Co, Cr, Cu, Fe, Mn, Ni abgetrennt werden.

Man stellt auf einem Kontrollstreifen (Abb. 55) die Lage des Molybdäns mittels Zinnrhodanid fest, extrahiert die entsprechenden Stellen im Chromatogramm mit Wasser und colorimetriert unter Verwendung des Zinnrhodanidreagens mit einem Spektrophotometer.

Das Zinnrhodanidreagens stellt man wie folgt her:

2 g $SnCl_2$ + 3 ml konz. HCl werden bis zur klaren Lösung erwärmt. Man läßt erkalten, mischt kurz vor Gebrauch mit einer kalten Lösung von 3 g KCNS in 15 ml dest. Wasser und filtriert. Das Reagens gibt orangerote Flecken mit Molybdän.

c) Bestimmung von Kupfer und Eisen [*38*]

In einem Gemisch von 100 ml n-Butanol + 100 ml 0,1 n-Salpetersäure + 1 g Benzoylaceton werden Cu und Fe absteigend gut getrennt. Sie liegen im entwickelten Chromatogramm in Form ihrer Benzoylacetonate vor, welche man mit Alkohol extrahieren und mit einem Hilger-Spektrophotometer direkt bestimmen kann.

Literatur

[*1*] M. Lederer: Progrès Récents de la Chromatographie. Deuxième Partie, Chimie Minérale. Paris 1952. — [*2*] J. F. W. McOmie–F. H. Pollard: Chromatographic Methods of Inorganic Analysis. London 1953. — [*3*] E. Blasius: Chromatographische Methoden in der analytischen und präparativen anorganischen Chemie. Stuttgart. 1958. — [*4*] E. Pedretti: Ber. schweiz. bot. Ges. **68**, 103 (1958). — [*5*] C. S. Hanes–F. A. Isherwood: Nature (Lond.) **164**, 1107 (1949). — [*6*] A. E. R. Westman–A. E. Scott–J. T. Pedley: Chemistry in Can. **4**, 189 (1952). — [*7*] H. Seiler–E. Sorkin–H. Erlenmeyer: Helv. chim. Acta **35**, 120 (1952); **35**, 2483 (1952). — [*8*] H. G. Mukerjee: Z. analyt. Chem. **155**, 267 (1957); **156**, 184 (1957); E. Blasius–A. Czekay: Z. analyt. Chem. **156**, 81 (1957); B. M. Turner: Nature (Lond.) **179**, 964 (1957); E. Bruninx–J. Eeckhout–J. Gillis: Analyt. chim. Acta **14**, 74 (1956); H. E. Wade–D. M. Morgan: Biochem. J. **60**, 264 (1955); D. Gross: Nature (Lond.) **180**, 596 (1957). — [*9*] H. H. Strain–T. R. Sato: Analyt. Chem. **28**, 687 (1956); G. H. Evans–H. H. Strain: Analyt. Chem. **28**, 1560 (1956); T. R. Sato–W. P. Norris–H. H. Strain: Analyt. Chem. **27**, 521 (1955); J. L. Engelke–H. H. Strain: Analyt. Chem. **26**, 1872 (1954); H. H. Strain–J. C. Sullivan: Analyt. Chem. **23**, 816 (1951); D. P. Burma: Analyt. chim. Acta **9**, 518 (1953); C. Brighi–G. Trabanelli: Ann. Chim. (Rom) **47**, 743 (1957); H. Seiler–K. Artz–H. Erlenmeyer: Helv. chim. Acta **39**, 783 (1956). — [*10*] C. Mahr–H. Klamberg: Angew. Chem. **66**, 328 (1954). — [*11*] H. T. Gordon–C. A. Hewel: Analyt. Chem. **27**, 1471 (1955). — [*12*] E. Pfeil: Chemie für Labor und Betrieb **5**, 177 (1957). — [*13*] J. G. Surak–R. J. Martinovich: J. chem. Educ. **32**, 95 (1955). — [*14*] C. C. Miller–R. J. Magee: J. chem. Soc. **1957**, 3183. — [*15*] T. Barnabas–M. G. Badve–J. Barnabas: Naturwissenschaften **41**, 478 (1954). — [*16*] H. Erlenmeyer–H. v. Hahn–E. Sorkin: Helv. chim. Acta **34**, 1419 (1951). — [*17*] J. G. Surak–N. Leffler–R. J. Martinovich: J. chem. Educ. **30**, 20 (1953). — [*18*] T. Barnabas–M. G. Badve–J. Barnabas: Analyt. chim. Acta **12**, 542 (1955). — [*19*] G. Sommer: J. analyt. Chem. **151**, 336 (1956). — [*20*] T. V. Arden–F. H. Burstall–G. R. Davies–J. A. Lewis–R. P. Linstead: Nature (Lond.) **162**, 691 (1948). — [*21*] F. H. Pollard: Brit. med. Bull. **10**, 187 (1954). — [*22*] F. H. Pollard–J. W. F. McOmie–J. J. M. Elbeigh: J. chem. Soc. **1951**, 470. — [*23*] M. Lederer: Analyt. chim. Acta 8, 259 (1953). — [*24*] H. Hartkamp–H. Specker: Naturwissenschaften **42**, 534 (1955). — [*25*] M. Lederer: Analyt. chim. Acta **3**, 476 (1949). — [*26*] A. Lacourt–G. Sommereyns–M. Claret: Mikrochem. Mikrochim. Acta **38**, 444 (1951). — [*27*] M. Lederer: Science **110**, 115 (1949). — [*28*] M. Lederer: Analyt. chim. Acta **12**, 146 (1955). — [*29*] A. G. Long–J. R. Quayle–R. J. Stedman: J. chem. Soc. **1951**, 2197. — [*30*] F. H. Burstall–G. R. Davies–R. A. Wells: J. chem. Soc. **1950**, 516. — [*31*] M. Lederer: Bull. Soc. chim. France

1952, 904. — [32] E. Treiber–H. Koren: Mh. Chem. 84, 478 (1953). — [33] F. H. Burstall–P. Swain–A. F. Williams–G. A. Wood: J. chem. Soc. 1952, 1497. — [34] F. H. Spedding: Disc. Faraday Soc. 7, 214 (1949). — [35] A. Weiss–S. Fallab: Helv. chim. Acta 37, 1253 (1954). — [36] R. G. Westall: Biochem. J. 42, 249 (1948). — [37] A. Lacourt–P. Heyndryckx: Nature (Lond.) 176, 880 (1955); Y. Servigne: Mikrochim. Acta 1956, 750; S. V. Vaeck: Nature (Lond.) 172, 213 (1953); J. D. S. Goulden: Nature (Lond.) 173, 646 (1954); C. Berganini–W. Versorese: Analyt. chim. Acta 10, 328 (1954); A. Lacourt: Mikrochim. Acta 1955, 824; R. H. Müller–D. L. Clegg: Analyt. Chem. 21, 1123 (1949); L. S. Fosdick–R. Q. Blackwell: Science 109, 314 (1949). — [38] F. H. Pollard–J. F. W. McOmie–H. M. Stevens–J. G. Maddock: J. chem. Soc. 1953, 1338.

B. Kohlenhydrate

Von

L. Stange

I. Mono-, Oligosaccharide

1. Verarbeitung des Pflanzenmaterials

Bei der Behandlung des Materials muß beachtet werden, daß die Glykoside und Zucker-Phosphorsäure-Ester in den Pflanzen gewöhnlich mit den zugehörigen Enzymen vergesellschaftet vorkommen, die die Zuckerverbindungen im Verlaufe der Isolierung hydrolytisch in ihre Komponenten zerlegen können. Ebenfalls kann es in sauren Pflanzensäften beim Erhitzen zu hydrolytischen Spaltungen kommen. Die in der Pflanze vorhandenen Enzyme müssen daher abgetötet oder inaktiviert und saure Pflanzensäfte durch Zusätze (z. B. Na_2CO_3, $MgCO_3$) neutralisiert werden. Das Stabilisieren des Pflanzenmaterials kann erreicht werden durch rasches Erhitzen von Preßsäften oder wäßrigen Auszügen auf 70—80° C, durch Einwirkung von hochprozentigem Alkohol, durch Gefrieren und durch Trocknen. Das Gefrieren erfolgt im Kältethermostaten oder bei kleinen Materialmengen durch Einwerfen in eine Kühlflüssigkeit, z. B. Aceton-CO_2-Gemisch, flüssigen Stickstoff oder flüssige Luft. Das Material kann noch gefroren zerkleinert und nach dem Auftauen sofort verarbeitet werden. Oder aber es wird, noch gefroren und pulverisiert, in einen Schwefelsäure-Exsiccator gebracht, wo die Feuchtigkeit beim Auftauen sofort absorbiert wird, so daß man in wenigen Stunden das frische Material als exsiccatortrockenes Pulver stabilisiert hat. Das schonendste Verfahren der Entwässerung ist die Gefriertrocknung im Vakuum (vgl. S. 35). Beim Trocknen des Materials an der Luft bei Zimmertemperatur oder bei hohen Temperaturen kann es zu Veränderungen in der Zusammensetzung des Pflanzenmaterials kommen [vgl. 1].

Das Zerkleinern des Pflanzenmaterials erfolgt je nach der vorhandenen Menge und Qualität vor oder während der Extraktion im Turmix, im Homogenisator oder im Mörser unter Zusatz von Quarzsand. Der Grad der Zerkleinerung kann das Ergebnis der anschließenden Extraktion beeinflussen.

Da fast alle Zucker in Wasser sehr leicht löslich sind, können sie durch kalte wäßrige Extraktion aus dem Pflanzenmaterial isoliert werden. Durch hohe Temperaturen wird die Löslichkeit der Zucker weiter erhöht, andererseits können bei heißer wäßriger Extraktion auch höher polymere Kohlenhydrate, wie Stärke, Inulin, Glykogen, Lichenin, Xylane, Schleime und Pektine, in Lösung gehen. Kalt hergestellte Zuckerextrakte liefern zudem häufig die gleichen Ergebnisse bezüglich der Zuckergehalte wie die heiß gewonnenen. Im wäßrigen Alkohol zeigen die meisten Zucker eine geringere, aber im allgemeinen noch ausreichende Löslichkeit, die mit steigender Konzentration des Alkohols abnimmt. Es wird zur Extraktion gewöhnlich 60—80%iger kalter oder heißer Alkohol verwendet, dem bei der Erfassung von Zucker-Phosphorsäure-Estern 20%iger Alkohol folgen muß. Zur Erzielung einer erschöpfenden Extraktion muß das Extraktionsmittel erneuert werden und nach Trennung des Extraktes vom Rückstand durch Filtrieren oder Zentrifugieren wiederholt nachgewaschen und die Waschflüssigkeit jeweils auf ihren Gehalt an Zuckern geprüft werden. (Über Extraktionsdauer vgl. S. 32.)

Im Extrakt können sich vor allem folgende Pflanzenbestandteile als störend bei der weiteren Analyse der Zucker erweisen: Eiweißkörper, höher polymere Kohlenhydrate, anorganische Salze. Eine Reinigung der Zuckerlösungen von den beiden erstgenannten Begleitstoffen kann erfolgen z. B. durch schnelles kurzfristiges (etwa 10 min) Erhitzen im siedenden Wasserbad (Fällung der löslichen Eiweiße), Zugabe von Trichloressigsäure in einer Konzentration von etwa 4% des Gesamtvolumens mit anschließender Neutralisation [2], Zugabe von 1 Vol. 96%igem Alkohol auf 1 Vol. Extrakt, Zusatz von basischem Bleiacetat (z. B. 30%ig, 0,1 Vol.) mit nachfolgender Entbleiung z. B. durch Sulfat, Phosphat oder Carbonat [3] oder Fällung mit Bariumhydroxyd und Zinksulfat [4, 5]. Anorganische Salze im Extrakt können unter Umständen die saubere Trennung der Zucker durch Fleckenverlängerung und -verschmelzung besonders bei langsam wandernden Zuckern verhindern [6, 7] oder mit Nachweisreagentien Farbreaktionen geben [8, 9]. In solchen Fällen ist es notwendig, die Salze mit Hilfe von Ionenaustauschern zu entfernen (z. B. Lewatite [Bayer], Amberlite [z. B. IR 120 und IR 4b im Gemisch], Dowex über Serva-Entwicklungslabor, Heidelberg). Ein Entsalzen ist auch durch Eintrocknen der Extrakte und anschließende Extraktion der Zucker aus dem Rückstand mit Pyridin bei 100° C möglich [10]. Die Störung der Trennung durch Salze ist bei der Verwendung von neutralen Lösungsmitteln am geringsten [6].

Vor dem Auftragen auf das Papier muß der Extrakt im allgemeinen noch eingeengt werden. Das geschieht unter Vermeidung hoher Temperaturen am besten im Vakuum. Die aufzutragende Endlösung soll die Zucker in einer Konzentration von etwa 1% enthalten. Der einzelne Ausgangsfleck bzw. der bei streifenförmigem Auftragen ihm entsprechende Papierabschnitt soll zur Gewährleistung einer sauberen Trennung nicht mehr als 100 γ der einzelnen Zucker enthalten. Für die Trennung von Zuckern haben sich vor allem die Papiere Whatman 1 und Schleicher & Schüll 2043b und 2045b bewährt. Für die Verteilung auf dem Papier kann die aufsteigende oder die absteigende, die eindimensionale oder die zweidimensionale oder auch die Rundfiltermethode [11, 12] angewendet werden.

2. Trennung der Zuckergemische. Lösungsmittel

Im allgemeinen sind die R_F-Werte proportional den Löslichkeiten der Zucker im betreffenden Lösungsmittel. Diese hängen wiederum vom Wassergehalt des Lösungsmittels ab. Bei Verwendung verschiedener wassergesättigter Lösungsmittel zeigte es sich [13], daß, mit Ausnahme von Phenol oder m-Kresol enthaltenden Lösungsmitteln, die R_F-Werte mit abnehmendem Wassergehalt kleiner werden. Dabei nähert sich die Differenz zwischen den R_F-Werten für Paare von Zuckern einem Maximum, und die Möglichkeit, zwei ähnliche Zucker voneinander zu trennen, wächst, wenn die absoluten R_F-Werte auf etwa 0,2 reduziert werden. Da sich unter diesen Bedingungen bei Verwendung der üblichen Papierformate die Zucker nur wenig von der Startlinie entfernen und der Abstand zwischen den Mittelpunkten der Flecken zu gering ist, ist es notwendig, bei der absteigenden Verteilung das Lösungsmittel solange abtropfen zu lassen, bis die Zucker eine ausreichende Entfernung von der Startlinie erreicht haben; bei der aufsteigenden Verteilung besteht die Möglichkeit, nach eingeschobener Trocknung über das Papier in der gleichen Richtung das gleiche oder ein anderes Lösungsmittel laufen zu lassen. Um den Nachteil einer verlängerten Laufzeit in gewissem Grade auszugleichen, können Lösungsmittel mit geringer Viscosität verwendet werden, deren Front relativ schnell wandert.

Unabhängig vom verwendeten Lösungsmittel werden die R_F-Werte für die einzelnen Zucker besonders von der räumlichen Anordnung der Hydroxylgruppen an der C-Kette bestimmt, nur in geringem Ausmaße von ihrer Anzahl. Eine Anordnung von Hydroxylgruppen oder Substituenten an benachbarten C-Atomen in cis-Stellung gibt einen höheren R_F-Wert als in trans-Stellung. Zucker mit einem Furanosering haben höhere R_F-Werte als die entsprechenden Zucker mit einem Pyranosering. Weiterhin besteht mit einigen Ausnahmen eine umgekehrte Proportionalität zwischen Schmelzpunkt und R_F-Wert [14].

Da Oligosaccharide, die aus mehr als 4 Saccharid-Einheiten bestehen, für eine Trennung ungünstige kleine R_F-Werte aufweisen, kann es ratsam sein, sie in schneller wandernde Verbindungen zu überführen: Nach Reaktion der getrockneten Zuckerflecken auf dem Papier mit in kleinem Überschuß darüber aufgetragenem 10%igen Benzylamin in Methanol (g:v) (5 min bei 85° C) können die gebildeten N-Benzylglucosylamine mit Butanol–Äthanol–Wasser (vgl. S. 84) getrennt und mit 0,25%igem Ninhydrin in Äthanol nachgewiesen werden [15]. Oder 1 Vol. der 0,1—4%igen Zuckerlösung reagiert mit 1 Vol. einer 10%igen Lösung von N-(1-Naphthyl-)äthylendiamin (Eastman Kodak Co.) in Triäthylamin–Äthylalkohol–Wasser (5:4:1) unter Bildung fluorescierender Zuckerderivate. Sie können nach der Trennung mit 1%iger Natriumphosphat-Lösung eluiert werden [16].

Im allgemeinen erfolgt die Wahl des Lösungsmittels nach dem Verhältnis zwischen den R_F-Werten der zu trennenden Zucker (vgl. Tabellen der R_F-Werte).

Für die Herstellung von wassergesättigten Lösungsmitteln vgl. S. 40f. In 3-Komponenten-Systemen ist es möglich, durch verschiedene Mengenverhältnisse unter den Komponenten die R_F-Werte der Zucker in Parallele zu ihrer Löslichkeit in der organischen Phase willkürlich zu verändern. Zur Erzielung vergleichbarer Ergebnisse müssen deswegen bei diesen Lösungsmitteln die einzelnen Bestandteile in abgemessenen Volumen zugegeben werden.

6*

a) Phenol-Wasser [*17, 18*] ist durch relativ große R_F-Werte ausgezeichnet. Zweckmäßigerweise wird eine Vorratslösung von 900 g frisch destilliertem Phenol und 100 g Wasser dunkel und kühl (5° C) bereitgehalten. Diese wird im Chromatographieraum mit einem Überschuß an Wasser im Scheidetrichter gemischt. Nach Trennung der Phasen wird das wassergesättigte Phenol (untere Lage) als Lösungsmittel verwendet, während die wäßrige Phase zur Dampfsättigung der Chromatographierkammer dient. Bei Temperaturkonstanz im Chromatographieraum kann auch ein konstantes Mischungsverhältnis (z. B. 22° C:72 g Phenol und 28 g Wasser [*19*]) hergestellt werden. In Gegenwart von Aminozuckern und sauren Begleitsubstanzen ist es zur Erzielung einer scharfen Trennung erforderlich, der wäßrigen Phase einen Zusatz von Ammoniak auf 1% zu geben. In diesem Falle wird durch einen weiteren Zusatz weniger kleiner KCN-Kristalle zur wäßrigen Phase vermieden, daß sich die fortschreitende Phenolfront unter der katalytischen Wirkung von Schwermetallverunreinigungen durch dunkle Oxydationsprodukte färbt. Vgl. R_F-Werte in Tab. 15.

b) Collidin-Wasser [*17, 18*]. Die mit Wasser gesättigte organische Phase wird als Lösungsmittel verwendet. Collidin (2,4,6-Trimethylpyridin) kann von unterschiedlicher Qualität sein, entscheidend ist seine Wasserkapazität. Probe auf brauchbares Collidin: Beim Mischen von 5 ml Collidin und 5 ml Wasser bleibt 1 ml Wasser übrig. Gute Ergebnisse wurden mit „s-Collidin" [Collidin–Lutidin(2,4-Dimethylpyridin)–Wasser, 1:1:2] erzielt. Eine gleichwertige Trennung ist mit dem wesentlich billigeren Picolin (2-Monomethylpyridin)–Wasser (6:4) möglich [*20*]. Vgl. R_F-Werte in Tab. 15.

c) n-Butanol-Wasser [*17, 18*]. Wassergesättigtes Butanol ergibt kleine R_F-Werte. Zusatz von Ammoniak zur wäßrigen Phase auf 1%. Vgl. R_F-Werte in Tab. 15. Mit sec. Butanol–Wasser, 8:2 (v:v), können Glucose, Fructose und Saccharose voneinander getrennt werden [*21*].

d) n-Butanol-Äthanol-Wasser, 4:1:5 (v:v:v) [*17, 18*]. Kleine R_F-Werte. Die im Scheidetrichter oben liegende organische Phase dient als Lösungsmittel. Zusatz von Ammoniak zur wäßrigen Phase auf 1%. Vgl. R_F-Werte in Tab. 15.

e) n-Butanol-Essigsäure-Wasser, 4:1:5 (v:v:v) [*18*]. Das angegebene Mischungsverhältnis hat sich neben anderen besonders bewährt [*7*]. Das Gemisch der drei Komponenten ist nur begrenzte Zeit haltbar, weil Butanol und Essigsäure miteinander verestern (erste Veränderungen des Lösungsmittels bereits in weniger als 24 h [*22*]). Im Scheidetrichter ist die obere Lage die organische Phase, die als Lösungsmittel dient.Vgl. R_F-Werte in Tab. 15.

f) n-Butanol-Propionsäure-Wasser, 10:5:7 (v:v:v) [*23, 24*]. Unmittelbar vor Gebrauch herstellen aus gleichen Volumina von 1. 1246 ml n-Butanol–84 ml Wasser und 2. 620 ml Propionsäure–790 ml Wasser (22° C). Bei mitunter auftretenden Trübungen Zusatz einiger Tropfen Propionsäure oder leichtes Erwärmen.

g) Butanol-Buttersäure-Wasser, 1:2:1 (v:v:v) [*22*]. Die Esterbildung ist bei Verwendung von Buttersäure beträchtlich geringer als bei Propionsäure oder besonders Essigsäure.

Tabelle 15. R_F-Werte für Zucker in verschiedenen Lösungsmitteln

	Phenol, Wasser, NH₃ 1%, HCN	s-Collidin, Wasser	n-Butanol, Wasser, NH₃ 1%	Butanol, Äthanol, Wasser, NH₃ 1% (4,5:0,5:4,9)	n-Butanol, Essigsäure, Wasser (4:1:5)	Isobuttersäure, Wasser	Methyl-äthylketon, Wasser, NH₃ 1%	Äthyl-acetat, Pyridin, Wasser (2:1:2)	Äthyl-acetat, Essig-säure, Wasser (3:1:3)	n-Propanol, Benzylalko-hol, Wasser, 85% Amei-sensäure (5:7,2:2:2)
	[18]	[18]	[18]	[18]	[18]	[18]	[18]	[13]	[13]	[28]
Glucose	0,39	0,39	0,070	0,105	0,18	0,13	0,025	0,28	0,17	0,26
Galaktose	0,44	0,34	0,060	0,090	0,16	0,14	0,015	0,235	0,14	
Mannose	0,45	0,46	0,100	0,130	0,20	0,15	0,050	0,32	0,195	0,30
Sorbose	0,42	0,40	0,085	0,120	0,20	0,16	0,050			
Fructose	0,51	0,42	0,100	0,135	0,23	0,18	0,045	0,32	(0,20)³	0,32
Xylose	0,44	0,50	0,125	0,170	0,28	0,19	0,090	0,38	0,265	0,33
Arabinose	0,54	0,43	0,100	0,145	0,21	0,21	0,075	0,33	(0,22)³	0,32
Ribose	0,59	0,56	0,180	0,210	0,31	0,22	0,165		0,26	0,41
Rhamnose	0,59	0,59	0,220	0,285	0,37	0,30	0,180	0,49	0,34	
Desoxyribose	0,73	0,60				0,32				
Fucose	0,63	0,44			0,27		0,095			
Lactose	0,38	0,24	0,0	0,0	0,09	0,070	0,0			
Maltose	0,36	0,32	0,01	0,15	0,11	0,085	0,0			
Saccharose	0,39	0,40			0,14					0,17
Raffinose	0,27	0,20			0,05					
Galakturonsäure	0,13	0,14			0,14	0,09		0,025	0,13	
Glucuronsäure	0,12	0,16 (0,72)¹			0,12 (0,32)¹	0,08 (0,22)¹				
Glucosamin HCl	0,62	0,32			0,13 (0,17)²	0,05 (0,20)²				
Chondrosamin HCl	0,65	0,28			0,12 (0,16)²	(0,19)²				
N-Acetylglucosamin	0,69	0,50			0,26	0,25				
Ascorbinsäure	0,24	0,42			0,38	0,19				
Dehydroascorbinsäure	0,16	0,68			0,27	0,16				
Inosit	0,23	0,10			0,09					

¹ R_F-Wert in Klammern bezieht sich auf das Lacton.
² R_F-Wert in Klammern bezieht sich auf die freie Base.
³ R_F-Wert ergänzt aus [30].

h) n-Butanol-Ameisensäure-Wasser, 6:0,5:3,5 (v:v:v) [25]. Eine Mischung von n-Butanol (600 ml), 90%iger Ameisensäure (50 ml) und Wasser (50 ml) wird unter Rückfluß gekocht, anschließend weitere 300 ml Wasser zugefügt und die Mischung während des Abkühlens wiederholt geschüttelt. Nach weiteren 24 h wird die obere Phase als Lösungsmittel verwendet.

i) n-Butanol-Pyridin-Wasser, 3:2:1,5 (v:v:v) [26]. Bewährtes Lösungsmittelgemisch, zur Trennung von Glucose und Galaktose geeignet.

k) Äthylacetat-Pyridin-Wasser, 2:1:2 (v:v:v) [13]. Das gleiche Gemisch im Verhältnis 5:2:5 gibt noch eine leichte Verbesserung der Trennung. Dieses Lösungsmittel hat eine relativ geringe Viscosität und läuft daher schnell. Vgl. R_F-Werte in Tab.15. Da sich Äthylacetat durch Hydrolyse zersetzt, muß vor jeder Trennung frisch angesetzt werden.

l) Äthylacetat-Essigsäure-Wasser, 3:1:3 (v:v:v) [13]. Vor jeder Trennung frisch ansetzen. Ebenfalls ein Lösungsmittel mit geringer Viscosität, daher schnell laufend. Vgl. R_F-Werte in Tab. 15.

m) Isopropanol-Wasser, 9:1 (v:v) [7]. Zusatz von Ammoniak auf 1% der wäßrigen Phase.

n) n-Propanol-Äthylacetat-Wasser, 7:1:2 (v:v:v) [27, 6].

o) n-Propanol-Benzylalkohol-Wasser-85%igeAmeisensäure,5:7,2:2:2 (v:v:v:v) [28]. Frisch ansetzen. Vgl. R_F-Werte in Tab. 15.

p) n-Amylalkohol-Essigsäure-Wasser, 4:1:5 (v:v:v) [29]. Für Trennung von Mannose, Arabinose, Xylose geeignet.

q) Iso-Buttersäure-Wasser [18]. Zugabe von Wasser bis zur Sättigung, ohne weiteren Zusatz. Vgl. R_F-Werte in Tab. 15.

r) Aceton-Wasser, 9:1 (v:v) [30].

Papierelektrophoretische Trennung von Zuckern

Zucker und Zuckeralkohole mit cis-ständigen Hydroxylgruppen bilden mit Borsäure Komplexverbindungen und können als solche elektrophoretisch getrennt werden [31—34]. Dazu werden die Zuckergemische in etwa 0,2 m-Borsäure gelöst und mit Natron- oder Kalilauge auf einen bestimmten p_H-Wert gebracht. Der p_H-Wert hat einen großen Einfluß auf die Trennung der Zucker (vgl. Tab. 16). So lassen sich z. B. Fructose und Galaktose bei p_H 7 gut, bei p_H 9,7 nicht trennen; das gleiche gilt für Sorbose und Arabinose.

Tabelle 16. *Beweglichkeiten von Zuckern in Borat bei verschiedenen p_H-Werten, 20° C (cm²/V sec $\times$ 10⁵) [32]*

p_H	7,0	8,0	8,6	9,2	9,7
Fructose	8,2	9,7	11,4	12,5	13,1
Sorbose	8,7	10,4	12,2	14,1	14,3
Glucose	2,4	6,5	11,4	14,5	14,6
Galaktose . . .	2,8	5,8	9,6	13,0	13,1
Mannose	2,6	4,9	7,8	9,8	10,0
Ribose	7,0	9,1	10,2	10,9	11,0
Arabinose . . .	3,2	6,5	10,3	13,3	13,9
Rhamnose . . .	1,3	2,4	4,4	7,1	7,8
Cellobiose. . . .	<0,5	0,5	1,5	3,2	4,5
Raffinose . . .	0,5	0,9	1,7	3,6	4,8

3. Nachweis der Zucker

Zur Erkennung der Zucker nach der Verteilung auf dem Papier steht eine größere Anzahl von Farbreaktionen zur Verfügung. Die Auswahl richtet sich hier wiederum nach dem zu differenzierenden Zuckergemisch, außerdem danach, ob auch eine quantitative Bestimmung der getrennten Zucker erfolgen soll. Unter Umständen ist es notwendig, mehrere verschiedene Zuckernachweise durchzuführen.

Die Wirkung der ersten Gruppe von Reagentien beruht auf der an die Carbonylgruppe gebundenen reduzierenden Fähigkeit vieler Zucker. Es handelt sich dabei jedoch um keine spezifische Zuckerreaktion, und die betreffenden Farbreaktionen werden auch von anderen reduzierenden Substanzen gegeben.

a) Ammoniakalisches Silbernitrat [17, 18, 35]

Sprühreagens: 1 Vol. 0,1 n-Silbernitratlösung und 1 Vol. 5 n-Ammoniaklösung, Zusatz von Ätznatron auf n-NaOH (zur Herabsetzung der Papiergrundfärbung). 5—10 min bei 105° C trocknen. Die Zucker (reduzierende Substanzen) erscheinen als dunkelbraune Flecken auf weißem oder hellbraunem Grund, der, besonders nach Verwendung von Phenol–Wasser als Lösungsmittel, nachdunkelt, so daß die Chromatogramme nur kurze Zeit haltbar sind. Nicht reduzierende Zucker zeigen nur schwache Reaktionen. Ascorbinsäure und Tannin geben schon in der Kälte Dunkelfärbung und können so von den Zuckern unterschieden werden.

Eine höhere Empfindlichkeit der Silbernitratreaktion wird erreicht, wenn man das mit Silbernitrat–Ammoniak besprühte, kurz getrocknete Chromatogramm im strömenden Wasserdampf von 100° C erhitzt [35,36]. Die Zucker reagieren dann sehr schnell, bevor sich der Papiergrund in stärkerem Maße verfärbt hat. Eine geringe Dunkelfärbung des Papieres läßt sich in Fixiersalzlösung (mit anschließendem Auswaschen des Fixiersalzes) vollständig entfernen. Durch Extraktion der Papiere mit Äther vor dem Besprühen kann das Dunkelwerden des Papiergrundes herabgesetzt werden [37].

Um eine Diffusion der Zuckerflecken bei der Behandlung mit dem wasserhaltigen Sprühreagens zu vermeiden, kann das Silbernitrat bereits dem Lösungsmittel zugesetzt werden und das Chromatogramm nach Verteilung und Trocknen an der Luft 1 h lang einer Ammoniakatmosphäre ausgesetzt und anschließend 20 min bei 80 ± 1° C erhitzt werden [5].

Besonders bewährt hat sich Silbernitrat in Aceton: Zu 100 ml Aceton gibt man 0,5 ml einer gesättigten wäßrigen Silbernitrat-Lösung und fügt dann unter Umschütteln tropfenweise Wasser bis zur Lösung des $AgNO_3$-Niederschlages hinzu. Das Papier wird kurz in diese Lösung getaucht, bei Raumtemperatur getrocknet und dann mit äthanol. NaOH (20 g, mit wenig Wasser gelöst, in 1000 ml absolutem Alkohol) besprüht. Nach Erscheinen der dunkelbraunen Flecken bei Raumtemperatur wird das Papier in 5 n-Ammoniumhydroxyd bis zum Verblassen des Papiergrundes und anschließend in Wasser gewaschen.

b) Triphenyltetrazoliumchlorid (TTC) [38]

Sprühreagens: 1 Vol. 2%ige wäßrige TTC-Lösung und 1 Vol. 1 n-Natronlauge, kurz vor Gebrauch herstellen. (Oder auch 1 Vol. 1 n methanol. Natronlauge und 1 Vol. 4%ige TTC-Lösung in Methanol, Papier durch diese Lösung ziehen [vgl. 39].) Die Entwicklung der Farbreaktion erfolgt in einer wasserdampfgesättigten Atmosphäre 20 min bei 75° C und anschließender Trocknung [40], 60 min bei 65° C oder 30 min bei 70° C [39] oder auch im Ventilator-Trockenschrank 5 min bei 80° C [41]. Die Flecken der reduzierenden Zucker treten nach der Entwicklung leuchtendrot auf mattrosa gefärbtem Grund hervor. Die Farbreaktion beruht auf der Hydrierung des farblosen TTC in alkalischer Lösung zum tiefrot gefärbten Triphenylformazan.

Das TTC-Entwicklungsverfahren zeigt eine große Abhängigkeit von den Entwicklungsbedingungen. Für Vergleiche muß darum auf strenge Einhaltung einer gleichmäßigen Behandlungsweise geachtet werden: Gleiche Menge Sprühreagens, gleiche Temperatur und Entwicklungsdauer. Da Tageslicht die Papiergrundfärbung beträchtlich verstärkt, empfiehlt es sich, unter Abschluß vom Tageslicht zu arbeiten. Die trotz Einhaltung gleichmäßiger Entwicklungsbedingungen auftretenden Schwankungen in der Färbungsintensität müssen anhand von auf jedem Papier mitlaufenden Eichlösungen oder durch Abzug des Blindwertes für das leicht gefärbte Papier ausgeglichen werden. Eichkurven sind für jeden einzelnen Zucker anzufertigen, da die nach bestimmter Zeit durch äquimolare Saccharid-Mengen gebildeten Formazan-Mengen verschieden sind [39].

c) 3,4-Dinitro-benzoesäure [42]

Sprühreagens: 1%ige Lösung von 3,4-Dinitro-benzoesäure in 2 n-Na_2CO_3. 5—10 min bei 100° C trocknen. Reduzierende Zucker auf dem Papier geben zunächst blaue Flecken, die beim längeren Erhitzen oder Liegen durch Zersetzung des Reduktionsproduktes der 3,4-Dinitrobenzoesäure (2-Nitro-4-carboxy-phenyl-hydroxylamin) allmählich braun werden. Ketosen wie Fructose oder Sorbose reagieren schneller (in 1—2 min) als Aldopentosen und Aldohexosen (2,5—4 min). Disaccharide wie Lactose oder Maltose können erst nach 3,5—5 min erkannt werden. Ascorbinsäure reagiert schon in der Kälte. Saccharose reagiert nicht, kann aber nach Besprühen des Papiers mit verdünnter Salzsäure und kurzem Erhitzen im Trockenschrank mit dem Dinitro-benzoesäure-Reagens leicht nachgewiesen werden. Die Empfindlichkeitsgrenzen liegen bei den Monosacchariden bei etwa 0,37 γ, bei den erwähnten Disacchariden bei 1,5 γ.

d) 3,5-Dinitrosalicylsäure [43]

Sprühreagens: 0,5%ige Lösung in 4%iger Natronlauge. Nach kräftigem Besprühen und kurzem Vortrocknen 4—5 min bei 100° C erhitzen. Reduzierende Zucker geben braune Flecken auf blaßgelbem Untergrund. Empfindlichkeitsgrenze: 1 γ.

e) Kaliumferricyanid [44]

Sprühreagens: 2,63 g Kaliumferricyanid und 0,33 g tert.-Natrium-phosphat in 750 ml Wasser und 250 ml tert.-Butanol. Das leicht und gleichmäßig von beiden Seiten besprühte Chromatogramm 5 min bei 80—90° C erhitzen. Nach anschließendem Besprühen mit Benzidin (5,53 g in 500 ml tert.-Butanol, dazu 48 g Ammoniumnitrat in 500 ml Wasser) erscheinen die reduzierenden Zucker als weiße Flecken auf blauem Grund. Beide Sprühreagentien sind etwa 6 Monate haltbar.

f) Natriumperjodat [44]

Sprühreagens: 6,42 g Natriumperjodat in 750 ml Wasser gelöst und 250 ml tert.-Butanol hinzugefügt. Das besprühte Papier 30 min bei Raumtemperatur trocknen und anschließend mit Benzidinlösung (vgl. e)) behandeln. Weiße oder gelbe Flecken auf blauem Grund.

g) Kaliumpermanganat [45]

Sprühreagens: 1%ige Lösung in 2%igem Na_2CO_3. Papiere bei Zimmertemperatur oder 100° C trocknen. Die Flecken erscheinen mit verschiedener Geschwindigkeit auffallend gelb auf purpurnem Unter-grund. In kurzer Zeit nehmen die Flecken ihre endgültige Färbung als graue Regionen auf einem braunen Hintergrund an. Wegen des Farb-wechsels ist es ratsam, die Lage der Flecken zu markieren, sobald sie erscheinen.

Bei Zusatz von Perjodat zum Sprühreagens wird das Permanganat regeneriert, die purpurne Papiergrundfärbung bleibt länger erhalten und kann ausgewaschen werden: 1 Vol. 1%iges Kaliumpermanganat in 2%iger wäßriger Natriumcarbonat-Lösung und 4 Vol. 2%iges wäßriges Natriummetaperjodat. Bei Zimmertemperatur trocknen [46].

Da Kaliumpermanganat ein starkes Oxydationsmittel ist, können auch schwachreduzierend wirkende Zucker damit nachgewiesen werden.

Bei der zweiten Gruppe von Reagentien geht der eigentlichen Farbbildung eine Säurebehandlung voraus zur Dehydrierung der Zucker und Bildung von Furfurol oder Furfurolderivaten. Die anschließende Farbbildung erfolgt durch Reaktion mit einem Phenol oder einem aromatischen Amin beim Erhitzen auf 100—110° C. Bei diesen Reak-tionen, die verhältnismäßig selektiv für Zucker sind, lassen sich die Zucker z. T. bereits durch verschiedene charakteristische Farben unterscheiden.

Von Phenolen können verwendet werden: Naphthoresorcin, Resor-cin, Orcin, Phloroglucin oder α-Naphthol in alkoholischer Lösung [47]. Zur Säurevorbehandlung kann zugegeben werden: Salzsäure in geringer Menge [48, 49] (höhere Konzentrationen greifen das Papier an), Trichlor-essigsäure und besonders geeignet Phosphorsäure [50, 51].

h) Naphthoresorcin-Trichloressigsäure [18]

1 Vol. 0,2%iges Naphthoresorcin in Äthanol (g:v) und 1 Vol. 2%ige wäßrige Trichloressigsäure (g:v), direkt vor Gebrauch mischen. Kurz bei Raumtemperatur trocknen, dann 5—10 min bei 100—105° C. Fructose, Sorbose, Saccharose und Raffinose geben kräftig rote Flecken,

Tabelle 17. *Farbenbildung bei der*

	Naphtho-resorcin, HCl 10 min 85—95° C [47]	Naphtho-resorcin, CCl₃COOH 5—10 min 100—105° C [18]	Resorcin, HCl 10 min 85—95° C [47]	Orcin, CCl₃COOH 15—20 min 105° C [54, 55]	Phloro-glucin, CCl₃COOH 10—20 min 100—105° C [56]
Glucose	grau		keine	keine	keine
Galaktose	grau		keine	keine	schwach braun
Mannose	grau		keine	keine	
Maltose				keine	keine
Cellobiose.				keine	
Lactose				keine	keine
Melibiose				keine	
Fructose	braun	rot	rot n. 3 min	gelb	orange- braun
Sorbose		rot		gelb	
Tagatose				gelb	
Saccharose	braun	rot	rot	gelb	orange- braun
Turanose				gelb	
Raffinose		rot		gelb	
Melezitose				gelb	
Stachyose				gelb	
Arabinose	blau	blau[1]	blau	keine	grünblau[2]
Xylose	blau	blau[1]	blau	keine	grünblau[2]
Ribose		blau[1]		keine	grünblau[2]
Lyxose		blau[1]		keine	grünblau[2]
Rhamnose	grün		gelb	keine	
Fucose				keine	
Sedoheptose				blaugrün	
Mannoheptose				blaugrün	
N-Acetylglucosamin . .					
Glucosamin HCl . . .				keine	
Glucuronsäure		blau[1]		keine	
Galakturonsäure. . . .		blau[1]			
Ascorbinsäure				keine	(schwach braun)

[1] Erscheint nach 10—15 min in feuchter Atmosphäre bei 70—80° C.

[2] Bei längerem Erhitzen oder nach einigen Stunden bei Zimmertemperatur. fl. = fluorescierend.

Reaktion mit Phenolen oder Aminen

Anilin- Phthalsäure 5 min 105° C [58]	Anilin- Oxalsäure 15—20 min 100—105° C [56]	p-Amino- dimethyl- anilin · HCl 10 min 120° C [60]	m- Phenylen- diamin · HCl 5 min 105° C [26]	Anisidin- Phosphor- säure 3—5 min 95—100° C [61]	β-Naphthyl- amin, HCl 10 min 160—170° C [48]	Benzidin, CH$_3$ COOH 15 min 100—105° C [56, 62]
braun gelb fl.	braun n. 10 min	gelb- orange	gelb fl.	hellbraun	hellbraun	braun
braun gelb fl.	braun n. 10 min		gelb fl.	hellbraun	hellbraun	braun
braun gelb fl.		gelb- orange	gelb fl.	hellbraun	hellbraun	braun
	(schwach gelb)	rot		gelblich hellbraun	hellbraun hellbraun	braun
	gelb			mattgelb	hellbraun hellbraun	braun
keine, gelb fl.	schwach gelb	karminrot	gelb fl.	citronen- gelb	hellgelb, wird gelb-braun	braun
		karminrot	gelb fl.		hellgelb, wird gelb-braun	
		rot				
		rot		bräunlich gelb	hellgelb, wird gelb-braun	
		rot			hellgelb, wird gelb-braun	
		rot		gelb- braun	hellgelb, wird gelb-braun	
rot, rot fl.	hellrot n. 5 min	rot, wird gelb	orange- gelb fl.	dunkel- braun	hellrot	braun
rot, rot fl.	hellrot n. 5 min	rot, wird gelb	orange- gelb fl.	dunkel- braun	hellrot	braun
rot, rot fl.	hellrot n. 5 min		orange- gelb fl.	dunkel- braun	hellrot	braun
rot, rot fl.	hellrot n. 5 min			dunkel- braun	hellrot	
braun				rosa- braun	dunkelgelb	braun
braun					dunkelgelb	braun
blaugrün						
						braun
braun braun				rosa		rot-braun
	(schwach gelb)					braun

deren Farbe mindestens 12 h lang stabil ist. Unter den genannten Bedingungen ist die Reaktion selektiv für Ketosen. Nach einigen Stunden an der Luft entwickeln Pentosen und Uronsäuren kräftige blaue Färbung. Zum Nachweis von Pentosen und Uronsäuren wird das besprühte Chromatogramm zweckmäßigerweise 10—15 min in einer feuchten Atmosphäre bei 70—80° C erhitzt. Unter diesen Bedingungen sind die auf Ketosen zurückzuführenden Flecken orangebraun. Die blaue Farbe ist sehr stabil und besonders intensiv für die Uronsäuren (vgl. Tab. 17).

Zu beachten ist, daß Collidin und Pyridin als Lösungsmittel diese Farbreaktion hemmen.

Naphthoresorcin–Salzsäure [47]: 10 ml 1%ige alkoholische Naphthoresorcin- oder Resorcinlösung und 90 ml 2 n-Salzsäure stellen die ursprüngliche Kombination dar. 10 min bei 85—95° C getrocknet. Vgl. Tab. 17. Bestimmte Oligosaccharide geben nur bei Verwendung von Salzsäure, nicht aber von Trichloressigsäure eine positive Reaktion, woraus auf stabilere glykosidische Bindung geschlossen werden kann [52].

i) Naphthoresorcin-Phosphorsäure [51, 53]

Sprühreagens: 0,2%ige äthanolische Lösung von Naphthoresorcin (Resorcin, Orcin, Phloroglucin oder α-Naphthol) angesäuert mit 0,1 Vol. ortho-Phosphorsäure (spez. Gew. 1,85). In jedem Falle ist die Zahl der nachgewiesenen Zucker vermehrt gegenüber einer Ansäuerung mit 0,25 n-Salzsäure. Bei Besprühen mit phosphorsäurehaltigem Reagens fühlt sich das Papier auch nach dem Erhitzen feucht an infolge der hygroskopischen Natur der Phosphorsäure. Dadurch wird das Erscheinen der Pentosen gefördert.

k) Orcin-Trichloressigsäure [54, 55]

Sprühreagens: 0,5 g Orcin und 15 g Trichloressigsäure in 100 ml wassergesättigtem Butanol. Diese Lösung muß jeweils frisch bereitet werden, da sie infolge Veresterung nicht stabil ist. 15—20 min bei 105° C erhitzen. Dieses Sprühreagens gibt mit Ketoheptosen eine spezifische Blaufärbung. Sämtliche Ketohexosen und ketosehaltigen Oligosaccharide geben eine gelbe Farbe. Aldosen reagieren nicht. Empfindlichkeitsgrenze: etwa 100 γ.

l) Phloroglucin-Trichloressigsäure [56]

Sprühreagens: 0,2 g Phloroglucin in 80 ml 90%igem Äthanol, direkt vor Gebrauch auf 100 ml auffüllen mit 25%iger (g:v) Trichloressigsäure. 10—20 min bei 100—105° C erhitzen. Fructose und Saccharose geben orangebraune Färbung, Pentosen entwickeln langsam eine grünlichblaue Farbe, deren Intensität bei längerem Erhitzen oder nach einigen Stunden bei Zimmertemperatur zunimmt. Während Glucose, Maltose und Lactose keine Färbung zeigen, rufen Galaktose und Ascorbinsäure gelegentlich eine schwachbraune Färbung hervor. Empfindlichkeitsgrenze: Für Fructose weniger als 5 γ, für Pentosen ungefähr 20 γ.

Weitere Unterscheidung der Zucker nach den gebildeten Farben ist bei Verwendung von frisch bereitetem Reagens aus 25 ml Eisessig, 1 ml konz. Salzsäure und 2,5 ml 5%iger äthanol. Phloroglucin-Lösung möglich [57].

Den folgenden Reagentien liegen Amine zugrunde.

m) Anilin-Phthalsäure [58]

Sprühreagens: 0,93 g Anilin und 1,66 g Phthalsäure in 100 ml wassergesättigtem Butanol. 5—10 min bei 105° C zur Farbenentwicklung erhitzen. Aldopentosen erscheinen hellrot und zeigen unter der UV-Lampe rote Fluorescenz, Aldohexosen, Methylaldopentosen und Hexuronsäuren zeigen olivbraune Flecken mit gelber Fluorescenz. Sedoheptose ist durch eine blaugrüne Farbreaktion ausgezeichnet. Bei Ketosen scheint die Farbentwicklung vom vorher verwendeten Lösungsmittel abhängig zu sein: Nach Verwendung von Phenol- oder Butanol-Essigsäure-Mischungen geben sie keine oder nur sehr schwache Reaktionen. Unter der UV-Lampe sind die Farbunterschiede besonders deutlich, auch Fructose zeigt einen gelb-fluorescierenden Fleck. (Vgl. Tab. 17.) Die angegebenen Mengen Anilin und Phthalsäure, in 5 ml Wasser und 95 ml Aceton gelöst, können als Bad für die Chromatogramme verwendet werden [59].

(Anilin-Oxalsäure [56]: 100 ml 0,1 mol. Lösung Oxalsäure und 0,9 ml wiederholt dest. Anilin, geschüttelt bis Anilin gelöst (vgl. Tab. 17). Empfindlichkeit: Pentosen: weniger als 5 γ, Glucose und Galaktose: 5 γ, Fructose und Lactose: 10 γ. Das Phthalat ist wegen seiner schnellen Löslichkeit in organischen Lösungsmitteln günstiger.)

n) Anilin-Phosphorsäure [51]

Sprühreagens: 1 Vol. 2 n-Anilin in Butanol und 2 Vol. 2 n-Phosphorsäure. Dieses Reagens erfaßt mehr Zucker als Anilin-Phthalsäure.

o) m-Phenylendiamin [26]

Sprühreagens: 0,2 mol. Lösung von m-Phenylendiamin-dihydrochlorid in 76%igem Alkohol. Arabinose, Xylose, Ribose geben unter der UV-Lampe kräftige orangegelbe Fluorescenz. Fucose, Rhamnose, Glucose, Galaktose, Mannose, Fructose, Sorbose zeigen gelbe Fluorescenz verschiedener Intensität. Mit Maltose und Lactose, Galakturonsäure, Glucosamin ist die Reaktion nur schwach, aber erkennbar. Ascorbinsäure gibt nur sehr schwache Reaktion. Zuckeralkohole reagieren nicht. Unter der UV-Lampe sind im allgemeinen bis zu 10 γ herab nachweisbar. (Vgl. Tab. 17.)

p) p-Amino-dimethylanilin [37, 60]

Sprühreagens: 0,3%ige alkoholische Lösung des salzsauren Salzes (stabilisiert als Zinnchlorür-Doppelsalz durch Reaktion mit einer Zinn-Salzsäure-Mischung und anschließendes Aus- und Umkristallisieren, da sonst unter Dunkelwerden relativ rasch oxydiert). 10 min bei 120° C trocknen. Ketosen und Oligosaccharide, die Ketosen enthalten, zeichnen sich durch einen roten Farbton aus, während fast alle Aldosen eine gelborange bzw. gelbe Farbe annehmen, auch wenn sie kurz nach dem Besprühen einen roten Farbton zeigten. (Vgl. Tab. 17.)

q) p-Anisidin-Phosphorsäure [61]

Sprühreagens: Eine Lösung von 0,5 g p-Anisidin in 2 ml Phosphorsäure (spez. Gew. 1,75) wird mit Äthanol auf 50 ml verdünnt und dann filtriert. Filtrat als Sprühreagens verwenden. (Das ungelöste Phosphat kann nach Auflösen in möglichst wenig Wasser, Verdünnen mit dem gleichen Volumen Äthanol und Zugabe von Phosphorsäure bis auf 2% für sich allein oder im Gemisch mit der ersten Lösung benutzt werden.) Nach 3—5 min bei 95—100° C erscheinen die Farben, zuerst für die Pentosen, dann für Fructose und fructosehaltige Zucker. Aldopentosen geben ein dunkles Braun, Rhamnose ein Rosabraun und Aldohexosen ein helles Braun. Fructose zeigt ein Citronengelb. Lactose färbt sich mattgelb, Saccharose bräunlichgelb, Maltose blaß-bräunlichgelb (bei längerem Erhitzen hellbraun), Raffinose gelblichbraun und Glucuronsäure rosa. Zuckeralkohole zeigen keine Färbung. Die Farben halten sich etwa eine Woche. (Vgl. Tab. 17.)

r) β-Naphthylamin [48]

Sprühreagens: 0,1 g β-Naphthylamin (rein), 50 ml absoluter Alkohol, 50 ml n-Butanol, 0,4 ml 3,8 n-Salzsäure, 0,2 ml Wasser, 1 Tropfen 10%ige Ferrisulfat-Lösung. 10 min bei 160—170° C trocknen. (Spuren von Salzsäure greifen das Papier nicht an. Wenig Wasser, Zugabe von n-Butanol setzt die Flüchtigkeit der Mischung herab.) Als erster Zucker erscheint Fructose mit hellem Gelb, das in Gelbbraun übergeht. Diese Färbung ist charakteristisch für Fructose und Oligosaccharide, die bei Hydrolyse Fructose ergeben. Methylpentosen zeigen ein dunkleres Gelb, Pentosen erscheinen relativ langsam hellrot, Aldosen hellbraun.

s) Benzidin-Trichloressigsäure [62, 56, 7]

Sprühreagens: 0,5 g Benzidin, 10 ml Eisessig, 10 ml 40%ige (g:v) wäßrige Trichloressigsäure, 80 ml Äthanol. 15 min bei 100—105° C erhitzen, in Abständen von 5 min beobachten. Pentosen geben nach 5 min schokoladenbraune Flecken, Aldosen nach 10 min dunkelbraune Flecken, Ascorbinsäure nach 10 min einen schwachbraunen Fleck. Fructose ist im freien und im kombinierten Zustand nur bei relativ großen Mengen nachzuweisen (ungefähr 100 γ oder mehr). Empfindlichkeitsgrenze für die übrigen Zucker: etwa 5 γ. (Vgl. Tab. 17.)

Zu beachten ist, daß zahlreiche anorganische Substanzen mit Benzidin Reaktionen geben. So werden z. B. braune Flecken gebildet mit Eisenchlorid, Salzsäure, Salpetersäure, Kaliumbichromat, Kaliumperjodat, Kaliumpermanganat, Phosphorsäure, Silbernitrat, Schwefelsäure. Häufig liegen die R_F-Werte der anorganischen Substanzen dicht bei denjenigen für die organischen. In solchen Fällen ist eine Eliminierung oder Identifizierung der anorganischen Verunreinigungen notwendig. Viele anorganische Substanzen bilden Benzidin-Blau bei Zimmertemperatur, wenn Ammoniumhydroxyd zum Benzidinreagens gegeben wird [9].

t) p-Amino-Hippursäure [63]

Sprühreagens: 0,3%ige Lösung in Äthanol. 8 min bei 140° C erhitzen. Dieses Reagens ist sehr sensibel und stabil. Die orangeroten Flecken der Zucker verbleichen nicht, und das Papier zeigt fast keine Grundfärbung. Im UV-Licht ist die Empfindlichkeit noch 4—5mal größer als in gewöhnlichem Licht und beträgt etwa 1 γ. Hexosen und Pentosen zeigen orange Fluorescenz. Durch Zusatz von 3% Phthalsäure können auch reduzierende Disaccharide, wie Maltose und Lactose, und leicht hydrolysierbare nicht-reduzierende Zucker, wie Saccharose und Raffinose, nachgewiesen werden.

u) Harnstoff-Salzsäure [49, 64, 65]

Sprühreagens: 5 g Harnstoff, 20 ml 2 n-Salzsäure, 100 ml Äthanol. Nach Erhitzen auf 105° C erscheinen Ketosen und ketosehaltige Oligosaccharide als blaugraue Flecken, die bei Aufbewahrung kastanienbraun werden, auf weißem Untergrund.

Weitere spezifische Zuckernachweise:

v) 2,4-Dinitrophenylhydrazin [66]

Gesättigte Lösung in 95%igem Äthanol, 1% konz. Salzsäure enthaltend. Einige Minuten bei 70° C erhitzen. Fructose und fructosehaltige Komponenten geben orangefarbige Flecken auf hellgelbem Grund. Da die anderen Zucker keine vom Papiergrund unterscheidbare Färbung geben, ist eine leichte Differenzierung von Ketosen und Aldosen mit diesem Sprühreagens möglich.

Mit p-Nitrophenylhydrazin können die Zucker auch schon vor ihrer Trennung in ihre kanariengelb gefärbten p-Nitrophenylhydrazone übergeführt werden [67]. Der Trennungsprozeß läßt sich dann laufend verfolgen. Dazu werden 2 Vol. einer 0,25 bis höchstens 2%igen Zuckerlösung in reinstem Methanol mit 1 Vol. einer Lösung von reinstem p-Nitrophenylhydrazin in frisch destilliertem und ausgefrorenem Eisessig (Hydrazin muß in mindestens 100%igem Überschuß enthalten sein) versetzt, 3 h auf dem Wasserbad bei 30° C gehalten und anschließend auf das Papier aufgetragen. Für die Verteilung haben sich die niederen, mit Wasser nicht mischbaren Alkohole, z. B. n-Butanol, i-Amylalkohol sowie manche Ester, z. B. Essigsäure-n-butylester, Acetessigsäureäthylester, bewährt. Auf dem fertigen Chromatogramm finden sich neben den gelben Flecken der Zuckerverbindungen ein rötlich-gelber Fleck am Startpunkt (wahrscheinlich ein Umwandlungsprodukt des p-Nitrophenylhydrazons) und ein vom überschüssigen p-Nitrophenylhydrazin gebildeter gelber Fleck nahe oder direkt an der Frontlinie.

4. Quantitative Bestimmung

Für die quantitative Bestimmung der Zucker ist es notwendig, die zu analysierende Lösung in genau abgemessenen Mengen auf das Papier aufzutragen. Oder man gibt dem Gesamt-Extrakt einen in ihm nicht enthaltenen Zucker in abgewogener Menge zu; aus dem Verhältnis der zu analysierenden Zucker zu diesem Bezugszucker im chromatographisch getrennten Aliquot läßt sich das Gewicht jeder Komponente im Gesamt-Extrakt errechnen [68, 69]. Verschiedene Mengen eines Zuckers prägen sich beim Nachweis auf dem Papier in einer unterschiedlichen Flecken-größe und in verschiedener Farbintensität der Flecken aus. Beide Ver-änderlichen können für die quantitative Bestimmung herangezogen werden.

a) Visueller Vergleich

Die einfachste Möglichkeit zur groben quantitativen Bestimmung ist der visuelle Vergleich der im Versuch gefundenen Flecken mit einer Reihe von Flecken bekannter Zuckerkonzentrationen [70, 71]. Auf diesem Wege läßt sich für orientie-rende Versuche eine größenordnungsmäßige Zuordnung erzielen.

b) Bestimmung nach der Fleckengröße

Dabei können zwei verschiedene Maße der Flecken verwendet werden:

α) Die Länge, d. h. die maximale Ausdehnung in Richtung des Lösungs-mittelflusses. Unter verschiedenen Bedingungen wurden sowohl lineare Beziehungen zwischen der Fleckenlänge und dem Log des Flecken-gehaltes [72] als auch zwischen dem Log der Fleckenlänge und dem Log des Fleckengehaltes [73] gefunden. Verschiedene Faktoren können die Fleckenlänge beeinflussen: Zum Beispiel setzt höhere Temperatur die Fleckenlänge herab, eine Verlängerung der Laufzeit hat die gegen-teilige Wirkung. Es ist daher in jedem Falle notwendig, für die speziellen Bedingungen durch möglichst zahlreiche Messungen eine Eichkurve anzulegen. Bei der Trennung läßt man außerdem neben den unbekannten Lösungen stets Standardmischungen mitlaufen.

β) Das Areal des Fleckens. Es kann durch Planimetrieren nach Umrandung der Flecken bestimmt werden. Um scharfe Fleckenum-grenzung für das Planimetrieren zu bekommen, ist es unter Umständen ratsam, eine Photokopie des Chromatogramms herzustellen. Auch hier müssen die Beziehungen zwischen Fleckeninhalt und Fleckengröße wegen ihrer leichten Beeinflußbarkeit jeweils durch das sorgfältige Anlegen von Eichkurven bestimmt werden.

Der Fehler bei der Bestimmung nach der Fleckengröße liegt bei etwa 5%.

c) Photometrische Bestimmung des gebildeten Farbstoffes

α) Sie kann direkt nach Entwicklung des Chromatogramms auf dem Papier erfolgen. Dieses Verfahren wurde vor allem nach Besprühen mit ammoniakalischem Silbernitrat [5, 36, 40, 74], aber auch bei anderen Reagentien [41] angewendet. Dabei werden die Chromatogramme als schmale Streifen mit Hilfe entsprechender mechanischer Einrichtungen zum Photometer in gleichmäßigen kleinen Abständen im durchfallenden Licht ausgemessen. Man kann dazu entweder die Dichte des gesamten Fleckens oder nur seine maximale Dichte heranziehen. Beim Ausmessen der Dichte des gesamten Fleckens werden die Werte in Abhängigkeit von der Entfernung vom Startpunkt graphisch dargestellt und die Teil-kurven für die einzelnen Zucker anschließend planimetriert. Das Dichte-maximum einzelner Flecken kann auch durch Einlegen eines entsprechen-den Papierausschnittes an eine Cuvettenwand im Photometer aus-gemessen werden. Mit Hilfe sorgfältig angelegter Eichkurven lassen sich unbekannte Fleckeninhalte in Abhängigkeit von der Konzentration mit einem Fehler von ± 5% bestimmen. Um den Blindwert des Papieres herabzusetzen, können die Streifen durch Einlegen in Bromnaphthalin-Paraffinöl durchsichtig gemacht werden [75].

β) Die photometrische Bestimmung erfolgt nach Extraktion der gebildeten Farbflecken aus dem Papier. Dieses Verfahren hat sich nach Besprühen mit TTC bewährt. Das rote Triphenylformazan wird dabei entweder mit Pyridin–konz. Salzsäure (9:1) [38] oder mit Methanol [41, 76] aus dem Papier extrahiert. Dazu werden die gebildeten Flecken in gleicher Größe aus dem Papier ausgeschnitten und unter Umschütteln mit etwa 10 ml des Extraktionsmittels behandelt (die Menge des Extraktionsmittels richtet sich nach dem Konzentrationsbereich der zu bestimmenden Zucker), bis der Farbstoff quantitativ aus dem Papier herausgelöst ist. Unter Umständen muß mit einer abgemessenen Menge nachgewaschen werden. Bei Verwendung des wesentlich billigeren Methanols ist zu beachten, daß die Farblösungen unmittelbar anschließend gemessen oder in mit Schliffstopfen verschlossenen Kölbchen aufbewahrt werden müssen, damit nicht eine Verdunstung des Extraktionsmittels zu hohe Werte vortäuscht. Wegen der leichten Anfärbung des Papiergrundes ist es wichtig, die Extraktion der Farbflecken direkt nach der Entwicklung der Chromatogramme unter Ausschluß vom Tageslicht vorzunehmen. Neben stets mitlaufenden Eichlösungen dient ein gleich großer Ausschnitt aus dem unbesetzten Papierrand zur Ermittlung der Papiergrundfärbung.

Da die einzelnen reduzierenden Zucker eine verschiedene Empfindlichkeit gegenüber den Nachweisreagentien zeigen, ist es notwendig, für jeden einzelnen Zucker eine Eichkurve anzulegen. Die Empfindlichkeit der Reaktion für die einzelnen Zucker kann man bei gleichen Zuckermengen direkt an der Größe der gebildeten Flecken ablesen, da die Konzentration des Fleckens von der Mitte zur Peripherie hin abnimmt.

Nach Farbentwicklung durch Eintauchen des Papieres in eine Lösung von 400 ml 85%igem wäßrigem Isopropanol (v:v), 6,64 g Phthalsäure und 3 ml Anilin und 15 min Erhitzen auf 115 ± 1° C können die Flecken mit Eisessig (24 h lang) extrahiert werden und bei etwa 480 mμ photometriert werden [77].

d) Extraktion des Zuckers und anschließende Mikrobestimmung

Die Lage der Zucker auf dem Papier wird bestimmt durch Farbentwicklung auf einem oder (bei breiten Bogen) mehreren über die Breite verteilten Streifen. Aus den entsprechenden Regionen des übrigen Papieres werden dann die Zucker quantitativ ausgewaschen (vgl. S. 37 ff.). Durch Besprühen mit Bromkresolpurpur als Indicator (40 mg Bromkresolpurpur und 100 mg Borsäure in 100 ml Methanol, 7,5 ml 1%ige Borax-Lösung zugeben) läßt sich die Lage der Zucker als Borsäure-Komplexe nachweisen ohne Beeinflussung des späteren quantitativen Ergebnisses [78]. Die Mikrobestimmung erfolgt entweder durch Titration eines im Überschuß zugesetzten Zuckerreagens oder nach Farbreaktion photometrisch.

Beispiele:

α) Oxydation mit dem Kupferreagens nach SOMOGYI [4, 68]

In einem Kölbchen mit eingeschliffenem Stopfen werden zu 5 ml der zu analysierenden etwa 0,01%igen Zuckerlösung 5 ml des Kupferreagens nach SOMOGYI zugegeben [28 g wasserfreies sekundäres Natriumphosphat und 40 g Seignette-Salz (Kaliumnatriumtartrat) werden in 700 ml Wasser gelöst, 100 ml n-Natronlauge und dann unter Umrühren 80 ml einer 10%igen Kupfersulfatlösung und zum Schluß 180 g wasserfreies Natriumsulfat zugegeben. Wenn letzteres sich gelöst hat, wird auf 1 l aufgefüllt, nach 1—2 Tagen filtriert und 5 ml einer n-Kaliumjodat-Lösung zugesetzt], 25 min im siedenden Wasserbad erhitzt und anschließend 10 min bei 35° C gehalten. Nach Zugabe von 0,5 ml 2,5%igem Kaliumjodid und 1,5 ml 2 n-Schwefelsäure wird gekühlt und anschließend mit 0,005 n-Natriumthiosulfat-Lösung gegen Phenolrot titriert (unter Zugabe von 2 Tropfen 1%iger Stärkelösung kurz vor dem Umschlag). Die Empfindlichkeitsgrenze dieser Methode liegt je nach Zucker bei etwa 10—50 γ, der Fehler bei $\pm 2\%$. Eichwerte müssen für jeden Zucker einzeln ermittelt werden.

β) Perjodat-Oxydation [42, 79]

5 ml einer etwa 0,01%igen Zuckerlösung und 1 ml einer 0,25 mol. Natriummetaperjodat-Lösung (hergestellt durch Umkristallisieren aus Salpetersäure, zur wäßrigen Lösung Glykol zugegeben bis neutral gegen Methylrot) werden 20 min auf siedendem Wasserbad erhitzt, gekühlt und der Überschuß von Perjodat durch Zugabe von Glykol zerstört. Die gebildete Ameisensäure wird mit 0,01 n-Natronlauge titriert (Indicator Methylrot). Fehler $\pm 5\%$.

γ) Colorimetrische Bestimmung nach SOMOGYI-NELSON [80, 81]

Zu 5 ml der wäßrigen Zuckerlösung wird 1 ml Kupferreagens nach SOMOGYI, aber ohne Kaliumjodat und gepuffert mit Natriumcarbonat und -bicarbonat hinzugegeben und 20 min auf 100° C im Wasserbad erhitzt. Nach Kühlen wird 1 ml Arsenmolybdat-Reagens (25 g Ammoniummolybdat in 450 ml Wasser lösen, 21 ml konz. Schwefelsäure unter Mischen zufügen, 3 g $Na_2HAsO_4 \cdot 7H_2O$ in 25 ml Wasser lösen und zugeben; die gemischten Lösungen vor Gebrauch 24—28 Std. bei 37° C halten, in brauner Flasche aufbewahren) zugegeben und anschließend mit 18 ml Wasser auf ein Gesamtvolumen von 25 ml verdünnt (Verdünnungsgrad kann der Farbintensität angepaßt werden) und bei 500 mμ gemessen. Erfaßter Bereich: 10—350 γ; Fehler: $\pm 2\%$. Für Saccharosebestimmung werden 5 ml Lösung 60 min bei 100° C mit 1 ml 5%iger Oxalsäure hydrolysiert, dann 5 ml Kupferreagens hinzugegeben und die Farbe wie üblich entwickelt. Nach Auffüllen auf 25 ml wird die Extinktion gemessen.

δ) Colorimetrische Bestimmung mit Anilin-Phthalsäure [82, 83]

Der Zucker wird aus dem Papier mit Methanol ausgewaschen und dazu 1 ml Methanol-Anilinphthalat-Reagens gegeben (1,66 g Phthalsäure und 0,93 g Anilin in 100 ml Methanol). Nach Verflüchtigung des Methanols entwickelt sich die Farbe im trockenen Rückstand beim Erhitzen auf dem Wasserbad, für Pentosen 25 min bei 60 $\pm$ 1° C (20—120 γ erfaßt), für Hexosen 15 min bei 100° C (20—200 γ erfaßt). Nach Kühlen werden 5 ml 96%iges Äthanol zugesetzt und nach weiteren 20 min wird im Photometer gemessen. Die gebildete Farbe ist sehr stabil. Fehler: etwa $\pm 5\%$. Ketosen werden nicht erfaßt, daher ist es z. B. möglich, Arabinose neben Fructose zu bestimmen, die infolge sehr ähnlicher R_F-Werte schwer zu trennen sind.

ε) Colorimetrische Bestimmung mit Diphenylamin [84]

Die herausgeschnittenen Zuckerflecken werden 3mal je 15 min lang mit je 5 ml 80%igem Äthanol unter Umschütteln eluiert. Die Eluate werden in einem 25 ml-Meßkolben gesammelt, 5 ml des Reagens hinzugefügt (100 ml konz. Salzsäure, 80 ml Eisessig und 20 ml 10%iges Diphenylamin in 95%igem Äthanol) und auf dem siedenden Wasserbad 60 min lang erhitzt (für Glucose 90 min). Die Lösungen werden gekühlt, mit 95%igem Äthanol auf Volumen aufgefüllt und die Extinktion bei 640 mμ bestimmt.

ζ) Colorimetrische Bestimmung mit Anthron [85, 86]

Zu 1 ml Saccharidlösung werden 2 ml einer 0,2%igen Lösung von Anthron in konz. Schwefelsäure gegeben. Sowohl Mono- und Oligo- als auch Polysaccharide geben blau-grüne Färbung, deren Intensität bei 540 oder 620 mμ photometriert wird. Erfaßter Bereich für Glucose: 8—200 γ.

II. Zucker-Derivate

Für die Verarbeitung des pflanzlichen Materials vgl. S. 31 ff. u. 81 ff.

1. Uronsäuren

Von den für die Trennung der Zucker verwendeten Lösungsmitteln haben sich für die Uronsäuren vor allem saure Lösungsmittel bewährt [18], wie wassergesättigte Isobuttersäure, Butanol–Essigsäure–Wasser, Äthylacetat–Essigsäure–Wasser [87] oder Pyridin – Äthylacetat – Essigsäure–Wasser [88], vgl. Tab. 18. Glucuronsäure und Guluronsäure lassen sich qualitativ durch Trennung ihrer Lactone mit Pyridin–Äthylacetat–Wasser unterscheiden [88], vgl. Tabelle 19. Mit neutralen oder alkalischen Lösungsmitteln können die Uronsäureflecken störende Schwanzbildungen zeigen, so z. B. mit Phenol–NH_3–Wasser oder Aceton [30]. Vgl. R_F-Werte für Uronsäuren in Tab. 15.

Zum Nachweis der Uronsäuren nach der Verteilung kann ammoniakalisches Silbernitrat (S. 87) herangezogen werden. Beim Erhitzen mit Säuren werden auch die Uronsäuren unter Bildung von Furfurol zersetzt und geben dann mit Phenolen und

Tabelle 18. *R_G-Werte von Uronsäuren und Hexosaminen. Pyridin–Äthylacetat–Essigsäure–Wasser, 5:5:1:3 (v:v:v:v) [88]*

Galakturonsäure. . . .	0,18
Glucuronsäure	0,27
Guluronsäure	0,28
2-Keto-Gluconsäure . .	0,21
Mannuronsäure	0,35
5-Keto-Gluconsäure . .	0,47
Chondrosamin	0,36
Glucosamin	0,44
Glucose	1,00

Tabelle 19. *R_F-Werte von Uronen. Pyridin–Äthylacetat–Wasser, 11:40:6 (v:v:v) [88]*

Mannuron	0,52
Glucuron	0,57
Guluron	0,68
Glucose	0,33

Aminen die bei den Zuckern geschilderten Farbreaktionen (vgl. Tab. 17). Als Sprühreagentien haben sich z. B. Anilin–Phthalsäure und Anilin–Trichloressigsäure bewährt [87].

Spezifischer Test für Galakturonsäure [89]: Papier wird kurz in gesättigte wäßrige Lösung von basischem Bleiacetat getaucht und 1 min im strömenden Wasserdampf erhitzt. Galakturonsäure gibt ziegelroten Fleck.

Zum Nachweis von Lactonen der Uronsäuren kann folgende Methode dienen [90]:

1. Sprühreagens: 1 Vol. n-Lösung von Hydroxylaminhydrochlorid in Methanol und 1 Vol. 1,1 n-Lösung von Kaliumhydroxyd in Methanol; frisch herstellen. Nach Besprühen 10 min an der Luft trocknen lassen.

2. Sprühreagens: 1—2%ige Lösung von Ferrichlorid in 1%iger wäßriger Salzsäure. Nach dem Besprühen erscheinen sehr bald blaue Flecken an den Stellen, an

denen sich Lactone befinden. Empfindlichkeit: 10 γ. Kohlenhydrat-Ester geben die gleiche Reaktion. Die freien Uronsäuren können mit diesem Test nicht direkt erfaßt werden, wohl aber nach Einhängen der Papiere in eine geschlossene Kammer, in der sich eine Schale mit Diazomethan in Äther befindet. Die Säuren werden dann in ihre Methylester umgewandelt und können als solche nachgewiesen werden.

2. Zuckeralkohole

Als Lösungsmittel werden bevorzugt verschiedene Butanol-Gemische verwendet, vgl. S. 84 und Tab. 20, dort ebenfalls die R_F-Werte [91]. Zum

Tabelle 20. *R_F-Werte für Zuckeralkohole in verschiedenen Lösungsmitteln* [91]

	n-Butanol, Wasser	n-Butanol, Äthanol, Wasser (4,0:1,1:1,9)	n-Butanol, Äthanol, Wasser (4:1:5)	Benzol, n-Butanol, Pyridin, Wasser (1:5:3:3)	n-Butanol, Essigsäure, Wasser (5:1:2)
Trimethylenglykol	0,67	0,62	0,63	0,63	
Äthylenglykol .	0,51	0,54	0,61	0,58	0,58
Glycerin	0,30	0,43	0,37	0,46	0,44
Sorbit	0,06	0,21	0,10	0,21	0,17
Dulcit	0,05	0,21	0,10	0,20	0,18
Mannit	0,05	0,22	0,10	0,22	0,19
Inosit	0,00	0,10	0,02	0,07	0,05
Saccharose . . .	0,00	0,15	0,03	0,18	0,09

Nachweis der Zuckeralkohole auf dem Papier kann das sehr empfindliche ammoniakalische Silbernitrat-Reagens (S. 87) herangezogen werden; mit ihm sind Mengen bis auf 1 γ herab nachweisbar. Da Zuckeralkohole z. B. mit Anilin–Trichloressigsäure, m-Phenylendiamin, p-Anisidin-Phosphorsäure keine Reaktion geben, ist eine Unterscheidung von Zuckern und Methylzuckern durch paralleles Besprühen mit einem dieser Reagentien möglich.

Weitere Nachweisreagentien für Zuckeralkohole:

Bleitetraacetat [92]

1 g Bleitetraacetat wird in 100 ml Benzol gelöst, die Lösung, wenn nötig, mit Tierkohle entfärbt und filtriert. Das trockene Papier wird zuerst leicht mit Xylol besprüht, dann mit der Tetraacetat-Lösung und bei Zimmertemperatur getrocknet. Dabei erscheinen weiße Flecken auf braunem Grund. Während an den Stellen, an denen sich Zuckeralkohole befinden, das Blei in den zweiwertigen Zustand übergeht, wird das unverbrauchte Bleitetraacetat zu braunem Bleidioxyd hydrolysiert. Diese Reaktion wird von allen Glykolen gegeben. Empfindlichkeitsgrenze etwa 10 γ.

Vanillin [93]

Dieses Reagens unterscheidet Zuckeralkohole von Ketosen durch verschiedene Färbung, während es Aldosen gar nicht anzeigt.

Sprühreagens: Direkt vor Gebrauch 1 Vol. 1%ige Vanillin-Lösung in Äthanol mit 1 Vol. 3%iger Perchlorsäure in Wasser mischen, 3—4 min bei 85° C erhitzen. Glycerin, Erythrit, Xylit, Arabit, Adonit, Mannit, Sorbit geben auf matt-rötlichem Untergrund blaß-blaue bis lila-blaß-rote Farbe, die schnell in blaß-grau-blaue übergeht. Inosit, Aldopentosen und Aldohexosen reagieren nicht, mit Ausnahme von Rhamnose, die einen ziegelroten Flecken gibt. Sorbose und Fructose geben dunkel-grau-grüne Flecken, leicht von den Zuckeralkoholen zu unterscheiden. Empfindlichkeitsgrenzen: Hexite 15 γ, Pentite und Rhamnose 20 γ, Erythrit 25 γ, Glycerin 30 γ, Ketohexosen 5 γ.

Phenole, einige Indol-Verbindungen, einige Säuren, besonders Malonsäure und Gluconsäure, reagieren ebenfalls mit Vanillin. Deswegen können Lösungsmittel, die diese Substanzen enthalten, nicht in Kombination mit dem Vanillin-Sprühreagens verwendet werden. Ebenfalls müssen saure und basische Substanzen durch geeignete Ionenaustauscher entfernt werden, bevor die Zuckeralkohole mit diesem Reagens identifiziert werden können.

3. Aminozucker

Zur Trennung können die gleichen Lösungsmittel wie bei den einfachen Zuckern verwendet werden [18, 94], vgl. R_F-Werte in Tab. 15 und 18. Zur Erzielung klar abgesetzter Flecken wird stets Ammoniak zugesetzt. In sauren Lösungsmitteln sind die Aminozucker nicht stabil und die Flecken zeigen Schwanzbildung [95].

Aminozucker können mit den meisten Zuckerreagentien nachgewiesen werden, so z. B. mit ammoniakalischem Silbernitrat (S. 87), Naphthoresorcin (S. 89), Anilin-Phthal- oder Oxalsäure (S. 93), Benzidin (S. 94). Daneben gibt die Aminogruppe nach Besprühen mit Ninhydrin und nachfolgendem Erhitzen die für Aminosäuren charakteristische Reaktion unter Bildung einer roten Farbe. Von Zuckern und Aminosäuren können die Aminozucker durch parallele Besprühungen mit Ninhydrin und einem Zuckerreagens unterschieden werden, die auch nacheinander auf einem Papierbogen durchgeführt werden können (Ninhydrin, Anilin-Oxalsäure [96]).

Ein weiterer Nachweis der Aminozucker ist mit dem Farbreagens nach ELSON und MORGAN [97, 98] möglich:

Acetylaceton-p-Dimethylaminobenzaldehyd [18]

1. Sprühreagens: Lösung A: 0,5 ml Acetylaceton in 50 ml Butanol, Lösung B: 5 ml 50%ige wäßrige Kalilauge (g:v) und 20 ml Äthanol. Unmittelbar vor Gebrauch 0,5 ml von Lösung B zu 10 ml von Lösung A geben. Gelegentlich erscheinen Kristalle in der gemischten Lösung, verschwinden aber sogleich bei Zugabe einiger Tropfen von 50%igem wäßrigem Äthanol (v:v). Das Reagens ist nicht stabil und muß direkt vor Gebrauch frisch hergestellt werden.

2. Sprühreagens: 1 g p-Dimethylaminobenzaldehyd (aus wäßrigem Äthanol frisch kristallisiert) in 30 ml Äthanol lösen und 30 ml konz. Salzsäure hinzufügen. Dieses Reagens ist stabil und kann über mehrere

Tabelle 21. *Positionskonstanten*[1]

	Propanol, Ammoniak, Wasser (6:3:1)	tert. Butanol, Wasser, Picrinsäure (8:2:0,4)	Isopropyl-Äther, 90% Ameisensäure (9:6)	tert. Amyl-alkohol, Wasser, 90% Ameisensäure (9:9:3)	Äthylacetat, Pyridin, Wasser (10:4,5:10)
	[*100*][2]	[*100*][2]	[*100*][2]	[*100*][2]	[*100*][2]
Orthophosphat	100	100	100	100	100
(R_F-Werte					
Glycerin-1-phosphorsäure.					
Glycerinaldehyd-3-phosphorsäure .					
2-Phosphoglycerinsäure.					
3-Phosphoglycerinsäure.	118	92	57	68	44
2,3-Diphosphoglycerinsäure					
Phosphoglykolsäure					
Phosphoglykolaldehyd					
Phosphobrenztraubensäure					
Phosphoerythronsäure					
Ribose-1-phosphorsäure					
Ribose-5-phosphorsäure					
Ribulose-5-phosphorsäure					
Ribulose-1,5-diphosphorsäure . . .					
Glucose-1-phosphorsäure	139	49	19	36	57
Glucose-6-phosphorsäure	120	54	19	36	52
Glucose-1,6-diphosphorsäure . . .					
Fructose-1-phosphorsäure					
Fructose-6-phosphorsäure	133	66	30	48	60
Fructose-1,6-diphosphorsäure . . .	57	66	15	33	21
Mannose-6-phosphorsäure					
Sorbose-1-phosphorsäure					
Mannoheptulose-phosphorsäure . .					
Sedoheptulose-7-phosphorsäure . .					
Sedoheptulose-diphosphorsäure . .					
Saccharose-phosphorsäure					

[1] Die Positionskonstanten geben die Lage der einzelnen Komponenten, bezogen auf Orthophosphat (= 100) an.

[2] Positionskonstanten berechnet nach [*100*].

Wochen aufbewahrt werden. Vor Gebrauch wird die Lösung mit 180 ml Butanol verdünnt. Nach Abdampfen des Lösungsmittels werden die Papiere mit dem 1. Reagens besprüht und 5 min bei 105° C erhitzt. Das trockene Papier wird dann mit dem 2. Reagens besprüht und weitere 5 min bei 90° C entwickelt. Unter diesen Bedingungen geben die freien Hexosamine kirschrote Färbung, die über mehrere Tage stabil ist. N-Acetylglucosamine (die nur langsam mit Silbernitrat reagieren) geben eine kräftige, ebenfalls stabile purpur-violette Farbe. Im Gegensatz zu den freien Hexosaminen zeigen jedoch die N-Acetylderivate diese Färbung mit dem p-Dimethylaminobenzaldehyd-Reagens allein ohne vorangehende Behandlung mit Acetylaceton. Diese Reaktion dient als bestätigender Test für die Gegenwart von N-Acetylderivaten.

für Phosphorsäure-Ester

Methanol, 88% Ameisensäure, Wasser (8:1,5:0,5) [101]	Methanol, 28% Ammoniak, Wasser (6:1:3) [101]	Äthylacetat, Essigsäure, Wasser 4° C (3:3:1) [102]	Methyl-Cellosolve, Methyläthyl-keton, 3-n-Ammoniumhydroxyd 26° C (7:2:3) [102]	Äthylacetat, Formamid, Pyridin 26° C (1:2:1) [102]	Phenol, Wasser (18:7) [19]	Butanol, Propionsäure, Wasser (10:5:7) [19]	Isopropyläther, n-Butanol, 98% Ameisensäure (3:3:2) [103]	n-Butanol, n-Propanol, 25% Ammoniak, Wasser (7:5:7:2) [103]
100	100	100	100	100	100	100	100	100
0,63	0,28	0,33	0,21	0,50	0,22			0,73)
		79	192	114			52	134
		22	90					
73	64	81	200	47			40	115
79	125	71	116	57	100	65	46	112
		35	36	30			19	53
					102	75		
					170	73		
					110	92	76	105
					74	51		
		45	197	110				
					139	49	16	126
					147	53		
					26	22		
43	214	37	170	89			11	115
60	171	29	140	100	113	40	9	103
					26	22		
					135	46		
54	157	48	171	108	125	46	20	133
64	86	25	37	26	26	22	7	73
					125	46		
							12	121
					113	40		
					113	40		
					26	22		
					113	40		

Auch andere reduzierende Zucker geben Färbungen mit diesen Reagentien, aber sie sind gewöhnlich sehr schwach und verblassen schnell, besonders bei Erhöhung der Reaktionstemperatur. Die Farben der neutralen reduzierenden Zucker liegen zwischen Blau und Blaßrotviolett.

Aminosäuren können diese Reaktion empfindlich stören, Verbindungen von Zuckern mit Aminosäuren, besonders mit Lysin und Glycin, täuschen gelegentlich Aminozucker vor [99].

4. Zucker-Phosphorsäure-Ester

Wenn Verunreinigungen im Papier die Analyse der Phosphorsäure-Ester stören, müssen die Bogen zunächst mit einer Lösung von 8-Oxychinolin in wäßrigem Alkohol und anschließend mit wäßrigem Alkohol, mit 2 n-Essigsäure, dest. Wasser [100] oder mit 1%iger Oxalsäure und anschließend mit dest. Wasser [19] ausgewaschen werden. Vorgereinigte Papiere können von Schleicher & Schüll bezogen werden.

Lösungsmittel, die zur Trennung von Zucker-Phosphorsäure-Estern herangezogen werden können, sind mit den zugehörigen Positions-konstanten der Tab. 21 zu entnehmen.

Bei den Lösungsmitteln, die 1-Phasen-Mischungen darstellen, läßt sich das Verhältnis zwischen den Positionskonstanten durch verschiedene relative Proportionen der Lösungsmittelkomponenten beträchtlich ver-ändern (vgl. Tab. 22). Das Lösungsmittel Äthylacetat–Pyridin–Formamid ergibt eine gute Trennung nur unter relativ trockenen Bedingungen, in einer Atmosphäre mit einer relativen Feuchtigkeit von 20—35% bei 25° C [102]. Eine Trennung von Ribose-5-Phosphorsäure und Arabinose-5-Phosphorsäure ist mit 80%igem Äthanol, das 0,64% Borsäure enthält, möglich [104].

Tabelle 22. *Einfluß der Lösungsmittel-Zusammensetzung auf das Verhältnis der Positionskonstanten für je zwei Zucker-Phosphorsäure-Ester [102]*

	Mischungsverhältnis in Volumen von Äthylacetat:Essigsäure:Wasser				
	(2:6:1)	(2:3:1)	(3:3:1)	(5:3:1)	(7:3:1)
Fructose-6-phosphorsäure Glucose-6-phosphorsäure	1,23	1,36	1,50	1,65	1,46
Glucose-6-phosphorsäure Fructose-1,6-diphosphorsäure	0,81	1,13	1,00	1,22	1,37
Glucose-1-phosphorsäure Glucose-6-phosphorsäure	1,06	1,02	1,05	1,03	1,27

Bei der 2-dimensionalen Verteilung haben sich folgende Kombi-nationen bewährt: a) 1. Äthylacetat–Essigsäure–Wasser (3:3:1), 2. Äthylacetat–Formamid–Pyridin (6:4:1) [102]; b) 1. Methyl Cellosolve–Methyläthylketon–3 n-Ammoniumhydroxyd (7:2:3), 2. Äthylacetat–Formamid–Pyridin (6:4:1) [102]; c) 1. Methanol–Ameisensäure–Wasser (8:1,5:0,5), 2. Methanol–28% Ammoniak–Wasser (6:1:3) [101]; d) 1. Phenol–Wasser, 2. Butanol–Propionsäure–Wasser (10:5:7) [19], vgl. Abb. 47; e) 1. tert. Butanol–98% Ameisensäure–Wasser (8:3:4), 2. n-Propanol–25% Ammoniak–Wasser (6:3:1) [105]. 2-dimensionale Trennung der Phosphorsäure-Ester bei gleichzeitiger Erfassung von organischen Säuren, Aminosäuren und freien Zuckern ist durch Kombi-nation von Papierelektrophorese in einem flüchtigen Medium (wäßrige Lösung von 5% Pyridin und 0,5% Eisessig) in der 1. Richtung und Papierchromatographie (Methylcellosolve–Pyridin–Essigsäure–Wasser, 8:4:1:1) in der 2. Richtung möglich [106].

Die Zucker-Phosphorsäure-Ester können auf dem Papier nach-gewiesen werden mit dem

Ammoniummolybdat-Reagens nach HANES *und* ISHERWOOD [100].

5 ml 60%ige Perchlorsäure (g:g), 10 ml 1 n-Salzsäure, 25 ml 4%iges Ammoniummolybdat (g:v) mit Wasser auf 100 ml auffüllen. Etwa 1 ml Sprühreagens auf 100 cm² Papierfläche verteilen. Einige Minuten im warmen Luftstrom trocknen, um überschüssiges Wasser zu entfernen, 7 min bei 85° C erhitzen zur Hydrolyse der Phosphorsäure-Ester. Zur

Farbentwicklung läßt man das Papier Feuchtigkeit aufnehmen und hängt es dann für 5—10 min in eine Kammer mit Schwefelwasserstoff. Oder man erhitzt das Papier 1 min bei 85° C und bestrahlt es anschließend 1—10 min im Abstand von 10 cm mit einer UV-Lampe [*101*]. Die Farbentwicklung auf den besprühten Papieren kann auch durch 20—60 min Sonnenbestrahlung erfolgen. Die Phosphorsäure-Ester erscheinen als blaue Flecken. Bestimmte Ester unterscheiden sich durch verschiedene Farbtöne.

Die bei der Hydrolyse durch Perchlorsäure gebildete freie Orthophosphorsäure reagiert mit dem Molybdat, und die dabei entstehende Komplexverbindung wird durch Behandlung mit Schwefelwasserstoff zu einer intensiv blau gefärbten Komponente reduziert.

Da die stabilen Ester Glucose-6-phosphorsäure und 3-Phosphoglycerinsäure nur relativ schwach gefärbte Flecken geben, kann das Papier auch zuerst mit Anilin-Phthalsäure besprüht und erhitzt werden. Glucose-6-phosphorsäure und Fructose-1,6-diphosphorsäure erscheinen dann als braune Flecken. Nach einer anschließenden Besprühung mit dem Ammoniummolybdat-Reagens lassen sich die übrigen Ester einschließlich der Phosphoglycerinsäure als blaue Flecken nachweisen [*102*].

Unbekannte Zucker-Phorphorsäure-Ester können nach Eluieren, Abspalten des Phosphats durch Phosphatase-Behandlung und erneutem Chromatographieren identifiziert werden. Die Hydrolyse-Bedingungen richten sich dabei nach der verwendeten Phosphatase (z. B. Polidase S [Schwarz Laboratories, N. Y.], 100—200 μg zu 200—300 μl Eluat des Zucker-Phosphorsäure-Esters, p_H 5, 1—3 Tage bei 35° C unter Toluol [*19*]). Die Reinheit der verwendeten Phosphatase von Zuckern ist zu prüfen.

Für eine quantitative Bestimmung kann die den Phosphorsäure-Ester enthaltende Papierzone ausgeschnitten, mit 0,5 ml einer Mischung von 3 Vol. konz. Schwefelsäure und 2 Vol. 60%iger Perchlorsäure verascht und das Orthophosphat mikrochemisch bestimmt werden [*100*].

5. Methylzucker

Diesen Zuckerderivaten kommt vor allem im Zusammenhang mit der Strukturanalyse von Polysacchariden eine besondere Bedeutung zu.

Neben den für die Trennung von Zuckern angegebenen Lösungsmitteln haben sich für methylierte Zucker besonders mit Wasser gesättigtes Methyl-Äthyl-Keton und die obere Phase einer Mischung von 90% Methyl-Äthyl-Keton und 10% Petroläther (Kp. 100—120° C), mit Wasser gesättigt, bewährt [*37, 65*]. Die R_G-Werte für eine größere Anzahl von methylierten Zuckern nach Verteilung mit n-Butanol–Äthanol–Wasser (5:1:4) sind in Tab. 23 zu finden. Mit zunehmender Anzahl von Methylgruppen vergrößern sich die R_F-Werte der Methyl-Zucker infolge ihrer erhöhten Löslichkeit.

Während die nur teilweise methylierten reduzierenden Zucker mit ammoniakalischem Silbernitrat nachgewiesen werden können, geben hochmethylierte reduzierende Zucker damit nur schwache Reaktion. Dagegen geben aromatische Amine und Phenole in Verbindung mit einer Säurevorbehandlung auch mit methylierten Zuckern charakteristische Farbbildungen [*37, 65*].

Tabelle 23. $R_G{}^1$-*Werte für Zucker und Methylzucker in n-Butanol–Äthanol–Wasser* (5:1:4) [*64*]

Raffinose	0,001	2-Methylarabinose	0,38
Lactose	0,016	2,4-Dimethylgalaktose	0,41
Maltose	0,021	4,6-Dimethylgalaktose	0,42
Saccharose	0,03	2-Desoxyribose	0,44
D-Gluco-L-galaoctose	0,038	2,6-Dimethylgalaktose	0,44
D-Gulo-L-galaheptose	0,050	4,6-Dimethylglucose	0,46
D-Gluco-D-guloheptose	0,053	2-Methylfucose	0,51
D-Manno-D-galaheptose	0,058	3,6-Dimethylglucose	0,51
D-Gala-L-glucoheptose	0,064	3,4-Dimethylglucose	0,52
Turanose	0,060	4,6-Dimethylaltrose	0,52
Galaktose	0,070	2,3-Dimethylmannose	0,54
D-Gluco-L-talooctose	0,082	2,3-Dimethylglucose	0,57
Glucose	0,090	4-Methylrhamnose	0,57
Sorbose	0,10	4,6-Dimethylmannose	0,57
Mannose, Mannoheptulose	0,11	3,4-Dimethylmannose	0,58
D-Gala-L-mannoheptose	0,11	3-Methylquinovose	0,60
D-Gulo-L-taloheptose	0,11	3,4-Dimethylfructose	0,61
Fructose, Glucoheptulose	0,12	2-Desoxyrhamnose	0,61
Gulose, Arabinose, Tagatose	0,12	2,3-Dimethylarabinose	0,64
Xylose	0,15	2,3,4-Trimethylgalaktose	0,64
4-Methylgalaktose	0,16	2,4-Dimethylxylose	0,66
Altrose	0,17	2,4,6-Trimethylgalaktose	0,67
Idose, 6-Methylgalaktose	0,18	3-Methylaltromethylose	0,68
Talose, Lyxose	0,19	2,3,6-Trimethylgalaktose	0,71
Ribose, Fucose	0,21	2,3-Dimethylxylose	0,74
2-Methylglucose	0,22	2,4,6-Trimethylglucose	0,76
2-Methylgalaktose	0,23	3,4,6-Trimethylmannose	0,79
Riboketose, Apiose	0,25	2,3,6-Trimethylmannose	0,81
2-Desoxygalaktose	0,25	2,3,6-Trimethylglucose	0,83
3-Methylglucose	0,26	1,3,4-Trimethylfructose	0,83
Xyloketose	0,26	3,4-Dimethylrhamnose	0,84
6-Methylglucose	0,27	2,3,4-Trimethylglucose	0,85
Quinovose	0,28	3,4,6-Trimethylfructose	0,86
Rhamnose	0,30	Cymarose	0,87
α-Methylmannosid	0,30	Oleandrose	0,88
3,4-Dimethylgalaktose	0,32	2,3,4,6-Tetramethylgalaktose	0,88
4-Methylmannose	0,32	Tetramethyl-fructopyranose	0,90
β-Methylarabinosid	0,32	2,3,4-Trimethylxylose	0,94
2-Desoxyallose	0,33	2,3,5-Trimethylarabinose	0,95
2-Methyl-β-methylaltrosid	0,34	2,3,4,6-Tetramethylmannose	0,96
Rhamnoketose	0,37	2,3,4,6-Tetramethylglucose	1,00
3,6-Anhydroglucose	0,37	2,3,5,6-Tetramethylglucose	1,01
Talomethylose	0,37	2,3,4-Trimethylrhamnose	1,01
2-Methylxylose	0,38	1,3,4,6-Tetramethylfructose	1,01

^{1} R_G vgl. S. 43.

Mit Anilin-Phthalsäure, -Trichloressigsäure oder -Phosphorsäure sind herab bis zu $1-5\,\gamma$ der methylierten Derivate nachweisbar. Teilweise methylierte Aldohexosen zeigen braune Farben, hochmethylierte Aldohexosen ein charakteristisches Kastanienbraun. Während methylierte Aldopentosen kirschrote Flecken hervorrufen, geben methylierte Uronsäuren carminrote Farbe hoher Brillanz. Methylierte Ketosen bilden grüne Flecken.

Eine gute Unterscheidung von Zuckern und methylierten Derivaten ist auch mit p-Anisidin-Salzsäure möglich. Methylierte Aldohexosen geben braune Farben, methylierte Aldopentosen intensiv rote. Folgende weitere aromatische Amine haben sich beim Nachweis von Methylzuckern bewährt: p-Aminodimethylanilin, p-Aminodiäthylanilin, Diphenylamin, α-Naphthylamin.

Von den Phenolen eignen sich Orcin oder Resorcin in Butanol unter Zusatz von kleinen Mengen Salzsäure als spezifische Reagentien für methylierte Ketosen.

III. Polysaccharide

Mit zunehmender Molekülgröße wird bereits bei den Oligosacchariden der R_F-Wert immer kleiner. Höhermolekulare Kohlenhydrate wandern infolge geringer oder fehlender Löslichkeit im Lösungsmittel überhaupt nicht mehr. Für eine Analyse von Polysacchariden mit Hilfe der Papierchromatographie müssen sie daher zunächst hydrolytisch in ihre niedermolekularen Bestandteile gespalten werden.

Vor der Hydrolyse eines Polysaccharids ist es häufig notwendig, es von begleitenden Kohlenhydraten zu trennen. Eine solche Reinigung der Polysaccharide ist durch fraktionierte Extraktion oder Fällung möglich. Dabei macht man von der unterschiedlichen Löslichkeit verschiedener Kohlenhydrate Gebrauch. Durch Extraktion mit kaltem Wasser können Zucker und Fructosane (Inulin, Inulide) entfernt werden. Im Heißwasser-Extrakt lösen sich Stärke, Glykogen, Lichenin und z. T. Schleime und Pektine. Durch nachfolgende Extraktion mit zunehmend stärkeren alkalischen Lösungsmitteln gehen Pentosane und Hemicellulosen in Lösung. Dabei ist zu beachten, daß Alkali Hemicellulosen degradieren kann. Durch Vorbehandlung von trockener Holocellulose mit flüssigem Ammoniak wird die Extraktion von Hemicellulose mit Wasser und schwach alkalischen Lösungen erleichtert [107]. Aus alkalischen Lösungen lassen sich Polysaccharide durch Ansäuern fällen, aus wäßrigen Lösungen durch Zusatz von Äthanol (2% Eisessig enthaltend). Amylose kann von Amylopektin folgendermaßen getrennt werden: Entfettete Stärke wird mit 50 Teilen Wasser und 5 Teilen Butanol (oder Cyclohexan oder Amylalkohol) 2 h auf 109° C erhitzt. Nach Zusatz von 2 Teilen Isoamylalkohol fällt die Amylose beim Abkühlen als kristalline Butanol-Additionsverbindung aus. Amylopektin wird anschließend mit Alkohol gefällt [108, 109].

Die Hydrolyse der Polysaccharide führt in ihrem Endpunkt zu den einfachsten Grundbausteinen, den Monosacchariden. Daneben ist es für die Strukturermittlung häufig wichtig, die Zwischenbausteine zu fassen. Dazu wird eine partielle Hydrolyse durchgeführt, d. h. die Hydrolyse wird bereits vor ihrem Endpunkt abgebrochen. Auf Grund der Einheitlichkeit des Hydrolysenproduktes oder der Ausbeute an einzelnen Teilprodukten lassen sich Aussagen über die Zusammensetzung und den Aufbau des Polysaccharids machen. Für die Bestimmung von Bindungs- und Verzweigungsstellen werden die Polysaccharide vor der Hydrolyse mit Methyljodid und Silberoxyd [110] oder mit Dimethylsulfat und Alkali [111] methyliert [112—114]. Aus Natur und Menge der nach der Hydrolyse anfallenden methylierten Spaltprodukte können Rückschlüsse auf die Art der Verkettung im Ausgangsmolekül gezogen werden. Die Bindungsstellen müssen an den C-Atomen vorhanden gewesen sein, an denen sich im Spaltprodukt die Hydroxylgruppen finden.

Die Hydrolyse von Polysacchariden wird entweder mit einer Säure oder mit Hilfe von Enzymen durchgeführt.

Bei der Säurehydrolyse im zugeschmolzenen Rohr werden im allmeinen Salzsäure oder Schwefelsäure in Konzentrationen von etwa 0,1—1 n verwendet bei einer Hydrolysetemperatur von meistens 100° C und einer Dauer von etwa 30 min bis 12 h. Oxalsäure und Essigsäure bewirken mildere Hydrolyse. Dies ist z. B. von Bedeutung in Gegenwart von Furanose-Zuckern, die bei stärkerer Hydrolyse fast völlig zerstört werden [115]. Cellulose läßt sich mit kalter wäßriger 41%iger Salzsäure, mit kalter 66%iger Schwefelsäure oder mit 0,5%iger Schwefelsäure bei 170° C hydrolysieren.

Um die Hydrolysebedingungen im einzelnen Fall festzulegen, muß zunächst der Verlauf der Hydrolyse in bestimmten Zeitabständen kontrolliert werden, entweder polarimetrisch, z. B. für die Bestimmung des Hydrolyse-Endpunktes, oder besser gleich qualitativ mit Hilfe der Papierchromatographie. Bei der Kontrolle der Hydrolysebedingungen ist zu beachten, daß möglicherweise bereits Zerstörung von weniger stabilen Zuckern stattfindet, bevor resistentere Kernstücke völlig abgebaut sind.

Anschließend an die Hydrolyse wird durch Zusatz von Bariumhydroxyd, Bariumcarbonat oder nach Schwefelsäure auch Calciumcarbonat [89] neutralisiert, der getrennte Niederschlag heiß gewaschen, die Lösung im Vakuum bis zur Trockne eingeengt, mit der für die gewünschte Konzentration notwendigen Flüssigkeitsmenge wieder aufgenommen und anschließend auf das Papier aufgetragen. Nach Hydrolyse mit Salzsäure kann diese auch unter wiederholtem Aufnehmen mit Wasser abgeraucht werden.

Schonender verläuft die Hydrolyse unter der Einwirkung von Enzymen. Durch Auswahl der für bestimmte Spaltungen selektiven Carbohydrasen ist es möglich, den Abbau von vornherein in genau bekannten Schritten vorzunehmen [7, 89, 116, 117].

Literatur

[1] N. O. Bathurst—R. M. Allison: N. Z. J. Sci. Technol. B 31, 1 (1950). — [2] R. Robison—W. Th. J. Morgan: Biochem. J. 24, 119 (1930). — [3] J. E. van der Plank: Biochem. J. 30, 457 (1936). — [4] M. Somogyi: J. biol. Chem. 160, 61 (1945). — [5] Earl F. McFarren—K. Brand—H. R. Rutkowsky: Analyt. Chem. 23, 1146 (1951). — [6] S. Baar—J. P. Bull: Nature (Lond.) 172, 414 (1953). — [7] J. S. D. Bacon—J. Edelman: Biochem. J. 48, 114 (1951). — [8] R. G. Westall: Biochem. J. 42, 249 (1948). — [9] H. Miller—D. M. Kraemer: Analyt. Chem. 24, 1371 (1952). — [10] F. H. Malpress—A. B. Morrison: Nature (Lond.) 164, 963 (1949). — [11] Th. Bersin—A. Müller: Helv. chim. Acta 35, 475 (1952). — [12] D. B. Parihar: Naturwissenschaften 41, 427 (1954). — [13] M. A. Jermyn—F. A. Isherwood: Biochem. J. 44, 402 (1949). — [14] F. A. Isherwood—M. A. Jermyn: Biochem. J. 48, 515 (1951). — [15] R. J. Bayly—E. J. Bourne: Nature (Lond.) 171, 385 (1953). — [16] W. H. Wadman—G. J. Thomas—A. B. Pardee: Analyt. Chem. 26, 1192 (1954). — [17] S. M. Partridge: Nature (Lond.) 158, 270 (1946). — [18] S. M. Partridge: Biochem. J. 42, 238 (1948). — [19] A. A. Benson: In Mod. Meth. Pflanzenanal. 2, 113, Springer 1955. — [20] F. Cramer: Papierchromatographie.

Weinheim 1954. — [21] G. R. Wyatt–G. F. Kalf: J. gen. Physiol. **40**, 833 (1957). — [22] S. Aronoff–L. Vernon: Arch. Biochem. **28**, 424 (1950). — [23] M. Calvin–A. A. Benson: Science **109**, 140 (1949). — [24] A. A. Benson–J. A. Bassham–M. Calvin: J. Amer. chem. Soc. **72**, 1710 (1950). — [25] L. F. Wiggins–H. Williams: Nature (Lond.) **170**, 279 (1952). — [26] E. Chargaff–C. Levine–C. Green: J. biol. Chem. **175**, 67 (1948). — [27] H. C. S. de Whalley: Int. Sugar J. **1952**, 158. — [28] G. Giovannozzi-Sermanni: Nature (Lond.) **177**, 586 (1956). — [29] Ch. Gustafsson–J. Sundman–Th. Lindh: Papper och Trä **33**, 1 (1951). — [30] E. Evans–J. W. Mehl: Science **114**, 10 (1951). — [31] E. F. Annison–A. T. James–W. T. Morgan: Biochem. J. **48**, 477 (1951). — [32] R. Consden–W. M. Stanier: Nature (Lond.) **169**, 783 (1952). — [33] L. Jaenicke: Naturwissenschaften **39**, 86 (1952). — [34] F. Micheel–F. P. van de Kamp: Angew. Chem. **64**, 607 (1952). — [35] K. Wallenfels: Ärztl. Forsch. **5**, 430 (1951). — [36] K. Wallenfels–E. Bernt–G. Limberg: Liebigs Ann. **579**, 113 (1953); **584**, 63 (1953). — [37] L. Boggs–L. S. Cuendet–I. Ehrenthal–R. Koch–E. Smith: Nature (Lond.) **166**, 520 (1950). — [38] K. Wallenfels: Naturwissenschaften **37**, 491 (1950). — [39] F. G. Fischer–H. Dörfel: Z. physiol. Chem. **297**, 164 (1954). — [40] K. Wallenfels–E. Bernt-G.Limberg: Angew. Chem. **65**, 581 (1953). — [41] H. Lüdecke–L. Stange: Zucker **6**, 551 (1953). — [42] F. Weygand–H. Hofmann: Chem. Ber. **83**, 405 (1950). — [43] A. Jeanes–C. S. Wise–R. J. Dimler: Analyt. Chem. **23**, 415 (1951). — [44] D. F. Mowery: Analyt. Chem. **29**, 1560 (1957). — [45] E. Pascu–T. P. Mora–P. W. Kent: Science **110**, 446 (1949). — [46] R. U. Lemieux–H. F. Bauer: Analyt. Chem. **26**, 950 (1954). — [47] W. G. C. Forsyth: Nature (Lond.) **161**, 239 (1948). — [48] L. Novellie: Nature (Lond.) **166**, 745 (1950). — [49] R. Dedonder: Bull. Soc. Chim. biol. **34**, 144 (1952). — [50] H. C. S. Whalley: Int. Sugar J. **52**, 127 (1950). — [51] I. L. Bryson–T. I. Mitchell: Nature (Lond.) **167**, 864 (1951). — [52] R. W. Bailey: Nature (Lond.) **181**, 836 (1958). — [53] H. C. S. de Whalley–N. Albon–D. Gross: Analyst **76**, 287 (1951). — [54] R. Klevstrand–A. Nordal: Acta chem. scand. **4**, 1320 (1950). — [55] A. Bevenue–K. T. Williams: Arch. Biochem. **34**, 225 (1951). — [56] R. H. Horrocks–G. B. Manning: Lancet **1949**, 1024. — [57] E. Borenfreund–Z. Dische: Arch. Biochem. **67**, 239 (1957). — [58] S. M. Partridge: Nature (Lond.) **164**, 443 (1949). — [59] H. M. C. Robinson–J. C. Rathbun: Science **127**, 1501 (1958). — [60] F. Schneider–G. A. Erlemann: Zucker Beih. **1**, 40 (1951). — [61] S. Mukherjee–H. C. Srivastava: Nature (Lond.) **169**, 330 (1952). — [62] R. H. Horrocks: Nature (Lond.) **164**, 444 (1949). — [63] L. Sattler–F. W. Zerban: Analyt. Chem. **24**, 1862 (1952). — [64] E. L. Hirst–J. K. N. Jones: Disc. Faraday Soc. **7**, 268 (1949). — [65] L. Hough–J. K. N. Jones–W. H. Wadman: J. chem. Soc. **1950**, 1702. — [66] R. A. Gray: Science **115**, 129 (1952). — [67] A. Stoll–A. Rüegger: Helv. physiol. Acta **10**, 385 (1952). — [68] A. E. Flood–E. L. Hirst–J. K. N. Jones: J. chem. Soc. **1948**, 1679. — [69] H. Wanner: Helv. chim. Acta **35**, 460 (1952). — [70] G. C. Gibbons–R. A. Boissonnas: Helv. chim. Acta **33**, 1477 (1950). — [71] A. Polson: Biochim. biophys. Acta **2**, 575 (1948). — [72] R. B. Fischer–D. B. Parsons–G. A. Morrison: Nature (Lond.) **161**, 764 (1948). — [73] H. D. Fowler: Nature (Lond.) **168**, 1123 (1951). — [74] K. Wallenfels–E. Bernt: Angew. Chem. **64**, 28 (1952). — [75] W. Grassmann–K. Hannig: Naturwissenschaften **37**, 397, 496 (1950). — [76] H. F. Linskens: Z. Bot. **43**, 1 (1955). — [77] S. Baar: Biochem. J. **58**, 175 (1954). — [78] K. J. Gardner: Nature (Lond.) **176**, 929 (1955). — [79] E. L. Hirst–J. K. N. Jones: J. chem. Soc. **1949**, 1659. — [80] N. Nelson: J. biol. Chem. **153**, 375 (1944). — [81] R. B. Duff–D. J. Eastwood: Nature (Lond.) **165**, 848 (1950). — [82] J. Blass–M. Macheboeuf–G. Nunez: Bull. Soc. Chim. biol. **32**, 130 (1950). — [83] S. Gardell: Acta chem. scand. **5**, 1011 (1951). — [84] L. P. Vernon–S. Aronoff: Arch. Biochem. **36**, 384 (1952). — [85] R. Dreywood: Analyt. Chem. **18**, 499 (1946). — [86] D. L. Morris: Science **107**, 254 (1948). — [87] H. Altermatt: Diss. ETH Zürich 1954. — [88] F. G. Fischer-H. Dörfel: Z. physiol. Chem. **301**, 224 (1955). — [89] M. Gee–R. M. McCready: Analyt. Chem. **29**, 257 (1957). — [90] M. Abdel-Akher–F. Smith: J. Amer. chem. Soc. **73**, 5859 (1951). — [91] L. Hough: Nature (Lond.) **165**, 400 (1950). — [92] J. G. Buchanan–C. A. Dekker–A. G. Long: J. chem. Soc. **1950**, 3162. — [93] P. Godin: Nature (Lond.) **174**, 134 (1954). — [94] D. Aminoff–W. T. J. Morgan: Nature (Lond.) **162**, 579 (1948). —

[95] R. I. BAYLY–E. I. BOURNE–M. STACEY: Nature (Lond.) **169**, 876 (1952). — [96] E. MALYOTH: Naturwissenschaften **38**, 478 (1951). — [97] L. A. ELSON–W. T. J. MORGAN: Biochem. J. **27**, 1824 (1933). — [98] W. T. J. MORGAN–L. A. ELSON: Biochem. J. **28**, 988 (1934). — [99] J. IMMERZ–E. VASSEUR: Nature (Lond.) **165**, 898 (1950). — [100] C. S. HANES–F. A. ISHERWOOD: Nature (Lond.) **164**, 1107 (1949). — [101] R. S. BANDURSKI–B. AXELROD: J. biol. Chem. **193**, 405 (1951). — [102] D. C. MORTIMER: Canad. J. Chem. **30**, 653 (1952). — [103] E. GERLACH–E. WEBER–H. J. DÖRING: Naunyn-Schmiedebergs Arch. exp. Path. Pharmak. **226**, 9 (1955). — [104] S. S. COHEN–D. B. McNAIR SCOTT: Science **111**, 543 (1950). — [105] J. K. MIETTINEN: Proc. Atom. Conf. Genf **1958**, 15, P, 1102. — [106] V. C. RUNECKLES–G. KROTKOV: Arch. Biochem. **70**, 442 (1957). — [107] C. T. BISHOP–G. A. ADAMS: Canad. J. Res. **28**, 753 (1950). — [108] T. J. SCHOCH: J. Amer. chem. Soc. **64**, 2957 (1942). — [109] T. J. SCHOCH: Advanc. Carbohydr. Chem. **1**, 247 (1945). — [110] I. PURDIE: J. chem. Soc. **83**, 1028 (1903). — [111] W. N. HAWORTH: J. chem. Soc. **107**, 8 (1915). — [112] S. W. CHALLINOR–W. N. HAWORTH–E. L. HIRST: J. chem. Soc. **1934**, 1560. — [113] K. FREUDENBERG–H. BOPPEL: Ber. dtsch. chem. Ges. **71**, 2505 (1938). — [114] E. ABDERHALDEN: Handbuch der biologischen Arbeitsmethoden 1936. — [115] W. G. C. FORSYTH–D. M. WEBLEY: Biochem. J. **44**, 455 (1949). — [116] T. KENNETH–K. T. WILLIAMS–A. BEVENUE: Science **113**, 582 (1951). — [117] I. A. PREECE–M. SHADAKSHARASWAMY: Biochem. J. **44**, 270 (1949).

C. Organische Säuren

Von

H. SCHWEPPE

Wegen der großen Verbreitung organischer Säuren in pflanzlichem Material sind nicht nur zahlreiche Untersuchungen über die methodische Trennung dieser Stoffe mit Hilfe der Papierchromatographie gemacht worden, sondern es werden in der Literatur auch viele Beispiele praktischer Anwendung auf botanische Probleme beschrieben. Einige Verfasser beschreiben die papierchromatographische Auffindung der Säuren in Kulturen von *Aspergillus niger* [1, 2] und *Penicillium brevi compactum* [3], in Tabakblättern [4, 5], in Äpfeln [6, 7], in Karottengeweben [7], in Kartoffeln [8], in Erbsen [8, 9, 10], in Kakaobohnen [11], in Gräsern [12], in Zuckerrüben-Diffusionssäften [13], in Chagual-Gummi [14], in Silofutter [15], in Pflanzen- und Gärungsprodukten [17, 18, 19], in Pflanzenölen [20], in Wurzeln von *Aconitum septentrionale* [21] und *Angelica archangelica* [22], in Maulbeer- und Aloeblättern [43], in Blättern von *Tamarindus indica* und *Oxalis corniculata* [23], in Erdbeer- und *Pelargonium*blättern [8, 24], in Beeren von *Vaccinium vitis idaea* und *Oxycoccus quadripetalus* [25].

I. Aufbereitung

Zur Trennung organischer Säuren auf dem Papierchromatogramm sind zahlreiche Vorarbeiten erforderlich, wenn diese Stoffe als Bestandteile von Pflanzen nachgewiesen werden sollen. Zunächst müssen die Säuren mit geeigneten Lösungsmitteln aus den Pflanzengeweben extrahiert werden. Dafür ist es in jedem Falle notwendig, daß das pflanzliche Material so gut wie möglich zerkleinert wird, um eine erschöpfende Extraktion zu gewährleisten. Karotten lassen sich beispielsweise in Scheiben von 1 mm Stärke extrahieren, während saftige Früchte wie Äpfel besser in Form von Trockenpulver zu verarbeiten sind [7]. Beim letzten Verfahren muß man voraussetzen, daß während der Trocknung des Pflanzenmaterials keine Verluste eintreten dürfen, was z. B. bei den niederen aliphatischen Monocarbonsäuren der Fall ist.

1. Extraktionsmittel

Nichtflüchtige organische Säuren (aliphatische Dicarbonsäuren und Oxysäuren) werden aus Pflanzen mit folgenden Lösungsmitteln extrahiert:

Wäßriger Alkohol (80% v/v) [7]. Einige Gramm Karottenscheiben von 1 mm Dicke werden mit 100 ml 80%igem Alkohol 90 min unter Rückfluß gekocht und dann einige Minuten mit heißem Alkohol maceriert. Die Suspension wird durch eine Glasfritte filtriert und der Rückstand mit 80%igem Alkohol gut gewaschen. Das Filtrat wird einschließlich Waschflüssigkeit auf dem Dampfbad zur Trockne eingedampft.

Wasser [7]. Einige Apfelscheiben werden getrocknet. Das Trockenpulver suspendiert man in Wasser. Wegen der guten Löslichkeit der vorhandenen Säuren in Wasser ist die Extraktion in der Kälte in wenigen Minuten vollzogen. Man verarbeitet wie oben weiter.

Flüchtige organische Säuren wie kurzkettige aliphatische Monocarbonsäuren und manche aromatische Säuren (Sublimationsgefahr, Verlust durch Wasserdampfdestillation) lassen sich am besten mit 2 n-Sodalösung aus entsprechend zerkleinertem Pflanzenmaterial extrahieren. Um die freien Säuren zu erhalten, wird der filtrierte Extrakt mit Schwefelsäure angesäuert. Durch Wasserdampfdestillation erhält man die freien Säuren.

Höhere Fettsäuren lösen sich gut in Kohlenwasserstoffen und können aus trockenem Pflanzenmaterial mit Benzol, Petroläther, Benzin, Hexan usw. extrahiert werden.

2. Entfernung von Begleitsubstanzen

Mischungen von organischen Säuren müssen zur Papierchromatographie von anorganischen Salzen, Zuckern und anderen störenden Stoffen befreit werden. Dazu eignet sich am besten das Verfahren von BRYANT und OVERELL [7]:

Man läßt die verdünnte wäßrige Lösung eines Pflanzenextraktes durch eine Säule laufen, die einen stark basischen Anionenaustauscher, z. B. Amberlite IRA 400, enthält, und eluiert mit Ammoniumcarbonat. Man erhält eine Lösung, die frei von Pigmenten, Zuckern und Kationen ist.

Vorbehandlung des Ionenaustauschers. Zunächst nacheinander mit 1 n-Sodalösung, Wasser und 1 n-Salzsäure waschen. Eine Säule von 5 g Amberlite IRA 400 kann z. B. je 50 mg Citronen-, Äpfel- und Bernsteinsäure aufnehmen. Man verwendet in diesem Falle eine Säule von 8 mm Innendurchmesser und packt den vorbehandelten Ionenaustauscher in feuchtem Zustand. Die Aktivierung erfolgt über Nacht, indem man 500 ml 1 n-Sodalösung hindurchlaufen läßt. Es wird so lange mit Wasser nachgewaschen, bis das Eluat neutral reagiert. Dann wird die verdünnte Lösung des Säureextraktes mit einer Tropfgeschwindigkeit von 1,0—1,5 ml/min durchlaufen gelassen. Mit 1 n-Ammoniumcarbonatlösung lassen sich die organischen Säuren eluieren. Der Überschuß an Ammoniumcarbonat wird mit einem Kationenaustauscher (z. B. Amberlite IR 120) entfernt.

Nach Entfernung der störenden Begleitsubstanzen wird die Lösung, die die organischen Säuren enthält, so weit eingedampft, daß jede Säure möglichst eine Konzentration von 0,3—1% besitzt.

II. Zweckmäßige Technik

1. Papiersorten

Für die Papierchromatographie von Säuren darf nur reines Linters-Filterpapier verwendet werden. Im allgemeinen werden die langsam saugenden Papiere zur Trennung dieser Stoffklasse bevorzugt. Am häufigsten werden die englische Sorte Whatman Nr. 1 und die entsprechenden Schleicher & Schüll-Marken 2043a und 2043b benutzt. Aber auch andere Fabrikate mit gleichwertigen Eigenschaften können verwendet werden.

Waschen des Papiers. Im allgemeinen ist es zweckmäßig, das Papier vor der Verwendung zur Trennung von Säuren zu waschen (vgl. S. 25f.). Diese Maßnahme ist für quantitative Bestimmungen unbedingt erforderlich. Eine vorherige Reinigung des Papiers durch Auswaschen beeinflußt die Größe der R_F-Werte kaum, ergibt aber besser reproduzierbare Ergebnisse (weniger Schwänze, keine Rückstandsflecken am Startpunkt). LONG, QUAYLE und STEDMAN [26] empfehlen folgende Reinigungsmethode:

Es wird nacheinander gewaschen: 6mal mit 2 n-Essigsäure, 3mal mit dest. Wasser, 6mal mit 2 n-Ammoniak und wieder mit dest. Wasser bis zum Neutralpunkt. Man trocknet die Bogen anschließend bei 90° C.

ISHERWOOD und HANES [27] empfehlen ein chromatographisches Waschen, indem man nacheinander folgende Lösungsmittel aufsaugen läßt: 2 n-Essigsäure, dest. Wasser, 10 n-Ammoniak. Zwischendurch wird das Papier jeweils getrocknet. KENNEDY und BARKER [115] waschen mit 1%iger Oxalsäure, dann mit dest. Wasser.

Um sich den Arbeitsgang des Auswaschens zu ersparen, kann man z. B. die Papiersorten der Fa. Schleicher & Schüll „2043a ausgewaschen" bzw. „2043b ausgewaschen" verwenden.

2. Lösungsmittel

Allgemeine Anforderungen. Bei der Verteilung einer organischen Säure zwischen einem organischen Lösungsmittel und Wasser ist der Verteilungskoeffizient wegen der Neigung dieser Stoffe zur Dimerisierung in der organischen Phase und der Dissoziation in Ionen in der wäßrigen Phase konzentrationsabhängig. Bei der Zusammenstellung brauchbarer Lösungsmittelgemische für verteilungschromatographische Trennungen muß man diese Eigenschaften berücksichtigen, da sonst an Stelle scharfer, runder Flecken diffuse Streifen bzw. Flecken mit Schwänzen auftreten. Es gibt folgende Möglichkeiten, um gut ausgebildete Flecken zu erhalten:

I. Zugabe einer flüchtigen Säure mit möglichst hoher Dissoziationskonstante zum Lösungsmittelgemisch.

Dadurch wird die Dissoziation der zu trennenden Säuren zurückgedrängt. Die Säure, die man verwendet, muß durch Trocknen leicht entfernt werden können. Diese Anforderung erfüllen am besten Ameisensäure [5, 17, 19, 24, 28—50, 61, 74], Essigsäure [28, 29, 36, 42, 51, 52, 53, 55, 62] oder schweflige Säure [16, 17, 42, 54].

II. Zugabe einer flüchtigen Base zum Lösungsmittelgemisch.

Dadurch wird die Dimerisierung der zu trennenden Säuren, die durch Brückenbindung des Carbonylwasserstoffs entsteht, durch Überführung in Anionen verhindert. Geeignete Basen, die sich nach der Chromatographie durch Trocknen leicht entfernen lassen, sind für diesen Zweck Ammoniak [12, 26, 35—38, 46, 47, 56—60, 63—73, 115], Äthylamin [15, 26, 57, 75—77], Diäthylamin [36], Cyclohexylamin [26], Morpholin[1] [26, 71, 73] und Pyridin [26].

III. Die Säuren werden in geeignete Derivate übergeführt, die sich papierchromatographisch gut trennen oder auch besonders einfach nachweisen lassen.

Häufig werden die Hydroxamsäuren verwendet, die sich aus entsprechenden Estern leicht herstellen lassen. Dieses Verfahren ist zur Trennung von niederen [79, 80, 101, 102] und höheren Fettsäuren [81, 82] brauchbar.

Säurehydrazide [83] und Säureanilide [84—86] können ebenfalls für Trennungen verwendet werden. Auch Ester lassen sich papierchromatographisch trennen [87, 135]. Ungesättigte und gesättigte Fettsäuren können als N-Acyl-N,N′-bis-p-dimethylamino-phenyl-harnstoffe chromatographiert werden [88]. Ester ungesättigter Fettsäuren [89] und Allylester gesättigter Fettsäuren [90] lassen sich mit Quecksilberacetat zu entsprechenden Additionsverbindungen umsetzen, die papierchromatographisch gut trennbar und mit Diphenylcarbazon empfindlich nachweisbar sind. Aus den Kaliumsalzen von Fettsäuren kann man durch Umsetzung mit Bromaceton deren Acetolester erhalten, die sich in Form der 2,4-Dinitrophenylhydrazone chromatographisch trennen lassen [91]. Zweibasische Säuren reagieren

---

[1] Bezugsquelle: Fa. Th. Schuchardt, München 13.

mit Polyphenolen zu stark fluorescierenden Substanzen des Fluorescein- oder Umbelliferon-Typs, die bei papierchromatographischen Trennungen ohne Farbreaktion erkannt werden können [92].

Das Verfahren I. ist nur für nichtflüchtige organische Säuren geeignet, während die Verfahren II. und III. allgemeiner anwendbar sind.

a) Saure Lösungsmittelsysteme

n-Butanol-Ameisensäure-Wasser [3, 4, 6, 7, 21, 24, 28, 29, 31, 40, 42—44, 47, 50] ist geeignet zur Trennung von Dicarbonsäuren, Oxysäuren und Oxydicarbonsäuren und kann in folgenden Mischungsverhältnissen angewendet werden: n-Butanol–Ameisensäure (90%ig)–Wasser (4:1:5) (v:v:v) [6, 42]; n-Butanol–Ameisensäure (85%ig)–Wasser (7:3:12) (v:v:v) [47], (12:1:2) (v:v:v) [50], (10:2:5) (v:v:v) [24, 44], (15:10,5:15) (v:v:v) [40], (18:2:9) (v:v:v) [43]; wassergesättigtes n-Butanol–Ameisensäure (90%ig) (2:1) (v:v) [3].

Mesityloxyd[1]–Ameisensäure (85% ig)–Wasser (75:36:75) (v:v:v) [7, 31, 35] zur Trennung von Dicarbonsäuren und Oxydicarbonsäuren.

n-Propanol–Eucalyptol[2]–Ameisensäure (98% ig) (50:50:20) (v:v:v) [33, 37, 38, 46] (anschließend wird das Gemisch mit Wasser gesättigt) zur Trennung von Dicarbonsäuren und Oxydicarbonsäuren.

n-Amylalkohol[1]-Ameisensäure-Wasser (20:12:1) (v:v:v) [5] dient zur Trennung mehrbasischer Säuren. Die obere Phase des Gemisches Amylalkohol–5 m-Ameisensäure (1:1) (v:v) [34, 41] bzw. (2:1) (v:v) [74] ist zur Abtrennung von Malein- und Malonsäure aus Gemischen mit anderen mehrbasischen Säuren [41] und zur Chromatographie nichtflüchtiger Säuren geeignet.

n-Butanol-Benzylalkohol-Ameisensäure (85% ig)-Wasser (7:7:1:2) (v:v:v:v) [19, 39, 48]. Für Dicarbonsäuren und Oxysäuren geeignet.

Weitere Gemische, die Ameisensäure enthalten: Methylenchlorid–Ameisensäure (98%ig) (14:1) (v:v) [49]; Methylenchlorid–n-Propanol–Ameisensäure (85%ig) (90:8:2) (v:v:v) [49]. Bei diesen beiden Gemischen kann auch bei längerem Stehen keine Veresterung eintreten. Isoamylformiat[1]–Wasser–Ameisensäure (98%ig) (11:1:2) (v:v:v) [93]; n-Amylformiat[1]–Wasser–Ameisensäure (98%ig) (7:1:2) (v:v:v) [93]; Isopropanol–tert. Butanol–Benzylalkohol–Wasser (1:1:3:3) (v:v:v:v) [45]. Zu diesem Gemisch fügt man anschließend 2% 90%ige Ameisensäure zu. Phenol–Wasser (3:1) (g:v) + 1% 90%ige Ameisensäure [13]; Xylol–Phenol–Ameisensäure (85%ig) (5:5:2) (g:g:v) [74, 93], (7:7:3) (g:g:v) [93].

n-Butanol-Essigsäure-Wasser (4:1:5) (v:v:v) (organische Phase) [28, 42, 62, 96]. Das n-Butanol muß mit wäßriger Essigsäure so gesättigt sein, daß in der organischen Phase 1—3 Mol pro Liter enthalten sind. Das kann man erreichen, indem man eine entsprechende Menge Eisessig zu einem Liter n-Butanol gibt und das Ganze mit Wasser sättigt. Das Gemisch ist brauchbar zur Trennung von Dicarbonsäuren und Oxysäuren.

---

[1] Bezugsquelle: Fa. Th. Schuchardt, München 13.
[2] Bezugsquelle: Fa. E. Merck, Darmstadt.

Weitere Gemische, die Essigsäure enthalten: Äther–Essigsäure–Wasser (13:3:1) (v:v:v) [*51*]; Benzol–Essigsäure–Wasser (2:2:1) (v:v:v) [*55, 97*] (zur Trennung aromatischer Säuren); Tetrachlorkohlenstoff–Essigsäure–Wasser (4:1:1) (v:v:v); Tetrachlorkohlenstoff–Essigsäure (5:1) (v:v) [*53*] (zur Trennung von Milchsäure, Monolactylmilchsäure und Polylactylmilchsäure); 2%ige Essigsäure [*98*] (zur Trennung von aromatischen Säuren).

n-Butanol-schweflige Säure [*16, 17, 42, 54, 96*]. Zu 96 ml n-Butanol werden 4 ml Wasser gegeben, das mit SO_2 gesättigt ist. Die schweflige Säure ist sehr leicht nach dem Chromatographieren aus dem Papier zu entfernen, indem man etwa 2 h im Luftstrom bei Zimmertemperatur (gut ziehender Abzug!) trocknet (für Dicarbonsäuren und Oxysäuren).

b) Basische Lösungsmittelsysteme

n-Butanol (gesättigt mit verdünntem Ammoniak). Dieses Gemisch wird sehr häufig angewendet und ist zur Trennung von flüchtigen und nichtflüchtigen organischen Säuren geeignet. Man erhält das Gemisch, indem man n-Butanol mit 1,5 n-Ammoniak sättigt [*39, 57, 58, 65, 70*]. Zur Trennung von aromatischen Säuren wird evtl. n-Butanol mit 5 n-Ammoniak gesättigt [*64*]. Wenn man die zu trennenden Säuren in Form von Salzen auf das Chromatogramm gibt, so ist auch bei Entwicklung mit basischen Lösungsmittelgemischen die Art des Kations von geringem Einfluß auf den R_F-Wert der Säure [*58*].

Äthanol-Wasser-konz. Ammoniak ($d = 0,88$) (80:16:4) (v:v:v) [*26, 35, 46, 99, 100*]. Dieses Lösungsmittel ist zur Trennung von niederen Fettsäuren, Halogenfettsäuren, Dicarbonsäuren und aromatischen Säuren geeignet. Es findet auch in anderen Mischungsverhältnissen Verwendung: Äthanol–15 n-Ammoniak–Wasser (90:5:5) (v:v:v) [*59*]; Äthanol (95%)–konz. Ammoniak (100:1) (v:v) [*115*]; Äthanol (abs.)–konz. Ammoniak–Wasser (80:5:15) (v:v:v) [*37, 38, 47*]; 1 n-Ammoniak in 78%igem Alkohol [*68*] (zur Trennung der Dicarbonsäuren C 2 bis C 10).

n-Propanol-konz. Ammoniak ($d = 0,88$) [*27, 69, 72, 95*]. Im Verhältnis (9:1) (v:v) zur Trennung von Fettsäuren von C 2 bis C 10 [*27*] geeignet. Mit der Mischung (7:3) (v:v) lassen sich die Dicarbonsäuren von C 3 bis C 10 [*27*], Fettsäuren und Halogenfettsäuren [*72*] trennen.

n-Butanol (wassergesättigt) + Äthylamin[1] [*15, 57, 76*]. Man gibt zu wassergesättigtem n-Butanol 1—2% Äthylamin. Guter Trenneffekt für die Fettsäuren von C 2 bis C 8.

Weitere Gemische, die basische Komponenten enthalten: n-Butanol–Wasser–Diäthylamin[1] (100:15:1) (v:v:v) [*36*]; n-Butanol–Cyclohexan–Propylenglykol–Ammoniak (22 Grad Baumé)–Morpholin–Wasser (30:30:10:0,7:0,07:3,5) (v:v:v:v:v:v) [*71*] (zur Trennung der Fettsäuren von C 1 bis C 6); Benzylalkohol (gesättigt mit 1,5 n-Ammoniak) [*71*] (zur Trennung der niederen Fettsäuren mit verzweigter Kette).

---

[1] Bezugsquelle: Fa. E. Merck, Darmstadt.

Lösungsmittelgemische, die Puffer enthalten. Ammoniak wird häufig durch eine 1,5 n-Ammoniak-Ammoniumcarbonat-Pufferlösung ersetzt; man erhält dann in vielen Fällen besser ausgebildete und kleinere Flecken.

n-Butanol (gesättigt mit 1,5 n-Ammoniak-Ammoniumcarbonat-Pufferlösung) [94], brauchbar zur Trennung von aromatischen Säuren; n-Propanol–Äthanol–Ammoniumcarbonat-Ammoniak-Puffer (10:60:30) (v:v:v) [66] zur Trennung von Dicarbonsäuren; Isopropanol-Puffer (3:1) (v:v) [74, 93] zur Trennung ähnlicher Malonsäurederivate.

c) Lösungsmittel zur Trennung von Säurederivaten

Trennt man organische Säuren in Form ihrer Hydroxamsäurederivate, so verwendet man am besten folgende Lösungsmittelgemische:

Benzol–Ameisensäure–Wasser (1:1:1) (v:v:v) (organische Phase) [79, 101]. Es lassen sich die Hydroxamate der Fettsäuren C 4 bis C 9 trennen.

Amylalkohol–Essigsäure–Wasser (4:1:5) (v:v:v) (organische Phase) [79] zur Trennung der Hydroxamsäuren C 1 bis C 5.

Butyron (Dipropylketon), wassergesättigt [80], zur Trennung der Hydroxamsäuren C 2 bis C 10.

n-Butanol–Benzol–Wasser (1:1:1) (v:v:v) (organische Phase) [101] zur Trennung der Hydroxamsäuren C 1 bis C 5.

Alkohol(95%)–Ammoniak(5%)–Pyridin–Wasser)(3:1:1:1)(v:v:v:v) [102]; Alkohol(95%)–Dioxan–Essigsäure–Wasser(60:20:1:19)(v:v:v:v) [102] zur Trennung der Hydroxamsäuren von Ameisensäure, Essigsäure und Fluoressigsäure.

Bei Trennungen der Säurehydrazide verwendet man am besten: Isoamylalkohol–Collidin–Wasser (10:2:1) (v:v:v) [83] zur Trennung der Fettsäurehydrazide C 1 bis C 6.

Zur Trennung von Fettsäureaniliden kann man die folgenden Gemische verwenden: Cyclohexan (gesättigt mit 80%igem Methanol, bzw. 50%igem Äthanol oder 20%igem Propanol-1) [84, 85].

Für die Chromatographie von Fettsäuren als N-Acyl-N,N'-bis-p-dimethyl-amino-phenyl-harnstoffe sind die Gemische geeignet: Wasser–Essigsäure–Essigester (65:22,5:12,5) (v:v:v) [88] zur Trennung der Fettsäuren C 4 bis C 10; Wasser–Essigsäure–Dioxan (33:52:12) (v:v:v) [88] zur Trennung der Fettsäuren C 12 bis C 20. (Beide Gemische sind auf Papier geeignet, das mit Paraffin imprägniert ist.)

Zur Trennung der 2,4-Dinitrophenylhydrazone von Ketosäuren sind folgende Lösungsmittelsysteme brauchbar: n-Butanol (gesättigt mit Wasser) [164]; n-Butanol (gesättigt mit 3%igem Ammoniak) [164]; n-Butanol–Alkohol–0,5 n-Ammoniak (7:1:2) (v:v:v) [103]; n-Butanol (gesättigt mit 1 n-NaHCO$_3$-Lösung) [104] (Die Trennung erfolgt auf Papier, das mit 0,1 n-NaHCO$_3$-Lösung auf p$_H$ 8,2 eingestellt wurde); n-Butanol–Alkohol–Wasser (4:1:5) (v:v:v) [18, 105]; tert. Amylalkohol–Alkohol–Wasser (5:1:4) (v:v:v) [106, 107] (Trennung auf Papier, das vorher mit Glykokoll-Natronlauge-Puffer auf p$_H$ 8,2—8,4 [106] bzw. mit 0,05 m-Phosphat-Puffer auf p$_H$ 8,0 gebracht wurde [107]); tert. Amylalkohol–n-Propanol–Ammoniak (65:5:50) (v:v:v) [107].

8*

Zur Trennung von Ketosäuren in Form von Chinoxalinderivaten werden die Lösungsmittel empfohlen: Alkohol–n-Amylalkohol–Ammoniak ($d = 0,88$) (5:6:8) (v:v:v) [108]; 1%ige Sodalösung [109]; n-Butanol bzw. n-Amylalkohol bzw. n-Octylalkohol bzw. Benzylalkohol (jeweils gesättigt mit 33%igem Ammoniak) [109]; sek. Butanol–Wasser–Ammoniak (8:1:1) (v:v:v) [109].

Lösungsmittel zur Trennung höherer Fettsäuren sind in einem Sonderabschnitt behandelt.

3. Reinigung der Lösungsmittel

Alle Lösungsmittel müssen vor Gebrauch über eine Kolonne fraktioniert werden. In seltenen Fällen, wie z. B. beim n-Butanol, genügt eine einfache Destillation. Alkohole werden zur Chromatographie von sauren Bestandteilen befreit, indem man sie 1—2 h über festem Natriumhydroxyd kocht und dann fraktioniert destilliert.

III. Trennung der niederen Fettsäuren

Wegen der Flüchtigkeit dieser Säuren bringt man sie als Salze, meist in Form ihrer Natriumsalze, auf das Papier und entwickelt dann mit einem Alkohol, der eine flüchtige Base, wie z. B. Ammoniak oder Äthylamin, enthält. Das Na-Ion wird gegen das NH_4-Ion ausgetauscht und bleibt am Startpunkt zurück. Das NH_4-Ion wandert mit dem Fettsäurerest zusammen. Das fertige Chromatogramm wird 5 min bei 90° C getrocknet und dann mit Indicatorlösung besprüht. (Beim Arbeiten mit Äthylamin als basischer Komponente trocknet man 30 min an der Luft, um eine Hydrolyse des Äthylaminsalzes zu vermeiden.) Die Trennmöglichkeiten bei diesen Verfahren sind auf Grund der R_F-Werte aus der Tab. 24 zu entnehmen.

Tabelle 24. R_F-*Werte der flüchtigen Fettsäuren*

Lösungsmittel	Äthanol, Wasser, konz. Ammoniak	100 ml Äthanol, 95%ig + 1 ml konz. Ammoniak	n-Butanol, gesättigt mit 1,5 n-Ammoniak	n-Butanol (wassergesättigt) (in der Kammer Äthylamin)	n-Propanol, konz. Ammoniak ($d = 0,88$) (9:1) (v:v)
Autor Papiersorte Methode Temperatur	[26] Wh 54 absteigend 19—20° C	[115] Wh 1 aufsteigend 20—23° C	[63] Wh 1 aufsteigend	[57] Wh 1 absteigend Raumtemp.	[27] Wh 1 absteigend 20 ± 0,1° C
Säure:					
Ameisensäure . .	0,50	0,31	0,10	—	—
Essigsäure . . .	0,52	0,33	0,11	0,20	0,13
Propionsäure . .	0,56	0,44	0,19	0,31	0,25
Buttersäure . . .	0,64	0,54	0,29	0,44	0,33
Isobuttersäure .	0,64	—	—	—	—
Valeriansäure . .	0,65	0,60	0,41	0,56	—
Isovaleriansäure	0,67	—	0,40	—	0,44
Capronsäure . .	0,70	0,68	0,53	0,77	—
Önanthsäure . .	—	0,72	0,62	—	0,52
Caprylsäure . .	0,74	0,76	0,65	0,91	—
Pelargonsäure .	—	—	0,67	—	0,58

Farbentwicklung

Die Auffindung der Flecken erfolgt durch Besprühen des Papiers mit einer Indicatorlösung von bestimmtem p_H-Wert, um die p_H-Differenz zwischen neutralem Untergrund und den Flecken der fettsauren Ammonium- bzw. Äthylaminsalzen anzuzeigen. Folgende Indicatorlösungen werden verwendet:

a) Bromphenolblau [6, 24, 28—30, 32—34, 36, 43, 54, 61, 99]. 40 mg in 100 ml 95%igem Alkohol lösen und bis zur Blaufärbung ($p_H = 6{,}7$) 0,1 n-Natronlauge zugeben. Die Ammonsalze erscheinen als tiefblaue Flecken auf blaßblauem Grund. Einige Autoren [36, 52, 115] halten eine Lösung von 50 mg Bromphenolblau in 100 ml Alkohol für besser, die man mit 200 mg Citronensäure angesäuert hat. Blaue Flecken auf gelbem Grund. Erfassungsgrenze 8 μg. Der Indicatorumschlag auf dem Papierchromatogramm läßt sich unter Umständen verbessern, wenn man nach dem Besprühen mit einer 0,1%igen Lösung von Bromphenolblau in 70%igem Alkohol das Papier zunächst mit Ammoniak, dann mit Salzsäure dämpft [99]. Dabei schlägt die Untergrundfarbe schnell nach Gelb um, während sich die schwach dissoziierten organischen Säuren infolge von Pufferwirkung erheblich länger als blaue Flecken deutlich erhalten.

b) Bromkresolgrün [7, 28—31, 33, 36, 37, 39, 40, 47, 51, 56—59, 75]. 40 mg in 100 ml 95%igem Alkohol oder 100 ml Wasser lösen und mit 0,1 n-Natronlauge bis eben zur Blaufärbung versetzen. Ammonsalze erscheinen als gelbliche Flecken auf blaßblauem Untergrund. Erfassungsgrenze 10 μg. Man kann auch so verfahren, daß man das Papier gleich nach dem Chromatographieren mit Bromkresolgrün besprüht. Zunächst wird alles blau. Wenn nach einigen Stunden bei Zimmertemperatur sich das Ammoniak verflüchtigt hat, sind nur noch die Flecken der Fettsäuren blau, die als Seifen schwach alkalische Reaktion haben [57].

c) Bromkresolpurpur [52, 58, 63]. 50 mg in einem Gemisch von 20 ml Formalin und 100 ml Alkohol gelöst. Mit Natronlauge auf p_H 5 einstellen. Ammonsalze erscheinen als gelbe Flecken auf purpurnem Grund. Erfassungsgrenze 5 μg. Schnelles Ausbleichen.

d) Bromthymolblau [56, 58, 59, 70, 116]. Gleiche Konzentration wie a) wird mit verdünnter Natronlauge auf p_H 10 gebracht. Ammonsalze erscheinen als gelbe Flecken auf grünem Grund.

e) Außerdem können noch folgende Indicatoren verwendet werden: Chlorphenolrot [36, 58, 59, 76, 77], Universalindicator [26, 72] und 0,2% o-Kresolsulfophthalein (in Veronalpuffer) [71].

Da die **Nachweisgrenze** bei den meisten Indicatoren zwischen 5 und 20 μg pro Säure liegt, genügt es, 30—50 μg pro Säure auf das Chromatogramm aufzutragen. Das sind bei Verwendung 0,5%iger Lösungen 6—10 mm³, die sich mit einer graduierten Blutzuckerpipette gut auftragen lassen. Von den Indicatorreaktionen erscheint Bromphenolblau unter Zugabe von Citronensäure am günstigsten. Die Flecken sind gut erkennbar und das Chromatogramm ist einigermaßen gut haltbar.

1. Trennung als Hydroxamsäuren

Ester und Säurechloride lassen sich quantitativ in die entsprechenden Hydroxamsäuren verwandeln, wenn man sie mit Hydroxylamin kocht.

$$\text{RC} \overset{O}{\diagup}\!\!-\text{OR}' + \text{NH}_2\text{OH} \xrightarrow[\text{Alkali}]{} \text{R}-\overset{O}{\overset{\diagup}{\text{C}}}\!-\text{NHOH} + \text{HOR}'$$

Die Hydroxamsäuren bilden intensiv purpurfarbige Komplexe mit Eisen-III-
Chlorid und sind daher gut nachzuweisen:

$$3\,\text{R}-\overset{O}{\overset{\diagup}{\text{C}}}\!-\text{NHOH} + \text{FeCl}_3 \longrightarrow 3\,\text{HCl} + \text{Fe}(\text{R}-\overset{O}{\overset{\diagup}{\text{C}}}\!-\text{NHO})_3\,.$$

FINK und FINK [78] verwandelten sowohl flüchtige wie auch nichtflüchtige
organische Säuren in die entsprechenden Hydroxamsäurederivate und trennten sie
papierchromatographisch. THOMPSON [79] entwickelte ein spezielles Verfahren für
die Fettsäuren und erreichte mit verschiedenen Lösungsmitteln gute Trennungen
aller Fettsäuren von C1 bis C9 (s. Tab. 25). Ähnliche Trennungen werden auch von
INOUE und NODA [80] beschrieben.

Tabelle 25. R_F-Werte von Derivaten niederer Fettsäuren

Derivat	Hydroxamat	Hydroxamat	Hydrazid
	Amylalkohol, Essigsäure, Wasser (40:10:50)(v:v:v)	Benzol, Ameisensäure, Wasser (1:1:1) (v:v:v)	Isoamylalkohol, Collidin, Wasser (10:2:1) (v:v:v)
Autor	[79]	[79]	[83]
Säure:			
C 1	0,26	0	0,11
C 2	0,34	0	0,18
C 3	0,51	0,01	0,37
C 4	0,67	0,04	0,54
C 5	0,78	0,11	0,70
C 6	0,86	0,26	0,77
C 7	0,89	0,51	—
C 8	0,89	0,77	—
C 9	0,89	0,88	—
C 10	0,90	0,92	—

Chromatographie der Hydroxamsäuren

Die Kaliumhydroxamate werden hergestellt, indem man die Methylester der Säuren — die man leicht durch Veresterung mit Diazomethan
erhält — mit dem zweifachen Überschuß einer Mischung von 2 Vol.
n-Kaliumhydroxyd und 1 Vol. n-Hydroxylamin-Hydrochlorid in Methanol einige Minuten kocht. Vorher wird das ausgefallene Kaliumchlorid abfiltriert. Die gebildeten Hydroxamate gibt man in Mengen von
10^{-6} Mol pro Bestandteil auf Filterpapier und entwickelt mit den in
Tab. 25 bzw. im Abschnitt Lösungsmittel angegebenen Gemischen. Der
Nachweis der Hydroxamsäuren erfolgt durch Besprühen des getrockneten
Chromatogramms mit einer 10%igen Lösung von Eisen-III-Chlorid in
Alkohol. Purpurne Flecken auf gelbem Grund.

2. Trennung als Hydrazide

Ein anderes zur Papierchromatographie brauchbares Derivat der
Fettsäuren ist das Hydrazid, wie es von SATAKE und SEKI [83] be-

schrieben ist. Hydrazide bilden sich durch Erhitzen der Säuren mit Hydrazinhydrat[1] auf 100—130° C (aus Estern bei Raumtemperatur).

$$RCOOH + NH_2 \cdot NH_2 \cdot H_2O \xrightarrow[100-130°\,C]{} R-\overset{\displaystyle O}{\underset{}{C}}-NHNH_2 + 2H_2O$$

Nach Chromatographie mit dem in Tab. 25 angegebenen Lösungsmittel kann man die Hydrazide mit Butanol nachweisen, das mit 10%iger ammoniakalischer Silbernitratlösung gesättigt ist. Schwarze Flecken bei Mengen von 10 μg. Die erhaltenen R_F-Werte sind in Tab. 25 angegeben.

IV. Trennung nichtflüchtiger aliphatischer Säuren

Aliphatische Polycarbon-, Oxy- und Ketosäuren lassen sich auf Grund ihrer geringen Flüchtigkeit als freie Säuren mit sauren Lösungsmittelgemischen trennen. LUGG und OVERELL [28, 29] machten Zusätze von Ameisensäure, um die Ionisation der Säuren herabzusetzen und runde Flecken zu erhalten. Wegen der biochemischen Wichtigkeit dieser Säuren wurden noch zahlreiche Trennmethoden und spezifische Nachweise entwickelt [3, 5—7, 16, 17, 21, 28, 29, 31, 33—35, 41, 50—52, 62, 68, 74, 93, 96]. Zusätze von Ameisensäure lassen sich leicht in wenigen Stunden im Luftstrom bei Zimmertemperatur entfernen, wenn man das Gemisch Mesityloxyd–Ameisensäure–Wasser [29] verwendet. Beim Gemisch Eucalyptol–Propanol–Ameisensäure [33] bewirkt das Eucalyptol eine leichte Verdampfung der Ameisensäure, die auch in diesem Falle bei Zimmertemperatur entfernt werden kann. Essigsäure, die häufig als Lösungsmittelkomponente verwendet wird [28, 42, 51, 53, 55, 62, 96, 97], läßt sich in manchen Fällen erst durch 1—2 Tage langes Trocknen bei 40° C quantitativ entfernen. Doch läßt sich die Essigsäure nach Art einer Wasserdampfdestillation in 5—10 min mit einem Vielfachverdampfer (*Steam-manifolder*) unter gleichzeitiger Bestrahlung der Papierrückseite mit Ultrarot-Strahlern entfernen [51]. Für Ameisensäure benötigt man nach dieser Methode 15 min. Zusätze von schwefliger Säure zeigen gute Trenneffekte und sind rasch völlig entfernbar [16, 17, 42, 54, 96]. Bei der Trennung von organischen Säuren mit sauren Lösungsmittelgemischen ist ein völliges Trocknen des Papiers unbedingt erforderlich, da sonst eine anschließende Farbreaktion gestört wird. Bei nichtflüchtigen Säuren kann man 20—50 μg pro Säurekomponente in 0,1—0,3%iger Lösung verwenden.

In der Literatur sind einige spezielle Trennungen nichtflüchtiger Säuren beschrieben, wie die von Milchsäure und Polymilchsäuren [53, 110, 111], von Bernstein- und Isobernsteinsäure [113], Citronen- und Isocitronensäure [114] und Citramalsäure [67, 112].

Farbreaktionen

1. Die Indicatoren Bromphenolblau, Bromkresolgrün usw. können auch in diesen Fällen angewendet werden. 40 mg Indicator werden in 95 ml Alkohol + 5 ml Wasser gelöst und mit 0,1 n-Natronlauge auf p_H 5 (purpurner Farbton) bei Bromphenolblau (I) und auf p_H 5,5 (blauer

---

[1] Bezugsquelle: Fa. Th. Schuchardt, München 13.

Farbton) bei Bromkresolgrün (II) gebracht. An Stellen nichtflüchtiger Säuren erscheinen auf dem Chromatogramm gelbe Flecken auf purpurnem (I) bzw. grün-blauem Grund (II) [28].

2. Das getrocknete Chromatogramm wird mit einer 1%igen Glucoselösung, dann mit einer Lösung gleicher Volumina 0,1 n-Silbernitratlösung und 1 n-Ammoniak besprüht. Nach Erhitzen auf 105° C für 5 min erscheinen die Säuren als weiße Flecken auf dunklem Untergrund [117]. Silbernitratchromatogramme sind haltbar.

3. Man besprüht mit einer Lösung von 2 g Glucose und 2 ml Anilin in 20 ml Wasser + 20 ml Alkohol + 60 ml n-Butanol und trocknet 10 min bei 115° C. Die Säuren erscheinen als braune Flecken. Untergrund fast weiß [118]. Diese Chromatogramme sind unbegrenzt haltbar.

4. Man löst 200 mg Ninhydrin in 100 ml Alkohol und setzt 50 mg Ascorbinsäure zu. Das Optimum der Farbreaktion mit Säuren (violette Flecken auf fast farblosem Grund) erhält man nach 1—2 min bei 120°C. Diese Farbreaktion läßt sich nur dann anwenden, wenn man mit solchen Lösungsmittelgemischen chromatographiert hat, die Ammoniak oder eine organische Base enthalten [68].

5. Man besprüht mit einer 10%igen wäßrigen Lösung von Kaliumferrocyanid, trocknet und besprüht dann mit einer 0,5%igen Lösung von Ferriammoniumsulfat in 70%igem Alkohol. Zunächst an der Luft, dann bei 100° C trocknen. Das dunkelblaue Chromatogramm wird dann durch Besprühen mit einer 10%igen wäßrigen Lösung von Ammoniak entfärbt und an der Luft getrocknet. Die Säuren bleiben als violette bis blaue Flecken [119].

6. Fluorescenzindicatoren. Diese Stoffe fluorescieren im alkalischen, während im sauren Bereich Fluorescenzlöschung eintritt. Brauchbar ist z. B. das Umbelliferon[1] (7-Oxy-cumarin), dessen Umschlagspunkt zwischen p_H 6,5 und 7,6 liegt. Besprüht man ein Säurechromatogramm mit einer Lösung von 25 mg Umbelliferon in 100 ml 33%igem wäßrigem Alkohol, die vorher mit konz. Ammoniak auf p_H 8—9 gebracht wurde, so fluoresciert der Untergrund unter der UV-Lampe intensiv hellblau, während die Säureflecke als scharf begrenzte schwarze Stellen erscheinen. Bei Eintrocknen des Papiers erlischt die Fluorescenz, kann aber durch Befeuchten wieder sichtbar gemacht werden [120].

Gibt man 0,05% gereinigtes 8-Oxychinolin zum Lösungsmittelgemisch, so erkennt man die Säuren im UV-Licht als dunkle Flecken auf hell fluorescierendem Untergrund [5].

7. Weitere Nachweismöglichkeiten:

Mit einem Reagens von 0,1 g 2,6-Dichlorphenol-indophenol in 100 ml Alkohol kann man neben Ascorbinsäure und Gallussäure auch einige andere organische Säuren erkennen [50].

Durch Besprühen mit einer 0,1%igen alkoholischen Lösung von Quecksilberchromat ist eine Erkennung der Säuren im UV-Licht möglich [41]. Durch einfaches Erhitzen auf 150—160° C (15 min) erscheinen Dicarbonsäuren in größeren Mengen als braune Flecken auf dem Papier.

---

[1] Bezugsquelle: Fa. Th. Schuchardt, München 13.

Geringere Mengen werden bei dieser Reaktion noch im UV-Licht erkannt [121]. Ein weiterer spezieller Nachweis für Dicarbonsäuren auf dem Chromatogramm: Besprühen mit Bromkresolgrün, dann mit einer gesättigten neutralen Lösung von Bleiacetat in 90%igem Alkohol. Die Säuren erscheinen als gelbgrüne Flecken auf violettem Untergrund [123]. Ein spezifisches Reagens zum Nachweis von Cis- und Trans-Aconitsäure, Citronensäure und einigen ähnlichen Stoffen besteht aus 7 Teilen Pyridin und 3 Teilen Essigsäureanhydrid. Es entstehen gelbe bis braune Flecken [122].

Mit einer Lösung von 40% p-Dimethylaminobenzaldehyd in Essigsäureanhydrid bilden Weinsäure (rotorange), Citronensäure (purpurrot) und Aconitsäure (weinrot) auf dem Chromatogramm gefärbte Flecken und können neben anderen Säuren erkannt werden [124, 125].

Von den angeführten Nachweisverfahren sind 2., 3., 4. den anderen vorzuziehen, wenn man Wert auf haltbare Flecken legt.

R_F-Werte. In der nachstehenden Tab. 26 sind die R_F-Werte nichtflüchtiger aliphatischer Säuren in einigen häufig verwendeten Lösungsmittelgemischen zusammengestellt.

Tabelle 26. *R_F-Werte nichtflüchtiger aliphatischer Säuren*

Lösungsmittel	Phenol, Wasser (3:1) (g:v) + 1% Ameisensäure 90%ig	n-Butanol, Ameisensäure, Wasser (40:10:50) (v:v:v)	n-Propanol, Eucalyptol, Ameisensäure (98%) (50:50:20) (v:v:v) (mit Wasser gesättigt)	n-Propanol, konz. Ammoniak (7:3) (v:v)	1 n-Ammoniak in 78%igem Alkohol
Autor Verfahren Papier Temperatur	[30] aufsteigend Wh 1 25° ± 3° C	[3, 28, 29] absteigend Wh 1 20° C	[33]	[27] Wh 1 20° C	[68] aufsteigend SS 2040a 20° ± 1° C
Säure					
Oxalsäure	—	—	0,03	—	0,13
Malonsäure	0,48	0,63	0,52	0,09	0,28
Bernsteinsäure . . .	0,66	0,74	0,64	0,13	0,45
Glutarsäure	0,86	0,84	—	0,16	0,51
Adipinsäure	0,91	0,89	—	0,19	0,58
Pimelinsäure . . .	—	—	—	—	0,64
Korksäure	—	—	—	0,29	0,70
Azelainsäure	—	—	—	0,33	0,77
Sebacinsäure	—	—	—	0,44	0,81
Äpfelsäure	0,42	0,45	0,32	—	—
Weinsäure	0,19	0,22	0,13	—	—
Citronensäure . . .	0,26	0,37	0,24	—	—
Maleinsäure	—	—	0,41	—	—
Fumarsäure	0,63	0,89	0,83	—	—
Milchsäure	0,72	0,67	0,58	—	—
Glykolsäure	0,59	—	—	—	—
Tricarballylsäure . .	0,52	—	—	—	—
Lävulinsäure	0,91	—	—	—	—
Monomethyl-bernsteinsäure . .	0,78	0,86	—	—	—
Brenztraubensäure .	—	0,66	—	—	—
Ketobernsteinsäure .	—	0,64	—	—	—
Ketoglutarsäure . .	—	0,58	—	—	—

V. Trennung höherer Fettsäuren

Wegen ihres hydrophoben Charakters lassen sich im allgemeinen die höheren Fettsäuren ab C 10 verteilungschromatographisch auf unvorbehandeltem Filterpapier nicht trennen. Gewisse Trennungen lassen sich nach KAUFMANN [126—134] mit Lösungsmitteln, die wenig Wasser enthalten, in Form einer Adsorptionschromatographie erreichen. Will man jedoch Trennungen höherer Fettsäuren auf breiterer Basis durchführen, so ist es notwendig, das Papier durch Imprägnierung oder chemische Umwandlung zu hydrophobieren. BOLDINGH [135] trennt mit Methanol oder Methanol-Aceton (1:1) die Äthylester der Fettsäuren von C 12 bis C 20 auf einem Papier, das mit Kautschuklatex imprägniert ist. Auch zur Trennung der freien höheren Fettsäuren [136] von C 12 bis C 24 [137] ist ein derartig vorbehandeltes Papier geeignet. SPITERI und NUNEZ [138] tauchen das Papier vorher in Olivenöl und können bei Entwicklung mit 80—95%igem Alkohol zahlreiche hydrophobe Substanzen, auch Fettsäuren von C 12 bis C 18 trennen. Diese Vorbehandlung des Papiers mit Triglyceriden wenden auch andere Autoren für den gleichen Zweck an [139—141]. Eine Hydrophobierung des Papiers mit Paraffinöl wird ebenfalls häufig verwendet, um durch Umkehrphasenchromatographie höhere Fettsäuren [142—146] und Glyceride [147] zu trennen. Eine Imprägnierung mit Petroleumkohlenwasserstoffen, wie sie von INOUE und NODA [148] (Sdp. des KW = 140 bis 170° C) und KAUFMANN und Mitarbeitern [90, 149, 151, 152, 153] und anderen Autoren [20] (Sdp. des KW 190—220° C = Undecan[1]) verwendet werden, ist zur Trennung der gesättigten und ungesättigten Fettsäuren von C 10 bis C 26 brauchbar (Tab. 27). Auch zur Trennung von Säurederivaten ist diese Methode geeignet, wie z. B. zur Chromatographie der 2,4-Dinitrophenylhydrazide von C 2 bis C 22 [154, 155], der Fettsäureamide von C 10 bis C 18 [152] und der Quecksilberacetat-Addukte von Allylestern der Fettsäuren von C 16 bis C 32 [90]. BAKER [157] verwendet Dekalin als stationäre Phase auf Papier, das vorher mit Octadecyl-Oxymethyl-Pyridiniumchlorid veräthert ist. Mit Methanol–Wasser-Mischungen erhält man Trennungen im Bereich der Fettsäuren von C 12 bis C 18. Die chromatographische Trennung der C 12- bis C 18-Säuren ist auf Silikonpapier mit Gemischen von wäßrigem Aceton und Hexan oder Cyclohexan als Fließmittel möglich [158]. Eine Imprägnierung mit Aluminiumoxyd ist ebenfalls zur Trennung höherer Fettsäuren geeignet [159, 160]. Mit dem Lösungsmittelgemisch Tetrachlorkohlenstoff–Methanol–Ammoniak ($d = 0{,}91$) (81:18:1) (v:v:v) können die Fettsäuren von C 4 bis C 18 getrennt werden [160]. Als 2,4-Dinitrophenylhydrazone der Acetolester, die aus den Kalium-Salzen der Säuren und Bromaceton erhalten werden, lassen sich die Fettsäuren C 8 bis C 22 papierchromatographisch trennen [91]. Die Trennung in Form der Hydroxamsäuren gelang MICHEEL und SCHWEPPE [82] auf acetyliertem Papier bei Fettsäuren von C 5 bis C 18. Von diesen Verfahren eignen sich drei wegen der Einfachheit ihrer Durchführung und der guten Trennwirkung am besten. Sie sollen im folgenden aus diesem Grunde näher beschrieben werden.

1. Fettsäuren in unveresterter Form

a) Trennung der Fettsäuren von C 10 bis C 26

In diesen Fällen arbeitet man nach dem Verfahren von KAUFMANN und NITSCH [149], wenn man die gesättigten Fettsäuren von C 10 bis C 18 und ungesättigte höhere Fettsäuren trennen will. Diese sog. „Standardmethode" ist mit kleinen Abänderungen für viele Trennungen auf diesem Gebiet beschrieben [20, 90, 150, 152, 153]. Bei erhöhter Temperatur (+ 45° C) lassen sich z. B. die gesättigten Fettsäuren von C 14 bis C 26 trennen [153], bei tiefer Temperatur (— 30° C) ist eine Trennung der sog. „kritischen Partner", papierchromatographisch bei

---

[1] Bezugsquelle: In standardisierter Form zu erhalten bei Fa. Johann Haltermann, Hamburg 1, Ferdinandstraße 55—57.

Zimmertemperatur nicht trennbarer höherer ungesättigter Fettsäuren, möglich [*153, 156*]. Hier soll die „Standardmethode" näher beschrieben werden.

Arbeitsvorschrift

Auf Papierstreifen S & S 2043 b werden zunächst die Startpunkte markiert. Dann legt man diese Streifen 30 sec in eine Schale, die Undecan (Sdp. 190—220° C) enthält. Nach Abtropfen wird das Papier 10 min zwischen sauberem Filterpapier und zwei Glasplatten abgepreßt, deren obere durch ein Gewicht von 4 kg beschwert ist. Mit einer Handwaage überprüft man den Imprägnierungsgrad, der zwischen etwa 190 und 280 mg Undecan pro Gramm Papier betragen soll. Dann tropft man in üblicher Weise die Substanzen in 2%iger Toluollösung auf und entwickelt aufsteigend mit 90%-iger Essigsäure, die vorher mit Undecan gesättigt ist. Um Entmischung des Lösungsmittels während des Chromatographierens zu vermeiden, gibt man zum gesättigten Gemisch 4% 90%ige Essigsäure zu.

A n f ä r b e n   d e r   C h r o m a t o -
g r a m m e : Ein Nachweis der höheren Fettsäuren ist mit Rhodamin B und vielen anderen Fettfarbstoffen möglich [*161*]. Da aber langkettige

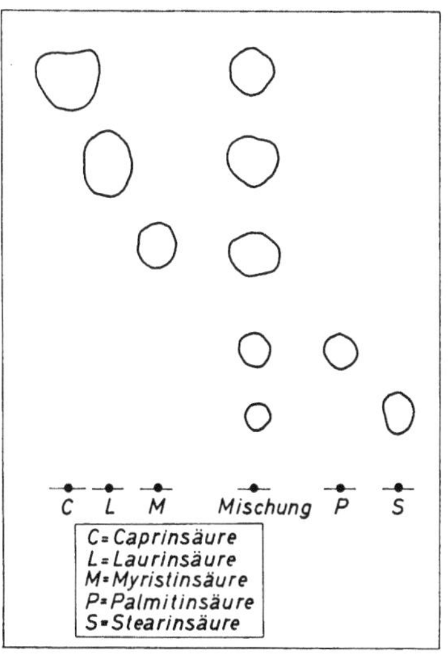

Abb. 56. Trennung: Caprinsäure/Laurinsäure/Myristinsäure/Palmitinsäure/Stearinsäure. Trennmittel: 90% Essigsäure mit dem Kohlenwasserstoff bei 20° C gesättigt. Anfärbung: Kupferacetat/Kaliumferrocyanid

gesättigte Fettsäuren auf diese Weise nur schwer erkannt werden, verwendet man besser eines der beiden folgenden Verfahren:

1. Kupferacetat-Kaliumferrocyanid-Kontrastfärbung [*149*]. Die Streifen werden zunächst 2 h bei 120° C getrocknet und dann 45 min in eine verdünnte Kupferacetatlösung (10 ml gesättigte Kupferacetatlösung + 240 ml Wasser) gelegt, um die Kupferseifen der Fettsäuren zu bilden. Das überschüssige Kupferacetat wird durch 15 min langes Waschen mit fließendem Wasser entfernt. Legt man nun das Papier in eine verdünnte Kaliumferrocyanid-Lösung (50 ml 7,5%ige wäßrige Lösung + 250 ml Wasser), so bildet sich an den Stellen der Kupferseifen intensiv dunkelbraunes Kupferferrocyanid, während der Untergrund gelb bis hellbraun gefärbt ist. Abb. 56 zeigt eine Trennung nach dieser Methode.

2. Quecksilberacetat-Diphenylcarbazon [*153*]. Die trockenen Chromatogramme werden 1 h in eine 3%ige Quecksilberacetatlösung, die 1% Essigsäure enthält, gelegt. Dann spült man $1^{1}/_{2}$ h in fließendem Wasser, trocknet kurz und besprüht dann mit einer 0,1%igen Lösung von Diphenylcarbazon in Alkohol. An Stellen der höheren Fettsäuren erscheinen blaue Flecken.

Tabelle 27. R_F-*Werte höherer Fettsäuren*

Imprägnierung	Undecan (Sdp. 190—220° C)	Undecan (Sdp. 190—220° C)	Undecan (Sdp. 190—220° C)[1]	Kohlenwasserstoff (Sdp. 140—170° C)
Imprägnierungsgrad	0,19—0,28 g pro g Papier	0,25 g pro g Papier		
Lösungsmittel	90%ige Essigsäure gesättigt mit Undecan	Aceton, Wasser, Essigsäure (8,5:1,5:1) (v:v:v) gesättigt mit Undecan	Essigsäure, Acetonitril, Undecan (15:5:1) (v:v:v)	Methanol, Kohlenwasserstoff (4:1) (v:v)
Methode Papier Temperatur Autor	aufsteigend SS 2043b 20° C [149, 150]	aufsteigend SS 2040b 45° C [153]	aufsteigend SS 2040b 22° C [90]	absteigend Zimmertemp. [148]
Säure				
Caprinsäure	0,58	—	—	0,80
Laurinsäure	0,47	—	—	0,73
Myristinsäure	0,34	0,85	—	0,63
Palmitinsäure	0,22	0,76	0,86	0,52
Stearinsäure	0,15	0,62	0,77	0,38
Arachinsäure	—	0,48	0,66	0,18
Behensäure	—	0,35	0,55	0,12
Lignocerinsäure	—	0,24	0,47	—
Cerotinsäure	—	0,16	0,39	—
Octacosansäure	—	—	0,31	—
Triacontansäure . . .	—	—	0,24	—
Dotriacontansäure . .	—	—	0,16	—
Ölsäure	0,23	—	—	0,52
Elaidinsäure	0,22	—	—	0,54
Erucasäure	0,13	—	—	0,35
Brassidinsäure	0,12	—	—	0,23
9,11-Linolsäure	0,32	—	—	0,55
9,12-Linolsäure	0,36	—	—	—
Δ 10,11-Undecensäure .	0,70	—	—	—
Δ 9,10-Undecinsäure . .	0,83	—	—	—
Linolensäure	—	—	—	0,65
Ricinolsäure	—	—	—	0,85

[1] Trennung der Fettsäuren in Form der Quecksilberacetat-Addukte der Allylester.

Tabelle 27 zeigt die nach diesem und einigen ähnlichen Verfahren erhaltenen R_F-Werte der höheren Fettsäuren.

b) Trennung der Fettsäuren von C 16 bis C 32 nach dem Allylester-Verfahren

KAUFMANN und POLLERBERG [90] beschreiben ein Verfahren, das es ermöglicht, die Wachsfettsäuren von C 16 bis C 32 papierchromatographisch zu trennen. Die mit Allylalkohol erhältlichen Allylester der Fettsäuren bilden mit Quecksilberacetat und Methanol Anlagerungsprodukte, die sich auf Papier, das mit Undecan imprägniert ist, trennen lassen. Diese Stoffe bilden sich nach der Gleichung:

$$R{-}COO{-}CH_2{-}CH{=}CH \xrightarrow[CH_3OH]{Hg(OOCCH_3)_2} R{-}COO{-}CH_2{-}CH{-}CH_2{-}OCH_3$$
$$\underset{Hg{-}OOCCH_3}{\big|}$$

Darstellung der Allylester. 1—5 g Wachssäuren mit 20 ml abs. Allylalkohol, 20 ml Benzol und 0,3 g p-Toluolsulfonsäure (getrocknet) 8 h unter einer Widmerspirale zum Sieden erhitzen. Bei 68° C geht am Kopf der Kolonne ein azeotropes Gemisch über. Wenn die Temperatur auf 76—78° C steigt, vorsichtiger erhitzen, so daß alle 20—30 sec ein Tropfen übergeht. Nach Abkühlen 20 ml Benzol zugeben und durch 3 maliges Ausschütteln mit Wasser den Katalysator und den überschüssigen Allylalkohol entfernen. Nach Trocknen der Benzollösung mit $CaCl_2$ destilliert man das Lösungsmittel im Vakuum ab.

Darstellung der Quecksilberacetat-Addukte. 0,05—0,1 g eines Allylesters mit 5—10 ml einer gesättigten Quecksilberacetatlösung in Methanol 10—20 min unter Rückfluß erhitzen. Dann wird das Lösungsmittel im Vakuum bei 30—35° C abgedampft. Den Rückstand löst man in 5—10 ml Benzol-Undecan (5:1), das auf 30° C erwärmt ist. Das unlösliche Quecksilberacetat filtriert man ab und gibt zum Filtrat 5—10 Tropfen Methanol. Die erhaltene 1%ige Lösung der Allylester-Quecksilberacetat-Additionsverbindung ist einige Wochen stabil.

Durchführung der Chromatographie. Man tropft $50\mu g$ pro Säure auf Papier, das mit Undecan imprägniert ist, und chromatographiert aufsteigend mit einem Gemisch von Essigsäure (99—100%)-Acetonitril (wasserfrei)-Undecan (15:5:1) (v:v:v). Das Chromatogramm wird bei 80—90° C getrocknet und mit einer 0,1—0,2%igen Lösung von Diphenylcarbazon in Alkohol besprüht. Hält man das Papier anschließend über eine geöffnete Ammoniakflasche, so treten die blauen Flecken auf rosafarbenem Untergrund gut sichtbar hervor.

2. Bestimmung von esterartig gebundenen Fettsäuren

Will man die in Fetten esterartig gebundenen Fettsäuren papierchromatographisch bestimmen, so arbeitet man am besten nach dem Verfahren von MICHEEL und SCHWEPPE [82]. R_F-Werte s. Tab. 28.

Tabelle 28. *R_F-Werte der Fettsäuren als Hydroxamate* [82]

Fettsäuren	R_F-Werte	Fettsäuren	R_F-Werte
Valeriansäure	0,84	Laurinsäure	0,38
Capronsäure	0,72	Myristinsäure . . .	0,34
Önanthsäure	0,64	Palmitinsäure . . .	0,30
Caprylsäure	0,57	Stearinsäure	0,24
Pelargonsäure	0,51	Ölsäure	0,30
Caprinsäure	0,46	Erucasäure	0,22
Undecylsäure	0,40		

Die Fette werden in methanolischer Lösung mit Hydroxylamin gekocht und die entstandenen Hydroxamsäuren auf acetyliertem Papier chromatographiert[1].

---

[1] Bezugsquelle: Fa. Schleicher & Schüll, Dassel, unter der Bezeichnung „2043 b acetyliert" oder Fa. Binzer, Hatzfeld/Eder unter der Bezeichnung „Acetylpapier 202/40/100", das etwa 24—25% CH_3CO— enthält.

Arbeitsvorschrift

a) Herstellung von Acetylpapier [*162, 163*]. 15 Streifen Whatman Nr. 1-Papier von 20×60 cm werden 30 min bei 110° C getrocknet und locker gerollt in ein zylindrisches Glasgefäß von 2 l Inhalt gestellt (evtl. Weckglas), das einen Schliffdeckel mit Rückflußkühler besitzt. Man erhitzt 7 h mit einem Gemisch von 1500 ml Benzol + 500 ml Essigsäureanhydrid + 1,09 ml konz. Schwefelsäure in einem Thermostaten auf 70° C. Das erhaltene Papier mit einem Acetylgehalt von etwa 22% wird gut mit Methanol, dann mit Wasser gewaschen und getrocknet.

b) Vorbereitung eines Fettes zur Chromatographie. 100 mg des wasserfreien Fettes werden mit einer Mischung von 1 ml m-Hydroxylamin-Hydrochlorid[1] und 2 ml n-Kaliumhydroxyd in Methanol nach Abfiltrieren des ausgefallenen Kaliumchlorids 2—3 min auf dem Wasserbad gekocht, bis die Lösung homogen ist. Dann neutralisiert man mit Tetrahydrofuran–Eisessig (4:1). Von dieser Lösung werden solche Mengen auf die Startlinie des Papiers aufgetragen, daß von jeder darin erwarteten Fettsäure etwa 20—50 μg vorhanden sind.

Die Vergleichslösungen erhält man, indem man die reinen Fettsäuren mit Diazomethan verestert und aus den Methylestern nach dem gleichen Verfahren die Hydroxamsäuren herstellt, die 1%ig in Tetrahydrofuran verwendet werden.

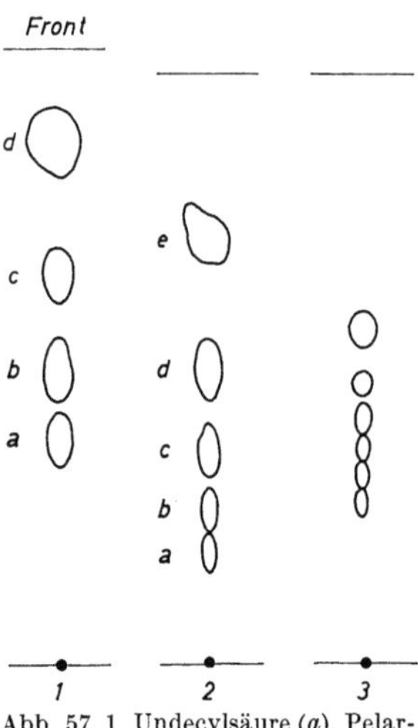

Abb. 57. 1. Undecylsäure (*a*), Pelargonsäure (*b*), Önanthsäure (*c*), Valeriansäure (*d*). 2. Myristinsäure (*a*), Laurinsäure (*b*), Caprinsäure (*c*), Caprylsäure (*d*), Capronsäure (*e*). 3. Säuren eines Cocosfettes. R_F-Werte für die gleichen Bedingungen wie Tab. 28

Die chromatographische Trennung:

Auf einem Cellulose-Acetatpapier von 22—26% Acetyl wird mit dem Lösungsmittelgemisch Essigsäureäthylester–Tetrahydrofuran–Wasser (0,6:3,5:4,7) (v:v:v) aufsteigend entwickelt. Man trocknet 5 min bei 90° C und besprüht dann mit einer 2%igen Eisen-III-chlorid-Lösung in Äthanol–n-Butanol (1:4). Die Hydroxamsäuren erscheinen als purpurrote bis rotbraune Flecken.

Abb. 57 zeigt die Trennung verschiedener Fettsäuregemische auf acetyliertem Whatman Nr. 1-Papier mit 25% Acetyl.

VI. Trennung der Ketosäuren

Ketosäuren lassen sich wie die anderen nichtflüchtigen organischen Säuren in freier Form papierchromatographisch trennen [*168, 174—177, 179*]. Man kann sie spezifisch nachweisen, indem man das getrocknete Chromatogramm mit einer frisch bereiteten 0,05%igen Lösung von o-Phenylendiamin in 10%iger wäßriger Trichloressigsäure besprüht und 2 min auf 100° C erhitzt [*174*] (Gelbgrüne UV-Fluorescenz). Verwendet

---

[1] Bezugsquelle: Fa. E. Merck, Darmstadt.

man zum Nachweis eine 0,1%ige Semicarbazid-Hydrochlorid-Lösung in 0,15%iger Natriumacetatlösung und erhitzt auf 110° C, so erscheinen an Stellen der Ketosäuren im UV-Licht dunkle Flecken auf fluorescierendem Grund [175].

Weitaus gebräuchlicher sind Trennungen von Ketosäuren in Form von Derivaten.

1. Trennung als Chinoxalin-Derivate

Durch Kondensation mit o-Phenylendiamin oder 1,2-Diamino-4-nitrobenzol erhält man aus α-Ketosäuren Chinoxalinole, die sich papierchromatographisch und an Aluminiumoxyd trennen lassen [108, 109, 180]. Die Chinoxalinderivate, die aus α-Ketosäuren und 1,2-Diamino-4-nitrobenzol gebildet werden, haben folgende Konstitution:

$$O_2N \left\{ \begin{array}{c} 7 \\ 6 \end{array} \right. \text{(Nitrochinoxalinol, NO}_2\text{ in 6- oder 7-Stellung)} \quad \begin{array}{c} N \\ N \end{array} \begin{array}{c} OH \\ R \end{array}$$

Es ist noch nicht eindeutig bestimmt worden, ob sich die NO_2-Gruppe in 6- oder 7-Stellung befindet. [Brauchbare Lösungsmittel zur Trennung dieser Ketosäure-Kondensationsprodukte sind im Abschnitt „Lösungsmittel zur Trennung von Säurederivaten" (S. 115) angegeben.] Man erkennt die getrennten Nitrochinoxalinole auf dem Chromatogramm im UV-Licht als purpurbraune Flecken [108] oder nach Besprühen mit alkoholischer Kalilauge [180].

2. Trennung als 2,4-Dinitrophenylhydrazone

Aus der Zahl der Veröffentlichungen [8—10, 18, 103—107, 164—173] läßt sich entnehmen, daß die papierchromatographische Trennung der Ketosäuren in Form ihrer 2,4-Dinitrophenylhydrazone die am häufigsten angewandte Methode für diese Stoffklasse ist. Um bei der Durchführung dieses Verfahrens Irrtümer zu vermeiden, ist zu beachten, daß sich bei der Herstellung der 2,4-Dinitrophenylhydrazone auf Grund der $C=N$-Doppelbindung Cis- und Trans-Isomere bilden können, wie es z. B. bei Brenztraubensäure, Glyoxylsäure, Ketobuttersäure, Oxalessigsäure und Ketoglutarsäure [181—184] bereits beobachtet worden ist. Es können in solchen Fällen 2 Flecken auf dem Papierchromatogramm auftreten. Durch Vergleichslösungen bekannter 2,4-Dinitrophenylhydrazone lassen sich aber Fehler weitgehend vermeiden. Ein weiteres Produkt, das zu Irrtümern Anlaß geben kann, ist das 1-Oxy-6-nitro-1,2,3-benzotriazol, das sich aus 2,4-Dinitrophenylhydrazin und Alkali bildet [185]. Es hat in vielen Lösungsmitteln einen dem 2,4-Dinitrophenylhydrazon der Brenztraubensäure ähnlichen Wert.

3. Trennung als Aminosäuren

Um die Cis-Trans-Isomerie an der $C=N$-Doppelbindung der 2,4-Dinitrophenylhydrazone aufzuheben, können diese Ketosäure-Derivate mit Zinn-II-Chlorid in Salzsäure [25, 186], mit Aluminiumamalgam [187, 188] oder katalytisch [187, 188, 189] zu Aminosäuren reduziert werden, die sich in üblicher Weise leicht papierchromatographisch trennen lassen.

In der Tab. 29 sind R_F-Werte einiger Ketosäuren und ihrer 2,4-Dinitrophenylhydrazone angegeben.

Tabelle 29. *R_F-Werte der Ketosäuren*

Derivat	Freie Säure	2,4-Dinitrophenylhydrazone	
Lösungsmittel	n-Butanol, Ameisensäure (95:5) (v:v) (Mit Wasser gesättigt)	n-Butanol (gesättigt mit Wasser)	n-Butanol (gesättigt mit 3%igem Ammoniak)
Verfahren Papier Temperatur Autor	[175]	absteigend 55 598 Zimmertemp. [164]	absteigend 55 598 Zimmertemp. [164]
Säure			
α-Ketoglutarsäure	0,51	0,07	0,05
Oxalessigsäure	0,08	0,13	0,12
Glyoxylsäure	—	0,17	0,24
Brenztraubensäure	0,64	0,21	0,35
Acetessigsäure	—	0,26	0,40
α-Keto-β-Methiobuttersäure . .	—	0,43	0,62
α-Ketobuttersäure.	0,76	0,43	0,65
p-Oxyphenylbrenztraubensäure .	—	0,60	0,64
Phenylbrenztraubensäure . . .	—	0,59	0,80
α-Keto-Isovaleriansäure	0,83	—	—

Arbeitsvorschrift zur Trennung der Ketosäuren als
2,4-Dinitrophenylhydrazone

Überführung in 2,4-Dinitrophenylhydrazone [107]: Man verwendet eine 0,01 m-Lösung von 2,4-Dinitrophenylhydrazin[1] in 2 n-Salzsäure und gibt zu 0,5 ml dieser Lösung 0,1 ml einer wäßrigen α-Ketosäure von nicht höherer Konzentration als 0,025 molar. Die Mischung läßt man 30 min bei 25° C reagieren und verwendet die klare Lösung zur Chromatographie. Bei Vorliegen von biologischen Proben wird ein evtl. Niederschlag (denaturiertes Protein) vorher abzentrifugiert. Zur Chromatographie der 2,4-Dinitrophenylhydrazone geeignete Lösungsmittel sind im Abschnitt „Lösungsmittel zur Trennung von Säurederivaten" (S. 115) angegeben. Unter der UV-Lampe lassen sich die 2,4-Dinitrophenylhydrazone gut erkennen.

VII. Trennung aromatischer Säuren

Bei der papierchromatographischen Trennung von aromatischen Säuren kann man Lösungsmittelgemische verwenden, die Ammoniak [64, 65], Ammoniak-Ammoniumcarbonat-Puffer [94], Natriumbicarbonat [191] oder Essigsäure [11, 55, 97, 98] enthalten, um brauchbare Trennungen und eine gute Fleckenausbildung zu erhalten (s. S. 114).

Es sind in der Literatur noch einige spezielle Probleme, wie die Trennung der aromatischen Oxysäuren [192—194], der China- und Shikimisäure [195] und verschiedener Salicylsäurederivate [196] beschrieben.

Nachweis

1. Indicatoren (s. aliphatische Säuren, S. 119f.).

2. 2%ige Lösung von Eisen-III-chlorid. Grüne, blaue oder braune Flecken, wenn gleichzeitig phenolische OH-Gruppen im Säuremolekül vorhanden sind.

---

[1] Bezugsquelle: Fa. E. Merck, Darmstadt.

3. Diazotierte Sulfanilsäure (Herstellung s. S. 239, 257). Man besprüht mit einer Lösung von 250 mg des Diazioniumchlorides in 100 ml 10%iger Sodalösung. Reagiert ebenfalls nur, wenn gleichzeitig phenolische OH-Gruppen vorhanden sind.

Die Tab. 30 zeigt die R_F-Werte einer Anzahl von aromatischen Säuren.

Tabelle 30. *R_F-Werte aromatischer Säuren*

Lösungsmittel Autor	n-Butanol, gesättigt mit 1,5 n-Ammoniak [*64*]	n-Butanol, gesättigt mit 1,5 n-Ammoniak-Ammoncarbonatpuffer [*94*]
Säure		
p-Aminobenzoesäure . .	0,12	0,09
m-Aminobenzoesäure. .	0,19	—
o-Aminobenzoesäure . .	0,38	0,26
p-Oxybenzoesäure . . .	0,14	0,10
m-Oxybenzoesäure . .	0,23	—
o-Oxybenzoesäure . . .	0,54	—
Benzoesäure	0,42	0,41
Phenylessigsäure . . .	0,46	0,44
Hydrozimtsäure	0,54	0,57
Zimtsäure	0,54	0,62
Mandelsäure	—	0,28
Sulfanilsäure	0,13	0,11
Hippursäure	—	0,31
Cumarinsäure	—	0,27
Gentisinsäure	0,29	—
2,4-Dioxybenzoesäure .	0,13	—
3,5-Dioxybenzoesäure .	0,06	—
Phthalsäure	0,035	—
Anissäure	0,35	—

VIII. Quantitative Verfahren zur Bestimmung organischer Säuren

1. Auswertung der Fleckengröße

Zwischen der Fleckengröße eines Stoffes auf dem Papierchromatogramm und dem Logarithmus der aufgetragenen Menge besteht nach FISCHER u. a. [*190*] Proportionalität, die jedoch nur als Grenzgesetz für kleine Mengen gilt [*25*]. Bei mehr als 30 μg Citronensäure sind beispielsweise die Flecken größer, als dieser Beziehung entspricht.

Eine ähnliche Proportionalität, die zwischen Fleckenlänge und aufgetragener Menge besteht, kann ebenfalls zu quantitativen Bestimmungen herangezogen werden [*35*]. Um die Fleckengröße zu bestimmen, kann nach genauer Umrandung des Fleckens die Fläche planimetriert werden. Eine bessere Abgrenzung ist auf einer Fotokopie möglich. Die Methode läßt sich noch dadurch vereinfachen, daß man die ausgeschnittenen Flecken auf der Analysenwaage wiegt und das Gewicht der Flecken anstelle der Fleckengröße zur Bestimmung der Menge verwendet. Unregelmäßigkeiten im Papier verfälschen den ohnehin mit einem ziemlich großen Fehler behafteten Wert nicht allzusehr.

Arbeitsvorschrift

Nach Chromatographie einer unbekannten Menge Säure mit zahlreichen verschiedenen Mengen einer Vergleichslösung bekannter Konzentration auf demselben Papierbogen werden die Farbflecken, die möglichst scharfe Grenzen haben sollen, ausgeschnitten und auf der Analysenwaage gewogen. Man stellt aus den bekannten Mengen der Vergleichslösung eine Eichkurve auf, indem man in einem Koordinatensystem auf der Abszisse die Fleckengewichte und auf der Ordinate die Logarithmen der aufgetragenen Säuremengen abträgt. Man erhält eine für jede Säure spezifische Gerade, auf der man unbekannte Säuremengen ablesen kann, wenn das Fleckengewicht ermittelt worden ist. Wichtig für eine brauchbare Genauigkeit ist das ungefähre Übereinstimmen der Konzentrationen der Vergleichslösung und der Analysenlösung. Eventuell müssen Verdünnungsreihen angelegt werden. Der Fehler dieser Methode liegt bei ± 5—10%.

Das Verfahren der quantitativen Bestimmung von Säuren nach der Auswertung der Fleckengröße wird von zahlreichen Autoren [*7, 10, 31, 35, 52, 63, 70, 76*] beschrieben. Man verwendet es zweckmäßigerweise dann, wenn die Bestimmung schnell und einfach durchführbar sein soll, an die Genauigkeit aber keine hohen Ansprüche gestellt werden.

2. Photometrische Bestimmung des gebildeten Farbstoffes

a) Die Bestimmung kann direkt auf dem Chromatogramm erfolgen. Diese Methode wird zur quantitativen Analyse höherer Fettsäuren in ausführlicher Form beschrieben [*178, 197*]. Man stellt nach der chromatographischen Auftrennung zunächst die Kupferseifen her und nach Auswaschen des Reagensüberschusses daraus Kupferferrocyanid. Die rotbraunen Flecken, die an Stellen höherer Fettsäuren auf dem Chromatogramm erscheinen, werden direkt photometrisch bestimmt.

Arbeitsvorschrift

Man trennt die Fettsäuren nach der Methode von KAUFMANN und NITSCH [*149*] (s. S. 122) oder ähnlichen Verfahren auf Papier, das mit Undecan imprägniert ist (Imprägnierungsgrad festgelegt und durch Wägung überprüft). Es werden pro Säurekomponente 50—100 μg in 0,25%iger Benzollösung aufgetragen, bei 4 Säuren 200—400 μg in 1%iger Lösung. Man chromatographiert 20—45 h und trocknet dann das Chromatogramm 2 h bei 80—100° C. In einem Bad von 20 ml gesättigter Kupferacetatlösung in 1000 ml Wasser bilden sich bei Fettsäuren ab C 12 quantitativ die Kupferseifen. Nach 15 min läßt man das Papier abtropfen und wäscht 15 min in 10 l Leitungswasser aus. Dann legt man den Streifen kurze Zeit in eine 1,5%ige Kaliumferrocyanidlösung. Der Überschuß wird ausgewaschen und das Chromatogramm an der Luft getrocknet. Danach wird das Papier in Streifen geschnitten und jeder Streifen mittels eines speziellen Einsatzes im Lumetron-Colorimeter[1] auf seine Absorption geprüft.

Nach dem Prinzip des Filmtransportes einer Kleinbildkamera verschiebt man den Streifen stufenweise um je 5 mm und mißt die Absorption der entsprechenden Streifenfläche unter Verwendung eines Filters von 490 mμ. Die für je 5 mm Papierfeld gemessenen Extinktionswerte werden auf Millimeterpapier aufgetragen und die

---

[1] Modell 401-A der Photovolt Corp., New York. (Auch das Chromatometer I der Fa. B. Lange, Berlin, wird für diesen Zweck empfohlen.)

einzelnen Werte zu einer Absorptionskurve verbunden, die in weitgehender Annäherung trotz der diskontinuierlichen Messung die richtige Absorption wiedergeben dürfte. Die Gesamtextinktion eines Fleckens ergibt sich durch Addition der Einzelextinktionen nach Abzug des jeweiligen Nullwertes. Erstere ist mit dem Mol-Gewicht der dazu gehörigen Säure zu multiplizieren, die Summe dieser Werte gleich 100% zu setzen und der prozentuale Anteil der Einzelkomponenten durch einfache Proportionen zu berechnen.

b) Die photometrische Bestimmung wird nach Extraktion der auf dem Chromatogramm gebildeten Farbflecken durchgeführt. Diese Methode läßt sich für die quantitative Analyse von niederen Fettsäuren [101] und von Ketosäuren [18, 104, 105, 107, 108, 165] verwenden.

Arbeitsvorschrift zur Bestimmung niederer Fettsäuren [101]: Man trennt die Fettsäuren von C 1 bis C 9 in Form der Hydroxamsäurederivate und stellt die Lage der Flecken durch Besprühen mit einer Lösung von 50 g Eisen-III-chlorid in 1000 ml 1 n-Salzsäure in Alkohol fest. Die Flecken werden ausgeschnitten und mit einer Lösung von 5 g Eisen-III-chlorid in 25 ml konz. Salzsäure + 575 ml Wasser extrahiert. Die erhaltene Lösung bestimmt man photometrisch bei 520 mμ.

Niedere Fettsäuren, die als Hydroxamsäurederivate chromatographisch getrennt worden sind, können nach Feststellung ihrer Lage auf einem Vergleichsstreifen mit Natriumacetat extrahiert werden. Zum Extrakt gibt man Sulfanilsäure + Essigsäure und Jod + Essigsäure. Nach Entfernung des Jodüberschusses mit Natriumthiosulfat versetzt man mit α-Naphthylamin + Essigsäure und photometriert bei 520 mμ [102]. Der Reaktionsmechanismus ist noch nicht klar.

Zur quantitativen Bestimmung organischer Säuren kann man nach Extraktion der Flecken mit Alkohol die Umschlagsfarbe einer genau eingestellten Thymolblau-Lösung colorimetrieren [27] (Blindwert erforderlich). Auch durch Titration der ausgeschnittenen Flecken läßt sich eine Säure auf dem Chromatogramm halbquantitativ bestimmen (Blindwert) [28].

3. Andere quantitative Bestimmungsmöglichkeiten

Zur Bestimmung höherer Fettsäuren werden ihre Schwermetallsalze auf dem Chromatogramm — Cu-Seifen [198] oder Ag-Seifen [101] — hergestellt. Nach gründlichem Auswaschen des Reagensüberschusses werden die Säureflecken ausgeschnitten, und man zerstört das Papier mit HCl—HNO$_3$ oder H$_2$SO$_4$—HClO$_4$—HNO$_3$. Die Kupfermenge läßt sich dann beispielsweise polarographisch [198], die Silbermenge colorimetrisch bestimmen [101]. Genauigkeit der Methode etwa $\pm 5\%$. Einige nichtflüchtige organische Säuren, wie z. B. Citronen-, Bernstein-, Fumar-, Äpfelsäure u. a., können in Mengen von 100—400 μg nach Extraktion vom Papierchromatogramm mit 20%igem Alkohol durch potentiometrische Titration quantitativ bestimmt werden [125].

Literatur

[1] T. K. WALKER–A. N. HALL–J. W. HOPTON: Nature (Lond.) 168, 1042 (1951). — [2] G. HALLIWELL: Nature (Lond.) 169, 1063 (1952). — [3] P. GODIN: Biochim. biophysica Acta 11, 114 (1953). — [4] E. WADA–Y. KOBASHI: J. Agric. chem. Soc. Japan 27, 561 (1953). — [5] F. E. RESNIK–L. A. LEE–W. A. POWELL: Analyt. Chem. 27, 928 (1955). — [6] A. C. HULME–T. SWAIN: Nature (Lond.) 168, 254 (1951). — [7] F. BRYANT–B. T. OVERELL: Biochim. biophys. Acta 10, 471 (1953). — [8] F. A. ISHERWOOD–C. A. NIAVIS: Biochem. J. 64, 549 (1956). — [9]

A. I. VIRTANEN–J. K. MIETTINEN–H. KUNTTU: Acta chem. scand. 7, 38 (1953). — [10] A. I. VIRTANEN–M. ALFTHAN: Acta chem. scand. 8, 1720 (1954). — [11] L. A. GRIFFITHS: Nature (Lond.) 180, 286 (1957). — [12] A. RICHARDSON–A. C. HULME: Nature (Lond.) 175, 43 (1955). — [13] E. GOODBAN–H. S. OWENS: Proc. Amer. Soc. Sugar-beet Technol. 6, 578 (1951); ref. C. A. 45, 5955 h (1951). — [14] F. SMITH–D. SPRIESTERSBACH: Nature (Lond.) 174, 466 (1954). — [15] A. I. VIRTANEN–J. K. MIETTINEN: Nature (Lond.) 168, 294 (1951). — [16] K. VAS: Agrokémia és talajtan (Budapest) 1, 299 (1952); ref. C 1953, 7364. — [17] K. VAS: Agrokémia és talajtan (Budapest) 1, 167 (1952); ref. C 1953, 6542. — [18] I. A. EGOROV–N. B. BORISOVA: Dokl. Akad. Nauk SSSR, N. S. 104, 433 (1955); ref. Analyt. Chem. 153, 437 (1956). — [19] P. BOERINGER: Angew. Chem. 67, 675 (1955). — [20] M. JÁKY: Fette u. Seifen 58, 721 (1956). — [21] A. JERMSTAD–K. B. JENSEN: Pharm. Acta Helv. 25, 209 (1950). — [22] A. B. SVENDSEN: Pharm. Acta Helv. 25, 230 (1950). — [23] V. S. GOVINDARAJAN–M. SREENIVASAYA: Current Sci. (India) 20, 43 (1951); ref. C. A. 45, 7200 h (1951). — [24] SH. RANJAN–T. RAJA RAO: Naturwissenschaften 42, 581 (1955). — [25] A. I. VIRTANEN–M. ALFTHAN: Acta chem. scand. 9, 188 (1954). — [26] A. G. LONG–J. R. QUAYLE–R. J. STEDMAN: Chem. Soc. 1951, 2197. — [27] F. A. ISHERWOOD–C. S. HANES: Biochem. J. 55, 824 (1953). — [28] J. W. H. LUGG–B. T. OVERELL: Nature (Lond.) 160, 87 (1947). — [29] J. W. H. LUGG–B. T. OVERELL: J. Sci. Res. Ser. A 1, 98 (1948). — [30] J. B. STARK–A. E. GOODBAN–H. S. OWENS: Analyt. Chem. 23, 413 (1951). — [31] F. BRYANT–B. T. OVERELL: Nature (Lond.) 167, 361 (1951); 168, 167 (1951). — [32] J. OPIENSKA–BLAUTH–O. SAKLAWSKA–SZYMONOWA–M. KANSKI: Nature (Lond.) 168, 511 (1951). — [33] R. J. CHEFTEL–R. MUNIER–M. MACHEBOEUF: Bull. Soc. Chim. biol. 33, 840 (1951). — [34] L. M. BUCH–R. MONTGOMERY–W. L. PORTER: Analyt. Chem. 24, 489 (1952). — [35] B. T. OVERELL: Aust. J. Sci. 15, 28 (1952). — [36] A. R. JONES–E. J. DOWLING–W. J. SKRABA: Analyt. Chem. 25, 394 (1953). — [37] R. NORDMANN–O. GAUCHERY–J. P. DU RUISSEAU–Y. THOMAS–J. NORDMANN: C. R. Acad. Sci. (Paris) 238, 2459 (1954). — [38] R. NORDMANN–O. GAUCHERY–J. P. DU RUISSEAU–Y. THOMAS–J. NORDMANN: Bull. Soc. Chim. biol. 36, 1641 (1954). — [39] E. BECKER: Z. Lebensmittel-Unters. u. Forsch. 98, 249 (1954). — [40] K. V. GIRI–D. V. KRISHNA–MURTHY–P. L. NARASIMHA RAO: J. Indian Inst. Sci. 35, Sect. A, 93 (1953); ref. C 1955, 10587. — [41] J. W. AIRAN–J. BARNABAS: Naturwissenschaften 40, 510 (1953). — [42] K. VAS: Acta chim. Acad. Sci. Hung. 1, 335 (1951); ref. C 1952, 4666. — [43] R. A. SCHKOLNIK: Ber. Akad. Wiss. (UdSSR) 90, 841 (1953); ref. C 1954, 2854. — [44] G. D. KALYANKAR–P. R. KRISHNASWANNY–M. SREENIVASAYA: Curr. Sci. (India) 21, 220 (1952); ref. C 1953, 3615. — [45] C. BIGHI–G. TRABANELLI: Ann. Chim. (Rome) 45, 109 (1955); ref. C. A. 49, 11500 (1955). — [46] R. NORDMANN–O. GAUCHERY–J. P. DU RUISSEAU–Y. THOMAS–J. NORDMANN: Bull. Soc. Chim. biol. 36, 1461 (1954). — [47] R. OSTEUX–J. LATURAZE: C. R. Acad. Sci. (Paris) 239, 512 (1954). — [48] E. BECKER: Z. Lebensmitt.-Unters. u. -Forsch. 98, 18 (1954). — [49] R. W. SCOTT: Analyt. Chem. 27, 367 (1955). — [50] J. BARNABAS–G. V. JOSHI: Analyt. Chem. 27, 443 (1955). — [51] F. W. DENISON jr.–E. F. PHARES: Analyt. Chem. 24, 1628 (1952). — [52] J. E. LÖFFLER–E. R. REICHL: Mikrochim. Acta 1953, 79. — [53] M. OHARA–Y. SUZUKI: Science (Japan) 21, 362 (1951); ref. C 1953, 5231. — [54] E. PICHLER–MAGYAR: Magyar Kémia Folyorát 59, 92 (1953); ref. Analyt. Chemie 146, 215 (1955). — [55] H. G. BRAY–W. V. THORPE–K. WHITE: Biochem. J. 46, 271 (1950). — [56] F. BROWN–L. P. HALL: Nature (Lond.) 166, 66 (1950). — [57] R. E. HISCOX–N. J. BERRIDGE: Nature (Lond.) 166, 522 (1950). — [58] F. BROWN: Biochem. J. 47, 598 (1950). — [59] F. BROWN: Nature (Lond.) 167, 441 (1951). — [60] R. J. CHEFTEL–R. MUNIER–M. MACHEBOEUF: Bull. Soc. Chim. biol. 34, 380 (1952). — [61] I. W. AIRAN–G. V. JOSHI–I. BARNABAS–R. W. P. MASTER: Analyt. Chem. 25, 659 (1953). — [62] V. S. GOVINDARAJAN–M. SREENIVASAYA: Curr. Sci. (India) 19, 269 (1950). — [63] R. L. REID–M. LEDERER: Biochem. J. 50, 60 (1951). — [64] M. LEDERER: Aust. J. Sci. 11, 208 (1949). — [65] M. LEDERER: Nature (Lond.) 165, 529 (1950). — [66] A. J. VAN DUUREN: Rec. Trav. chim. Pays-Bas 72, 889 (1953). — [67] A. C. HULME: Biochim. biophys. Acta 14, 44 (1954). — [68] A. SEHER: Fette u. Seifen 58, 401 (1956). — [69] H. ZAHN–B. WOLLEMANN: Melliands Textilber. 32, 927 (1951). — [70] R. E. B. DUNCAN–J. W. PORTEOUS: Analyst 78, 641 (1953). — [71] R. OSTEUX–

J. Guillaume–J. Laturaze: J. Chromatogr. 1, 70 (1958). — [72] M. H. Hashmi–C. F. Cullis: Anal. chim. Acta 14, 336 (1956); ref. C. A. 51, 137 (1957). — [73] J. Guillaume–R. Osteux: C. R. Acad. Sci. (Paris) 241, 501 (1955). — [74] K. Thomas–H. Kalbe: Z. physiol. Chem. 293, 239 (1953). — [75] B. Lindqvist–T. Storgårds: Acta chem. scand. 7, 87 (1953). — [76] R. M. Manganelli–F. R. Brofazi: Analyt. Chem. 29, 1441 (1957). — [77] H. R. Roberts–W. Bucek: Analyt. Chem. 29, 1447 (1957). — [78] K. Fink–R. M. Fink: Proc. Soc. exp. Biol. (N. Y.) 70, 654 (1949). — [79] A. R. Thompson: Aust. J. Res. B 4, 180 (1951). — [80] Y. Inoue–M. Noda: J. Agric. chem. Soc. Japan 23, 294, 368 (1950); 24, 291, 295 (1951); 25, 161, 491 (1952). — [81] Y. Inoue–M. Noda: J. Agric. chem. Soc. Japan. 25, 496 (1952). — [82] F. Micheel–H. Schweppe: Angew. Chem. 66, 136 (1954). — [83] K. Satake–T. Seki: J. Japan Chem. 4, 557 (1950). — [84] A. P. de Jonge: Rec. Trav. chim. Pays-Bas 74, 760 (1955). — [85] A. P. de Jonge: Chem. Weekbl. 52, 37 (1956); ref. Analyt. Chem. 153, 46 (1956). — [86] A. P. de Jonge–A. Verhage: Rec. Trav. chim. Pays-Bas 76, 221, 239 (1957). — [87] J. Boldingh: Experientia (Basel) 4, 270 (1948). — [88] M. Rasim Tulus–O. Y. Izgi: Arch. Pharm. 289, 127 (1956); ref. Analyt. Chem. 154, 298 (1957). — [89] Y. Inoue–M. Noda–C. Hirayama: J. Amer. Oil Chemist's Soc. 32, 132 (1955); ref. Analyt. Chem. 152, 374 (1956). — [90] H. P. Kaufmann–J. Pollerberg: Fette u. Seifen 59, 815 (1957). — [91] Y. Inoue–O. Hirayama–M. Noda: J. Japan Oil Chemist's Soc. 5, 16 (1956); ref. Fette u. Seifen 58, 473 (1956). — [92] T. Kariyone–Y. Hashimoto: J. Pharm. Soc. Japan 71, 439 (1951). — [93] H. Kalbe: Z. physiol. Chem. 297, 19 (1954). — [94] M. E. Fewster–D. A. Hall: Nature (Lond.) 168, 78 (1951). — [95] Th. Wieland–U. Feld: Angew. Chem. 63, 258 (1951). — [96] K. Vas: Acta chimica (Budapest) 1, 335 (1951); ref. Analyt. Chem. 136, 148 (1952). — [97] R. J. Boscott: Biochem. J. 51, 45 (1952). — [98] A. H. Williams: Chem. a. Ind. 1955, 120. — [99] A. L. Cochrane: Analyst 80, 909 (1955). — [100] E. Drews: Angew. Chem. 65, 378 (1953). — [101] O. Perilä: Acta chem. scand. 10, 143 (1956). — [102] F. Bergmann–R. Segal: Biochem. J. 62, 542 (1956). — [103] M. F. S. El Hawary–R. H. S. Thompson: Biochem. J. 53, 340 (1953). — [104] D. Seligson–B. Shapiro: Analyt. Chem. 24, 754 (1952). — [105] D. Cavallini–N. Frontali: Ricerca sci. 23, 185 (1953); ref. C 1954, 158. — [106] S. M. Altmann–E. M. Crook–S. P. Datta: Biochem. J. 49, LXIII (1951). — [107] F. A. Isherwood–D. H. Cruickshank: Nature (Lond.) 173, 121 (1954). — [108] K. W. Tailor–M. J. H. Smith: Analyst 80, 607 (1955). — [109] D. J. D. Hockenhull–G. D. Hunter–M. W. Herbert: Chem. a. Ind. 1953, 127. — [110] C. Loeb–M. J. Lichtenberger: Bull. Soc. chim. France 1950, 362. — [111] R. Montgomery: J. Amer. chem. Soc. 74, 1466 (1952). — [112] A. C. Hulme: Biochim. biophys. Acta 14, 36 (1954). — [113] J. Katz–I. L. Chaikoff: J. Amer. chem. Soc. 77, 2659 (1955). — [114] R. I. Cheftel–R. Munier–M. Macheboeuf: Bull. Soc. Chim. biol. 35, 1095 (1953). — [115] E. P. Kennedy–H. A. Barker: Analyt. Chem. 23, 1033 (1951). — [116] T. Perlusz–K. Jeney: Magyar Folyorát 61, 13 (1955); ref. C. 1956, 3392. — [117] D. N. Gore: Chem. a. Ind. 1951, 479. — [118] Unveröffentlicht: Diss. Schweppe, Münster 1954. — [119] S. M. Martin: Chem. a. Ind. 1955, 427. — [120] K. Schlögl–A. Siegel: Mikrochemie 40, 202 (1953). — [121] K. Bina–J. Kalamar: Naturwissenschaften 43, 36 (1956). — [122] P. Godin: Chem. a. Ind. 1954, 1424. — [123] R. I. Cheftel–R. Munier–M. Macheboeuf: Bull. Soc. Chim. biol. 35, 1091 (1953). — [124] K. Schreier–W. Hack: Naturwissenschaften 43, 178 (1956). — [125] J. Nordmann–J. P. du Ruisseau–R. Nordmann: Angew. Chem. 67, 668 (1955). — [126] H. P. Kaufmann: Fette u. Seifen 52, 331 (1950). — [127] H. P. Kaufmann–J. Budwig: Fette u. Seifen 53, 69 (1951). — [128] H. P. Kaufmann–J. Budwig: Fette u. Seifen 53, 253 (1951). — [129] H. P. Kaufmann–J. Budwig–E. Duddek: Fette u. Seifen 53, 285 (1951). — [130] H. P. Kaufmann: Fette u. Seifen 54, 73 (1952). — [131] H. P. Kaufmann–J. Budwig–C. W. Schmidt: Fette u. Seifen 53, 408 (1951). — [132] H. P. Kaufmann–J. Budwig: Fette u. Seifen 54, 7 (1952). — [133] H. P. Kaufmann–J. Budwig–C. W. Schmidt: Fette u. Seifen 54, 10 (1952). — [134] H. P. Kaufmann–J. Budwig: Fette u. Seifen 54, 348 (1952). — [135] J. Boldingh: Rec. Trav. chim. Pays-Bas 69, 247 (1950). — [136] W. Pusstowalow: Biochemie (russ.) 20, 730 (1955); ref. C 1956, 13515. — [137] B. D. Ashley–U. Westphal: Arch. Biochem. 56, 1 (1955). — [138] J. Spiteri–G. Nunez: C. R.

Acad. Sci. (Paris) 234, 2603 (1952). — [139] G. Nunez–J. Spiteri: Bull. Soc. Chim. biol. 35, 851 (1953). — [140] V. Kobrle–R. Zahradnik: Chem. Listy 48, 1189 (1954); ref. C 1956, 6769. — [141] V. Kobrle–R. Zahradnik: Chem. Listy 48, 1703 (1954); ref. C 1956, 6770. — [142] J. Spiteri: Bull. Soc. Chim. biol. 36, 1355 (1954). — [143] F. Francs: Analyst 81, 384 (1956). — [144] T. Barnabas–J. Barnabas: Naturwissenschaften 44, 281 (1957). — [145] R. Wegmann–P. F. Ceccaldi–J. Biez: Fette u. Seifen 56, 159 (1954). — [146] J. Fries–A. Holasek–H. Lieb: Mikrochim. Acta 1956, 1722. — [147] A. Holasek–J. Fries: Mikrochim. Acta 1957, 469. — [148] Y. Inoue–M. Noda: J. Agric. chem. Soc. Japan 26, 634 (1952); 27, 50 (1953). — [149] H. P. Kaufmann–W. H. Nitsch: Fette u. Seifen 56, 154 (1954). — [150] H. P. Kaufmann–W. H. Nitsch: Fette u. Seifen 57, 473 (1955). — [151] H. P. Kaufmann–H. G. Kohlmeyer: Fette u. Seifen 57, 231 (1955). — [152] H. P. Kaufmann–K. G. Skiba: Fette u. Seifen 60, 261 (1958). — [153] H. P. Kaufmann–E. Mohr: Fette u. Seifen 60, 165 (1958). — [154] Y. Inoue–M. Noda: Bull. Agr. chem. Soc. Japan 1955, 214; ref. Fette u. Seifen 59, 783 (1957). — [155] M. Noda–O. Hirayama–Y. Inoue: Bull. Agr. Chem. Soc. Japan 1956, 1433; ref. Fette u. Seifen 59, 783 (1957). — [156] H. Schlenk–J. L. Gellermann–J. A. Tillotson–H. K. Mangold: J. Amer. Oil Chemist's Soc. 34, 377 (1957); ref. Fette u. Seifen 60, 239 (1958). — [157] R. G. Baker: Biochem. J. 54, Proc. 39 (1953). — [158] P. Savary: Bull. Soc. chim. biol. 36, 927 (1954). — [159] A. Holasek–K. Winsauer: Mh. Chem. 85, 796 (1954). — [160] A. Holasek: Angew. Chem. 66, 330 (1954). — [161] H. P. Kaufmann–J. Budwig: Fette u. Seifen 53, 390 (1951). — [162] F. Micheel–H. Schweppe: Naturwissenschaften 39, 380 (1952). — [163] F. Micheel–H. Schweppe: Mikrochim. Acta 1954, 53. — [164] D. Cavallini–N. Frontali–G. Toschi: Nature (Lond.) 163, 568 (1949). — [165] D. Cavallini–N. Frontali–G. Toschi: Nature (Lond.) 164, 792 (1949). — [166] D. Cavallini–N. Frontali: Ricerca sci. 23, 605 (1953); ref. C 1954, 158. — [167] D. Cavallini–N. Frontali–G. Toschi: Bull. Soc. ital. Biol. sper. 25, 286 (1949). — [168] D. M. Turnock: Nature (Lond.) 172, 355 (1953). — [169] S. Markees: Biochem. J. 56, 703 (1954). — [170] E. Kulonen–E. Carpén–T. Ruskolainen: Scand. J. Clin. a. Lab. Invest. 4, 189 (1952); ref. C. A. 47, 1766 c (1953). — [171] C. Malatesta: Boll. Oculist. 28, 727 (1949). — [172] D. Cavallini–N. Frontali–G. Toschi: Biochim. biophys. Acta 13, 439 (1954). — [173] S. Markes–F. Gey: Helv. physiol. Acta 11, 49 (1953). — [174] Th. Wieland–E. Fischer: Naturwissenschaften 36, 219 (1949). — [175] B. Magasanik–H. E. Umbarger: J. Amer. chem. Soc. 72, 2308 (1950). — [176] H. E. Umbarger–E. A. Adelberg: J. biol. Chem. 192, 883 (1951). — [177] H. E. Umbarger–B. Magasanik: J. Amer. chem. Soc. 74, 4253 (1952). — [178] H. Wagner–L. Abisch–K. Berhard: Helv. chim. Acta 38, 1536 (1955). — [179] L. A. Libermann–A. Zaffaroni–E. Stotz: J. Amer. chem. Soc. 73, 1387 (1951). — [180] D. J. D. Hockenhull–G. D. Floodgate: Biochem. J. 52, 38 (1952). — [181] H. B. Stewart: Biochem. J. 55, XXVI (1953). — [182] M. F. S. El Hawary–R. S. H. Thompson: Biochem. J. 58, 518 (1954). — [183] E. Kulonen: Suomen Kemistilehti 28 B, 105 (1955); ref. C. A. 49, 8744 b (1955). — [184] F. A. Isherwood–R. L. Jones: Nature (Lond.) 175, 419 (1955). — [185] G. H. N. Towers–D. C. Mortimer: Nature (Lond.) 174, 1189 (1954). — [186] M. Alfthan–A. I. Virtanen: Acta chem. scand. 9, 186 (1955). — [187] E. Kulonen: Scand. J. Clin. Lab. Invest. 5, 72 (1953); ref. C 1954, 5822. — [188] G. H. N. Towers–J. F. Thompson–F. C. Steward: J. Amer. chem. Soc. 76, 2392 (1954). — [189] A. Meister–P. Abendschein: Analyt. Chem. 28, 171 (1956). — [190] R. B. Fischer–D. S. Parsons–G. A. Morrison: Nature (Lond.) 161, 764 (1948). — [191] J. A. Durant: Nature (Lond.) 169, 1062 (1952). — [192] H. Loebl–G. Stein–J. Weiss: J. chem. Soc. 1951, 405. — [193] H. G. Bray–W. V. Thorpe–P. B. Wood: Biochem. J. 48, 394 (1951). — [194] R. A. Evans–W. H. Parr–W. C. Evans: Nature (Lond.) 164, 674 (1949). — [195] A. C. Hulme–A. Richardson: J. Sci. Food Agr. 5, 221 (1954); ref. C. A. 48, 8984 h (1954). — [196] G. Wagner: Pharmazie 8, 1021 (1953). — [197] A. Seher: Fette u. Seifen 58, 492 (1956). — [198] H. P. Kaufmann: Fette u. Seifen 58, 492 (1956).

IX. Flechtensäuren

Von

C. A. WACHTMEISTER

Die Anwendung der Papierchromatographie zur Trennung und Identifizierung der Flechtensäuren hat für die Systematik und Ökologie steigendes Interesse. Außerdem hat diese Stoffgruppe eine Anzahl von Vertretern mit antibiotischen Eigenschaften aufzuweisen [3, 7-10]. Die folgende Darstellung behandelt eine Anzahl Flechtensäuren vom Depsid-, Depsidon-, Dibenzofuran- und Pulvinsäure-Typus. Um möglichst sichere Bestimmung zu erreichen — es gibt ja z. Z. mehr als 70 Flechtensäuren von bekannter Konstitution [5] —, werden die Säuren sowohl vor als nach Hydrolyse chromatographiert.

1. Aufbereitung

a) Extraktion

Der Gehalt der Flechten an Flechtensäuren ist meistens von der Größenordnung 0,5—5,0%, weshalb 50—100 mg Flechtenmaterial zur chromatographischen Analyse gut ausreichen. Alle Flechtensäuren können mit Aceton extrahiert werden, doch wird die Deutung der Chromatogramme häufig vereinfacht, wenn vor der Acetonextraktion eine Benzolextraktion ausgeführt wird.

50—100 mg des möglichst fein zerkleinerten Flechtenmaterials werden in einem Probiergläschen mit $5 \times 0,5$ ml Benzol, dann mit $5 \times 0,5$ ml Aceton ausgekocht. Die filtrierten Extrakte werden auf dem Wasserbade auf ein Volumen von 0,5 ml eingeengt.

b) Hydrolyse

Die Depside geben durch Hydrolyse einfache Phenolcarbonsäuren, die Depsidone dagegen Dicarbonsäuren vom Diphenyläther-Typ. Doch sind die Hydrolysenprodukte häufig ziemlich empfindlich: Carboxyle in para-Stellung zu einer freien Hydroxylgruppe werden leicht abgespalten, wodurch Phenole bzw. Monocarbonsäuren vom Diphenyläther-Typ entstehen. Bei einigen Säuren werden die primären Hydrolysenprodukte leicht durch Oxydation zerstört. Die Hydrolyse muß darum möglichst schonend ausgeführt werden. Eine weitere Komplikation tritt bei Depsiden und Depsidonen mit einer Ketogruppe in der Seitenkette auf: Eine bei der Hydrolyse freigewordene Carboxylgruppe kann mit der enolisierten Ketogruppe unter Wasseraustritt reagieren, wobei ein Lacton bzw. eine Monocarbonsäure entsteht. Wenn also die Hydrolyse auch nicht immer eindeutig verläuft, so gibt doch jede Flechtensäure, unter bestimmten Bedingungen hydrolysiert, ein charakteristisches „Hydrolysen-Chromatogramm".

α) *Alkalische Hydrolyse* [2, 3]

Die Hälfte des Benzol- bzw. Acetonextraktes wird im Probiergläschen auf dem Wasserbad zur Trockne eingedampft, 0,5 ml 0,1 m-Trinatriumphosphatlösung zugesetzt und die Lösung etwa 6 Tage bei 20°

oder 24 bzw. 12 h bei 40 bzw. 50° aufbewahrt (im Exsiccator unter
Stickstoff), dann mit einigen Tropfen 2 n-Schwefelsäure angesäuert und
mit 0,2 ml Äther ausgeschüttelt.

Depside von Orcin-Typ sowie die meisten Depsidone werden schnell,
Depside vom β-Orcin-Typ dagegen viel langsamer hydrolysiert. Eine
Komponente von Atranorin, Hämatomsäure, wird bei der alkalischen
Hydrolyse zerstört. Bei 40° findet noch partielle Decarboxylierung von
empfindlichen Carboxylgruppen statt. Vulpinsäure bzw. Pinastrinsäure
geben unter diesen Bedingungen Pulvinsäure bzw. p-Methoxy-Pulvin-
säure, Rhizocarpsäure dagegen gibt das Pulvinamid des Phenylalanins.

β) Saure Hydrolyse [1, 2]

Der eingedampfte Extrakt wird in 1—2 Tropfen konz. Schwefelsäure
gelöst. Nach 5—10 min bei Zimmertemperatur wird unter Umrühren
mit 2 ml Wasser verdünnt und mit 0,3 ml Äther ausgeschüttelt.

Auch schwer hydrolysierbare Depside werden auf diese Weise gespalten. Atranorin gibt Hämatomsäure, dazu aber viel β-Orcincarbon-
säuremethylester und nur wenig β-Orcincarbonsäure. Bei Verwendung
von 100% Schwefelsäure und Ausgießen in viel Wasser scheint die
Hydrolyse besser zu gelingen. Die saure Hydrolyse ist für Depsidone
und Pulvinsäurederivate meistens ungeeignet.

2. Zweckmäßige Technik

Manche Flechtensäuren und deren Hydrolysenprodukte können gut
in polaren Lösungsmittelsystemen wie n-Butanol–Aceton–Wasser (5 :1 :2)
[1] oder n-Butanol–Äthanol–Wasser (4:1:5, obere Phase) [3] chromatographiert werden, doch werden häufig zu hohe R_F-Werte erhalten. Um
die R_F-Werte herabzusetzen, kann z. B. das System n-Butanol–konz.
Ammoniak [1, 4] verwendet werden, oder man imprägniert das Papier
mit einem alkalischen Phosphat-Puffer [2, 3] und verwendet die Systeme
n-Butanol–Wasser oder n-Butanol–Benzol–Wasser (1:1:1) (die organischen Phasen).

a) Imprägnierung von Papier

Die verwendeten Puffer-Lösungen sind 0,1 m-Trinatriumphosphat
(38,02 g $Na_3PO_4 \cdot 12\ H_2O$ in 1000 ml H_2O gelöst) und 0,1 m-Dinatriumphosphat (17,80 g $Na_2HPO_4 \cdot 2\ H_2O$ in 1000 ml gelöst) p_H 9,0. Die Imprägnierung wird zweckmäßig mit Hilfe eines Zerstäubers ausgeführt.
Mehr Pufferlösung, als das Papier aufsaugen kann, soll nicht aufgesprüht
werden. Das Papier wird an der Luft getrocknet.

b) Chromatographie

Das Volumen der aufgesetzten Probelösung muß nach Gehalt und
Zahl der einzelnen Flechtensäuren gewählt werden; 0,01—0,02 ml sind
meistens ausreichend. Die Chromatographie wird nach der aufsteigenden

[1] oder absteigenden [2, 3] Methode durchgeführt. Die R_F-Werte für eine Anzahl von Säuren und deren Hydrolysen-Produkte werden in den Tab. 31—34 angegeben. (Die R_F-Werte der Decarboxylierungsprodukte sind nicht angegeben; sie fallen meistens in den Bereich 0,8—1.)

Tabelle 31. *R_F-Werte von Depsiden* [1, 8]

Lösungsmittelsystem	Butanol, konz. Ammoniak	Butanol, Aceton, Wasser (5:1:2)	Butanol, Äthanol, H_2O (4:1:5)
Lecanorsäure . . .	0,33	1	—
Evernsäure	0,61	1	0,63
Divaricatsäure . . .	0,83	1	0,73
Perlatolinsäure . . .	0,93	1	—
Orselleinsäure . . .	—	0,93	0,91
Umbilicarsäure . . .	—	0,34	0,33
Gyrophorsäure . . .	—	0,73	0,60
Imbricarsäure . . .	—	0,09	0,14
Sphaerophorin . . .	0,88	1	0,79
Olivetorsäure. . . .	0,74	1	—
Microphyllinsäure .	0,91	1	—
Obtusatsäure . . .	0,60	1	—
Barbatinsäure . . .	0,65	0,87	0,71
Diffractasäure . . .	0,80	0,83	0,69
Baeomycessäure . .	0,50	0,64	—
Squamatsäure . . .	0,28	0,28	0,13
Thamnolsäure . . .	—	0,37	0,09
Atranorin	0,63	1	0,73
Barbatolsäure . . .	—	0,57	0,42

Tabelle 32. *R_F-Werte von Depsidonen vom Orcin-Typ* [3, 8]

Lösungsmittelsystem	Butanol, konz. Ammoniak	Butanol, Wasser	Butanol, Benzol, Wasser (1:1:1)		Butanol Äthanol Wasser (4:1:5)
Papier imprägniert mit	—	Na_3PO_4	Na_2HPO_4	Na_3PO_4	—
	Vor Hydrolyse	Nach Hydrolyse			Vor Hydrolyse
Lobarsäure . . .	0,54	0,80	0,40	0,12	0,83
Physodsäure . .	—	0,87	0,18	0,12	0,77
α-Collatolsäure .	0,66	0,95	—	—	0,82
Alectoronsäure .	0,45	0,80	0,15	0,06	—

Die R_F-Werte in den Tabellen sind nur approximativ und können in den einzelnen Fällen ziemlich großen Schwankungen unterworfen sein (10—20%). Besonders bei Chromatographie auf mit Pufferlösungen imprägniertem Papier ist es schwierig, alle Bedingungen, die den R_F-Wert beeinflussen, konstant zu halten. Die Ordnungsfolge der Substanzen unter verschiedenen Bedingungen ist jedoch gut reproduzierbar.

Tabelle 33. R_F-*Werte von Depsidonen vom* β-*Orcin-Typ* [*3, 8*]

Lösungsmittelsystem	Butanol, Aceton, Wasser	Butanol, Äthanol, Wasser	Butanol, Wasser			
Papier imprägniert mit	—	—	Na_2HPO_4	Na_3PO_4	Na_2HPO_4	Na_3PO_4
			Vor Hydrolyse		Nach Hydrolyse	
Psoromsäure	0,62	0,70	0,70	0,60	0,25	0,10
Stictinsäure	0,52	0,60	0,85		0,60	0,60
Norstictinsäure	0,62	0,65	0,60	0,55	0,06	0,02
Protocetrarsäure	0,45	0,50	0,50	0,20	0,02	0,01
Physodalsäure	0,68	0,65			0,02	0,01
Fumarprotocetrarsäure .	0,38	0,30			0,02	0,01
Salacinsäure	0,50	0,27	—	—	—	—
α-Methyläthersalicinsäure	0,42	0,41	—	—	—	—
Cetrarsäure.	0,50	0,43	—	—	—	—
Pannarin.	0,02	0,01	—	—	—	—

Tabelle 34. R_F-*Werte von Pulvinsäure- und Dibenzofuran-Derivaten*

a) Vor Hydrolyse

Lösungsmittelsystem Literatur	Butanol, konz. Ammoniak (4:1) [*4*]	Äthylacetat, konz. Ammoniak [*4*]	Butanol, Äthanol, Wasser (5:1:4) [*3*]	Butanol, Wasser [*3*]
Papier imprägniert mit		—	—	Na_2HPO_4
Pulvinsäure	0,70	0,19	0,70	0,65
Pulvinsäurelaceton . .	0,40	0,0	—	—
Vulpinsäure	0,92	0,50	0,64	0,84
Pinastrinsäure	0,90	0,40	0,52	0,82
Calycin	0,64	0,05	—	—
Rhizocarpsäure . . .	—	—	0,92	0,90
Epanorin	1,0	1,0	—	—
Usninsäure	0,92	—	0,85	0,95
Strapsilin	—	—	0,50	0,40
Porphyrilsäure . . .	—	—	0,40	0,15
Didymsäure	—	—	0,95	0,95
Pannarsäure	—	—	0,40	0,15

b) Nach Hydrolyse [*3*]

Lösungsmittelsystem	Butanol, Äthanol, Wasser (5:1:4)	Butanol, Wasser	
Papier imprägniert mit	—	Na_2HPO_4	Na_3PO_4
Pulvinsäure	0,70	0,65	0,25
Vulpinsäure	0,70	0,65	0,25
Pinastrinsäure	0,65	0,65	0,20
Rhizocarpsäure . . .	—	0,76	0,64

3. Nachweis

a) Im ultravioletten Licht [*2, 3, 4*]. Unter der UV-Lampe werden viele
der Flechtensäuren oder deren Hydrolysenprodukte gut als fluores-

cierende oder dunkle Flecken sichtbar. Kurzwelliges UV (254 mμ; Quecksilberniederdruckbrenner Hanau NN 15/44) erwies sich vorteilhafter als langwelliges UV (360 mμ). Die Fluorescenz wird in einigen Fällen durch Ammoniakdämpfe verstärkt.

b) Benzidin-Reagens [6]. Lösung I: 5 g Benzidin und 14 ml konz. Salzsäure werden mit Wasser auf 1000 ml verdünnt. Lösung II: 100 g Natriumnitrit in 1000 ml Wasser. Kurz vor Verwendung werden gleiche Volumina von I und II vermischt, wobei eine klare gelbe Lösung erhalten wird. Die Papierstreifen müssen nach dem Besprühen mit dem Benzidin-Reagens gut in fließendem Wasser gespült werden.

Diazotiertes Benzidin kuppelt mit vielen phenolischen Flechtensäuren zu charakteristisch rot, braun oder gelb gefärbten Azoverbindungen [2, 3]. Die Hydrolysenprodukte geben gewöhnlich viel stärkere Farben als die ursprünglichen Säuren. Auf dem mit Pufferlösung imprägnierten Papier erscheint die Farbe sofort nach dem Besprühen, auf dem nicht imprägnierten dagegen viel langsamer oder gar nicht.

Von den stabilen Diazoniumsalzen eignen sich in 0,01%iger Lösung ebenfalls: Echtschwarzsalz K, Echtblausalz B und Echtblausalz BB (Farbenfabriken Bayer/Leverkusen). Das Chromatogramm ist nach dem Besprühen bei 80° C zu trocknen und dann sowohl im Tages- als auch UV-Licht auszuwerten [8].

c) p-Phenylendiamin [3, 5]. 10 mg in 100 ml Äthanol. Dieses Reagens (frisch bereitet) gibt gelbe Farben mit allen Flechtensäuren oder deren Hydrolysenprodukten, die eine Aldehydgruppe in ortho-Stellung zu einer phenolischen Hydroxylgruppe enthalten. Die Streifen werden am besten im UV beobachtet, wo die erwähnten Säuren fluorescierende Flecken von charakteristischen gelben Nuancen geben.

d) Eisenchlorid. 1 g in 100 ml Äthanol wurde für Depside und Depsidone empfohlen [1]; es scheint aber ein ziemlich unempfindliches Reagens zu sein.

e) Chloramin-T. 5 g in 100 ml Äthanol wurden als Reagens für Usninsäure verwendet [1]: gelbe Farbe.

Die Farbreaktionen nach dem Besprühen mit den verschiedenen Reagentien und im UV-Licht sind für jeweils 5 γ Substanz in Tab. 35 angegeben. Die untere Nachweisgrenze für die einzelnen Flechtensäuren ist noch nicht näher studiert worden, dürfte aber gewöhnlich bei 1—10 γ liegen. Quantitative Bestimmungen sind nicht ausgeführt worden.

4. Dokumentation

Für die Dokumentation der Flechtensäuren läßt sich die Photoprint-Technik mit Erfolg verwenden [8]. Bei einem Abstand von 120 cm von der UV-Quelle (Hg-Niederdruckbrenner NN 15/44) ist die Belichtungszeit je nach Art und Konzentration des Stoffes auf Agfa-Dokumentenpapier 1 bis mehrere Sekunden. In manchen Fällen ist es vorteilhaft, vor der Aufnahme mit p-Phenylendiamin zu besprühen.

Tabelle 35. *Farbreaktionen und Fluorescenz im UV* [8]

Abkürzungen: DB = Diazotiertes Benzidin; EK = Echtschwarzsalz K;
EB = Echtblausalz B; EBB = Echtblausalz BB; p-P = Phenylendiamin;
UV = UV-Lampe; TL = Tageslicht; B = blau; Br = braun; Brl = bräunlich;
D = dunkel; G = grau; Ge = gelb; Gel = gelblich; Gr = grün; H = hell;
K = carmin; L = leicht; Or = orange; Oc = ocker; R = rot; Rs = rosa;
T = tief; V = violett; W = weiß; Z = ziegelrot.

Flechtenstoff	UV	DB		EK		EB		EBB		p—P UV 360
		TL	UV 360	TL	UV 360	TL	UV 360	TL	UV 360	
Vulpinsäure . . .	Ge	—	—	—	—	—	—	—	—	—
Pinastrinsäure .	Oc	—	—	—	—	—	—	—	—	—
Evernsäure . . .	DB	R	K	RV	V	Rs	R	LRs	LK	—
Divaricatsäure[1] .	B	BrR	RV	V	V	Rs	K	Rs	Rs	—
Sphärophorin . .	DB	BrR	K	RV	V	Rs	K	RV	R	—
Imbricarsäure[1] .	B	HBr	DBR	RV	BV	Rs	V	Ge	WB	—
Gyrophorsäure .	BV	R	BR	BG	BV	V	V	V	V	—
Umbilicarsäure[2] .	BV	R	BR	BG	BV	V	V	V	V	—
Orsellinsäure[2] . .	V	R	BR	BG	BV	V	V	V	V	—
Barbatinsäure[1] .	DB	HBr	DBr	LRV	LV	LRs	LV	Gel	—	—
Diffractasäure .	HB	HBr	DG	LG	—	—	—	—	—	—
(Chlor-)Atranorin	HGr	HBr	Or	RV	V	Rs	ZR	R	K	+
Squamatsäure . .	B	HBr	G	LV	V	Rs	G	—	—	—
Thamnolsäure .	Gel	Or	Or	RV	V	R	K	R	ZR	+
Barbatolsäure[2] .	Gel	HOr	RBr	RV	V	Rs	R	Rs	K	+
Physodsäure . .	DB	Rs	Grs	BG	LV	LRs	LV	—	—	—
α-Collatolsäure .	DV	HBr	DG	BG	D	LRs	LV	—	—	—
Salazinsäure . .	HGr	—	—	—	—	—	—	—	—	+
α-Methyläther- salazinsäure[2] .	HGr	—	—	—	—	—	—	—	—	+
Stictinsäure . . .	Gel	—	—	—	—	—	—	—	—	+D!
Norstictinsäure .	Gel	—	—	—	—	—	—	—	—	+D!
Protocetrarsäure	GeGr	—	—	—	—	—	—	—	—	+
Fumarproto- cetrarsäure . .	GeGr	—	—	—	—	—	—	—	—	+
Cetrarsäure . . .	Gel	LGe	G	—	—	Brl	Brl	—	—	+
Physodalsäure .	Gel	—	—	—	—	—	—	—	—	+
Pannarin	HB	RBr	RV	BG	V	RV	RV	RV	BV	—
Usninsäure . . .	DV	—	—	LRs	D	Brl	GBr	Gel	G	—

[1] 10 γ.

[2] Nicht quantitativ. Alle anderen Angaben beziehen sich auf 5 γ Substanz.

5. Fehlerquellen

Der Gehalt der Flechten an Flechtensäuren ist gewöhnlich groß im
Vergleich zu den übrigen Inhaltsstoffen, weshalb der rohe Extrakt gut
zur Chromatographie verwendet werden kann. Auf Decarboxylierungs-
und Oxydationsprodukte muß immer geachtet werden, am besten durch
Vergleich mit reinen Flechtensäuren, die unter denselben Bedingungen
hydrolysiert werden.

Um die Säuren einer Flechte zu identifizieren, wird der Benzol- bzw.
Aceton-Extrakt vor und nach Hydrolyse unter wenigstens zwei Be-

dingungen chromatographiert. Auf dem gleichen Papier werden auch bekannte Säuren, deren Anwesenheit zu vermuten ist, chromatographiert. Die Identität einer unbekannten mit einer bekannten Säure läßt sich nun durch eine Reihe von Indicien beweisen (oder sehr wahrscheinlich machen): R_F-Wert, Verhalten im UV, Farbreaktion mit dem Benzidin-Reagens (am besten sofort nach dem Besprühen notiert) und mit p-Phenylendiamin, Form der Flecken usw. Die Chromatogramme der Hydrolysate sind bei der Identifikation häufig von entscheidender Bedeutung; denn es kommt nicht selten vor, daß zwei Säuren eines Extraktes denselben R_F-Wert zeigen, daß aber die Hydrolysenprodukte gut getrennt werden können.

Diese allgemeine Methode kann natürlich bei Serienuntersuchungen vereinfacht werden. Man lernt bald die typischen Flecken und Nuancen der gewöhnlichen Säuren einer Species oder Gattung kennen und braucht nicht immer mit den reinen Säuren zu vergleichen. Es empfiehlt sich aber, immer eine Standardsubstanz, z. B. Orsellinsäure, auf dem Chromatogramm mitzunehmen. Falls reine Flechtensäuren nicht zugänglich sind, kann mit Extrakten von Flechten mit gut bekannten Inhaltsstoffen verglichen werden [8]. Es soll aber nicht versucht werden, unbekannte Säuren nur mit Hilfe von tabellierten R_F-Werten und Farbreaktionen zu identifizieren. Dazu sind die Möglichkeiten zu Verwechslungen zu groß.

Literatur

[1] M. Mitsuno: Pharmac. Bull. (Tokyo) 2, 170 (1953). — [2] C. A. Wachtmeister: Acta chem. scand. 6, 818 (1952). — [3] C. A. Wachtmeister: Bot. Notiser (Lund) 109, 313 (1956). — [4] M. Mitsuno: Pharmac. Bull. (Tokyo) 3, 60 (1955). — [5] Y. Asahina–S. Shibata: Chemistry of Lichen Substances. Tokyo 1954. — [6] J. E. Koch–W. Krieg: Chem. Ztg. 62, 140 (1938). — [7] M. E. Hale: Amer. J. Bot. 43, 456 (1956). — [8] Hess, D.: Planta 52, 65 (1958). — [9] H. Runemark: Opera Botan. 2, 1, 26 (1956). — [10] C. A. Wachtmeister: Sv. Kem. Tidskr. 70, 3 (1958); auch: Dissert. Stockhom 1958.

D. Phosphatide und komplexe Lipide

Von

U. Beiss

Die papierchromatographische Analyse erlaubt einen einwandfreien qualitativen Nachweis verschiedener Phosphatide in einem Gemisch. Bisher wurden derartige Analysen durch Isolierung einzelner Komponenten mit Hilfe von Fällungsmethoden bzw. auf Grund unterschiedlicher Löslichkeiten vorgenommen. Da sich diese Verbindungen in ihrem Lösungsverhalten untereinander stark beeinflussen und außerdem außerordentlich labil sind, so daß bei den chemischen Arbeitsvorgängen sehr leicht Veränderungen eintreten können [1, 2], muß die Interpretation der dabei erhaltenen Ergebnisse mit großer Vorsicht erfolgen. Durch die papierchromatographische Methode werden diese Fehlerquellen jedoch weitgehend ausgeschaltet.

I. Verarbeitung des Pflanzenmaterials

Obwohl Phosphatide im pflanzlichem Gewebe allgemein vorhanden sind [3, 4, 5], wurden die meisten methodischen Untersuchungen über Extraktionsverfahren an tierischem Material durchgeführt; sie können nicht ohne weiteres auf die Verhältnisse bei pflanzlichem Material übertragen werden. So finden sich in Lipidextrakten aus Pflanzengewebe neben den Phosphatiden große Mengen an zucker-, phosphor- und stickstoffhaltigem Material, die sich auf Grund der Anwesenheit von Phosphatiden auch in den organischen Extraktionsflüssigkeiten ziemlich gut lösen. Diese Verunreinigungen stören bei Anwendung der angegebenen papierchromatographischen Methode nicht so sehr wie die mitextrahierten Pflanzenfarbstoffe. Von diesen müssen durch eine oder mehrere Acetonfällungen die Rohphosphatide abgetrennt werden; hierbei ist jedoch zu beachten, daß sie nicht völlig quantitativ gefällt werden. Um größere Verluste zu vermeiden, sollte diese Fällung deshalb bei tiefer Temperatur ($- 20°$ C) durchgeführt werden.

Bei der Extraktion der Phosphatide aus Blattmaterial dürfen keine ätherhaltigen Lösungsmittelgemische verwendet werden, da sonst eine starke Aktivierung der Lecithinase C erfolgt, die einen Abbau der Phosphatide bewirkt [6]. Auch sollte vermieden werden, das zu extrahierende Material vor der Extraktion bei $105°$ C zu trocknen, da in diesem Falle die Phosphatidausbeute wesentlich geringer ist als bei Material, welches z. B. im Vakuumexsiccator über konz. Schwefelsäure getrocknet wird [7]. Günstiger ist es, die Entwässerung durch das Extraktionsmittel vorzunehmen; dadurch wird der enzymatische Abbau der Phosphatide weitgehend unterbunden, der bei längeren Trocknungszeiten eine Verfälschung der Resultate herbeiführen kann. Auch ist die Löslichkeit einer Reihe von Phosphatiden in „feuchten" organischen Lösungsmitteln wesentlich besser als in „trockenen" [1]. Zur Vermeidung von Veränderungen dieser leicht autoxydablen Verbindungen soll die Gewinnung der Extrakte möglichst in der Dunkelheit und in einer inerten Gasatmosphäre durchgeführt werden [2].

Die **Extraktion** kann auf folgende Arten geschehen:

a) Das Frischmaterial wird mit der 10fachen Menge (ml/g) eines eiskalten Chloroform–Methanolgemisches (3:2) homogenisiert (Starmix), die Lösung durch Zentrifugation abgetrennt und in der Kälte aufbewahrt. Der Rückstand wird nochmals mit der gleichen Menge frischen Extraktionsmittels eine Stunde unter Rückfluß gekocht. Nach Abzentrifugieren des Ungelösten werden die Extrakte vereinigt und im Vakuum unterhalb von $40°$ C eingedampft. Der erhaltene Rückstand wird in einer kleinen Menge Chloroform–Methanol gelöst. Nach Abzentrifugation des Ungelösten wird diese Lösung in das 20fache Volumen Aceton (auf $- 20°$ C gekühlt und mit einigen Tropfen einer gesättigten Lösung von $CaCl_2$ in Methanol versetzt) gegossen. Nach etwa $^1/_2$—1 h Aufbewahrung bei $- 20°$ C ist die Fällung beendet und die Rohphosphatide werden abzentrifugiert. Diese Acetonfällung wird ein- bis dreimal durchgeführt, bis der größte Teil der störenden Farbstoffe entfernt ist.

Anschließend an die letzte Fällung werden die Phosphatide zu etwa 5%
in dem Chloroform–Methanolgemisch zur Chromatographie gelöst.

b) Das zerkleinerte Frischmaterial wird bis zur Endkonzentration
von etwa 90% mit Methanol versetzt und die Lösung nach mehr-
wöchiger Extraktion in der Dunkelheit abfiltriert. Der Rückstand wird
mit dem 6—7fachen des ursprünglichen Frischgewichtes an Methanol-
Petroläther (9:1) nochmals für einige Wochen nachextrahiert. Beide
Extrakte werden im Vakuum bei 40—50° C eingeengt und die entstandenen Emulsionen erschöpfend mit Chloroform extrahiert. Der Chloro-
formextrakt wird unterhalb von 40° C zur Trockne gebracht. Anschließend werden die Phosphatide in etwas Chloroform gelöst und durch
doppelte Fällung mit dem 20fachen Volumen Aceton gereinigt [8, 9].

c) Das Frischmaterial wird unter flüssigem N_2 zerkleinert und in die
3fache Menge von kochendem Isopropanol getan. Nach 1—2minutiger
Homogenisation wird die Lösung abgesaugt, der Rückstand mit der
2fachen Menge kochenden Isopropanols nachgewaschen und anschließend mit der gleichen Menge eines heißen Isopropanol–Chloroform-
gemisches (1:1) nochmals homogenisiert. Nach Absaugen der Lösung
wird mit der Isopropanol–Chloroformmischung und schließlich mit
reinem Chloroform nachgewaschen. Die vereinigten Extrakte werden
im Vakuum (unter N_2 bei 40° C) auf $^1/_{25}$ des Gesamtvolumens konzentriert und mit dem 8fachen Volumen Chloroform verdünnt. Zur Entfernung wasserlöslicher Bestandteile wird diese Chloroformlösung 4mal
mit dem gleichen Volumen Wasser gewaschen, anschließend im Vakuum
(unterhalb von 40° C) zur Trockne gebracht und der Rückstand in etwas
frischem Chloroform aufgenommen.

Die Entfernung der Farbstoffe und eine Vorfraktionierung erfolgt
durch Chromatographie auf einer Kieselsäure-Celit-Säule (Kieselsäure:
Mallinckrodt, Nr. 2847; Celit: Johns-Manville, Nr. 545, gewaschen mit
Wasser, Methanol und Chloroform; Mischungsverhältnis 4:1). Das
gemischte Adsorbens (20 g/5 mg Phosphatid-P) wird 1—2 h auf 110° C
erhitzt, abgekühlt, mit Chloroform gemischt und in die Säule eingefüllt.
Anschließend wird die Chloroformlösung der Lipide auf die Säule
gebracht und nacheinander mit den folgenden Gemischen eluiert: Chloroform (20 Säulenvolumen), Chloroform–Methanol (5:1; 10 Säulenvolumen), Chloroform–Methanol (1:1; 10 Säulenvolumen). Hierbei
können nacheinander 5 verschiedene Fraktionen erhalten werden [10]:

I. Pigmente und Nicht-Phosphatide (Chloroform)
II. Inosit–kohlenhydrathaltige Phosphatide }(Chloroform-
III. hauptsächlich Colaminkephalin und Serin- }Methanol 5:1)
    Kephalin
IV. eine unbekannte Phosphatidfraktion }(Chloroform–Methanol
V. hauptsächlich Lecithin } 1:1)

Diese Fraktionen werden im Vakuum zur Trockne gebracht und
anschließend etwa 5%ig zur Chromatographie gelöst.

II. Papierchromatographie

1. Lösungsmittel

Eine Reihe von Autoren (Literatur bei [*11*]) konnten auf mit Kieselsäure imprägniertem Papier eine Verteilung von Phosphatiden erreichen. Infolge des wechselnden Imprägnierungsgrades ließen sich diese Methoden jedoch nur schwer reproduzieren; außerdem war die Auftrennung der Phosphatide im Gemisch noch sehr unzureichend. Dagegen ist bei Verwendung der Papiere Schleicher & Schüll 2043 b Mgl oder 2045 b Gl und der folgenden Lösungsmittelgemische eine gute Auftrennung der einzelnen Komponenten eines Phosphatidgemisches möglich:

    A. Diisobutylketon–Methylisobutylketon–Methyläthylketon–Chloroform–Ameisensäure (98%ig)–Wasser (30:26:20:110:30:3).

    B. Tetrahydrofuran–Diisobutylketon–Wasser (45:5:6).

    C. Diisobutylketon–Ameisensäure (98%ig)–Wasser (40:15:2).

    D. Diisobutylketon–Methylisobutylketon–Methyläthylketon–Ameisensäure (98%ig)–Glycerin (30:20:25:10:3).

    E. Tetrahydrofuran–Äther–Wasser (60:15:10).

Bei der Verwendung von Tetrahydrofuran und Äther ist es wichtig, daß diese von Peroxyden befreit werden (versetzen mit $FeSO_4$, gut durchschütteln und vor Gebrauch abdestillieren), da sonst bei den Nachweisreaktionen Schwierigkeiten auftreten. Auch sollten die Gemische erst kurz vor Gebrauch angesetzt werden, da sich die ameisensäurehaltigen Lösungen bereits nach eintägigem Stehen verändern [*11, 12*].

2. Chromatogramme

Da mit den relativ schnell wandernden Entwicklergemischen schon bei einer Laufstrecke von 10—20 cm gute Trennungen erzielt werden, wird zur Ausbildung kompakterer Flecke zweckmäßigerweise mit dem

Tabelle 36. R_F-*Werte*

Testsubstanz	Trennmittelsysteme (s. S. 144, oben)				
	A	B	C	D	E
Acetalphosphatide . . .	0,57	0,37	0,57	0,61	0,78
Acetalphosphatide . . .	0,81	0,60	0,80	0,85	>0,95
Cerebroside	0,09	0,29	—	0,00	>0,95
Cerebroside	0,41	0,64	0,59	0,00	>0,95
Cerebroside	0,53	0,71	0,69	0,00	>0,95
Cholesterin	>0,90	>0,90	>0,90	>0,90	>0,95
Colaminkephalin	0,57	0,37	0,57	0,61	0,78
Fettsäuren (>C_{10})	>0,90	>0,90	>0,90	>0,90	>0,95
Ganglioside	0,00	0,03	0,00	0,00	0,04
Ganglioside	0,00	0,08	0,00	0,00	0,08
Lecithin	0,70	0,32	0,69	0,76	0,68
Neutralfette	>0,90	>0,90	>0,90	>0,85	>0,95
Serinkephalin	0,43	0,21	0,45	0,46	0,54
Sphingomyelin	0,63	0,27	0,58	0,68	0,50

Papier S & S 2045 b Gl nach der aufsteigenden Methode gearbeitet. Die zu untersuchende Lösung wird für die verschiedenen Nachweisreaktionen mehrere Male parallel aufgetragen und anschließend das zylinderförmig zusammengeheftete Chromatogramm in einen Glaszylinder (mit eingeschliffenem Deckel) gestellt, in dem das Entwicklergemisch etwa 2 cm hoch eingefüllt ist. Das Chromatographiegefäß soll dabei nicht viel größer sein, als es unbedingt notwendig ist, da sonst die Sättigung der Kammeratmosphäre mit den Lösungsmitteldämpfen ungenügend ist und Entmischungserscheinungen auf dem Papier auftreten können.

Die mit den angegebenen Lösungsmittelgemischen erhaltenen R_F-Werte sind in Tab. 36 zusammengestellt (Papier S & S 2045 b Gl, Laufstrecke 20 cm aufsteigend, Temperatur 20° C).

Eine wesentlich bessere Auftrennung kann durch Anwendung der zweidimensionalen Methode mit den Entwicklersystemen A und B erreicht werden. Läßt man zuerst das Gemisch B quer zur Faserrichtung des Papiers und nach dem Trocknen rechtwinklig dazu das Trennmittel A aufsteigen, so werden die Phosphatide gut über das Papier verteilt (s. Abb. 58); es genügt dabei eine effektive Laufstrecke von 14×14 cm.

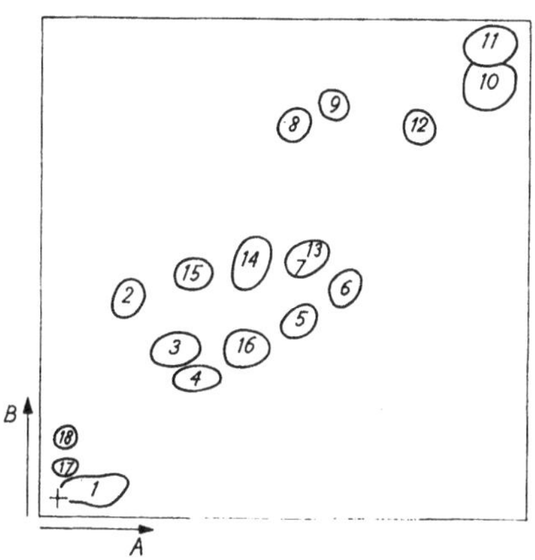

Abb. 58. Lage verschiedener Testsubstanzen im zweidimensionalen Chromatogramm. Die Bezifferung der Flecken entspricht der Numerierung in Tab. 37

3. Nachweisreaktionen

Da es für Phosphatide keine spezifischen Nachweisreaktionen gibt, kann eine Identifizierung nur durch den Vergleich mit Testsubstanzen und den Nachweis bestimmter reaktionsfähiger Gruppen an parallelen Chromatogrammen erfolgen. Dabei haben sich folgende Farbreaktionen bewährt [*11, 12*]:

a) NH$_2$-haltige Gruppen. Das Chromatogramm wird mit einer 0,5%igen Ninhydrinlösung in 95 ml n-Butanol und 5 ml 2 n-Essigsäure besprüht; die Farbentwicklung erfolgt entweder nach 24 h bei Zimmertemperatur oder in 10 min bei 110° C in wasserdampfgesättigter Atmosphäre.

b) Cholin. Das Chromatogramm wird 10 min in eine Lösung von 1 l Wasser und 50 ml einer gesättigten Dipikrylaminlösung (in 10%iger Na$_2$CO$_3$-Lösung gesättigt) gelegt; danach wird unter fließendem Wasser so lange (etwa 15 min) ausgewaschen, bis der Papieruntergrund wieder entfärbt ist.

c) Höhere Fettsäuren und Fettaldehyde. Das Chromatogramm wird 25 min in eine 0,005%ige Lösung von Rhodamin B in dest. Wasser gelegt und anschließend gut in Wasser gewaschen. Nach dem Trocknen wird im Tageslicht und im UV betrachtet.

Tabelle 37. *Farbreaktionen und Identifizierung der im 2-dimensionalen Chromatogramm* (s. Abb. 58) *aufgefundenen Flecke*
Fl. = Fluorescenzlöschung (blau auf schwach rosa Untergrund)

Nr.	Testsubstanz	Nachweisreaktionen							
		Ninhydrin	Dipikrylamin	Rhodamin B	NDR		Zinzadze	OsO$_4$	Sublimat, Fuchsin-schwefl. Säure
					Tageslicht	UV			
1	Aminosäuren	violett	—	—	—	—	—	dunkel	—
2	Cerebrosid	—	—	rosa	rosa	orange	—	—	—
3	nicht identifiziert . .	violett	—	—	dunkelrosa	—	blau	dunkel	—
4	Lysolecithin (?) . . .	—	hellgelb	weiß	hellgelb	Fl.	blau	—	—
5	Sphingomyelin . . .	—	hellgelb	rosa	rosa	orange	blau	dunkel	—
6	Lecithin	—	gelb	hellrosa	braungelb	Fl.	blau	dunkel	—
7	Colaminkephalin . .	violett	—	rosa	dunkelrosa	orange	blau	dunkel	—
8	Cerebrosid	—	—	rosa	rosa	orange	—	—	—
9	Cerebrosid	—	—	rosa	rosa	orange	—	—	—
10	Cholesterin	—	—	weißrosa	weißrosa	Fl.	—	—	—
	höhere Fettsäuren (> C$_{10}$)	—	schwachgelb	rosa, weiß	rosa	orange, Fl.	—	dunkel	—
	Neutralfette	—	schwachgelb	rosa, weiß	rosa	orange, Fl.	—	dunkel	—
11	Papierfleck[1]	—	schwachgelb	rosa	rosabraun	dkl. rotblau	—	dunkel	—
12	Acetalphosphatid . .	violett	—	—	—	—	blau	dunkel	rotviolett
13	Acetalphosphatid . .	violett	—	rosa	rosa	orange	blau	dunkel	rotviolett
14	nicht identifiziert . .	violett	—	rosa	rosa	Fl.	blau	dunkel	—
15	nicht identifiziert . .	violett	—	—	dunkelrosa	—	blau	dunkel	—
16	Serinkephalin . . .	violett	—	rosa	dunkelrosa	orange	blau	dunkel	—
17	Gangliosid	—	—	rosa	rosa	orange	—	—	—
18	Gangliosid	—	—	rosa	rosa	orange	—	—	—

[1] verursacht durch Elution von lipoiden Substanzen aus dem Papier

d) Phosphorsäureester. Das getrocknete Chromatogramm wird mit unverdünntem Zinzadze-Reagens (Molybdän-Reagens nach ZINZADZE, modifiziert nach HAHN und LUCKHAUS, Merck, Darmstadt) besprüht; nach kurzem Trocknen bei Zimmertemperatur erscheinen die P-haltigen Substanzen als blaue Flecke, die sofort markiert werden müssen.

e) Ungesättigte Bindungen. Das getrocknete Chromatogramm wird 12—24 h OsO_4-Dämpfen ausgesetzt.

f) Acetalphosphatide. Das Chromatogramm wird 2 min in eine 2%ige Sublimatlösung und 5 min in fuchsinschweflige Säure gelegt; anschließend wird längere Zeit in SO_2-haltigem Wasser und dann in dest. Wasser gut nachgewaschen.

Mit Hilfe dieser verschiedenen Reaktionen lassen sich die einzelnen Phosphatidkomponenten ausreichend charakterisieren (s. Tab. 37). Eine noch bessere Differenzierung wird erreicht, wenn die Reaktionen mit Ninhydrin, Dipikrylamin und Rhodamin B nacheinander in der angegebenen Reihenfolge an einem Papierstreifen durchgeführt werden (= NDR; s. Tab. 37), wobei nach jeder Reaktion die dazugehörigen Flecken markiert werden.

III. Papierelektrophorese [8, 9, 13]

Die papierelektrophoretische Auftrennung von Phosphatiden kann im Elphor-H-Gerät nach GRASSMANN und HANNIG erfolgen. Während die äußeren Kammern mit Pyridin–Eisessig (1:1) gefüllt werden, kommt in die inneren Kammern ein Gemisch von Chloroform–Pyridin–Eisessig (1:1:1). Der Papierstreifen wird trocken vorgefalzt, die Auftragstelle in der Mitte markiert und der Streifen in das Gerät eingelegt. Auf diesen wird dann 0,6—0,8 ml des frisch hergestellten Kammergemisches aufgetropft und die Kammer mit einer mit einem Gummirand versehenen Glasplatte abgedeckt. Nach etwa $^1/_2$ bis 1 h hat sich das Gemisch gleichmäßig auf den Streifen verteilt. Die Auftragstelle wird freigelegt und durch vorsichtiges Blasen mit einem Glasrohr getrocknet, bis die Papieroberfläche rauh erscheint. Erst dann werden etwa 0,3 ml der im Kammergemisch gelösten Phosphatide streifenförmig aufgetragen. Nach gleichmäßiger Verteilung der aufgetragenen Lösung wird der Strom angelegt (200—300 V). Nach 20—22 h Laufzeit werden die Streifen im Luftstrom und anschließend bei 60—70° C getrocknet. Die Anfärbung erfolgt durch Einlegen der Streifen in unverdünntes Molybdänblaureagens nach ZINZADZE (4—5 min); danach wird gut mit Methanol ausgewaschen. Nach dem letzten Methanolbad werden die Streifen mit Filtrierpapier abgelöscht und im Luftstrom nicht über 50° C getrocknet. Die quantitative Auswertung erfolgt im Elphor-Auswertgerät.

Literatur

[1] J. DEUL: The Lipids. I, Chemistry. New York 1951. — [2] O. W. THIELE–H. BERGMANN: Z. physiol. Chem. **306**, 185 (1957). — [3] E. H. WINTERSTEIN–H. WINTERSTEIN: Phosphatide. In Handbuch der Pflanzenanalyse. Bd. 2. Wien 1932. — [4] M. L. MEARA: Fats and other Lipids. In PAECH-TRACEY: Moderne

Methoden der Pflanzenanalyse. Bd. 2. Berlin 1955. — [5] J. A. LOVERN: The Phospholipides and Glycolipides. In Handbuch der Pflanzenphysiologie. Bd. 7. Berlin 1957. — [6] M. KATES: Nature (Lond.) 172, 814 (1955). — [7] W. WENZEL: Methodische Untersuchungen über die Bestimmung der organischen Phosphorverbindungen in den Pflanzen. Diss. T. U. Berlin 1955. — [8] W. KANNGIESSER: Biochem. Z. 325, 12 (1953). — [9] E. PFEIL–W. KANNGIESSER: Z. Pflanzenkr. u. Pflanzenschutz 62, 705 (1955). — [10] M. KATES–F. M. EBERHARDT: Canad. J. Bot. 35, 895 (1957). — [11] U. BEISS–O. ARMBRUSTER: Z. Naturforsch. 13 b, 79 (1958). — [12] O. ARMBRUSTER–U. BEISS: Naturwissenschaften 44, 420 (1957). [13] H. ZIPPER — M. D. GLANTZ: J. biol. Chem. 230, 621 (1958).

E. Proteine und ihre Bausteine

I. Aminosäuren

Von

H. DÖRFEL

1. Die Analysenlösung

a) Extraktion von Aminosäuren

Der papierchromatographische Nachweis von freien Aminosäuren in Zellflüssigkeit und Gewebsextrakten wird in der Regel durch Fremdstoffe empfindlich gestört, die meist im Überschuß in derartigen physiologischen Flüssigkeiten gelöst sind. Wichtig ist vor allem die Entfernung löslicher Proteine, weil durch ihre mögliche fermentative Spaltung die Analysenergebnisse leicht verfälscht werden können. Störend auf die chromatographischen Trennungen wirkt sich im allgemeinen der Gehalt an anorganischen Salzen aus. Von den verschiedenen Verfahren, welche zur Enteiweißung und weiteren Reinigung der Aminosäurengemische vorgeschlagen wurden, ist vor allem die von mehreren Autoren verwendete Alkoholextraktion [1, 2, 24, 85, 103] wegen ihrer Einfachheit und Wirksamkeit zu erwähnen.

Beispiele: 0,6 mm-Schnitte von Kartoffeln werden mit 70—80%igem Alkohol kalt extrahiert (z. B. 1 h im Eisschrank bei 0°). Der Alkoholextrakt ist proteinfrei und wird im Vakuum bei Zimmertemperatur eingedampft. Den Rückstand löst man in so viel Wasser, daß in 1 ml etwa 10 mg N enthalten sind. 5 μl der Lösung werden zur Chromatographie aufgetragen [24].

Gewebehomogenisat ist mit so viel absolutem Alkohol zu versetzen, daß die Alkoholkonzentration des resultierenden Extraktes 80% beträgt. Man zentrifugiert von unlöslichem Material ab und wäscht mit 80%igem Alkohol nach. Zum Äthanolextrakt gibt man das dreifache Volumen Chloroform, schüttelt gut durch, trennt die wäßrige Schicht ab und dampft sie im Vakuum auf das gewünschte Volumen ein. Die wäßrige Lösung ist frei von Proteinen und Lipoiden, kann jedoch außer den Aminosäuren noch Monosaccharide und anorganische Salze enthalten [2].

Freie Aminosäuren werden mit 70%igem wäßrigen Äthanol aus homogenisiertem pflanzlichen Material extrahiert. In vielen Fällen kann bereits dieser Extrakt trotz seines Gehaltes an anderen Stoffen mit Erfolg für den papierchromatographischen Nachweis der darin enthaltenen Aminosäuren verwendet werden [103].

Extraktion von Aminosäuren aus Reiskörnern [71]: 20 g gepulverter Reis werden mit 50 ml Wasser 5 h im Kühlschrank quellen gelassen. Anschließend wird die Flüssigkeit vom Rückstand abzentrifugiert und mit so viel absolutem Alkohol versetzt, daß sie schließlich 80% Alkohol enthält. Die Lösung wird filtriert, auf 5 ml eingedampft und zur Chromatographie aufgetragen (50 μl).

Phosphormolybdänsäure kann zur quantitativen Fällung von Proteinen aus biologischem Material (2 ml Phosphormolybdänsäure nach PINCUSSEN [77] auf 1 ml Eiweißlösung) dienen. Die Verluste an freien Aminosäuren sind bei dieser Fällungsreaktion gering. Phosphorwolframsäure hingegen fällt alle basischen Aminosäuren aus; Calciumfluorid und Trichloressigsäure scheiden die verschiedenen Eiweißarten nicht immer vollständig ab [39].

Die Extraktion von freien Aminosäuren aus Kartoffelpflanzen durch Dialyse [83]: Blätter von 7 Wochen alten Kartoffelpflanzen werden nach kurzem Waschen und Trocknen an der Luft im Kühlschrank eingefroren, wobei die Zellen platzen. Nach dem Zerreiben der aufgetauten Blätter in einer Bosch-Saftpresse wird der Preßsaft in einer Padberg-Zentrifuge 30 min bei 10000 U/min zentrifugiert. Bei gründlichem Vorfrosten erhält man ein klares Zentrifugat. Der Preßsaft wird nun in einer etwas abgeänderten Antweilerschen Apparatur mit einer Ultrafeinfilter-ff-Membran der Membranfilter-Gesellschaft Göttingen solange gegen Wasser dialysiert, bis keine niedermolekularen stickstoffhaltigen Verbindungen mehr ins Außendialysat übergehen. Dies läßt sich beim öfteren Wechseln des Außendialysats nach etwa 30 h erreichen.

b) Eiweißhydrolyse

In vielen Fällen wird die papierchromatographische Trennung von Aminosäurengemischen zur Bausteinanalyse von Proteinen und Peptiden herangezogen. Für den qualitativen Nachweis der Aminosäuren genügen bereits 0,3—1 mg Protein. Zur quantitativen Bestimmung werden je nach den Genauigkeitsansprüchen 1—10 mg Substanz benötigt. Die im folgenden gegebene Hydrolysenvorschrift ist vor allem zur Ermittlung der quantitativen Aminosäuren-Zusammensetzung von sehr kleinen Eiweißmengen ausgearbeitet [30]. Für die Herstellung von Hydrolysaten, die nur qualitativ untersucht werden sollen, ist sie sinngemäß zu vereinfachen.

Das zu analysierende Proteinpräparat wird bei 60° C im Vakuum (0,1 Torr) über Phosphorpentoxyd bis zur Gewichtskonstanz getrocknet. 5—20 mg Protein (entsprechend 0,75—3,0 mg N) werden in ein etwa 7 mm weites Glasröhrchen eingewogen und mit 1 ml reiner (destillierter) 20%iger Salzsäure versetzt. Schwefelhaltige Eiweißstoffe hydrolysiert man schonender mit 1 ml eines Gemisches aus gleichen Volumina 20%iger Salzsäure und 90%iger Ameisensäure. Sobald sich das Protein in der Säure gelöst hat, wird die Luft darüber vorsichtig durch Stickstoff verdrängt und das Röhrchen zugeschmolzen. Zur Hydrolyse wird es im Wasserbad 24 h auf 100° erhitzt.

Das Hydrolysat wird quantitativ in ein 3 ml-Erlenmeyerkölbchen übergeführt und im Vakuumexsiccator über angefeuchteten Kaliumhydroxydpastillen bei 10—12 Torr eingedunstet. Sobald der Rückstand sirupös geworden ist, trocknet man noch 10—20 h scharf über trockenem Kaliumhydroxyd und Phosphorpentoxyd bei 0,1 Torr. Zum Hydrolysat wird schließlich etwa 1 g Wasser genau zugewogen, so daß die Analysenlösung 0,5—2%ig ist. Für die qualitative Chromatographie werden wegen des bequemeren Auftragens nach Möglichkeit 2%ige Lösungen hergestellt. Das Hydrolysat ist mit einem kleinen Tropfen Toluol zu versetzen und mit einem Gummistopfen verschlossen im Eisschrank aufzubewahren. Die geringe im Hydrolysat verbliebene Menge Salzsäure hält Tyrosin und Cystin in Lösung, die im neutralen Medium unlöslich sind, und stört die chromatographischen Trennungen in keiner Weise.

Soll Tryptophan im Eiweißhydrolysat bestimmt werden, so erhitzt man 5—10 mg Protein mit 1 ml einer heißgesättigten wäßrigen Bariumhydroxydlösung unter Stickstoff 24 h im zugeschmolzenen Röhrchen auf 125—130° (Ölbad). Das Hydrolysat wird quantitativ in ein kleines Zentrifugenglas übergeführt und zur Entfernung der Bariumionen mit 2 n-Schwefelsäure versetzt, bis p_H 6 erreicht ist. Man zentrifugiert, zieht den Bariumsulfatniederschlag zweimal mit je 1 ml heißen Wassers aus und trocknet Lösung und Waschwasser gemeinsam ein. Der Rückstand wird wieder in 1 g Wasser gelöst (genau wiegen).

Durch die saure Hydrolyse wird Tryptophan zum größten Teil zerstört. Ins Gewicht fallen außerdem die Zersetzungen, welche die Oxyaminosäuren erleiden (Serin 8—10%, Threonin 2—3%). Die alkalische Hydrolyse greift Tryptophan nur wenig an, zerstört jedoch in erheblichem Maße Cystin, die Oxyaminosäuren und andere Komponenten. Besonders groß sind die Verluste an Aminosäuren bei der Hydrolyse von kohlenhydrathaltigen Eiweißstoffen.

c) Entsalzung

Ist das Verhältnis der Gewichtsmengen von Aminosäurengemisch zu anorganischen Salzen trotz der Alkoholextraktion kleiner als 0,5—1, so werden die chromatographischen Trennungen durch Streifenbildung stark gestört. In diesen Fällen müssen die anorganischen Ionen durch Elektrodialyse oder Ionenaustausch entfernt werden.

Eine Apparatur zur elektrolytischen Entsalzung ist in Abb. 29 abgebildet. W. H. STEIN und S. MOORE [93] stellten die Verluste fest, welche die Aminosäuren während der Elektrodialyse erleiden. Danach gehen von Leucin, Isoleucin, Phenylalanin, Glutaminsäure und Alanin nur durchschnittlich 5% verloren. Tyrosin, Methionin, Prolin und Histidin verschwinden zu 10—30%. Über die Hälfte des vorhandenen Arginins wird in Ornithin umgewandelt.

Der Elektrodialyseversuch wird in der Apparatur nach R. CONSDEN, A. H. GORDON und A. J. P. MARTIN [20, 44] ausgeführt. Die zu entsalzende Lösung enthält 15 mg Aminosäurengemisch und 1,5 g Salzgemisch in 100 ml Wasser. An das Gerät wird eine Gleichspannung von 110 V angelegt. In den ersten 20 min der Elektrolyse ist jedoch ein 100 Ω-Widerstand (3 Ampere) vorzuschalten und die Leistung damit unter 100 W zu halten. Nach dieser Zeit fällt die Stromstärke auch ohne Vorschaltwiderstand unter den Wert von 1 A. Nach 3—4 h ist die Lösung genügend entsalzt und wird im Vakuum auf das gewünschte Volumen eingedampft. Die quantitative Bestimmung der Aminosäurenverluste erfolgt durch Säulenchromatographie.

Mehrere Autoren verwenden zur Entsalzung von Aminosäuren-Lösungen Ionenaustauscher. Für diesen Zweck eignen sich sowohl basische Anionenaustauscher- als auch saure Kationenaustauscherharze. Stark saure Kationenaustauscher-Säulen halten Aminosäuren und anorganische Kationen zurück, während die Anionen der Salze in Lösung bleiben und die Säule passieren. Mit wäßrigem Ammoniak werden die Aminosäuren, nicht aber die anorganischen Kationen aus der Säule eluiert. Man läßt den mit 70%igem Alkohol hergestellten Pflanzenextrakt durch eine Säule mit der Säureform des stark sauren Kationenaustauscherharzes Amberlite IR 120 laufen und wäscht mit Alkohol nach. Die in der Säule verbliebenen Aminosäuren und Peptide werden mit 1 n-Ammoniak eluiert. Das Eluat wird zur Papierchromatographie aufgetragen [103].

Die benutzten Kationenaustauscher-Säulen werden folgendermaßen regeneriert: die Säule wird nach Elution der Aminosäuren solange mit 2 n-Salzsäure gewaschen, bis das Eluat stark sauer reagiert. Anschließend wäscht man mit Wasser bis zur neutralen Reaktion. Die Säule enthält dann keine anorganischen Kationen mehr und kann zur erneuten Entsalzung von Aminosäuren-Lösungen verwendet werden.

Die Entsalzung und gleichzeitige Trennung der basischen von den sauren und neutralen Aminosäuren gelingt mit Hilfe einer Kombination von zwei Kationenaustauscher-Säulen. Einer Säule mit schwach saurem Kationenaustauscher ist eine solche mit stark saurem Austauscher nachgeschaltet [83]: 1200 ml Außendialysat von Kartoffelpflanzen-Preßsaft werden zur Unterbindung der Enzymaktivität kurze Zeit auf 90° erhitzt und auf eine Säule (1,5 × 20 cm) mit der Säureform von Amberlite IRC-50 aufgegeben. Letztere ist auf eine zweite 30 cm hohe Säule mit der Säureform von Lewatit KSB (30 ml) aufgesetzt. Die Tropfgeschwindigkeit beträgt 1 ml/min, der p_H-Wert der einfließenden Lösung 5,8, derjenige des Eluats 4,8; Versuchsdauer 20 h. Nach dem Aufgeben des Dialysats werden die Säulen mit 80 ml Wasser nachgewaschen, voneinander getrennt und einzeln mit je 300 ml 4 n-Ammoniak eluiert. Die Eluate werden auf dem Wasserbad mit Warmluft zur Trockne eingedampft und mit je 1 ml Wasser aufgenommen. Durch diese Art der Entsalzung gehen nur 0,12—3% der in der Ausgangslösung enthaltenen Aminosäuren verloren.

Stark basische Anionenaustauscher halten außer Arginin und Lysin alle Aminosäuren und die Anionen der anorganischen Salze zurück. Neutrale Stoffe und Salz-Kationen passieren die Säule. Aminosäuren und Anionen werden mit Salzsäure aus dem Harz eluiert. Die erhaltene Lösung wird mit der Bicarbonatform desselben Anionenaustauscherharzes behandelt, wobei die anorganischen Anionen an das Harz gebunden werden, während die Aminosäuren in Lösung bleiben.

Nach den Angaben von K. A. PIEZ u. Mitarb. [75] treten bei Verwendung des stark basischen Anionenaustauscher-Harzes Nalcit SAR (National Aluminate Corporation Chicago) besonders geringe Verluste an Aminosäuren auf. Mit Ausnahme von Arginin und Lysin, welche bei dieser Art der Entsalzung verlorengehen, werden durchschnittlich 96% der eingesetzten Aminosäuren in der entsalzten Lösung wiedergefunden.

Das stark basische Austauscherharz Nalcit SAR (4% Quervernetzung, 60—100 „Maschen") wird durch Waschen und Dekantieren von feinen Partikeln befreit und in einer Kolonne mehrere Male abwechselnd mit 1 n-HCl und 1 n-NaOH behandelt. Schließlich wäscht man zur Darstellung der Hydroxylform des Harzes die Chloridform so lange mit 1 n-NaOH (carbonatfrei!) in 70%igem Äthanol, bis das Eluat chlorfrei ist. Danach wird 70%iger Alkohol durch die Säule geschickt, bis die alkalische Reaktion des Eluats verschwunden ist.

Die Bicarbonatform des Austauschers wird analog durch Behandeln der Chloridform mit gesättigter Bicarbonatlösung hergestellt. Jedoch ist das gewaschene Material mehrere Tage an der Luft zu trocknen.

Nach Gebrauch müssen die Harze auf die angegebene Weise regeneriert werden.

Eine Lösung von je 1,8 μM Aminosäure und 36 mg Kochsalz in 20 ml 70%igem Äthanol wird durch eine Kolonne (11 cm × 0,37 cm²) mit der Hydroxylform von Nalcit SAR geschickt (0,3 ml pro Minute). Man wäscht 3 mal mit je 2 ml 70%igem Äthanol nach und eluiert anschließend mit 1 n-HCl in 70%igem Alkohol. 32 ml Eluat werden aufgefangen und in einem Kölbchen mit 11 g lufttrockener Bicarbonatform des Austauschers geschüttelt. Die salzfreie neutrale Lösung der Aminosäuren wird vom Harz abfiltriert (nachwaschen). Nach demselben Verfahren kann auch in rein wäßrigem Medium gearbeitet werden.

Ähnliche Eigenschaften wie das Harz Nalcit SAR haben die stark basischen Anionenaustauscher Amberlite JRA 400 und Dowex 2, deren Hydroxylformen ebenfalls alle Aminosäuren mit isoelektrischem Punkt < 10 binden.

Weitere Vorschriften zur Entsalzung von Aminosäuren-Lösungen finden sich bei [26, 52, 57].

2. Qualitativer Nachweis

a) Chromatographierpapier

Trennungen von Aminosäuren können, abgesehen von einigen Spezialfällen, durchweg auf Whatmanpapier Nr. 1 ausgeführt werden. Die Mehrzahl der R_F-Wertangaben in der Literatur beziehen sich auf diese Papiersorte. Schleicher & Schüll-Papier Nr. 2043b hat nach den Angaben mehrerer Autoren die gleichen Eigenschaften wie Whatman-Papier Nr. 1. Whatman-Papier Nr. 3 wird vor allem in der Peptid-Chromatographie zur Trennung von größeren Substanzmengen verwendet. Die Trennung der basischen Aminosäuren wird oft auf Carboxyl-Papier ausgeführt (z. B. [83]).

Wellung und Verzerrung der Fronten eines Chromatogramms sollen durch Baumwollöl-Tröpfchen im Chromatographierpapier verursacht werden. Die Extraktion des Filterpapiers mit Äther entfernt diese Öltröpfchen und bewirkt eine erhebliche Begradigung der Fronten [50].

Wird mit einem gepufferten Verteilungsgemisch chromatographiert, so ist das Papier vor dem Auftragen der Analysen- bzw. Vergleichslösung mit derselben wäßrigen Pufferlösung zu tränken, mit welcher das entsprechende Verteilungsmedium gesättigt ist.

Hierzu werden die passend zugeschnittenen Papierstücke langsam durch die Pufferlösung gezogen, welche in einem genügend langen Trog placiert ist. Anschließend sind die Bogen im Luftstrom von $40-50°$ wieder zu trocknen. Zur besseren Handhabung der nassen Papierstreifen (besonders von ganzen Bogen) ist es zweckmäßig, das Papier an einer der kürzeren Seiten 2 cm umzuschlagen und dort einen dünnen Glasstab einzukleben.

Es hat sich bewährt, das Verteilungsgemisch (bei zweidimensionalen Trennungen das 1. Lösungsmittel) senkrecht zur Faserrichtung des Papiers wandern zu lassen.

b) Chromatographiergefäße

Sie sind in verschiedenen Ausführungen auf S. 10ff. beschrieben.

Vorrichtungen zur absteigenden Entwicklung sollen so dimensioniert sein, daß die Länge der Verteilungsbahn (von der Startlinie des Chromatogramms ab gerechnet) mindestens 40—50 cm beträgt. Für die zweidimensionale Chromatographie müssen die Kästen, welche mit dem Lösungsmittel der 1. Dimension beschickt werden, mindestens 25—30 cm breite Papierstreifen aufnehmen.

Zur Erzielung guter Trennungen ist es erforderlich, daß die Atmosphäre des Chromatographierkastens vor allem mit den Dämpfen der leichtflüchtigen Komponenten des Verteilungsgemisches gesättigt ist. Je nach Größe des Behälters sind deshalb $^1/_2$—1 l Wasser, 0,3%iges wäßriges Ammoniak, lösungsmittelgesättigtes Wasser usw. auf dessen Boden zu gießen. Wird mit Gemischen aus mehreren leichtflüchtigen Komponenten chromatographiert, so muß die Flüssigkeit am Boden des Gefäßes dieselbe Zusammensetzung haben wie diejenige im Lösungsmitteltrog. Die Innenwände der Kammern sind mit Filterpapier zu bekleben, in welchem die Flüssigkeit vom Boden des Behälters emporsteigt und die Atmosphäre schnell mit ihrem Dampf sättigt.

c) Lösungsmittel

Von der großen Zahl der Verteilungsgemische, die bisher zur papierchromatographischen Trennung von Aminosäuren vorgeschlagen wurden, können hier nur die wichtigsten angeführt werden. Einige davon sind außerdem zur Trennung von Peptiden geeignet.

Phenol. 1 kg farbloses krist. Phenol (z. B. Merck) wird etwa mit 400 ml Wasser verflüssigt und bei $20°$ im Scheidetrichter geschüttelt. Die organische Phase wird zur Chromatographie verwendet. Aus Gründen der besseren Haltbarkeit ist sie mit 100 mg Natriumcyanid zu versetzen und im Dunkeln aufzubewahren. Verunreinigte Phenolpräparate sind meist stark gefärbt und können durch Vakuumdestillation über Zinkstaub (10 g) gereinigt werden. Zur Dampfsättigung der Atmosphäre der Chromatographierkammer dient 1 l 0,3%iges Ammoniak.

Gepuffertes Phenol nach H. K. BERRY und L. CAIN [4]. 1 kg reines Phenol wird mit 200 ml einer wäßrigen Lösung geschüttelt, welche 12,6 g Natriumcitrat, 7,4 g KH_2PO_4 und 1 g Ascorbinsäure enthält.

m-Kresol. Die Herstellung von wassergesättigtem m-Kresol entspricht derjenigen des wassergesättigten Phenols. Die Dampfsättigung im Chromatographierkasten wird durch 0,3%iges Ammoniak [19] bzw. nach F. SANGER und H. TUPPY [92] durch 0,03%iges Ammoniak aufrechterhalten.

„**Collidin**" nach C. E. DENT [25]. 1 Volumen reines 2,4,6-Collidin, 1 Vol. reines 2,4-Lutidin und genau 2 Volumina Wasser werden bei 20° geschüttelt; die organische Phase ist zur Chromatographie zu verwenden. Ähnliche Eigenschaften hat ein Basengemisch, welches man durch Destillation von technischem s-Collidin bei Atmosphärendruck erhält. Die Fraktion, welche um 160° übergeht, wird mit Wasser im Vol.-Verhältnis 1:1 geschüttelt. Sollten die R_F-Werte der Aminosäuren beim Chromatographieren mit dieser Mischung zu groß sein, so sind einige Prozente der bei 170° übergehenden Fraktion zuzusetzen.

n-Butanol Essigsäure. a) Nach S. M. PARTRIDGE [72] werden n-Butanol, Eisessig und Wasser im Vol.-Verhältnis 4:1:5 geschüttelt; die organische Phase wird zur Chromatographie und zur Sättigung der Atmosphäre verwendet.

b) Nach L. J. REED sind dieselben Komponenten im Verhältnis 4:1:1 (v:v) zu mischen [82].

c) K. HEYNS und G. ANDERS [47] chromatographieren mit einem Gemisch aus n-Butanol, Eisessig und Wasser im Vol.-Verhältnis 70:7:23.

Die Butanol–Essigsäure-Mischungen verestern beim Stehen und müssen daher stets frisch bereitet verwendet werden.

Weitere Verteilungsmedien sind durch das Mischen der reinen Komponenten herzustellen:

Äthanol–2 n-Ammoniak im Vol.-Verhältnis 77:23 [84],
Methanol–Wasser–10 n-HCl–Pyridin (80:17,5:2,5:10) (v/v) [84],
Phenol–Wasser–Eisessig (80:20:2) (v/v) [34],
Methyläthylketon–Propionsäure–Wasser (75:25:30) (v/v) [18],
n-Butanol–Ameisensäure–Wasser (77:10:13) (v/v) [97],
2,6-Lutidin–Wasser (65:35) (v/v) [53],
tert. Butanol–Methyläthylketon–Wasser (2:2:1) (v/v) [11],
tert. Butanol–Methanol–Wasser (4:5:1) (v/v) [11],
tert. Butanol–Ameisensäure (88%ig)–Wasser (70:15:15) (v/v) [76],
tert. Amylalkohol–Lutidin–Wasser (178:178:114) (v/v) [76],
Pyridin–Isoamylalkohol–Wasser (7:6:6) (v/v) [47],
Isobuttersäure–Wasser (4:1) (v/v),
n-Butanol–Äthanol (95%ig)–Wasser (4:1:1) (v/v).

Die Mehrzahl der gepufferten Lösungsmittel wird nach den Angaben von E. F. McFARREN u. Mitarb. hergestellt [62, 63]:

Reine Präparate von Phenol, o-Kresol, m-Kresol, 2,4-Lutidin, 2,4,6-Collidin, das Gemisch aus gleichen Volumina n-Butanol und Benzylalkohol usw. werden mit etwa gleichen Volumina (bzw. Gewichtsteilen) der entsprechenden Pufferlösung im Scheidetrichter geschüttelt. Mit der organischen Phase wird chromatographiert. Die wäßrige Phase wird zur Dampfsättigung in die Kästen gebracht. Bei der Sättigung von Lutidin mit 0,022 m-Puffer von p_H 6,2 ist es wichtig, daß genau gleiche Volumina beider Flüssigkeiten geschüttelt werden.

Zur Bereitung der Puffer werden folgende Lösungen benötigt:

I 0,2 m-HCl	0,1 Äquivalent (Fixanal) in 500 ml Wasser	
II 0,067 m-NaOH	0,1 Äquivalent (Fixanal) in 1492 ml Wasser	
III 0,2 m-KCl	14,91 g KCl p. a. im Liter Wasser	
IV 0,067 m-KH_2PO_4	9,12 g KH_2PO_4 nach SÖRENSEN im Liter Wasser	
V 0,067 m-Na_2HPO_4	11,93 g $Na_2HPO_4 + 2 H_2O$ nach SÖRENSEN im Liter Wasser	
VI 0,067 m-H_3BO_3 und	4,14 g Borsäure nach SÖRENSEN und	
0,067 m-KCl	5,00 g KCl p. a. im Liter Wasser	

0,2 m-Puffer p_H 1,0 aus I + III im Vol.-Verhältnis 97:50
0,067 m-Puffer p_H 6,2 aus IV + V im Vol.-Verhältnis 4:1
0,067 m-Puffer p_H 8,4 aus II + VI im Vol.-Verhältnis 85,5:500
0,067 m-Puffer p_H 9,0 aus II + VI im Vol.-Verhältnis 213:500
0,067 m-Puffer p_H 12,0 aus II + V im Vol.-Verhältnis 1:1
0,022 m-Puffer p_H 6,2 0,067 m-Puffer p_H 6,2 ist auf das dreifache Volumen zu verdünnen.

d) Zweidimensionale Trennungen

Die Technik der papierchromatographischen Analyse eines Gemisches wird weitgehend davon bestimmt, wie groß die Zahl und wie ähnlich das Verhalten der darin enthaltenen Komponenten ist. Bei der Untersuchung von biologischem Material wird man mindestens mit der Anwesenheit der häufigsten Aminosäuren rechnen müssen, die gewöhnlich in Proteinhydrolysaten vorkommen. Die Trennung derart komplizierter Gemische gelingt nicht durch Verteilung mit einem einzigen Lösungsmittel. Dagegen lassen sich im zweidimensionalen Chromatogramm relativ viele Aminosäuren in einem Arbeitsgang nachweisen. Es ist dabei zweckmäßig, mindestens mit dem Lösungsmittel der 1. Verteilungsrichtung absteigend zu chromatographieren, weil auf diese Weise größere Laufstrecken und damit schärfere Trennungen erzielt werden können als mit der aufsteigenden Entwicklung.

Das Gelingen des Versuches hängt wesentlich davon ab, welche Substanzmengen zur Chromatographie aufgetragen werden. Als untere Nachweisgrenze wird für die meisten Aminosäuren (Ninhydrinreaktion) 0,1—3 μg angegeben [79]. Voraussetzung dafür ist allerdings, daß diese Substanzmengen auf einer Papierfläche von 2—4 cm^2 lokalisiert sind. Aminosäuren mit hohen R_F-Werten, die bei der Chromatographie zu größeren diffusen Flecken auseinanderlaufen, sind oft erst von 1—10 μg ab nachweisbar.

Zur zweidimensionalen Verteilung werden 50—300 μg Proteinhydrolysat mit 18 Komponenten (entsprechend 7—40 μg N) punktförmig auf das Papier gebracht. Von jeder Aminosäure liegen dann im Durchschnitt 3—16 μg (etwa 0,02—0,15 μM) vor. Zum Nachweis von solchen Komponenten, die nur in sehr geringem Prozentsatz im Analysengemisch vertreten sind, müssen gegebenenfalls mehr als 300 μg Proteinhydrolysat bzw. sonstiges Aminosäurengemisch aufgetragen werden. Allerdings ist hierbei teilweises Überlappen der getrennten Flecken und Streifenbildung auf dem Chromatogramm in Kauf zu nehmen.

Eine zweidimensionale Aminosäurenchromatographie geht etwa folgendermaßen vonstatten. Ein halber Whatman-Papierbogen, dessen kürzere Seite der Faserrichtung des Papiers parallelläuft, wird für die jeweils verwendete Kammer zur absteigenden Entwicklung passend zugeschnitten, muß jedoch mindestens 25 cm breit bleiben. Wird in der ersten Richtung mit einem gepufferten Lösungsmittel chromatographiert, so ist das Papier mit der entsprechenden wäßrigen Pufferlösung zu tränken und zu trocknen. Die Analysenlösung wird punktförmig 3 cm vom linken Papierrand entfernt auf die Startlinie aufgetragen (s. Abb. 5). Zur Erzeugung eines kleinen Substanzfleckens von nicht mehr als 5 mm Durchmesser läßt man stets nur 1 μl Lösung auf einmal aus der Pipette fließen und trocknet dazwischen mit Warmluft ein (Föhn). Zur leichteren Identifizierung der Aminosäuren kann man auch beim zweidimensionalen Verfahren ein bekanntes Vergleichsgemisch mitchromatographieren. Der Vergleich ist am anderen Ende der Startlinie, 3 cm vom rechten Papierrand entfernt, punktförmig aufzutragen (5—10 μg pro Komponente) und wird praktisch nur durch das erste Lösungsmittel entwickelt (s. Abb. 5).

Die vorbereiteten Papierbogen werden 2—3 h in die beschickten Kästen zur Dampfsättigung hineingehängt. Dann erst füllt man durch die Bohrung in der Deckplatte der Kammer Lösungsmittel in den Trog bzw. setzt die Chromatographie auf irgendeine andere Weise in Gang. Die Behälter sollen in einem Raum mit möglichst wenig Temperaturschwankungen ($\pm$ 1°) aufgestellt sein. Die mittlere Temperatur kann im Bereich von 15—25° frei gewählt werden (s. S. 44).

Sobald die Verteilung in der ersten Richtung beendet ist, werden die Chromatogramme im Luftstrom von 45—50° getrocknet. Wasser, Essigsäure, Butanole, Pyridin und ähnlich leicht flüchtige Lösungsmittel werden in $^1/_2$—1 h hinreichend aus dem Papier entfernt. Phenol, Benzylalkohol, Pyridinhomologe und vor allem Kresole benötigen Trockenzeiten von $1^1/_2$—3 h.

Die trockenen Chromatogramme werden entlang der Lösungsmittelfront und entlang der Startlinie abgeschnitten. Sind keine besonderen Vorrichtungen zur aufsteigenden Chromatographie vorhanden, so wird das rechteckige Papierstück [111] zu einem Zylinder gerollt. (Die Papierränder an der „Naht" des so gebildeten Zylindermantels sollen sich nicht berühren. Sie sind durch Briefklammern bzw. bei Verwendung von korrodierenden Lösungsmitteln mit Hilfe eines lose hindurchgezogenen Zwirnsfadens zusammenzuhalten.) Der Papierzylinder wird in einen 30 cm hohen Filterstutzen (von etwa 20 cm Durchmesser) eingestellt, dessen Boden mit 100—150 ml Lösungsmittel der „zweiten Richtung" bedeckt ist. Das Gefäß wird mittels Cellophanfolie und einem Gummiring verschlossen. Nach 12—15 h wird die Verteilung unterbrochen und das Chromatogramm erneut getrocknet. Anschließend werden die Aminosäuren durch die Reaktion mit Ninhydrin bzw. durch andere Farbreaktionen auf dem Papier sichtbar gemacht.

Soll die zweidimensionale Chromatographie in beiden Richtungen absteigend ausgeführt werden (z. B. nach C. E. DENT [25]), so verwendet man größere Papierbogen (etwa 50×50 cm). Für die zweimalige aufsteigende Entwicklung genügen Viertel-Bogen (30×30 cm).

„Multidimensionale" Papierchromatographie [96]. Darunter wird folgendes Verfahren verstanden: aus dem in einer Richtung entwickelten und getrockneten Chromatogramm wird ein Papierstück herausgeschnitten, auf welchem sich die interessierenden Substanzflecken befinden. Dieses wird in der gewünschten Lage in das etwas kleinere „Fenster" eines neu zur Chromatographie zugeschnittenen Papierbogens überlappend eingenäht. Substanzen können durch Einnähen von einem Chromatogramm auf ein anderes zwei bis dreimal ohne fühlbare Substanzverluste übertragen werden.

„Kontinuierliche" aufsteigende Chromatographie [29]. Langsam wandernde Substanzen (z. B. mit R_F-Werten unter 0,1) werden durch aufsteigende Chromatographie gewöhnlich nur unvollkommen voneinander getrennt, weil sich die Substanzflecken beim einmaligen Aufsteigen des Lösungsmittels im Papierbogen nur wenige Zentimeter von der Startlinie wegbewegen. Beim absteigenden Verfahren lassen sich hingegen im Durchlaufchromatogramm beinahe beliebige Wanderungsstrecken erzielen. Zur Erzeugung eines kontinuierlich aufsteigenden Lösungsmittelstromes im Papier wird nun vorgeschlagen, den oberen Rand des Chromatogramms durch einen sehr engen Schlitz im Deckel des Chromatographier-Gefäßes einige Zentimeter über diesen Deckel hinaus in die freie Atmosphäre ragen zu lassen und diesen Rand durch einen warmen Luftstrom zu trocknen. Auf diese Weise wird das Verteilungsgemisch kontinuierlich vom oberen Rand des aufsteigenden Chromatogramms entfernt und laufend vom Boden der Kammer durch das Papier emporgesaugt.

„Mikronachweis" von Aminosäuren [51]. 0,1 μg Aminosäure und weniger können mit Hilfe eines speziellen Verfahrens nachgewiesen werden, welches formal einer zweidimensionalen Verteilung gleicht. Das Analysengemisch wird als langer Strich auf die Startlinie des Chromatogramms aufgetragen (über die ganze Breite des Bogens) und durch eindimensionale Chromatographie getrennt. Anschließend läßt man im Chromatogramm senkrecht zur Wanderungsrichtung des Verteilungsmediums Wasser aufsteigen, bis dessen Front den oberen Papierrand an allen Stellen erreicht hat. Die Aminosäuren wandern praktisch mit der Wasserfront. Die durch die erste Chromatographie gebildeten großflächigen Substanzstreifen werden durch die Entwicklung mit Wasser zusammengeschoben, so daß die Aminosäuren am oberen Rand des Chromatogramms auf relativ kleinen Papierflächen angereichert werden. Der Nachweis mit Ninhydrin ist dann je nach der Länge des Startstreifens 4—8mal empfindlicher als auf normalen Chromatogrammen. Sehr geringe Aminosäuren-Mengen können noch an der Blaufärbung des oberen Schnittrandes des Chromatogramms (Ninhydrinreaktion) erkannt werden.

Tabelle 38. *R_F-Werte der häufigsten Eiweiß-Aminosäuren*

	Wassergesättigtes Phenol [19]	Puffergesättigtes Phenol p_H 12 [62]	Citrat-gepuffertes Phenol nach H. K. Berry [4, 53]	Butanol, Eisessig, Wasser (4:1:1) (v:v) [53, 82]	Butanol, Äthanol, Wasser (4:1:1) (v:v) [53]	2,6-Lutidin, Wasser (65:35) (v:v) [53]	Gepuffertes m-Kresol p_H 8,4 [62]
Glykokoll . .	0,40	0,32	0,30	0,26	0,10	0,14	0,07
Alanin	0,54	0,48	0,55	0,38	0,16	0,18	0,14
Valin	0,77	0,74	0,64	0,60	0,29	0,29	0,42
Leucin	0,85	0,87	0,79	0,73	0,42	0,43	0,66
Isoleucin . . .	0,86	0,87	0,79	0,72	0,44	0,45	0,63
Phenylalanin .	0,89	0,89	0,78	0,68	0,30	0,49	0,78
Prolin	0,87	0,88	0,85	0,43	0,18	0,24	0,65
Oxyprolin . . .	0,67	0,58	0,59	0,30	0,09	0,22	0,23
Tryptophan . .	0,83	0,83	0,66	0,50	0,29	0,50	0,70
Serin	0,36	0,27	0,24	0,27	0,10	0,16	0,04
Threonin . . .	0,50	0,41	0,39	0,35	0,14	0,22	0,09
Tyrosin . . .	0,64	0,62	0,52	0,45	0,19	0,45	0,27
Lysin	0,46	0,82	0,39	0,14	0,04	0,02	0,08
Arginin . . .	0,59	0,89	0,41	0,20	0,04	0,07	0,19
Histidin . . .	0,69	0,70	0,55	0,20	0,08	0,11	0,33
Asparaginsäure	0,15	0,10	0,07	0,24	0,04	0,09	0,00
Glutaminsäure	0,25	0,17	0,16	0,30	0,04	0,12	0,01
Cystin	0,30	0,30	0,08	0,08	0,02	0,06	0,02
Methionin . . .	0,90	0,78	0,73	0,55	0,29	0,35	0,55

Für die Trennung der wichtigsten Eiweißaminosäuren mit Hilfe der üblichen zweidimensionalen Methodik haben sich unter anderen folgende **Lösungsmittelpaare** bewährt: (s. Tab. 38):

Der sichere Nachweis vor allem der langsam laufenden (stärker polaren) Aminosäuren Asparaginsäure, Glutaminsäure, Cystin, Serin,

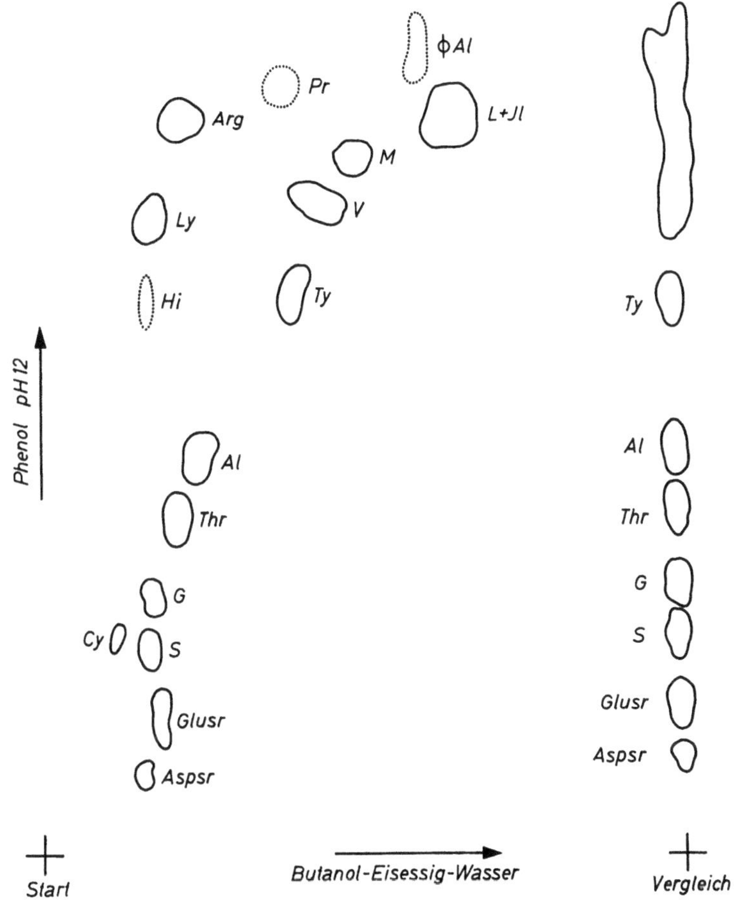

Abb. 59a u. b. Zweidimensionale Papierchromatogramme der häufigsten Aminosäuren in Eiweiß-hydrolysaten (17 Komponenten).
59a. Trennung vor allem der langsam laufenden Aminosäuren mit Phenol p_H 12,0 absteigend 24 h [1] und n-Butanol–Eisessig–Wasser (4:1:5) (v/v) aufsteigend 15 h [2].
(Gestrichelt eingezeichnete Aminosäuren, vor allem in kleinen Mengen, oft nicht nachweisbar.)
Aspsr Asparaginsäure; *Glusr* Glutaminsäure; *S* Serin; *C* Cystin; *G* Glykokoll; *Thr* Threonin; *Al* Alanin; *Ty* Tyrosin; *V* Valin; *M* Methionin; *L* Leucin; *Isol* Isoleucin; ø *Al* Phenylalanin; *Pr* Prolin; *His* Histidin; *Ly* Lysin; *Arg* Arginin; *Opr* Oxyprolin; *Try* Tryptophan

Glykokoll, Threonin und Alanin sowie Tyrosin, Valin, Methionin, Lysin, Arginin und Prolin gelingt im Verteilungssystem Phenol p_H 12 (absteigend 24 h, 1. Richtung) und n-Butanol–Eisessig–Wasser (4:1:5) (v:v) (aufsteigend 15 h, 2. Richtung). Nicht getrennt werden Leucin und Isoleucin. Phenylalanin und Histidin sind meistens nicht gut sichtbar (s. Abb. 59a).

Phenol von p_H 1 (absteigend 24 h) und n-Butanol–Eisessig–Wasser (4:1:5) (v:v) (aufsteigend 15 h) eignen sich gut zur Isolierung von Cystin, Lysin, Histidin, Arginin, Glutaminsäure, Threonin, Alanin, Tyrosin, Valin, Methionin, Phenylalanin und Prolin (s. Abb. 59b).

Tert. Butanol–Methyläthylketon–Wasser (absteigend 40 h) und tert. Butanol–Methanol–Wasser (aufsteigend 15 h) trennen [11] besonders die „schnellen" Aminosäuren Valin, Tyrosin, Tryptophan, Methionin,

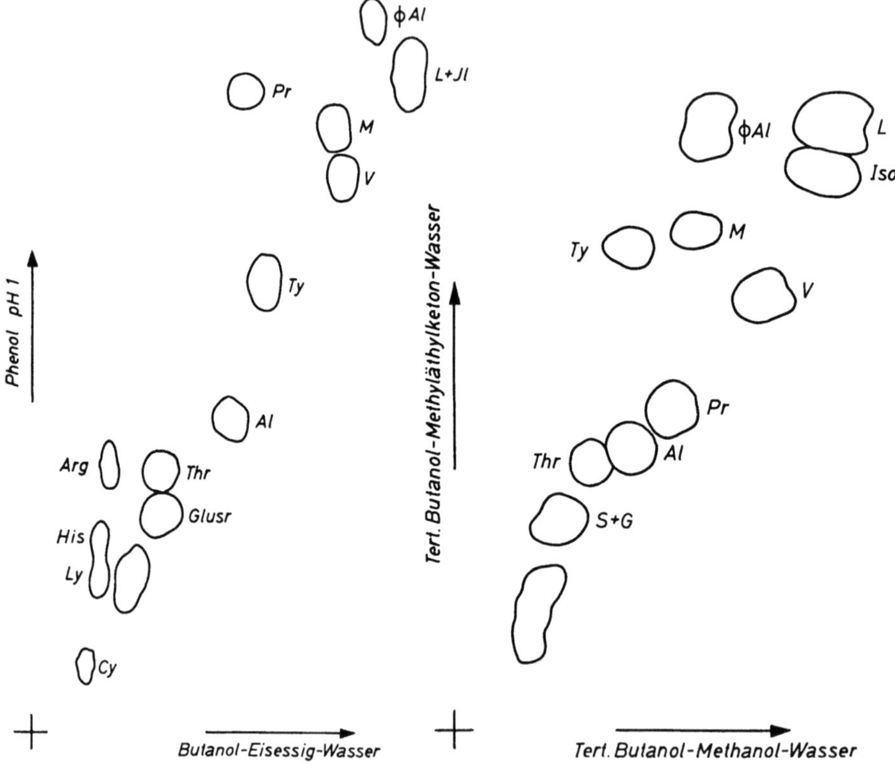

Abb. 59 b   Abb. 60 a

59b. Phenol p_H 1 absteigend 24 h [1] und n-Butanol–Eisessig–Wasser (4:1:5) (v/v) aufsteigend 15 h [2].

Abb. 60a u. b. Trennung vornehmlich der „schnellen" Aminosäuren in zweidimensionalen Chromatogrammen.

60a. Tert. Butanol–Methyläthylketon–Wasser absteigend 40 h [1] und tert. Butanol–Methanol–Wasser aufsteigend 15 h [2] nach R. A. BOISSONAS [11]

Phenylalanin, Isoleucin und Leucin. Außerdem sind auf den Chromatogrammen Prolin, Alanin und Threonin gut nachzuweisen (s. Abb. 60a).

Ebenfalls die „schnellen" aliphatischen Komponenten trennen K. HEYNS und G. ANDERS [47] zweidimensional mit Hilfe der Lösungsmittelkombination Pyridin–Amylalkohol–Wasser (7:6:6) (v:v) und n-Butanol–Eisessig–Wasser (70:7:23) (v:v). In beiden Richtungen wird absteigend entwickelt (Abb. 60b).

Treten in den normalen Aminosäuren-Chromatogrammen „unbekannte Flecken" auf, oder ist das Augenmerk aus irgendwelchen Gründen auf „seltene" Aminosäuren (vgl. [95]) bzw. andere ninhydrinpositive Substanzen (z. B. biogene Amine usw.) zu richten, so wird die Chromatographie mit den nachstehenden Lösungsmittelkombinationen ausgeführt.

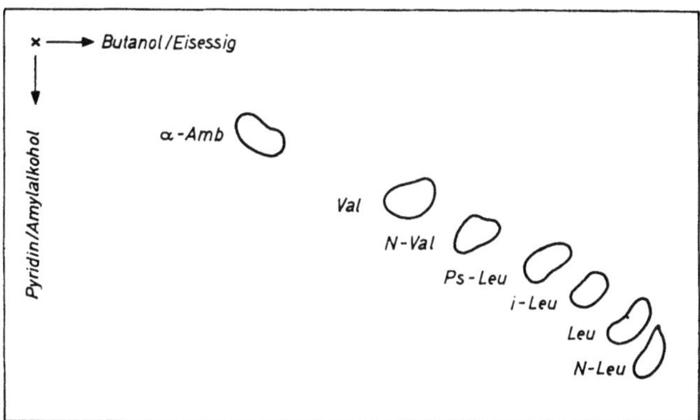

Abb. 60b. Pyridin–Amylalkohol–Wasser (7:6:6) (v/v) absteigend und n-Butanol–Eisessig–Wasser (70:7:23) (v/v) absteigend [47]

Die Mehrzahl der „seltenen" Aminosäuren in pflanzlichem Material wird durch zweidimensionale Chromatographie mit der Lösungsmittel-Kombination, die auch am häufigsten zum Nachweis der gewöhnlichen Eiweiß-Aminosäuren verwendet wird, nämlich mit n-Butanol–Eisessig–Wasser (63:27:10) (v/v) in der ersten und wassergesättigtem Phenol (in

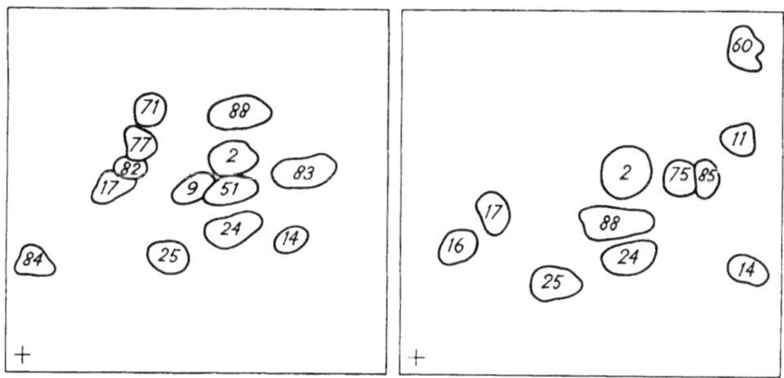

Abb. 61. Zweidimensionales Papierchromatogramm der „neuen" Aminosäuren nach A. I. VIRTANEN [103]. Zur Orientierung sind mehrere früher bekannte Aminosäuren dem Gemisch der „neuen" Aminosäuren zugesetzt worden. Lösungsmittelgemische: Butanol–Eisessig–Wasser (63:27:10) und Phenol–Wasser in Ammoniak-Atmosphäre. 2 Alanin, 11 Prolin, 14 Arginin, 16 Asparaginsäure, 17 Glutaminsäure, 24 Glutamin, 25 Asparagin, 51 Homoserin, 60 Pipecolsäure, 71 α-Aminopimelinsäure, 75 5-Oxypipecolsäure, 77 γ-Methylglutaminsäure, 79 γ-Methylenglutaminsäure, 82, γ-Oxy-α-aminopimelinsäure, 84 γ-Oxyglutaminsäure, 85 4-Oxypipecolsäure, 88 (rechts) α-Oxy-γ-aminobuttersäure, 88 (links) 1-Aminocyclopropan-1-carbonsäure. γ-Methyl-γ-oxyglutaminsäure fehlt im Chromatogramm, sie liegt zwischen 16 und 17

Ammoniakatmosphäre) in der zweiten Richtung (s. Abb. 61) getrennt [103]. Im Einzelfalle wird allerdings stets zu prüfen sein ob die Flecken von „seltenen" und Eiweiß-Aminosäuren auf dem Chromatogramm nicht interferieren.

Durch die nämlichen Lösungsmittelgemisch-Kombinationen wird auch 4-Oxymethyl-prolin von Prolin und Oxyprolin getrennt.

Die Trennung der „seltenen" cyclischen Iminosäuren voneinander und von den häufigsten Eiweiß-Aminosäuren gelingt durch zweidimensionale Verteilung mit den Lösungsmittel-Gemischen tert. Butanol–Ameisensäure–Wasser (70:15:15) (v:v) und tert. Amylalkohol–Lutidin–Wasser (178:178:114) (v:v) wie in Abb. 62 zu sehen ist [76].

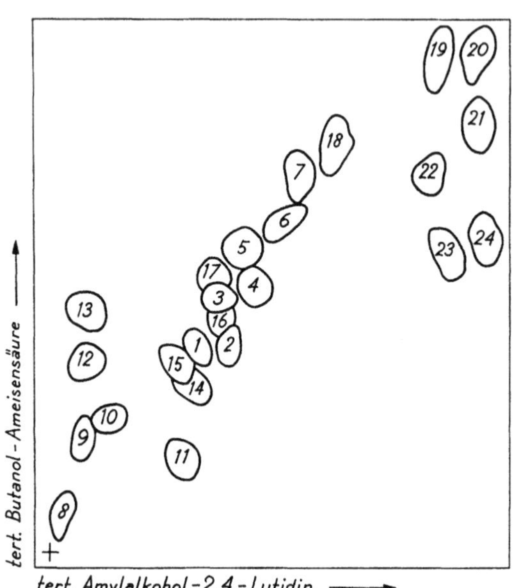

Abb. 62. Zweidimensionales Papierchromatogramm zur Trennung von cyclischen Iminosäuren und Eiweiß-Aminosäuren [76]. 1 Allo-oxyprolin, 2 Oxyprolin, 3 Allo-5-oxypipecolsäure, 4 5-Oxypipecolsäure, 5 Prolin, 6 Baikiain, 7 Pipecolsäure, 8 Cystin, 9 Lysin, 10 Arginin, 11 Asparaginsäure, 13 Glutaminsäure, 14 Serin, 15 Glykokoll, 16 Threonin, 17 Alanin, 18 Valin, 19 Isoleucin, 20 Leucin, 21 Phenylalanin, 22 Methionin, 23 Tyrosin, 24 Tryptophan

Eine große Zahl von ninhydrinpositiven Substanzen ist in der „Karte" des Phenol/Collidin-Chromatogramms nach C. E. Dent [25] enthalten. Die Entwicklung in der 1. Richtung erfolgt mit wassergesättigtem Phenol (absteigend 30 h) und die in der 2. Richtung mit einem wassergesättigten Gemisch aus gleichen Volumina 2,4-Lutidin und 2,4,6-Collidin („Collidin" nach C. E. Dent) ebenfalls absteigend (30 h). Das Schema der Abb. 63 ist jedoch nicht so zu verstehen, daß ein Gemisch aller darauf vermerkten Stoffe in einem Arbeitsgang getrennt werden könnte. Dies wäre schon wegen der Flächenausdehnung der einzelnen Flecken nicht gut möglich.

G. Ågren und T. Nilson [1] geben die Lage von 35 ninhydrinpositiven Stoffen auf dem zweidimensionalen Chromatogramm des Lösungsmittelpaares wassergesättigtes Phenol (aufsteigend 12 h) und Pyridin-Amylalkohol (absteigend 9 h) an.

„Seltene" Aminosäuren und andere ninhydrinpositive Substanzen können in einem zweidimensionalen Chromatogramm identifiziert werden, welches 24 h absteigend mit gepuffertem Phenol (Citratpuffer nach H. K. Berry [4] und ebenfalls 24 h absteigend mit n-Butanol–Eisessig–

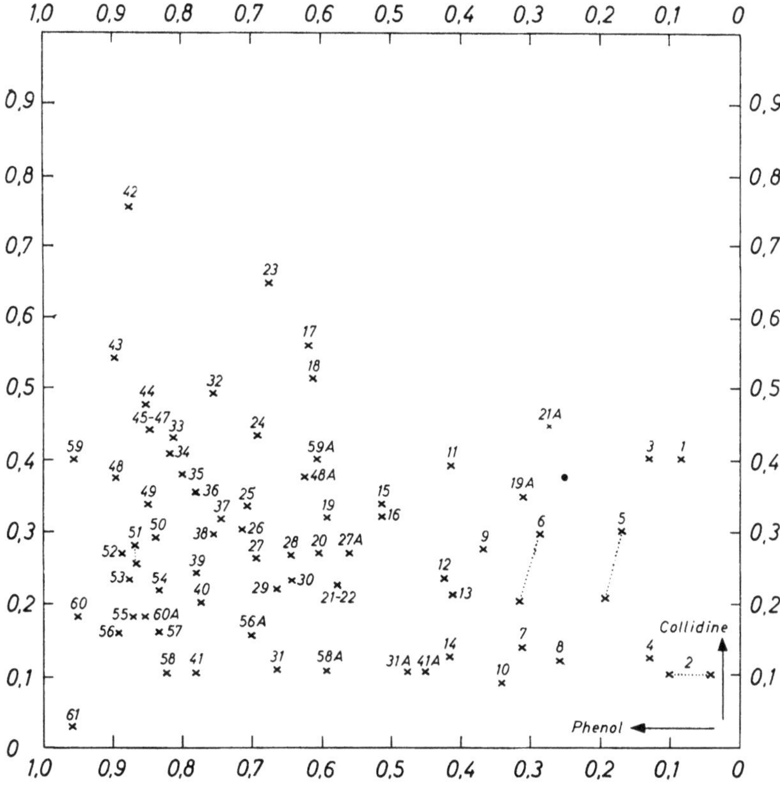

Abb. 63. Die „Karte" der Flecken von Aminosäuren und verwandten ninhydrinpositiven Substanzen auf dem zweidimensionalen Phenol/„Collidin"-Chromatogramm nach C. E. Dent [25]

<table>
<tr><td>

Äthanolamin [48]
Äthanolamin-phosphorsäure [10]
α-Alanin [20]
β-Alanin [29]
allo-Threonin [15]
α-Aminobuttersäure [26]
α-Amino-iso-buttersäure [37]
γ-Aminobuttersäure [40]
ε-Amino-n-capronsäure [55]
α-Amino-ε-oxy-capronsäure [38]
α-Aminocaprylsäure [43]
δ-Amino-n-valeriansäure [47]
α-Amino-phenylessigsäure [33]
Arginin [56]
Asparagin [13]
Asparaginsäure [5]
Carnosin [54]
Citrullin [30]
Cystathion [7]
Cysteinsäure [1]
Dijodtyrosin [17]
Djenkolsäure [14]
Glucosamin [24]
Glutaminsäure [6]
Glutamin [21]
Glutathion [4]
Glycin [12]
Histamin [59]
Histidin [27]
Homocysteinsäure [3]
Isoleucin [46]

</td><td>

Lanthionin [8]
Leucin [45]
Lysin [58]
Methionin [34]
Methionin-sulfon [25]
Methionin-sulfoxyd [39]
Methyl-aminobuttersäure [49]
Methylhistidin [5]
Monojodtyrosin [23]
Norleucin [47]
Norvalin [35]
Ornithin [41]
Oxylysin [31]
Oxyprolin [28]
Phenylalanin [44]
Prolin [52]
Serin [9]
Serin-phosphorsäure [2]
Taurin [11]
βββ'β'-Tetramethyl-cystin [19]
Threonin [16]
Thyroxin [42]
Tryptophan [32]
Tyrosin [18]
„Unter"-alanin [22]
Valin [36]
„schnelle" Aminobuttersäure [50]
„schnelles" Arginin [60]
grüner Fleck [53]
Peptid bei Nephrose [61]

</td></tr>
</table>

Wasser (4:1:1) (v:v) entwickelt wurde. Die Lage der einzelnen Verbindungen ist aus der R_F-Wert-Zusammenstellung (s. Tab. 39) zu entnehmen.

Tabelle 39. *R_F-Werte von „seltenen" Aminosäuren und verwandten Verbindungen [53]*

	Citrat-gepuffertes Phenol nach H. K. BERRY [4]	Butanol, Eisessig, Wasser (4:1:1) (v:v)	Butanol, Äthanol, Wasser (4:1:1) (v:v)	Isobuttersäure, Wasser (4:1) (v:v)	2,6-Lutidin, Wasser (65:35) (v:v)
β-Alanin	0,55	0,37	0,09	0,41	0,31
α-Aminobuttersäure . . .	0,65	0,45	0,42	0,53	—
γ-Aminobuttersäure . . .	0,78	0,50	0,11	0,50	0,15
α-Aminocaprylsäure . . .	0,74	0,85	—	0,21	0,55
α-Aminoisobuttersäure .	0,68	0,48	0,44	0,54	0,25
Asparagin	0,29	0,19	0,06	0,27	0,09
Citrullin	0,56	0,25	0,08	0,41	0,13
α,γ-Diaminobuttersäure .	0,25	0,12	0,05	0,15	0,06
Dioxyphenylalanin . . .	0,30	0,24	0,15	0,25	0,25
Dijodtyrosin	0,80	0,70	0,54	0,78	0,75
Glutathion	0,25	0,05	—	0,10	0,08
Hippursäure	0,75	0,93	0,81	—	—
Histamin	0,52	0,22	0,18	0,03	0,33
Homoserin	0,47	0,30	—	0,40	0,20
Kynurenin	0,43	0,76	—	0,62	0,26
Methioninsulfon	0,53	0,28	0,13	0,39	0,24
Methioninsulfoxyd. . . .	0,72	0,25	—	—	—
Norleucin	0,84	0,74	—	—	—
Norvalin	0,73	0,65	0,42	0,72	0,31
Ornithin	0,27	0,15	0,05	—	0,06
Taurin	0,29	0,19	0,12	0,17	0,27
Trimethylalanin	0,81	0,66	0,50	0,78	—
Tryptamin	0,85	0,73	0,55	0,89	0,85

e) Eindimensionale Trennungen

Es ist wünschenswert, auch komplizierte Gemische, wie z. B. die Aminosäuren in Eiweißhydrolysaten, durch eindimensionale Chromatographie zu trennen. So können bei eindimensionaler Verteilung mehrere verschiedene Proben gleichzeitig auf demselben Bogen chromatographiert werden. Weiter besteht die Möglichkeit, die Analysenlösung strichförmig (Frontbreiten von 2—5 cm) auf die Startlinie aufzutragen. Dadurch erzielt man scharfe Trennungen ohne Streifenbildung auch beim Chromatographieren von größeren Substanzmengen, was z. B. wichtig ist zum Nachweis von solchen Komponenten, die nur zu einem sehr geringen Prozentsatz im Analysengemisch vorliegen. Die eindimensionale Verteilung ergibt besser reproduzierbare R_F-Werte und gestattet es vor allem, unmittelbar neben dem unbekannten Gemisch ein Vergleichsgemisch bekannter Zusammensetzung zu chromatographieren. Diese Möglichkeit ist besonders für quantitative Bestimmungen von großer Bedeutung, erleichtert aber auch die qualitative Identifizierung von Komponenten.

Eine einzige eindimensionale Verteilung genügt meistens zum Nachweis der Aminosäuren in Gemischen mit wenigen Komponenten, wie z. B. zur Bestimmung der Spaltprodukte im Hydrolysat von Dipeptiden oder niederen Oligopeptiden, der wenigen Komponenten bei der papierchromatographischen Überwachung von synthetischen Versuchen usw. Das gleiche gilt auch für die Trennung komplizierterer Gemische, sobald nur einige wenige Aminosäuren durch spezifische Farbreaktionen auf dem Papier sichtbar gemacht werden. Histidin, Tyrosin und deren Derivate,

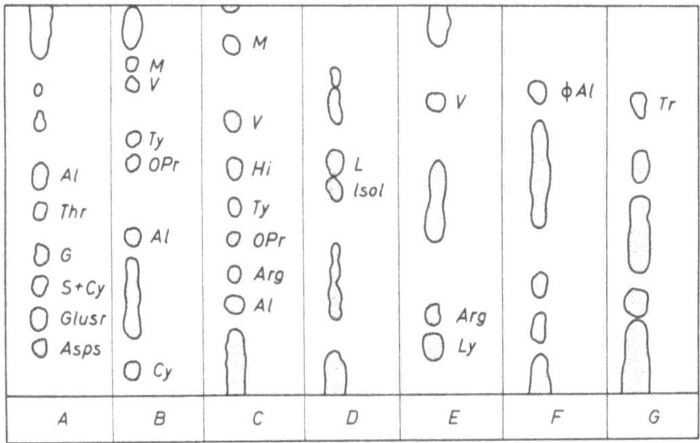

Abb. 64. Trennung der wichtigsten Eiweiß-Aminosäuren durch eindimenionale Chromatographie mit gepufferten Lösungsmitteln [62, 63]. A Phenol/0,067 m-Puffer p_H 12,0 absteigend 24 h; B Phenol/0,2 m-Puffer p_H 1,0 absteigend 24 h; C m-Kresol/0,067 m-Puffer p_H 8,4 absteigend 40 h; D Benzylalkohol Butanol/0,067 m-Puffer p_H 8,4 absteigend 40 h; E 2,4-Lutidin/0,022 m-Puffer p_H 6,2 absteigend 40 h; F o-Kresol/0,067 m-Puffer p_H 6,2 absteigend 24 h; G Collidin/0,067 m-Puffer p_H 9,0 absteigend 24 h.

welche auf dem Papier mit diazotierter Sulfanilsäure zu roten Farbstoffen kuppeln, werden genügend weit durch eindimensionale aufsteigende Verteilung mit Butanol–Essigsäure getrennt. Auch das durch Ionenaustausch von neutralen und sauren Komponenten abgetrennte Gemisch der basischen Aminosäuren läßt sich durch eindimensionale Chromatographie an Carboxylpapier leicht unterscheiden.

Größere Schwierigkeiten bereitet indessen die Trennung eines Gemisches selbst der häufigsten Aminosäuren durch eindimensionale Chromatographie, sobald alle Komponenten durch die Ninhydrinreaktion sichtbar gemacht werden. Eine Reihe geeigneter Lösungsmittel zur eindimensionalen Trennung der wichtigsten Eiweißbausteine werden angegeben, wobei jedoch z. T. Laufzeiten von 5 Tagen und mehr erforderlich sind [64, 81].

E. F. McFarren und Mitarbeiter [62, 63] trennen die Aminosäuren in Proteinhydrolysaten (19 Komponenten) durch eindimensionale Chromatographie auf gepuffertem Papier mit gepufferten Verteilungsmedien. Die Laufzeiten halten sich dabei in den Grenzen von 24—40 h. Ein Schema der wichtigsten verwendeten Lösungsmittel sowie der damit zu trennenden Aminosäuren ist in Abb. 64 wiedergegeben.

Zur Untersuchung von Eiweißhydrolysaten ist diese Methodik, kombiniert mit den spezifischen Nachweisreaktionen für Prolin, Oxyprolin, Histidin und Tryptophan, der üblichen zweidimensionalen Technik vorzuziehen.

Als eindimensionale Verteilung ist auch die Ringchromatographie [88] aufzufassen, welche ebenfalls zum Nachweis von Aminosäuren verwendet wird. Das Verfahren erlaubt es, verhältnismäßig große Substanzmengen zu trennen, weil die Komponenten des chromatographierten Gemischs nicht als kleinflächige Flecken wandern, sondern in Form wachsender Kreisringe mit dem Startpunkt als Zentrum.

f) Farbreaktionen der Aminosäuren auf Filterpapier

Die Ninhydrinreaktion. Nach der chromatographischen Trennung werden die Aminosäuren durch Farbreaktionen auf dem Papier sichtbar gemacht, und zwar in den meisten Fällen durch die sehr empfindliche Ninhydrinreaktion. Außer Prolin und Oxyprolin, welche nur eine Gelb- bzw. Gelbbraunfärbung geben, setzen sich die meisten Aminosäuren mit Ninhydrin zu blauen, blauvioletten bis bräunlichen Farbstoffen um.

Die Farbnuancen sind für einige Aminosäuren recht charakteristisch, werden jedoch oft durch im Papier zurückgehaltene Spuren des angewendeten Verteilungsgemisches beeinflußt, so daß sich darauf keine sichere Unterscheidung der Aminosäuren gründen läßt. So entstehen nach der Chromatographie mit Phenol von p_H 12 aus den einzelnen Aminosäuren und Ninhydrin viel unterschiedlichere Farbstoffe auf dem Papier als nach Verteilung mit dem Gemisch tert. Butanol–Methyläthylketon–Wasser. Genauer untersucht und besonders auffallend sind die Farbunterschiede verschiedener Aminosäuren-Flecken nach Chromatographie mit Lösungsmittelgemischen, welche Cyclohexylamin oder Dicyclohexylamin enthalten [46].

Es sei an dieser Stelle nochmals betont, daß Ninhydrin allgemein mit Aminogruppen reagiert, also nicht streng spezifisch für Aminosäuren ist, sondern auch mit deren Derivaten (z. B. Methioninsulfon, Cysteinsäure usw.) sowie mit Aminen, Peptiden, Proteinen blauviolette Farbstoffe bildet. In Gegenwart von Ammoniak können auch stickstofffreie reduzierende Substanzen eine positive Ninhydrinreaktion auf dem Papier geben [54].

Als Reagens hat sich eine 0,5%ige Lösung von Ninhydrin in einem Gemisch von 93 Volumina wassergesättigtem n-Butanol und 7 Volumina Eisessig für den qualitativen Nachweis und für quantitative Bestimmungen bewährt [30]. Nur solche Chromatogramme, welche mit stark sauren Lösungsmitteln gelaufen sind (z. B. mit Phenol p_H 1), werden mit einer gepufferten Ninhydrinlösung getränkt. 0,5% Ninhydrin sind in n-Butanol zu lösen, welches nicht mit Wasser, sondern mit einer Pufferlösung aus gleichen Volumina 2 n-Essigsäure und 1 n-NaOH gesättigt ist.

Das „klassische" Ninhydrinreagens nach CONSDEN, GORDON und MARTIN [19] enthält 0,1% Ninhydrin in wassergesättigtem Butanol.

Die Mehrzahl der Autoren empfiehlt das Aufsprühen der Reagenzlösungen auf das Papier. Zeitsparender und bequemer ist es jedoch, die Chromatogramme durch die entsprechenden Reagenzlösungen hindurchzuziehen [62, 101]. Dabei wird das Reagens sehr gleichmäßig über das ganze Chromatogramm verteilt, was besonders für die Ausführung von quantitativen Bestimmungen wichtig ist.

Die getrockneten Chromatogramme werden, falls es ganze Bogen sind, zur besseren Handhabung in 30 cm breite Streifen zerschnitten und vorsichtig durch die Reagenzlösung gezogen. Diese befindet sich zweckmäßigerweise in einem flachen Trog, den man sich am besten selbst aus einem Streifen Fensterglas 32×7 cm und 8 mm dicken Glasstäben als Umrandung zusammenkittet (z. B. mit Talkum-Wasserglas). Der Trog wird in Längsrichtung leicht schräg gestellt und nur mit soviel Reagens auf einmal gefüllt, wie zum Tränken eines Papierstreifens notwendig ist. Die Flüssigkeit soll beim Durchziehen nicht über dem Papier zusammenschlagen, sondern es nur von unten her durchtränken. Nicht anwendbar ist dieses Verfahren, wenn ein Reagens in wäßriger Lösung auf das Papier gebracht werden muß (wie z. B. diazotierte Sulfanilsäure), weil die Aminosäurenflecken dann zu leicht verwaschen werden.

Die butanolfeuchten Chromatogramme sind sofort nach dem Tränken im Luftstrom von 30—40° zu trocknen, bis die dichtesten Stellen der Aminosäurenflecken schwach sichtbar werden (15—20 min). Anschließend sind die Bogen 25 min im Trockenschrank auf 60° zu erhitzen.

Phenylalanin gibt eine besonders schwache Färbung mit Ninhydrin. Diese kann jedoch durch Behandlung mit Bicarbonat verstärkt und haltbar gemacht werden. Das fertig mit Ninhydrin angefärbte Chromatogramm wird durch eine 1%ige wäßrige Lösung von Natriumbicarbonat gezogen und trocknen gelassen. Hierbei färbt sich Phenylalanin tief blau, während die Flecken der übrigen Aminosäuren allmählich schwächer werden [73].

Der Ninhydrinfarbstoff verblaßt beim Aufbewahren der Chromatogramme bald. Es ist daher zweckmäßig, die Lage der Flecken mit Bleistift zu markieren oder den Ninhydrinfarbstoff in sein beständiges Kupferkomplexsalz überzuführen [110]. Dazu werden die Ninhydrinfärbungen vorsichtig mit einer alkoholischen Kupfernitratlösung (2 ml gesättigte wäßrige Kupfernitratlösung und 0,4 ml 10%ige Salpetersäure in 100 ml 96%igem Alkohol) besprüht, bis sie durch und durch rot geworden sind.

Die Reaktion mit Isatin. Isatin reagiert mit den verschiedenen Aminosäuren unter Bildung von Farbstoffen, deren Töne sich wesentlich stärker unterscheiden als diejenigen der entsprechenden Ninhydrinfarbstoffe (s. Tafel I a, b). Wegen dieser Spezifität ist die Isatinreaktion deshalb auch besonders zum qualitativen Nachweis der Aminosäuren geeignet. Ein Nachteil der Isatinreaktion ist die im Vergleich zur Ninhydrinreaktion geringere Empfindlichkeit für die meisten Aminosäuren.

Vorschrift [3]: Reagens mit Pyridin: 1 g Isatin, 1,5 g Zinkacetat und 1 ml Pyridin werden in 100 ml Isopropanol gelöst. Reagens mit Eisessig: 1 g Isatin, 1,5 g Zinkacetat und 1 ml Eisessig werden in 5 ml Wasser gelöst. Die wäßrige Lösung wird kurz auf 70—80° erwärmt, mit 95 ml Isopropanol gemischt und rasch auf Zimmertemperatur abgekühlt.

Das getrocknete Chromatogramm wird durch die Reagenslösung gezogen und anschließend 30 min auf 80—85° erhitzt, wobei die Farbstoffbildung stattfindet. Besonders differenzierte Farben werden durch 20stündiges Entwickeln bei Zimmertemperatur erzeugt. Das pyridinhaltige Reagens bildet mit den verschiedenen Aminosäuren differenziertere, aber schwächere und weniger haltbare Farbstoffe als das Reagens mit Eisessig. Im ersten Fall ist die untere Nachweisgrenze etwa 10^{-7}, im zweiten Fall 10^{-8} Mol Aminosäure/cm² Papierfläche. Die aus Isatin und Aminosäuren gebildeten Farbstoffe sind kaum in Wasser löslich. Der Isatinüberschuß auf dem Papier kann deshalb durch kurzes Wässern der fertig angefärbten Chromatogramme entfernt werden [49, 76, 89, 90].

Tafel I. Anfärbung von Chromatogrammen mit Isatin-Zn-Pyridin, kalt (nach BARROLLIER)

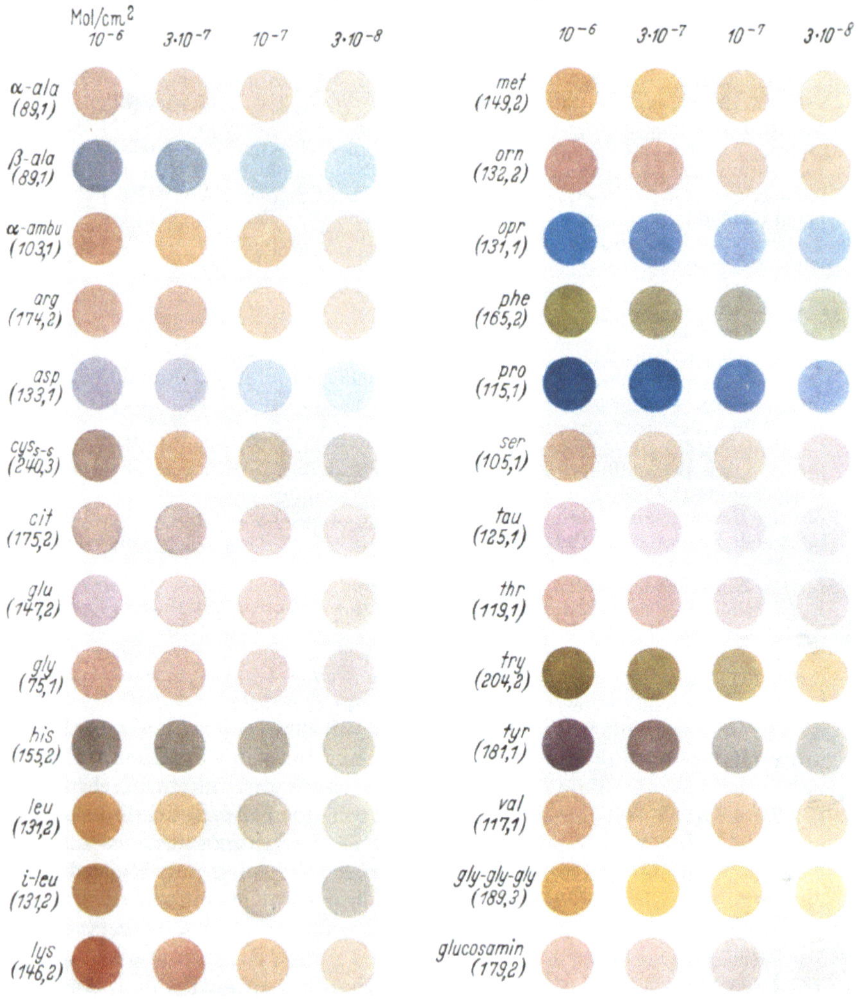

a) Farbreaktionen der Aminosäuren bei unterschiedlichen Mengen/cm² Papier. In der Klammer unter der Bezeichnung der Aminosäure die Molekulargewichte.

b) Ringchromatogramm eines Gemisches von Histidin, Glycin, Glutaminsäure, Prolin und Leucin. Trennung mit Isopropylalkohol-Ameisensäure-Wasser (75 : 13 : 12).

Tafel II. Anfärbung von Chromatogrammen mit 1,2-naphthochinon-4-sulfonsaurem Natrium - Zn - Chinolin (nach BARROLLIER)

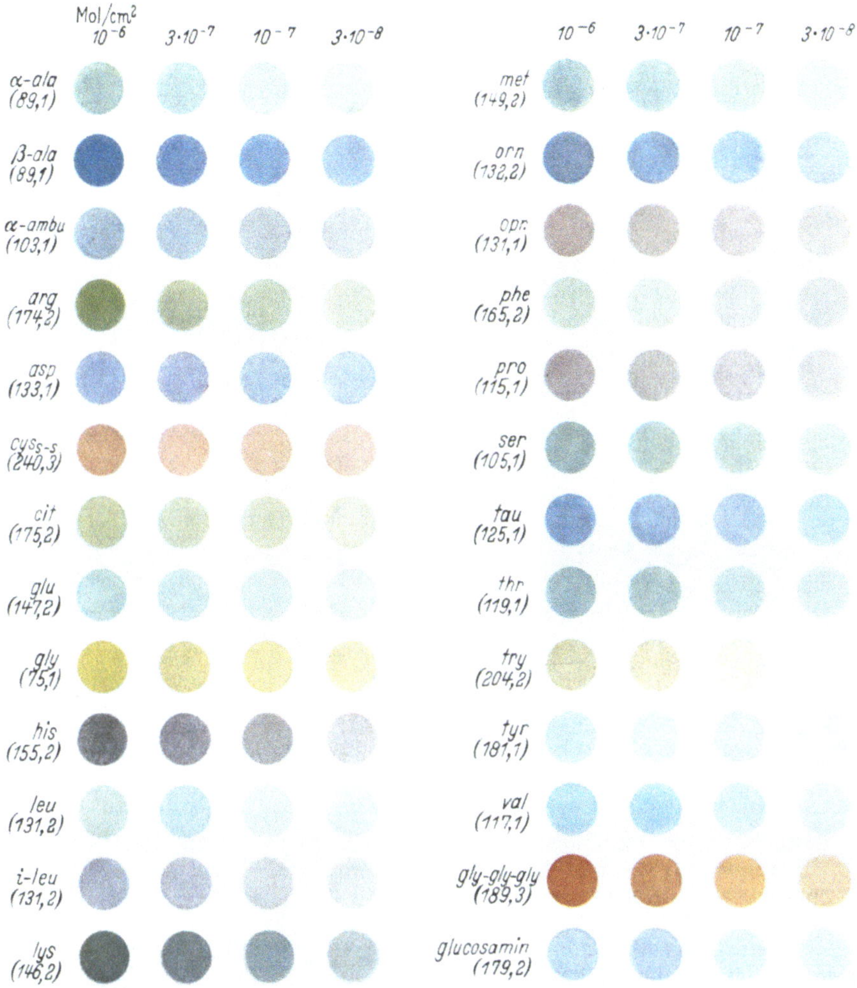

Mol/cm²	10^{-6}	$3 \cdot 10^{-7}$	10^{-7}	$3 \cdot 10^{-8}$			10^{-6}	$3 \cdot 10^{-7}$	10^{-7}	$3 \cdot 10^{-8}$
α-ala (89,1)						met (149,2)				
β-ala (89,1)						orn (132,2)				
α-ambu (103,1)						opr. (131,1)				
arg (174,2)						phe (165,2)				
asp (133,1)						pro (115,1)				
cyss-s (240,3)						ser (105,1)				
cit (175,2)						tau (125,1)				
glu (147,2)						thr (119,1)				
gly (75,1)						try (204,2)				
his (155,2)						tyr (181,1)				
leu (131,2)						val (117,1)				
i-leu (131,2)						gly-gly-gly (189,3)				
lys (146,2)						glucosamin (179,2)				

a) Farbreaktionen verschiedener Aminosäuren bei unterschiedlichen Mengen/cm² Papier. In der Klammer unter der Bezeichnung der Aminosäure die Molekulargewichte.

b) Ringchromatogramm eines Gemisches von Histidin, Glycin, Glutaminsäure und Leucin. Trennmittel: Isopropylalkohol-Ameisensäure-Wasser (75 : 13 : 12).

1,2-Naphthochinon-4-sulfonsäure. Die Umsetzung von Aminosäuren mit dem Natriumsalz der 1,2-Naphthochinon-4-sulfonsäure auf dem Papier wurde von MÜTING vorgeschlagen [68]. Prolin und Oxyprolin liefern rote, die Mehrzahl der übrigen Aminosäuren blaue, blaugraue, blaugrüne, bräunliche und violette Farbstoffe. Nach J. BARROLLIER und Mitarbeitern [3] wird durch Zusatz von Zinkacetat zum Reagens eine größere Differenzierung der aus den einzelnen Aminosäuren gebildeten Farbstoffe hervorgerufen (s. Tafel II a, b).

Reagenslösung: 0,125 g 1,2-naphthochinon-4-sulfonsaures Natrium (gereinigt durch Umkristallisieren aus Alkohol unter Zusatz von Aktivkohle) und 0,5 g Zinkacetat werden in 10 ml Wasser gelöst, mit 0,125 ml Chinolin und schließlich mit 90 ml sek. Butanol gemischt. Das Reagens ist nicht haltbar und muß stets vor Gebrauch frisch hergestellt werden.

Die getrockneten Chromatogramme werden durch die Reagenslösung gezogen und 1 h bei Zimmertemperatur aufgehängt, wobei die Farbstoffbildung stattfindet. Anschließend wäscht man den Reagenzüberschuß mit einer 20%igen Lösung von Zinkacetat in 95%igem Äthanol aus dem angefärbten Chromatogramm heraus.

Reaktion mit Alloxan. Die meisten Aminosäuren geben mit Alloxan auf dem Papier blauviolette Farbstoffe, die wenig spezifisch für die einzelnen Verbindungen sind. Die Empfindlichkeit der Reaktion kommt an diejenige der Ninhydrinreaktion heran [89]. Als Reagens wird eine 0,25%ige Lösung von Alloxan in Aceton verwendet. Das Chromatogramm wird durch die Reagenzlösung gezogen, an der Luft trocknen gelassen und 10 min auf 100° erhitzt.

Die Paulysche Reaktion. Histidin, Tyrosin und verwandte Verbindungen kuppeln auch auf dem Papier mit diazotierter Sulfanilsäure zu roten Farbstoffen und können auf diese Weise mit größerer Empfindlichkeit nachgewiesen werden als durch die Ninhydrinreaktion. Ungeeignet für die Paulysche Reaktion sind mit Phenol oder Kresolen entwickelte Chromatogramme, weil im Papier haftende Lösungsmittelspuren ebenfalls mit dem Reagens kuppeln und einen zu hohen Papierleerwert geben.

Zum Nachweis von Histidin, Tyrosin und verwandten Verbindungen wird das Aminosäurengemisch durch aufsteigende Verteilung mit Butanol–Essigsäure–Wasser getrennt. Das getrocknete Chromatogramm wird mit einer frisch bereiteten 0,5%igen Lösung von fester diazotierter Sulfanilsäure in 5%iger Soda besprüht und im Luftstrom von Zimmertemperatur getrocknet. Histidin erscheint intensiv rot, Tyrosin schwächer rosa auf hellgelbem Hintergrund. Besprüht man nicht mit einer ganz frisch bereiteten Reagenslösung, so erhält man einen dunkleren Hintergrund [32].

Die Reaktion nach SAKAGUCHI. Das getrocknete Chromatogramm wird durch eine 0,1%ige Lösung von 8-Oxychinolin in Aceton gezogen, an der Luft getrocknet und anschließend mit einer Lösung von 0,2 ml Brom in 100 ml 0,5 n NaOH getränkt. Arginin und andere Guanidine erscheinen als orangerote Farbflecken auf dem Chromatogramm; die Färbung ist haltbar [49].

EHRLICHS Reagens. Citrullin, Tryptophan und Tryptamin sind in einem n-Butanol–Essigsäure-Chromatogramm zu trennen. Das getrocknete Chromatogramm wird mit einer 1%igen Lösung von p-Dimethylaminobenzaldehyd in 1 n-Salzsäure besprüht [8]. Citrullin gibt eine gelbe, Tryptophan und Tryptamin geben violette Farbflecken.

Reaktion mit Vanillin. Vanillin setzt sich auf dem Papier mit den ringgeschlossenen Iminocarbonsäuren (Prolin, Oxyprolin, den isomeren Pipecolsäuren usw.) zu roten Farbstoffen um. Das getrocknete Chromatogramm wird durch eine 2%ige Lösung von Vanillin in n-Propanol gezogen, 10 min auf 110° erhitzt, mit einer 1%igen Lösung von Kaliumcarbonat in Alkohol getränkt und 6—20 h bei Raumtemperatur belassen. Prolin, Oxyprolin, die drei isomeren Pipecolsäuren, Sarkosin, Δ^4-Tetrahydropyridin-2-carbonsäure usw. erscheinen als rote Farbflecken [21].

g) Die Unterscheidung von D- und L-Formen der Aminosäuren

Sie kann ebenfalls papierchromatographisch erfolgen, wie R. L. M. SYNGE [98] bei der Untersuchung des Gramicidins am Beispiel von Valin und Leucin gezeigt hat. Die entwickelten und getrockneten Chromatogramme werden mit einer Lösung von D-Aminosäureoxydase (gereinigter Nierenextrakt nach E. NEGELEIN und H. BRÖMEL [69]) von p_H 8,3 besprüht, so daß die Bogen gut durchfeuchtet sind. Man läßt das Ferment 2,5 h bei 37° in einer Sauerstoffatmosphäre einwirken, trocknet danach die Chromatogramme und führt wie üblich die Ninhydrinreaktion aus. D-Aminosäuren sind nach dieser Operation nicht mehr mit Ninhydrin nachzuweisen, während die L-Formen unverändert erhalten bleiben. Liegen die Aminosäuren als Gemische der D- und L-Formen vor, so kann das Mischungsverhältnis durch eine quantitative Differenzbestimmung ermittelt werden.

Von japanischen Autoren wird eine papierchromatographische Trennung der D- und L-Formen von Kynurenin und Tyrosin-3-sulfonsäure durch Verteilung mit wassergesättigtem Lutidin bzw. n-Butanol–Eisessig–Wasser beschrieben [35]. Das Gelingen dieser Trennungen erklärt man mit der Wirkung von Asymmetriezentren der Cellulose. Unter gleichen Bedingungen konnten keine Unterschiede in den R_F-Werten der D- und L-Formen anderer Aminosäuren beobachtet werden.

Durch absteigende Chromatographie (26 h) auf Whatmanpapier Nr. 1 mit den Lösungsmittelgemischen Methanol–Wasser–10 n-HCl–Pyridin (80:17,5:2,5:10; v/v) oder wassergesättigtes Phenol in Ammoniak-Atmosphäre wird 1,1-α-ε-Diaminopimelinsäure von der D,D-Form derselben Verbindung getrennt (Differenz der R_F-Werte etwa 25%). Die meso-Form und die D,D-Form der Aminosäure wandern zusammen. Eine papierchromatographische Trennung der 1,1- von den D,D-Formen von α-δ-Diaminoadipinsäure bzw. α-ζ-Diaminosuberonsäure gelingt unter gleichen Bedingungen nicht [84].

h) Identifizierung der Farbflecken auf den Chromatogrammen

Die durch Farbreaktionen auf den Chromatogrammen sichtbar gemachten Aminosäuren-Flecken werden mit Hilfe der angeführten Abbildungen bzw. R_F-Wert-Tabellen identifiziert. Da die absoluten R_F-Werte vor allem bei zweidimensionalen Verteilungen oft erheblichen Schwankungen unterworfen sind, ist es sicherer, Schlüsse aus der gegenseitigen Lage der Flecken bzw. aus den Wanderungsstrecken mitchromatographierter bekannter Vergleichsaminosäuren zu ziehen. Im Zweifelsfalle sind Modellversuche mit synthetischen Aminosäurengemischen auszuführen und dabei fragliche Komponenten wegzulassen bzw. hinzuzufügen.

Die auf R_F-Wert und Lage im Chromatogramm gegründete Identifizierung der Aminosäuren kann wesentlich gesichert und erleichtert werden durch die Ausführung von für einzelne Komponenten spezifischen Farbreaktionen auf dem Papier.

Wendet man ein Farbreagens an, welches wie Ninhydrin mit den meisten Aminosäuren für das Auge schwer unterscheidbare Farbstoffe bildet, so ist zum sicheren Nachweis der einzelnen Aminosäuren eine möglichst weitgehende und scharfe chromatographische Trennung, also ein erheblicher chromatographischer Aufwand notwendig. Zur Identifizierung der häufigsten Eiweiß-Aminosäuren werden z. B. 2—3 zweidimensionale oder 4—5 eindimensionale Chromatogramme anzufertigen sein. Weniger chromatographische Operationen sind erforderlich, sobald man verschiedene für einzelne Komponenten ganz spezifische Farbreaktionen auf dem Papier ausführt [3, 49, 89]. So werden die Aminosäuren in einem Eiweiß-Hydrolysat, welche auf diazotierte Sulfanilsäure, EHRLICHs Reagens oder die Reaktion nach SAKAGUCHI ansprechen, genügend scharf durch einfache aufsteigende Chromatographie mit dem Gemisch n-Butanol–Eisessig–Wasser getrennt.

Man kann dasselbe Chromatogramm auch nacheinander mit verschiedenen Farbreagentien behandeln [49]. Nach Ninhydrin oder Isatin kann EHRLICHs Reagens und nach diesem das Reagens nach SAKAGUCHI angewendet werden. Die Flecken der Ninhydrin- bzw. der Isatinfärbung müssen hierbei mit Bleistift eingezeichnet werden, weil die Farbstoffe durch die Salzsäure in EHRLICHs Reagens zerstört werden.

In Extrakten aus Pflanzenmaterial liegen gewöhnlich sehr komplizierte Gemische von Aminosäuren und anderen Stoffen vor, so daß die Aminosäuren zum sicheren Nachweis nicht nur vollständig und scharf chromatographisch getrennt, sondern auch durch mehrere spezifische Farbreaktionen auf dem Papier sichtbar gemacht werden sollten. In Pflanzenextrakten können Peptide oder andere Stoffe enthalten sein, welche sich chromatographisch ähnlich wie Aminosäuren verhalten und auch ähnliche Farbreaktionen geben. Ob es sich bei einem „neuen" Flecken um eine „neue" Aminosäure oder lediglich um ein niederes Peptid, aus bekannten Aminosäuren zusammengesetzt, handelt, kann verhältnismäßig einfach festgestellt werden. Man hydrolysiert den untersuchten Extrakt mit Salzsäure wie einen Eiweißstoff und chromatographiert das Hydrolysat unter gleichen Bedingungen wie den Extrakt selbst. Im Chromatogramm des Hydrolysats müßte der „neue" Flecken fehlen, wenn lediglich ein Peptid vorgelegen hat. Bei der Auffindung einer neuen Aminosäure kann man sich ohnehin nicht mit dem papierchromatographischen Nachweis begnügen, sondern man wird die Isolierung und Konstitutionsaufklärung der Substanz anstreben [103].

i) Einige Ergebnisse

Mit besonderem Erfolg haben A. I. VIRTANEN und Mitarbeiter die Papierchromatographie zur Auffindung und Identifizierung von neuen Aminosäuren in pflanzlichem Material angewendet [103]. In den meisten Fällen wurde dabei nach folgender Methode vorgegangen: Aus dem zu untersuchenden Pflanzenmaterial werden die freien Aminosäuren mit 70%igem wäßrigen Alkohol ausgezogen (s. S. 148), durch Ionenaustausch von anderen organischen Stoffen und Mineralsalzen befreit (s. S. 150f) und durch zweidimensionale Papierchromatographie mit den Lösungsmittelgemischen n-Butanol–Eisessig–Wasser und wassergesättigtes Phenol in Ammoniakatmosphäre getrennt. Treten nach dem Anfärben des Chromatogramms mit Ninhydrin neue Flecken auf, die den bekannten Aminosäuren nicht zugeordnet werden können, so wird geprüft, ob die neue Substanz leicht, schwer oder nicht durch Säure hydrolysiert wird und ob sie sich bei der Papierelektrophorese wie ein neutraler, saurer oder basischer Stoff verhält. Dem papierchromatographischen Nachweis der neuen Aminosäuren folgt dann die Isolierung durch Chromatographie an Ionenaustauscher- bzw. Cellulose-Säulen und die Ausführung von Mikroreaktionen zur Konstitutionsermittlung, wobei oft papierchromatographische Methoden Substanz sparen helfen.

Mit Hilfe dieser Methodik wurden im Äthanolextrakt von *Asplenium septentrionale* α-Amino-pimelinsäure [*104*], α-Amino-γ-oxypimelinsäure und deren Lacton [*105*], γ-Aminobuttersäure, Ornithin und N-Acetyl-ornithin [*106*] sowie γ-Oxy-γ-methyl-glutaminsäure gefunden [*14*]. In *Phlox decussata* wurde γ-Oxyglutaminsäure [*109*], in frischen Pflanzen von *Acacia pentadena* neben Piperidin-2-carbonsäure, 5-Oxy-piperidin-2-carbonsäure und 4-Oxy-piperidin-2-carbonsäure [*107*] nachgewiesen. Im Pollen sind im Vergleich zu den grünen Pflanzenteilen freie cyclische Iminosäuren, basische Aminosäuren und Amide angereichert [*108*]. Besonders weit verbreitet im Pflanzenreich ist Homoserin [*103*].

Zahlreiche Arbeiten führen den Nachweis von freien Aminosäuren in pflanzlichem Material [*22, 37, 38, 40, 52, 56, 61, 65, 80, 103*]. So gelang der Nachweis von freien Aminosäuren in Algen [*28*], in Kartoffelpflanzen [*83*], Organgensaft [*87*], in eisenbehandelten Pflanzen [*23*], in gesunden und mit Rollkrankheit sowie Virus befallenen Tabakpflanzen [*58*], in Reis [*71*], Maulbeerblättern [*36*], Teeblättern [*78*], in Mutterkorn [*41*].

3. Quantitative Bestimmung

Zur quantitativen Auswertung von Aminosäuren-Chromatogrammen wurden bisher mehrere Methoden in zahlreichen Varianten vorgeschlagen, wovon hier nur einige der wichtigsten Verfahren diskutiert werden können.

a) Photometrierung des Kupferkomplexes der Ninhydrinfärbung in Lösung [*30*]

In unserem Laboratorium hat sich zur Ermittlung der quantitativen Aminosäuren-Zusammensetzung von Proteinen aus tierischen Toxinen (z. B. Bienengift [*31*], Klapperschlangengift [*32*]) ein Analysenverfahren bewährt, welches mit einer Fehlergrenze von 1—3% ebenso genaue Ergebnisse liefert wie die exakten säulenchromatographischen Bestimmungsmethoden [*67*]. Die Methode ist vor allem zur Bausteinanalyse von Proteinen geeignet, kann jedoch auch auf kompliziertere Aminosäurengemische angewendet werden.

Die Aminosäuren des zu analysierenden Gemisches werden durch eindimensionale Chromatographie getrennt und auf dem Papier mit Ninhydrin zur Reaktion gebracht. Der Ninhydrinfarbstoff wird in sein hellrotes Kupferkomplexsalz übergeführt [*110*]. Dieses läßt sich leicht aus dem Papier eluieren und kann in Lösung bei 504 mµ photometriert werden [*10*]. Zur Gewinnung von exakten Bezugswerten sind Vergleichsgemische bekannter Zusammensetzung neben den unbekannten Gemischen auf demselben Bogen zu chromatographieren und auszuwerten. Eine Aufstellung von festen Eichkurven ist nicht möglich.

Daß exakte Bezugswerte durch Mitchromatographieren bekannter Vergleichsgemische stets aufs neue gewonnen werden müssen und nicht aus ein für alle Male bestimmten Eichkurven entnommen werden können, hat verschiedene Gründe. Bei näherer Untersuchung stellte sich heraus, daß die Aminosäuren während der Chromatographie, und zwar besonders beim Entfernen der Lösungsmittel aus dem Papier, Verluste erleiden, die von Komponente zu Komponente verschieden sind und sich nicht im voraus berechnen lassen. Die sich daraus ergebenden Fehlerquellen können am einfachsten durch Bezugnahme auf mitchromatographierte Vergleichsaminosäuren ausgeschaltet werden, welche die gleichen Zerstörungen erfahren wie die Aminosäuren des Analysengemisches.

Wir haben weiter die Aminosäuren auch zur quantitativen Auswertung auf dem Papier mit Ninhydrin umgesetzt, weil die Lokalisierung der Flecken auf den Chromatogrammen ohne Farbreaktion nur sehr unvollkommen gelingt und Anlaß zu Analysenfehlern gibt. Auf dem Papier ausgeführt, ist die Ninhydrinreaktion jedoch nur innerhalb desselben Bogens ebenso gut wie in Lösung reproduzierbar ($\pm$ 2%). Beim Vergleich der Farbwerte verschiedener Bogen können größere Abweichungen auftreten. Auch aus diesem Grunde wurden auf jedem einzelnen Chromatogramm Vergleichsaminosäuren mitlaufen gelassen.

Der quantitativen Bestimmung ist ein qualitativer Nachweis der Komponenten des zu analysierenden Gemischs (zweidimensionale Chromatographie) vorauszuschicken. Dabei soll gleichzeitig eine grobe Schätzung der Mengenverhältnisse (aus Fleckengröße, Farbdichte der Flecken usw.) vorgenommen werden.

α) **Das Vergleichsgemisch.** Aminosäurenpräparate sind zu beziehen von den Firmen E. Merck/Darmstadt, Hoffmann-La Roche/Grenzach, Serumvertrieb Marburg usw. Ist kein Reinheitsgrad angegeben, so sind die Substanzen zur Sicherheit auf Richtigkeit des Stickstoffgehaltes, Abwesenheit von Asche und Ammoniumsalzen, einheitliches Verhalten beim Versuch der papierchromatographischen Trennung und Gewichtskonstanz beim Trocknen über Phosphorpentoxyd im Vakuum (0,1 Torr, 60°) zu prüfen.

Je nach dem vermuteten Prozentsatz der betreffenden Aminosäure im Analysengemisch (Schätzungen aus qualitativen Versuchen oder andere Anhaltspunkte) werden 0,05—0,5 Millimol (etwa 5—100 mg) von jeder Komponente eingewogen. Zum Gesamtgemisch gibt man mit einer Pipette ein genau abgemessenes Volumen 0,1 n-Salzsäure und 3 Tropfen Toluol, schüttelt vorsichtig bis zur vollständigen Auflösung und bewahrt das Vergleichsgemisch gut verschlossen im Eisschrank auf. Die zuzugebende Flüssigkeitsmenge ist so zu wählen, daß Analysen- und Vergleichslösung pro ml gleiche Gewichtsmengen N und damit etwa gleiche Gewichtsmengen Aminosäurengemisch enthalten.

Die Konzentrationen der einzelnen Aminosäuren in Vergleich und Analyse weichen dann je nach Genauigkeit der vorhergegangenen Schätzung gewöhnlich um 10—50%, selten um 100% voneinander ab. In Anbetracht dieser Differenzen ist bei Ausführung von 4 Parallelversuchen (8 Trennungsbahnen) mit einer durchschnittlichen Fehlergrenze von 5% zu rechnen, was für die meisten Zwecke ausreicht. Genauere Bestimmungen sind jedoch zu erzielen (1—3% Fehler), wenn die Abweichung der Konzentrationen in Analysen- und Vergleichslösung weniger als 30% beträgt. Es ist dann notwendig, der genauen Analyse eine grobe orientierende Bestimmung (auf $\pm$ 30%) vorauszuschicken.

β) **Die Trennung** der Aminosäuren erfolgt durch eindimensionale Chromatographie mit gepufferten Verteilungsmedien (s. Abb. 64) [*62, 63*]. Mit Phenol p_H 12 werden Asparaginsäure, Glutaminsäure, Serin + Cystin, Glykokoll, Threonin und Alanin, mit Phenol p_H 1 Cystin, Alanin, Tyrosin, Valin und Methionin, mit Lutidin p_H6,2 Lysin und Arginin, mit Benzylalkohol–Butanol p_H 8,4 Leucin und Isoleucin von den anderen Eiweiß-Aminosäuren (19 Komponenten) getrennt. Die „Isolierung" von Phenylalanin erfolgt mit o-Kresol p_H 6,2, diejenige von Prolin am besten mit tert. Butanol–Methyläthylketon–0,067 m-Puffer p_H 6,2 (2:2:1, v:v) (absteigend 40 h). Histidin ist ebenfalls auf einem gesonderten Chromatogramm (n-Butanol–Essigsäure) auszuwerten (s. S. 168).

γ) **Auftragen der Lösungen.** Die Gemische werden strichförmig in Frontbreiten von je 3—4 cm auf die Startlinie der zur absteigenden Chromatographie vorbereiteten (mit Pufferlösung getränkten und getrockneten) Whatman-Papierbogen

(Nr. 1) aufgetragen. Auf 50 cm breiten Bogen haben z. B. 8 solcher Trennungsbahnen Platz. Zwischen ihnen und an den Papierrändern bleiben je 2 cm Abstand.

Die Startplätze von Analysen- und Vergleichsgemisch sind in abwechselnder Reihenfolge anzuordnen. Je zwei nebeneinanderliegende Trennungsbahnen gehören zusammen und bilden ein „Trennungspaar", auf dessen zwei Startplätzen gleiche Volumina von Analysen- und Vergleichslösung aufzutragen sind. Die Ermittlung der Papierleerwerte (s. S. 174) erfordert mindestens eine zweifache Abstufung der Lösungsmengen im Verhältnis 1:2. Werden z. B. auf einem Bogen insgesamt 8 Einzeltrennungen ausgeführt, so wird man folgende Lösungsmengen eines 1%igen Eiweißhydrolysats bzw. des dazugehörigen Vergleichsgemisches auftragen (H = Hydrolysat, V = Vergleich):

Startplatz Nr.:	1	2	3	4	5	6	7	8
Lösungsmenge in mm³:	10 H	10 V	20 H	20 V	10 H	10 V	20 H	20 V

Werden durch dieselbe chromatographische Operation Komponenten getrennt, die in sehr verschiedenen Konzentrationen im Analysengemisch vorliegen, so sind die Lösungsmengen in 3—4facher Abstufung aufzutragen. Nur so gelingt es, die besonders schwach bzw. besonders stark vertretenen Aminosäuren im günstigsten Meßbereich zu bestimmen (z. B. je viermal 10, 20 und 40 mm³ Lösung auf insgesamt 12 Startplätzen; nur Farbstoffmengen im optimalen Meßbereich werden ausgewertet).

Der optimale Meßbereich liegt bei 0,03—0,2 Mikromol Aminosäure (2—40 μg) pro Startplatz. Von einem Eiweißhydrolysat sind z. B. für jede Trennungsbahn 100—500 μg aufzutragen.

Der Ablesefehler der verwendeten Mikropipetten muß kleiner als 0,5—1% sein. Auf Frontbreiten von 4 cm können in einem Zuge etwa 5 mm³ Lösung gebracht werden. Anschließend ist mit Warmluft einzutrocknen usw.

Nach der Chromatographie werden die Bogen im Luftstrom von 40—50° getrocknet, gegebenenfalls in Laufrichtung des Solvens in 30 cm breite Streifen geschnitten und durch eine 0,5%ige Ninhydrinlösung gezogen (s. S. 164). Man trocknet 20 min im Luftstrom von 30—40° und erhitzt die Bogen 25 min im Trockenschrank auf 60°. Die Farbflecken werden mit Bleistift numeriert. Senkrecht zur Laufrichtung des Lösungsmittels sind Trennungslinien zu ziehen, welche die Orte minimaler Farbdichte zwischen den Flecken verbinden. Das Chromatogramm wird entlang dieser Linien in schmale Streifen (etwa 2×30 cm) zerschnitten, auf welche je 4 Flecken derselben Aminosäure zu liegen kommen. Diese Streifen werden aufgehängt und vorsichtig von beiden Seiten mit Kupferreagens (s. S. 165) besprüht, bis der Ton der Ninhydrinfärbung vollständig nach Rot umgeschlagen ist. Nun schneidet man die roten Flecken einzeln aus den Streifen, so daß die Papierstückchen innerhalb ein und derselben Aminosäure etwa flächengleich ausfallen. Die Papierstückchen werden in Reagenzgläser geworfen, die mit je 5 ml Methanol gefüllt sind und gut mit Korkstopfen verschlossen werden. Nach 15 min (einige Male umschütteln) werden die Extinktionskoeffizienten der Lösungen bei 504 mμ in der 1 cm-Cuvette des Beckman-Spektrophotometers DU gegen Methanol als Kompensation gemessen. Die 5 ml-Lösung reichen bequem zur Messung und zum Ausspülen der Cuvette.

Unter Einhaltung der gegebenen Vorschriften ergeben sich Extinktionskoeffizienten von 0,6—0,7 (1 cm-Cuvette) mit folgenden Aminosäurenmengen pro Flecken (in μg): Glykokoll 29, Alanin 12, Valin 19, Leucin 16, Isoleucin 30, Phenylalanin 38, Serin 13, Threonin 18, Tyrosin 41, Lysin · 2 HCl 20, Arginin 21, Asparaginsäure 41, Glutaminsäure 19. Der optimale Meßbereich liegt zwischen Extinktionskoeffizienten von 0,2—1,4.

Die quantitative Auswertung der blauen Isatinfärbungen von Prolin bzw. Oxyprolin und diejenige der roten Kupplungsprodukte des Histidins mit diazotierter Sulfanilsäure (Paulysche Reaktion) erfolgt durch direkte Photometrierung der Farbstoffe auf dem Papier nach Methode b). Dasselbe gilt für Tryptophan (EHRLICHs Reagens). Wenn das Aminosäurengemisch keine Fremdstoffe enthält, die zwischen 250—320 mμ im UV absorbieren, wird der Tryptophangehalt am besten durch Messung der UV-Absorption der Analysenlösung (z. B. im Beckman-Spektrophotometer DU) [43] bestimmt.

δ) **Berechnung der Konzentrationen aus den Extinktionskoeffizienten.** Zunächst erfolgt die graphische Ermittlung der Papierleerwerte. Man trägt die gemessenen Extinktionen des Kupferkomplexes der Ninhydrinfärbung einer jeden Aminosäure von Analysen- und Vergleichslösung als Funktion der Anzahl mm³ chromatographierter Lösung auf Millimeterpapier auf und zieht durch die Mittelwerte gleicher Lösungsmengen je eine Gerade (s. Abb. 65).

Die Schnittpunkte der beiden Geraden mit der Ordinate geben die Leerwerte von Analysen- und Vergleichslösung für die betreffende Aminosäure an. Theoretisch müßten beide Schnittpunkte zusammenfallen, tatsächlich treten meistens kleine Abweichungen auf. Man rechnet mit einem mittleren Leerwert weiter, der von den gemessenen Extinktionswerten der betreffenden Aminosäure abzuziehen ist.

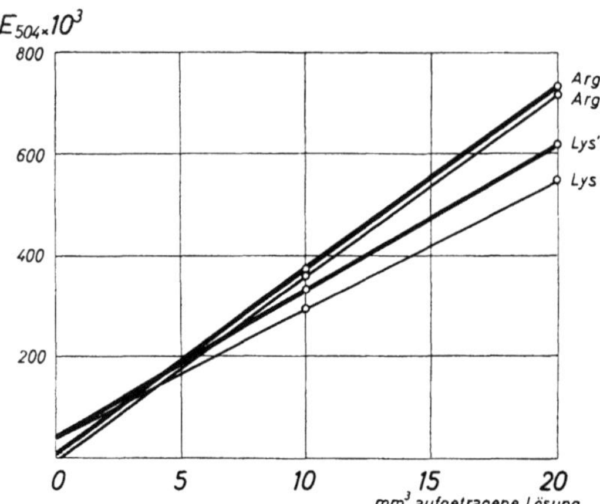

Abb. 65. Die graphische Ermittlung der Leerwerte. *Arg* Extinktion des Arginins in der Analysenlösung. *Arg'* Extinktion des Arginins in der Vergleichslösung. *Lys* Extinktion des Lysins in der Analysenlösung. *Lys'* Extinktion des Lysins in der Vergleichslösung. Nach FISCHER u. DÖRFEL

Nun bildet man für je zwei benachbarte Trennungsbahnen den Quotienten aus der korrigierten Extinktion der Analysenlösung geteilt durch diejenige der Vergleichslösung. Der Mittelwert dieser Quotienten einer jeden Aminosäure multipliziert mit deren Konzentration im Vergleichsgemisch ergibt die gesuchte Konzentration der Aminosäure im Analysengemisch. Bei dieser Art der Auswertung wird die unbekannte Aminosäurenmenge eines Fleckens nur auf die bekannte Menge des unmittelbar danebenliegenden Vergleichsfleckens bezogen, so daß Unregelmäßigkeiten der chromatographischen Trennung oder der Farbstoffbildung möglichst ausgeschaltet sind.

Serin wird als einzige Aminosäure mit Hilfe der angegebenen Verteilungsmedien nicht in reiner Form, sondern zusammen mit Cystin abgetrennt und muß deshalb nach einem Differenzverfahren bestimmt werden. Zunächst ist der Cystingehalt des Hydrolysats durch Trennung der Aminosäuren mit Phenol p_H 1 und Auswertung dieses Chromatogramms zu ermitteln. Zur Bestimmung des Serins werden auf demselben Bogen neben Hydrolysat und Vergleichslösung die gleichen Cystinmengen, die im Hydrolysat enthalten sind, einzeln aufgetragen. Es wird mit Phenol p_H 12 chromatographiert. Die Extinktionskoeffizienten des Serins ergeben sich aus der Differenz der Farbwerte der Flecken, welche Serin und Cystin enthalten, und jenen des einzeln gewanderten Cystins [*32*].

b) Direkte Photometrierung der Farbstoffe auf dem Papier

Die chromatographisch getrennten Aminosäuren werden auf dem Papier mit Ninhydrin bzw. den spezifischen Farbreagentien umgesetzt. Es ließ sich zeigen [*6, 17, 81, 86*], daß die Menge des gebildeten Farbstoffes auch durch direkte Photometrierung auf dem Papier bestimmt werden kann. Als Bezugswerte dienen die Farbstoffmengen von Vergleichsaminosäuren, welche auf jedem Chromatogramm neben den unbekannten Gemischen getrennt und ausgewertet werden. Wegen der erheblichen Streuungen der Einzelmessungen sind Analysen- und Vergleichsgemisch je 5—10mal auf demselben Bogen eindimensional zu chromatographieren. Zwei Verteilungsbahnen des Chromatogramms werden zur Messung der Papierleerwerte freigelassen.

Die Fehlergrenze der Methode wird mit 5—10% angegeben. Müssen Messung und Zeichnen der Extinktionskurven von Hand erfolgen, so ist das Verfahren zeitraubender und mühsamer als z. B. die Photometrierung des Kupferkomplexsalzes der Ninhydrinfärbung in Lösung. Bei der Verwendung von automatisch registrierenden Vorrichtungen ist der Arbeitsaufwand dagegen verhältnismäßig gering.

Spezialgeräte zur direkten Photometrierung der Papierstreifen s. S. 45 f.

Auftragen der Lösungen, Chromatographie und Farbreaktionen werden nach den Vorschriften ausgeführt, die unter a) bzw. auf S. 155 gegeben wurden. Die Gemische sind jedoch nicht als Striche, sondern punktförmig in Abständen von 3 cm auf die Startlinie des Chromatogramms aufzutragen (50—300 μg Proteinhydrolysat mit 18 Aminosäuren).

Nach der Ausführung der Farbreaktion werden die Chromatogramme in Flußrichtung des Lösungmittels in 3 cm breite Streifen geschnitten, so daß in die Mitte eines jeden solchen Streifens die Flecken einer Trennungsbahn zu liegen kommen. Photometriert wird mit dem Licht der Wellenlänge, daß die auszumessende Färbung maximal absorbiert (Ninhydrinfarbstoff der meisten Aminosäuren bei 570 mμ, der von Prolin bei 440 mμ. Blaue Isatinfärbungen von Prolin und Oxyprolin bei 610 mμ, Farbstoff der Paulyschen Reaktion mit Histidin bei 516 mμ). In Geräte ohne Prisma sind entsprechende Filter einzusetzen.

Zunächst bringt man eine ungefärbte Stelle des Papierstreifens in den Strahlengang des Photometers und stellt dieses so ein, daß die Extinktionen der Papierleerwerte um den Wert Null (Durchlässigkeit 100%) herum liegen. Dann werden die Extinktionskoeffizienten (Durchlässigkeiten) von 2 zu 2 mm (bzw. 5. zu 5 mm) entlang des ganzen Streifens gemessen und als Funktion des Abstandes von der Startlinie auf Millimeterpapier aufgetragen. Durchlässigkeitskurven sind auf halb-

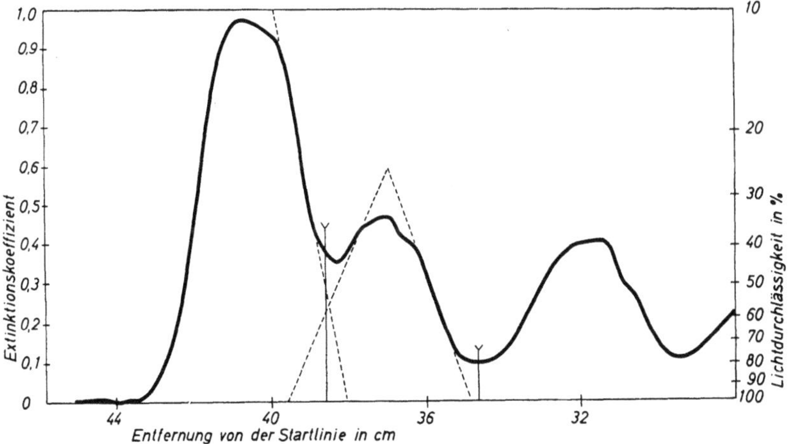

Abb. 66. Direkte Photometrierung der Ninhydrinflecken eindimensionaler Aminosäuren-Chromatogramme auf dem Papier. Auswertung der Extinktions- bzw. Durchlässigkeitskurven [81]

logarithmisches Papier zu zeichnen (s. Abb. 66). Es ist darauf zu achten, daß sich die Symmetrieachse der Flecken stets in der Mitte des Strahlenganges befindet. Die Abstände der Meßpunkte dürfen nicht größer sein als die Breite des Lichtstreifens, mit dem die Chromatogramme abgetastet werden. Man erhält auf diese Weise Kurven mit mehreren Maxima, welche die Lage der Fleckenzentren anzeigen.

Die Basislinie der Kurvenzüge ergibt sich durch Photometrierung der leergelassenen Verteilungsbahnen des Chromatogramms sowie aus der Photometrierung ungefärbter Stellen zwischen manchen Flecken (Abb. 66). Die von Basislinie und

Kurve eingeschlossenen Flächen sind innerhalb der Grenzen des günstigsten Meßbereiches den Aminosäurenmengen im ausgemessenen Farbflecken proportional. Die
Größe der Flächen wird mit Hilfe eines Planimeters bestimmt. Die Berechnung der
Konzentrationen erfolgt unter Bezugnahme auf die Flächenwerte der Vergleichsaminosäuren nach der unter a) gegebenen Vorschrift.

Ein geringes Überlappen der Aminosäurenflecken ist meist nicht zu vermeiden
und macht sich dadurch bemerkbar, daß manche „Täler" zwischen den Maxima
der Kurve nicht auf den Wert der Null-Linie herabsinken. Nach R. R. REDFIELD
und E. S. G. BARRON [81] zieht man in solchen Fällen die Trennungslinie zwischen
benachbarten Flächen vom tiefsten Punkt des „Tales" senkrecht zur Null-Linie
(s. Abb. 66). Stärkere Überschneidungen sind nach Möglichkeit durch Anwendung
geeigneter Verteilungsmedien zu vermeiden. Konstruktionen, wie sie Abb. 66 für
starke Überschneidung der Kurven andeutet, sollten nur im Notfall benutzt
werden.

c) Die "Maximum Density"-Methode

Die sog. "Maximum Density"-Methode ist eine vereinfachte
Variante des eben geschilderten Verfahrens. Die Lichtabsorption an den
dichtesten Stellen symmetrisch ausgebildeter Farbflecken ist in engeren
Grenzen proportional der gesamten darin enthaltenen Farbstoffmenge
[7, 63, 74]. Damit ist die „maximale Absorption" auch ein Maß für die
im Flecken enthaltene Aminosäurenmenge. Man erhält nur durch Mitchromatographieren von Vergleichsaminosäuren auf demselben Bogen
exakte Bezugswerte, so daß die Trennungen durch eindimensionale Verteilung bewerkstelligt werden müssen. Dies ist auch schon zur Erzielung
symmetrischer Flecken notwendig [63].

Die Lichtabsorption wird unmittelbar vor und hinter jedem Farbflecken an ungefärbten Stellen des Papierstreifens (Festlegung der Nulllinie) und an der dichtesten Stelle des Fleckens gemessen. Wegen der
erheblichen Streuungen der Einzelbestimmungen sind zahlreiche Parallelversuche auszuführen.

d) Extraktion der Aminosäuren aus dem Papier
und Umsetzung mit Ninhydrin in Lösung

Nach R. A. BOISSONAS [12], R. J. BLOCK [7], L. FOWDEN [33] u. a.
werden die Aminosäuren auf ein- bzw. zweidimensionalen Chromatogrammen durch ein geeignetes Verfahren lokalisiert, so daß sich möglichst wenig von ihrer Substanz verändert. Die Papierstückchen, welche
die Aminosäuren enthalten, werden aus dem Chromatogramm herausgeschnitten und extrahiert. Anschließend setzt man die Aminosäuren
in Lösung mit Ninhydrin um und photometriert den gebildeten Ninhydrinfarbstoff bei 570 mμ. Wegen der guten Reproduzierbarkeit der
Ninhydrinreaktion in Lösung verzichten die genannten Autoren auf das
Mitchromatographieren von Vergleichsaminosäuren und entnehmen die
Bezugswerte aus festen Eichkurven (s. Tab. 40). Bei dieser Art der
Auswertung werden die Verluste, welche die Aminosäuren während der
Chromatographie erleiden, nicht mit berücksichtigt (s. S. 172).

Die eigentliche Schwierigkeit des Elutionsverfahrens besteht in der exakten
Lokalisierung der Aminosäuren auf den entwickelten Chromatogrammen, besonders
wenn die Flecken eng benachbart oder gar ineinander verzahnt sind. Am ehesten
dürfte die Markierung der Aminosäuren auf dem Papier noch durch Umsetzung mit
einer möglichst geringen Menge Ninhydrin gelingen.

Tabelle 40. *Faktoren zur colorimetrischen Bestimmung von Aminosäuren durch die Ninhydrinreaktion in Lösung [12]*

	Extinktionskoeffizienten des Ninhydrinfarbstoffes aus 0,1 μM-Aminosäure bei 570 mμ (10 ml Lösung)	„Leucinfaktor" (Extinktionskoeffizienten der vorhergehenden Spalte $\times$ 4,9; für Leucin = 1,00)
Asparaginsäure	0,189	0,93
Glutaminsäure	0,190	0,93
Alanin	0,206	1,01
Arginin	0,221	1,08
Cystin	0,222	1,04
Glykokoll	0,204	1,00
Histidin	0,193	0,95
Isoleucin	0,205	1,00
Leucin	0,204	1,00
Lysin	0,222	1,09
Methionin	0,204	1,00
Phenylalanin	0,192	0,94
Prolin	0,012 (0,052)[1]	0,06 (0,26)[1]
Serin	0,194	0,95
Threonin	0,191	0,94
Tryptophan	0,149	0,73
Tyrosin	0,183	0,90
Valin	0,203	1,00

[1] Bei 440 mμ gemessen.

Das zu analysierende Gemisch wird in zwei Parallelversuchen unter gleichen Bedingungen durch zweidimensionale Chromatographie getrennt. Eines der Chromatogramme wird mit einer 0,5%igen Ninhydrinlösung getränkt, getrocknet und wie üblich 25 min auf 60° erhitzt, so daß die Aminosäurenflecken deutlich auf dem Papier sichtbar sind. Das Chromatogramm dient als Vorlage und erleichtert die Auffindung der Flecken auf dem nur ganz schwach anzufärbenden zweiten Bogen. Dieser wird mit einer 0,01%igen Lösung von Ninhydrin in wassergesättigtem n-Butanol schwach besprüht, im Luftstrom getrocknet und 15 min auf 60° erhitzt. Dabei werden mindestens die dichtesten Stellen der Aminosäurenflecken schwach sichtbar. Die Umrisse der Flecken sind mit Bleistift einzuzeichnen. Anschließend ist das Chromatogramm zur Entfernung von Ammoniak aus dem Papier mit 1%iger alkoholischer Kalilauge zu besprühen und 15 min bei 60° im Trockenschrank zu halten.

Die Umsetzung der Aminosäuren mit Ninhydrin in Lösung erfolgt nach den Angaben von R. A. Boissonas [12]. Die umrandeten Papierflächen werden aus dem Chromatogramm herausgeschnitten, einzeln in Reagenzgläser gebracht und mit 5 ml Ninhydrinreagens übergossen (1 g Ninhydrin und 100 mg $SnCl_2 \cdot 2 H_2O$ gelöst in einer Mischung aus 100 ml Glykolmonomethyläther, 50 ml 1 n-NaOH und 50 ml 2 n-Essigsäure; unter Stickstoff einige Wochen haltbar). Die Reagenzgläser sind 20 min in ein siedendes Wasserbad einzustellen und danach sofort mit kaltem Wasser zu kühlen. Anschließend gibt man zum Inhalt eines jeden Reagenzglases 5 ml 50%iges wäßriges n-Propanol, schüttelt gut um und mißt nach 10 min bzw. vor 2 Std. die Extinktionskoeffizienten der Lösungen gegen Wasser als Kompensationsflüssigkeit bei 570 mμ (1 cm-Cuvette des Beckman-Spektrophotometers DU).

Zur Ermittlung der Papierleerwerte ist ein leerer, etwa flächengleicher Ausschnitt des Chromatogramms ebenso zu behandeln wie die Papierstücke, welche die Aminosäuren enthalten. Die geringen Leerwerte sind von den gemessenen Extinktionen abzuziehen. Aus den korrigierten Extinktionskoeffizienten werden die Konzentrationen der Aminosäuren unter Bezugnahme auf die Faktoren der Tab. 40 berechnet. Im Bereich von 0,02—0,5 Mikromol Aminosäure sind die Mengen des gebildeten Ninhydrinfarbstoffes den Aminosäurenmengen proportional.

e) Photometrierung von DNP-Aminosäuren

A. L. Levy [59] führt die Aminosäuren des zu analysierenden Gemischs in ihre gelb gefärbten 2,4-Dinitrophenylderivate über und trennt letztere durch zweidimensionale Chromatographie. Die DNP-Aminosäuren sind wegen ihrer Eigenfarbe leicht auf dem entwickelten Chromatogramm zu erkennen, werden aus den entsprechenden Papierstücken extrahiert und in Lösung bei 360 mμ photometriert. Zur Berechnung der Konzentrationen der Aminosäuren im Analysengemisch werden die gemessenen Extinktionen auf die molaren Extinktionskoeffizienten der DNP-Aminosäuren bezogen. Die Fehlergrenze der Methode liegt bei 2—5%.

20—30 Mikromol Aminosäurengemisch werden in 3 ml Wasser mit einem kleinen Überschuß von 2,4-Dinitrofluorbenzol (6—8 mg) 80 min auf 40° erwärmt. Während der Versuchsdauer ist die Alkalität der Lösung durch tropfenweise Zugabe von 0,05 n-NaOH auf p_H 9 zu halten (laufende Kontrolle mit p_H-Meßgerät). Anschließend entfernt man das überschüssige 2,4-Dinitrofluorbenzol durch Extraktion mit Äther, säuert die wäßrige Phase an und schüttelt sie erneut 5 mal mit je 5 ml Äther aus. Nach dieser Operation befinden sich nur noch DNP-Arginin und DNP-Histidin in der wäßrigen Lösung. Die übrigen DNP-Aminosäuren sind in den zweiten Ätherextrakt übergegangen.

Die ätherische Lösung wird im Vakuum zur Trockne eingedampft. Den Rückstand löst man in 1 ml Wasser und trägt 100 μl davon zur zweidimensionalen Chromatographie auf Whatman-Papier Nr. 1 auf. Die Verteilung in der ersten Richtung erfolgt mit dem Gemisch Toluol–Äthylenchlorhydrin–Pyridin–0,8 n-NH$_3$ (5:3:1,5:3) (v:v) aufsteigend [5]. Das Chromatogramm wird 3—4 h bei 40° getrocknet und in der zweiten Richtung absteigend mit 1,5 m-Phosphatpuffer entwickelt (1 m-NaH$_2$PO$_4$ + 0,5 m-Na$_2$HPO$_4$). Die Lage der DNP-Aminosäurenflecken auf dem Chromatogramm ist aus Abb. 67 zu entnehmen.

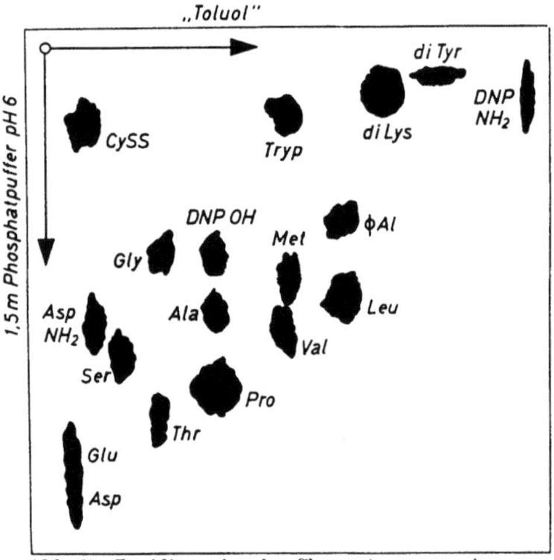

Zur Bestimmung von DNP-Arginin und DNP-Histidin wird etwa ein Zehntel der mit Äther extrahierten wäßrigen Lösung auf Whatman-Papier Nr. 1 aufgetragen und eindimensional mit Toluol–Äthylenchlorhydrin – Pyridin – 0,8 n-NH$_3$ chromatographiert.

Abb. 67. Zweidimensionales Chromatogramm eines synthetischen Gemisches von Dinitrophenyl-Aminosäuren (etwa 0,02 m pro Komponente [59]

Die gelb gefärbten Papierflächen werden aus dem Chromatogramm herausgeschnitten, einzeln in Reagenzgläser gebracht und mit je 5 ml Wasser übergossen. Man erwärmt 15 min im Wasserbad auf 60°, läßt weitere 15 min abkühlen, schüttelt einige Male um und mißt die Extinktionskoeffizienten der Lösungen bei 360 mμ (DNP-Prolin bei 385 mμ) in der 1 cm-Quarzcuvette des Beckman-Spektrophotometers DU gegen Wasser als Kompensationsflüssigkeit.

Zur Ermittlung des Papierleerwertes wird der Wasserextrakt eines leeren, flächengleichen Chromatogramm-Ausschnittes ebenfalls bei 360 mμ photometriert (Extinktionen von 0,001—0,002 pro cm² Papierfläche). Die Leerwerte sind von den gemessenen Extinktionskoeffizienten abzuziehen.

Die Molverhältnisse der Aminosäuren im Analysengemisch ergeben sich durch Multiplikation der korrigierten Extinktionskoeffizienten mit den folgenden Faktoren: Aspsr 0,99, Glusr 0,94, Cystin 0,56, Ser 0,97, Thr 1,02, Gly 1,03, Ala 1,09, Pro 0,93, Val 0,99, Met 1,21, Leu und Isoleu 1,10, Phe 1,03, Tyr 1,54, Lys 0,64, His 1,62, Arg 1,06.

Die absoluten Mengen der Aminosäuren im chromatographierten Gemisch können aus den molaren (bzw. millimolaren) Extinktionskoeffizienten der DNP-Aminosäuren berechnet werden. Es gilt folgende Beziehung: die Extinktionskoeffizienten für 1 Millimol DNP-Aminosäure im Liter sind gegeben durch den Quotienten 15,6/F, wobei F die Reihe der oben angeführten Faktoren bedeutet. Die Extinktionskoeffizienten für 0,1 Mikromol DNP-Aminosäure in 5 ml entsprechen dem Quotienten 0,312/F.

II. Peptide

Von

H. Dörfel

Die überaus große Zahl der theoretisch möglichen Kombinationen von zwei oder mehreren Aminosäuren zu Peptiden gibt allein schon einen Begriff von den Schwierigkeiten, welche sich der Analyse von komplexen Peptidgemischen entgegenstellen können. Die Vielfalt innerhalb dieser Verbindungsklasse macht es von vornherein unmöglich, die papierchromatographischen Trennungen nach einem allgemein gültigen Schema durchzuführen. Vielmehr wird man stets den besonderen Verhältnissen des vorliegenden Spezialfalles Rechnung tragen müssen.

Die folgenden Ausführungen sollen daher nur auf einige Arbeiten aufmerksam machen, welche sich mit der papierchromatographischen Trennung und Identifizierung von Peptiden befassen. Um einen tieferen Einblick in die Problematik der Peptidanalyse zu gewinnen, ist das Studium der Originalliteratur bzw. von ausführlichen Zusammenfassungen erforderlich [13, 102].

1. Chromatographische Trennung

Die Arbeiten von F. Sanger und H. Tuppy [92], R. Consden, A. H. Gordon und A. J. P. Martin [20], R. L. M. Synge [98] haben gezeigt, welche Bedeutung der Papierchromatographie für die Strukturaufklärung von Proteinen und Peptiden zukommt. Besonders leistungsfähig erwies sich dabei die Papierchromatographie zur Trennung der niederen Peptide, welche durch die
partielle Hydrolyse von Proteinen entstehen.
Allerdings ist in der Regel eine Vorfraktionierung derart komplizierter Gemische durch Säulenchromatographie, Elektrophorese usw. notwendig.

F. Sanger und H. Tuppy [92] hydrolysieren z. B. die Fraktion B des oxydierten Insulins (Perameisensäure-Oxydation) mit 11 n-HCl 3 bzw. 4 Tage bei 37° und mit 0,1 n-HCl 24 h bei 100°. Dabei werden außer Aminosäuren vorwiegend Di- bis Pentapeptide erhalten. Höhere Peptide entstehen durch enzymatische Hydrolyse mit Pepsin, Trypsin und Chymotrypsin. (Zum Beispiel werden 30 mg Fraktion B und 0,3 mg Pepsin in 3,3 ml 0,01 n-HCl gelöst und 24 h bei 37° gehalten.)

Die Technik der papierchromatographischen Trennung von Aminosäuren kann ohne wesentliche Abänderungen auf die Analyse von Peptiden übertragen werden.

a) Chromatographierpapier

P. Boulanger und G. Biserte [13] empfehlen zur Trennung von niederen Peptiden Whatman-Papier Nr. 1 und Nr. 4, zur Chromatographie von höheren Peptiden Whatman-Papier Nr. 3 und Nr. 4. Die

Verteilung größerer Substanzmengen gelingt am ehesten auf Whatman-Papier Nr. 3. Von niederen Peptiden sind 10—30 μg pro Komponente, von höheren Verbindungen je nach Molekulargewicht entsprechend mehr zur Chromatographie aufzutragen.

b) Verteilungsmedien

Eine Reihe von Lösungsmitteln ist gleicherweise geeignet zur chromatographischen Entwicklung von Aminosäuren und Peptiden: wassergesättigtes Phenol, m-Kresol, s-Collidin, Benzylalkohol und n-Butanol [19], Pyridin–Isoamylalkohol–Wasser [47, 55], n-Propanol–Wasser (4:1) (v:v) [45], n-Butanol–Eisessig–Wasser (4:1:5) (v:v), n-Butanol–Ameisensäure–Wasser (4:1:5) (v:v) [66].

F. SANGER und H. TUPPY [92] führen zweidimensionale Trennungen vor allem mit den Lösungsmittelkombinationen Phenol–0,3% NH_3 und Butanol–Essigsäure sowie m-Kresol–0,03% NH_3 und Butanol–Essigsäure aus. In der 1. Richtung wird mit Phenol bzw. m-Kresol (absteigend, Wanderungsstrecke der Lösungsmittelfront 40—50 cm), in der 2. Richtung absteigend mit Butanol–Essigsäure (Wanderungsstrecke der Lösungsmittelfront 30—60 cm) chromatographiert. m-Kresol eignet sich besonders zur Trennung der schnellaufenden basischen Peptide. Die neutralen Peptide haben oft in Phenol und m-Kresol zu hohe R_F-Werte und werden besser mit Collidin–tert. Amylalkohol und mit Benzylalkohol getrennt.

Zur Sicherheit wird man dasselbe Peptidgemisch mit mehreren verschiedenen Lösungsmittelkombinationen zweidimensional chromatographieren, um nach Möglichkeit auch solche Komponenten zu erfassen, die im primär angewendeten Verteilungssystem gleiche R_F-Werte haben und deren Gemisch deshalb die Anwesenheit einer einheitlichen Substanz vortäuscht.

c) R_F-Werte

Die R_F-Werte von einfachen Peptiden liegen in erster Näherung zwischen den R_F-Werten der darin enthaltenen freien Aminosäuren, bezogen auf dasselbe Lösungsmittel [47]. Von stärkerem Einfluß ist dabei die Komponente, welche im Peptid die freie Aminogruppe trägt. Die R_F-Werte polymerhomologer Glycyl-Peptide in Phenol steigen mit zunehmendem Molekulargewicht der Verbindungen zunächst an, fallen jedoch beim Übergang zum Hexaglycin plötzlich auf den Wert Null (s. Tab. 41).

A. B. PARDEE [70] gibt eine Formel an, nach der die R_F-Werte von niederen Peptiden in einem bestimmten Lösungsmittel aus den R_F-Werten der freien Aminosäuren berechnet werden können, welche im Peptid enthalten sind. Es gilt:

$$RT \ln \left(\frac{1}{R_F} - 1 \right)_{Peptid} = (n-1)\,A + B + \Sigma\,RT \ln \left(\frac{1}{R_F} - 1 \right)_{Aminosäure}.$$

Die Zahlenwerte der Konstanten A und B sind von der Art des Verteilungsmediums abhängig.

Tabelle 41. *R_F-Werte einiger Peptide [47, 55]*

	Phenol, Wasser	Pyridin, Isoamylalkohol
Glycylglycin	0,32	0,03
Triglycin	0,35	0,02
Tetraglycin	0,42	0,01
Pentaglycin	0,58	0,01
Hexaglycin	0,00	0,00
Nonaglycin	0,00	0,00
Glycyl-L-Asparaginsäure	0,09	0,04
D,L-Asparagyl-Glycin	0,14	0,04
L-Seryl-L-Serin	0,25	0,11
L-Leucyl-L-Asparaginsäure	0,37	0,11
L-Leucyl-Glutaminsäure	0,48	0,12
Glycyl-L-Tyrosin	0,55	0,27
DL-Alanyl-Glycin	0,58	0,12
L-Leucylglycyl-L-Asparaginsäure .	0,46	0,10
Glycyl-L-Asparaginyl-L-Leucin . .	0,73	0,19
D,L-Alanyl-D,L-Leucin	0,76	0,34
D,L-Leucyl-D,L-Alanin	0,82	0,37
D,L-Leucylglycylglycylglycin . . .	0,90	0,24
L-Leucyl-L-Histidin	0,95	0,31
L-Prolyl-L-Phenylalanin	0,97	0,39

Zum Beispiel für wassergesättigtes Phenol:

$$A = - 460 \text{ cal/Mol}; \quad B = + 460 \text{ cal/Mol};$$

für Pyridin-Isoamylalkohol:

$$A = -1200 \text{ cal/Mol}; \quad B = + 300 \text{ cal/Mol}.$$

In einigen Fällen konnten auch in der Natur vorkommende Peptid-gemische papierchromatographisch getrennt werden (Zusammenfassungen bei R. L. M. SYNGE [99] und F. TURBA [102]). Zum Beispiel weisen H. BROCKMANN und H. GRÖNE [15] die Actinomycine A, B und C in der Kulturlösung von *Streptomyces chrysomallus* durch Rundfilter-Chromatographie nach (Verteilungsgemisch: n-Di-butyläther–10%iges wäßriges Natrium-naphthalin-1,6-disulfonat). R. R. GOODALL und A. A. LEVI [42] trennen die Penicilline papierchromatographisch. Das Filter-papier wird mit 30%igem Phosphatpuffer von p_H 7 getränkt und getrocknet. Die Verteilung erfolgt mit feuchtem Äther 24 h absteigend bei 4°. C. L. LONG und W. L. WILLIAMS [60] beschreiben den papierchromatographischen Nachweis der „Lacto-bacillus-bulgaricus-Faktoren" (7 Komponenten).

2. Identifizierung

Nach der chromatographischen Trennung werden die Peptide ebenso wie die Aminosäuren meist mit Hilfe der Ninhydrinreaktion auf dem Papier sichtbar gemacht. Dabei ist zu beachten, daß die Farbstoffbildung aus gleichen Gewichtsmengen verschiedener Peptide mit steigendem Mole-kulargewicht der Verbindungen abnimmt. Höhere Peptide müssen deshalb in entsprechend höheren Konzentrationen chromatographiert werden.

Histidin bzw. Tyrosin enthaltende Peptide können außerdem durch die empfindliche Paulysche Reaktion nachgewiesen werden.

Wegen der großen Zahl der theoretisch möglichen Peptide ist die Identifizierung von Peptidflecken allein auf Grund ihres R_F-Wertes nur in den seltensten Fällen eindeutig. Normalerweise wird es notwendig sein, die Konstitution des Peptides durch Aminosäurenanalyse, End-gruppenbestimmung, partielle Hydrolyse und Identifizierung der daraus resultierenden Bruchstücke usw. aufzuklären. Geeignete Mikroverfahren sind entwickelt, welche die Ausführung der genannten Operationen bereits mit den geringen Substanzmengen gestatten, wie sie nach papierchromatographischen Trennungen isoliert werden [20, 92].

a) Die Lokalisation der Peptide

Die Lokalisierung der Peptide auf den Chromatogrammen muß so erfolgen, daß möglichst wenig von der Peptid-Substanz verändert wird. Die englischen Biochemiker bedienen sich derselben Technik, welche auch zur quantitativen Bestimmung von Aminosäuren nach dem Elutionsverfahren angewendet wird (s. S. 177).

Das zu analysierende Peptidgemisch wird in mehreren Parallelversuchen unter möglichst gleichen Bedingungen mit einer geeigneten Lösungsmittelkombination zweidimensional chromatographiert. Eines der Chromatogramme wird mit 0,5%iger Ninhydrinlösung getränkt, getrocknet und 20 min auf 60° erhitzt, so daß die Lage der Peptidflecken deutlich zu erkennen ist. Ein weiterer Bogen ist nur schwach mit einer 0,01%igen Ninhydrinlösung zu besprühen und ebenfalls 20 min auf 60° zu erhitzen. Dabei werden die „Kerne" der Peptidflecken schwach auf dem Papier sichtbar. Die Extrakte von derart markierten Substanzflecken sind zwar zur Ermittlung der Aminosäurenzusammensetzung des Peptids geeignet, nicht aber zur Endgruppenbestimmung durch Desaminierung bzw. nach der DNP-Methode von F. SANGER [91]. Für diese Zwecke ist ein weiteres Chromatogramm, aus dem Lösungsmittelspuren möglichst weitgehend entfernt wurden, 15—30 min auf 100° zu erhitzen. Die Peptide sind nach dieser Behandlung unter der UV-Lampe als fluorescierende Flecken auf dem Papier zu erkennen und werden mit Bleistift markiert.

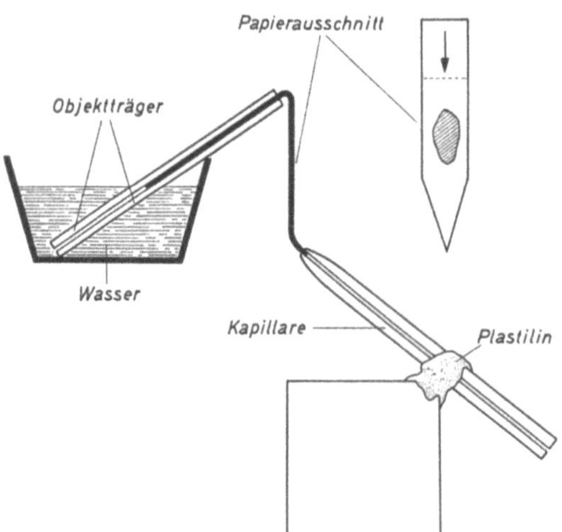

Abb. 68. Eluieren sehr kleiner Peptidmengen aus Filterpapier [92]

b) Die Elution der Peptide

Die Elution der Peptide aus dem Papier erfolgt nach der Technik von F. SANGER und H. TUPPY [92]. Die markierten Peptid-Flecken werden in Form schmaler, an einem Ende zugespitzter Rechtecke aus dem Chromatogramm herausgeschnitten. Jedes dieser Papierstückchen legt man zwischen zwei Objektträger und stellt das Ganze in ein Gefäß mit Wasser ein, wie es in Abb. 68 angedeutet ist. Die Spitze des Chromatogramm-Ausschnittes steckt in der Öffnung einer Capillare von

50—100 μl Fassungsvermögen. Eine genügende Extraktion der Peptide mit derart kleinen Wassermengen gelingt nur dann, wenn das Verteilungsmedium fast vollständig aus dem Chromatogramm entfernt wurde.

c) Hydrolyse

Der erste Schritt zur Strukturaufklärung eines Peptids wird die Ermittlung der Aminosäuren-Zusammensetzung sein. Die Hydrolyse von sehr kleinen Substanzmengen ist zweckmäßig nach den folgenden Angaben [20] auszuführen:

Der Inhalt eines der oben beschriebenen Capillarröhrchen (Peptidlösung) wird als Tropfen auf einen Polyäthylenstreifen entleert und im Vakuum zur Trockne eingedampft. Den Rückstand löst man durch Reiben mit einem feinen Glasstäbchen in 20 μl 6 n-HCl, saugt die Lösung in eine saubere Capillare, schmilzt diese an beiden Enden zu und erhitzt 24 h auf 100°. Das Hydrolysat wird auf einen Polyäthylenstreifen entleert, im Vakuum über KOH zur Trockne eingedampft und in 5 μl Wasser aufgenommen. Diesen Tropfen bringt man durch Aufdrücken des Polyäthylenstreifens direkt auf den Startplatz eines zur zweidimensionalen Chromatographie vorbereiteten halben Whatman-Papierbogens (Nr. 1) und trennt die Aminosäuren des Peptidhydrolysats durch Verteilung mit Phenol p_H 12 und Butanol–Essigsäure.

d) Endgruppenbestimmung durch Desaminierung

R. CONSDEN, A. H. GORDON und A. J. P. MARTIN [20] lassen salpetrige Säure auf das Peptid einwirken, wodurch die endständige Aminosäure mit der freien Aminogruppe zerstört wird. Mit Hilfe der Papierchromatographie stellt man fest, welche Aminosäure im Hydrolysat des desaminierten Peptids im Vergleich zur Aminosäuren-Zusammensetzung des unvorbehandelten Peptids fehlt.

Der Inhalt eines Capillarröhrchens mit Peptidlösung wird auf einen Polyäthylenstreifen entleert. Man bringt den Streifen in ein Glasrohr und leitet durch dieses bei Zimmertemperatur 30 min lang nitrose Gase, welche durch Auftropfen von konz. Salzsäure auf festes Natriumnitrit erzeugt werden. Anschließend wird das Reaktionsgemisch im Vakuum über KOH zur Trockne eingedampft. Der Rückstand ist in 2 Tropfen HCl aufzunehmen. Man trocknet zur Entfernung der letzten Reste nitroser Gase erneut im Vakuum über KOH ein, nimmt den Rückstand in 20 μl 6 n-HCl auf und hydrolysiert die Lösung wie oben beschrieben in einer Capillare. Im Hydrolysat werden die Aminosäuren papierchromatographisch nachgewiesen.

e) Endgruppenbestimmung mit Dinitrofluorbenzol nach SANGER [91]

Die freie Aminogruppe eines Peptids bzw. Proteins reagiert in bicarbonat-alkalischer Lösung mit 2,4-Dinitrofluorbenzol unter Fluorwasserstoff-Abspaltung. Im Hydrolysat des DNP-Peptids liegen die endständigen Aminosäuren als DNP-Derivat, alle übrigen Aminosäuren unverändert vor. Nachweis und gegebenenfalls quantitative Bestimmung der DNP-Aminosäuren erfolgen am einfachsten papierchromatographisch nach A. L. LEVY [59] (s. S. 178).

25 μl Peptidlösung werden in einer Capillare mit 25 μl gesättigter wäßriger Natriumbicarbonat-Lösung und 5 μl 4%iger alkoholischer Dinitrofluorbenzol-Lösung gemischt. Die Capillare wird zugeschmolzen und bei Zimmertemperatur 3 h in drehender Bewegung gehalten. Anschließend entleert man ihren Inhalt auf ein Uhrglas, dunstet den Flüssigkeitstropfen im Vakuum ein, wäscht den Rückstand mit Äther (bis kein gelbes Öl mehr in Lösung geht) und löst die zurückbleibenden

gelben Kristalle in 50 μl 6 n-HCl. Die Lösung wird in eine Capillare aufgesaugt und 12 h erhitzt. Aus dem Hydrolysat werden die DNP-Aminosäuren mit Äther ausgezogen und papierchromatographisch bestimmt. Die unveränderten Aminosäuren sowie unter Umständen DNP-Arginin und DNP-Histidin befinden sich in der wäßrigen Phase und werden ebenfalls chromatographisch nachgewiesen.

Literatur

[1] G. Ågren–T. Nilson: Acta chem. scand. 3, 525 (1949). — [2] J. Awapara: Arch. Biochem. 19, 172 (1948). — [3] J. Barrollier–J. Heilman–E. Watzke: Z. physiol. Chem. 304, 21 (1956). — [4] H. K. Berry–L. Cain: Arch. Biochem. 24, 179 (1949). — [5] G. Biserte–R. Osteux: Bull. Soc. Chim. biol. 33, 50 (1951). — [6] R. J. Block: Science 108, 608 (1948). — [7] R. J. Block: Analyt. Chem. 22, 1327 (1950). — [8] R. J. Block–D. Bolling: The Amino Acid Composition of Proteins and Foods. p. 576. Springfield, Ill. 1951. — [9] R. J. Block: Paper Chromatography. New York 1952. — [10] F. H. Bode–H. J. Hübener–H. Brückner–K. Hoeres: Naturwissenschaften 39, 524 (1952). — [11] R. A. Boissonas: Helv. chim. Acta 33, 1966 (1950). — [12] R. A. Boissonas: Helv. chim. Acta 33, 1972 (1950). — [13] P. Boulanger–G. Biserte: Bull. Soc. chim. France 1952, 830. — [14] B. Bramesfeld–A. I. Virtanen: Acta chem. scand. 10, 688 (1956). — [15] H. Brockmann–H. Gröne: Naturwissenschaften 40, 223 (1953). — [16] J. A. Brown–M. M. Marsh: Analyt. Chem. 25, 1865, 774 (1953). — [17] H. B. Bull–J. W. Hahn–V. H. Baptist: J. Amer. chem. Soc. 71, 550 (1949). — [18] R. A. Clayton–F. M. Strong: Analyt. Chem. 26, 1362 (1954). — [19] R. Consden–A. H. Gordon–A. J. P. Martin: Biochem. J. 38, 224 (1944). — [20] R. Consden–A. H. Gordon–A. J. P. Martin: Biochem. J. 41, 590 (1947). — [21] G. Curzon–J. Giltrow: Nature (Lond.) 172, 356 (1953). — [22] N. B. Das–T. D. Biswas: Sci. a. Cult. (India) 19, 158 (1953). — [23] S. D. Démétriadès: Nature (Lond.) 177, 95 (1956). — [24] C. E. Dent–W. Stepka–F. C. Steward: Nature (Lond.) 160, 683 (1947). — [25] C. E. Dent: Biochem. J. 43, 168 (1948). — [26] A. Dreze–A. de Boeck: Arch. int. Physiol. 60, 201 (1952). — [27] H. Erbring–P. Patt: Naturwissenschaften 41, 216 (1954). — [28] L. E. Ericson–B. Carlson: Ark. Kemi 6, 511 (1953). — [29] H. Fischbach–J. Levine: Science 121, 602 (1955). — [30] F. G. Fischer–H. Dörfel: Biochem. Z. 324, 544 (1953). — [31] F. G. Fischer–H. Dörfel: Biochem. Z. 324, 465 (1953). — [32] F. G. Fischer–H. Dörfel: Z. physiol. Chem. 297, 278 (1954). — [33] L. Fowden: Biochem. J. 48, 327 (1951). — [34] F. Friedberg: Naturwissenschaften 41, 141 (1954). — [35] Y. Fujisawa: J. Osaka City med. Center 1, 7 (1951) — [36] T. Fukuda: Bull. Sericult. exp. Sta. (Japan) 13, 481 (1951). — [37] N. C. Ganguli: Naturwissenschaften 42, 18 (1955).— [38] N. C. Ganguli: Naturwissenschaften 41, 140 (1954). — [39] G. Gorbach–G. Dedic–E. H. Philippi: Z. physiol. Chem. 301, 185 (1955). — [40] N. Grobbelaar–J. K. Pollard–F. C. Steward: Nature (Lond.) 175, 703 (1955). — [41] D. Gröger–U. Mothes: Pharmazie 11, 323 (1956). — [42] R. R. Goodall–A. A. Levi: Nature (Lond.) 158, 675 (1946). — [43] T. W. Goodwin–J. A. Morton: Biochem. J. 40, 628 (1946). — [44] A. H. Gordon: Angew. Chem. 61, 357 (1949). — [45] C. S. Hanes–F. J. R. Hird–F. A. Isherwood: Biochem. J. 51, 25 (1952). — [46] T. L. Hardy–D. O. Holland–J. H. C. Nayler: Analyt. Chem. 27, 971 (1955). — [47] K. Heyns–G. Anders: Z. physiol. Chem. 287, 8, 16 (1951). — [48] K. Heyns–G. Legler: Z. physiol. Chem. 306, 165 (1956/57). — [49] J. B. Jepson–I. Smith: Nature (Lond.) 172, 1100 (1953). — [50] W. Kellner–H. Hellmuth: Naturwissenschaften 41, 527 (1954). — [51] W. Kellner–H. Hellmuth–H. Martin: Naturwissenschaften 41, 304 (1954). — [52] M. Keser: Planta 45, 273 (1955). — [53] H. Kirby-Berry–H. E. Sutton–L. Cain–J. S. Berry: Univ. Texas Publ. 1941, Nr. 5109, 34. — [54] W. Klinger: Naturwissenschaften 42, 645 (1955). — [55] C. A. Knight: J. biol. Chem. 190, 753 (1951). — [56] J. Koloušek: Sborn. Ceskoslov. Akad. Zemědĕl. Ved. 27 A, 547 (1954). — [57] J. Koloušek: Naturwissenschaften 43, 375 (1956). — [58] M. M. Laloraya–G. Jee: Nature (Lond.) 175, 907 (1955). — [59] A. L. Levy: Nature (Lond.) 174, 126 (1954). — [60] C. L. Long–W. L. Williams: J. Bact. 61, 195 (1951). — [61] Ch. L. Madan: Planta 47, 53 (1957). — [62] E. F. McFarren: Analyt. Chem. 23, 168 (1951). —

[63] E. F. McFarren–J. A. Mills: Analyt. Chem. 24, 650 (1952). — [64] J. K. Miettinnen–A. I. Virtanen: Acta chem. scand. 3, 459 (1949). — [65] T. E. Mittler: Nature (Lond.) 172, 207 (1953). — [66] R. Monier–C. Fromageot: Biochim. biophys. Acta 5, 224 (1950). — [67] S. Moore–W. H. Stein: J. biol. Chem. 176, 337, 367 (1948); 178, 53, 79 (1949); 192, 663 (1951). — [68] D. Müting: Naturwissenschaften 39, 303 (1952). — [69] E. Negelein–H. Brömel: Biochem. Z. 300, 225 (1939). — [70] A. B. Pardee: J. biol. Chem. 190, 757 (1951). — [71] D. B. Parihar: Naturwissenschaften 41, 502 (1954). — [72] S. M. Partridge: Biochem. J. 42, 238 (1948). — [73] A. E. Pasieka–J. F. Morgan: Analyt. Chem. 28, 1964 (1956). — [74] A. R. Patton–P. Chism: Analyt. Chem. 23, 1683 (1951). — [75] K. A. Piez–E. P. Tooper–L. S. Fosdick: J. biol. Chem. 194, 669 (1952). — [76] K. A. Piez–F. Irreverre–H. L. Wolff: J. biol. Chem. 223, 687 (1956). — [77] L. Pincussen: Mikromethodik. Leipzig 1930. — [78] V. R. Popov–V. S. Siderov–M. A. Bokuchava: Doklady Akad. Nauk SSSR 95, 609 (1954). — [79] J. J. Pratt–J. L. Auclair: Science 108, 213 (1948). — [80] A. N. Radhakrishnan–C. S. Vaidyanathan: Naturwissenschaften 41, 432 (1954). — [81] R. R. Redfield–E. S. G. Barron: Arch. Biochem. 35, 443 (1952). — [82] L. J. Reed: J. biol. Chem. 183, 451 (1950). — [83] F. Reindel–W. Bienenfeld: Z. physiol. Chem. 303, 262 (1956); 305, 123 (1956). — [84] L. E. Rhuland–E. Work–R. F. Denman–D. S. Hoare: J. Amer. chem. Soc. 77, 4844 (1955). — [85] E. Roberts–G. H. Tishkoff: Science 109, 15 (1949). — [86] L. B. Rockland–J. L. Blatt–M. S. Dunn: Analyt. Chem. 23, 1142 (1951). — [87] L. B. Rockland–J. C. Underwood: Analyt. Chem. 28, 1679 (1956).

III. Proteine und Proteide

Von

H. F. Linskens

Hochmolekulare Substanzen sammeln sich bei der Verteilung zwischen zwei Phasen entweder in der einen oder der andern Phase an, wenn die beiden Phasen nicht sehr ähnlich sind [1]. Dies ist jedoch bei der Chromatographie an Papier schwer zu erreichen. Außerdem werden die großen Moleküle der Proteine leicht an der Cellulosefaser adsorbiert, so daß Streifenbildung (Zungen und Schwänze) auftritt. Die Papierchromatographie ist daher in erster Linie für die Bestimmung der Zusammensetzung von Protein-Hydrolysaten und die Endgruppenbestimmung anzuwenden (vgl. S. 183) [2, 3]. Sofern man Papier als Träger für Protein-Trennung verwenden will, ist die Papierelektrophorese zweckmäßig (vgl. S. 21 ff.).

1. Extraktion und Trennung

Das mit kaltem Äther entfettete Material wird entweder mit dest. Wasser [4] oder einer verdünnten Pufferlösung [5] extrahiert. Der Extrakt kann direkt oder nach Konzentrierung zur Trennung verwendet werden. Die Wahl eines geeigneten p_H-Wertes für den Puffer im Trägerstreifen setzt eine Orientierung über den IEP des Proteins voraus, da in demselben keine Wanderung im Feld [6, 36] (Abb. 69), aber eine Adsorption [9] stattfindet. Die elektrostatische Adsorption von Proteinen kann durch Vorbehandlung des Papieres (Whatman 3 MM) reduziert werden: es wird 5—10 min lang in einer 1%igen Lösung von Oktadecyldimethyl-Ammoniumchlorid gebadet, anschließend etwa 3 h lang mit

Wasser gewaschen und luftgetrocknet [12]. Geeignete Papiere für die Elektrophorese sind in Tab. 2—7 zusammengestellt. Für hochmolekulare Proteine und Proteide sind Spannungen über 400 V nicht brauchbar; in den meisten Fällen arbeitet man zwischen 110 und 200 V [4, 5, 7, 19]. Neben der normalen apparativen Anordnung auf horizontalem oder hängendem Streifen wird auch Rundfilter- [8] und Hochspannungs-Papierelektrophorese [26, 28—30] vereinzelt mit Erfolg angewandt. Neben Veronal-Puffer (p_H 8,6) [7, 8, 20], wird Borat-Puffer (p_H 12,3) [9, 10, 13], Phosphat-Puffer (p_H 6,8—6,9) [11, 12] empfohlen. Möglicherweise bieten flüchtige Puffer noch besondere Aspekte [31]. Die Trennungsprozedur sollte möglichst im Kühlraum erfolgen, um eine in jedem Fall auftretende Temperaturerhöhung am Träger auf ein Minimum zu reduzieren und Denaturierungen zu vermeiden.

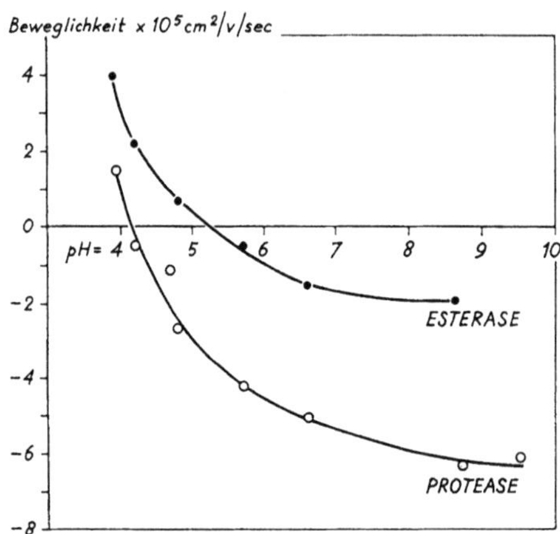

Abb. 69. Papierelektrophoretische Beweglichkeit von Protease und Esterase aus *Aspergillus oryzae* in verschiedenen p_H-Bereichen. Nach [6], verändert

Proteine können auf dem Papier auch durch Zusatz von „Markierern" [14] nachgewiesen werden. Dazu dient z. B. Hemin, das 2%ig in 3% Natriumbicarbonat gelöst wird. 0,02 ml sind mit 1 ml der Protein- bzw. Ferment-Lösung zu vermischen. Der Heminzusatz bedingt keine p_H-Änderung. Nach der Trennung ist der gewanderte Protein-Hemin-Komplex mit Benzidin-Wasserstoffsuperoxyd leicht nachzuweisen. Dazu wird eine gesättigte alkoholische Benzidin-Lösung mit 3% H_2O_2-Lösung im Verhältnis 1:1 vermischt und mit Essigsäure angesäuert. Das Reagens ist stets frisch anzusetzen. Die Komplexe ergeben eine blaue Farbreaktion, die durch Salze (Citrate) und Glucose nach Purpur, Braun und Grün hin verändert werden kann. Die Farbreaktionen verblassen schnell.

Zur Kontrolle der Laufgeschwindigkeit kann man dem Protein-Gemisch eine Spur Bromphenolblau zusetzen, das sich vor allem an die Albuminfraktion bindet und so die schnellaufende Fraktion sichtbar macht.

2. Nachweise

Proteine. Schwache Färbungen ergeben Bromthymolblau und Azocarmin B [4, 15, 16]. Zur Darstellung eignen sich besser Bromphenolblau (0,1 % in alkoholischer Lösung mit $HgCl_2$ gesättigt) und Brilliantkresylgrün (0,005 + 5% Trichloressigsäure) [18]. Meist verwandt wird Amidoschwarz-10-B [19, 20]. Die Färbung ist sowohl in der Kälte (gesättigte Lösung in Methanol–Eisessig 9:1), als auch zur Beschleunigung in der Wärme möglich: Dazu wird der Pherogrammstreifen spiralförmig zusammengerollt und in einem 250 ml-Becherglas 2—3 min in absolutem Methanol gekocht. Dann taucht man das Papier 4 min lang in auf 80° C erwärmte Farblösung, läßt 5 min lang auf einer Glasplatte abtropfen. Die überschüssige Farbe wird in 5% Essigsäure bei 80° C unter mehrmaligem Umschwenken und Wechseln der Waschflüssigkeit entfernt, bis die eiweißfreien Teile des Papieres entfärbt und die Waschflüssigkeit farblos bleiben. Sodann wird das Papier bei Zimmertemperatur getrocknet. In der Kälte erfolgt die Entfärbung mit 4—6fachem Badwechsel von Methanol–Eisessig in 4 h [19]. Zur quantitativen Bestimmung kann die Extinktion der trocknen Papierstreifen entweder nach blasenfreiem Einbetten in eine Transparenzflüssigkeit (Paraffinöl zu α-Bromnaphthalin 1:1) oder Überführen in eine Lackfolie (s. S. 46) ausgemessen werden. Auch lassen sich die gefärbten Fraktionen mit je 10 ml 50% Methanol und 5 ml 1 n-NaOH bei 80° C herauslösen und nach Auffüllen im Meßkolben auf 25 ml zwischen 500 und 600 mμ colorimetrieren. Die Extinktion des eluierten Farbstoffes ist der Eiweißkonzentration proportional [20]. — Solway-Purpur[1] (0,05% in 0,5%iger Schwefelsäure 5 min bei 50—90° C) ergibt nach der Entfernung des überschüssigen Farbstoffes mit warmem Wasser violette Flecken, hat aber den Nachteil geringer Haftfestigkeit [21]. Eine Stabilisierung läßt sich jedoch erreichen, wenn man es 0,1% in Trichloressigsäure löst und die trocknen Streifen in dieser Lösung 12 h beläßt.

Nach Abspülen in Wasser (1 min) und 0,5 n-HCl (2 min) kann man noch eine Verstärkung des Kontrastes mit 0,5% Kaliumbichromat in n/1000 Schwefelsäure erzielen [22]. Eine gute Färbung ergibt auch 1% Nigrosin (GEIGY) in 1%iger wäßriger Essigsäure-Lösung innerhalb von 6 min auf den 15 min auf 80° C erhitzten Pherogrammstreifen. Die Entfernung der überschüssigen Farbe erfolgt mit verdünnter Essigsäure oder mit Leitungswasser [23]. Bei sehr niedrigen Proteinkonzentrationen auf dem Streifen empfiehlt sich folgendes Verfahren [41]: Die Streifen werden in einer kaltgesättigten Lösung von Neucoccin und Naphtholblauschwarz B in Äthanol–Eisessig–Wasser (2:1:1) unter Zusatz von 2% Trichloressigsäure und 2% Nickel- oder Kupferacetat angefärbt. Die so gefärbten Streifen werden mit Rubeanwasserstoffsäure und FOLINs Reagens nachbehandelt. Da der Agfa-Farbstoff Neucoccin starke Kontraste gibt, kann durch Kontaktkopie noch 1 γ Eiweiß/cm Pherogramm nachgewiesen werden.

Glucoproteide. Neben der Anfärbung mit den gebräuchlichen Kohlenhydrat-Reagentien hat sich von allem die Anfärbung mit Fuchsinsulfit [24] bewährt [10]. Das an Eiweiß gebundene Kohlenhydrat wird durch Oxydation der cis-ständigen Oxygruppen mit Perjodsäure zu Aldehyden und deren Nachweis mit fuchsinschwefliger Säure aufgefunden. Eine quantitative Bestimmung ist durch Photometrie bei einer Wellenlänge von 550 mμ möglich.

Lipoproteide. Sie lassen sich mit Ciba-Blau BZL (gesättigte alkoholische Lösung) anfärben und ergeben blaue Fraktionen [5, 35]. Neuerdings wendet man neben Sudan III und IV gerne Sudan-Schwarz B [33, 34] an. Der Farbstoff wird in 60%igem Methanol bis zur Sättigung

---

[1] 1-Oxy-4-p-toluidoanthrachinon-m-sulfosäure; im Handel auch als Supracenviolett 3b, Bayer-Leverkusen.

gelöst und der Pherogrammstreifen 2 h lang bei 37° C darin gefärbt. Die Lipoproteidfraktionen erscheinen nach einstündigem Auswaschen der Papierstreifen in Wasser. Auch eine Vorfärbung ist mit Sudan-Schwarz B (oder der acetylierten Form B[3]) möglich, so daß sich bei anschließender elektrophoretischer (Veronalpuffer p_H 8,6, Potential-gradient 6 V/cm, 0,5° C in 4—5 h) oder papierchromatographischer Trennung (Papier imprägniert mit Veronal-Oxalat-Citrat-Puffer p_H 8,5, Lösungsmittel: Isopropanol-Puffer 40:60) die Fraktionen deutlich und scharf abzeichnen. Für die papierchromatographische Trennung der Chlorophyll-Lipoproteide wird auf Toyo-Papier Nr. 50 Picolin–Wasser (1:1) als Lösungsmittel empfohlen [38]. Nach Trocknen der Phero-gramme (110° C 15 min) kann man ebenfalls mit einer gesättigten Lösung von Oil Red 0 in 60% Äthanol anfärben. Nach dem Abspülen mit Wasser wird die überschüssige Farbe mit Äthanol–Eisessig (3:1) entfernt. Quantitative Bestimmung ist durch Elution der Fraktionen und Zugabe von Schwefelsäure (1 Teil zu 2 Teilen Eluat) und Photometrie nach 1 min bei 510 mμ möglich; die Intensität der Färbung folgt dem Lambert-Beerschen Gesetz [42]. Auch lassen sich die bei 70° C getrock-neten Pherogramme in folgendem Gemisch (1:1) anfärben: Lösung A: 1 g α-Naphthol in 100 ml bidest. Wasser suspendiert unter tropfen-weiser Zugabe von 25%iger KOH bis zur vollständigen Lösung; Lö-sung B: 1 g Dimethyl-p-phenyldiaminhydrochlorid in heißem bidest. Wasser frisch gelöst; vor Gebrauch filtrieren und mit Wasser auf die Hälfte verdünnen. Die Streifen bleiben 30 min in dem Bad und werden mit alkalischem Wasser gewaschen. Die Färbung läßt sich in 30 min mit einer gesättigten Lösung von Ammonium-Molybdat fixieren [67].

Nucleoproteide s. S. 198ff. Außerdem lassen sich erfolgreich [37] ver-wenden: 0,25% Methylgrün-Pyronin in 0,2 m Acetat-Puffer (p_H 4,1); nach halbstündiger Anfärbung wird 30 min lang in fließendem Wasser gespült. Substanzorte erscheinen rot auf blaßrosa Untergrund. Die Intensität der Färbung hängt vom Polymerisationsgrad ab. Eine Fär-bung von 2 min mit 0,25% Toluidin-Blau in Sörensen-Puffer p_H 2,2 und Entfärbung mit Butanol–Äthanol (1:1) ergibt Purpur-Färbung auf hellblauem Untergrund. Auch ist Thionin in 0,25%iger wäßriger Lösung unter Zusatz einiger Tropfen 0,1 n-HCl innerhalb 10 min noch brauchbar.

Chromoproteide. Chromoproteide werden nach Versetzen von etwa 1 g Trockensubstanz mit 0,1 ml Toluol, das nach 5 min mit 4 ml dest. Wasser verdünnt worden ist, in 24—48 h bei 14—16° C im Dunkeln extrahiert [39]. Nach capillaranalytischer Vorreinigung wird die Zone der Blau-färbung ausgeschnitten und der Farbstoff rückgelöst. Das Eluat ist dann auf einen Trägerstreifen für die Papierelektrophorese aufzutragen und kann bei p_H 8,6 in 5—6 h (10° C) weiter fraktioniert werden. Da die Chromoproteide gefärbt sind, sind die Fraktionen unmittelbar bzw. an der Fluorescenz zu erkennen und können mit Pufferlösung eluiert und anschließend spektralphotometrisch ermittelt werden [40].

IV. Enzyme

Von

H. F. LINSKENS

Für die chromatographische bzw. elektrophoretische Trennung sind die Fermente als Proteine zu behandeln.

1. Gewinnung der Extrakte

Zur Gewinnung von Enzymextrakten erfolgt zunächst eine gründliche mechanische Zerkleinerung der vorgereinigten Pflanzenteile. Sodann müssen geeignete Puffer- oder Salzlösungen dem Gereibsel zugesetzt werden, damit unkontrollierte Versäuerungen durch austretenden Vacuoleninhalt vermieden und Ausfällungen im IEP verhindert werden. Die Zerstörung des Gewebes kann durch Zerreiben mit gereinigtem Quarzsand im Mörser, Verwendung einer Kugelmühle oder eines Homogenisators sowie durch Einfrieren und Auftauen in flüssiger Luft oder anderen Kältegemischen erfolgen. Der Brei wird sodann zentrifugiert, filtriert, dialysiert oder ausgepreßt. Alle Manipulationen sind möglichst rasch unter niedrigen Temperaturen (Kühlraum) durchzuführen. Um bakterielle Infektionen zu verhindern, kann es zweckmäßig sein, eine Spur Toluol oder ein Kristall Tymol zuzusetzen. Die jeweils geeignete Extraktionsmethode hängt von der Art des Enzyms ab.

Der gewonnene Rohextrakt ist in den meisten Fällen stark verdünnt, so daß er schonend eingeengt werden muß. Dies erfolgt am zweckmäßigsten mit der Methode der Gefriertrocknung (s. S. 35f.).

2. Lösungsmittel

Als wäßrige Phase für die Papierchromatographie der Fermente sind fast ausschließlich Puffer- oder Salzlösungen zu verwenden:

0,1 m wäßrige Saccharose-Lösung (34,23 g/l) [15].

Veronal-Natriumacetat-Puffer p_H 8,5 nach MICHEALIS (9,14 g Natriumacetat $\cdot$ 3 H_2O, 14,714 g Veronalnatrium in 500 ml Wasser gelöst; 5 ml dieser Stammlösung und 2 ml 8,5% NaCl-Lösung und 1 ml n/10 HCl und 17 ml dest. Wasser) [15].

Phosphat-Puffer p_H 9,0 unter Zusatz von Ammoniumchlorid bis 30—70% der Sättigung [21].

Phosphatpuffer (p_H 7,0) unter Zusatz von 20, 25 oder 30% Äthanol [17].

0,5% gesättigte Ammoniumsulfat-Lösung [15, 62].

1—2%ige Salzlösungen [4].

50% wäßriges Aceton [48].

50% wäßriges Äthanol [48].

3. R_F-Werte

Die resultierenden R_F-Werte hängen stark von kleinsten Veränderungen der Außenbedingungen sowie der Länge der Laufstrecke ab [48]. Stets wird ein Teil der Proteine während der Trennung denaturieren und am Papier absorbiert werden, so daß störende Streifenbildung nicht zu vermeiden ist (Tab. 42).

Es ist daher zu empfehlen, den Trennvorgang bei niedrigen Temperaturen (0 bis $+ 5°$ C) vorzunehmen.

Tabelle 42. R_F-*Werte einiger Enzyme in verschiedenen* p_H-*Bereichen* [14]

	p_H 2	p_H 3	p_H 8—12
Papain	0,81	0,81	0,90
Diastase	0,90—0,95	0,90—0,95	0,90—0,95
Urease	0,78	0,85	0,92

4. Papierelektrophorese

Bessere Trenneffekte lassen sich bei Fermenten durch die Anwendung der Papierelektrophorese erreichen (Apparatur s. S. 21 ff.). Beim Aufsetzen der Fermentlösung auf die Startlinie des Papierstreifens ist darauf zu achten, daß die Salzkonzentration des Extraktes nach der Einengung die gleiche ist wie auf dem Pherogrammstreifen, der mit Pufferlösung getränkt ist. Andernfalls kommt es zu Umladungsvorgängen, die falsche Fraktionierung bedingen. Gute Ergebnisse lassen sich bei Verwendung von Phosphat-Puffer bei p_H 6,8 [46] oder 6,9 [61] erzielen. Auf dem Pherogrammstreifen kann nach etwa 10 h Laufzeit ($+ 10°$ C, 110 V) die Lokalisierung der Fermente vorgenommen werden [5].

Im allgemeinen muß man mit einer Verringerung der Enzymaktivität bei der Papierelektrophorese rechnen. Diese kommt zustande durch eine partielle Adsorption an die Cellulosefasern des Trägerpapieres. Der Aktivitätsverlust beträgt bei der Elution etwa 20%. Aber auch Lagerung der Papierstreifen vor dem Enzymnachweis spielt eine gewisse Rolle; doch wird man im allgemeinen unmittelbar an den Trennvorgang anschließend die Lokalisierung der Enzymfraktionen vornehmen, um eine fortschreitende Denaturierung auf der großen Oberfläche und eine bakterielle Zerstörung zu vermeiden. Aber auch der Elektrophoreseprozeß selber führt unter Beachtung aller Kautelen zu einer Reduktion der Enzymaktivität; die Temperatur zur Zeit der Trennung spielt dabei keine Rolle. Im Falle der metallaktivierten Peptidase ließ sich zeigen [25], daß ein Aktivitätsschwund durch Verlust des im elektrischen Feld in entgegengesetzter Richtung wandernden Aktivators, des Mg- oder Mn-Ions, bedingt ist. Quantitative Aussagen bei der Enzym-Papierelektrophorese sind daher in jedem Falle kritisch zu bewerten.

5. Nachweis-Reaktionen

Bei jeder Analyse sollte nach der Trennung auf einem Teil des Pherogramms oder einem mitgelaufenen Parallelstreifen eine Proteinfärbung (s. S. 186) vorgenommen werden.

Beim Fermentnachweis sind folgende Verfahren zu unterscheiden: Der Direktnachweis unter Verwendung von Substraten, die nach Inkubation Farbstoffe ergeben; der Nachweis auf Agarplatten mit Substrat nach Auflegen der Papierstreifen und Diffusion der aktiven Komponenten in das Gel (Zymogramm [27]); die Elution des Fermentes aus dem Papier und die Inkubation in vitro; der manometrische Nachweis mittels Warburg-Technik.

a) Amylase

Amylase ist auf dem Papier durch drei Methoden nachzuweisen:

α) Der Streifen wird mit einer 2%igen wäßrigen Lösung von löslicher Stärke (Merck) besprüht und in einer feuchten Kammer 30 min lang bei 25° C aufbewahrt. Als geeignete Aufhängevorrichtung ist der Streifenträger des Elphor H zu verwenden, da ein Auflegen auf der Unterlage vermieden werden sollte. Im Anschluß daran wird der noch feuchte Streifen mit m/50 Jodlösung besprüht. An den Orten, wo ein enzymatischer Abbau der Stärke durch Amylase stattgefunden hat, bleibt die Jod-Stärke-Reaktion aus [46]. Abb. 70.

β) Das Papier wird nach der Trennung und leichten Abtrocknung des Lösungsmittels bzw. des Puffers noch feucht

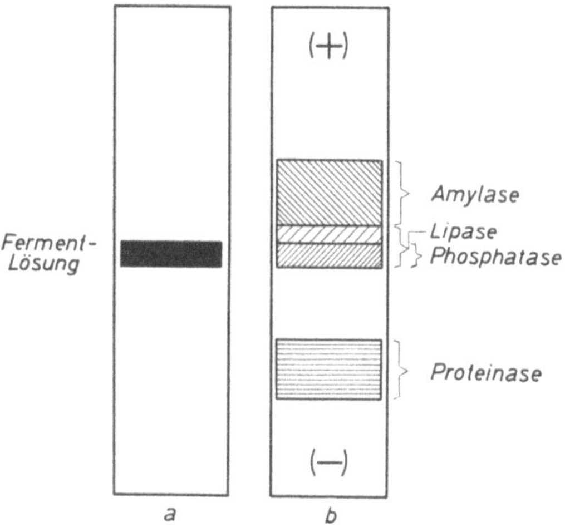

Abb. 70. Papierelektrophoretische Trennung von Fermenten aus Pilzextrakten. a. Position des Gemisches vor der elektrophoretischen Trennung. b. Bereiche auf dem Pherogrammstreifen, in welchen sich die einzelnen Fermente nachweisen ließen

auf einen 2%igen Agar aufgelegt, der auf p_H 4,6 (10,65 ml 0,1 m-Citronensäure, 9,35 ml 0,2 m-Dinatriumphosphat) abgepuffert ist und 1% lösliche Stärke enthält. Nach Bebrüten von 12 h bei 21° C hebt man den Papierstreifen ab und besprüht die gesamte Agarfläche mit 0,01 n-Jodlösung. Weiße Flecken auf blauem Grund zeigen die Lage der Amylase an [47, 48].

γ) Eine Differenzierung der α- und β-Amylasen ist durch folgende Behandlung möglich: 1%ige Stärkelösung in Citratpuffer (p_H 6,5) wird auf den Streifen aufgebracht und 6 h bei 35° C im Brutschrank inkubiert. Nach Besprühen mit Jod-Jodkalium-Lösung ergeben α-Amylasen weiße Flecken auf blauem Grund, β-Amylasen violette Flecken [49, 50].

b) Phosphatase

Zum Nachweis der Phosphatase wird das Pherogramm bzw. Chromatogramm mit einer 1%igen wäßrigen Lösung von p-Nitrophenylphosphat besprüht [20]. Es läßt sich jedoch auch Phenolphthaleinphosphat gleicher Konzentration anwenden [57, 58]. Nach einem 4stündigen Aufenthalt in einer feuchten Kammer bei 20° C wird der Streifen kurz mit n/10 NaOH besprüht. Rosa Flecken auf farblosem Grund zeigen die Lage der Phosphatase an. Durch Einstellung des p_H-Wertes

auf 5,2 bzw. 9,2 läßt sich eine weitere Differenzierung vornehmen. Auch
der Phosphatase-Nachweis ist durch Auflegen der Papierstreifen auf
einen 2%igen Agar, der 3% Pufferlösung und 0,1% Na-Phenolphthalein-
phosphat enthält, durchzuführen [47, 48].

Saure Phosphatasen lassen sich auch mit Colamin-Phenolphthalein-
phosphat (361,3 mg auf 500 ml Acetatpuffer p_H 5,4) unter Bebrütung
von 10 h bei 35° C und anschließendem Aufsprühen von Farbpuffer
(p_H 11,2) als rosa Flecken auf farblosem Untergrund nachweisen [49, 50].

c) Phosphorylase

Phosphorylase kann auf zwei Weisen nachgewiesen werden:

α) 0,2 g Glucose-1-Phosphat werden mit 30 ml Citratpuffer p_H 6,0
(6 ml einer sek. Natriumcitratlösung — entspricht 21,008 g kristall.
Citronensäure in 200 ml n-NaOH und auf 1000 ml mit Wasser aufgefüllt
— werden mit 4 ml einer n-10-NaOH-Lösung gemischt) als 2%ige Agar-
platte vorbereitet. Nach Auflegen der Papiere wird 5 h bei 21° C bebrütet
und anschließend mit Jod-Lösung besprüht. Blaue Amyloseflecken
zeigen die Orte der Phosphorylaseaktivität an [47].

β) Phosphorylase läßt sich nach CABIB [17] und CARDINI [59] auch
mit folgendem Reaktionsgemisch (0,6 ml) nachweisen: 2 μm Glucose-
1-Phosphat, 1 · 10⁻⁵ μm Glucose-1,6-diphosphat, 2 μm Magnesiumsulfat,

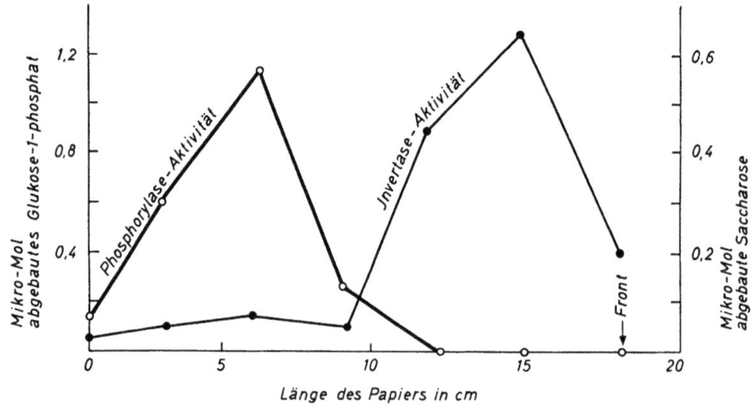

Abb. 71. Aktivitätsverteilung auf einem Papierchromatogramm nach Trennung eines gereinigten
Extraktes von *Saccharomyces fragilis* in einem Äthanol-(25%)-Phosphat-Puffer (p_H 4,4)

1,2 μm Histidin. Zur Verringerung von Aktivitätsverlusten auf dem
Papier kann anstelle von Histidin auch 0,01 m-KCN zugesetzt werden
(Abb. 71).

d) Carbohydrasen

Gute Wanderungen auf Pherogrammen lassen sich mit Carbohydrasen
auf Whatman-3-MM-Papier mit Phosphat-Puffer p_H 6,9 erreichen.

1. Maltase. Das Papier wird mit einem Gemisch einer 2%igen (g) Maltoselösung und 0,5%iger (v) Notatin-Lösung[1] (1:1) besprüht. Das feuchte Papier wird zwischen zwei Glasplatten bei 30° C 30 min lang inkubiert und anschließend bei 110° C getrocknet. Nach Besprühen mit 0,06% Lösung von Bromkresolpurpur in 95% Äthanol zeigen gelbe Flecken auf blaugrauem Untergrund die Orte der Enzymaktivität an [11].

2. Invertase. α) Das Papier wird mit einer 2%igen Lösung von Saccharose und 0,5% (v) Notatin[1] (1:1) besprüht. Nach 30 min Inkubation bei 30° C und anschließender Trocknung bei 110° C wird 0,06% Bromkresolpurpur in 95% Äthanol aufgesprüht. Gelbe Flecken zeigen die Orte der Enzymaktivität an [11].

β) Der Pherogramm- bzw. Chromatogramm-Streifen wird in 3 cm breite Streifen aufgeteilt. Für jeden Abschnitt wird die Aktivität getrennt bestimmt, nachdem dieser in ein Reagensglas mit Substrat-lösung gegeben wurde. Als Substrat dient 1 mμ Saccharose in 0,6 ml Wasser. Nach Inkubation von 40 min bei 37° C wird die Reaktion durch Zugabe von 1,5 ml Somogyi-Reagens gestoppt [60]. Bei Verwendung von Raffinose (6 mμ) als Substrat muß 2 h inkubiert werden. Papier-blindproben sind stets gleichzeitig zu behandeln. Die ermittelte Aktivität der einzelnen Papierstreifen ist in Abhängigkeit von der Entfernung von der Startlinie graphisch aufzutragen (Abb. 71) [17].

3. Dextrinase. Zum Nachweis wird das Papier mit einer Lösung von 2% Dextrin und 0,5% Notatin[1] besprüht. Nach Inkubation von 30 min bei 30° C zwischen zwei Glasplatten wird mit 0,06% Bromkresolpurpur in 95% Äthanol besprüht. Dextrinaseaktivität zeigt sich durch Gelb-färbung [11].

e) Lipase

Zur Lipase-Bestimmung dient als Substrat p-Nitrophenylstearat, das in 1%iger Lösung auf die Papiere aufzusprühen ist. Nach 1 h bereits zeigen Orte gelber Färbung, die sich unter der Einwirkung von Am-moniakdämpfen verstärken, die Tätigkeit der Lipase an [5, 46]. Als Substrat ist auch B-Naphthyllaureat zu verwenden, wenn zur Differen-zierung gegenüber einer Esterase-Wirkung die Lipase durch Taurocholat aktiviert wird [67].

f) Katalase

Papierchromatische Trennung erfolgt mit Aceton–Wasser (6:4 oder 8:7) gepuffert mit 0,01 m-Citronensäure-Phosphat-Puffer (p_H 5,8—6,0) [56]. Als Substrat wird 0,5%iges Wasserstoffsuperoxyd verwendet, das 30 min bei Zimmertemperatur inkubiert wird. Dann besprüht man den Streifen mit einer Mischung (1:1) aus 0,4% $FeCl_3$- und 0,8% $K_3Fe(CN)_6$-Lösung. Es resultieren weiße Flecken auf blauem Hintergrund [48, 50]. Auch kann man eine gesättigte wäßrige Lösung von Guajacol unter Zusatz von 5% einer 30%igen H_2O_2-Lösung verwenden [56].

---

[1] Notatin ist das Produkt "DeeO" der Firma Takamine Laboratory Inc. (Clifton N. Y.). Es besteht aus einem Enzympräparat von Glucose-Oxydase und Katalase mit einer optimalen Wirksamkeit bei 21—38° C und p_H 5,5—7,5.

g) Esterasen

Zum Direktnachweis eignen sich solche Substrate, die nach dem Angriff der Fermente einen Farbstoff freisetzen. So wird eine 1%ige Lösung von Indoxylbutyrat an Orten der Esterase-Aktivität zu Indigoblau oxydiert [63]. Ebenfalls verwendbar sind Naphthyl-Butyrat [64] und Phenolphthalein-dibutyrat [65].

1. Polygalakturonesterase. Nach der Trennung in Salzlösungen verschiedener Konzentration wird der angetrocknete Papierstreifen auf einen 1,5%igen Agar, der auf p_H 5,0 gepuffert ist und 1% Na-Pektat

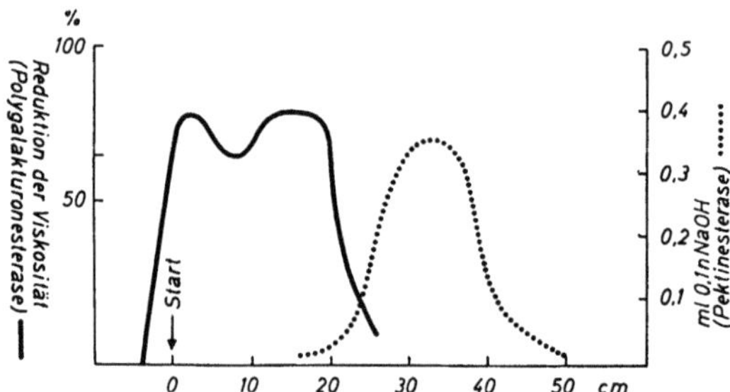

Abb. 72. Chromatographische Trennung von Polygalakturonesterase und Pektinesterase

enthält, aufgelegt [62]. Nach 18 stündiger Bebrütung bei 37° C wird die Agarplatte mit einer verdünnten Säure besprüht. Die Enzymorte heben sich klar auf einem opalescierenden Untergrund ab. Eine quantitative Bestimmung kann auf Grund von Viscositätsänderung des Substrates gegenüber der Kontrolle gewonnen werden (Abb. 72). Dazu werden die Papierabschnitte einzeln in Reagenzgläsern auf dem gleichen Substrat inkubiert.

2. Pektinesterase. Nach der chromatographischen Trennung werden die Papierstreifen auf pufferfreien Agar aufgelegt, der 1% Pektin enthält. Nach der Inkubation und anschließendem Besprühen mit einer wäßrigen Lösung von Methylrot (p_H 6,0) ergeben sich die Enzymorte als rote Zonen auf gelbem Grund. Die Reaktion beruht auf der Erniedrigung des p_H-Wertes infolge Demethylierung des Pektins. Der Durchmesser der Enzymzone ist linear proportional dem Logarithmus der Enzym-Konzentration. Eine weniger empfindliche quantitative Bestimmung kann erfolgen durch Titration der Eluate einzelner Chromatogrammabschnitte mit 0,1 n-NaOH (Abb. 72) [62].

h) Proteinase

Ein Filmstreifen (unbelichtet, z. B. Agfa Agepe-Dokumentenfilm) von der Länge des Chromatogramm- oder Pherogramm-Streifen wird mit m/15-Phosphatpuffer p_H 6,8 nach SÖRENSEN [1/15 m-KH_2PO_4, entspricht 9,078 g/l, 1/15 m-$Na_2HPO_4 \cdot H_2O$, entspricht 11,88 g/l; (1:1)] schichtseitig besprüht, so daß die Gelatine aufquillt. Nach etwa 2—3 min wird sodann das zu analysierende Papier aufgelegt und ebenfalls mit

Puffer gut befeuchtet. Das so vorbereitete und mit Klammern auf dem Streifenträger oder einer sauberen Glasplatte befestigte Film-Papier-Paar bleibt 1 h lang in einer feuchten Kammer bei 30° C. In dieser Zeit ist ein zweimaliges vorsichtiges Nachsprühen mit auf 30° C vorgewärmter Pufferlösung zweckmäßig. Unter der Wirkung der Proteinase wird die Gelatineschicht des Films verflüssigt. Wird der Papierstreifen abgezogen, so ist die Proteinase dort lokalisiert, wo sich die Schicht vom Celloloidstreifen abgelöst hat und dieser ganz durchsichtig geworden ist. Nach Auflegen auf einen Leuchttisch läßt sich nunmehr der Ort der Proteinaseaktivität leicht kennzeichnen [46]. Vgl. Abb. 70.

i) Pepsin

0,06 ml einer Fermentlösung lassen sich in Sörensen-Puffer p_H 4,5 (7,0 ml 0,1 m-Dinatriumcitrat und 3,0 ml 0,1 n-HCl) trennen. Der Pepsin-Nachweis erfolgt im Proteolysetest [63] mit 3 ml 0,5% Edestin-Lösung (Hoffmann-La Roche) je Abschnitt und Röhrchen. Diese wird in einer Reihe auf p_H 1,8, in einer zweiten auf p_H 3,2 eingestellt und auf dem Wasserbad bei 37° C 12—24 h lang bebrütet. 1 ml je Röhrchen wird entnommen, mit 8 ml 0,5% Gummi arabicum und 1 ml 20% Sulfosalicylsäure versetzt. Anschließend erfolgt nephelometrische Bestimmung unter Vorschalten von Filter GG 14 (Schott).

k) Peptidasen

Peptidasen lassen sich auf dem Chromatogramm durch Besprühen mit Ninhydrin (s. S. 164) anhand der entsprechenden Spaltprodukte eindeutig nachweisen [61]. Als Substrate werden 0,1 m-Lösungen von Di- und Tripeptiden in 0,05 m-Veronalpuffer, p_H 7,8 (6,62 ml 0,1 n-Veronalnatrium entspricht 10,30 g Veronalnatrium mit 550 ml Wasser und 3,38 ml 0,1 n-HCl) unter Zusatz von 1—2 Tropfen Toluol benutzt.

Neuerdings wird vorgeschlagen, das noch feuchte Pherogramm mit einer dünnen Schicht Substrat-Puffer-Aktivator-Lösung zu übergießen (z. B. 1,5—2,0 m/ml Cystein-Glycin in 0,02 m-Tris-hydroxymethyl-amino-methan p_H 8,1, 0,0005 m-$MnCl_2$) und 30—45 min bei Zimmertemperatur zu inkubieren. Nach Trocknung (110° C, 5 min) und Besprühen mit Natrium-β-Naphtochinon-4-sulfonat (0,3 g in 10 ml Wasser, mit Aceton auf 100 ml aufgefüllt) lassen sich anhand der auftretenden violetten Farbflecken nach Erhitzen die Orte der Peptidase-Aktivität lokalisieren. Diese werden nach Eintauchen des Streifens in eine Lösung von 2 ml 4 n-NaOH zu 100 ml 95% Äthanol als grünblaue Flecken auf gelbrosa Untergrund umgefärbt [51]. Anhand der Variierung des Substrates läßt sich auch bei sparsamstem Verbrauch an Fermentlösungen Spezifizierung der Peptidasen vornehmen.

l) Urease

Die Aktivität der Urease läßt sich manometrisch ermitteln. Das noch feuchte Chromatogramm wird in 3 mm breite Streifen zerschnitten. Diese werden einzeln in den Seitenarm eines Warburg-Troges mit 3 ml Acetat-Puffer p_H 5,1 [n-10-Natrium-acetat, n/100 Essigsäure und dest. Wasser (1:3,2:5,8) (v:v:v)] und 0,2 ml 10%iger Harnstoff-Lösung gegeben und 30 min lang bei 37° C und offenem Hahn geschüttelt. Nach dem Einkippen werden die Hähne geschlossen und nach 1 h die CO_2-Produktion manometrisch ermittelt [14]. Die korrigierten Werte werden in Abhängigkeit von der Lage der ausgeschnittenen Streifen zum Startpunkt graphisch dargestellt. Aus der Lage des Maximums ergibt sich der Ort der Urease auf dem Chromatogramm.

m) Xanthin-Dehydrase

Die Trennung erfolgt mit Phosphat-Puffer p_H 7,4. Das Pherogramm wird in 1,5 cm breite Stücke zerteilt, die nach Zerkleinern mit je 5 ml Puffer in Thunberg-Röhrchen suspendiert werden. In den Seitenarm gibt man 0,1 ml der Xanthin-Lösung (0,05 m) als Substrat und 0,3 ml einer 0,1%igen Tetrazol-Lösung als Acceptor. Nach Evakuierung (5 min) werden die Röhrchen in ein Wasserbad von 37° C eingestellt und nach 10 min der Inhalt des Seitenarmes eingekippt. Nach 18 h wird die Bildung von Formanzan gemessen, indem man dieses mit Petroläther (mit Essigsäure angesäuert) extrahiert und bei 480 mμ photometriert [43, 44, 45].

n) Luciferase

Unmittelbar im Anschluß an die Trennung des fettfreien Wasser-extraktes von *Cypridina hilgendorfii* (Extraktionsschema s. [69]) in Phosphat-Puffer bei 2° C wird das Pherogramm im Dunkelraum mit einer wäßrigen Lösung von Luciferin befeuchtet: leuchtende Flecke zeigen die Orte der Luciferase an [68].

6. Enzymaktivität

Die Papierchromatographie ist eine wichtige Methode zur Bestimmung der enzymatischen Aktivität und der Kontrolle enzymatischer

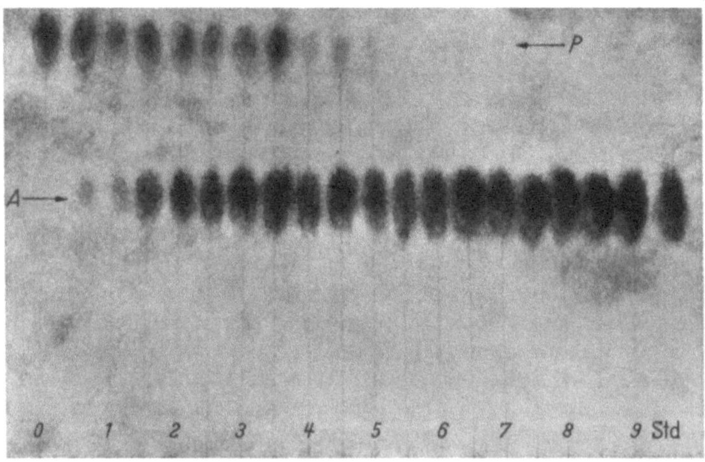

Abb. 73. Beispiel für die papierchromatographische Überwachung der enzymatischen Aktivität in Abhängigkeit von der Einwirkungsdauer. Substrat: Gallussäure-n-Prypylester (*P*); Reaktionsprodukt: Gallussäure (*A*); Enzym: *Endothia-paracitica*-Esterase [52]

Spaltungen in vitro. Man entnimmt dem Gemisch, in dem ein Ferment auf ein Substrat wirkt, zu bestimmten Zeitpunkten periodisch einen Tropfen und bringt diese auf die Startlinie eines Chromatogramm-Bogens. Durch Trennung in geeigneten Lösungsmitteln für die erwarteten

Spaltstücke kann nach Entwickeln dann der Verlauf sowohl von hydrolytischen als auch synthetischen Prozessen sichtbar gemacht werden
[z. B. *52, 53, 54*] (Abb. 73, 74).

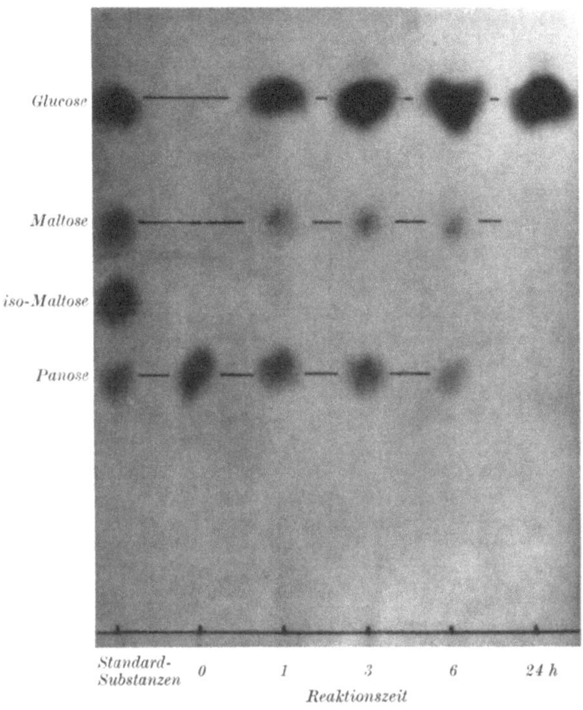

Abb. 74. Papierchromatographie in Darstellung des enzymatischen Abbaues des Trisaccharide
Panose (α-D-glucopyranosyl-(1 → 6)-α-D-glucopyranosyl-(1 → 4)-α-D-glucopyranose. Auf der Abszisse
sind die Reaktionszeiten aufgetragen. Reaktionsgemisch: 10 %ige Panose-Lösung, 1 ml der saccharo-
genen Amylaselösung, Reaktionstemperatur 40° C

Literatur

[1] A. TISELIUS: Angew. Chem. **67**, 245 (1955). — [2] F. TURBA: Chromatographische Methoden in der Proteinchemie, Berlin-Göttingen-Heidelberg 1954. —
[3] E. O. P. THOMPSON–A. R. THOMPSON: Fortschr. Chem. org. Naturstoffe **12**, 270
(1955). — [4] P. A. ADIE–A. D. ROBINSON: Canad. J. Biochem. Physiol. **35**, 271
(1957). — [5] H. F. LINSKENS: Z. Bot. **43**, 1 (1955). — [6] E. F. WOODS–J. M.
GILLESPIE: Aust. J. biol. Sci. **6**, 130 (1953). — [7] E. SORKIN–J. M. RHODES: Helv.
chim. Acta **39**, 1538 (1956). — [8] N. C. GANGULI: Analyt. Chem. **28**, 1499 (1956). —
[9] H. METZNER: Nachr. Akad. Wiss. Göttingen **2 b**, 20 (1954). — [10] W. KANN-
GIESSER: Z. Pflanzenkr. Pflanzenschutz **64**, 257 (1957). — [11] L. R. WETTER–
J. J. CORRIGAL: Nature (Lond.) **174**, 695 (1954). — [12] K. J. MONTY–M. MORRISON–
E. ALLING–E. STOTZ: J. biol. Chem. **220**, 295 (1956). — [13] D. R. COOPER: Nature
(Lond.) **181**, 713 (1958). — [14] A. E. FRANKLIN–J. H. QUASTEL: Science 110, 447
(1949). — [15] S. J. PAPASTAMATIS–J. F. WILKINSON: Nature (Lond.) **167**, 724
(1951). — [16] F. TURBA–H. J. ENENKEL: Naturwissenschaften **37**, 93 (1950). —
[17] E. CABIB: Biochim. biophys. Acta **7**, 604 (1951); **8**, 607 (1952). — [18] R.
CASPARI–M. MAGISTRETTI: Plasma **2**, 1 (1954). — [19] W. GRASSMANN–K.
HANNIG: Z. physiol. Chem. **290**, 1 (1952). — [20] Z. PUČAR: Z. physiol.
Chem. **296**, 62 (1954). — [21] J. L. JONES–S. E. MICHAEL: Nature (Lond.)

165, 685 (1950). — [22] K. Simon: Naturwissenschaften 43, 352 (1956). — [23] M. Ortega: Nature (Lond.) 179, 1086 (1957). — [24] E. Köiv–A. Grönwall: Scand. J. Lab. clin. Invest. 4, 244 (1952); K. J. Björnsjö: Scand. J. clin. Lab. Invest. 7, 153 (1955). — [25] J. Methfessel: Naturwissenschaften 44, 329 (1957). — [26] G. Schneider–G. Sparmann: Naturwissenschaften 42, 391 (1955). — [27] R. L. Hunter–C. L. Markert: Science 125, 1294 (1957). — [28] G. Werner–O. Westphal: Angew. Chem. 67, 251 (1955). — [29] G. Werner: Rec. Trav. chim. Pays-Bas 74, 613 (1955). — [30] T. Wieland–G. Pfleiderer: Angew. Chem. 67, 257 (1955). — [31] P. Fasella–C. Baglioni–C. Turano: Experientia (Basel) 13, 406 (1957). — [32] G. Delmon–P. Blanquet–J. Biraben: C. R. Soc. Biol. (Paris) 152, 502 (1958). — [33] C. Michlec–M. Stastny–E. Novakova: Naturwissenschaften 45, 241 (1958). — [34] H. J. MacDonald–E. W. Bermes: Biochim. biophys. Acta 17, 290 (1955). — [35] C. C. Wunderly–F. A. Frey: Naturwissenschaften 39, 493 (1952). — [36] C. C. Wunderly–H. Gloor: Protoplasma 42, 273 (1953). — [37] P. K. Sheng–T. C. Tsao–C. M. Peng: Scientia Sinica 5, 675 (1956). — [38] Y. Chiba: Arch. Biochem. 54, 83 (1955). — [39] F. C. Wassink–H. W. J. Ragetli: Proc. Kon. Ned. Akad. Wetensch. 55, 462 (1952). — [40] T. Fujiwara: J. Biochem. (Japan) 42, 411 (1955). — [41] H. Michl: Mh. Chem. 83, 210 (1952). — [42] H. Póvoa: Comunicacoes bioquim. (Rio de Janeiro) 1, 5 (1955). — [43] L. P. Ribeiro–E. Mitidieri–G. G. Villela: Mém. Instit. Oswaldo Cruz 53, 487 (1955). — [44] G. G. Villela–O. R. Affonso–L. P. Ribeiro–E. Mitidieri: Mém. Inst. Oswaldo Cruz 53, 563 (1955); Biochim. biophys. Acta 17, 587 (1955). — [45] E. Mitidieri–O. R. Affonso–L. P. Ribeiro–G. G. Villela: Nature (Lond.) 178, 492 (1956). — [46] K. Wallenfels–E. v. Pechmann: Angew. Chem. 63, 44 (1951). — [47] K. V. Giri–A. L. N. Prasad–S. G. Devi–I. Sri-Ram: Biochem. J. 51, 123 (1952). — [48] K. V. Giri–A. L. N. Prasad: Nature (Lond.) 167, 895 (1951). — [49] M. A. Jermyn: Aust. J. biol. Sci. 6, 77 (1953). — [50] G. Richter: Flora 143, 161 (1956). — [51] G. Semenza: Experientia (Basel) 13, 166 (1957). — [52] G. Bazzigher: Phytopath. Z. 24, 265 (1955). — [53] S. A. Barker–E. J. Bourne–M. Stacey–R. B. Ward: Biochem. J. 69, 60 (1958). — [54] Y. Tsujisaka–J. Fukumoto–T. Yamamoto: Nature (Lond.) 181, 770 (1958). — [55] F. J. Bealing–J. S. D. Bacon: Biochem. J. 53, 277 (1953). — [56] J. M. Gillespie–M. A. Jermyn–E. F. Woods: Nature (Lond.) 169, 488 (1952). — [57] C. Huggins–P. Taladay: J. biol. Chem. 159, 399 (1945). — [58] C. T. Mills–E. E. B. Smith: Biochem. J. 49, 6 (1951). — [59] C. E. Cardini–A. C. Paladini–R. Caputto–L. F. Leloir–R. Trucco: Arch. Biochem. 22, 87 (1949). — [60] M. Somogy: J. biol. Chem. 160, 61 (1945). — [61] H. Hanson–M. Wenzel: Naturwissenschaften 39, 401 (1952). — [62] W. W. Reid: Nature (Lond.) 166, 569 (1950); 168, 739 (1951). — [63] W. D. Heinrichter: Biochem. Z. 323, 469 (1953). — [64] H. F. Linskens: J. Chromatogr. 1, 202 (1958). — [65] R. L. Hunter–C. L. Markert: Science 125, 1294 (1957). — [66] A. Purr: Naturwissenschaften 43, 497 (1956). — [67] A. Delcourt–R. Delcourt: C. R. Soc. Biol. (Paris) 147, 1104 (1953). — Seligman-Nachlas: J. biol. Chem. 181, 343 (1949). — [68] J. H. Weir–F. I. Tsuji–A. M. Chase: Arch. Biochem. 56, 235 (1955). — [69] W. D. McElroy–A. M. Chase: J. cell. comp. Physiol. 38, 401 (1951).

F. Nucleinsäuren und ihre Bausteine

Von

K. Fujisawa und K. Makino

Eines der Hauptprobleme bei der Untersuchung der Nucleinsäuren (NS) und Nucleoproteide ist deren Trennung und Reinigung in einem möglichst natürlichen Zustand. Quantitative Bestimmungen der NS-Komponenten bestehen in der Erfassung des Basen-Zucker- und Phosphorsäure-Gehaltes in den Fraktionen, welche durch verschiedene Aufarbeitungsmethoden, insbesondere durch Papierchromatographie und Papierelektrophorese, erhalten werden. Diese Methoden sind besonders vorteilhaft, da auf Grund der Ultraviolett-Absorption der Purin- und Pyrimidin-Komponenten ein Nachweis auf dem Papier und eine quantitative Bestimmung mittels Spektrophotometrie möglich ist.

I. Isolierung der Nucleinsäuren

1. Gewinnung von DNS [1]

Das Ausgangsmaterial (z. B. frische, nicht erhitzte Weizenkeimlinge) wird gründlich mit Petroläther vorextrahiert. 150 g Gewebe wird dann 6 min lang im Mixer mit 150 g Eisbrei und 350 ml Salzlösung (0,14 mol NaCl plus 0,01 mol Natriumcitrat; letztes zur Hemmung der Desoxyribonucleaseaktivität) zerkleinert. Das Homogenat wird zunächst durch eine Doppellage Gaze und anschließend durch ein feines Tuch filtriert. Das resultierende Filtrat wird zentrifugiert. Durch mehrfaches Waschen des Präcipitates mit der Citrat-Lösung läßt sich der größte Teil der anwesenden Ribonucleoproteide entfernen. Das Präcipitat wird nunmehr in 1 mol NaCl (Endkonzentration!) suspendiert; dabei wird die Mischung durch Lösung der DNS viscos. Die viscose Mischung läßt sich durch scharfes Zentrifugieren (12000—17000 Upm) klären. Die Nucleoproteide aus der Flüssigkeit werden durch Zufügen von 10 Vol. Wasser ausgefällt. Das fädige Präcipitat wird mit einem Glasstab entfernt und in 1 mol NaCl rückgelöst. Die viscose Flüssigkeit wird wiederum scharf zentrifugiert und das Sediment verworfen. Aus der Flüssigkeit wird das Nucleoproteid wiederum durch Zufügen des 10fachen Volumen Wasser präcipitiert. Dieser Prozeß wird noch zweimal wiederholt. Die Entproteinisierung des Nucleoproteids wird abgeschlossen durch Ausschütteln der viscosen 1 mol NaCl-Lösung mit einem Oktylalkohol-Chloroform-Gemisch (1:4) in alkalischem Medium; dieser Vorgang läßt sich ebenfalls im Mixer stark beschleunigen. Dazu wird soviel NaOH zu der 1 mol NaCl-Lösung zugefügt, daß, wenn 0,25 ml davon zu 1,5 ml Wasser zugegeben wird, sich eben ein fädiges Präcipitat nicht ergibt (p_H 9,2 und 9,8). Zu 2 Vol.-Teilen dieser 1 mol Kochsalzlösung wird dann 1 Vol.-Teil der Alkohol-Chloroform-Mischung zugefügt, 12 min lang gut gemischt und schließlich zentrifugiert. Diese Manipulation wird solange wiederholt, bis kein Proteingel an der Wasser-Chloroform-Grenzschicht mehr auftritt. Die NS läßt sich jetzt aus der 1 mol NaCl-Lösung durch Zugeben von 3 Vol.-Teilen Alkohol ausfällen. Die fibröse Präcipitat wird um einen Glasstab aufgewunden und durch Auspressen von restlicher Flüssigkeit befreit. Die NS wird von dem Glasstab entfernt, kurz mit 64%igem Alkohol zur Entfernung des NaCl gewaschen, mit Alkohol und Äther nachgespült und bei Zimmertemperatur getrocknet.

2. Gewinnung von RNS [2]

500 g Material (z. B. entfettete Maiskeimlinge) wird mit 2 l 1,5 n-NaCl von p_H 7,0 2 Tage lang extrahiert. Der Extrakt wird gegen fließendes Leitungswasser 12 h lang dialysiert. 99% Alkohol wird zu der

überstehenden Lösung bis zu einer Endkonzentration von 66% zugefügt. Das sich ergebende Präcipitat wird mit Äthanol und Äther gewaschen und im Vakuum getrocknet. Das Produkt wird in Wasser rückgelöst, mit 0,01 n-NaOH auf p_H 7,2 eingestellt und soviel NaCl zugegeben, daß eine 1 mol NaCl-Lösung resultiert. Zu der überstehenden Lösung wird 99%iger Alkohol zu einer Endkonzentration von 66% zugegeben. Der entstehende Niederschlag wird mit Äthanol und Wasser gewaschen und in Vakuum getrocknet. Ergebnis: etwa 3 g Nucleoproteid. 2,5 g Nucleoproteid wird in 0,5 mol NaCl gelöst und unter ständigem Rühren soviel Guanidin-Hydrochlorid zugefügt, daß sich eine 3 mol-Lösung ergibt. Diese Lösung wird sodann 1 h in ein Wasserbad von 40° C eingestellt und dann bei 2—4° C abgekühlt. Unter diesen Bedingungen entsteht ein kolloidales Präcipitat, daß im wesentlichen RNS enthält und nur wenig Protein. Die DNS bleibt bei der hohen Guanidinkonzentration in Lösung. Das Präcipitat wird in 0,15 mol NaCl suspendiert und 2 min lang auf 90—100° C erhitzt. Die abgekühlte Suspension wird mit 0,25 Vol.-Teilen Chloroform und 0,1 Vol.-Teilen Amylalkohol versetzt und 30 min lang mechanisch geschüttelt. Das Gemisch wird zentrifugiert. Die RNS präcipitiert in der Kälte aus der überstehenden Lösung durch Einstellung des p_H-Wertes auf 4,5 mit HCl und Zugabe von 2 Vol.-Teilen kaltem Äthanol. Das weiß ausgeflockte RNS-Präcipitat wird abzentrifugiert, mit Äthanol und Äther gewaschen und im Vakuum getrocknet. Ausbeute: etwa 0,2 g RNS.

3. Gewinnung von Ribonucleoproteid [3]

Alle Manipulationen sind hierzu bei 4° C auszuführen. 25 g Material (z. B. frisches Blattgewebe) wird mit 75 ml Pufferlösung (0,007 m-Natriumphosphat, 0,007 m-Äthylendiamintetraessigsäure, 0,01 m-Cystein-hydrochlorid, 0,01 m-Natriumäthylbarbiturat und eine kleine Menge NaOH zur p_H-Einstellung auf p_H 7,8) homogenisiert. Das Homogenisat wird durch Absaugen über Glaswolle filtriert und von groben Zellbestandteilen befreit. Die kleineren Zellbruchstücke lassen sich durch Zentrifugieren in einer präparativen Ultrazentrifuge (z. B. Spinco Rotor Nr. 40; Phywe) bei 15000 Upm in 15 min entfernen. Die hochmolekularen Proteine und NS lassen sich dann bei 40000 Upm in 2 h abtrennen; die überstehende Flüssigkeit enthält im wesentlichen niedermolekulare Substanzen, die dekantiert werden. Die präcipitierten Bodensätze werden mit 2 mol Pufferlösung p_H 7,0 (bestehend aus 0,02 mol neutralem Kaliumphosphat und 0,15 mol Kaliumchlorid) gelöst und in einem Röhrchen gesammelt. Diese Manupulation aus langsamer und scharfer Zentrifugierung wird solange wiederholt, bis ein klarer, gelatinöser Niederschlag entsteht. Dieser wird in 3 ml des Phosphat-Chlorid-Puffers gelöst und Zelltrümmer durch Zentrifugation (5000 Upm für 15 min) entfernt. Die resultierende farblose, manchmal etwas grünliche, schwach opalescierende Lösung kann nunmehr direkt der Elektrophorese unterworfen werden. Auf die geschilderte Weise lassen sich RNS und Ribonucleoproteide gewinnen.

II. Hydrolyse der Nucleinsäuren

1. Hydrolyse von DNS

Die Purin- und Pyrimidin-Komponenten der DNS lassen sich als freie Basen befriedigend bestimmen, zumal sie fast quantitativ bei geeigneter saurer Hydrolyse erhalten werden. Das sich ergebende Gemisch läßt sich mit den Lösungsmitteln Nr. 20 und 28 (Tab. 46, 47) durch Papierchromatographie gut trennen. Hingegen werden durch saure oder alkalische Hydrolyse Nucleoside und Nucleotide aus DNS nicht in ausreichender Menge erhalten.

a) Hydrolyse mit Perchlorsäure [4]

6—8%ige DNS-Lösung wird zusammen mit 60—70%iger $HClO_4$ in kleine Pyrexgläser gegeben, die dicht mit Glasschliff-Stopfen verschlossen sind, und 1 h auf dem Wasserbad bei 100° C erhitzt. Das Hydrolysat wird mit gleichem Volumen Wasser nach Erkalten verdünnt und dann zentrifugiert, um die restlichen Kohlepartikel abzutrennen. Die überstehende Flüssigkeit kann unmittelbar für die Papierchromatographie verwendet werden. Mehr als 95% der freien Basen werden wiedergefunden; lediglich 5-Oxymethylcytosin wird während der Hydrolyse fast ganz zerstört.

b) Hydrolyse mit Ameisensäure [4]

1—30 mg DNS wird in ein Pyrexröhrchen gegeben und 0,5 ml 98%ige Ameisensäure p. a. zugefügt. Das verschlossene Röhrchen wird im elektrischen Ofen 30 min lang auf 175° C erhitzt. Nach Abkühlen wird das Glas vorsichtig geöffnet und das Hydrolysat zur Trockne eingedampft. Dann wird n-HCl in einer Menge zugefügt, daß sich eine 3—4 Vol.-%ige Lösung im Hinblick auf die ursprüngliche NS ergibt. Das gelöste Hydrolysat kann direkt auf das Papierchromatogramm aufgetragen werden.

c) Hydrolyse mit Salzsäure [5]

10 mg trockene DNS wird mit 3 ml 6 n-HCl p. a. unter CO_2-Atmosphäre durch Erhitzen in verschlossenen Röhrchen auf 100° C während 3 h gespalten. Die Salzsäure wird aus dem Hydrolysat durch Vakuumtrocknung über KOH und $CaCl_2$ entfernt. Der Rückstand wird mit 0,1 n-HCl gelöst und kann dann unmittelbar zur Chromatographie dienen. Unter diesen Bedingungen ist 5-Oxymethylcytosin sehr stabil.

d) Hydrolyse mit P_2O_5 [6]

10—40 mg DNS werden in ein trocknes Röhrchen abgefüllt und soviel P_2O_5 zugegeben, daß das Pulver gut bedeckt ist. Das verschlossene Röhrchen wird dann vorsichtig geschüttelt und im Elektroofen auf 100° C für 2 h erhitzt. Nach dem Abkühlen lassen sich die Basen durch Zugabe von 5 ml 0,1 n-HCl zum Hydrolysat lösen. Die Lösung wird durch Filtration von Kohlenpartikeln gereinigt und dann auf das Papier zur chromatographischen Analyse aufgesetzt.

2. Hydrolyse von RNS

Durch saure Hydrolyse von RNS werden zwar die Purin-Basen weitgehend frei, während die Pyrimidin-Basen zum größten Teil als Mononucleotide erhalten bleiben. Infolge dieser Resistenz der Pyrimidin-Riboside gegenüber Hydrolyse ist es sehr schwer, aus RNS eine quantitative Ausbeute an freien Basen zu erhalten. Da jedoch auf einfache Weise aus RNS Mononucleotide erhalten werden, kann man die Pyrimidine oder alle Basen als Nucleotide bestimmen.

a) Hydrolyse zu Purin- und Pyrimidinbasen [7, 8]

Durch Hydrolyse mit 98—100%iger Ameisensäure bei 175° C lassen sich innerhalb 2 h aus RNS die Pyrimidine freisetzen; lediglich die Ausbeute an Uracil ist gering.

Fast quantitativ lassen sich alle Basen gewinnen durch Verwendung von 70—72%iger Perchlorsäure bei 100° C in 1 h. Diese Methode wird daher meist bei der Analyse von RNS benutzt.

b) Hydrolyse zu Purinbasen und Pyrimidin-Nucleotiden [9, 10, 11]

Die Purinbasen lassen sich aus RNS durch milde saure Hydrolyse (z. B. n-H_2SO_4 oder n-HCl bei 100° C in 1 h) freisetzen. Für die quantitative Analyse von RNS geht man so vor: 10—20 mg RNS werden in einem Schliff-Röhrchen mit 1 ml n-HCl verschlossen und 1 h lang auf 100° C erhitzt. Zur Abtrennung unlöslicher Bestandteile wird nach dem Abkühlen das Hydrolysat kurz zentrifugiert und dann unmittelbar auf das Papier aufgetragen. Bei dieser Behandlung sind die Purinbasen und Pyrimidin-Nucleotide quantitativ in Freiheit gesetzt; etwa 5% der Nucleotide sind abgebaut. Die Korrektion auf den Pyrimidin-Nucleotid-Gehalt erfolgt rechnerisch mittels der molaren Extinktions-Koeffizienten:

Guanin $\varepsilon_{250}= 11{,}0 \times 10^3$;   Adenin $\varepsilon_{260}= 13{,}0 \times 10^3$;   Cytidylsäure ε_{280} $= 12{,}3 \times 10^3$; Uridylsäure $\varepsilon_{260}= 9{,}45 \times 10^3$.

c) Hydrolyse zu Nucleotiden [12, 13]

Im Gegensatz zur DNS läßt sich die RNS leicht zu Mononucleotiden aufspalten. Die Hydrolyse wird in 18 h mit 0,3 n-NaOH bei 37° C leicht durchgeführt. Nach Neutralisation mit HCl ist das Hydrolysat unmittelbar zur chromatographischen oder elektrophoretischen Trennung bereit. Alkalische Hydrolyse mit anschließender elektrophoretischer Trennung der entstandenen Nucleotide ist die zuverlässigste mikroanalytische Bestimmungsmethode für die RNS.

III. Trennung der NS-Komponenten durch Papier-Elektrophorese

Die NS tragen an ihren Molekülen eine Anzahl verschiedener ionisierbarer Gruppen. Die papierelektrophoretische Technik ist daher eine wichtige Methode zu ihrer Trennung. Die Trennung von Ribonucleotiden ist besonders einfach; Papier ist jedoch hierfür als Trägermaterial nicht geeignet.

1. Trennung der Basen [14]

Mengen von etwa 20—30 γ je Base laufen auf Toyo-Papier Nr. 50 in 30% Essigsäure und in 0,05% NH_4OH bei 0,3—10 mA/cm zur Kathode [15]. Zweckmäßige Größe der Pherogramme 1×40 cm. Die relativen Wanderungsgeschwindigkeiten sind in Tab. 44 zusammengestellt.

2. Trennung der Nucleoside und Nucleotide

Unter bestimmten Bedingungen bilden zwei benachbarte cis-(OH)-Gruppen von Zuckern mit Borsäure Komplexe. Daher sind zahlreiche

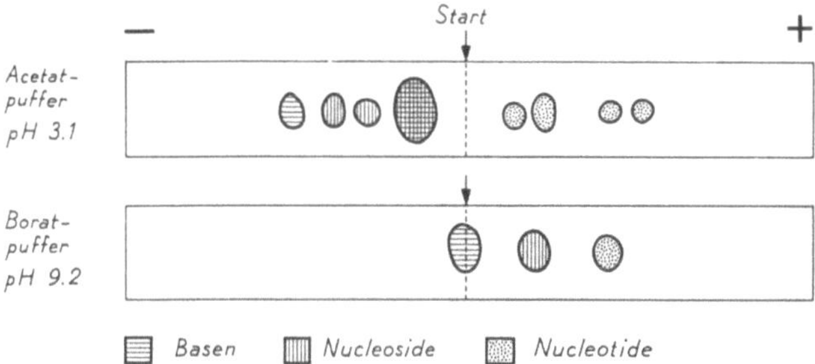

Abb. 75. Papierelektrophoretische Trennung von Nucleinsäure-Komponenten in verschiedenen Puffern [17]

Nucleoside und Nucleotide durch Elektrophorese in 0,1 mol Borat-Puffer p_H 9,2 zu trennen [16]. Unter diesen Umständen (220 V, 0,07 mA 14 h) wandern die Ribonucleoside in folgender Reihenfolge zur Anode; Adenosin, Cytidin und Guanosin, Uridin. Desoxyribonucleotide wandern langsamer als Ribonucleotide. Bei p_H 9,2 lassen sich in Borat-Puffer die Basen, Ribonucleoside und Ribonucleotide in drei Gruppen trennen (Abb. 75, 76) [17].

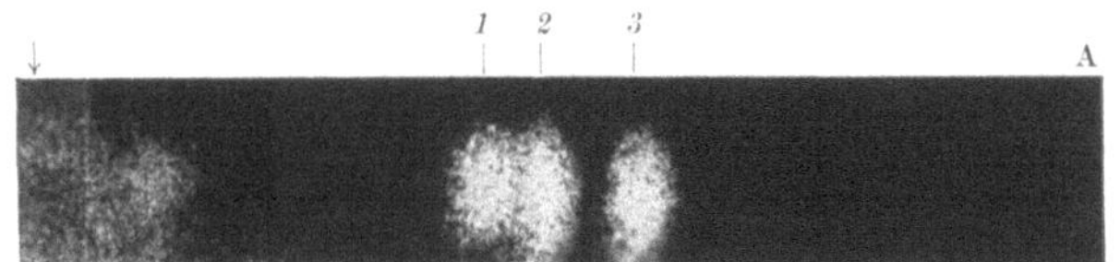

Abb. 76. Elektrophorese der Riboside in Boratpuffer p_H 9,2. Laufzeit 14 h bei 220 V, 0,07 mA. (↓) Start. 1 Adenosin, 2 Cytidin und Guanosin, 3 Uridin. A Anode

Die Ribonucleotide lassen sich wiederum in Acetat-Puffer p_H 3,1 bei 110 V, 0,5 mA in 14,5 h trennen. Sie laufen zur Anode in folgender Reihenfolge: Cytidylsäure, Adenylsäure, Guanylsäure, Uridylsäure (vgl. Abb. 75) [17]. Die Bedingungen für die Trennung der Basen, Nucleoside und Nucleotide sind in Tab. 45 [18] zusammengestellt.

3. Trennung der NS [19, 20]

Die NS lassen sich papierelektrophoretisch in Veronalnatrium-Puffer p_H 8,6 bei 10 V/cm in 4 h trennen (Abb. 77).

Tabelle 43. *Absorptions-Daten im UV für Nucleinsäure-Bausteine*

Substanz	Mol.-Gew.	Normalität in HCl	Wellenlänge $m\mu^1$	Millimol. Extinktions-Koeffizient	Litera-tur Nr.
Adenin	135,11	0,1	260	13,0	[4]
Guanin	151,15	0,1	250	11,0	[4]
Hypoxanthin	136,11	0,1	250	9,03	[22]
Xanthin	152,11	0,1	265	7,93	[22]
Uracil	112,09	0,1	260	7,9	[4]
Thymin	126,11	0,1	265	7,95	[4]
Cytosin	111,10	0,1	275	10,5	[4]
5-Methylcytosin	125,13	0,1	283	9,8	[4]
5-Hydroxymethylcytosin .	141,13	0,1	279	9,7	[47]
Adenosin	267,24	0,1	260	14,2	[48]
Guanosin	283,26	0,1	255	12,2	[22]
Inosin	268,24	0,1	247	11,8	[49]
Xanthosin	284,09	0,1	262	8,9	[50]
Uridin	244,20	0,1	262	9,93	[51]
Cytidin	243,23	0,1	280	13,0	[22]
Thymidin	242,23	0,1	265	10,1	[22]
Adenylsäure	347,22	0,01	260	13,9	[52]
Guanylsäure	363,24	0,01	260	11,8	[52]
Uridylsäure	324,18	0,01	262	9,89	[51]
Cytidylsäure	323,21	0,01	278	12,72	[51]

[1] Nicht in allen Fällen das genaue Absorptionsmaximum.

Pherogramme von NS färben sich durch Eintauchen der Papierstreifen in eine Säurefuchsin-Lösung und anschließendes Auswaschen mit 1% Essigsäure. Das Papier wird dann nacheinander in Molybdänblau- und $SnCl_2$-Lösung getaucht und schließlich in verdünnter Essig- oder

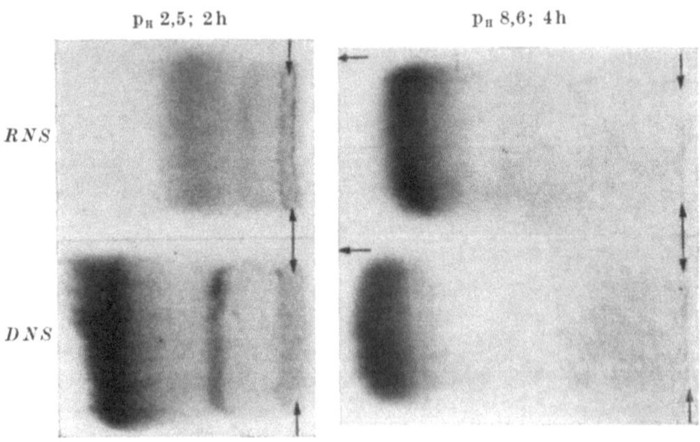

Abb. 77. Papierelektrophorese von DNS und RNS [19]. Veronalnatriumacetat-Puffer auf S & S Nr. 2043a bei 110 V. Anfärbung mit Methylgrün-Pyronin

Salzsäure gewaschen. Blaue Flecken zeigen die Lage der NS an. Herstellung der Molybdänblau-Reagens [21]: 1. 40,11 g MoO_3 wird in 1010 ml 25 n-H_2SO_4 gelöst. Das Gemisch wird solange gekocht bis es klar ist, dann beim Abkühlen auf 1000 ml wieder aufgefüllt. 2. Zu 500 ml der Lösung 1 wird 1,78 g Molybdänpulver zugegeben. Die Suspension wird 15 min lang gekocht, nach Abkühlen dekantiert und 500 ml aufgefüllt. Die Lösungen 1 und 2 werden so gemischt, daß die Mischung bei der Titration mit 0,1 n-$KMnO_4$ 5,0 ml entspricht.

Tabelle 44. *Wanderungsgeschwindigkeit von Purinen und Pyrimidinen bei der Papierelektrophorese (500 V, 4 h) [14]*

Puffer	30% Essigsäure	0,05 NH_4OH
Spannung	0,3 mA/cm	0,5 mA/cm
Adenin . . .	— 67 mm	—39 mm
Guanin . . .	— 55 mm	—73 mm
Xanthin . .	— 3 mm	— 2 mm
Uracil . . .	+ 7 mm	—36 mm
Cytosin . . .	—100 mm	—55 mm
Thymin . . .	— 7 mm	—35 mm

Tabelle 45. *Elektrophoretische Trennung von Nucleinsäuren-Bausteinen [18]*

Verbindung	Relative Beweglichkeit	Verbindung	Relative Beweglichkeit
Trennung I, p_H 3,7		Trennung III, p_H 2,3	
Orthophosphat	—0,80	Cytidin	+0,70
Orotsäure	—0,69	Adenosin	+0,47
Uridylsäure	—0,53	Guanosin	+0,20
Guanylsäure	—0,43	Uridin	0
Adenylsäure	—0,20	Trennung IV, p_H 2,8	
Cytidylsäure	—0,08	Cytidin	+0,60
Basen und Nucleoside .	0	Cytosin.	+0,90
Trennung II, p_H 3,1		Trennung V, p_H 2,8	
Cytosin	+0,87	Adenosin	+0,42
5-Methylcytosin . . .	+0,76	Adenin	+0,74
Adenin	+0,67	Trennung VI, p_H 2,8	
Guanin	+0,35	Guanosin	+0,03
Uracil	0	Guanin	+0,43
Orotsäure	+0,64		

IV. Trennung der NS-Bausteine durch Papierchromatographie

1. Lösungsmittel-Systeme

1. n-Butanol, wassergesättigt [22].

2. n-Butanol, gesättigt mit Wasser–15 n-NH_4OH (100:1). Die obere Phase wird zur Trennung verwendet [23].

3. 86%iges wäßriges n-Butanol [24].

4. 86%iges wäßriges n-Butanol, Zusatz von 5% konz. NH_3-Lösung (spez. Gew. 0,880) [24].

5. 5% Na_2HPO_4-Isoamylalkohol [25].

6. 5% KH_2PO_4-Isoamylalkohol [25].

7. 5% KH_2PO_4 (p_H 7,0 eingestellt mit konz. NH_4OH)-Isoamylalkohol [25].

8. 5% Ammoniumcitrat (p_H 3,6)-Isoamylalkohol [25].

9. 5% Ammoniumcitrat (p_H 9,6 eingestellt mit konz. NH_4OH)-Isoamylalkohol [25]. Herstellung der Lösungsmittel 5. bis 9.: die 5%ige Salzlösung wird mit Isoamylalkohol gesättigt und dann getrennt. Dazu ist ein genügend großes Gefäß zu wählen, so daß beide Phasen in dünnen Schichten Kontakt haben. Dicke der wäßrigen Phase 1,0 cm, der nicht-wäßrigen Phase 0,5 cm.

10. n-Butanol gesättigt mit 10% wäßriger Harnstoff-Lösung. Un-geeignet zur Trennung von Ribonucleotiden [25].

11. n-Propanol – Tetrahydrofurfurylalkohol – 0,08 m-Kaliumcitrat (p_H 3,02) 2:1:1 [26].

12. n-Propanol – Tetrahydrofurfurylalkohol – 0,08 m-Kaliumcitrat (p_H 5,66) [26].

13. n-Propanol – Tetrahydrofurfurylalkohol – 0,08 m-Kaliumcitrat (p_H 7,92) [26].

14. n-Propanol – Tetrahydrofurfurylalkohol – 0,08 m-Ammonium-acetat (p_H 3,02) 2:1:1 [26].

15. Isoamylalkohol–Tetrahydrofurfurylalkohol–0,08 m-Kaliumcitrat (p_H 3,02) 1:1:1 [26].

16. Isoamylalkohol–Tetrahydrofurfurylalkohol–0,08 m-Kaliumcitrat (p_H 5,66) [26].

17. Isoamylalkohol–Tetrahydrofurfurylalkohol–0,08 m-Kaliumcitrat (p_H 7,92) [26].

18. Wasser [27].

19. n-Butanol, gesättigt mit NH_4OH–Wasser 1:4 [27].

20. n-Butanol–0,6 n-NH_4OH 6:1 [27].

21. iso-Buttersäure–Ammoniumisobutyrat (p_H 3,6) 1:1 [27]. Die Lösungsmittel 17 bis 21 sind geeignet für die Trennung von Desoxy-ribosiden. Die R_F-Werte in den Tabellen sind auf Thymin-Desoxyribose = 1,0 bezogen.

22. n-Butanol–Wasser–Ameisensäure 77:13:10. In diesem Lösungs-mittel wandern die Purine, während die Nucleotide auf der Startlinie zurückbleiben [10].

23. n-Butanol–iso-Buttersäure–25% NH_4OH–Wasser 75:37,5:2,5:25 [28].

24. n-Butanol–Morpholin–Diäthylenglykol–Wasser 9:3:2:4 [29].

25. n-Butanol – Piperidin – Diäthylenglykol – Diäthylcarbitol–Wasser 8:3:1:2:4 [28].

26. iso-Buttersäure–Wasser–25% NH_4OH 400:208:0,4 [28].

27. iso-Propanol–konz. HCl–Wasser 170:41:39 [4]. (Abb. 78)

28. iso-Propanol–HCl. Die konz. Salzsäure wird zu 65 ml Isopropanol zugegeben und dann auf 100 ml verdünnt, so daß eine 2 n-Lösung im Hinblick auf HCl resultiert [4].

29. Wasser, mit n-NH_4OH auf p_H 10,0 eingestellt [30].

30. n-Butanol gesättigt mit 4% H_3BO_4. Ribonucleoside bilden infolge ihrer cis-diol-Konfiguration Boratkomplexe und laufen nicht. Hingegen werden vollständige Trennungen der freien Basen von Ribonucleosiden mit diesem Lösungsmittel erreicht [31].

31. n-Butanol–Essigsäure–Wasser 4:1:5 [32].

32. Isopropanol–gesättigte $(NH_4)_2SO_4$-Lösung–Wasser 2:79:19 [*11*].

33. Isopropanol–gesättigte $(NH_4)_2SO_4$-Lösung–0,1 m-Puffer (p_H 6,0) 2:79:19 [*11*].

34. Isobuttersäure–0,5 n-NH_4OH 10:6 (p_H 3,6) [*33*].

35. Collidin–Chinolin–Wasser 1:2:1,5 [*29*].

36. Pyridin–Wasser 2:1 [*34*].

2. Papiere

Whatman-Papier Nr. 1 gibt sowohl für qualitative als auch für quantitative Arbeiten mit Nucleinsäurekomponenten zufriedenstellende Ergebnisse und wird meist benutzt. Whatman Nr. 4 läuft zwar schneller, gibt aber in einigen Lösungsmittel-Systemen eine schlechtere Trennung. Schleicher & Schüll-Papier Nr. 597 wird mit gleichem Erfolg benutzt. Das dickere Whatman Nr. 3 und 3 MM ist zweckmäßig für die Trennung größerer Substanzmengen.

Sofern die UV-Absorption zum Nachweis und der quantitativen Bestimmung der NS-Komponenten benutzt wird, ist es notwendig, das Papier vor Gebrauch zu waschen oder gewaschene Sorten zu verwenden, um auch Spuren absorbierender Substanzen fernzuhalten. Bei quantitativem Arbeiten sind Blanko-Streifen mitlaufen zu lassen. Für eine erfolgreiche Trennung von Phosphorsäure-Estern ist gewaschenes Papier unbedingt notwendig, da durch die Anwesenheit von Metall-Ionen Schwanzbildung oder Doppel-Flecken hervorgerufen werden [*35*].

3. R_F-Werte

Die R_F-Werte für die Nucleinsäuren-Bausteine in verschiedenen Lösungsmittelsystemen sind in den Tabellen 46–49 zusammengestellt.

4. Nachweisreaktionen

a) Nachweis durch Ultraviolett-Absorption

Diese Technik beruht auf der spezifischen Absorption im UV-Licht durch Purine, Pyrimidine und verwandte Verbindungen. Das getrocknete

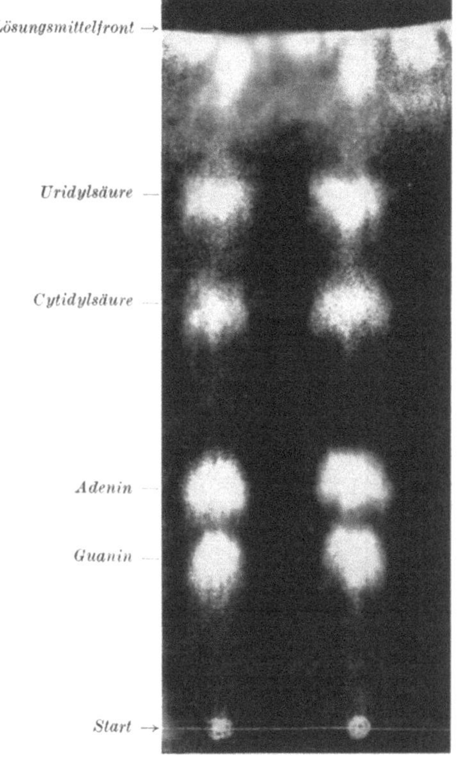

Abb. 78. Trennung der RNS-Komponenten aus entfetteten Pollen von Antirrhinum nach Hydrolyse in n-HC 1 h. Trennmittel: iso-Propanol-HCl

Chromatogramm wird dazu unter einer UV-Lampe geprüft, welche ein hohes Emissionsmaximum im Bereich der maximalen UV-Absorption hat. Die Flecken der Purine, Pyrimidine und verwandten Stoffe, wie Nucleoside, Nucleotide und sogar NS, erscheinen auf dem Chromatogramm als dunkle Flecken auf dem fluorescierenden Untergrund des

Tabelle 46. R_F-Werte von Basen und Nucleosiden

	1	2	3	4	8	9	11	12	13	14	15	16	17	27	28	29
Adenin	0,45	0,40	0,38	0,28	0,69	0,37	0,44	0,45	0,52	0,55	0,58	0,65	0,55	0,32	0,36	0,37
Guanin	0,00	0,15	0,15	0,11	0,50	0,37	0,49	0,50	0,54	0,53	0,63	0,56	0,63	0,22	0,25	0,40
Hypoxanthin	0,18	0,19	0,26	0,12	0,63	0,49	0,45	0,45	0,48	0,45	0,59	0,56	0,53	0,29	0,31	0,63
Xanthin	0,01	0,01	0,18	0,05	0,52	0,45	0,39	0,54	0,41	0,12	0,59	0,60	0,58	0,21	0,25	0,62
Uracil	0,35	0,33	0,31	0,19	0,72	0,72	0,62	0,61	0,64	0,56	0,68	0,66	0,64	0,66	0,68	0,76
Thymin	0,54	0,50	0,52	0,35	0,72	0,72	0,71	0,70	0,72	0,70	0,77	0,73	0,71	0,76	0,77	0,74
Cytosin	0,26	0,28	0,22	0,24	0,83	0,72	0,62	0,60	0,64	0,42	0,68	0,65	0,64	0,44	0,47	0,70
5-Methylcytosin		0,36	0,29	0,27										0,52	0,55	0,73
5-Hydroxymethylcytosin			0,13	0,12										0,44		0,75
Adenosin	0,33	0,33	0,20	0,22	0,68	0,52	0,36	0,38	0,46	0,47	0,57	0,57	0,54	0,34		0,49
Guanosin	0,10	0,10	0,15	0,03	0,66	0,59	0,37	0,35	0,38	0,36	0,53	0,52	0,49	0,30		0,68
Inosin		0,08		0,03			0,39	0,37	0,41	0,37	0,56	0,40	0,32	0,30		0,81
Xanthosin							0,38	0,27	0,18	0,37	0,56	0,52	0,49			
Uridin			0,17	0,08	0,80	0,80	0,59	0,59	0,61	0,53	0,66	0,63	0,63	0,64		0,84
Cytidin	0,16	0,15	0,12	0,11	0,86	0,77	0,42	0,43	0,47	0,38	0,50	0,51	0,50	0,45	0,50	0,76

Tabelle 47. R_F-Werte von Basen und Nucleosiden

	5	6	7	10	18	19	20	22	23	24	25	26	35
Adenin	0,44	0,53	0,42	0,41	0,42	0,72	0,78	0,33	0,83	0,63	0,56	0,83	0,34
Guanin	0,02	0,00	0,02	0,05	0,43	0,17	0,28	0,13	0,70	0,36	0,23	0,70	0,22
Hypoxanthin	0,57	0,52	0,59	0,29	0,72	0,23	0,29	0,30	0,69	0,46	0,37	0,69	0,44
Xanthin	0,49	0,56	0,42	0,12				0,24	0,60	0,34	0,24	0,60	0,62
Uracil	0,73	0,78	0,74	0,35	0,94	0,55	0,60	0,39	0,67	0,62	0,44	0,67	0,74
Thymin	0,73	0,77	0,74	0,52	0,88	1,02	1,08	0,56	0,78	0,81	0,54	0,78	0,84
Cytosin	0,73	0,79	0,74	0,29	0,91	0,50	0,51	0,26	0,80	0,57	0,42	0,80	0,21
Adenosin	0,54	0,58	0,53	0,28				0,12	0,91	0,57	0,56	0,91	
Guanosin	0,62	0,68	0,64	0,17				0,17	0,59	0,42	0,25	0,59	
Uridin	0,79	0,88	0,80	0,23				0,25	0,60	0,65	0,35	0,60	
Cytidin	0,76	0,88	0,80	0,17				0,18	0,73	0,61	0,44	0,73	

Tabelle 48. R_F-Werte von Ribotiden

	5	6	7	8	9	11	12	13	14	15	16	17	27	33	34
Adenylsäure (2′)	0,74	0,72	0,74	0,74	0,65	0,49	0,20	0,06	0,48	0,35	0,31	0,20	0,48	0,26	0,49
Adenylsäure (3′)	0,67	0,81	0,63	0,74	0,60	0,49	0,20	0,06	0,48	0,35	0,31	0,20	0,48	0,16	0,43
Adenylsäure (5′)	0,69					0,62	0,44	0,08	0,46	0,28	0,27	0,20	0,43		
ADP	0,77					0,04	0,05	0,05		0,07	0,08	0,07			
ATP	0,83					0,04	0,05	0,05		0,08	0,08	0,07			
Guanylsäure	0,79	0,87	0,78	0,80	0,73	0,07	0,07	0,05	0,07	0,67	0,43	0,18	0,43	[1]	0,24
Uridylsäure	0,85	0,93	0,86	0,89	0,82	0,15	0,17	0,10	0,16	0,43	0,39	0,21	0,77	0,73	0,24
Cytidylsäure	0,85	0,93	0,86	0,89	0,82	0,09	0,08	0,07	0,10	0,26	0,26	0,13	0,58	0,73	0,37

[1] Guanylsäure (2′) 0,50; (3′) 0,40.

Tabelle 49. R_F-Werte von Desoxyribosiden und Desoxyribotiden

	21	1	2	3	5	18	19	20	26	29
Adenin-Desoxyribosid	1,21	0,35	0,41	0,35	0,55	0,67	0,84	0,79	0,91	0,47
Guanin-Desoxyribosid	0,89	0,21	0,18	0,21	0,62	0,76	0,19	0,23	0,67	
Hypoxanthin-Desoxyribosid	0,94	0,23	0,17	0,23	0,70	0,94	0,19	0,22	0,70	0,86
Uracil-Desoxyribosid	0,89	0,38	0,34	0,38	0,79	1,01	0,51	0,52	0,67	0,83
Thymidin	1,00	0,51	0,48	0,51	0,78	1,00	1,00	1,00	0,75	0,77
Cytosin-Desoxyribosid	1,11	0,23	0,26	0,23	0,77	0,99	0,56	0,56	0,83	0,75
5-Methylcytosin-Desoxyribosid		0,25			0,76					
Desoxy-Adenylsäure	0,92									
Desoxy-Guanylsäure	0,49									
Desoxy-Cytidylsäure	0,74	0,64								
Desoxy-5-methylcytidylsäure	1,26									
Thymidylsäure	0,61	0,81								

Papieres. Die Flecken werden verstärkt durch Besprühen des Chromatogrammes mit einer Lösung von 0,005% Fluorescein in 0,5 n-Ammoniak [38]. So können Mengen über 1 γ/cm² sichtbar gemacht werden. Ohne Fluoresceinbehandlung liegt die Nachweisgrenze bei 5 γ/cm² je Komponente. Die Chromatogramme werden mittels der Photoprint-Technik bis zu einer Nachweisgrenze von 0,5—1 γ dokumentiert (s. S. 46f.).

b) DISCHE-Reagens [39, 40]

200 mg Diphenylamin werden in 20 ml Eisessig und 0,5 ml konz. Schwefelsäure p. a. (spez. Gewicht 1,84) gelöst. Dieses Reagens ist spezifisch für Desoxyribose und dient dem Nachweis der Desoxyriboside, Desoxyribotide und der DNS. Trockne Chromatogramme werden mit dem Reagens besprüht und 3—7 min lang auf 100—105° C erhitzt, bis die braun-violetten oder dunkelgrünen Flecken erscheinen.

c) Modifiziertes DISCHE-Reagens [41]

Das Reagens besteht aus einer Lösung von 0,5 g Cysteinhydrochlorid in 100 ml 3 n-H_2SO_4. Das lufttrockne Chromatogramm wird damit besprüht und 5—10 min auf 85° C erhitzt. Rosa Flecken zeigen die Position von Desoxyribosen an. Nachweisgrenze: 10 γ Desoxyribose.

d) Orcein-Perchlorsäure-Reagens [40]

Der absorbierende Fleck des Chromatogrammes wird ausgeschnitten und 2mal mit 0,5 n-NH_4OH in einem kleinen, verschlossenen Gefäß bei 40° C extrahiert. Der filtrierte Extrakt wird nach Zusatz von 1—2 Tropfen gesättigten Bromwassers im Vakuum bei 40° C auf 0,2 ml eingeengt. Nach Erhitzen des Gemisches im kochenden Wasserbad verflüchtigt sich der Brom-Dampf. Nunmehr werden einige Orcein-Kristalle und 4—5 Tropfen 38%ige HCl zugegeben und nochmals für 15—30 min auf dem kochenden Wasserbad erhitzt. Bei Anwesenheit von Ribose entsteht eine grünliche Färbung. Nachweisgrenze: 15 γ Adenosin, Uridin oder Adenylsäure.

e) HANES-ISHERWOOD-Reagens [42]

Dieses Reagens auf Molybdänsäurebasis wird ebenfalls zur Identifizierung von Zuckerphosphaten benutzt (Herstellung S. 104). Das trockne Chromatogramm wird besprüht und im Warmluftstrom getrocknet. Nach 1—3 min bei 85° C wird es 5—10 min unter einer Quecksilberdampf-Lampe exponiert. Die Position von Nucleotiden wird durch blaue Flecken angezeigt.

f) Eisenchlorid-Sulfosalicylsäure-Reagens für Nucleotide [43]

Das Chromatogramm wird mit einer 0,1%igen Lösung von $FeCl \cdot 6\ H_2O$ in 80% Äthanol besprüht und dann getrocknet. Danach wird 1% Sulfosalicylsäure in 80% Äthanol aufgesprüht. Phosphate erscheinen als weiße Flecken auf blaßviolettem Untergrund, sofern das Papier einen p_H-Wert von 1,5—2,5 hat. Nachweisgrenze: 1 γ Phosphor.

g) Perjodatreagens für Nucleoside [*44*]

Das Chromatogramm wird mit einer verdünnten Lösung von Perjodat (etwa 0,01 m) und anschließend mit 1% Benzidin-Lösung besprüht. Die mit Perjodat reagierenden Nucleoside erscheinen als farblose Flecken auf blauem Grund, der durch die Reaktion von Perjodat mit Benzidin entsteht.

h) Quecksilber-Nitrat-Reagens für Purin-Basen [*45*]

Das trockne Chromatogramm wird mit Äther gewaschen und mit einer 0,25 mol Lösung von $Hg(NO_3)_2$ in 0,5 n-Salpetersäure besprüht. Nach Auswaschen des Papieres mit 0,5 n-HNO_3 und Wasser wird dieses in eine wäßrige Ammoniumsulfid-Lösung getaucht. Schwarze Flecken von Quecksilbersulfid zeigen die Lage der Purine (Adenis, Guanin, Xanthin) an. Nachweisgrenze: 5 γ Purin.

V. Quantitative Technik

Die im UV-Licht absorbierenden Flecken werden aus dem Bogen ausgeschnitten und mit einer Menge Flüssigkeit extrahiert, die dem Volumen der für die Extinktionsbestimmung zu verwendenden Cuvetten entspricht (z. B. 4—5 ml für die 1 cm-Zelle des Beckman-Spektralphotometer). 0,1 n-HCl ist das geeignete Eluier-Mittel für NS-Basen [*29*], während 0,5 n-NH_4OH für Nucleotide und Nucleoside geeignet ist [*25*]. Die meisten Nucleotide, sowie die Fraktionen saurer Hydrolysate von RNS (Purin- und Pyrimidin-Nucleotide), lassen sich auch mit 0,1 n-HCl aus dem Papier eluieren.

Eine Extraktion bei 37° C über Nacht unter gelegentlichem Schütteln ist quantitativ. Zur Kompensation der eventuell aus dem Papier mitisolierten UV-absorbierenden Substanzen sind flächengleiche Papierstücke blind zu extrahieren und bei der gleichen Wellenlänge wie die Fleckenextrakte zu messen [*46*].

Die Spektral-Daten, welche für die quantitative Bestimmung der NS-Bausteine auf Grund ihrer Absorptionsmaxima benötigt werden, sind in Tab. 43 zusammengestellt.

Literatur

[*1*] M. M. DALY–V. G. ALLFREY–A. E. MIRSKY: J. gen. Physiol. **33**, 497 (1950). — [*2*] K. HAYASHI–T. INOUE: Protein, Nucleic Acid, Enzyme (Jap.) **3**, 13 (1958). — [*3*] R. C. RINDNER–H. C. KIRKPATRICK–T. E. WEEKS: Plant Physiol. **31**, 1 (1956). — [*4*] G. R. WYATT: Biochem. J. **48**, 584 (1951). — [*5*] A. D. HERSHEY–J. DIXON–M. CHASE: J. gen. Physiol. **36**, 777 (1953). — [*6*] M. V. NARURKAR–M. B. SAHASRABUDHE: Biochim. biophys. Acta **23**, 367 (1957); Nature (Lond.) **176**, 883 (1955). — [*7*] E. CHARGAFF–B. MAGASANIK–E. VISCHER–C. GREEN–R. DONIGER–D. ELSON: J. biol. Chem. **186**, 51 (1950). — [*8*] A. MARSHAK: J. biol. Chem. **189**, 597 (1951). — [*9*] E. VISCHER–E. CHARGAFF: J. biol. Chem. **176**, 715 (1948). — [*10*] J. D. SMITH–R. MARKHAM: Biochem. J. **46**, 509 (1950). — [*11*] R. MARKHAM–J. D. SMITH: Biochem. J. **49**, 401 (1951). — [*12*] J. N. DAVIDSON–R. M. C. SMELLIE: Biochem. J. **52**, 594 (1953). — [*13*] D. H. MARRIAN–V. L. SPICER–M. E. BALIS–G. B. BROWN: J. biol. Chem. **189**, 533 (1951). — [*14*] T. KARIGOME–T. INOUE: J. Pharm. Soc. Japan (Jap.) **74**, 301 (1954). — [*15*] E. L. DURRUM: J. Amer. chem. Soc. **72**, 2943 (1950). — [*16*] L. JAENICKE–I. VOLLBRECHTSHAUSEN: Naturwissenschaften **39**, 86

(1952). — [17] K. Dimroth–L. Jaenicke–I. Vollbrechtshausen: Z. physiol. Chem. 289, 71 (1952). — [18] W. C. Werkheiser–R. J. Winzeler: J. biol. Chem. 204, 971 (1953). — [19] N. Schümmelfeder — W. Heyer: Naturwissenschaften 41, 164 (1954). — [20] W. Kanngiesser: Naturwissenschaften 38, 503 (1951). — [21] C. Zinzadze: Ind. Eng. Chem. 7, 227 (1935). — [22] R. D. Hotchikiss: J. biol. Chem. 175, 315 (1948). — [23] W. S. Macnutt: Biochem. J. 50, 384 (1952). — [24] R. Markham–J. D. Smith: Biochem. J. 45, 294 (1949). — [25] C. E. Carter: J. Amer. chem. Soc. 72, 1466 (1950). — [26] D. C. Carpenter: Analyt. Chem. 24, 1203 (1952). — [27] C. Tamm–H. S. Shapiro–R. Lipshitz–E. Chargaff: J. biol. Chem 203, 673 (1953). — [28] Löfgren: Acta chem. scand. 6, 1030 (1952). — [29] E. Vischer– E. Chargaff: J. biol. Chem. 176, 703 (1948). — [30] E. Chargaff–J. N. Davidson: The Nucleic Acids I, 252 (1955). — [31] I. A. Rose–B. S. Schweigert: J. Amer. chem. Soc. 73, 5903 (1951). — [32] P. Boulanger–J. Montreuil: Bull. Soc. Chim. biol. 33, 791 (1951). — [33] B. Magasanik–E. Vischer–R. Donigre–D. Elson–E. Chargaff: J. biol. Chem. 186, 37 (1950). — [34] R. M. Burton–A. S. Pietro: Arch. Biochem. 48, 184 (1954). — [35] E. Chargaff–J. N. Davidson: The Nucleic Acids, I, 244 (1955). — [36] R. Markham–J. D. Smith: Nature (Lond.) 163, 250 (1949). — [37] K. Makino–K. Matsuzaki: J. Biochem. (Jap.) 39, 457 (1954). — [38] J. Wieland–L. Bauer: Angew. Chem. 63, 512 (1951). — [39] Z. Dische: Mikrochemie 2, 26 (1930); 8, 1 (1930). — [40] K. Matsuzaki: Vitamins (Jap.) 7, 26 (1954). — [41] J. G. Buchanan: Nature (Lond.) 168, 1091 (1951). — [42] C. S. Hanes–F. A. Isherwood: Nature (Lond.) 164, 1107 (1949). — [43] H. E. Wade–D. M. Morgan: Nature (Lond.) 171, 529 (1953). — [44] J. A. Cifonelli–F. Smith: Analyt. Chem. 26, 1132 (1954). — [45] E. Vischer–E. Chargaff: J. biol. Chem. 168, 781 (1947). — [46] E. Chargaff–J. N. Davidson: The Nucleic Acids I, 261 (1955). — [47] G. R. Wyatt–S. S. Cohen: Biochem. J. 55,7 74 (1953). — [48] J. M. Gulland–E. R. Holiday: J. chem. Soc. 765 (1936). — [49] H. M. Kalckar: J. biol. Chem. 167, 429 (1947). — [50] R. Falconer–J. M. Gulland–L. F. Story: J. chem. Soc. 1784 (1939). — [51] J. M. Ploeser–H. S. Loring: J. biol. Chem. 178, 431 (1949). — [52] E. Volkin–C. E. Carter: J. Amer. chem. Soc. 73, 1516 (1951).

G. Pflanzenviren

Von

H. W. J. Ragetli und J. P. H. van der Want

I. Einführung

Bei der Anwendung der Papierchromatographie zur Isolierung von Pflanzenviren aus Gemischen ist man in der Wahl der Bedingungen ziemlich beschränkt. Es kommen nur solche Methoden in Frage, welche die Infektiosität der Viren nicht ansehnlich beeinträchtigen. Die Infektiosität der Extrakte bestimmter Teile der entwickelten Chromatogramme ist ja das einzige sichere Kriterium für die Anwesenheit der Viren an Ort und Stelle. Im Hinblick auf den Erhalt der Infektiosität hat man bisher nur wäßrige Lösungen oder Wasser als Elutionsflüssigkeiten benutzt.

Wenn man einmal mit Hilfe des Infektionstests das Virus im Chromatogramm lokalisiert hat, kann man zur Arbeitsbeschleunigung andere Nachweisreaktionen versuchen, z. B. Färbung [1, 2] oder Lichtabsorption [3]. Im allgemeinen ist die Viruskonzentration für einen solchen direkten Nachweis auf dem Filtrierpapier zu gering, zumal wenn man die Preßsäfte viruserkrankter Pflanzen verwendet, oder aber die ver-

wendbaren Reaktionen sind nicht genügend spezifisch. Für direkte
Lokalisierung im Chromatogramm dürfte allein das Tabakmosaikvirus
in Frage kommen, da erkrankte Pflanzen dieses Virus in hohem Prozentsatz (2 g/l Preßsaft) enthalten [4]. Oft wird man anstelle des Virus
bestimmte Begleitstoffe im Chromatogramm leichter sichtbar machen
können und so die Lage des ersteren auf indirekte Weise ausfindig
machen [5, 6].

Von COCHRAN [1] wurde die Papierchromatographie zuerst als analytisches
Hilfsmittel in der Pflanzenvirologie benutzt. Er stellte fest, daß Tabakmosaikvirus
im Saft erkrankter Tabakpflanzen durch wäßrige Pufferlösungen von p_H 4,5 oder
höher in dem Filtrierpapier transportiert wird. GRAY [2] verwendete eine konzentrierte Cytoplasmafraktion des Preßsaftes mosaikviruserkrankter Tabakpflanzen
zur Analyse und 40- oder 50%iges Äthanol als Elutionsmittel. Unter diesen Umständen wurde ein beträchtlicher Teil des Virus von den im Startflecken zurückbleibenden Nicht-Virus-Proteinen getrennt.

Die Papierchromatographie wurde nicht nur zu analytischen Zwecken [3],
sondern auch zum präparativen Arbeiten benutzt [3, 5, 6]. Wir fanden, daß man
Viren mit Hilfe der Papierchromatographie sehr einfach zu elektronenmikroskopi-
schem Studium genügend rein darstellen kann. Es stellte sich heraus, daß die
infektiösen Preßsäfte, bevor sie auf das Filtrierpapier aufgetragen werden können,
nicht einmal eine vorhergehende Zentrifugierung bei niedriger Umdrehungszahl
bedürfen. Von den folgenden Viren wurden nach papierchromatographischer
Fraktionierung der betreffenden Rohsäfte elektronenmikroskopische Aufnahmen
hergestellt: Tabakmosaikvirus, Rattle-Virus, Kartoffel-X-Virus, Tabak-Nekrose-
Virus, Gurkenmosaikvirus, alle in Tabakpflanzen; Bushy stunt-Virus der Tomate in
Tomatenpflanzen; ein Kleemosaikvirus und zwei Bohnenviren in Bohnenpflanzen.
In den obigen Experimenten [6] wurde ausschließlich destilliertes Wasser als
Elutionsflüssigkeit benutzt, während an anderer Stelle [3] auch verdünnte Kochsalz-
lösungen, wäßrige Pufferlösungen und wäßrige Aceton-Lösungen verwendet wurden.
Von SOMMEREYNS [7, 8, 9] wurden weiter mit Hilfe der Papierchromatographie
Preßsäfte von Kartoffel-Y- und -A-Virus erkrankter Tabakpflanzen in verschiedenen
Fraktionen zerlegt, deren Infektiosität hernach untersucht wurde.

II. Gewinnung geeigneter virushaltiger Lösungen

Im vorhergehenden wurde betont, daß man am einfachsten den
rohen Preßsaft viruserkrankter Pflanzenteile zur Chromatographie benutzen kann. Zentrifugierung bei niedrigen Drehzahlen, mit der Absicht,
grobere Zellbruchstücke aus den Preßsäften zu entfernen, führt manchmal zu beträchtlichem oder gar vollständigem Verlust an Virus aus
der überstehenden Flüssigkeit [10, 11]. Teilweise Entfernung der das
Virus begleitenden gelösten Eiweißstoffe vor dem Auftragen der Lösungen
auf das Papier ist auch nicht zu empfehlen, da diese Komponenten
die Beweglichkeit der Viren im Chromatogramm fördern. So hat sich
erwiesen, daß z. T. das Tabakmosaikvirus von sehr reinen Präparaten
nahezu vollkommen immobil in dem Filtrierpapier ist. Aus demselben
Grunde dürfte SHEPARD [12] bei der papierchromatographischen Trennung zweier *Coli*-Phagen eine albuminhaltige Kochsalzlösung als
Elutionsflüssigkeit benutzt haben.

Wenn das Virus in genügend hoher Konzentration vorhanden ist
und bestimmte Begleitstoffe wegen ihres hohen Gehaltes störend auf
den chromatographischen Vorgang einwirken, empfiehlt es sich, den

Preßsaft vor dem Auftragen zu verdünnen [5]. Andererseits kann man bei sehr niedrigem Virusgehalt die Konzentration durch Gefriertrocknung oder auf anderem Wege erhöhen.

Oxydations-Vorgänge im Preßsaft können, ohne Beeinträchtigung des chromatographischen Prozesses, durch Zugabe von KCN (bis zu 0,1%-Gew./Vol.) oder Na_2SO_3 unterdrückt werden. Die Gewinnung von Preßsäften thermolabiler Viren soll man bei erniedrigter Temperatur durchführen, ebenfalls auch das Auftragen dieser Lösungen und die Entwicklung der Chromatogramme.

III. Der chromatographische Vorgang

Die Entwicklung der Chromatogramme findet in luftdichten Behältern statt, die entweder mit Wasserdampf allein oder mit einem Gemisch von Wasserdampf und der jeweils benutzten organischen Flüssigkeit gesättigt sind. Wie dies auch bei anderen Stoffgruppen der Fall ist, kann man die Elutionsflüssigkeit im Papier aufsteigen [2] oder absteigen [1, 3, 6, 8] lassen. Bisher hat man Viren eindimensional chromatographiert. Die Größe des auf dem Papier aufzutragenen Volumens wird von der Viruskonzentration in der Lösung und gleichfalls von der Empfindlichkeit des biologischen Tests bestimmt. GRAY [2], der eine konzentrierte Viruslösung verwendete, chromatographierte Mengen von 4 μl auf Streifen Whatman Nr. 1 Filtrierpapier. Die Autoren trugen auf demselben Papier Mengen von 90 μl der verschiedenen Preßsäfte auf.

Das gewählte Volumen der virushaltigen Lösungen muß in einem Arbeitsgang auf das Papier gebracht werden. Wiederholtes Auftragen in kleinen Portionen nach jeweiligem Verdampfen des Lösungsmittels führt zur irreversiblen Adsorption der Viren an die Cellulose. Auch dürften eine Anzahl der Viren unter diesen Umständen inaktiviert werden. Es ist deshalb anzuempfehlen, die Chromatogramme nach dem Auftragen der Substanz sobald als möglich in die Kästen zu hängen.

Das Aufbringen der virushaltigen Lösungen kann mit Mikropipetten geschehen. In eine Capillare auslaufende, dünne Glasröhren sind ebenfalls sehr geeignet.

Der soeben beschriebene Vorgang führt zu ausgedehnten Startflecken oder vielmehr zu Startflächen. Bei den von den Autoren durchgeführten Experimenten mit 90 μl Flüssigkeit war die benetzte Fläche am Start 3×4 cm.

Die verwendete chromatographische Methode ist folgende: Es wurde Whatman Nr. 1 Filtrierpapier verwendet, und zwar in Streifen von 6×57 cm. Nach dem Auftragen der Viruslösung wurde das Oberende der Streifen zwischen zwei kleine Glasplatten eingeklemmt, welche dann, einen der aufstehenden Ränder überragend, in eine rechteckige Porzellanschale gelegt wurden. Der die Viruslösung enthaltende Startfleck befand sich 4,5 cm von dem Rande der Glasplatten und je 1 cm von den Seiten des Papiers. Nachdem die eingeklemmten Streifen in die Kästen gehängt worden waren, wurden die jeweiligen Entwicklungsflüssigkeiten in die Porzellanschalen einpipettiert. Unter den gegebenen Bedingungen brauchte die absteigende Flüssigkeit etwa 5 h zum Durchlaufen eines 40 cm Trajektes des Papierstreifens. Wegen dieser langen Zeit empfiehlt es sich, die Entwicklung der Chromatogramme im gekühlten Raume durchzuführen.

In den meisten Fällen wurde destilliertes Wasser als Entwickellösung benutzt [5, 6]. Es wurden aber auch Pufferlösungen und Kochsalzlösungen bis zu 3 molar angewandt [3 und unveröffentl. Daten].

Mit eiweißartigen Verbindungen hat man bei Gebrauch von salzhaltenden Elutionsmitteln den von TISELIUS [13] beschriebenen sog. "salting out"-Effekt zu beachten. Demzufolge können Eiweißstoffe in Anwesenheit von Cellulose immobil werden bei Salzkonzentrationen weit niedriger als solche zu Aussalzzwecken in Lösungen bedingt. Bei stabförmigen Viren scheint dieser Aussalz-Effekt größer zu sein als bei kugelförmigen Viren. Bei den höheren Salzkonzentrationen wird weiterhin die Infektiosität der Viren beeinträchtigt [unveröffentl. Daten].

IV. Lokalisierung der Viren im Chromatogramm

In der Einführung wurde schon betont, daß der sicherste Nachweis der Anwesenheit eines Virus in einem bestimmten Abschnitt des Chromatogramms von dem biologischen Test des Eluates der betreffenden Zone geboten wird. Zu diesem Ziele soll das noch feuchte Chromatogramm sofort nach der Beendigung der Entwicklung in mehrere Stücke zerschnitten werden. Nach Beigabe einer kleinen Menge der Extraktionsflüssigkeit zerkleinert man das Filtrierpapier mit Hilfe eines Glasstäbchens. Die Autoren [6] benutzten 0,5 ml Extraktionsmittel je 12 cm² Filtrierpapier. In den meisten Fällen verwendeten sie destilliertes Wasser, dann und wann eine wäßrige Pufferlösung. Man preßt die feuchte Cellulose-Masse kräftig aus, z. B. mit einer kleinen Handpresse, und filtriert die Preßflüssigkeit über ein hartes Papierfilter, wenn dies zur Beseitigung von Cellulose-Fasern notwendig ist.

Die hellen, z. T. völlig ungefärbten Extrakte kann man zur Inoculation benutzen sowie auch zur Anfertigung elektronenmikroskopischer Präparate. Man soll zum biologischen Test jene Pflanzen gebrauchen, die für das bestimmte Virus am meisten geeignet, d. h. am empfindlichsten sind.

Es wurde schon auf die Tatsache hingewiesen, daß die Lokalisierung von bestimmten Begleitstoffen des Virus im Chromatogramm sich sehr nützlich erwiesen hat für das Auffinden der Teile, welche die reinsten Viruslösungen ergeben. Diese Begleitstoffe konnten im getrockneten Chromatogramm sehr leicht an ihrer starken Ultraviolett-Absorption erkannt werden. Experimente mit gereinigtem Tabakmosaikvirus wiesen aus, daß das Virus selbst, obwohl es ein Absorptionsmaximum bei 265 mμ hat, wegen zu geringer Konzentration nicht direkt nachgewiesen werden kann.

Wenn die Lichtabsorption zur indirekten Lagebestimmung des Virus benutzt wurde, war der Arbeitsvorgang wie folgt [3, 6]: Es wurden mindestens zwei Chromatogramme mit der Viruslösung beladen und deren

Entwicklung mit einem Zeitintervall von 45 min gestartet. Das erste Chromatogramm wurde nach Beendigung der Entwicklung bei 55° C getrocknet. Sodann wurde von diesem eine Kontaktkopie (Photogramm) (vgl. S. 45) in ultraviolettem Licht von etwa 265 mμ hergestellt. Die Autoren benutzten 35 mm breites Crumière Normal DN 11 Photopapier (in Rollen) und als ultraviolette Lichtquelle den Monochromator (M 4 Q) des Zeiss-Opton-Spektrophotometer. Sie spannten erst einen Streifen des genannten Photopapiers von der Länge des Chromatogramms auf einen runddrehenden Zylinder und dann, das Photopapier völlig bedeckend, eine Hälfte des der Länge nach zerteilten, getrockneten Chromatogramms. Das Photogramm kam zustande, indem der runddrehende Zylinder (30 U/min) für etwa 9 min im Strahlenbündel aufgestellt wurde. Das aufgespannte Papier war 33 cm von dem Austrittsfenster des Monochromators entfernt. Nach dem Entwickeln des Photopapiers zeigten die ultraviolettabsorbierenden Gebiete des Chromatogramms sich als weiße Flecken.

Es konnte geprüft werden, daß die reinsten elektronenmikroskopischen Präparate im allgemeinen von den Extrakten jener Teile der Chromatogramme hergestellt werden können, die sich entweder gerade unterhalb oder oberhalb der Zone mit der ultraviolettabsorbierenden Substanz befinden. Jedoch ist die Konzentration der meisten Viren, vor allem der kugelförmigen Viren, in dem Gebiete unterhalb dieser Substanz durchweg bedeutend höher.

In papierchromatographischen Untersuchungen mit Tabakmosaikvirus haben zwei Farbreaktionen zu direktem Nachweis des Virus auf dem Filtrierpapier Anwendung gefunden. COCHRAN [1] benutzte die für argininhaltige Eiweißstoffe geltende Sakaguchi-Reaktion [14], GRAY [2] die im allgemeinen für Eiweißstoffe angewandte Bromphenolblau-Färbung nach DURRUM [15]. COCHRAN besprühte das getrocknete Chromatogramm in der angegebenen Reihenfolge mit einer 10%igen wäßrigen KOH-Lösung, einer 0,1%igen Lösung von α-Naphthol in 50%igem Äthanol und schließlich mit einer 5,25%igen wäßrigen NaClO-Lösung. Der virushaltende Teil des Chromatogramms färbte sich nach einer Minute hellrot. Der gebildete Farbstoff ist jedoch nur einige Minuten haltbar. Nach den Erfahrungen der Autoren ist eine von ACHER [16] veröffentlichte Modifikation der Sakaguchi-Färbung empfindlicher, der gebildete Farbstoff ist außerdem mehrere Wochen haltbar. Kurz vor dem Sprühen werden gleiche Volumina einer 0,02%igen Lösung von α-Naphthol in 96%igem Äthanol, der noch 10% Harnstoff enthielt, und einer 10%igen alkoholischen KOH-Lösung gemischt. Das besprühte Chromatogramm trocknete in kurzer Zeit an der Luft und wurde dann äußerst leicht mit einer 5%igen wäßrigen KOH-Lösung, welche 0,7 ml Br je 100 ml enthielt, bedunstet. Auf Whatman Nr. 1 Filtrierpapier konnten 25 μg Tabakmosaikvirus noch gerade nachgewiesen werden (Durchmesser des Fleckens 0,8 cm).

GRAY [2] legte seine auf 110° C getrockneten Chromatogramme für 15 min in eine alkoholische Bromphenolblaulösung (1,14 g Farbstoff und 10 g $HgCl_2$ in 100 ml Äthanol). Der an der Cellulose haftende Farbstoff wurde durch 5 min Spülen in fließendem Wasser entfernt.

Aus dem Vorhergehenden wird zweifellos ersichtlich geworden sein, daß man bisher keine R_F-Werte von Viren veröffentlicht hat. Die flächenartigen Startflecken sowie die Beeinträchtigung des chromatographischen Verteilungsverfahrens durch die adsorptive Wirkung der Cellulose führen dazu, daß die Viren in ziemlich ausgedehnten, kometenförmigen Gebieten der Chromatogramme lokalisiert sind [3, *unveröffentl. Daten*].

V. Papierelektrophorese

Die Papierelektrophorese im Sinne eines diskontinuierlichen Verfahrens hat für die Trennung von Virusgemischen sowie für die Reindarstellung von Viren bisher keinen Nutzen gehabt. Schon aus GRAYs Arbeit [2] geht hervor — obwohl er trotzdem die Papierelektrophorese zu diagnostischen Zwecken empfiehlt —, daß sich die von ihm benutzten Viren (Tabakmosaikvirus, Kartoffel-Y-Virus, Gurkenmosaikvirus) im Filtrierpapier unter der Einwirkung eines elektrischen Feldes (300 V; p_H 7—8,6; 3 h) nicht oder nahezu nicht vom Startfleck entfernen.

Doch hat man noch wiederholt erfolglos versucht, die zur Analyse von Serumeiweißen so erprobte Methodik zur Virusforschung nutzbar zu machen. Unter allen Umständen erwiesen die Viren sich jedoch im Papier, im Gegensatz zu einem flüssigen Medium (Tiselius-Elektrophorese), als immobil.

Um so erfreulicher ist es, daß in jüngerer Zeit die kontinuierliche Papierelektrophorese sich bezugs der Beweglichkeit der Viren günstiger erwiesen hat [20, 21, 22]. So gelang es ZAITLIN sowohl ein künstliches Gemisch [21], als auch ein natürliches Gemisch [22] zweier, durch Ultrazentrifugierung rein dargestellter Tabakmosaikvirus-Stämme in die Komponenten zu zerlegen. Reindarstellung der beiden Stämme mittels direkter kontinuierlicher Elektrophorese der konzentrierten Preßsäfte viruserkrankter Tabakpflanzen war nur insofern erfolgreich, daß zwar die Stämme separiert wurden, aber beide von zum Teil gefärbten Komponenten des ursprünglichen Saftes begleitet waren.

Als am handlichsten erwies sich nach der Angabe ZAITLINs [22] Whatman-Papier Nr. 54, das vor Gebrauch mit 1 n-HCl für 1 h und dann 24 h mit destilliertem Wasser gewaschen worden war. Eine gute Trennung ließ sich bei p_H 7 (0,004 mol KH_2PO_4 + 0,006 mol Na_2HPO_4, Ionenstärke von 0,024), 460 V (Stromstärke ± 3 mA), und einer Temperatur von 2° C erzielen. Niedrigere p_H-Werte resultieren in steigernde Adsorption der Viruspartikel an das Papier. Die Adsorption scheint bei p_H 5 vollkommen zu sein [22].

VI. Ausbaumöglichkeiten

Die Papierchromatographie hat bisher beim Studium der Pflanzenviren nur in einzelnen Fällen Anwendung gefunden. Für diesen Umstand können einige Ursachen angeführt werden: Im allgemeinen rufen hochmolekulare Verbindungen wegen Adsorptionserscheinungen im Verlauf des chromatographischen Prozesses Schwierigkeiten hervor. Beeinträchtigung der Infektiosität durch bestimmte Flüssigkeiten beschränkt die Wahl der zur Entwicklung der Chromatogramme geeigneten Lösungen. Dazu kommt der Mangel an eine für Viren spezifische und empfindliche Farbmethode. Außerdem ist der biologische Test, im Gegensatz zur bakteriellen Virologie, wenig empfindlich. Demzufolge ist man gezwungen, ziemlich große Mengen der Viruslösungen auf das Chromatogramm aufzutragen, wodurch die Trennfähigkeit beeinträchtigt wird, zumal man die ganze Lösung in einem Arbeitsgang auftragen soll.

Es hat sich jedoch erwiesen, daß die Papierchromatographie trotz aller Schwierigkeiten für die Pflanzenvirologie von Nutzen sein kann und bestimmte Vorteile bietet. Auf einfache und vor allem sehr milde Weise konnten mehrere Viren von anderen in rohen Preßsäften anwesenden Stoffen getrennt werden. Zweifellos wird die Papierchromatographie schließlich auch nach Auffinden geeigneter Bedingungen zur Trennung von Viren in Gemischen führen.

Die Beeinträchtigung des Verteilungsverfahrens durch die adsorptiven Eigenschaften des Filtrierpapiers dürfte durch chemische Änderung der Cellulose zum Teil beseitigt werden. Zu diesem Zweck hat man ja bei der Papierelektrophorese das Filtrierpapier teilweise methyliert [17]. Eine chemische Umwandlung der Cellulose, die zu Ionenaustausch-Eigenschaften führt, hat sich bei der säulenchromatographischen Trennung von Eiweißstoffen [18] und Viren [19] sehr bewährt. Wegen der Einfachheit der Methode dürften Filtrierpapierstreifen mit Ionenaustausch-Charakter in dieser Hinsicht mit Erfolg zu orientierenden Experimenten benutzt werden.

Literatur

[1] G. W. COCHRAN: Phytopath. 37, 850 (1947). — [2] R. A. GRAY: Arch. Biochem. 38, 305 (1952). — [3] H. W. J. RAGETLI–J. P. H. VAN DER WANT: Proc. Kon. Ned. Akad. Wetensch., Ser. C, 57, 621 (1954). — [4] F. C. BAWDEN: Plant viruses and virus diseases. Third Edition. p. 171. Waltham, Mass. 1950. — [5] J. P. H. VAN DER WANT: Diss. Wageningen 1954. — [6] H. W. J. RAGETLI–C. VAN DER SCHEER–J. P. H. VAN DER WANT: T. Pl. ziekten 61, 35 (1955). — [7] G. SOMMEREYNS: Parasitica 13, 39 (1957). — [8] G. SOMMEREYNS: Parasitica 13, 94 (1957). — [9] G. SOMMEREYNS: Proc. Third Conf. Potato Virus Diseases, Lisse-Wageningen 1957, 122 (1958). — [10] A. B. R. BEEMSTER–J. P. H. VAN DER WANT: Antonie van Leeuwenhoek 17, 285 (1951). — [11] D. NOORDAM: T. Pl. ziekten 58, 121 (1952). — [12] C. C. SHEPARD: J. Immunol. 68, 179 (1952). — [13] A. TISELIUS: Ark. Kemie 26 B, No. 1 (1949). — [14] S. SAKAGUCHI: J. Biochem. (Japan) 5, 25 (1925). — [15] E. L. DURRUM: J. Amer. chem. Soc. 72, 2943 (1950). — [16] R. ACHER–C. CROCKER: Biochim. biophys. Acta 9, 704 (1952). — [17] A. TISELIUS–P. FLODIN: Advanc. Prot. Chem. 8, 461 (1953). — [18] H. A. SOBER–F. J. GUTLER–M. M. WYCKOFF–E. A. PETERSON: J. Amer. chem. Soc. 78, 756 (1956). — [19] B. H. HOYER–E. T. BOLTON–R. A. ORMSBEE–G. LEBOUVIER–D. B. RITTER–C. L. LARSON: Science 127, 859 (1958). — [20] A. KARLER: Fed. Proc. 15, 284 (1956). — [21] M. ZAITLIN: Biochim. biophys. Acta 20, 556 (1956). — [22] M. ZAITLIN: J. Chromatogr. 1, 186 (1958).

H. Farbstoffe

I. Die Chloroplastenfarbstoffe

Von

A. HAGER

Bei der Trennung der Chloroplastenfarbstoffe an Cellulosepapieren handelt es sich in den meisten Fällen um eine reine Adsorptionschromatographie. Im Prinzip unterscheidet sich diese Methode nicht von der säulenchromatographischen, die — 1906 von dem Botaniker TSWETT eingeführt — noch immer mit Erfolg angewendet wird [1, 2, 3, 4, 5, 6]. Hier wie dort ist eine verschieden starke Assoziation der einzelnen Farbstoffkomponenten an den Haftpunkten des Adsorbens die Ursache für eine Isolierung voneinander.

Eine solche Art der Trennung weist aber einen für die Praxis bedeutsamen Unterschied zur sonst häufigeren Verteilungschromatographie auf. Bekanntlich ist bei dieser der Grund für eine Trennung nicht die verschiedene Adsorbierbarkeit, sondern die verschiedene Löslichkeit der einzelnen Stoffkomponenten in einer sich am Papier befindlichen stationären (wäßrigen) Phase und einer darüber hinwegstreichenden mobilen (organischen) Phase. Ein Stoff, der einen niederen R_F-Wert hat, also langsam wandert, wird bei dieser Art von Chromatographie zu einem großen Teil in der stationären Phase und zum kleineren Teil in der mobilen Phase gelöst sein, wobei es zur Ausbildung eines Gleichgewichts kommt. Wird nun die

Konzentration dieses Stoffes erhöht, wird sich ohne Verschiebung des Gleichgewichts in beiden Phasen eine entsprechende zusätzliche Menge lösen können. Die Wanderungsgeschwindigkeit der Substanz bleibt dabei — in bestimmten Grenzen — unverändert.

Anders bei der Adsorptionschromatographie, wo die Funktion der nicht vorhandenen stationären Phase direkt von den Haftpunkten erfüllt wird. In diesem Falle werden bei einer mengenmäßigen Erhöhung eines langsam wandernden, d. h. stark adsorbierten Stoffes, etwa des Chlorophylls, bald sämtliche Haftpunkte (es sind dies hauptsächlich die $\overset{(-)}{\underset{..}{\cdot\text{O}}}:\overset{(+)}{\text{H}}$-Gruppen der Cellulose [7]) von Farbstoffmolekülen besetzt sein. Der überschüssige Rest von Chlorophyllmolekülen wird nun mit der Geschwindigkeit des Trennmittels im Papier solange weiterwandern, bis er wieder freie Haftpunkte findet. Das kann schließlich zu einer Überwanderung bestimmter Xanthophylle führen, die eigentlich schneller voranlaufen sollten. Dabei hat sich der Chlorophyllfleck stark auseinandergezogen und zeigt die für die Adsorptionschromatographie typische Schwanzbildung; die Ränder des Fleckens erscheinen außerdem verwaschen. Je mehr Chloroplastenextrakt aufgetragen wird, desto unvollständiger wird schließlich die Trennung der Farbstoffe. Reduziert man aber die Menge des aufgetragenen Extraktes um einer besseren Trennung willen, sind bestimmte Carotine und Xanthophylle, die im Vergleich zu den Chlorophyllen nur in sehr geringen Quantitäten vorkommen, auf dem Chromatogramm nicht mehr erkennbar. Durch Verwendung eines dickeren Papieres mit dementsprechend mehr Adsorptionspunkten hat man diese Schwierigkeit zu umgehen versucht [6].

Aus dem Gesagten ergibt sich, daß die **Wanderungsgeschwindigkeit von Chloroplastenfarbstoffen abhängig ist von ihrer Konzentration.** Eine Identifizierung der Farbflecke nach dem R_F-Wert ist deshalb nicht möglich.

Wegen dieser Nachteile ist versucht worden, die Blattfarbstoffe durch Bildung einer wäßrigen stationären Phase (z. B. mit 80%igem Methanol [8], s. Abb. 81E) oder bei imprägnierten Papieren in umgekehrter Weise durch Schaffung einer wäßrigen mobilen Phase [8, 28] verteilungschromatographisch zu trennen, aber ohne viel Erfolg. Die starken Assoziationskräfte zwischen Farbstoff- und Cellulosemolekül machen sich immer wieder störend bemerkbar. Eine Möglichkeit scheint sich jedoch bei Glasfaserpapieren zu eröffnen [7].

Da die Chloroplastenfarbstoffe autoxydabel und stark lichtempfindlich sind, sollen alle Arbeiten in einem abgedunkelten Raum oder bei Grünlicht und möglichst in der Kälte mit evtl. vorgekühlten Lösungsmitteln durchgeführt werden. Bei länger andauernden Trennungen ist das Einfüllen von Stickstoff in die Chromatographiekammer zu empfehlen.

1. Extraktion der Chloroplastenfarbstoffe

Die Abtötung des Blattmaterials durch siedendes Wasser oder kurzes Gefrieren ist nicht notwendig, wenn die Extraktion schnell mit unverdünnten organischen Lösungsmitteln erfolgt. Als für diesen Zweck gut geeignet hat sich salzsäurefreies Chloroform [6, 7], auch Aceton [9, 10, 11] oder Aceton + Benzin (8:2) (v) [6] erwiesen; Diäthyläther ist ebenfalls verwendet worden [12]. Benzinige Lösungsmittel und Benzol sind wegen ihrer geringen Lösungskraft für die Chlorophylle und Xanthophylle nicht geeignet. Nach Möglichkeit sind ferner wäßrige Alkohole — zu denen bei der Extraktion auch die unverdünnten werden — zu vermeiden, da in ihnen die Chlorophyllase, welche die Farbstoffe begleitet, noch begrenzt wirksam bleibt [*13*, S. 201], und es leicht zu einer Umwandlung des Chlorophylls, z. B. in Methylchlorophyllid (bei der Verwendung von Methanol), kommen kann [*14*, S. 53 u. 336]. Außerdem bildet sich dann bei Anwesenheit von Sauerstoff allomerisiertes Chlorophyll [14, S. 24, 52 u. 334] (im aufsteigenden Chromatogramm als schwachgrüne Flecken oder Streifen oberhalb des Chlorophylls a lokalisiert [*6*, S. 616]). Ein weiterer Nachteil wasseraufnehmender Extraktionsmittel ist das Ausflocken von Farbstoffteilchen beim späteren Einengen.

Die Zerkleinerung des Blattmaterials geschieht am besten in einem Mixer oder Homogenisator — unter Umständen auch in einem Mörser mit Quarzsand —, wobei dem Lösungsmittel etwas $CaCO_3$ (Spatelspitze) zur Neutralisation der Pflanzensäuren beigegeben wird. Grüne Algen lassen sich mit Quarzmehl extrahieren.

Bei den elektrischen Geräten genügen meist einige Minuten Laufzeit, um die Farbstoffe vollständig aus den Blättern herauszulösen. Je nach Umdrehungsgeschwindigkeit kann eine Kühlung des Extraktionsgutes erforderlich sein. Werden Geräte verwendet, bei denen der Mixbecher — der in kleinerer Form, z. B. aus Aluminium, selbst hergestellt werden kann — mit einem Gummiring in seine Fassung eingeschraubt ist, so ersetzt man diesen Ring, der den organischen Lösungsmitteln nicht standhält, durch ein erhärtendes Bindemittel aus Mennige + Glycerin [*6*].

Das Homogenisat wird durch eine Nutsche filtriert, auf die man eine Schicht wasserfreies Na_2SO_4 gegeben hat, das vor einer Verstopfung der Filterporen schützt, und welches das in hydrophoben Lösungsmitteln, wie Chloroform, emulgierte Wasser entfernt. Das Filtrat muß in jedem Falle völlig klar sein.

Zur Extraktion genügen einige 100 mg Frischmaterial. Es empfiehlt sich aber, besonders bei quantitativen Arbeiten, mehr (einige Gramm) zu verwenden, damit man einen guten Durchschnitt erhält und sich etwaige Verluste prozentual nicht allzu stark auswirken.

Folgende Methoden sind noch zu erwähnen: Extraktion von Blattmehlen mit der 3—4fachen Menge 80%igem Aceton oder 90%igem Äthanol auf einer Nutsche [*15*]; Herauslösen der Farbstoffe durch 24stündiges Belassen getrockneter Blätter in einer Methanol–Aceton-Mischung (3:1) (v) [*16*] oder durch halbstündiges Aufschwemmen kleingeschnittenen Frischmaterials in Methanol–Petroläther (10:3) (v) [*8*]. Die Trocknung von Blattmaterial ist jedoch mit Vorsicht durchzuführen, da es bei erhöhter Temperatur zu einem Carotinoidabbau kommt [*17*].

2. Die Auftragung des Extraktes

Da die Chloroplastenfarbstoffe sehr empfindlich sind, vermeide man das Konzentrieren des Extraktes am Chromatographiepapier, wie es sonst durch wiederholtes Auftropfen der Flüssigkeit und Eintrocknenlassen im Luftstrom üblich ist. Es ist besser, den Extrakt schon vorher in einem geschlossenen Gefäß durch anhaltendes Evakuieren einzuengen. Praktischerweise geschieht dies auf einer Schüttelmaschine, damit sich beim Verdampfen des Lösungsmittels am Glas keine Farbstoffränder bilden. Wird beim Einengen eine Siedecapillare benützt, so darf in diese nur gereinigter Stickstoff eingeleitet werden.

Das Aufbringen des Extraktes auf das Papier kann durch mehrmaliges Eintauchen eines Streifens in die Lösung und Hochsteigenlassen derselben bis in etwa 1 cm Höhe erfolgen, wo sich dann eine Farbstoffzone anreichert [18]. Meist wird man jedoch eine definierte Menge des Extraktes mit Hilfe einer Mikropipette punktförmig [z. B. 19] oder als Linie [6, 10] auftragen. Bei der letztgenannten Methode ist ein gleichmäßiges Ausfließenlassen des Extraktes wichtig, da sich Konzentrationsunterschiede durch zackenförmige Bänder im Chromatogramm bemerkbar machen.

Die Art des zur Auftragung verwendeten Lösungsmittels spielt keine große Rolle, da bei diesem Vorgang so viel davon verdampft, daß eine Störung bei der nachfolgenden Trennung nicht oder nur in geringem Ausmaß in Erscheinung tritt.

3. Die Trennung der Farbstoffe am Papier

Zur Trennung können die üblichen Chromatographiepapiere verwendet werden. Bewährt haben sich Schleicher & Schüll Nr. 2043 b [19], Whatman Nr. 1 [11, 25] und Nr. 4 [10, 27], Durieux Nr. 147 [10, 27], Toyo 50 [16]. Günstig sind auch harte, langsam laufende Papiere, z. B. Schleicher & Schüll Nr. 2045 b, oder dicke Papiere, wie Schleicher & Schüll Nr. 2071 [6]. Die Chromatographiepapiere sollen vorher getrocknet werden.

Es kann aufsteigend (bei der Mehrzahl der Arbeiten) oder absteigend gearbeitet werden [9]; bei der Rundfilterchromatographie verwendet man als Gefäß am einfachsten einen Exsiccator und klemmt das Papier zwischen die Schliffränder [26, 28]. Eine hinreichend gute Trennung läßt sich schon mit einzeln angewendeten Lösungsmitteln erzielen: Benzol [18], Monochlorbenzol [19, 28], Toluol [19, 28], Xylol [10, 16], Tetrachlorkohlenstoff [10, 16], Schwefelkohlenstoff [10]. (s. Abb. 81).

Bei diesen Trennmitteln ist die relative Lage der Farbstoffgruppen am Papier ziemlich gleichbleibend. An der Front befinden sich als ein Fleck die Carotine. Langsamer wandern die Xanthophylle, wobei das Lutein den Carotinen am nächsten ist, dann folgt — wenn vorhanden — das Zeaxanthin, dann das in geringen Mengen auftretende Lutein-5,6-epoxyd (= Xanthophyllepoxyd), schließlich das Violaxanthin und, am langsamsten laufend, das Neoxanthin. Diese Xanthophylle werden nun teilweise von den ebenfalls langsam wandernden Chlorophyllen a und b überdeckt, im günstigsten Falle befinden sie sich zwischen Neoxanthin und Violaxanthin.

In gewissen Grenzen kann man eine Lageverschiebung der drei Farbstoffgruppen zueinander durch Trennmittelgemische erreichen, wenn man Lösungsmittel mit jeweils verschiedener Wirkung auf die Wanderungsgeschwindigkeit der Farbstoffe verwendet. So nimmt z. B. Benzin beim Durchlaufen des Papieres nur die Carotine mit, die sich direkt an der Front befinden. Alle anderen Farbstoffe bleiben an der Auftragungsstelle sitzen. Petroläther verhält sich ähnlich, doch wird bei den stark

absorbierten Farbstoffen eine Aufspaltung in die Xanthophylle und
Chlorophylle schon deutlicher sichtbar. Chloroform, Aceton, Methanol,
Äthanol und Äther haben dagegen eine so starke Lösungskraft, daß sich
alle Farbstoffe an der Front befinden würden. Gibt man aber geringe
Mengen von ihnen zu benzinigen Lösungsmitteln, so beginnen die sonst
an der Auftragungsstelle sitzenden Farbstoffe auch zu wandern und sich
zu trennen. Die Alkohole haben außerdem noch die Eigenschaft, die
Chlorophylle gegenüber den Xanthophyllen zu beschleunigen; freilich

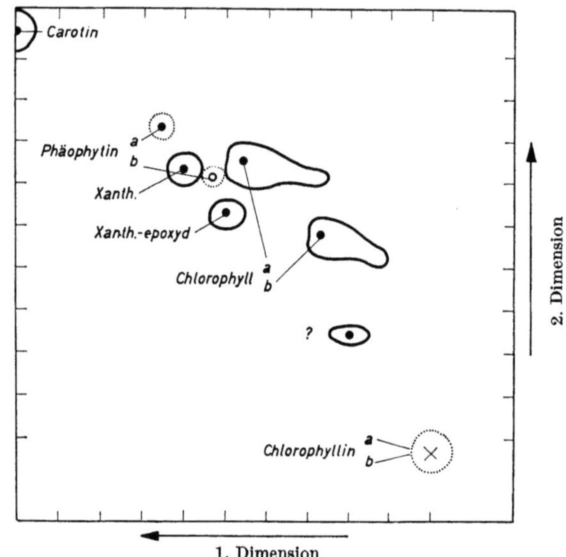

Abb. 79. Zweidimensionales Chromatogramm eines Blattextraktes von *Tradescantia albiflora*.
× = Startpunkt. Nach [*19*]

nicht in dem Maße, daß sich die Chlorophylle schließlich im freien Raum
zwischen Lutein und den Carotinen befänden, Chlorophyll a wandert
im Höchstfalle so schnell wie das Lutein. Benzol wiederum beschleunigt
die Xanthophylle im Vergleich zu den Chlorophyllen, aber letztlich nicht
so stark, daß das Neoxanthin oberhalb von Chlorophyll a lokalisiert wäre.

Folgende Gemische kamen zur Anwendung:

a) Petroläther–Propanol (99,5:0,5) (v) [*8, 28*],
b) Benzol–Petroläther–Aceton (10:2,5:2) (v) [*9*],
c) Toluol–Äthanol 95% (20:0,1) (v) [*12*],
d) Petroläther–Diäthyläther–Äthanol (30:10:0,5) (v) [*25*],
e) Petroläther (Siedebereich 36—42° C)–Aceton–Benzol (8,5:1:0,5) (v) [*20*],
f) Benzin (Siedebereich 100—140° C)–Benzol–Chloroform–Aceton–iso-Propanol
(50:35:10:0,5:0,17) (v) [*6*] (Abb. 82),
g) Petroläther–Chloroform–n-Propanol (3:1:0,01) (v) [*21*],
h) Petroläther–Benzol–n-Propanol (94:5:1) (v) [*21*].

Zweidimensionale Chromatographie ist im Hinblick auf die sauerstoff-
und austrocknungsempfindlichen Farbstoffe mit besonderer Vorsicht

durchzuführen. Als Trennmittel wurden verwendet in der 1. Dimension Benzin–Petroläther–Aceton (10:2,5:2) (v) [*19*], in der 2. Dimension Benzin–Petroläther–Aceton–Methanol (10:2,5:1:0,25) (v) [*19*] (s. Abb. 79); ferner (s. Abb. 80) in der 1. Dimension, jeweils nacheinander: I. Aceton (nur zum Zusammenschieben der Farbstoffe am Auftropfpunkt), II. Petroläther, III. Petroläther–n-Propanol (99:1) (v); in der 2. Dimension: Petroläther–Chloroform (75:25) (v) [*11*].

4. Das Eluieren und Bestimmen der Farbflecke

Nach Beendigung der Trennung werden aus dem noch feuchten Papier die Farbflecke schnell herausgeschnitten und sofort mit peroxydfreiem Diäthyläther (es kommen auch Aceton, Alkohol, Chloroform und, für die Carotine, Petroläther oder Hexan in Frage) eluiert. Das geschieht durch einfaches Einbringen der Papierstücke in Reagenzgläser mit dem Lösungsmittel. Man kann auch, besonders bei Streifenchromatogrammen, das Lösungsmittel

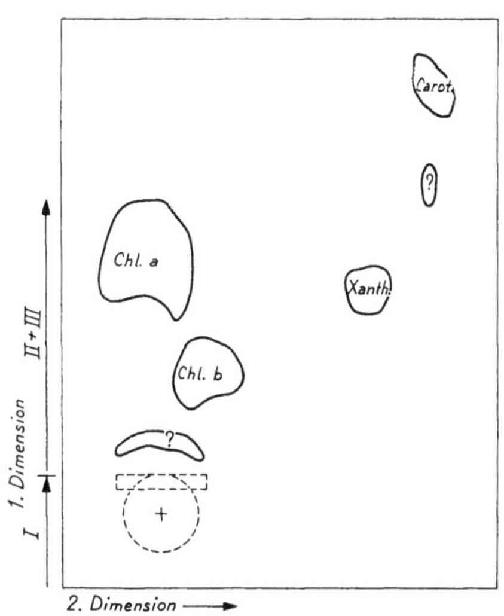

Abb. 80. Zweidimensionales Chromatogramm eines Blattextraktes von *Soja hispida*. Erklärung im Text. + Startpunkt. Nach [*11*]

durch die Papierstücke durchsaugen und dann das sehr konzentrierte Eluat in ein Gefäß abtropfen lassen [*6, 27*] (Abb. 33).

Eine Identifizierung der Farbstoffe ist durch eine sofortige Aufnahme des Absorptionsspektrums möglich. — Für eine quantitative Messung füllt man bis zu einer bestimmten Marke auf und mißt die Extinktion E in einem Photometer bei einer Wellenlänge, welche der stärksten Absorption des Farbstoffes entspricht. Die Konzentration c [g/l] der Farbstofflösung kann nach der Formel $c = \dfrac{E}{\alpha \cdot d}$ berechnet werden (d = Schichtdicke in cm), falls man vorher den spezifischen Extinktionskoeffizienten $\alpha \left[\dfrac{1}{g \cdot cm}\right] = \dfrac{E}{c \cdot d}$ für das betreffende Gerät und die betreffende Wellenlänge bestimmt hat. Dies kann durch Einwaage von käuflichen oder selbstgewonnenen (schwierig!) kristallisierten Farbstoffen geschehen, bei den Chlorophyllen auch durch quantitative Mg-Bestimmung der Lösung [*22*]. Für eine Berechnung von c können außerdem die in der Literatur angegebenen Extinktionskoeffizienten der Chlorophylle [*29*; *5*, S. 149 u. 158] und der Carotinoide [*30*, S. 295] verwendet werden, wenn die Messung der Extinktion in einem Photometer vorgenommen wird, das einen genügend engen Spektralbezirk im Hauptabsorptionsbereich des Farbstoffs ausblenden kann (z. B. für Chlorophyll a bei λ 6600 Å Schlitzbreite 0,02—0,06 mm, entspricht 10—30 Å).

Die absolute Farbstoffmenge G der untersuchten Probe erhält man aus $G = V \cdot c$, wobei V (in Liter) das Gesamtvolumen der Farbstofflösung bedeutet, aus welcher die Meßprobe entnommen wurde.

5. Besondere Arbeitsmethoden

Eine Verbesserung der Trennung versuchte STRAIN [8] durch Vorbehandlung des Papieres mit Glycerin bzw. Sorbit (10% in Wasser, Trocknung mehrere Stunden zwischen Filterpapier), durch Besprühen des Papieres mit 80%igem Methanol oder durch Imprägnieren des

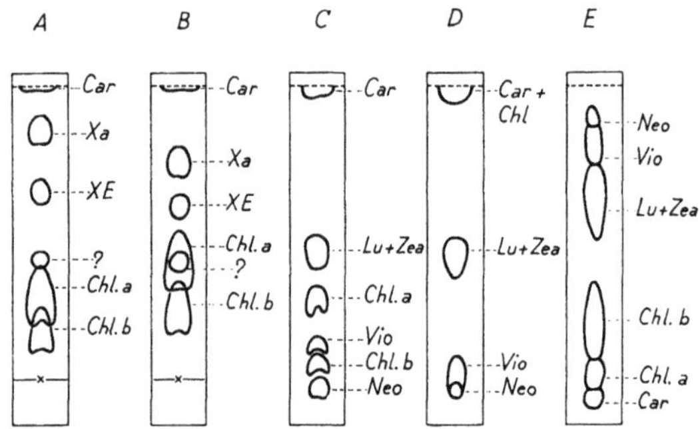

Abb. 81. Beispiele für eindimensionale Chromatogramme von Chloroplasten-Farbstoffen. Es bedeuten: *Car* Carotin, *Xa* Xanthophyll, *XE* Xanthophyllepoxyd, *Chl. a* Chlorophyll a, *Chl. b* Chlorophyll b, *Lu* Lutein, *Zea* Zeaxanthin, *Vio* Violaxanthin, *Neo* Neoxanthin. A) und B) nach [19], C)—E) nach [8] Trennmittel: *A* Monochlorbenzol, *B* Toluol, *C* Petroläther + 0,5% Propanol, *D* Petroläther, *E* 80% Methanol; Papierbehandlung: *A* und *B* unbehandelt, *C* unbehandelt oder mit Glycerin befeuchtet, *D* besprüht mit 80% Methanol, *E* imprägniert mit Vaseline

Papieres mit Vaseline (5%ig in Petroläther), wobei es bei letzterer zu einer Umkehrung der Trennfolge bei den Farbstoffen kommt (s. Abb. 81 D und E).

Anstelle von Vaseline verwenden ANGAPINDU und Mitarbeiter [28] bei der „Chromatographie mit Phasenumkehrung" Paraffinöl (7%ig in Tetrachlorkohlenstoff oder Äther). Das Papier (Whatman Nr. 4 oder 3 MM) wird zwischen Filterpapier und dann an der Luft getrocknet. Das Trennmittel, 98—99%iges Methanol, muß mit Paraffinöl durch 5—10 minütiges Schütteln gesättigt werden. An Rundfiltern oder Streifen lassen sich damit 4 Zonen trennen: Carotine, Chlorophyll a, Chlorophyll b und Xanthophylle (nach zunehmender Wanderungsgeschwindigkeit geordnet). — Bei der Ringchromatographie auf unbehandeltem Papier [26, 28] mit dem Trennmittelgemisch a) findet man in der normalen Anordnung folgende Farbbänder (von innen nach außen): Dioxyxanthophylle, Chlorophyll b, Chlorophyll a, Monooxyxanthophylle, Carotine.

DOUIN [10] erhält bei einer Trennung mit Methanol schärfere Farbzonen (2 Xanthophylle, Chlorophyll a und b und Carotin) durch einen anhaltenden Verdunstungseffekt. Er verwendet als Chromatographiekammer einen mit 36 Öffnungen (ø 2 mm) versehenen Glaszylinder (20×4,5 cm), in dem keine Dampfsättigung mehr eintritt. Das Papier muß vor seiner Verwendung durch einen drei- bis vierstündigen Aufenthalt in einem wasserdampfgesättigten Behälter bei + 5° C hydratisiert werden. Anwendungen und nochmalige Beschreibung der Methode bei MONÉGER [27].

Speziell Carotinoide lassen sich auf einem mit Olivenöl (0,4—4%ig in Benzol) getränkten und bei Zimmertemperatur getrockneten Papier mit Äthanol, Methanol, Propanol oder Mischungen dieser Alkohole mit Pyridin trennen [23].

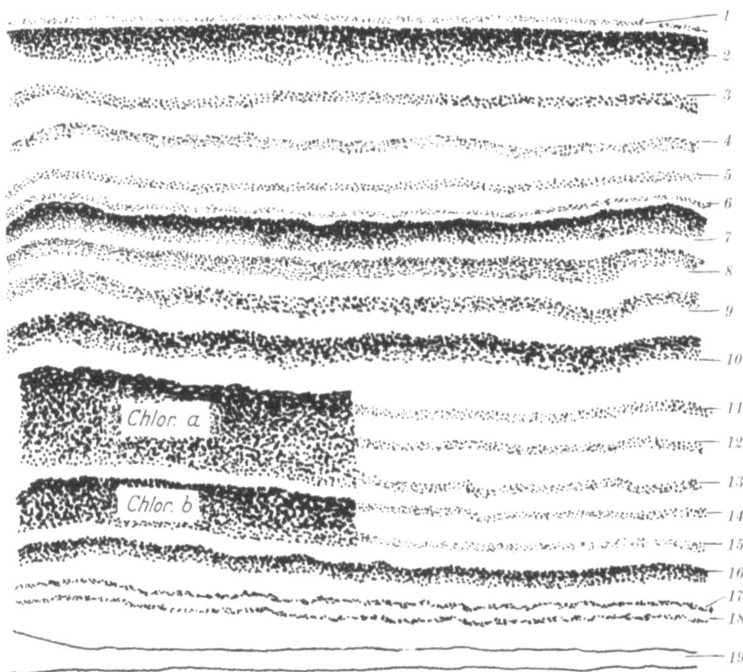

Abb. 82. Chromatographie der Chloroplastenfarbstoffe stark belichteter Pflanzen an Cellulosepapier S & S 2071 mit Trennmittelgemisch f). Nach [6]. *1* Substanz C_{fl} (λ_{max} 271 mμ), *2* β-Carotin, *3* β-Carotin-di-epoxyd, *4* Phäophytin a, *5* Substanz X_0 (λ_{max} 411, 466 mμ), *6* Phäophytin b, *7* Lutein, *8* Zeaxanthin, *9* Xanthophyllepoxyd, *10* Violaxanthin, *11* Chrysanthemaxanthin, *12* Flavoxanthin, *13* Substanz X_1 (λ_{max} 431, 466 mμ), *14* Substanz X_2 (λ_{max} 430, 5, 468 mμ), *15* Substanz X_3 (λ_{max} 450 mμ), *16* Neoxanthin, *17* Phäophorbid a, *18* Phäophorbid b, *19* Startlinie (Chlorophyllide). λ_{max} von *1* in Hexan, von *5, 13, 14* und *15* in Äthanol

Sollen Farbstoffe, die in den Chloroplasten nur in sehr geringen Mengen vorkommen, im Chromatogramm in Erscheinung treten, müssen größere Extraktmengen verwendet werden, wobei eine hinreichend gute Trennung nur mehr auf dickem Papier möglich ist. Bewährt haben sich Papiere von Schleicher & Schüll Nr. 2071 (650 g/m²). Die Trennung des als Streifen aufgetragenen Farbstoffextraktes erfolgt mit Gemisch f) (s. Abb. 82). Sie kann zum Schutz der autoxydablen Farbstoffe und wegen eines schnellen und ungestörten Aufbaues der Dampfphase — die auch möglichst konstant bleiben soll — im Vakuum durchgeführt werden [6]. Für eine spektralphotometrische Bestimmung empfiehlt sich, die herausgeschnittenen und im Vakuum getrockneten Farbstoffzonen mit Lösungsmitteln zu tränken und durch Zentrifugieren zu eluieren.

Als vorbeugende Maßnahme gegen eine Zerstörung der Farbstoffe während der Chromatographie wird Anfeuchten des Papieres mit einer Zuckerlösung (0,18 g/ml) angegeben. Trocknung bei 100° C, Trennmittel n-Hexan–n-Propanol (99,5:0,5) (v) [24].

6. Trennung der Chloroplastenfarbstoffe an Glasfaserpapier

Glasfaserpapiere (z. B. Sch & Sch Nr. 6) besitzen eine feinere Struktur, aber keine so große Festigkeit wie Cellulosepapiere. Nach einer zum Schutz der Farbstoffe notwendigen Vorbehandlung des sauer wirkenden Papieres kann eine Trennung in der üblichen Weise durchgeführt werden.

Es gelingt hier aber außerdem, die Adsorptionskräfte der Glasfaser so weit aufzuheben, daß eine verteilungschromatographische Trennung möglich wird [7]. Das bringt den Vorteil mit sich, größere Farbstoffmengen — bis 5 mal soviel als an vergleichbaren Cellulosepapieren — einwandfrei und in wesentlich kürzerer Zeit trennen zu können. Ferner wird es möglich, bei der Trennfolge die Chlorophylle zwischen Lutein und Carotin zu plazieren, wo sie sich mit den Xanthophyllen nicht mehr überlagern können (s. Abb. 83). Schwanzbildungen treten nur noch schwach in Erscheinung.

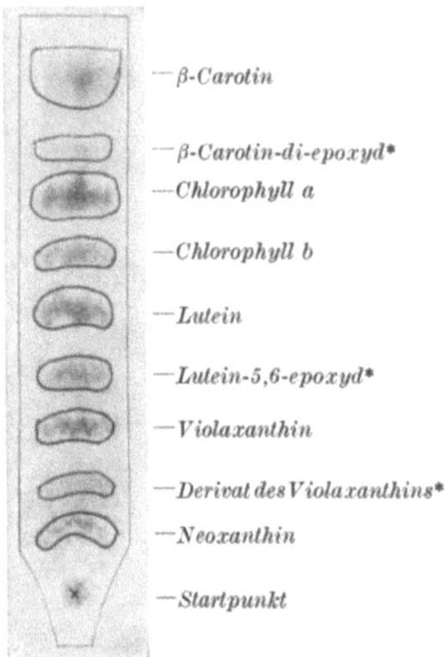

Abb. 83. Verteilungschromatographisch getrennte Chloroplastenfarbstoffe von *Veratrum nigrum* an Glasfaserpapier S & S Nr. 6. Nach [7]. * Pigmente, die bevorzugt in stark besonnten oder bestrahlten Pflanzen gebildet werden. Länge des Streifens 22 cm, Breite 4 cm

Zur Vorbehandlung wird das Glasfaserpapier, das man am besten mit einem Schnitträdchen schneidet, in eine Phosphatpufferlösung vom p_H 7,2 eingetaucht oder einige Zeit darin belassen, dann zwischen Filterpapier gut abgetrocknet und schließlich in waagerechter Lage bei 100° C völlig getrocknet. Ein Zuviel an Puffer verschlechtert die Trennung, ohne Puffer findet eine Umwandlung der Chlorophylle in Phäophytine durch Austausch des Mg-Ions gegen H-Ionen statt. Herstellung des Puffers: 28% (v) der Lösung A (A = 9,078 g/l KH_2PO_4) werden mit 72% (v) der Lösung B (B = 11,876 g/l Na_2HPO_4+ 2 H_2O) gemischt.

Verhältnismäßig große Farbstoffmengen können im Ringchromatogramm verarbeitet werden. Zwischen zwei gleiche Glasplatten (30 × 30 cm, Abstand 2 mm), welche im Zentrum jeweils eine 5—10 mm große Bohrung besitzen, legt man das Glasfaserpapier mit dem bereits aufgetragenen Extrakt (⌀ des Auftropfpunktes bis etwa 3,5 cm tragbar), stößt ein konisch geformtes Filterpapierröllchen durch die Glasöffnungen und das Zentrum des Auftropfpunktes und läßt es als Docht in das Trennmittelgemisch eintauchen (s. Abb. 84). Trennung in etwa 30 min beendet (Abb. 85). Diese Methode ist sehr gut für Reihenuntersuchungen geeignet.

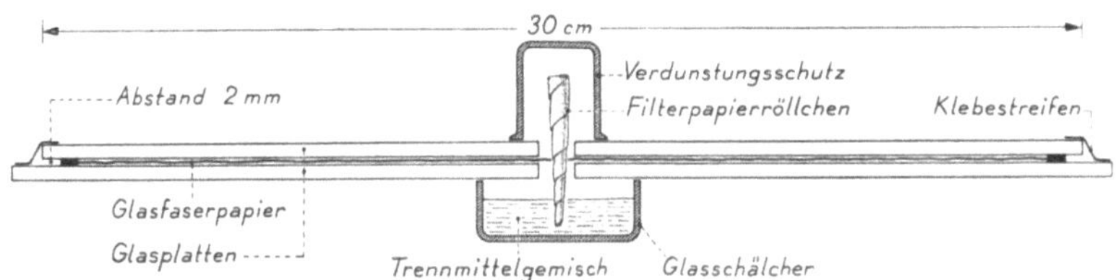

Abb. 84. Apparatur zur Ringchromatographie von Chloroplastenfarbstoffen an Glasfaserpapier. Nach [7]

Trennmittel für die Ringchromatographie: Benzin (Siedebereich 100—140°)-Äthanol abs. (50:0,7) (v). Trennmittel für normale Chromatographie in einer Kammer: Benzin (100—140°)-Äthanol abs. (50:0,8) (v) [7].

Da die Eigenschaften der Glasfaserpapiere aus verschiedenen Lieferungen nicht ganz einheitlich sind, ist es zuweilen notwendig, den Alkoholanteil des Trennmittelgemisches zu verändern.

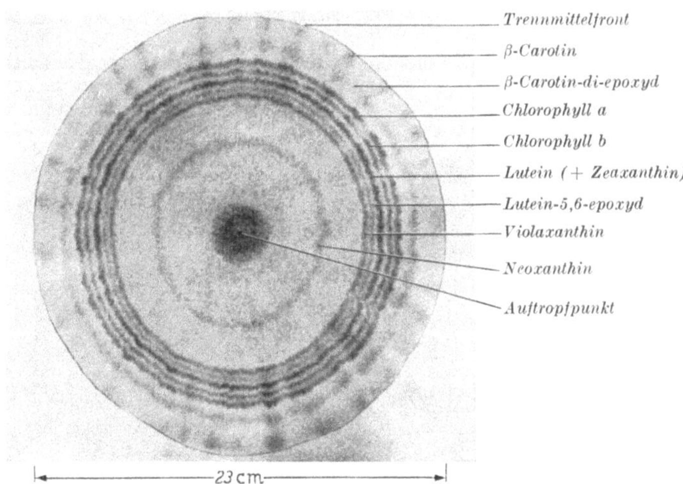

Abb. 85. Ringchromatogramm der Chloroplastenfarbstoffe von *Veratrum nigrum* an Glasfaserpapier S & S Nr. 6. Nach [7]

Literatur

[1] L. ZECHMEISTER—L. v. CHOLNOKY: Die chromatographische Adsorptionsmethode, 2. Aufl. Wien 1938. — [2] A. SEYBOLD—K. EGLE: Planta **29**, 114 (1939). — [3] H. H. STRAIN: Chromatographic Adsorption Analysis. New York 1945. — [4] P. KARRER—E. JUCKER: Carotinoide. Basel 1948. — [5] J. H. C. SMITH—A. BENITEZ: Chlorophylls: Analysis in plant materials, in PAECH-TRACEY: Moderne Methoden der Pflanzenanalyse IV. Bd. S. 189—192, Berlin-Göttingen-Heidelberg 1955. —

[6] A. Hager: Planta 48, 592 (1957). — [7] A. Hager: Planta, im Druck (1959). — [8] H. H. Strain: J. physic. Chem. 57, 638 (1953). — [9] C. Sironval: Arch. intern. Physics 41, 563 (1953b); Physiol. Plant. 7, 523 (1954). — [10] R. Douin: Rev. gén. Bot. 60, 777 (1953). — [11] E. F. Lind–H. C. Lane–L. S.Gleason: Plant Physiol. 28, 325 (1953). — [12] Y. Chiba–I. Noguchi: Cytologia 19, 41 (1954). — [13] K. Paech–W. Simonis: Übungen zur Stoffwechselphysiologie der Pflanzen. Berlin-Göttingen-Heidelberg 1952. — [14] H. Fischer–H. Orth: Die Chemie des Pyrrols. II. Bd./2. Hälfte. Leipzig 1940. — [15] A. Treibs: Chlorophyll, in Klein, Handbuch der Pflanzenanalyse III, 2. Wien 1932. — [16] M. Asami: Bot. Mag. 65, 217 (1952). — [17] L. Bernstein–I. F. Thompson: Bot. Gaz. 109, 204 (1947). — [18] F. Bukatsch: Mikrokosmos 44, 35 (1954). — [19] L. Bauer: Naturwissenschaften 39, 88 (1952). — [20] M. Lefort–M. Signol: Rev. gén. Bot. 62, 683 (1955). — [21] Z. Šesták: Československá Biol. 7, 153 (1958). — [22] H. Falk: Planta 51, 49 (1958). — [23] G. Nunez: Bull. Soc. Chim. biol. (Paris) 36, 411 (1954). — [24] A. H. Sporer–S. Freed–K. M. Sancier: Science 119, 68 (1954). — [25] J. E. Loeffler: Yearb. Carneg. Inst. 54, 159 (1955). — [26] H. H. Strain–T. R. Sato: U.S. Atomic Energy Comm. T. J. D. 7512, 175 (1956); Analyt. Chem. 28, 687 (1956). — [27] R. Monéger: Rev. gén. Bot. 64, 593 (1957). — [28] A. Angapindu–H. Silberman–P. Tantivatana–J. R. Kaplan: Arch. Biochem. 75, 56—68 (1958). — [29] C. L. Comar–F. P. Zscheile: Plant Physiol. 17, 198 (1942). — [30] T. W. Goodwin: Carotinoids, in Paech-Tracey, Moderne Methoden der Pflanzenanalyse III. Bd. S. 272—311. Berlin-Göttingen-Heidelberg 1955.

II. Zellsaftlösliche Pigmente (Anthocyane und Flavonoide)

Von

R. Hänsel

Die zellsaftlöslichen Pigmente lassen sich in zwei Hauptgruppen unterteilen: in die rot, blau oder violett gefärbten Anthocyane und in die schwach gelblich bis tief gelb gefärbten Flavonoide[1]. Zu den flavonoiden Pigmenten gehören zunächst

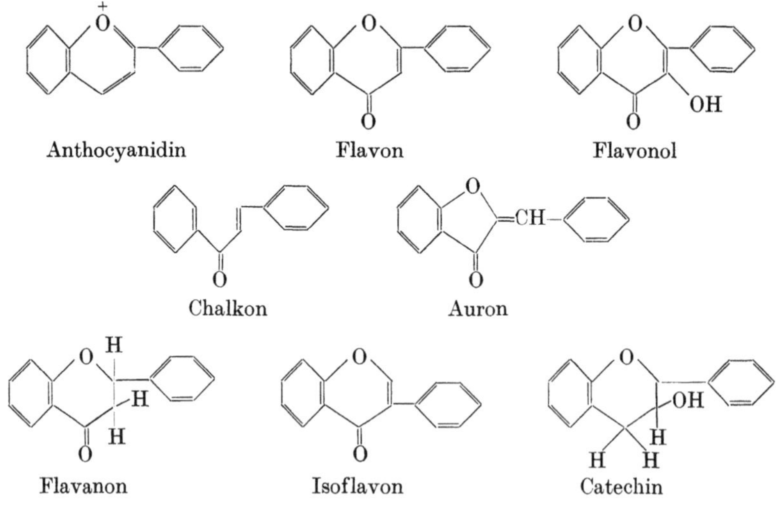

Grundskelete von Anthocyanen und Flavonoiden

[1] Aus methodischen Gründen und entgegen einer neueren Gepflogenheit werden somit im folgenden Abschnitt die Anthocyane nicht zu den Flavonoiden gezählt.

die Flavone, die Flavonole, die Chalkone und die Aurone (Benzalcumaranone). Die zuletzt genannten Chalkone und Aurone kommen im Pflanzenreich nur wenig verbreitet vor; dementsprechend stehen nur wenige Methoden zu ihrer papierchromatographischen Auftrennung und Charakterisierung zur Verfügung. Keinen Farbstoffcharakter besitzen die farblosen, doch ebenfalls zu den Flavonoiden zählenden Flavanone, Isoflavone und Catechine; sie sind weniger auffallend und in pflanzlichem Material neben stark gefärbten oder fluorescierenden Begleitstoffen mittels papierchromatographischer Technik schwerer zu erfassen. Wegen ihrer nahen biochemischen Verwandtschaft zu den eigentlichen Pigmenten werden sie im folgenden Abschnitt ebenfalls berücksichtigt; doch liegt nur eine kleine Zahl von Untersuchungen vor.

Die systematische Untersuchung einer Pflanze auf Anthocyane und Flavonoide mit dem Ziel, die Konstitution der jeweils vorliegenden Verbindungen kennenzulernen, wird folgende Schritte umfassen: Orientierende Vorprüfung, Ausarbeitung eines dem Forschungsziel angepaßten Extraktions-, Anreicherungs- und Trennverfahrens, mikropräparative Anreicherung oder Isolierung und Charakterisierung bzw. Identifizierung der getrennten Farbstoffe. In jeder einzelnen Phase dieses Ganges lassen sich mit großem Vorteil papierchromatographische Methoden einsetzen.

1. Aufbereitung des Pflanzenmaterials

Zum Herauslösen der Pigmente aus der zerkleinerten frischen oder getrockneten Pflanze sind alle Lösungsmittel außer den ausgesprochen lipophilen geeignet. In der Regel wird man die Flavonoide mit Methanol, Äthanol oder Wasser in der Siedehitze extrahieren, seltener Aceton, Äther oder Chloroform-Alkohol-Mischungen benutzen. Für erste, „orientierende" Chromatogramme kann man diese Rohextrakte — gegebenenfalls nach Einengen auf ein kleineres Volumen — unmittelbar auf das Papier auftragen und entwickeln. Wegen störender Begleitstoffe wird man sie aber oft noch weiter zu reinigen haben. Dazu wählt man ein Verfahren, das sich an eines der zahlreichen klassischen Extraktionsverfahren anlehnt (z. B. an die unten beschriebene Essigestermethode), oder man benutzt zur Anfertigung der eigentlichen Chromatogramme Probelösungen, die vor-chromatographiert wurden (Eluate). Andere Möglichkeiten einer Vorreinigung oder Vorfraktionierung sind durch die Anwendung von Ionenaustauschern [1] oder durch die Ionophorese [2] gegeben.

Als Extraktionsverfahren für zur Chromatographie geeignete Anthocyaninlösungen bewährt sich nach E. C. BATE-SMITH [3] die Maceration (12—14 h) mit 1%iger wäßriger oder 1%iger methanolischer Salzsäure (1 Volumenteil konz. HCl + 37 Volumenteile Wasser bzw. Methanol); das Macerat kann dann zur Chromatographie der Anthocyanine unmittelbar auf das Papier aufgetragen werden oder aber erst nach milder Hydrolyse (15 min bei 100° C) zur Erfassung der Anthocyanidine (Aglyka). Als weiteres Extraktionsmittel für Anthocyane empfiehlt der gleiche Autor die wäßrige Phase des binären Systems Butanol–Eisessig–Wasser (4:1:5) (v:v).

Blütenbestandteile [4] wurden in einem Glashomogenisator durch Zerreiben einer gewogenen Menge des Blütenmehles mit Methanol extrahiert, die entstandene Aufschwemmung zentrifugiert und die klare überstehende Lösung mit einer Pipette entnommen. Anthocyanhaltige Blüten werden hingegen mit 1%iger methanolischer Salzsäure ausgezogen, wobei zweckmäßigerweise der Vorgang so standardisiert wird, daß man bei frischem Blütenmaterial 1 ml Methanol pro 0,1 g Frischmaterial, bei trockenem Material aber 1 ml Lösungsmittel pro 0,05 g Blütenmehl nimmt.

Weiße Blütenblätter [5] wurden in einem Weithals-Erlenmeyerkolben mit Methanol p. a. übergossen. Nach kurzem Erhitzen zur Zerstörung von Fermenten wurde der Kolben ins Dunkle gestellt und die Blütenblätter vier bis fünf Tage lang extrahiert. Nach dieser Zeit wurde abfiltriert und das meist hellgelb, bei etwas Chlorophyll enthaltenden Blumenblättern grüngelb gefärbte Filtrat im Vakuum bis fast zur Trockne eingeengt. Dann wurde der Rückstand in etwa 5 ml Methanol aufgenommen und zur Entfernung nicht gelöster Stoffe filtriert. Dieses Konzentrat wurde nun auf etwa sechs Streifen Papier (Schleicher und Schüll 2043 b, 14,5 × 50 cm) nach dem Konzentrationsverfahren aufgetragen. Entwickelt wurde absteigend mit n-Butanol–Eisessig–Wasser (6:1:2) (v:v). Nach etwa 20 h war die Front des Entwicklers am unteren Ende der Streifen angelangt. Nunmehr wurden die einzelnen Bänder der entwickelten und getrockneten Chromatogramme vor der Analysen-Quarzlampe markiert und herausgeschnitten. Die zu kleinen Papierschnitzeln zerschnittenen Einzelbänder (Zonen) wurden in Erlenmeyerkolben mit Methanol übergossen und unter zeitweiligem Umschütteln maceriert (etwa 2 Tage lang); die Extrakte wurden schließlich filtriert, im Vakuum auf etwa 2 ml eingeengt und erneut chromatographiert.

20 g Pflanzenmaterial (Blätter) [6] — enthaltend etwa 1% Flavonglykoside bezogen auf Trockensubstanz — werden im Soxhlet mit Methanol erschöpfend extrahiert. Nach Einengen des methanolischen Auszuges im Vakuum digeriert man den Rückstand mit etwa 100 ml Wasser. Nach Filtration läßt man einen Tag lang stehen und zentrifugiert von ausgeschiedenen amorphen Niederschlägen ab (vor Verwerfen des Niederschlags ist auf Flavone zu prüfen, da manche Flavone, wie z. B. Rutin, bereits mit ausfallen können). Die nunmehr klare, wäßrige Lösung wird in kleinen Portionen so lange mit Essigester ausgeschüttelt, bis die organische Phase nahezu farblos bleibt. Einengen der vereinigten Essigester-Auszüge auf ein Gesamtvolumen von etwa 40 ml liefert Glykosidfraktion I (eventuell vorhandene Flavonaglyka befinden sich in derselben Fraktion). In der wäßrigen Phase bleiben bevorzugt noch die sehr leicht wasserlöslichen Flavonglykoside, besonders die Di- und Triglykoside, die durch häufiges Ausschütteln mit kleinen Anteilen eines Gemisches von Essigester–Methanol und Einengen der vereinigten Ausschüttelungen auf ein kleines Volumen angereichert werden können, Glykosidfraktion II. Dabei ist das Volumenverhältnis Essigester–Wasser–Methanol so einzustellen, daß es dem Zahlenverhältnis 5:4:1, höchstens aber 5:3:2 entspricht (sonst findet keine Trennung in zwei Phasen statt).

2. Lösungsmittel

Es sind bereits zahlreiche Lösungsmittel und Lösungsmittelkombinationen auf ihre Eignung zur Trennung der Flavonoide versucht worden. Die wichtigsten sind (angegeben in v:v):

Butanol–Eisessig–Wasser (4:1:5) oder (6:1:2),
m-Kresol–Eisessig–Wasser (50:2:48),
Eisessig–Wasser (15:85) oder (30:70),
Essigester–Ameisensäure–Wasser (10:2:3),
Chloroform–Isobutanol–Wasser (2:4:4),
Isopropanol–Wasser (22:78) oder (60:40),
Benzol–Ligroin (Kp. 85—105°)–Methanol (50:50:1),
Methanol–Chloroform–Ligroin–Wasser (1:2:7:5),
Äthyläther–Ligroin–Wasser (1:5:5),
Äthylacetat (wassergesättigt),
Phenol (wassergesättigt),
Heptan–Butanol–Wasser (29:14:57).

Zur Chromatographie der Anthocyanine (Glykoside) eignen sich nach E. C. BATE-SMITH [3] vor allem die beiden erstgenannten Lösungsmittel. Man wird auch für die Chromatographie der Flavonoide in der Regel mit den ersten zwei oder drei Gemischen sein Auskommen finden. Substanzen mit R_F-Werten in Butanol–Eisessig–Wasser zwischen 0,5 und 1 weisen in m-Kresol–Eisessig–Wasser Werte zwischen 0,0 und 1 auf; Unterschiede zwischen verwandten Substanzen sind demnach im letzteren Lösungsmittel oft ausgeprägter. Handelt es sich um eine Trennung der Genine von Heterosiden, empfiehlt sich nach R. PARIS [7] wassergesättigtes Äthylacetat oder nach E. A. H. ROBERTS und D. I. WOOD [8] Wasser. Bei Verwendung von Wasser als mobile Phase wandern Flavonole nicht ($R_F = 0$), während Flavonolglykoside gut differenzierte Flecken geben; hierauf beruht eine Unterscheidungsmöglichkeit zwischen freien Flavonolen einerseits und Flavonolglykosiden andererseits. Zur Trennung der Anthocyanidine (Aglyka), ebenso zur Trennung der Flavonol-Aglyka, eignet sich in ganz besonderer Weise [43] das Forestal-Gemisch [44], bestehend aus Essigsäure–Wasser–Salzsäure (30:10:3).

3. Chromatographische Technik

Die speziellen Arbeitsmethoden, wie Rundfiltertechnik (Rutter-Technik [9]), aufsteigende oder absteigende Methode [10], wie sie für andere Stoffgruppen entwickelt wurden, lassen sich auch zur Chromatographie der zellsaftlöslichen Pigmente anwenden.

Die Rundfiltertechnik dürfte besonders dann von Nutzen sein, wenn es sich mehr um routinemäßige Untersuchungen handelt, z. B. bei der Aufarbeitung der verschiedenen Fraktionen im Verlaufe einer Isolierung oder zum Verfolgen wechselseitiger Stoffumwandlungen bei physiologischen Studien.

Zur papierchromatographischen Identitätsprüfung [6] wurde die auf- oder absteigende Papierbogenmethode empfohlen. Prüfsubstanz und authentische Probe sind in möglichst gleicher Konzentration mehrmals abwechselnd nebeneinander aufzutragen; selbst kleine Abweichungen im R_F-Wert ($\sim 0,02$) können dann durch ihre systematische Streuung noch leicht erkannt werden: verbindet man die Mittelpunkte der einzelnen Flecken, so ergeben sich zickzackförmige Linien; bei nur einmaligem Auftragen ist nicht sicher, ob eine beobachtete, geringfügige R_F-Differenz durch zufällige äußere Umstände bedingt ist (Randeffekte usw.). Die Flavonoide, besonders die flavonoiden Aglyka, neigen zur Ausbildung elliptischer Flecken; zwei verschiedene Substanzen mit ähnlichen R_F-Werten können daher zu einem einzigen größeren Fleck zusammenfließen und Identität vortäuschen [11]. Nicht selten macht sich bei der Identitätsprüfung durch Mitlaufenlassen authentischer Proben ein hoher Gehalt der Testlösungen an fremden Extraktivstoffen (Saponine!) störend bemerkbar, der R_F-Depressionen bedingt. In diesen Fällen empfiehlt sich, zunächst das auf Identität durch Vergleich der R_F-Werte zu prüfende Glykosid oder Aglykon präparativ auf papierchromatographischem Wege abzutrennen und erst diese angereicherte Lösung mit der authentischen Probe zu vergleichen.

Auf einem Filterbogen (Schleicher und Schüll, 2043b; 60×60 cm) trägt man 6 cm vom Rand entfernt den Extrakt in einem etwa 0,5 cm breiten und 40 cm langen Band auf. Nach Entwickeln mit Essigester–Ameisensäure–Wasser (10:2:3) in einer großen Chromatographiekammer und Trocknen des Bogens markiert man vor der Analysen- Quarzlampe die flavonhaltige Zone, die man ausschneidet und im Soxhlet mit Methanol extrahiert. Die Lösung ist nunmehr frei von störenden Ballaststoffen und für die vergleichende Chromatographie geeignet.

Mit Vorteil wird man auch andere Wege einschlagen und sich etwa des Verfahrens von U. S. v. EULER und R. ELLASSON [12] bedienen. Die zu prüfende Substanz wird aus dem rohen Extrakt zunächst, wie oben angegeben, abgetrennt, die entsprechende Zone ausgeschnitten und auf ein anderes Chromatogramm wie folgt übertragen: Man legt das Papierstückchen auf den Startpunkt des Chromatogramms und befestigt es mittels zweier Glasstreifen, die durch einen Gummiring festgehalten werden. Man entwickelt nunmehr in gewohnter Weise, auf- oder absteigend.

Handelt es sich um die Auftrennung von sehr komplexen, aus vielen Einzelstoffen bestehenden Gemischen, dann dürfte die Methode der Wahl die zweidimensionale Papierchromatographie sein. Dabei empfiehlt sich in erster Linie die folgende Lösungsmittelkombination: zunächst entwickeln mit Butanol–Eisessig–Wasser (4:1:5), nach Trocknen des Bogens und Drehen um 90° erneut entwickeln, diesmal mit 30%iger oder 15%iger Essigsäure [13]. Glykosidische Flavonoide mit langsamer Laufgeschwindigkeit (niedere R_F-Werte) im ersten Gemisch wandern rasch in Essigsäure; bei den Aglyka verhalten sich hingegen die Laufgeschwindigkeiten gerade umgekehrt. T. A. GEISSMAN und Mitarbeiter [14] konnten auf diese Weise über 30 Inhaltsstoffe der Blüten von Coreopsis gigantea papierchromatographisch nachweisen und 11 davon einwandfrei charakterisieren bzw. identifizieren (s. hierzu auch die Tab. 51). Wenn sich auch meistens selbst ein komplexes Gemisch auf diese Weise befriedigend auftrennen läßt, so finden sich doch bisweilen Stoffe, die in zwei Systemen allein keine beobachtbaren Laufunterschiede aufweisen und die sich erst in einem dritten Lösungsmittel deutlich unterscheiden [14]; d. h. man erhält erst nach Anfertigen zweier zweidimensionaler Chromatogramme in einigen Fällen bindenden Aufschluß über die Zusammensetzung des Gemisches. Jedes auf dem Papier aufgefundene Flavonoid kann dann charakterisiert werden durch zwei Verhältniszahlen aus drei experimentell in drei verschiedenen Lösungsmitteln gefundenen R_F-Werten; z. B.

$$R_{F1}= R_F(\text{Butanol–Essigsäure})/R_F(\text{m-Kresol–Essigsäure}),$$
$$R_{F2}= R_F(\text{Butanol–Essigsäure})/R_F(\text{Phenol–Wasser}).$$

Zur Chromatographie verwendet man je 0,1 ml des klaren Extraktes, den man in einem Fleck von etwa 1,5 cm Durchmesser, und zwar 9 cm von einer Ecke eines ganzen Filtrierbogens (etwa 50×50 cm), aufträgt. Man fertigt nunmehr zwei zweidimensionale Chromatogramme an, und zwar zunächst mit dem Gemisch Butanol–Essigsäure (wäßrig, 27%ig) (1:1) in der einen und m-Kresol–Eisessig–Wasser (50:2:48) oder Essigsäure (15%ig oder 30%ig) in der anderen Richtung; beim zweiten Chromatogramm wählt man dann anstelle der organischen Phase des Kresolgemisches bzw. anstelle der Essigsäure das System Phenol–Wasser (73:27).

4. Nachweisreagentien

Die Anthocyane, die Aurone und die Chalkone geben sich auf dem Papier bereits durch ihre natürliche Pigmentation zu erkennen; schwächere Farbkraft besitzen die Flavone und die Flavonole (und deren Glykoside); Flavanone, Isoflavone und Catechine sind farblos. Durch Besprühen mit verschiedenen Reagentien und durch Beobachten der Fluorescenzerscheinungen vor der Analysen-Quarzlampe erhöht sich die Nachweisempfindlichkeit beträchtlich. Ein weiterer Nutzen liegt darin: auf Grund der Farb- und Fluorescenzänderungen lassen sich bereits gewisse Rückschlüsse auf den Konstitutionstyp der Verbindungen ziehen, zumindest gelingt meist rasch die Einordnung in eine der anfangs genannten Untergruppen (s. S. 228). Erst derartige Reaktionen können dann in Verbindung mit den R_F-Werten den Kreis der in Betracht kommenden Derivate so weit einengen, daß an die Beschaffung von Vergleichsproben gedacht werden kann. Durch Mitlaufenlassen von Vergleichssubstanzen gelingt dann in glücklichen Fällen die Identifizierung der Inhaltsstoffe, ohne sie isolieren zu müssen.

Die wichtigsten allgemeinen Farbreaktionen zum Nachweis der Flavonoide auf dem Papier beruhen auf dem Alkalisieren (Bathochromie der Phenolate), dann auf der Chelatbildung mit Schwermetallsalzen und schließlich auf dem Kupplungsvermögen mit Diazosalzen. Daneben existieren noch einige spezielle Nachweisreaktionen für einzelne Untergruppen.

a) Alkalische Reagentien

Behandeln der Chromatogramme mit Ammoniakdämpfen hat den Vorteil, daß die Alkalisierung reversibel ist und man das gleiche Chromatogramm noch zu weiteren Reaktionen verwenden kann. Beim Besprühen mit 1%iger wäßriger Natriumcarbonat-Lösung sind die auftretenden Färbungen beständiger. Flavanone — und soweit bekannt auch Catechine — reagieren erst deutlich mit Laugen (Besprühen mit 1%iger wäßriger KOH- oder NaOH-Lösung).

Die alkalisierenden Reagentien verschieben die roten Farbtönungen der Anthocyanine zum Blau hin, die gelb-orangen der Chalkone und Aurone zum Rot; bei den Flavon- und Flavonolderivaten intensiviert sich das Gelb vielfach bis zum Orangegelb. Die zuvor farblosen Flavanone und Catechine werden nach Laugenbehandlung gelb bzw. rötlich-braun (wohl infolge Umwandlung oder Zersetzung). Man betrachte die Chromatogramme vor und nach Alkalibehandlung weiterhin vor der Analysen-Quarzlampe: Die nachzuweisenden Stoffe geben sich durch ihre Fluorescenzerscheinungen oder durch Fluorescenzlöschungen (dunkle Flecken auf dem Untergrund des fluorescierenden Papiers) zu erkennen; Flavanone, Isoflavone und Catechine sind auf unbehandeltem Papier erst bei Betrachten im kurzwelligen UV (Hg-Lampen mit Emmissionsmaxima bei 254 bzw. 265 mμ) auffindbar.

Auf Grund des Verhaltens der chromatographierten Stoffe im Tageslicht und vor der Analysen-Quarzlampe, vor und nach dem Alkalisieren, kann man versuchen, sie in eine der eingangs genannten Untergruppen (s. S. 208) einzuordnen; die Tab. 50 kann dabei als grobe Richtschnur dienen. Weitere Farbreaktionen mit alkalischen Reagentien sind in den Tab. 51 und 52 zusammengestellt.

Tabelle 50. *Das Verhalten von Flavonoiden auf Chromatogrammen vor und nach Alkalibehandlung.* (Zusammengestellt nach [*15a—c*])

Verbindungstyp	unbehandelt		nach Alkalisieren	
	Tageslicht	UV-Licht	Tageslicht	UV-Licht
Anthocyane	rot, violett	dunkelbraun bis schwarz	blau	
Flavone	schwach gelb, seltener farblos	braun oder dunkel	gelb	hell- bis dunkelgelb
Flavonole	schwach gelb	gelb	gelb, orange	intensiv gelb oder grüne Fluorescenz
Flavonol-3-glykoside	schwach gelb oder farblos	braun oder dunkel	gelb	hell- bis dunkelgelb
Flavanone	farblos	farblos[1]	gelb (KOH)	gelb (KOH)
Chalkone und Aurone	gelb bis orange	variabel: gelbe Fluorescenz od. dunkle Flecken	intensiv gelborange bis rot und purpurrot	orangerot, rot, purpurrot
Catechine	farblos	farblos[1]	farblos (auch rötlichbraun werdend)	uncharakteristisch (dunkel)

[1] Im kurzwelligen UV als dunkle Flecken sichtbar.

b) Eisen-III-chlorid

Man bereitet eine 2%ige methanolische oder wäßrige Lösung als Sprühreagens. $FeCl_3$ ist ein allgemeines Phenolreagens und daher für Flavonoide unspezifisch. Auch enthalten die meisten natürlich vorkommenden Flavonderivate mehrere komplexbildende Gruppen gleichzeitig im Molekül (es liegt vor β-Enolstruktur bei den 5-Oxyderivaten, ortho-Enolstruktur bei den 3-Oxyflavonen und in zahlreichen Fällen gleichzeitig ortho-Dioxygruppierung am Seitenphenyl), so daß die olivgrünen bis braunschwarzen Mischfarben keine Rückschlüsse auf Vorliegen eines bestimmten Substitutionstypus zulassen; weiterhin ist zu beachten, daß nicht alle Flavonoide mit freien phenolischen Gruppen positiv reagieren [*16*]. $FeCl_3$-Lösung kann mitunter zweckmäßig eingesetzt werden zum Sichtbarmachen ungefärbter Flavonoide wie der Flavanone, der Flavanonglykoside und der Isoflavone [*7, 10*].

c) Aluminiumchlorid

Zum Nachweis von Flavonen und Flavonolen ist Aluminiumchlorid sehr geeignet. Flavonol-3-glykoside sind im UV-Licht zunächst dunkel und beginnen nach dem Besprühen mit dem Reagens ($AlCl_3$, kristallwasserhaltig, 1%ige methanolische Lösung) schön gelb zu fluorescieren; Flavonolglykoside mit der Zuckerbindung an einer anderen Hydroxylgruppe des Moleküls erkennt man unbesprüht vor der Analysen-Quarzlampe an ihrem gelben Leuchten, das nach Behandeln mit Aluminiumchlorid-Lösung und Trocknen sich zu der für freie Flavonole charakteristischen intensiven grüngelben Fluorescenz steigert. Flavone geben sich nach Besprühen durch ein Gelb-Braun zu erkennen. Flavanone und Isoflavone fluorescieren lediglich schwach und uncharakteristisch gelb, grau oder violett [*7*].

Tabelle 51. *Farbreaktionen (im Tageslicht TL und vor der Analysen-Quarzlampe UV) und R_F-Werte einiger Aurone und Chalkone aus Coreopsis gigantea [14]*

$R_F{}^1$	$R_F{}^2$	Unbehandelt		Ammoniak[3]		Na-Carbonat[4]		Verbindungstyp
		TL	UV	TL	UV	TL	UV	
0,45	0,20	G	S	O	S	sO	B	Chalkon-Glykosid (Marein)
0,45	0,47	—	sB	sG	lOR	sG	sRO	Chalkon-Glykosid
0,47	0,53	sG	sB	sO	OR	sOG	Ro	Auron-Glykosid
0,52	0,27	G	GrG	Ro	B	Ro	dR	Auron-Glykosid (Maritimein)
0,59	0,05	sG	S	G	dR	sRB	S	Chalkon-Aglykon (Okanin)
0,65	0,12	G	GrG	OR	OR	OR	dR	Auron-Aglykon (Maritimetin)
0,60	0,41	G	lG	sRo	RO	dR	lRO	Auron-Glykosid (Sulphurein)
0,65	0,42	G	B	RO	OB	OR	RO	Chalkon-Glykosid (Coreopsin)
0,76	0,52	—	RB	G	O	G	GO	Chalkon-Aglykon
0,86	0,22	G	GB	OG	RO	BG	lG	Chalkon-Aglykon (Butein)
0,86	0,26	lG	lGrG	O	lOG	OG	lO	Auron-Aglykon (Sulphuretin)

Abkürzungen: B Braun; G Gelb; Gr Grün; O Orange; R Rot; Ro Rosa; S Schwarz; — farblos; d dunkel; l leuchtend; s schwach.

[1] Butanol–Eisessig–Wasser (4:1:5).
[2] 30%ige Essigsäure.
[3] Nach Einwirkung von NH_3-Gas.
[4] Nach Besprühen mit 1%iger wäßriger Na_2CO_3-Lösung.

d) Andere Metallsalze

Zirkonoxychlorid verhält sich gegenüber Flavonoiden ähnlich wie Aluminiumchlorid; ein Unterschied gegenüber $AlCl_3$ besteht aber in der größeren Unempfindlichkeit der die Färbung bedingenden Reaktion gegenüber Mineralsäuren, wodurch $ZrOCl_2$ zur Durchführung einer speziellen Tüpfelreaktion geeignet wird [17]. Diese Reaktion kann zur Entscheidung darüber herangezogen werden, ob ein Flavon vorliegt oder ein Flavonol, dessen Hydroxyl am C-3 durch eine Glykosid- oder Esterbindung festgelegt ist [18].

Das fertige Chromatogramm wird mit der 2%igen methanolischen Zirkonoxychloridlösung besprüht; nach Trocknen des Bogens markiert man vor der Analysen-Quarzlampe die gelb fluorescierenden Flecken und besprüht sie mit einer 5%igen wäßrigen Citronensäure-Lösung. Nach erneutem Trocknen bleiben alle Flecken gelöscht bis auf die von Flavonolen (mit freiem Hydroxyl am C-3) herrührenden[1]. Nun hydrolysiert man auf dem Papier die gelöschten Flecken, indem man sie 2 min lang warmen Salzsäurenebeln (25%ige HCl) aussetzt. Wiederauftreten der charakteristischen gelben Fluorescenz ist der Nachweis für das Vorliegen von hydrolysierbaren Flavonol-3-Derivaten.

---

[1] In zweifelhaften Fällen kann die Behandlung mit Citronensäure wiederholt werden.

Tabelle 52. *Farbreaktionen einiger Flavonoide*

Verbindung	Unbehandelt		alkoholische AlCl$_3$-Lösung		alkoholische TiCl$_3$-Lösung	
	TL	UV	TL	UV	TL	UV
Flavonolaglyka						
Gossypetin	G	s G	G	G	s B	G
Kämpferol	G	Gr G	G	Gr G	G	Gr G
Morin	G	G	Gr G	Gr G	G	Gr G
Nortangeretin	G	B G	G	G B	G	B
Patuletin	G	Gr G	G	Gr G	G	Gr G
Quercetagetin	s G	O R	B	Bl	E	Gr G
Quercetin	G	G	G	Gr G	G	Gr G
Rhamnetin	G	G	G	Gr G	G	Gr G
Robinetin	G	Gr G	G	Gr G	Gr G	Gr G
Flavonolglykoside						
Gossypin	—	s G	s G	s G	s G	s G
Gossypitrin	s G	B	G	G	B G	d G
Isoquercitrin	s G	B	G	G	s G	d G
Quercimeritrin	s G	R B	G	G	G	G
Quercitrin	s G	B	G	G	Gr G	G
Robinin	s G	G O	G	G	s G	G
Rutin	s G	O B	G	O G	G	G
Xanthorhamnin	G	B	G	G	G	G
Flavonaglyka						
Acacetin	—	R B	Gr G	Gr G	—	G
Apigenin	—	R B	—	Gr G	—	G
Auranetin	—	Bl W	—	Bl W	G	Bl W
Chrysin	—	R B	s G	s G	—	s G
Genkwanin	—	R B	—	G	—	G
Isowogonin	s G	B	G	B	G	B
Nor-Wogonin	s G	R B	B	s B	B	B
Wogonin	—	B	G	B	—	B
Flavanonaglyka						
Homoeriodictyol	—	—	—	—	—	G
Taxifolin	—	—	G	Gr G	G	Gr G
Flavanonglykoside						
Hesperidin	s G	Bl W	s G	Bl W	E	Bl W
Naringin	—	—	—	Bl W	—	G
Neo-Hesperidin	—	—	—	Gr G	—	G
Flavanaglyka						
d-Catechin	—	—	—	s Bl	—	—
l-Epicatechin	—	—	—	G W	—	—
Chalkone						
Hesperidinmethylchalkon	—	—	—	G	—	Gr G
Phloretin	—	—	—	Bl W	G	G
2′,3,4-Trioxychalkon	G	G	O G	O G	G	G

Abkürzungen: B Braun; Bl Blau; d dunkel; G Gelb; Gr Grün; O Orange; s schwach; S Schwarz; V Violett; E Elfenbein; R Rot; W Weiß; TL im Tageslicht; UV vor der Analysen-Quarzlampe.

Basisches Bleiacetat liefert je nach Zahl und Stellung der OH-Gruppen mit Flavonen und Flavonolen gelbe oder mehr orangefarbene Komplexsalze [*19*]. Das Reagens ist sehr geeignet zur Kennzeichnung

nach Besprühen mit Reagentien [11]

basisches Bleiacetat		normales Bleiacetat		wäßrige Na₂CO₃-Lösung		Silbernitrat (ammoniakalisch)		FeCl₃	BENEDIKTs Reagens	
TL	UV	TL	UV	TL	UV	vor Erhitzen	nach Erhitzen	TL	TL	UV
B	dB	B	dB	B	B	S	S	grau	G	B
G	G	G	Gr G	G	G	R B	R B	Gr G	G	O G
G	G	G	G	G	G	B	S	Gr	G	O G
G	G B	G	G	G	G	O B	G B	B	G	O B
d B	O B	R B	R B	G	B	O B	R B	s G	O G	B
G B	B	s B	B	—	s B	B	S	Gr G	G	O G
B	O	B	O B	G B	O B	S	S	Gr	O G	O G
B	O	B	G	G	G	R B	R B	Gr	O G	O G
R O	O	E	Gr G	s G	G	R B	R B	s Gr	G	G
E	s B	E	B	—	—	B	S	—	—	G
B G	B G	G B	d B	E	B	B	S	s Gr	—	—
G	O	G B	O B	G	G B	B	d B	s Gr	O G	O B
G	O	G	O G	G	G	B	S	oliv	O G	O B
G	O	G B	O G	G B	G B	S	S	oliv	O G	O B
G	G	G	G	G	G	—	—	—	G	G
G	O	G	O B	G	O G	S	S	oliv	O G	O B
G	O	G B	O G	G	G	B	B	Gr G	G	G
G	G	—	B	G	B	—	—	s Gr	G	O B
G	Gr G	—	d G	Gr G	Gr G	—	—	s Gr	G	G
—	Bl W	—	Bl W	—	Bl W	—	—	G Gr	—	W
s G	d G	—	B	s G	G	—	—	B	G	B
G	Gr G	—	O	G	Gr G	—	—	—	G	G
G	G	G	G	—	G	G B	B	—	G B	B
G	B G	G B	B	—	B	B	B	—	G B	B
G	B	—	B G	G	—	—	—	s G	G	B
s G	Gr G	—	s G	—	d G	B	B	—	G B	G
G	d B	G B	d B	B	B	B	d B	—	G B	B
—	R B	s G	Bl W	E	Bl W	—	S	G	G B	W
—	Gr G	—	Bl W	s G	S	—	—	—	O G	G
—	s G	—	s G	s G	Bl Gr	—	—	—	G	G
G	R B	E	B	R B	R B	R B	R B	—	B	B
G	R B	E	B	R B	R B	R B	R B	—	B	B
O	G	—	s G	—	Bl Gr	—	—	--	G	W
---	V	—	B	—	V	—	R B	—	—	—
O	R O	O G	R B	R	R	S	S	G	R	R

der in Pflanzen häufig nebeneinander vorkommenden Quercetin-
und Kämpferolglykoside: Alle Quercetinglykoside und Quercetin selbst
fluorescieren orange, dagegen alle Kämpferolglykoside und Kämpferol
gelb [20].

An weiteren Sprühreagentien wurden versucht neutrales Bleiacetat
[11] und Antimontrichlorid [21].

e) BENEDIKTs Reagens

Von T. B. GAGE, C. D. GOUGLAS und S. H. WENDER [11] wird zum Sichtbarmachen papierchromatographisch getrennter Flavonoide ganz besonders komplex gebundenes Kupfer-II-Sulfat in Form von BENEDIKTs Reagens empfohlen. Diese Lösung wird folgendermaßen hergestellt:

Man löst in der Hitze Natriumcitrat (173 g) und Natriumcarbonat (Na$_2$CO$_3$, 1 H$_2$O, 117 g) in etwa 700 ml Wasser und filtriert. Kupfer-II-Sulfat (krist. 17,3 g) wird in 100 ml destilliertem Wasser gelöst und diese Lösung unter Rühren langsam in die erste gegossen. Nach dem Abkühlen füllt man bis zu einem Gesamtvolumen von 1000 ml auf.

Tabelle 52 gibt eine Übersicht über Farbreaktionen und Fluorescenzfarben von 35 verschiedenen Flavonderivaten nach Besprühen mit verschiedenen Reagentien, besonders Metallsalzen.

f) Borsäure und aromatische Borsäuren

α) Reaktion nach WILSON [22] und TAUBÖCK [23]. Bei der Einwirkung von Borsäure und wasserfreier Citronensäure in Aceton bilden sich mit zahlreichen Flavonoiden gelbgefärbte oder intensiv fluorescierende Komplexverbindungen. Als Sprühreagens verwendet, leistet Bor-Citronensäure aber nicht viel mehr als Aluminiumchlorid, da in beiden Fällen Atomanordnung I und/oder II angezeigt wird.

I   II

Man bereitet sich zunächst eine gesättigte Lösung von Borsäure in Aceton; letzteres soll nicht zuviel Wasser enthalten und wird daher besser frisch destilliert. Durch Mischen gleicher Volumenteile dieser Lösung mit Aceton, das auf 100 ml 10 g wasserfreie Citronensäure (hergestellt durch 2stündiges Erhitzen kristallwasserhaltiger Säure auf 100° C) enthält, wird das Reagens vor Gebrauch jedesmal frisch bereitet.

Ersetzt man nach K. TAUBÖCK die Citronensäure durch Oxalsäure, so erhält man ätherlösliche, borhaltige Komplexe von intensiver grüner oder gelber Fluorescenz. Als Sprühreagens wurde Bor-Oxalsäure zwar noch nicht versucht, doch eignet sie sich hervorragend zum Nachweis geringster Flavonolmengen ($\sim 1\ \gamma$) nach Elution der flavonolhaltigen Flecken aus dem Papier.

Das Eluat wird in einer kleinen Abdampfschale mit etwas Aceton (oder Methanol) verdünnt, man fügt einige Milligramm Borsäure und einige Milligramm Oxalsäure hinzu und dampft auf dem Wasserbade scharf zur Trockne ein.

Sofern die zu prüfende Substanz Atomanordnung I oder II im Molekül aufweist (Flavone, Flavonole, Chalkone, Oxyxanthone), nimmt hierbei der Rückstand eine gelbe bis rote Farbe an [24]; maceriert man den Rückstand nunmehr mit einigen ml Äther, so ist intensive, bereits im Tageslicht sichtbare, grüne oder blaue Fluorescenz ein Beweis für das Vorliegen eines Flavonols oder eines Flavonolglykosides. Blaue Fluorescenz ist seltener und wurde bisher nur bei synthetischen Verbindungen (z. B. dem 3-Oxy-flavon) beobachtet [25]. Flavone, Chalkone und auch einige nichtflavonoide Pflanzenstoffe wie die Oxyxanthone bilden zwar ebenfalls gelbgefärbte, ätherlösliche Komplexe, doch fluorescieren sie im Tageslicht kaum, vielmehr erst vor der Analysen-Quarzlampe gelb oder orange.

β) Reaktion nach NEU [26]. Das entwickelte Chromatogramm zieht man durch ein Bad einer gesättigten Lösung von Tetraphenyl-diboroxyd in Petroläther, dann durch ein Bad mit einer 1—2%igen wäßrigen Lösung einer quartären Ammoniumverbindung (geeignet sind u. a. Pendiomid und Bradosol der CIBA AG., Wehr/Baden, und das Zephirol z. Analyse der Farbenfabriken Bayer, Leverkusen) und trocknet anschließend. Je nach Zahl und Stellung der Hydroxylgruppen im Benzo-γ-Pyronring und im Seitenphenyl des Flavonoids bilden sich differente Farben und Fluorescenzen heraus, die eine breite Farbskala umfassen: von Grün über Gelb, Orange, Rotorange bis nach Rot. Tetraphenyl-diboroxyd ist im Handel erhältlich[1].

g) Azo-Reaktionen

Diazoverbindungen kuppeln die meisten phenolischen Flavonoide leicht zu Oxyazoverbindungen von gelber oder roter Farbe. Zur Kuppelung auf dem Papier verwendet man diazotierte Sulfanilsäure [28] oder bis-diazotiertes Benzidin [29].

Diazotierte Sulfanilsäure: 50 g Sulfanilsäure werden in 250 ml 10%iger Kalilauge gelöst, abgekühlt und nach dem Erkalten mit 200 ml 10%iger wäßriger Natriumnitritlösung versetzt. Dann läßt man aus einem Scheidetrichter in eisgekühlte Salzsäure (80 ml konz. HCl und 40 ml Wasser) eintropfen. Das ausgefallene Diazoniumsalz wird abgesaugt, mit Eiswasser, Alkohol und Äther gewaschen und vorsichtig an der Luft getrocknet. Unmittelbar vor dem Besprühen stellt man sich eine Lösung von 0,1 g Diazoniumsalz in 20 ml 10%iger wäßriger Sodalösung her.

G. LINDSTEDT [30] verwendet bis-diazotiertes Benzidin; die phenolischen Körper unterscheiden sich nicht nur durch R_F-Werte und durch die Farbe der Flecken, sondern auch durch die Geschwindigkeit, mit der sich die Farbe entwickelt (Tab. 53).

Nach Verrühren mit 15 ml konz. Salzsäure löst man 5 g Benzidin in 980 ml Wasser. Je nach benötigter Menge an Reagens wird ein entsprechender Teil dieser Lösung mit dem gleichen Volumen einer 10%igen Natriumnitritlösung vermischt und solange gerührt, bis die Mischung klar und hellgelb wird. Das eigentliche Reagens zum Besprühen muß innerhalb von 10 min nach dem Mischen verwendet werden.

Tabelle 53. *Farbreaktionen der phenolischen Substanzen aus dem Kernholz von Pinus-Arten nach Besprühen mit bis-diazotiertem Benzidin [30]*
Lösungsmittel: Benzol–Ligroin–Methanol–Wasser (5:5:1:5)

Inhaltsstoff	Struktur	R_F	Farbe	Die Farbe wird sichtbar (min)
Pinosylvin. . .	3,5-Dioxystilben	0,05	dunkelrot	sofort
Pinobanksin . .	3,5,7-Trioxyflavanon	0,14	rot	nach 0,5—1
Chrysin	5,7-Dioxyflavon	0,17	rot	nach 3—5
Pinocembrin . .	5,7-Dioxyflavanon	0,44	rot	nach 1—3
Kryptostrobin .	—	0,48	orangegelb	nach 2—4
Strobopinin . .	5,7-Dioxy-8-methyl-flavanon	0,65	gelb	nach 1—3
Pinosylvinmono-methyläther .	3-Oxy-5-methoxystilben	0,71	ziegelrot	sofort
Tectochrysin. .	5-Oxy-7-methoxyflavon	0,91	schwachgelb	nach 10
Pinostrobin . .	5-Oxy-7-methoxyflavanon	0,93	orangerot	nach 7—10

[1] Zu beziehen durch Fa. Heyl, Hildesheim.

Im Gegensatz zu den vorstehend beschriebenen, wenig haltbaren Diazoverbindungen können [31] zweckmäßiger stabile, in fester Form gut haltbare Diazosalze verwendet werden; sehr geeignet sind die unter der Bezeichnung Echtschwarzsalz K (diazotiertes 4-Amino-3,6-dimethoxy-4'-nitro-azobenzol) und Echtblausalz BB (diazotiertes 1-Amido-4-benzoylamido-2,5-diäthoxybenzol)[1] im Handel erhältlichen Verbindungen. Die Umsetzung der in Wasser gelösten Diazosalze mit Flavonen auf dem Papierchromatogramm (Besprühen mit 0,1—0,5%igen Lösungen und Trocknen) macht sich durch charakteristische Farben bemerkbar; dabei kann die von der Anzahl und Stellung der Hydroxylgruppen, sowie der Aglykon- oder Glykosid-Natur abhängige Bildung des Farbstoffes zu Hinweisen auf die Konstitution dienen. Einige Ergebnisse sind in der Tab. 54 zusammengefaßt. 7-Oxyflavone, deren Hydroxyl am C-7 durch eine Glykosidbindung festgelegt ist, reagieren mit Diazoniumsalzen nicht, wodurch eine Unterscheidung zwischen Flavonaglyka, Flavon-3- und Flavon-5-glykosiden einerseits und Flavon-7-glykosiden andererseits möglich ist.

Tabelle 54. *Farbreaktionen von Flavonoiden nach Besprühen mit stabilen Diazoniumsalzen* [31]

Substituenten	Glykosid	Trivialname	R_F	I	II
Flavone					
3,5,7,2',4'-	—	Morin	0,88	Bl+	BlV+
3,5,7,3',4'-	—	Quercetin	0,72	B+	BlV+
3,5,7(OCH_3),3',4'-	—	Rhamnetin	0,78	W	(V)
3,5,7,3'(OCH_3),4'-	—	Isorhamnetin	0,80	Bl	BlV+
3,5,7,3',4'-	3-glucosid	Quercitrin	0,74	B+	RV+
3,5,7,3',4'-	3-galaktosid	Hyperosid	0,53	B	BlV+
3,5,7,3',4'-	3-rhamnoglucosid	Rutin	0,46	B+	RV
3,5,7,4'-	—	Kämpferol	0,85	Bl+	BlV+
3,5,7,4'-	3-diglucosid	Kämpferin	0,67	Bl+	BlV+
3,7,3',4'-	—	Fisetin	0,64	B	BlV
3,7,3'(OCH_3),4'-	—	3'-Methoxyfisetin	0,77	B	(BlV)
3,7,3',4',5'-	—	Robinetin	0,35	B	BlV
5,7,4'-	7-apioseglucosid	Apiin	0,40	—	—
5,7,4'-	—	Apigenin	0,90	Bl+	BlV+
5,7,3',4'-	—	Luteolin	0,80	B+	RV+
5,7,3',4'(OCH_3)-	7-rhamnoglucosid	Diosmin	0,46	—	—
5,7,3',4'(OCH_3)-	—	Diosmetin	0,86	Bl	RV+
5,7,4'(OCH_3)-	7-dirhamnosid	Acaciin	0,40	—	—
5,7,4'(OCH_3)-	—	Acacetin	0,90	Bl+	BlV+
5,6,7,4'-	?-glucuronid	Scutellarin	0,30	B	RV
5,6,7,4'-	—	Scutellarein	0,72	V	RV+
Flavanone					
5,7,3',4'(OCH_3)-	7-rhamnosid	Hesperidin	0,58	—	—
5,7,3',4'(OCH_3)-	—	Hesperetin	0,87	Bl+	RV+
3,5,7,3',4'-	—	Dihydroquercetin	0,82	B	BlV+
Catechine					
3,5,7,3',4'-	—	D-Catechin	0,68	Bl+	RV+

Abkürzungen: B Braun; Bl Blau; R Rot; V Violett; + kräftige Farbe; ( ) schwache Farbe; I mit Echtschwarzsalz K, II mit Echtblausalz BB; R_F-Werte in Butanol–Eisessig–Wasser (4:1:5).

---

[1] Zu beziehen durch die Firma Serum-Vertrieb Marburg G.m.b.H., Marburg/Lahn.

h) Reduktionsproben

In saurem Medium lassen sich Flavonoide, die im Molekül den γ-Pyronring enthalten, mit metallischem Zink oder Magnesium zu orange bis purpurrot gefärbten (je nach Zahl der auxochromen Hydroxyl- oder Methoxylgruppen) Produkten reduzieren; die Reaktion ist sehr komplex und führt in geringen und wechselnden Ausbeuten zu Flavyliumsalzen. Während mit Mg + HCl bei allen γ-Pyronderivaten (Flavonen, Flavonolen, Flavanonen, 3-Oxy-flavanonen) rasch Färbungen auftreten, sind mit Zn + HCl lediglich 3-Oxy-flavanone [32] und Flavonol-3-glykoside [33] zu gefärbten Produkten reduzierbar. Da der Unterschied weniger grundsätzlich, mehr graduell ist, erfordert die Einordnung einer unbekannten Substanz auf Grund des Reduktionsvermögens ein gewisses Maß an Erfahrung; so geben auch Flavonole in hohen Konzentrationen gelegentlich mit Zn + HCl (PEWs Reagens) orange oder rote Farbtöne.

Die Reduktion mit Zn + Salzsäure zum Nachweis von Flavonol-3-Derivaten und 3-Oxy-flavanonen ist auf dem Papier als Tüpfelreaktion ausführbar.

Rund um die Chromatogrammflecken wird das Papier mit Paraffinum liquid. paraffiniert; das Paraffinieren ist zweckmäßig, um später eine Ausbreitung der rot gefärbten Reduktionsprodukte zu verhindern. Unter die Flecken legt man Streifen aus reiner Zinkfolie, auf das Papier tropft man vorsichtig Salzsäure (etwa 18%ig) und preßt obenauf wiederum Zinkfolie. Je nach Flavonkonzentration des Chromatogrammflecks zeigt sich — namentlich im durchscheinenden Tageslicht — eine mehr oder weniger starke Rotfärbung (K. H. MÜLLER; zit. unter [33]). Nach PARIS [45] führt man die Reduktionsprobe auf dem Papier zweckmäßiger durch, indem man das Chromatogramm mit einer Lösung von Kaliumborhydrid (Violettfärbung) besprüht.

5. R_F-Werte

Zwischen chemischer Konstitution der Flavonoide und ihrer Steighöhe bestehen gewisse gesetzmäßige Zusammenhänge [7, 10, 34]. Für das System

Tabelle 55.

R_F-Werte von Flavonoiden [3]

Verbindung	Butanol-Essigsäure	m-Kresol Essigsäure
Flavone und Flavonole		
Apigenin	0,92	—
Apiin	0,66	0,80
Chrysin	0,97	1,0
Diosmetin	0,89	—
Diosmin	0,55	—
Fisetin	0,72	0,40
Galangin	0,92	0,92
Gardenin	0,82	0,96
Iridin	0,73	0,90
Irigenin	0,96	0,95
Isoquercitrin . .	0,68	0,47
Kämpferitrin . .	0,75	0,72
Kämpferol . . .	0,90	0,61
Luteolin	0,88	0,68
Morin	0,87	0,62
Myricetin . . .	0,43	0,05
Myricitrin . . .	0,72	0,24
Nor-Gardenin . .	0,10	0,00
Quercetagetin . .	0,40	0,06
Quercetin	0,74	0,27
Quercimeritrin . .	0,59	0,42
Quercitrin . . .	0,80	0,53
Rhamnacin . . .	0,80	0,97
Rhamnetin . . .	0,77	0,78
Rutin	0,58	0,26
Tambuletin . . .	0,45	0,83
Tectoridin	0,68	0,87
Tectorigenin . . .	0,94	0,98
Verschiedene C_{15}-Körper		
Butein	0,85	0,62
D-Catechin. . . .	0,74	0,22
Cyanomaclurin .	0,88	—
L-Gallocatechin .	0,47	0,00
Leptosidin . . .	0,79	0,83
Leptosin	0,46	—
Phloretin	0,96	0,80
Phloridzin	0,80	0,58

Tabelle 56. R_F-*Werte*

Verbindung	Äthyl-acetat[1]	Phenol[1]	m,p-Kresol[1]	Chloro-form[1]	Butanol, Eisessig, Wasser (4:1:5)
Flavonolaglyka					
Gossypetin	0,59	0,09	0,07	—	0,21
Kämpferol	0,90	0,74	0,53	0,17	0,85
Morin	0,71	0,65	0,17	—	0,87
Nortangeretin	0,79	0,92	0,72	—	0,76
Patuletin	0,81	0,13	0,43	—	0,78
Quercetagetin	0,17	0,06	0,09	—	0,22
Quercetin	0,81	0,42	0,22	0,05	0,78
Rhamnetin	0,92	0,71	0,63	0,96	0,80
Robinetin	0,41	0,25	0,10	—	0,56
Flavonolglykoside					
Gossypin	0,02	0,81	0,25	—	0,87
Gossypitrin	0,11	0,39	0,08	—	0,49
Isoquercitrin	0,40	0,51	0,24	0,05	0,72
Quercimeritrin	0,50	0,52	0,27	—	0,72
Quercitrin	0,50	0,56	0,33	0,05	0,82
Robinin	0,21	0,55	0,35	0,14	0,51
Xanthorhamnin	0,02	0,70	0,27	0,08	0,50
Flavonaglyka					
Acacetin	0,94	0,96	0,95	0,94	0,92
Apigenin	0,87	0,89	0,87	—	0,91
Auranetin	0,92	0,93	0,99	0,94	0,91
Chrysin	0,86	0,93	0,95	—	0,93
Genkwanin	0,93	0,96	0,98	0,94	0,91
Isowogonin	0,92	0,74	0,99	—	0,90
Norwogonin	0,85	0,94	0,99	—	0,88
Wogonin	0,94	0,97	0,99	0,94	0,92
Flavanonaglyka					
Homoeriodictyol	0,97	0,95	0,93	0,08	0,91
Taxifolin	0,79	0,62	0,42	—	0,84
Flavanonglykoside					
Hesperidin	0,77	0,85	0,40	0,17	0,40
Naringin	0,51	0,75	0,58	0,16	0,70
Neohesperidin	0,38	0,75	0,67	0,16	0,67
Flavanaglyka					
D-Catechin	0,91	0,35	0,16	0,11	0,74
L-Epicatechin	0,80	0,59	0,83	0,00	0,65
Chalkone					
Hesperidinmethylchalkon	0,79	0,96	0,96	—	0,87
Phloretin	0,93	0,81	0,84	0,81	0,93
2′,3,4-Trioxychalkon	0,93	0,85	0,88	0,77	0,90

[1] wassergesättigt

Butanol–Eisessig–Wasser (4:1:5; organische Phase) als Entwickler gelten die folgenden groben Regeln: 1. Die Zahl der Hydroxylgruppen ist umgekehrt proportional dem R_F-Wert; 2. Methoxyderivate wandern rascher als die korrespondierenden Oxy-Flavone; 3. Die Steighöhe der Heteroside ist kleiner als die der entsprechenden Genine, mit Ausnahme der Rhamnoside, die rascher als ihre Aglyka wandern; 3. Mit steigender Zahl der Zuckerkomponenten (Mono-, Di-, Tri-Glykoside usw.) sinkt der R_F-Wert.

von Flavonoiden [11]

Chloroform, Isobutanol, Wasser (2:4:4)	Isopropanol, Wasser (22:78)	Isopropanol, Wasser (6:4)	Eisessig, Wasser (15:85)	Heptan, Butanol, Wasser (29:14:57)	Eisessig, Wasser (6:4)
—	0,06	0,51	0,12	0,07	0,43
0,05	0,09	0,77	0,10	0,04	0,50
0,12	0,26	0,58	0,27	0,13	0,68
—	0,08	0,60	0,10	0,04	0,54
—	0,10	0,76	0,10	0,06	0,50
—	0,24	0,61	0,19	0,13	0,63
0,05	0,06	0,67	0,07	0,04	0,40
0,07	0,08	0,73	0,08	0,03	0,60
0,05	0,07	0,58	0,08	0,03	0,32
—	—	—	—	—	—
0,16	0,13	0,54	0,14	0,17	0,44
0,27	0,40	0,79	0,46	0,24	0,74
0,28	0,42	0,80	0,45	0,27	0,73
0,54	0,55	0,79	0,46	0,45	0,74
0,77	0,72	0,76	0,77	0,71	0,84
0,69	0,66	0,83	0,68	0,58	0,82
—	0,00	0,80	0,00	0,00	0,71
—	0,12	0,89	0,15	0,00	0,66
—	—	0,99	0,63	0,34	0,90
—	0,00	—	0,00	0,00	0,75
—	0,00	0,78	0,00	0,00	0,72
0,02	0,00	0,87	0,00	0,00	0,81
0,11	0,21	0,83	0,26	0,00	0,73
0,02	0,00	0,88	0,00	0,00	0,79
0,32	0,49	0,92	0,55	0,29	0,80
—	0,57	0,87	0,13	0,00	0,73
0,80	0,79	0,63	0,82	0,17	0,89
0,81	0,75	0,86	0,80	0,77	0,88
0,80	0,79	0,88	0,81	0,72	0,90
—	0,65	0,79	0,41	0,51	0,68
—	0,54	0,72	0,55	0,38	0,68
—	0,82	0,95	0,92	0,14	0,89
—	0,45	0,91	0,42	0,00	0,73
0,08	0,15	0,81	0,19	0,06	0,68

Vergleicht man die Angaben mehrerer Autoren über R_F-Werte ein und derselben Substanz für das gleiche Lösungsmittel (s. Tab. 58), so findet man nur annähernde Übereinstimmung der Zahlenwerte; unterschiedliche Arbeitsbedingungen (Temperatur, auf- oder absteigend, Papiersorte, störende Begleitstoffe u. a. m.) führen offensichtlich zu nicht unerheblichen Streuungen. Dazu trägt weiterhin bei, daß die Laufhöhen (Wanderungsgeschwindigkeiten) der Substanzen unterschiedlich ermittelt werden: Meist wird auch bei Flavonoiden die Entfernung Startpunktmitte zu Fleckenmitte den Berechnungen zugrunde gelegt, was

Tabelle 57. *R_F-Werte von Anthocyanen* [3]

Verbindung	Trivialname	Butanol Essigsäure	m-Kresol Essigsäure	2 n-HCl
Apigenidin		0,82	1,0	—
Cyanidin-		—	—	0,69
3-glucosid	Chrysanthemin	0,33	—	0,27
3-rhamnoglucosid .	Antirrhinin	0,37	0,25	0,28
3-gentiobiosid . . .	Mekocyanin	0,29	0,18	0,22
3,5-diglucosid . . .	Cyanin	0,16	0,19	0,08
Delphinidin-		—	—	0,35
3-monosid	ex Verbena	0,16	0,11	0,14
3,5-diglucosid . . .	Delphinin	0,11	0,03	0,06
Hirsutidin-		—	—	0,72
3-glucosid	—	0,61	—	—
3,5-diglucosid . . .	Hirsutin	0,38	0,69	0,07
Malvidin-		—	—	0,53
3-glucosid	Önin (Cyclamin)	0,40	0,75	0,23
3-galactosid	Primulin	0,40	0,76	0,24
3,5-diglucosid . . .	Malvin	0,22	0,54	0,07
Pelargonidin-		—	—	0,80
3-glucosid	Callistephin	0,59	0,67	0,52
3,5-diglucosid . . .	Pelargonin	0,34	0,42	0,20
Päonidin-		—	—	0,72
3-glucosid	Oxycoccicyanin	0,47	0,72	0,31
3,5-diglucosid . . .	Päonin	0,26	0,48	0,10

Tabelle 58. *R_F-Werte von Quercetin und einigen Quercetinglykosiden nach verschiedenen Autoren*
Lösungsmittel: Butanol–Eisessig–Wasser (4:1:5)

Verbindung	S. H. WENDER [11]	E. C. BATE-SMITH [3]	R. PARIS [7]	Eigene Ergebnisse
Quercetin	0,78	0,75	0,75	0,68
Quercitrin	0,83	0,81	0,81	0,73
Isoquercitrin	0,62	0,68	—	0,53
Hyperosid (Hyperin) .	—	—	—	0,51
Avicularin	—	—	—	0,56
Spiräosid	—	—	—	0,43
Rutin	0,34	0,58	0,59	0,37
Quercimeritrin	—	0,59	—	—

bei der Neigung der Flavonoide zur „Schwanzbildung" weniger günstig
ist; besser mißt man bei Flavonoiden die Distanz vom obersten Rand
(Front) des Startfleckens zur Front des entwickelten Fleckens [35].
Die Identifizierung eines unbekannten Flavonoids durch Vergleich des
gefundenen R_F-Wertes mit den in der Literatur niedergelegten Zahlen
vornehmen zu wollen, bedeutet demnach eine Überschätzung der
Methode; es ist nötig, sich die mutmaßliche Vergleichssubstanz zum
Mitlaufen zu beschaffen.

6. Vergleichssubstanzen

Ein Pflanzenextrakt enthält meist mehrere Flavonoid- und Antho-
cyanglykoside nebeneinander. Große Variationsmöglichkeit ist u. a.
gegeben durch den Typus, durch die Zahl und durch die Stellung der

Zuckeranteile, die an eine Geninkomponente gebunden sind; fast stets liefern zwei oder mehrere gemeinsam vorkommende Glykoside nach Hydrolyse das gleiche Aglykon. Da die Durchführung einer sauren Hydrolyse und die nachfolgende Identifizierung des Zuckeranteils eine leicht auszuführende Operationen darstellen, hängt der erfolgreiche Strukturbeweis für die Glykoside von der Identifizierung des Genins ab. Bereits auf Grund der Farbreaktionen und der Steighöhen läßt sich feststellen, ob das fragliche Aglykon mit einer im Laboratorium vorhandenen authentischen Substanz übereinstimmt. Liegen unbekannte, in der Literatur nicht beschriebene Aglyka vor, lassen sich klassisch-chemische Methoden der Identifizierung nicht umgehen; auf die Möglichkeit, Abbaureaktionen (Alkalischmelze, Identifizierung der entstandenen Spaltstücke auf papierchromatographischem Wege) im Mikromaßstabe durchzuführen, sei an dieser Stelle lediglich hingewiesen [36]. An Vergleichssubstanzen sollten zumindest alle die Flavonoide und Anthocyane zur Verfügung stehen, die im Pflanzenreich besonders häufig vorkommen[1].

Von wenigen Ausnahmen abgesehen, leiten sich sämtliche Anthocyanine aus Blüten, Früchten und Stengeln von sechs aglykonischen Grundtypen ab: Cyanidin, Pelargonidin, Delphinidin, Päonidin, Malvidin und Hirsutidin. Die Stellen der Glykosidbindung sind meist die Hydroxyle am C-3 und C-5 (3,5-Diglykoside) oder das Hydroxyl am C-3 (3-Monoside).

Von den natürlich vorkommenden Geninen vom Flavontypus ist Quercetin weitaus am häufigsten vertreten; es folgen dann mit Abstand Kämpferol, Myricetin und Apigenin sowie die Methoxylderivate Rhamnetin, Rhamnazin und Kämpferitrin. Verglykosidiert finden wir bei Flavonolen meist das Hydroxyl am C-3, seltener die Hydroxyle am C-5 und C-7. Insgesamt scheinen die Flavone mannigfaltiger zu sein als die Anthocyanine.

Nach Bate-Smith [3] ist es nicht unbedingt erforderlich, die Vergleichssubstanz in reinem, kristallisiertem Zustand zur Verfügung zu haben, es genügt vielfach, ein Chromatogramm der unbekannten Stoffe mit dem eines Extraktes zu vergleichen, der Pigmente bekannter Konstitution enthält. Eine Identitätsprüfung nach diesem Verfahren ist mit sehr viel Kritik durchzuführen: oft variieren chemische Merkmale innerhalb einer Species (chemische Rassen) und dle Konstitution der im „Vergleichsextrakt" enthaltenen Pigmente kann daher nicht vorbehaltlos als gesichert gelten.

So scheint beispielsweise das Hydrolysat eines Auszuges von *Polygonum hydropiper* zur Prüfung auf Isorhamnetin geeignet, da diese *Polygonum*art [37] dieses Flavonol in Form des Kaliumbisulfatesters enthält. Die in Mitteleuropa vorkommenden Varietäten der Species bilden jedoch kein Isorhamnetin, wie durch papierchromatographischen Vergleich zahlreicher hydrolysierter Pflanzenextrakte mit synthetisiertem Isorhamnetin gefunden wurde [38]; aus den mitteleuropäischen Varietäten von Polygonum hydropiper läßt sich vielmehr in guter Ausbeute Rhamnazin isolieren.

Avicularin ist [39] in *Polygonum aviculare var. buxifolium* enthalten; die Extrakte aus europäischen Varietäten dler Art ließen auf Chromatogrammen jedoch das Vorliegen eines komplexen Gemisches zahlreicher Flavonglykoside erkennen, wobei die Zuordnung eines Fleckens zu Avicularin zunächst nicht möglich war. Die detaillierte Bearbeitung ergab, daß das Glykosid zwar vorhanden war, jedoch gegenüber anderen Heterosiden nur in sehr geringen Mengen vorlag.

---

[1] Eine Reihe dieser Naturstoffe ist im Handel erhältlich: z. B. durch Fa. C. Roth (Karlsruhe), Fa. Dr. Th. Schuchardt (München), Fa. Fluka AG (Buchs SG/Schweiz).

7. Anwendungsbeispiel

Ein schönes Beispiel für die Analyse eines komplexen Gemisches flavonoider Glykoside bietet die mikropräparative Abtrennung und Identifizierung der Heteroside aus einer blauen Gartenvarietät von Dahlia variabilis [40].

Bei diesem Verfahren wird nach der Trennung des Gemisches durch Papierchromatographie und nach Elution der einzelnen Zonen die Strukturaufklärung der in den Eluaten befindlichen Glykoside im mikrochemischen Maßstabe (insgesamt erforderlich etwa 1 mg Glykosid) ausgeführt. Mineralsäuren spalten hydrolytisch jeweils in Aglykon und Zucker, deren Konstitutionsbeweis durch Vergleich der R_F-Werte, der Farbreaktionen und UV-Spektren mit authentischen Substanzen erfolgt. Die Zahl der am Aglykon hängenden Zuckerreste ergibt sich nach vollständiger Hydrolyse einerseits durch spektrophotometrische Konzentrationsbestimmung des Aglykons und andererseits (mit einem aliquoten Teil der Lösung) durch quantitative colorimetrische Bestimmung des Zuckers nach der Anthronmethode [41]. Die Stellung der Zucker im Molekül läßt sich nach Methylierung der Glykoside und anschließender hydrolytischer Abspaltung der Zucker durch Vergleich der partiell methylierten Flavone mit synthetisierten Methyläthern festlegen.

a) Chromatographische Fraktionierung

10 ml eines Extraktes (hergestellt durch 8 tägiges Macerieren von 88,5 g Blütenblättern mit 400 ml 0,01 n äthanolischer Salzsäure bei 0° C) wurden mittels einer feinen Pipette in kleinen Anteilen von je 0,5—1 ml auf Whatman-Papier Nr. 3 aufgetragen. Das Papier war zuvor 24 h in der Chromatographierkammer mit Wasser gewaschen und anschließend getrocknet worden. Entwickelt wurde zunächst mit Butanol–Eisessig–Wasser (6:1:2). Waren die nach Elution mit wäßrigem Äthanol (40—70%ig; je kleiner der R_F-Wert, um so mehr Wasser ist zweckmäßig) erhaltenen Fraktionen noch nicht rein, so wurde erneut mit anderen Lösungsmitteln (die Uneinheitlichkeit einzelner Fraktionen erwies sich in einigen Fällen erst nach Chromatographieren auf pufferbeladenen Papieren) chromatographiert. Flavonoide, die in Butanol–Eisessig–Wasser einen R_F-Wert unter 0,4 aufwiesen, ließen sich dabei von den freien Zuckern in dem Lösungsmittelsystem Aceton–Wasser (1:3) gut trennen; zur Abtrennung der schnell laufenden Zucker von den langsam laufenden Anthocyaninen war das Gemisch Isopropanol–2 n-HCl (1:1) günstig. Als Eluens für die Anthocyanine diente kalte verdünnte Salzsäure.

Erwiesen sich sämtliche Eluate auch nach erneutem Chromatographieren als einheitlich, so wurden sie vorsichtig im Vakuum auf ein kleines Volumen eingeengt.

b) Qualitative Hydrolyse

Das glykosidhaltige Eluat (etwa 100 γ in 1 ml Äthanol) erhitzt man 1 h mit 3 ml 2 n-Schwefelsäure auf 100° C, läßt erkalten und extrahiert das Aglykon mit Essigester. Nach Waschen der Essigesterphase mit wenig Wasser dampft man das Lösungsmittel im Vakuum ab und nimmt den Rückstand (Aglykon) in reinem Äthanol auf. Man vergleicht nunmehr R_F-Werte, Farbreaktionen und UV-Spektren (letztere sind bei den Flavonen und Flavonolen besonders charakteristisch in 0,002 molarer Na-Alkoholat-Lösung) mit den entsprechenden Eigenschaften bekannter Vergleichssubstanzen. Die Identifizierung des Zuckeranteils erfolgt papierchromatographisch nach den üblichen Methoden, nachdem die wäßrige Hydrolysenflüssigkeit entsäuert worden ist, etwa durch Behandeln mit der Natriumbicarbonat-Form des basischen Ionenaustauschers „Dowex 2" [42].

c) Quantitative Hydrolyse

α) Bestimmung der Aglykon-Konzentration. Das glykosidhaltige Eluat (etwa 100—300 γ in 2 ml Äthanol) kocht man 2 h unter Rückfluß mit 2 ml 2 n-Schwefelsäure, man kühlt ab und füllt mit Alkohol auf ein bekanntes Endvolumen auf. Die Konzentration an Aglykon ergibt sich durch Messen der Extinktionen bei mehreren Wellenlängen, da der spezielle bzw. molare Extinktionskoeffizient als bekannt vorausgesetzt werden kann (Messen der Vergleichsprobe bekannter Konzentration bei gleichen Wellenlängen und gleicher Acidität).

β) Bestimmung der Zuckerkonzentration. Einen aliquoten Teil des glykosidhaltigen Eluats bringt man in einer Cuvette passenden Volumens zur Trockne und begießt ihn mit genau 10 ml einer 0,02%igen Lösung von Anthron in 95%iger Schwefelsäure und schließlich mit 5 ml Wasser; Lösungen des gleichen Zuckers und bekannter Konzentrationen werden analog behandelt. Aus Vergleich der colorimetrisch oder spektrophotometrisch meßbaren Farbtiefen ergibt sich unmittelbar die Konzentration an Zucker und damit das molare Verhältnis zwischen Aglykon- und Zuckeranteil des Glykosides.

d) Stellung der Zuckerreste im Molekül

Etwa 500 γ Glykosid, 0,01 g wasserfreies Kaliumcarbonat und 0,1 ml frisch destilliertes Dimethylsulfat kocht man unter Rückfluß in 2 ml trockenem (wasserfreiem) Aceton 6 h lang. Nach Abdestillieren des Lösungsmittels im Vakuum erhitzt man den Rückstand mit 3 ml 2 n-Schwefelsäure 2 h auf 100° C. Man läßt abkühlen und extrahiert das partiell methylierte Flavonoid mit Chloroform. Nach Waschen der Chloroform-Ausschüttelung mit Wasser dampft man das Lösungsmittel ab und löst den Rückstand in reinem Äthanol. Die entstandenen Methoxy-Flavonoide werden identifiziert durch R_F-Werte, Farbreaktionen und UV-Spektren. Als Vergleichsproben hat man die entsprechenden Methoxyflavone zu synthetisieren.

Literatur

[1] T. B. Gage-Q. L. Morris-W. E. Detty-S. H. Wender: Science 113, 522 (1951); B. L. Williams-S. H. Wender: Arch. Biochem. 43, 318 (1953). — [2] P. Hagedorn: Mitt. dtsch. pharmaz. Ges. 23, 75 (1953). — [3] E. C. Bate-Smith: Partition Chromatography, Biochem. Soc. Symposium 3, 68. Cambridge 1951; siehe auch A. M. Robinson-R. Robinson: Biochem. J. 25, 1687. — [4] T. A. Geissman-E. C. Jorgensen-B. L. Johnson: Arch. Biochem. 49, 368 (1954). — [5] K. Roller: Z. Bot. 44, 477 (1956). — [6] R. Hänsel-L. Hörhammer: Arch. Pharmaz. Ber. dtsch. pharmaz. Ges. 287/59, 117, 189 (1954). — [7] R. Paris: Bull. Soc. Chim. biol. 34, 767 (1952). — [8] E. A. H. Roberts-D. J. Wood: Biochem. J. 53, 332 (1953). — [9] K. S. Pankajamani-T. A. Seshadri: Proc. Indian Acad. Sci. 36A, 157 (1952). — [10] E. C. Bate-Smith: Nature (Lond.) 161, 835 (1946); S. H. Wender-Th. B. Gage: Science 109, 287 (1949); E. C. Bate-Smith-R. G. Westall: Biochem. biophys. Acta 4, 427 (1950). — [11] T. B. Gage-C. D. Douglass-S. H. Wender: Analyt. Chem. 23, 1583 (1951); E. C. Bate-Smith: Partition Chromatography, Biochem. Soc. Symp. 3, 66 Cambridge 1951. — [12] U. S. v. Euler-R. Eliasson: Nature (Lond.) 70, 664 (1952). — [13] C. H. Ice-S. H. Wender: J. Amer. chem. Soc. 75, 50 (1953). — [14] T. A. Geissman-J. B. Harborne-M. K. Seikel: J. Amer. chem. Soc. 78, 825 (1956). — [15] (a) T. B. Gage-C. D. Douglass-S. H. Wender: Analyt. Chem. 23, 1583 (1951); E. C. Bate-Smith: Partition Chromatography, Biochem. Soc. Symposium 3, Cambridge 1951. (b) T. A. Geissman in K. Paech und M. V. Tracey, Moderne Methoden der Pflanzenanalyse, Bd. III, S. 450—498; Berlin-Göttingen-Heidelberg 1955. (c) Eigene Untersuchungen. — [16] L. H. Briggs-L. H. Locker: J. chem. Soc. 1951, 3136. — [17] L. Hörhammer-R. Hänsel: Arch. Pharmaz. Ber. dtsch. pharmaz. Ges. 286/58, 153, 425 (1953). — [18] L. Hörhammer-K. H. Müller: Arch. Pharmaz. Ber. dtsch. pharmaz. Ges. 187/59, 310 (1954). — [19] T. Rao-T. A. Seshadri: Proc. Indian Acad. Sci. 171, 119 (1943). — [20] U. Kranen-Fiedler: in Schwabe, Aus unserer Arbeit, S. 64—78. Karlsruhe 1956. — [21] R. Neu: Naturwissenschaften 40, 411

(1953). — [22] C. W. Wilson: J. Amer. chem. Soc. 61, 2303 (1939); M. L. Wolfrom –
J. E. Mahan – P. W. Morgan – G. F. Johnson: J. Amer. chem. Soc. 63, 1248
(1941). — [23] K. Tauböck: Naturwissenschaften 30, 439 (1942); L. Hörhammer –
R. Hänsel – F. Strasser: Arch. Pharmaz. Ber. dtsch. pharmaz. Ges. 285/57, 286
(1952); L. Hörhammer – R. Hänsel: Arch. Pharmaz. Ber. dtsch. pharmaz. Ges.
286/58, 448 (1953). — [24] F. Strasser: Diss. München 1954. — [25] T. R. Seshadri:
Proc. Indian Acad. Sci. 17 A, 119 (1943); 16 A, 129 (1942). — [26] R. Neu: Naturwissenschaften 43, 82 (1956); Z. analyt. Chem. 142, 335 (1954); 143, 30 (1954); 151,
329 (1956); Microchim. Acta (Wien) 1956, 1169. — [27] R. Neu: Chem. Ber. 87, 802
(1954). — [28] Zit. nach F. Cramer, Papierchromatographie, 3. Aufl. S. 89. Weinheim 1954. — [29] J. E. Koch – W. Krieg: Chemiker-Ztg. 62, 140 (1938). —
[30] G. Lindstedt: Acta chem. scand. 4, 448 (1950). — [31] R. Neu: Z. analyt.
Chem. 151, 321 (1956); 153, 183 (1956). — [32] J. C. Pew: J. Amer. chem. Soc. 70,
3031 (1948). — [33] K. Noack: Z. Bot. 14, 1 (1922); Shimuzu: Zit bei T. A. Geissman [15 b]; K. H. Müller, Diss. München 1953. — [34] B. L. Shaw – T. H. Simpson:
J. chem. Soc. 1952, 5027; T. H. Simpson – L. Garden: J. chem. Soc. 1952, 4638. —
[35] T. A. Geissman: loc. cit. [15 b] S. 475; R. A. Evans – W. H. Parr – W. C.
Evans: Nature (Lond.) 164, 674 (1949). — [36] R. Neu: Microchim. Acta (Wien)
1958, 266; 1957, 196; G. Lindstedt – A. Misiorny: Acta chem. scand. 5, 1 (1951). —
[37] R. Kawaguchi – K. W. Kim: J. Pharmac. Soc. Japan 57, 1 (1937); 60, 174
(1940). — [38] L. Hörhammer – R. Hänsel: Arch. Pharmaz. Ber. dtsch. pharmaz.
Ges. 286/58, 153 (1953). — [39] T. Ohta: Z. physiol. Chem. 263, 221 (1940). —
[40] C. G. Nordström – T. Swain: J. chem. Soc. 1953, 2764. — [41] D. L. Morris:
Science 107, 254 (1948). — [42] K. A. Piez – E. B. Tooper – L. S. Foodsick: J. biol.
Chem. 194, 669 (1952). — [43] H. Reznik: Persönliche Mitteilung. — [44] N. W.
Simmonds: Ann. Bot. NS 18, 471—482 (1954). — [45] R. Paris: Vortrag IV.
Intern. Kongr. Biochem. Wien 1958.

I. Wirkstoffe

I. Wachstumsregulatoren und verwandte Stoffe

Von

S. P. Sen

Neuere Untersuchungen unter Verwendung der Papierchromatographie haben
wichtige Ergebnisse gebracht über eine Anzahl natürlicher Wachstumsregulatoren,
die nicht zu dem bisher bekannten Indol-Typus gehören [1—4]. Die wichtigsten
davon sind: die Gibberelline, die Cocosnuß-Faktoren, die Kinetine und die Leukoanthocyanine. Von den 4 bekannten Gibberellinen konnte bisher lediglich Gibberellin A_1 als
in höheren Pflanzen vorkommend nachgewiesen werden [5, 6], während aber eine
große Anzahl gibberellinähnlicher Stoffe bei verschiedenen Arten gefunden werden
konnten [7—12]. Aus der Cocosnußmilch wurden 3 verschiedene Faktoren kristallin
gewonnen, von denen einer mit Diphenylharnstoff identisch ist [13, 14]. Das in den
Früchten von *Aesculus* und in der Cocosnußmilch als Monoglykosid vorkommende
Leukoanthocyanin hat Wuchsstoff-Charakter [15]; hingegen bleibt die Wuchsstoff-
eigenschaft der in der Natur, insbesondere bei den Holzgewächsen [16], weit ver-
breiteten Leukoanthocyanine noch zu beweisen. Kinetin (6-Furfurylaminopurin)
wurde aus DNS isoliert und hat als Zellteilungsfaktor besonders hohe physiologische
Aktivität. Der wachstumsregulierenden Eigenschaft einer Anzahl natürlich vorkommender Cumarine gilt steigendes Interesse. Außerdem werden zahlreiche
synthetische Wuchsstoffe, insbesondere Derivate der Benzoe-, Phenoxyessig-,
Naphthyl- und Phenylessig-Säure sowie Maleinhydrazid in großem Umfange in der
Landwirtschaft benutzt. Während papierchromatographische Untersuchungen der
Cocosnußmilch-Faktoren, der Leukoanthocyanine und Kinetine spärlich sind, wird
den Stoffen vom Indol-Typus, den Gibberellinen, gibberellinähnlichen Substanzen,

Cumarinen und noch nicht identifizierten Verbindungen, die eine bestimmte physiologische Aktivität auf Streckungswachstum und Keimung haben, größere Aufmerksamkeit geschenkt.

1. Analyse von bekannten Stoffen

a) Geräte

Die Stoffe können sowohl auf- als auch absteigend chromatographiert werden. Einige Komponenten lassen sich auch durch Rundfilter-Chromatographie trennen [17]. Für die Trennung der Gibberelline wird absteigende Chromatographie empfohlen, da die R_F-Werte sehr klein sind und man meist mit Durchlauf arbeiten muß [18]. Die chromatographische Trennung sollte, wenn eben möglich, im Dunkelraum oder zumindest bei abgeblendetem, langwelligem Licht (rot) durchgeführt werden, um den Abbau der IES und verwandter Verbindungen auf ein Minimum zu reduzieren [19]. Der Verlust bei längerer Aufbewahrung ist ebenfalls beträchtlich; man sollte daher unmittelbar im Anschluß an die Entfernung der Lösungsmittel durch Trocknung das Besprühen oder den bioautographischen Test vornehmen. Ist eine sofortige Verarbeitung der Chromatogramme nicht möglich, so sind diese in Stickstoffatmosphäre bei — 10° C im Dunkel aufzubewahren [20].

b) Papiere

Verschiedene Sorten sind brauchbar: Schleicher & Schüll Nr. 2043b, Whatman Nr. 1, Whatman Nr. 3 und Munktell OB. Für die Trennung der Gibberelline wurden als besonders geeignet gefunden: Schleicher & Schüll 598 und Munktells Elektrophoresepapier [18].

c) Lösungsmittel

Für Indolderivate eignen sich am besten Isopropylalkohol–Ammoniak–Wasser. Neutrale genuine Wuchsstoffe lassen sich meist am besten mit Wasser trennen. Dieses wird bei zweidimensionalem Chromatogramm ebenfalls als zweites Lösungsmittel benutzt. Wenig geeignet sind Gemische, die Chloroform, Aceton, Äthylenglykol, Formamid enthalten.

Für die Trennung aromatischer Säuren und verwandter Stoffe mit Wuchsstoffwirkung sind besonders Isopropanol–Wasser–Ammoniak geeignet. Zur Trennung der Gibberellinsäure von Gibberellin A erwies sich bisher nur Benzin–Eisessig–Wasser als geeignet. Für die Kinetine sind diejenigen Lösungsmittelgemische zu verwenden, die bei den Purin- und Pyrimidin-Basen benutzt werden. Die Leukoanthocyanine lassen sich am besten nach Umwandlung in Anthocyanine mit Eisessig–Salzsäure–Wasser trennen. Zur Trennung der Cumarine hat sich Wasser am besten bewährt.

Die R_F-Werte für eine Anzahl von Indol-Verbindungen, die in Pflanzen vorkommen oder deren Vorkommen anzunehmen ist, sind in Tab. 59 zusammengestellt. Für zahlreiche synthetische aromatische Säuren, Gibberelline, Kinetin, Anthocyanine und Cumarine sind die R_F-Werte in den Tab. 60—64 zusammengefaßt.

Um die aufgeführten R_F-Werte reproduzieren zu können, soll Ammoniak von spez. Gewicht 0,880 verwendet werden. Die Entwicklungskammern sind 24 h vor Einbringen der Papiere mit der Dampfphase der Lösungsmittel zu sättigen. Die Lösungsmittel sollen alle 3 Tage

Tabelle 59. R_F-Werte von Indol-Derivaten in

Verbindungen	Isopropanol, Ammoniak, Wasser (10:1:1)	Isopropanol, Ammoniak, Wasser (8:1:1)	Butanol, gesättigt mit 5% Ammoniak
Indol	0,99	0,80	0,95
Skatol	0,98	—	—
Indol-3-Aldehyd	0,86	—	0,87
Indol-3-Acetaldehyd	—	—	0,88
Indol-3-Carboxylsäure	0,22	0,23	0,15
Indol-3-Brenztraubensäure	0,12 (?)	—	—
Indol-3-Essigsäure (IES)	0,37	0,35	0,25
Äthyl-Indolacetat	0,97	—	0,84
Indol-Propionsäure	0,44	0,36	0,30
Indol-Buttersäure	0,56	0,48	0,37
Tryptophan	0,19	0,25	0,23
Tryptamin	0,75	0,68	0,79
Gramin	0,88	0,78	—
Indol-Acetonitril (IAN)	0,99	0,83	0,85
Indol-Acetamid	0,59	0,72	0,84
Indol-Glykolsäure	—	—	—
N-Acetylindoxyl	0,87	—	—
1-Hydroxy-Indol-Essigsäure	—	—	0,22
5-Hydroxy-Indol-Essigsäure	0,17	0,22	—
7-Hydroxy-Indol-Essigsäure	0,10	—	—
5-Hydroxy-Tryptophan	0,11	0,14	—
5-Hydroxy-Tryptamin (Serotonin) .	0,52	0,57	—
Indol-Acetylasparaginsäure	—	0,10	—
Indol-Acetylglycin	—	—	—
Indol-Acetylalanin	—	—	—
Indol-Acetylvalin	—	—	—
Indol-Acetylleucin	—	—	—
Indol-Acetyl-Coenzym A	—	—	—
Indol-Acetyl-Adenosinmonophosphat	—	—	—

L1 = tert. Butanol–Ammoniak–Wasser (8:1:1); L2 = Phenol–Wasser; L3 = Butanol–Eisessig–Wasser (12:3:5); L4 = Isopropanol–Wasser (4:1); L5 = Butanol–Ammoniak–Wasser (100:3:18); L6 = Butanol–Eisessig–Wasser (4:1:1); L7 = Butanol gesättigt mit 2 n-Ammoniak; L8 = n-Propanol-konz. Ammoniak–Wasser (6:3:1); L9 = Isopropanol, gesättigt mit 0,15 n-Ammoniak; L10 = Eisessig–Wasser (1:3, v/v); L11 = Chloroform–Äthanol–Ameisensäure–Wasser (20:4:2:1); L12 = Benzin–Pyridin–3 n-Ammoniak (3:6:1); L13 = Äthanol–Wasser–Ammoniak (90:5:5); L14 = Äthylacetat-Pyridin–Wasser (2:1:2); L15 = Wasser, Kammer mit Essigsäureatmosphäre; L16 = Wasser, Kammer mit Ammoniakatmosphäre; L17 = Isopropanol–Eisessig–Wasser (100:11:9); L18 = n-

erneuert werden, da aus älteren Mischungen Ammoniak und Alkohol flüchtig werden und die R_F-Werte sich stark ändern. Die Atmosphäre der Entwicklungskammer muß ständig gesättigt sein.

verschiedenen Lösungsmittel-Systemen [7, 21—38]

Äthanol 70%	Butanol, Äthanol, Wasser (4:1:1)	Wasser	Andere Lösungsmittel
0,86	0,93	—	L1—0,84; L2—0,99
0,88	0,93	—	L3—0,98
0,86	0,92	0,47	L4—0,87; L5—0,81; L6—0,85
0,45	—	—	L7—0,41; L8—0,88
0,81	0,82	0,92	L9—0,44; L5—0,12; L8—0,68
—	—	—	L10—0,37
0,77	0,66	0,89	L10—0,83; L8—0,75; L7—0,29; L5—0,18; L11—0,83; L12—0,35; L13—0,57; L14—0,9; L15—0,65
0,80	0,91	0,59	L15—0,78; L16—0,87; L8—0,89
0,91	0,76	0,85	L2—0,82; L1—0,32
0,84	0,86	0,89	L2—0,87; L1—0,41
0,40	0,26	0,63	L4—0,28; L8—0,74; L2—0,77
0,71	0,42	0,28	L17—0,28; L18—0,98; L8—0,90
0,76	0,60	0,35	L19—0,93; L20—0,98; L21—0,67
0,86	0,94	0,41	L15—0,65; L16—0,60; L7—0,94; L5—0,87; L8—0,89; L6—0,89
0,73	—	0,51	L8—0,87; L5—0,70; L6—0,79
—	—	—	L22—0,47; L23—0,16; L24—0,76; L6—0,82; L25—0,01
0,80	0,87	0,63	L2—0,93; L19—0,97; L20—0,97
—	—	—	L8—0,97
—	—	0,78	L6—0,68; L26—0,43; L21—0,51
—	—	—	L27—0,62
—	—	0,80	L28—0,43; L1—0,08
—	—	—	L6—0,44; L29—0,56; L30—0,53
—	—	—	L4—0,59; L6—0,75
—	—	—	L14—0,30
—	—	—	L14—0,40
—	—	—	L14—0,50
—	—	—	L14—0,60
—	—	—	L31—0,60; L32—0,05
—	—	—	L33—0,55

Hexan, in der Kammer 100% Luftfeuchtigkeit; L19 = Pyridin–Ammoniak (4:1); L20 = Butanol–Äthanol–Ammoniak (1:1:2); L21 = Methanol–Ammoniak–Wasser (8:1:1); L22 = Isopropanol–Ammoniak–Wasser (80:5:15); L23 = Benzin–Propionsäure–Wasser (20:14:1); L24 = 20% KCl g/v; L25 = Butanol–Pyridin–Dioxan–Wasser (14:4:1:1); L26 = n-Propanol–Ammoniak–Wasser (8:1:1); L27 = 0,5 m-Eisessig in 83% Isopropanol; L28 = 60% Isopropanol in 1,1 n-Ammoniak; L29 = Phenol–0,02 n-HCl (80:20) g/v, einige mg KCN, Atmosphäre gesättigt mit SO_2; L30 = n-Propanol–1 n-Ammoniak (5:1); L31 = 95% Äthanol–0,1 m-Natriumacetat p_H 4,5 (1:1); L32 = Isopropanol mit 1,25% Eisessig–20% Ammoniumacetat (4:1); L33 = Isobuttersäure–Ammoniak–Wasser (66:1:33).

Tabelle 60. *R_F-Werte der Gibberelline und gibberellinähnlichen Substanzen* [7, 9, 18, 34]

Substanzen	Benzin, Eisessig, Wasser (4:1:2) obere Phase	Butanol, 1,5 n-Ammoniak- (3:1) obere Phase	Amylalkohol, Pyridin, Wasser (35:35:30) obere Phase	Butanol, Eisessig, Wasser (19:1:6) obere Phase	Äthanol, 3 n-Ammoniak (4:1)	Chloroform, Äthanol, Ameisensäure (20:4:2:1)	Benzin, Pyridin, 3 n-Ammoniak (3:6:1)
Gibberelline							
Gibberellin A_1 . . .	1,55[1]	0,24	0,55	0,89	0,72	—	—
Gibberellin A_2 . . .		0,29	0,61	0,87	0,73	—	—
Gibberellin A_3 . . .	1,00[1]	0,25	0,58	0,85	0,74	0,46	0,50
(Gibberellinsäure)							
gibberellinähnliche							
Substanzen aus:							
Pisum	—	0,43	0,65	0,91	0,73	0,46	—
Phaseolus	—	0,27	0,65	0,85	0,76	—	—
Äsculus	—	0,43	0,66	0,86	0,74	—	—
Echinocystis	—	0,51	0,77	0,87	—	—	—
Lupinus	—	0,11	0,48	0,67	—	—	—

[1] Bezogen auf Gibberellinsäure = 1; errechnet aus den Abbildungen von BIRD-PUGH [18].

Tabelle 61. *R_F-Werte von Kinetin in verschiedenen Lösungsmitteln* [42]

	Wasser	Isopropanol, Wasser (4:1)	Isopropanol, Ammoniak, Wasser (10:1:1)	69% Buttersäure in 0,85% NaOH
Kinetin	0,72	0,70	0,74	0,84

Tabelle 62. *R_F-Werte einiger Anthocyanine nach Umwandlung aus Leukoanthocyaninen* [39]

Substanz	E_{max} in $m\mu$	n-Butanol, 2 n-HCl (1:1) obere Phase	Essigsäure, Wasserkonz. HCl (30:10:3)	m-Kresol, 5,5 n-HCl, Eisessig (1:1:1)
Pelargonidin . . .	530	0,80	0,68	0,82
Cyanidin	545	0,69	0,50	0,69
Päonidin		0,72	0,63	0,87
Delphinidin . . .		0,35	0,30	0,52
Petunidin	555	0,45	0,45	0,75
Malvidin		0,53	0,60	0,90

Tabelle 63. R_F-*Werte natürlich vorkommender Cumarine und verwandter Stoffe in verschiedenen Lösungsmittelsystemen* [40—42]

Substanzen	Wasser	10% Essig-säure	Isopro-panol, Wasser (1:4)	Isopropa-nol, Am-moniak (10:1)	Dioxan, Wasser (1:9)	Äthylen-glykoll, Wasser (1:9)	Pyridin, Wasser (3:97)
Cumarin	0,67	0,76	0,74	—	—	—	—
Umbelliferone .	0,57	0,60	0,66	...	...	...	...
Äsculetin. . . .	0,34	0,45	0,54	...	...	...	...
Scopoletin . . .	0,50	0,51	0,60	...	...	...	...
Limettin . . .	0,11	0,39	0,44	0,68	0,57	0,4	0,56
Bergapten . . .	0,19	0,45	0,38	0,86	0,41	0,26	0,32
Ferulin	0,00	...	...	0,96	0,00	—	—
Ayapin	0,48	...	...	0,80	0,63	0,56	0,59
Daphnetin . . .	0,61	0,54	0,62	...	...	...	...
Seselin	0,43	...	...	0,74	0,62	0,54	0,55
Pimpinellin. . .	0,38	...	...	0,72	0,61	0,54	0,59
Xanthotoxin . .	0,33	0,58	0,57	...	...	...	...
o-Cumarinsäure.	0,86	0,81	...	...	...	...	...
p-Cumarinsäure.	0,49	0,79	...	...	...	...	...
Kaffee-Säure . .	0,78	0,38	0,78	...	...	...	...
Ferula-Säure . .	0,78	0,48	0,77	...	...	...	...
Chlorogen-Säure	0,89	0,64	0,81	...	...	...	...
Chelidon-Säure .	0,92	0,93	0,20[1]	0,11[2]	...	...	...

[1] Isopropanol–Wasser (4:1);   [2] Isopropanol–Ammoniak–Wasser (10:1:1).

Tabelle 64. R_F-*Werte synthetischer Wachstumsregulatoren* [21, 26, 43]

Substanz	Phenol, Wasser (80:30)	Butanol, Wasser (623:42) Propion-säure, Wasser (620:790) 1:1, org. Phase	Isopropanol, Wasser, Ammoniak (10:1:1)	Butanol, Ammoniak, Wasser (55:1:6)
A. Benzoesäure-Derivate				
Benzoesäure	0,89	0,92	0,55	...
o-Brom-Benzoesäure	0,86	0,93	0,55	...
o-Chlor-Benzoesäure	0,76	0,93	0,58	...
2,3,5-Trijod-Benzoesäure	...	0,92	0,78	...
p-Amino-Benzoesäure	0,81	0,96	0,16	...
B. Phenyl-Essigsäure	0,83	0,92	0,51	...
C. Phenoxyessigsäure-Derivate				
Phenoxyessigsäure	...	0,91	0,67	...
o-Chlor-Phenoxyessigsäure . . .	...	0,89	0,60	...
p-Chlor-Phenoxyessigsäure. . . .	...	0,89	0,56	...
2,4-Dichlor-Phenoxyessigsäure . . (2,4-D)	0,83	0,91	0,67	0,38
2,4-Dichlor-Phenoxyacetamid . .	...	...	0,86[1]	...
3,4,5-Trichlor-Phenoxyessigsäure .	0,76	0,94	0,80	...
D. Naphthalin-Derivate				
α-Naphthylessigsäure	0,93	0,94	0,58	...
β-Naphthyloxyessigsäure	0,90	0,91	0,61	...
E. Maleinsäurehydrazid	...	...	0,20	...

[1] Isopropanol–Ammoniak–Wasser (8:1:1).

Tabelle 65. *Nachweis der Indole auf*

Substanz	Fluorescenz im Ultraviolett	Farbreaktionen			
		FeCl$_3$-HClO$_4$		p-Dimethyl-amino-benzaldehyd	
		Farbe	Menge in μg	Farbe	Menge in μg
Indol	blaßgrün	orangerot	3	hellrot	3
3-Methyl-Indol	hellblau	rosabraun	3	blau	1
Indol-3-Aldehyd	hellgelb	hellbraun	3	hellbraun	3
Indol-3-Acetaldehyd . . .	—	—	—	—	—
Indol-3-Carboxylsäure . .	blau	orange	1	rosa	1
Indol-3-Essigsäure	grau	rosa	1	graurosa	1
Indol-3-Propionsäure . . .	hellblau	hellbraun	1	graugrün	1
Indol-3-Buttersäure	hellblau	braun	1	blaugrün	1
Indol-3-Acetamid	gelbbraun	rosa	1	rosabraun	1
Äthyl-Indol-3-Acetat . . .	hellblau-grün	rosa	1	rosablau	1
Indol-3-Aceto-Nitril . . .	grün-blau	grün	3	gelb	1
Tryptophan	gelbgrün nach Zugabe von HClO$_4$	hellbraun	1	rosa	1
Tryptamin		blaßbraun	—	—	—
Gramin	grau	rosablau	5	gelb	1
N-Acetyl-Indoxyl	blau	hellbraun	10	orange	3
Indol-Brenztraubensäure .	blau-purpur	gelb mit violettem Rand	—	gelb nach grün	—
Indol-Glykolsäure	rötlich-violett	rosa	—	hellrosa	—
Indol-Acetylasparaginsäure	violett	hellviolett	—	blauviolett	—
5-Hydroxy-Tryptamin . .	rosa	—	—	blau	—
5-Hydroxy-Indolessigsäure	—	grün-blau	—	grün-blau	—

DCCC = Dichlorchinon-Chlorimid; DSS = diazotierte Sulfanilsäure; ECNP = Eisencyanid-Nitroprussid; BKG = Bromkresolgrün; DPNA = diazotiertes p-Nitroanilin; DNP = 2,4 — Dinitrophenylhydrazin.

d) Nachweisreaktionen

Die meisten Verbindungen sind durch geeignete Farbreagentien oder im UV-Licht nachweisbar anhand ihrer Fluorescenz. Diese kann durch Bestrahlung des Papieres an der Vorder- oder Rückseite mit einer UV-Lampe (Emissionsmaximum 2537 Å) direkt oder nach Besprühen beobachtet werden. Zum Tryptophannachweis wird das Papier mit einer alkoholischen Lösung von Perchlorsäure besprüht [*44*]. Gibberelline werden durch Besprühen mit verdünnter Schwefelsäure sichtbar. Die

Papier [21, 22, 28, 30, 33, 36, 46—48, 126]

| mit | | | | Andere Reagentien | |
| KNO$_2$-HNO$_3$ | | Zimtaldehyd, HCl | | | |
Farbe	Menge in μg	Farbe	Menge in μg	Reagens	Farbe
rot	3	rosabraun	3	DCCC	rot
				5 N H$_2$SO$_4$	rosa
				DPNA	braun
gelb	3	hellbraun	3	—	—
gelb	10	gelb	3	van Eck-Reagens	gelb
				DNP, HCl	orangerot
—	—	—	—	van Eck-Reagens	rot-violett
rot	3	orange	3	DPNA	orange-braun
rot	3	gelbbraun	1	DCCC	braun
				Br$_2$	gelbrot
				Crotonsäure in Aceton	rotbraun
				DPNA	gelb
				Fructose in konz. HCl	rot
gelb	3	hellbraun	1	—	—
gelb	3	hellbraun	1	—	—
rosabraun	1	gelbbraun	3	DPNA	orange
gelbbraun	3	gelb	5	DPNA	gelb-orange
aschbraun	3	gelb	5	DPNA	orange
gelb	1	hellbraun	3	Ninhydrin	braun-purpur
				DSS	rot-orange
				DCCC	rosa
				0,5 n H$_2$SO$_4$	grau
gelb	3	—	—	Ninhydrin	braun
				ECNP	weiß
				DCCC	rosa
				0,5 n H$_2$SO$_4$	grau
—	—	—	—		—
hellbraun	10	hellbraun	3	HCl, Ninhydrin	braun
orange	—	—	—	ammoniakalisches AgNO$_3$	Reduktion sofort
rot	—	—	—	ammoniakalisches AgNO$_3$	Reduktion nach 15 min od. spät.
—	—	—	—	0,4% K$_3$Fe(CN)$_6$	gelbe Fluorescenz
				Nitroso-Naphthol	purpur
—	—	—	—	DPNA	rot
				DSS	orange

Fluorescenzfarbe und die Empfindlichkeit der Reaktion hängt von H$_2$SO$_4$-Konzentration ab. Mit verdünnter Schwefelsäure (1% in 95% Äthanol) unter Erhitzen auf 60° C für 5 min werden Mengen größer als 5 μg nachgewiesen. Mit konz. Schwefelsäure liegt die Nachweisgrenze unter 0,1 μg [34]. Die Fluorescenz der Cumarine wird durch Besprühen mit 2 n-NaOH verstärkt [40, 41]. Auf jeden Fall soll die Bestrahlung mit UV-Licht so kurz als möglich sein, um Molekül-Umbauten und Abbauerscheinungen auf ein Minimum zu reduzieren. Die Farbreaktionen, Fluorescenzfarben und die untere Nachweisgrenze sind in den Tab. 65 u. 66 zusammengestellt [21, 22, 28, 30, 33, 36, 40—42, 46, 48, 126].

Tabelle 66. *UV-Absorptionsmaxima, Fluorescenz- und Farbreaktionen natürlich vorkommender Cumarine und verwandter Stoffe* [40—42]

| Substanzen | λ_{max} (mμ) | Fluorescenz | | | Farbreaktion mit | | | |
		unbehandelt	behandelt mit NH₃-Dampf	behandelt mit 2 n-NaOH	1% KMnO₄	AgNO₃ + NaOH	2 n-NaOH + DPNA + Na-Acetat	Bisdiazotiert. Benzidin
Cumarin	276, 307, 311	—	—	grüngelb	gelbgrün	—	leuchtend rot-violett	—
Umbelliferon . .	211, 325	hellblau	hellblau	hellblau	gelb	—	blau-braun	rot
Äsculetin	229, 260, 300 und 348	hellblau	blaugrün	hellgelb	schwach-braun	schwarz	braun	braun
Scopoletin . . .	230, 254—258	hellblau	hellblau	grünblau	grün	braun	grün	grün
Limettin	222, 247, 250, 324	gelb	dunkelgelb	blaß-dunkelgelb	—	—	—	—
Bergapten . . .	221, 251, 260, 266, 312	blaßgelb	blau	blaßgrün	—	—	schwach-braun	—
Ferulin	—	braun	tiefbraun	rot	grüngelb	—	—	—
Ayapin	231, 298, 344	violett	blau	blaugrün	grüngelb	—	—	—
Daphnetin . . .	260, 327	blaßgelb	hellgelb	braun	gelbgrün	schwarz	braun	orangerot
Seselin	218, 260, 268, 284, 294, 330	blaßblau	grünblau	gelbgrün	grüngelb	—	—	—
Pimpinellin . . .	220, 253, 304	blau	blau	—	—	—	—	—
Xanthotoxin . .	219, 249, 300	gelb	gelb	hellgelb	blaßgelb	—	—	—
o-Cumarinsäure .	—	bläulich	gelbgrün	hellgelb	—	—	violett	gelb
p-Cumarinsäure .	—	blaßblau	blau	dunkelblau	blaßgelb	—	—	—
Kaffeesäure . . .	—	blaßblau	blau	blaßgelb	gelbgrün	schwarz	braun	braun
Ferulasäure . . .	—	blau	blau	blau	gelbgrün	schwarz	blaßbraun	braun
Chlorogensäure .	—	blaßblau	gelbgrün	blaßgelb	gelbgrün	schwarz	braun	blaßbraun
Chelidonsäure . .	—	violett	violett	dunkelgelb	gelb	braun	—	—

e) Die Reagentien

1. **Eisenchlorid-Perchlorsäure.** 100 ml einer 5%igen (v:v) $HClO_4$-Lösung und 2 ml 0,05 m-$FeCl_3$ werden gemischt und sind lange Zeit stabil. Vor Gebrauch mit gleichem Volumen Alkohol verdünnen. Gibt keine Reaktion mit Verbindungen, die in 2- und 3-Stellung mit Sauerstoff substituiert sind.

2. **p-Dimethylaminobenzaldehyd.** 2 g reines p-Dimethylamino-benzaldehyd wird in 100 ml 1,2 n-HCl gelöst. Lösung ist etwa 1 Woche im Kühlschrank haltbar. Vor Gebrauch mit gleichem Volumen Alkohol verdünnen. Reagiert mit allen Indolverbindungen in verschiedenen Farben. Färbung verändert sich im Laufe der Zeit.

3. **Salpetrige Säure.** 1 g KNO_2 wird in 20 ml HNO_3 gelöst und mit 80 ml 95%igem (v:v) Äthylalkohol verdünnt. Von DENFFER und Mitarbeiter [46] besprühen das Papier mit einer 1%igen alkoholischen Lösung von $NaNO_2$ und lassen anschließend HCl-Dampf einwirken.

4. **Zimtaldehyd.** 5 ml Zimtaldehyd werden in 95 ml 95%igem Äthanol gelöst und 5 ml konz. HCl zugefügt.

5. **DCCC.** Das Dichlorochinon-Chlorimid-Reagens wird hergestellt durch Lösung von 1 g 2,6-Dichlorochinon-Chlorimid in 95% Äthyl-alkohol.

6. **Van Ecks-Reaktion.** 5 g Benzidin werden in 100 ml Essig-säure gelöst.

7. **Br_2.** Das Brominreagens wird hergestellt durch Lösung von 0,5 ml flüssigem Brom in 50 ml Eisessig und 50 ml Wasser.

8. **Ninhydrin-Reaktion.** 0,1%ige Lösung von Triketohydrinden-hydrat in n-Butanol.

9. **DSS.** Diazotierte Sulfanilsäure wird auf folgende Weise hergestellt. Lösung A: 0,5 g Sulfanilsäure in 5 ml 12 n-HCl unter Erhitzen lösen und anschließend mit 55 ml Wasser verdünnen. 50 ml dieser Lösung werden in Eiswasser gekühlt und 50 ml 4,5%ige Lösung (g:v) $NaNO_2$ zugegeben; weitere 15 min im Eisbad belassen. Lösung B: 10% (g:v) Na_2CO_3. Vor Gebrauch Lösungen A und B im Verhältnis 1:1 mischen.

10. **ECNP.** Zur Herstellung des Eisencyanid-Nitroprussid-Reagens werden gleiche Volumina 10%ige NaOH (g:v), 10% (g:v) Nitroprussid-Natrium und 10% Kaliumferrocyanid (g:v) gemischt und 20 min stehen gelassen bis sich die dunkle Farbe zu blaß-gelb aufhellt.

11. **Prolin-Reagens.** 1%ige (g:v) wäßrige Prolinlösung.

12. **Thymol-Reagens.** 5%ige (g:v) Thymol-Lösung.

13. **Diazotiertes p-Nitroanilin (DPNA).** 25 ml einer frisch zubereiteten, gekühlten Lösung von 5% $NaNO_2$ wird unter ständigem Rühren einer Lösung von p-Nitroanilin (6,5 g in 6,5 ml 12 n-HCl gelöst und mit Wasser auf 100 aufgefüllt) bei 0° C zugegeben. Nach leichtem Besprühen des Papieres mit diesem Reagens wird anschließend 5% Na_2CO_3 aufgesprüht.

14. **Kaliumferricyanid.** 4,4% $K_3Fe(CN)_6$ in 0,1 m-Phosphat-Puffer (272,3 mg KH_2PO_4, 831,3 mg Na_2HPO_4 zu 100 ml Wasser).

15. **Alkoholische Perchlorsäure.** 20 ml 60%ige $HClO_4$ wird in 100 ml absolutem Äthanol gelöst.

16. DNP. 0,2%ige (g:v) Lösung von 2,4-Dinitrophenylhydrazinhydrochlorid.

17. Gesättigte Lösung von Vanillin in Äthanol.

18. 1%ige (g:v) Lösung von $KMnO_4$.

19. **Bis-diazotiertes Benzidin.** 0,5 g Benzidin wird in 1,4 ml HCl gegeben und die Suspension mit 98 ml dest. Wasser verdünnt. Unter Zugabe eines gleichen Volumens 10% $NaNO_2$ wird die Mischung so lange gerührt, bis sie klar und blaß-gelb ist. Sie muß vor Gebrauch stets frisch angesetzt werden. Nach dem Aufsprühen dieser Lösung wird auf das Papier 2% (g:v) Na_2CO_3 aufgespritzt.

20. **Silbernitrat-Reagens.** 0,1 ml einer gesättigten wäßrigen Lösung von $AgNO_3$ wird mit 20 ml Aceton und tropfenweise mit Wasser unter Schütteln verdünnt, bis sie klar ist. Nach Applikation dieser Lösung wird das Chromatogramm mit einem Gemisch (1:3) aus 2n-NaOH und Äthanol besprüht. Nach 10 min wird das Papier in Eisessig gebadet, um das überschüssige Silberoxyd zu entfernen.

21. **Ammoniakalisches Silbernitrat.** 50 ml NH_4OH (spez. Gew. 0,880) wird mit 100 ml n-$AgNO_3$-Lösung gemischt.

22. 1% (g:v) α-Nitroso-β-Naphthol in Äthanol.

Alle diese Reagentien sind im Kühlschrank etwa 2 Wochen haltbar, außer der Stammlösung von DSS, die nach 3 Tagen unbrauchbar wird. Weitere spezifische Farbteste können bei bestimmten Verbindungen mit anderen geeigneten Sprühreagentien [49] gemacht werden. Nach dem Aufsprühen der Reagentien werden die Papiere 3—10 min lang auf 65° C erwärmt. Dabei darf die Erhitzungszeit nicht überschritten werden, da bei starksauren Reagentien das Papier brüchig und der gesamte Untergrund schwarz wird.

Aromatische Säuren sind am besten durch Aufsprühen eines p_H-Indicators nachzuweisen. Dazu wird üblicherweise 0,01 g Bromkresolgrün in 100 ml 90% Äthylalkohol gelöst und 0,1 n-NaOH bis zur Grünfärbung zugeführt. Dann entstehen auf dem Papier gelbe Flecken auf grünem oder blauem Hintergrund, ohne daß eine Erhitzung notwendig ist. Wichtig ist jedoch, die Atmosphäre bei dieser Prozedur frei von Säuredämpfen zu halten, da ansonsten das gesamte Papier gelb wird und keinerlei Flecken gefunden werden können. Die Farbreaktion verblaßt allmählich, so daß sich eine Markierung der Flecken empfiehlt, sobald das Papier angetrocknet ist. Die Gibberelline lassen sich nachweisen durch leichtes Besprühen des Papieres mit einer 0,5%igen wäßrigen Lösung von $KMnO_4$. Unmittelbar nach dem Erscheinen der gelben Flecken wird das Papier aufs neue mit dem gleichen Reagens besprüht und dann in fließendem Leitungswasser gespült, um das überschüssige Permanganat zu entfernen. Es bleiben braune Flecken auf weißem Untergrund [18]. Leukoanthocyanine werden durch Besprühen mit konz. HCl in Äthanol (1:1) und einer gesättigten alkoholischen Lösung von Vanillin als rote Flecken sichtbar [9, 16]. Als Reagens auf Cumarine dient ebenfalls eine 1%ige $KMnO_4$-Lösung oder das p-Nitroanilin-Reagens [40]. Kinetine werden mit den zum Nachweis der Purin-Basen dienenden Reaktionen lokalisiert (vgl. S. 207 ff.).

Auch lassen sich die Chromatogramme photographisch protokollieren, wenn sie mit Licht geeigneter Wellenlänge unmittelbar bestrahlt werden. So wird z. B. IES mit Licht von 280 mμ (Absorptionsmaximum der IES) bestrahlt, das sich mit Hilfe eines Monochromators erzeugen läßt, und auf Agfa LUN 1 aufgenommen [50].

2. Analyse von unbekannten Substanzen

Unbekannte Verbindungen mit Wuchsstoffcharakter in einem pflanzlichen Extrakt werden direkt nach der Fraktionierung chromatographiert. Dazu sind meist größere Mengen Pflanzenmaterial nötig, da die Konzentration der natürlich vorkommenden Wuchsstoffe in den meisten Geweben sehr niedrig ist.

Alle verfügbaren Methoden zur Extraktion natürlicher Wachstumsregulatoren haben Fehlerquellen. Mit den verschiedenen Extraktionsmitteln werden jeweils andere aktive Substanzen erfaßt. Mit Wasser werden zugleich zahlreiche unerwünschte, insbesondere auch Hemm-Stoffe extrahiert. Um enzymatische und bakterielle Tätigkeit zu reduzieren, müssen Wasser-Extraktionen stets bei 0—4° C vorgenommen werden. Äther-Extraktionen in der Kälte haben zahlreiche Vorteile, jedoch wird die enzymatische Aktivität nicht genügend blockiert. Diese kann auf ein Minimum reduziert werden durch Zugabe von 0,01% Natriumdiäthyldithiocarbamat oder Thioharnstoff [51]. 96—100% Methanol oder Äthanol ist ebenfalls vorteilhaft [52, 53]. Alkalieinwirkung und Hitze sind auf jeden Fall soweit wie möglich zu vermeiden, um Hydrolyse und Zerstörung bestimmter Stoffe zu verhindern.

a) Extraktionsmethode

Das Pflanzengewebe wird nach der Wägung sofort mit der 10fachen Menge 80%igem Äthanol in einen Waring-Blendor gegeben. Hierdurch wird das Gewebe gleichzeitig zerkleinert und extrahiert (5 min). Mit Alkohol werden beide Fraktionen in andere Gefäße gespült und 24 h bei 0° C gehalten. Der Extrakt wird dann im Vakuum zu einem bekannten Volumen eingeengt und anschließend chromatographiert [54]. Falls die Entfernung weiterer unerwünschter und störender Stoffe, die normalerweise im pflanzlichen Gewebe vorhanden sind, notwendig ist, so kann dies entweder durch Ausschütteln mit Äther oder Chromatographie in Phenol-Wasser oder Propionsäure-Butanol-Wasser erfolgen. Bei diesen beiden Lösungsmittelgemischen wandern die Indolkomponenten dicht hinter der Lösungsmittelfront, während andere Substanzen (wie organische Säuren, Aminosäuren, Zucker, phosphorylierte Stoffe) wesentlich geringere R_F-Werte haben. Der Streifen mit R_F-Werten 0,8—1,0 wird ausgeschnitten, eluiert und anschließend in der üblichen Weise mit Isopropanol-Ammoniak-Wasser weiter getrennt [21].

b) Fraktionierung

1. Neutrale Wuchsstoffe [28]. Das Material wird in einem Mörser mit etwas gewaschenem Quarzsand und dem halben Volumen Phosphat-Puffer (p$_H$ 7,0) zerrieben. Der Brei wird dann in einem Scheidetrichter mit peroxydfreiem Äther 30 min lang geschüttelt (peroxydfreier Äther wird durch Destillation über CaO und FeSO$_4$ hergestellt). Diese Extraktion ist dreimal zu wiederholen. Der Niederschlag wird 6 h lang mit frischem Äther versetzt und der ganze Prozeß noch dreimal wiederholt. Die Ätherextrakte werden vereinigt.

Zur Entfernung von sauren Substanzen werden die vereinigten Extrakte mit einem kleinen Volumen gesättigter Glucoselösung, die 8% $NaHCO_3$ enthält, ausgeschüttelt. Die gewaschene Ätherlösung enthält nunmehr die neutralen Auxine. Zur Abtrennung der Aldehyde wird der Äther abgedunstet und der Rückstand mit etwa 5 ml Wasser aufgenommen und eine gleiche Menge einer gesättigten $NaHSO_3$-Lösung zugegeben. Dann wird festes $NaHSO_3$ in kleinen Mengen zugefügt, bis vollständige Sättigung erreicht ist und 10 min lang geschüttelt. Die ätherlöslichen Verunreinigungen werden durch erneutes Ausschütteln mit Äther entfernt. Die zugegebenen Bisulfit-Teile werden mit 20% Na_2CO_3 zerstört. Der Inhalt wird dann mit Wasser extrahiert und eingeengt.

   2. Saure Wuchsstoffe. Der verbleibende Rückstand wird nach mehrstündiger Ätherextraktion mit HCl auf p_H 2,8 eingestellt und wiederholt mit Äther extrahiert. Der wäßrige Extrakt wird mit der sauren Fraktion vereinigt und vorsichtig mit 0,5 n-HCl und 0,02%iger wäßriger Methylorange-Lösung als Indicator titriert. Nach Farbumschlag von Orange nach Rot werden noch 2 Tropfen der Säure zu je 30 ml des wäßrigen Extraktes zugegeben, so daß sich ein End-p_H-Wert von 2,7—2,8 ergibt [55]. Der ätherische Extrakt wird zur Trockne eingedampft und der Rückstand mit Wasser aufgenommen.

   Zur Gewinnung der gebundenen Wuchsstoffe (*"bound auxins"*) wird der Gesamtrückstand aller vorausgehenden Manipulationen mit Borax–Natriumhydroxyd-Puffer [p_H 10,0; 0,1 n-NaOH + 0,05 Mol Borax (19,1 g/l) 4:6] versetzt und 10 h im Autoklaven oder im Soxhlet hydrolysiert. Anschließend wird das Hydrolysat mit der gleichen Menge Borax–Natriumhydroxyd-Puffer verdünnt und nach Sättigung mit Glucose mehrere Male mit Äther extrahiert. Sodann werden wäßriger Extrakt und Rückstand nochmals mehrere Male mit angesäuertem Äther (p_H 2,8) ausgeschüttelt. Die ätherischen Extrakte werden vereinigt, der Äther abdestilliert und die Rückstände in einer kleinen Menge Wasser gelöst.

   Sind nur ätherlösliche saure Wuchsstoffe zu untersuchen, so werden die alkoholischen Extrakte mit angesäuertem Äther (mit $NaHCO_3$ auf p_H 3,0 eingestellt) ausgeschüttelt, die wäßrige Schicht nochmals angesäuert und nochmals mit Äther ausgeschüttelt [56]. Ätherische Extrakte können unmittelbar gewonnen werden durch Inkubation des Materials bei 5° C 48 h im Dunkeln [57].

   Zur Verhinderung unerwünschter enzymatischer Umsetzungen kann man das Gewebe schnell mit Trockeneis (Kohlensäureschnee; falls die Verarbeitung nicht unmittelbar anschließend erfolgen kann, wird das Gewebe lyophilisiert und im Exsiccator über P_2O_5 aufbewahrt) einfrieren, anschließend zerkleinern und mit absolutem Alkohol 12—24 h bei —10° C extrahieren [58]. Weitere Fraktionierungen müssen sich nach Bedarf anschließen.

   3. Synthetische Wuchsstoffe. Zur Extraktion von Pflanzen, denen 2,4-D appliziert wurde, wird das Gewebe unter Wasserzusatz mit gewaschenem Sand zerkleinert, aufgekocht und der Brei filtriert. Das Filtrat wird mit konz. Schwefelsäure auf p_H 1,0 eingestellt und viermal mit je 7,5 ml Äther extrahiert. Die vereinigten Ätherfraktionen werden sodann viermal mit je 7,5 ml einer 0,2 m-Lösung von $NaHCO_3$ in gleicher Weise extrahiert. Die wäßrige Fraktion wird wiederum auf p_H 1,0 eingestellt und wie zuvor mit Äther extrahiert. Die abgetrennte ätherische Schicht wird verdampft und der Rückstand mit Wasser rückgelöst [59].

4. Gibberelline und gibberellin-ähnliche Substanzen. Samen oder Pflanzengewebe (etwa 350 g) werden als solche oder nach Tiefkühlung bei $-15°$ C zerkleinert, mit 300 ml Aceton–Wasser (1:1) versetzt und 24 h lang geschüttelt [9]. Auch kann das zerkleinerte Material mit Äthanol überschichtet bei 0° C über Nacht stehengelassen werden [7, 8]. Das Extraktionsmittel wird filtriert, das Filtrat zur Trockne eingedampft. Das Gewebe kann auch im Mixer mit Aceton–Wasser zerkleinert werden und der sich ergebende Brei 48 h lang in der Kälte aufbewahrt werden [9]. Die weitere Fraktionierung und Konzentrierung kann durch Adsorption des aktiven Materials an Kohle und anschließende Elution mit Aceton–Wasser (95:5) erfolgen. Die nichtflüchtigen Stoffe des Eluates werden in Phosphat-Puffer (p_H 3,0) suspendiert und mit Äthylacetat extrahiert. Dieses wird dann an einer Kieselsäure-Säule chromatographiert und mit steigenden Konzentrationen von Äthylacetat in Chloroform entwickelt. Daran schließt sich erneute Chromatographie an einer Kohle-Säule mit Aceton–Wasser als Entwickler an [73]. Eine gewisse Reinigung kann auch durch Kohlebehandlung des Preß-Saftes erzielt werden. Diese Fraktionierung ist zweckmäßig, aber für die papierchromatographische Trennung nicht essentiell.

5. Leukoanthocyanine. Das Material wird mit Methanol in 1 min extrahiert. Der Extrakt wird dekantiert oder filtriert und gegebenenfalls das Chlorophyll mit Leichtbenzin entfernt. Die Benzinextraktion wird einige Male wiederholt bis der Methanol-Extrakt nur noch schwach grün gefärbt ist. Zur Chromatographie ist es zweckmäßig die Verbindungen in Anthocyanidine umzuwandeln, die an Papier leichter zu trennen sind. Dazu werden 0,2—1,0 g Gewebe mit 3 ml 2 n-HCl in einem Reagenzglas versetzt und auf dem kochenden Wasserbad erhitzt. Die wäßrige Lösung wird in ein kleines Glas filtriert, mit iso-Amylalkohol geschüttelt bis eine sichtbare Färbung auftritt [39].

6. Cocosnußfaktoren. Cocosnußmilch wird durch Adsorption an Sägemehl fraktioniert und mit wassergesättigtem Butanol eluiert [74]. Eine Trennung in kationische, anionische und amphotere Fraktionen läßt sich durch Adsorption an Ionenaustauscherharz-Säulen erzielen [73]. Die aktive Substanz aus unreifen Maissamen wird an Kohle adsorbiert und dann mit Essigsäure eluiert [76].

Zur Chromatographie werden die konzentrierten aktiven Extrakte oder Diffusate als Flecken oder als schmale Striche aufgetragen. Verbindungen bekannter chemischer Zusammensetzung können durch Bioautographie oder durch Aufsprühen von Reagentien (s. oben) identifiziert werden.

c) Entfernung von Störstoffen

Zur chromatographischen Trennung ist es wesentlich, daß jegliches Fett mit Äther vorher entfernt wird, da dieses die Trennung stört und aktive, fettlösliche Komponenten zurückhält. Dies geschieht entweder durch Extraktion mit gesättigter Glucose-Lösung (s. oben) oder auf folgende Weise: Der Äther-Extrakt wird zur Trockne eingedampft und der Rückstand mit Hexan und Acetonitril gelöst. Dabei werden die Fette durch Hexan entfernt und die Wuchsstoffe vom IES-Typus vom Acetonitril zurückgehalten. Das Acetonitril wird im Vakuum eingedampft und der Rückstand in Wasser gelöst [60, 61]. Eine noch bessere Methode besteht darin, den Äther-Extrakt mit Wasser zu chromatographieren, nachdem man das Papier 17 h vorher mit dem Lösungsmittel-Dampf äquilibriert hat. Die störenden Substanzen werden nahe der Aufsatzstelle zurückgehalten und können verworfen werden. Das restliche Papier kann mit Äther wieder extrahiert werden [61].

d) Präparative Fraktionierung

Bei präparativer Verarbeitung großer Gewebemengen ist eine Vorfraktionierung durch Adsorption oder an Ionenaustauscher-Säulen zweckmäßig. IES und zahlreiche andere Wuchsstoffe können an Aluminium adsorbiert und mit 4% Na_2CO_3 oder NaOH wieder eluiert werden. Eine Trennung von Wuchs- und Hemmstoffen kann durch Fraktionierung eines Petroläther-Extraktes an einer Zucker-Säule erfolgen [53, 62, 63]. Ein „IES-Komplex" läßt sich ebenfalls an Kohle adsorbieren [64]. Verteilungschromatographie an einer Celit-Säule mit Phosphat-Puffer (p_H 6,5) als stationärer Phase und Äther als mobiler Phase ergibt eine ziemlich reine saure Äther-Fraktion [65]. Ebenfalls wurden Säulen von Silika-Gel [66] oder Cellulose [67, 68] mit Erfolg benutzt. Die Verwendung von Kationen- oder Anionen-Austauscherharzen ergab ausgezeichnete Ergebnisse [45, 69—71]. 2,4-D ließ sich mit Erfolg an Ionenaustauscher-Säulen adsorbieren und wieder daraus eluieren [72].

e) Bioautographie

Die Chromatogrammstreifen oder -Bogen werden in kleine Abschnitte (2×2 cm) zerschnitten und mit einer kleinen Menge Lösungsmittel eluiert. Dazu wird jeder Abschnitt weiter zerkleinert und einzeln 6 h lang in 2 ml Wasser gegeben. Andere Lösungsmittel, wie Äthanol, $NaHCO_3$-Lösung, Methanol, Äther, Aceton, Äthylacetat, sind in Abhängigkeit von der Löslichkeit der Komponente ebenfalls brauchbar. Für Indolyl-Essigsäure ist Äther das geeignetste Lösungsmittel. Zur erschöpfenden Eluierung wird jeder Abschnitt in einem Mikro-Soxhlet etwa 2 h lang extrahiert [28]. Nach Verwendung organischer Lösungsmittel muß der trockene Rückstand nach Abdunstung des Lösungsmittels mit 2 ml Wasser aufgenommen werden und ist dann für die nachstehenden biologischen Teste geeignet. Gibberelline und verwandte Stoffe werden aus dem Papiersegmenten mit Wasser oder Aceton–Wasser (1:1) eluiert. Im letzteren Falle wird der Rückstand nach der Verdunstung des Acetons in Wasser unter Zusatz von 0,1 ml einer 1%igen "Tween 20"-Lösung je ml zur Erhöhung der Test-Empfindlichkeit rückgelöst [9].

Zahlreiche pflanzliche Wachstumsregulatoren lassen sich durch den Erbsen-Wurzel- oder den *Avena*- bzw. *Triticum*-Koleoptil-Test nachweisen und quantitativ bestimmen. Der Erbsenwurzel-Test ist sehr empfindlich (10^{-5} μg), aber unempfindlich für Indolacetonitril [77]. Der *Avena*-Test [78] ist zwar ebenfalls hochempfindlich und wenig ansprechbar auf Nichtwuchsstoffe; die Methode benötigt aber spezielle Apparate und experimentelle Manipulationen in grünem Licht. Für die Bestimmung von Hemmstoffen werden sowohl der Koleoptiltest als auch der Keimungstest mit *Papaver*-Samen benutzt. Letzterer ist zwar ziemlich sensibel; es gibt jedoch Fälle, in denen er signifikante Hemmungen anzeigt, die durch die Koleoptil-Streckung nicht erfaßt werden. Zur weiteren Charakterisierung sollen Erbsenhypokotyl-Test, Wurzel-hemmungstest, Blattfalltest bei *Coleus*, Ovar-Test bei *Solanum lycopersicum* u. a. geeignet [*63, 79*] und mit ihnen auch Dosis-Effekt-Kurven zu ermitteln sein.

Für die Bestimmung von Gibberellinen und verwandten Stoffen müssen andere Methoden benutzt werden, da sowohl der *Avena*- als auch der *Triticum*-Koleoptil-Test praktisch für diese Verbindungen ungeeignet sind. Hingegen ist die Basis des 1. Laubblattes in der Koleoptile hoch-empfindlich. Der Test ist aber unspezifisch. Sofern der sichere Nachweis eines Gibberellins erwünscht ist, muß man den Mais- oder Erbsen-Zwerg-Test anwenden.

Zu Nachweis und Bestimmung der Cocosnuß-Faktoren, der Leuko-anthocyanine und von Kinetin wird das Wachstum von Gewebe-Kulturen *(Daucus carota, Solanum tuberosum, Nicotiana tabaccum)* nach Zugabe dieser Substanzen beobachtet [*13, 15, 69, 81*]. Diese Methoden scheinen jedoch bisher noch nicht bei chromatographischen Untersuchungen angewandt zu werden [*80*]. Einzelheiten sind daher noch nicht bekannt. Bei der Anpassung erscheint es zweckmäßiger die Meßwerte in Wachs-tumseinheiten anzugeben als in Prozent Förderung gegenüber der Kon-trolle [*82*]. Es ist üblich, die Resultate als Histogramm wieder-zugeben, wobei Förderung und Hemmung des Wachstums auf zwei Seiten einer Linie graphisch dargestellt werden (Abb. 86).

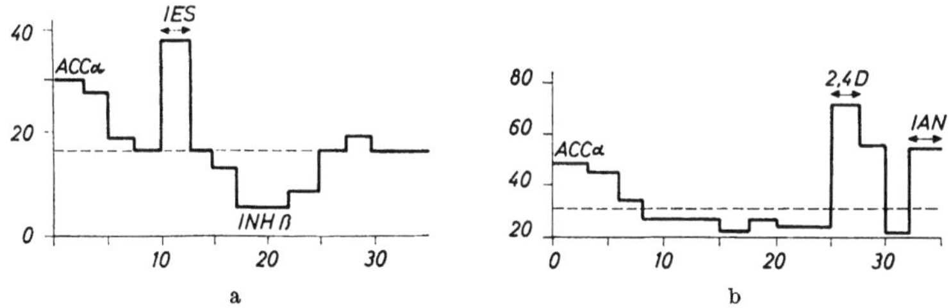

Abb. 86. Graphische Auswertung von Chromatogrammen von Pflanzenextrakten auf Wachstums-regulatoren. Abszisse: Abstand in cm von der Startlinie. Ordinate: prozentuale Streckung der Coleo-ptile. a) Extrakte aus etiolierten Vicia-faba-Sprossen. b) Extrakte aus Rhizomen von *Aegopodium padagraria*, behandelt mit 2,4-Dichlorphenoxyessigsäure. Gestrichelte Linie: Streckung der Kontrolle. *IES* β-Indolylessigsäure, *ACC* Accellerator, *INHβ* Inhibitor β, 2,4-D 2,4-Dichlorphenoxyessigsäure, *IAN* Idolacetonitril

Zur Errechnung der zuverlässigen Grenzen der Kontrolle, außerhalb der ein Wert aus Messungen von 10 Koleoptil-Abschnitten fallen muß, um einen signi-fikanten Unterschied auszudrücken, dient die Formel:

$$\text{mittlere 5\% Fehlergrenze} = \pm\, 2\, \sigma \sqrt{\frac{n + p}{n \cdot p}}.$$

Darin bedeuten σ die Standardabweichung von den als Kontrolle dienenden Koleoptil-Zylindern, n die Zahl der Zylinder und p die Anzahl der behandelten Koleoptil-Zylinder [*83*]. Die Varianz des Mittels nimmt eher bei einer Vergrößerung der Zahl der Wiederholungen als bei einer Erhöhung der Anzahl Zylinder je Gefäß ab. Die besten Werte pro h ergibt eine Koleoptile mit 5 Wiederholungen oder 2 Koleoptilen mit 4 Wiederholungen [*82*].

1. Erbsenwurzel-Test [*54, 79*]. Je 2 ml des wäßrigen Eluates werden in kleine Petrischalen gegeben und 0,5 ml folgender Lösung zugesetzt: 0,0125 mol $CaSO_4$ mit Zusatz von 5% Saccharose, 50% McIlvain-Puffer p_H 5,0 (0,1 m-Citronensäure + 0,2 m-Dinatriumphosphat; 9,7:10,3).

5 mm lange isolierte Wurzelspitzen werden dann in die Lösung eingetaucht und 24 h inkubiert. Die Längenveränderung wird anschließend mit einer Mikrometer-Skala abgelesen.

Zur Durchführung des Erbsenwurzel-Testes läßt man *Alaska*-Erbsen zwischen feuchtem Fließpapier [*79*] in der Dunkelheit etwa 72 h lang ankeimen. Am 4. Tag werden die Wurzelstücke entnommen.

2. Erbsen-Streckungstest. Zum Nachweis von Coumarinen und Chelidonsäure hat sich die Messung des Streckungswachstums am Erbsenhypokotyl besonders bewährt [*79, 88*]. Dazu läßt man Erbsen (Sorte *Alaska*) in Vermiculit aufwachsen und selektioniert zum Test solche Pflanzen, die eine Länge oberhalb des ersten Knotens von 6—12 mm haben; sie werden an der Basis abgeschnitten. Stengelstücke von 4—5 mm Länge werden 5—7 mm unterhalb des Blattknotens herausgeschnitten und in der zu untersuchenden Lösung gebadet. Die Messung der Längenänderung erfolgt nach 24 h.

3. Koleoptil-Zylinder-Test. Jede Hafersorte, die für den Avenatest geeignet ist, kann verwandt werden; die spelzenlosen Varietäten *Brighton* und *Laurel* haben sich bewährt. Die Karyopsen werden 2 h lang eingequollen und dann in Quarzsand oder Vermiculit eingelegt. Sie erhalten etwa 4 h schwaches Rotlicht und verbleiben dann bei hoher Luftfeuchtigkeit (80—90%) in einem Dunkelraum bei 25° C. Wenn die Koleoptilen eine Länge von 2—3 cm erreicht haben, wird die Spitze von 3 mm Länge dekapitiert und verworfen. Aus dem Stumpf werden 4—5 mm lange Zylinder herausgeschnitten (Block mit parallelen Rasierklingen). Die Reste des Primärblattes kann man belassen oder mit einer ausgezogenen Glasnadel herausstoßen. Die Koleoptilzylinder können einzeln oder zu mehreren aufgereiht auf eine Glascapillare in die zu untersuchende Lösung gelegt werden. Sind die Segmente des Chromatogramms mit je 0,5 ml Wasser eluiert worden, so wird 0,5 ml der folgenden Lösung zugesetzt: 2,038 g Citronensäure, 3,588 g K_2HPO_4, 60,0 g Saccharose mit Wasser auf 1000 ml aufgefüllt [*61*]. Anstelle von *Avena*- lassen sich auch *Triticum*-Koleoptilen verwenden [*85*].

4. Blattbasis-Test. Die Sprosse 4 Tage alter Weizenpflanzen (Sorte *Victor*) oder *Avena*-Keimlinge, die im Dunkeln bei 23° C aufgewachsen waren, werden dicht am Samen abgetrennt. 4 mm von der Basis entfernt werden 4 mm lange Stücke herausgeschnitten. Die von dem Koleoptilzylinder umschlossenen Blattstücke werden in der Testlösung gebadet. Zur Elution der aktiven Komponenten aus den Papierabschnitten dienten je 5 cm² 0,25 ml Wasser. Der Test dauert 48 h im Dunkeln bei 23° C; abschließend erfolgt Längenmessung. Dabei werden bis zu 100% Förderung beobachtet [*7, 8*]. Die Gibberellinwirkung auf das Blattwachstum kann durch anwesende Auxine blockiert werden; diese sind daher vorher zu entfernen. Nachweisgrenze bei *Avena*: 0,01 μg Gibberellinsäure [*34*].

5. Zwergerbsen-Test [*7, 8*]. Zwergerbsen (Sorte *Meteor*) werden paarweise in 400 ml-Gefäßen auf John-Innes-Kompost herangezogen. Zwei Wochen nach der Aussaat haben sich die ersten beiden Blattpaare entfaltet. Zum Test werden möglichst gleichförmige Exemplare ausgewählt und an ihnen die Sproßhöhe vom 1. Blattpaar an gemessen. Die aktive Substanz, in der Gibberelline vermutet werden, wird dann in Lösung auf das untere Blattpaar mit einer 0,1 ml-Pipette aufgebracht. Die Sproßhöhe wird zweimal in der Woche kontrolliert.

6. Zwergmais-Test [*9*]. Es ist bekannt, daß zahlreiche Zwergmutanten vom Mais auf Gibberelline reagieren. Die wichtigste davon ist die Mutante *Dwarf-1*. Die Testlösung wird als Tropfen mit einer Mikropipette auf das erste nicht entfaltete Keimlingsblatt zur Zeit des Koleoptildurchbruches aufgebracht. Nach 3—5 Tagen wird die Endlänge des ersten Laubblattes von der Ligula bis zum Koleoptilknoten gemessen. 0,001 μg je Pflanze ergeben noch eine deutliche Reaktion, mit 0,1 μg kann die Reaktion nach 8—12 h beobachtet werden.

7. Keimhemmungstest [86]. Die Papiersegmente des Chromatogrammes werden mit je 0,4 ml Wasser in Petrischalen ($\varnothing$ 4 cm) befeuchtet und darauf je 50 Samen von *Papaver somniferum* (Var. *Fertodi kék*) aufgelegt. Nach 36 h im Dunkeln bei 25° C kann die Anwesenheit eines Hemmstoffes an der reduzierten Keimung gegenüber einer Kontrolle bestimmt werden. Ein Samen wird als gekeimt betrachtet, wenn die Radikula die Samenschale durchbrochen hat.

Außer den beschriebenen Prüfungsverfahren können auch noch mit Erfolg benutzt werden: der *Pisum*-Hypokotyltest nach [79], der klassische *Avena*-Test nach WENT, die Wurzelhemmungsteste an *Phleum* und *Avena* [89].

f) R_F-Werte nicht identifizierter Wachstumsregulatoren

In den Tab. 67 und 68 sind die R_F-Werte für die wichtigsten bisher entdeckten Wuchs- und Hemm-Stoffe aus pflanzlichem Material zusammengestellt. Der R_F-Wert wird ermittelt durch Messung der Entfernung: Startpunkt-Mitte Chromatogramm-Abschnitt und Entfernung: Startpunkt-Lösungsmittelfront. Die so gewonnenen R_F-Werte sind jedoch nicht in jedem Falle die gleichen für die biologisch aktiven Substanzen, da die Fleckenmittel nicht mit den Papierabschnitten zusammenfallen müssen. Falls eine schärfere Trennung erwünscht ist, wird der Startfleck als schmaler Papiersteg (s. Abb. 13) ausgebildet, durch den das gesamte Lösungsmittel fließen muß. Belüftung fördert das Wachstum [57], daher sollten die Wurzel- bzw. Koleoptilstücke in der Lösung schwimmend [79] gehalten oder während der Inkubationszeit geschüttelt werden [56]. Die Anwesenheit von Papierstücken wirkt hemmend, besonders beim Erbsenwurzel-Test [56]. Papierreste müssen daher sorgfältig nach dem Eluieren entfernt werden. Hinweise für die Identität der Stoffe werden erhalten, indem man auf dem gleichen Bogen unter gleichen Bedingungen bekannte Substanzen laufen läßt.

Für eine eingehende Untersuchung wird der konzentrierte Extrakt auf eine Startlinie 2—3 cm von der Papierkante entfernt aufgetragen. So ergeben sich nach der Trennung bandförmige Positionen der einzelnen Komponenten, die durch Fluorescenz im UV nachweisbar sind. Weitere Hinweise können erhalten werden, indem man schmale Streifen zu beiden Seiten des Chromatogrammes abschneidet und mit entsprechenden Reagentien behandelt. Die getrockneten Streifen lassen sich dann in die alte Lage wieder einpassen, so daß sich aus den Grenzen der Flecken auf den Probestreifen und dem Verlauf der Lösungsmittel-Front, die sich infolge Verunreinigungen durch Fluorescenz abzeichnet, die Lage

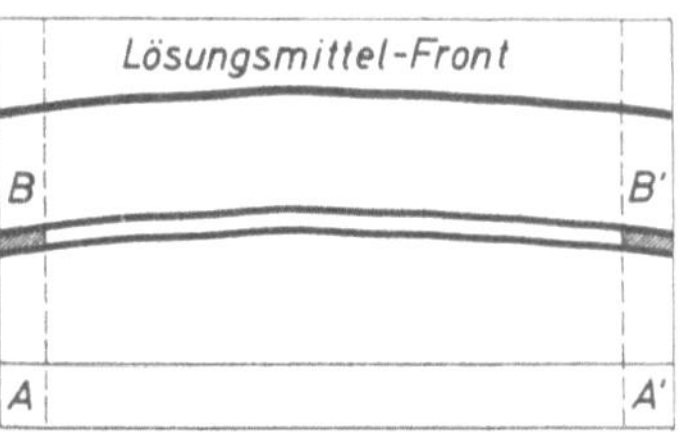

Abb. 87. Isolation einer Substanz in großer Menge. Der Extrakt wird als Strich aufgetragen (*AA'*) und getrennt. Lösungsmittelfront bei UV-Licht markieren. Von den beiden Kanten werden Streifen abgeschnitten und mit Reagens bzw. autoradiographisch behandelt. Die sich ergebenden Zonen werden so verbunden, daß die Bande *BB'* parallel zur Trennmittelfront verläuft

der Bereiche für die einzelnen Komponenten ergibt (Abb. 87). Diese werden sodann ausgeschnitten, eluiert und eingeengt. Die so erhaltenen Substanzen sind ziemlich einheitlich und können weiter gereinigt werden,

Tabelle 67. R_F-Werte natürlich vorkommender Wuchsstoffe

Bezeichnung	Vorkommen	Lösungsmittel	R_F-Wert	Charakteristica	Literatur
Accelerator α	Zahlreiche Pflanzen	IPrAW (10:1:1)	0,1—0,18	Fördert Koleoptil- und Wurzel-Wachstum bei gleicher Konzentration. Nicht identisch mit Indol-Brenztraubensäure. Hemmt spätere Stadien des Streckungswachstums	[2, 104]
Substanz X_2	Zea mays	IPrAW (10:1:1)	0,83	Blau-blaugrün bei Salkowski-Reagens	[22]
Substanz X_3	Zea mays	IPrAW (10:1:1)	0,52	Braun bei Salkowski-Reagens	[22]
Substanz X_4	Zea mays	IPrAW (10:1:1)	0,12	Indolbrenztraubensäure (?)	[22, 33]
—	Unreife Samen v. Zea mays	IPrAW (8:1:1)	0,25—0,33	—	[91]
—	Unreife Samen v. Zea mays	IPrAW (8:1:1)	0,80—0,90	(N). Reagiert nicht auf Salkowski- und Ehrlichs Reagens	[91]
—	Unreife Samen v. Zea mays	IPrAW (10:1:1)	0,75—0,90	—	[20]
—	Samen von Zea mays	ButAmm IPrW (4:1) AcW (1:1)	0,1—0,3 0,2—0,4 0,3—0,7	In nicht alkalischem Lösungsmittel auf Salkowski-Reagens purpur, in alkalischen Lösungsmitteln rot. Im Vergleich zu IES hochaktiv	[92]
„a"	Samen von Zea mays	IPrAW (50:7:3)	0,0—0,1	In Phosphat-Puffer-Extrakten	[27]
„c"	Samen von Zea mays	IPrAW (50:7:3)	0,5—0,8	In Phosphat-Puffer-Extrakten	[27]
„d"	Samen von Zea mays	IPrAW (50:7:3)	0,8—1,0	In Phosphat-Puffer-Extrakten	[27]
„e"	Samen von Zea mays	n-Hexan (100% gesättigt. Atmosphäre)	0,3—0,45	In Phosphat-Puffer-Extrakten. (N). Auf Ehrlichs Reagens blauviolett. Wandelt sich während der Chromatographie um in die Substanzen „f" und „g"	[27]
„f"	Samen von Zea mays	n-Hexan (100% gesätt. Atmosphäre)	0,0—0,25	In Phosphat-Puffer-Extrakten. (N). Auf Ehrlichs- und Ninhydrin-Reagens positiv	
„g"	Samen von Zea mays	n-Hexan (100% gesättigt. Atmosphäre)	0,8—1,00	In Phosphat-Puffer-Extrakten. (N). Auf Ehrlichs- und Ninhydrin-Reagens positiv	[27]
—	Pollen von Zea mays	IPrAW (8:1:1)	0,17—0,25	Hellblaue Fluorescenz im UV-Licht	[93]
—	Pollen von Zea mays	IPrAW (8:1:1)	0,72—0,85	Hellblaue Fluorescenz im UV-Licht	
		Wasser	am Start	Hellblaue Fluorescenz im UV-Licht	[93]
—	Pollen von Zea mays	IPrAW (8:1:1)	0,70—0,90	UV-Absorptionsmaximum bei 272 mμ, Minima bei 255 und 277 mμ	[93]

Tabelle 67 (Fortsetzung)

Bezeichnung	Vorkommen	Lösungsmittel	R_F-Wert	Charakteristica	Literatur
—	Wurzel von Zea mays und Pisum, etiol. Vicia faba, Helianthus annuus, Sol. tuberosum Sprosse und Schalen	IPrAW (10:1:1)	0,0—0,05	—	[20]
—	Koleoptilen und Wurzeln von Zea mays	ButAmm (0,15 n)	0,1—0,2	(W), fördert das Wachstum der Kressewurzel	[94]
—	Wurzeln von Solanum lycopersicum		0,3—0,43	(W), fördert das Wachstum der Kressewurzel	[94]
—	Wurzeln von Solanum lycopersicum		0,5—0,7	(W), fördert das Wachstum der Kressewurzel	[94]
—	Wurzeln von Solanum lycopersicum		0,8—0,9	(W), fördert das Wachstum der Kressewurzel	[94]
2. Wuchsstoff	Avena-Koleoptilen	IPrAW (80:5:15) WButAmm (10:10:1) Wasser-Amm (95:5)	0,25 0,70 0,50	Neutral bis schwach sauer Sehr instabil, wird durch verdünnte Salzsäure aktiviert	[95]
—	Alaska-Erbsen	IPrAW (80:5:15)	0,4—0,7	—	[99]
—	Alaska-Erbsen	IPrAW (80:5:15)	0,8—0,9	—	[99]
Malus 1	Samen und Früchte von Malus	WButAmm (25:25:2)	0,1	Inaktiv im Bewurzelungstest und im Blattfalltest an Coleus. Positiv auf Ehrlichs Reagens. Accelerator-α (?)	[63]
Malus 2	Samen, Früchte, Blätter und Pollen von Malus	WButAmm (25:25:2) Wasser	0,3—0,6 0,5—0,6	Vorherrschender Wuchsstoff in Malus. Keine UV-Fluorescenz, aktiv bei Zellstreckung, Wurzelbildung am Hypokotyl von Phaseolus vulgaris, hemmt den Blattstielfall von Coleus, inaktiv im Ovartest bei Sol. lycopersicum; kein Indol-Typus	[63]
Malus 3	Blätter und Samen von Malus	WButAmm (25:25:2)	0,7—0,9	Biol. Eigenschaften ähnlich wie Malus 2, aber praktisch inaktiv auf Coleus-Test. Positiv auf Ehrlichs Reagens	[63]

Tabelle 67 (Fortsetzung)

Bezeichnung	Vorkommen	Lösungsmittel	R_F-Wert	Charakteristica	Literatur
„A"	Ribes grossularia	IPrAW (8:1:1)	0,1	—	[61]
„B"	Ribes grossularia	IPrAW (8:1:1)	0,23	Indol-Brenztraubensäure (?)	[61]
„D"	Ribes grossularia	IPrAW (8:1:1)	0,5	(A + N)	[61]
„E"	Ribes grossularia	IPrAW (8:1:1)	0,7	IAN oder IEAE (?)	[61]
„F"	Ribes grossularia	IPrAW (8:1:1)	0,83	—	[61]
„G"	Ribes grossularia	IPrAW (8:1:1)	0,95	(N)	[61]
„X"	Blätter von Hordeum	IPrAW (10:1:1)	0,87	In Äthanol-Extrakten Indoxyl-α (?)	[54]
„Y"	Blätter von Hordeum	IPrAW (10:1:1)	0,04	In Äthanol-Extrakten	[54]
—	Keimlinge von Helianthus annuus		0,1—0,17	Fördert das Wurzel-Wachstum	[95]
„W"	Blätter von Raphanus, Wurzeln von Sol. lycopersicum	IPrA (0,15 n) W (4:1)	am Start	(N), fördert das Wachstum der Kressewurzel. Accelerator-α (?)	[43]
—	Blätter von Raphanus, Wurzeln von Sol. lycopersicum	IPrA (0,15n) (4:1)	0,2—0,3	(A + N)	[95]
„IES"-Zone	Blätter von Raphanus, Wurzeln von Sol. lycopersicum	IPr A (0,15n) (4:1) ButAmm (1,5 n)	0,3—0,46 0,0—0,15	(W). Durch alkalische Hydrolyse, ammoniaka- lische Chromatographie oder Hitzebehand- lung wird IAN und eine Wuchsstoff-Zone frei (R_F in IPrAW 0,1—0,35); gelbe Farbe auf Salkowski-Reagens oder nitrose Salpeter- säure	[96]
—	Tabak-Blätter	IPrAW (10:1:1)	0,0—0,15	—	[97]
—	Tabak-Blätter und -Vege- tationspunkte	IPrAW (10:1:1) Wasser	0,98 0,67	Purpur auf Ehrlich-, braunrot auf Salkowski- Reagens; UV-Absorptionsmaximum 275 mμ; stabil gegenüber Alkali	[29]
—	Solanum tuberosum	ButAmm (2 n)	0,05—0,15	Indol-Brenztraubensäure (?)	[31]
—	Solanum tuberosum	Wasser	0,35—0,6	—	[45]
—	Solanum tuberosum	ButAmm (2 n)	0,40—0,42	Indol-Buttersäure	[31]
—	Solanum tuberosum	IPrAW (10:1:1)	0,10	—	[98]

Tabelle 67 (Fortsetzung)

Bezeichnung	Vorkommen	Lösungsmittel	R_F-Wert	Charakteristica	Literatur
—	Solanum tuberosum	IPrAW (10:1:1)	0,80	(N). Kommt ausschließlich in Rindite-behandelten Kartoffeln vor	[98]
Ribes-Auxin 2	Beeren von Ribes nigrum	ButAW (25:25:2)	0,35—0,45	Aktiv im Koleoptilzylindertest und im Coleus-Test. Ergibt mit modifiziertem Salkowski-Reagens rosa Färbung nach 4 h. Dosis-Effekt-Kurve nicht mit IES übereinstimmend	[83]
Ribes-Auxin 3	Beeren von Ribes nigrum	ButAW (25:25:2)	0,73—0,95	(N). IAN (?)	[83]
Ribes A	R. nigrum, R. nigrum × × R. multiflorum-Samen	IPrAW (85:15:5)	0,10—0,20	Auf Ehrlichs Reagens blauviolett. In einem „AK"-Komplex vorhanden, der durch ammoniakalische Hydrolyse „A" freisetzt, jedoch stabil gegenüber Hitze und NaOH	[100]
Ribes B	R. nigrum, R. nigrum × R. multiflorum-Samen	IPrAW (85:15:5)	0,35—0,46	Wie oben. Bildet „BK"-Komplex, der biologisch inaktiv ist	[100]
Ribes C	R. nigrum, R. nigrum × R. multiflorum-Samen	IPrAW (85:15:5)	0,75—0,85	Fördert das Fruchtwachstum. Gegen Ehrlich-Reagens rotviolett	[100]
Ribes D	R. nigrum, R. nigrum × R. multiflorum-Samen	IPrAW (85:15:5)	0,85—0,95	Alkalisch oder neutral. Äthylindolacetat (?). Fördert das Fruchtwachstum, auf Ehrlich-Reagens violett	[100]
Auxin b	Junge Früchte von Pirus. Endosperm von Malus. Samen von Citrus Antheren von Sol. lycopersicum. Junge Blätter von Brassica	ButAmm (25:25:2)	0,83	—	[85]
—	Keimende Samen von Lactuca sativa	IPrAW (10:1:1)	0,3	Schwach positiv gegenüber Salkowski- und Ehrlichs Reagens	[101]
—	Keimende Samen von Lactuca sativa	IPrAW (10:1:1)	0,4—0,6	Schwach positiv gegenüber Salkowski- und Ehrlichs Reagens	[101]
—	Keimende Samen von Lactuca sativa	IPrAW (10:1:1)	0,6—0,7	—	[101]

Tabelle 67 (Fortsetzung)

Bezeichnung	Vorkommen	Lösungsmittel	R_F-Wert	Charakteristica	Literatur
—	Samen von Lact. sat.	IPrAW (8:1:1)	0,25—0,4	(N). Blaugrüne Fluorescenz bei 360 mu	[102]
—	Samen von Lact. sat.	IPrAW (8:1:1)	0,7—0,86	(N). Im UV-Licht dunkelblaue Fluorescenz. Keine Reaktion mit Salkowski- und Ehrlichs Reagens	[102]
„Z“	Chlorella pyrenoidosa, Oscillatoria sp., Ochromonas malhamensis; marines Phytoplankton	IPrA (0,15 n) (4:1)	0,7—1,0	Wasserlösliches, ätherunlösliches Auxin oder Vorstufe. Ergibt bei ammoniakalischer Chromatographie den Faktor „X“. Rosa oder purpur bei Ehrlichs, rosa bei Salkowski-Reagens. Ähnlich dem Tabak-Wuchsstoff oder den X u. Z-Faktoren der Tomaten-Wurzel (?)	[103]
„X“	Chlorella pyrenoidosa, Oscillatoria sp., Ochromonas malhamensis; marines Phytoplankton	IPrA (0,15 n) (4:1)	0,3—0,62	Umbauprodukt aus „Z“	[103]

Zeichenerklärung: (N) = neutral; (A + N) = sauer und neutral; (W) = wasserlöslich; IPrAW = Isopropanol–Ammoniak–Wasser; ButAW = Butanol–Ammoniak–Wasser; ButAmm = Butanol, gesättigt mit Ammoniak; WButAmm = wassergesättigtes Butanol–Ammoniak, obere Phase; AcW = Aceton–Wasser; Ehrlichs Reagens = p-Dimethylaminobenzaldehyd; Salkowski-Reagens = saures Eisenchlorid; IEAE = Indolessigsäureäthylester.

Wenn nicht anders angegeben, sind die R_F-Werte für die sauren Fraktionen aus Äther-Extrakten angegeben.

Tabelle 68. *R_F-Werte natürlich vorkommender Hemmstoffe*

Bezeichnung	Vorkommen	Lösungsmittel	R_F-Wert	Charakteristica	Literatur
Inhibitor β	Zahlreiche pflanzliche Gewebe	IPrAW (10:1:1)	0,57	Fördert die frühen und hemmt die späteren Stadien im Koleoptil- und Wurzeltest. Hemmeffekt in Anwesenheit von IES verstärkt. Stellt ein Gemisch von mindestens 6 Komponenten, u.a. Fettsäuren, in überphysiologischen Konzentrationen dar	[2, 104]
—	Keimlinge von Helianthus annuus	IPrAW (10:1:1)	0,9	—	[43]
—	Wurzeln von Pisum	IPrAW (10:1:1)	0,10	(N)	[43]
—	Colocynthis citrullus, Vitis vinifera und andere frische Früchte	IPrAW (10:1:1)	0,6—0,8	Inhibitor(?). Hemmt sowohl das Koleoptilen-Wachstum, als auch die Keimung von Papaver-Samen	[86, 105, 106]
Ω Inhibitor	Vitis vinifera, Colocynthis citrullus, L. vulgaris, S. dacicas, Cucurbita japonica, C. pepo, C. maxima	IPrAW (10:1:1)	in der Lösungsmittelfr.	Neutral und flüchtig. Hemmt das Koleoptil-Wachstum und die Keimung von Papaver-Samen	[86, 105]
—	Berberis vulgaris, L. vulgaris, Malus pumila, Sorbus dacicas	IPrAW (10:1:1)	0,1—0,2	Kurzkettige organische Säuren. Hemmen das Wachstum und die Keimung	[106, 107]
—	L. vulgare, Malus pumilus, S. dacicas, Cydonia japonica	IPrAW (10:1:1)	0,2	Bernstein- und Ascorbinsäure	[86]
Inhibitor 1	Blätter von Malus und Früchte	ButAmm (25:25:2)	0,2—0,4	Stark sauer	[63]
Inhibitor 2	Blätter von Malus und Früchte	ButAmm (25:25:2)	0,45—0,65	Hemmt in weitem Konzentrationsbereich Koleoptilwachstum. Hebt die Hemmung supraoptimaler Wuchsstoffkonzentrationen nicht auf. Nicht identisch m. Cumarin u. Chelidon-Säure	[63]
—	Cucurbita- und Cucumis-Arten, Malus, Ribes grossularia	IPrAW (10:1:1)	0,95—1,0	Thermolabil	[106]
Inhibitor H	Ribes nigrum, R. nigrum $\times$ R. multiflorum-Samen	IPrAW (85:15:5)	0,60—0,75	—	[100]
—	Samen von Lactuca	IPrAW (10:1:1)	0,15	—	[101]
—	Samen von Lactuca	IPrAW (10:1:1)	0,55—0,65	—	[101]

Tabelle 68 (Fortsetzung)

Bezeichnung	Vorkommen	Lösungsmittel	R_F-Wert	Charakteristica	Literatur
Inhibitor H	Samen von Lactuca	IPrAW	0,80	—	[101]
—	Samen von Lactuca und Xanthium	IPrAW (3:1)	0,1—0,3	Im Wasser- und 50%igen Alkohol-Extrakt; leuchtend grüne Fluorescenz	[108]
—	Samen von Lactuca und Xanthium	IPrAW (3:1)	0,4—0,5	Blaue Fluorescenz. Hemmt das Wurzelwachstum von Lepidium und Xanthium, die Keimung von Lactuca-Samen. Erscheint während der letzten Stadien der Embryoentwicklung und klingt während der Keimung wieder ab	[108]
—	Avena	IPrAW (80:5:15)	0,65—0,75	—	[95]
—	Streptocarpus-Blätter	ButEssW (4:1:1)	0,31	Bei der Hydrolyse entstehen 10 verschiedene Aminosäuren	[109]
—	Solanum tuberosum	IPrAW (10:1:1)	0,5—0,07	—	[97]
—	Solanum tuberosum (mit Rendite behandelt)	IPrAW (10:1:1)	0,65	—	[110]
—	Solanum tuberosum	ButAmm 2 n	0,83—1,0	Nicht identisch mit Scopoletin	[45]
—	Samen von Zea mays	IPrAW (10:1:1)	0,1	—	[27]
—	Samen von Zea mays	IPrAW (10:1:1)	0,5	—	[27]
—	Samen von Zea mays	IPrAW (10:1:1)	0,8—1,0	—	[27]
„b"	Wurzeln von Triticum	ButAmm	0,6—0,75	—	[57]
—	Wachsende Knospen von Pirus communis, Endosperm von Malus, unreife Früchte von Asparagus, Antheren und Vegetationspunkte von Sol. lycopersicum, junge Blätter von Brassica ol. var. capitata u. a.	ButAmm	0,66	—	[85]

Tabelle 68 (Fortsetzung)

Bezeichnung	Vorkommen	Lösungsmittel	R_F-Wert	Charakteristika	Literatur
—	Helianthus annuus	ButAmm	0,37	—	[111]
—	Unreife Früchte von Asparagus	ButAmm	0,16	—	[85]
—	Blätter von Hordeum	IPrAW (10:1:1)	0,20	—	[54]
—	Brassica oleracea	IPrAmm 0,15 n (4:1)	0,36—1,0	(W), flüchtig, ätherlöslich. Vielleicht aus einer wasserlöslichen Fraktion freiwerdend	[96]
—	Ceratonia siliqua, Eriobotrya japonica	AmlPyW (7:7:6)	0,8	Hemmt das durch Gibberellinsäure induzierte Wachstum. Thermostabil	[87]

IPrAW = Isopropanol–Ammoniak–Wasser; ButAmm = Butanol mit Ammoniak gesättigt; WButAmm = Wasser gesättigt mit Butanol, Ammoniak; ButEssW = Butanol–Eisessig–Wasser; AmlPyW = Amylalkohol–Pyridin–Wasser; IPrAmm = Isopropanol–Amoniak; AcW = Aceton–Wasser; (W) = wasserlöslich; (N) = neutral.

indem man die gleiche Prozedur mit verschiedenen Lösungsmitteln, z. B. Wasser, wiederholt. Außer den chemischen Charakteristiken sollten stets auch die verschiedenen Fraktionen auf ihre Aktivität gegenüber Wurzeln und Sprossen getestet werden. Aus den typischen Hemm- oder Förderungskurven kann dann auf Identität mit bekannten Stoffen geschlossen werden.

g) Fehlerquellen

Die papierchromatographische Technik muß bei der Isolierung neuer Wuchsstoffe aus pflanzlichem Material als Ergänzung zu den klassischen chemischen Analysenmethoden betrachtet werden. Das Vorhandensein einer neuen Substanz, die deutlich verschieden von bereits bekannten ist, kann durch chromatographischen Nachweis in verschiedenen Lösungsmittelsystemen unter Verwendung mehrerer biologischer Teste einschließlich entsprechender Dosis-Effekt-Kurve nachgewiesen werden. Die FeCl$_3$-HClO$_4$-Reaktion ist keineswegs spezifisch für Indol-Verbindungen, da auch eine Anzahl phenolischer Substanzen ähnliche Farbreaktionen ergibt [90]. In Isopropanol-Ammoniak haben Glucose, Fructose und Saccharose sehr ähnliche R_F-Werte wie IES und ergeben außerdem positive Ehrlich-Reaktion, besonders wenn man das Papier relativ hoch erhitzt. Da die Zucker auch im bioautographischen Test Wachstumsförderungen ergeben, sind Verwechslungen mit IES oder anderen genuinen Wachstumsregulatoren in kurzen Testzeiten (48 h) möglich [35]. Zudem reagieren Aminosäuren in Anwesenheit von Zuckern im alkalischen Milieu bei hoher Temperatur ebenfalls mit Ehrlichs

Reagens [112]. Die dabei entstehenden Farbnuancen lassen sich jedoch bei einiger Erfahrung von solchen mit IES unterscheiden. Es ist mithin zweckmäßig, die Zucker durch Passage des Rohextraktes über Anionen- und/oder Kationen-Austauschersäulen, an denen die Zucker nicht adsorbiert werden, zu entfernen. Wird eine neue Substanz von Wuchsstoffcharakter vermutet, so empfiehlt es sich diese in einer Anzahl nicht-saurer und nicht-alkalischer Lösungsmittel zu chromatographieren, um einer Hydrolyse von IES- und IAN-Vorstufen auszuschließen [2, 64, 96, 113]. In Isopropanol–Ammoniak–Wasser haben die aliphatischen Säuren R_F-Werte, die nahe der Aufsatzstelle liegen. Es ist wahrscheinlich, daß zahlreiche in dieser Region vermutete Hemmstoffe auf supraphysiologischen Konzentration dieser organischen Säuren beruhen [42, 106, 107, 110]. Lipoidlösliche Faktoren wie Laurinsäure, Linol- und Linolen-Säure wirken als Wuchsstoffe, besonders in Anwesenheit von CoA, Cytochrom C und Ascorbinsäure auf dem Chromatogramm [114]. Ätherextraktion und anschließende Trennung in saure und neutrale Fraktionen bringt auch keine befriedigende Scheidung: IAN kann in beiden Fraktionen vorkommen und dürfte für den Übergang aus dem Äther in die Bicarbonat-Lösung und zurück beim Ansäuern des Originalextraktes verantwortlich sein [31, 56]. Daß sich geringe Mengen Zucker auch in Äther lösen, konnte ebenfalls gezeigt werden [35]. Außerdem können instabile Substanzen auf dem Chromatogramm zahlreiche Flecken ergeben. So erhält man z. B. bei der Trennung von Indolyl-Brenztraubensäure insgesamt 9 Flecken auf einem Bogen [33, 115]. Die zweckmäßigste Methode zum Nachweis solcher unbeständiger Verbindung ist die „Doppelchromatographie" im gleichen Lösungsmittel (vgl. S. 42) [115].

3. Quantitative Bestimmungen

Die quantitative Bestimmung von Wachstumsregulatoren läßt sich im Anschluß an chromatographische Trennung nach den einschlägigen mikrochemischen Methoden oder mit biologischen Testen durchführen. Falls die Konzentration sehr gering ist (submikromolar) oder die chemische Charakterisierung des Stoffes fehlt, ist in jedem Fall der biologische Test maßgebend.

Da bislang angenommen wird, daß die meisten pflanzlichen Wuchsstoffe Indol-Verbindungen sind, wurden dieser Gruppe auch die meisten Untersuchungen gewidmet. Die Absorptionsmaxima der wichtigsten Indol-Derivate und deren Farbreaktions-Produkte sind in Tab. 69 wiedergegeben.

a) Mikrochemische Methoden

Eine angenäherte quantitative Bestimmung ist auf Grund der Fleckengröße möglich, da der Logarithmus der Fläche in vielen Fällen der Konzentration proportional ist, wenn die R_F-Werte auf einem Chromatogramm von 25 cm Länge über 0,10 liegen. Bei R_F-Werten unter 0,10 ist im allgemeinen die Fläche der Konzentration direkt proportional. Nach BENNET-CLARK und Mitarbeiter [111] gilt diese Beziehung im Bereich von 0,25—8,0 μg für Indolylessigsäure, von 2—20 μg für Indol-, Propion- und Indol-Buttersäure. Die Fläche des Fleckens wird jedoch

Tabelle 69. *Die Absorptionsmaxima (in mμ) für Indol-Verbindungen und ihre Farbreaktionsprodukte* [22, 29, 118]

Substanz	λ_{max} mμ ungefärbt	$FeCl_3$-$HClO_4$- Reaktions- produkt	p-Dimethyl- aminobenz- aldehyd-Reak- tionsprodukt
Indol	280	430	
Skatol	285	470	581, 548
Tryptophan	285	460	573, 543
Indolyl-Essigsäure.	280, 289	535	576, 544
Indolyl-Propionsäure		460	577, 545
Indolyl-Buttersäure		460	
Indol-Acetonitril	280	565	
Indol-Brenztraubensäure . . .	232, 328	510	
5-Hydroxy-Indolylessigsäure . .	285	460	
Äthyl-Indolacetat	280, 282	525	
Indol-Acetamid		535	

oft durch die Anwesenheit anderer Stoffe gestört. Manche Stoffe zeigen bereits in niedrigen Konzentrationen mit geeigneten Reagentien sichtbare Flecken; in diesen Fällen kann die Intensität der Ausfärbung verglichen werden mit einer Vergleichsreihe bekannter Konzentrationen unter identischen Bedingungen. Ein Densitometer (Photozelle) kann dabei die Genauigkeit der Messung erhöhen. So haben VLITOS und MEUDT [*116*] zahlreiche Indolderivate, insbesondere IES, auf Grund der optischen Dichte der Flecken nach Besprühen mit einer 1%igen Lösung von p-Dimethylaminobenzaldehyd in 1 n-HCl mit einem Densichron-Densitometer bestimmt. Dabei ist der Logarithmus der Konzentration linear proportional der relativen Lichtdurchlässigkeit. Die Genauigkeit des Verfahrens ist 97—103%. Die Tatsache, daß Indol-Derivate im UV-Licht fluorescieren, kann zu ihrer quantitativen Bestimmung benutzt werden. Unter Verwendung eines 465 mμ-Filters kann IES bis 0,5 μg erfaßt werden.

Für exakte quantitative Bestimmungen ist es notwendig, die Papiere vor Verwendung zu waschen (Apparatur s. S. 27), da schon geringe Verunreinigungen beim Nachweis, beim Eluieren und insbesondere bei der anschließenden spektralphotometrischen Bestimmung erhebliche Fehler bedingen können. Die Waschung des Papieres erfolgt mit 0,3 n-HCl, anschließender Neutralisierung mit 0,5 n-NaOH, Spülung mit dest. Wasser, bis vollkommene Freiheit von Alkalien erreicht ist, und abschließende Behandlung mit Phosphat-Puffer (p_H 7,0—7,5) und Trocknung [*120*]. Dieser Waschprozeß kann in gleicher Weise wie die Chromatographie oder unter Benutzung der auf S. 27 beschriebenen Apparatur erfolgen. Die R_F-Werte auf solchen gepufferten Papieren müssen mit solchen bekannter Substanzen verglichen werden, die auf gleichen Papieren gewonnen wurden. Nach chromatographischer Trennung und Trocknung werden die Komponenten entweder auf Grund ihrer Fluorescenz oder nach Anwendung geeigneter Sprühreagentien auf Parallelbogen lokalisiert. Die entsprechend markierten Flecken werden ausgeschnitten, zerkleinert und in 5—10 ml Äther, Alkohol oder Wasser eluiert oder in einem Mikro-Soxhlet [28] 3—4 h extrahiert. Nach Abdampfen des Lösungsmittels, Aufnehmen in einer bekannten Menge Wasser und Zugabe des geeigneten Reagens kann die photometrische Bestimmung erfolgen.

Da die colorimetrische Bestimmung von IES mit dem $FeCl_3$-$HClO_4$-Test durch Licht und zahlreiche reduzierende Substanzen gestört wird [90, 121, 122], sind diese Fehler zu vermeiden. Zur Entfernung der Störsubstanzen wird folgende Methode empfohlen [123]: Nach der papierchromatographischen Trennung werden die Segmente, welche die IES enthalten, 3 mal mit 2 ml Methanol (je 5 min) eluiert. Nachdem das Methanol auf dem Wasserbad abgedampft ist, werden dem Rückstand 1 ml Äther oder Alkohol und 2 ml folgenden Gemisches zugegeben: 1 ml 0,5 m-$FeCl_3$ in 5,0 ml 35% $HClO_4$ (frisch destilliert). Dieses Reagens muß im Dunkeln aufbewahrt werden. Wurde Äther zugesetzt, so wird die Absorption nach 35 min bei 535 mμ abgelesen; hat man Methanol verwandt, so erfolgt die Ablesung nach 1 h bei 530 mμ. Zur Erhöhung der Empfindlichkeit und Abkürzung der Wartezeiten kann man die Äthermischung auf dem Wasserbad 30 sec lang erhitzen und dann 3 min in Eiswasser abkühlen. Der Farbstoff wird aus dem wäßrigen Reaktionsgemisch mit Isoamyl- oder Isobutyl-Alkohol extrahiert und bei 530 mμ gemessen [28, 124]. Es kann notwendig sein, den Isobutylalkohol-Extrakt zur Entfernung von Wassertropfen zu zentrifugieren. Zur Bestimmung des Äthylesters der IES wird der Ester zunächst im Vakuum entfernt, dann 1,5 h lang mit 3%iger alkoholischer KOH hydrolysiert. Die alkalische Lösung wird mit 10% HCl neutralisiert und der Alkohol am Vakuum entfernt. Der Rückstand wird in Äthylacetat gelöst, der anschließend mit 2% Na_2CO_3 extrahiert wird. Die IES-Äquivalente werden sodann colorimetrisch bestimmt [124]. IES und einige andere Stoffe lassen sich auch durch Zugeben von 0,05 ml Gummiarabicum, 0,2 ml 5%iger KNO_2-Lösung und 0,03 ml konz. HNO_3 [125] zu 5 ml Eluat nachweisen. Nach 2 h wird die Lichtabsorption bei 436 mμ bestimmt. Der Meßbereich ist 10—150 mg/ml. Dieses Reagens ist auch für Indolacetonitril brauchbar; bei Zusatz von $NaNO_2$ und HCl ändert sich die Färbung von Hellgrün zu Dunkelbraun bis Rotbraun. Diese Reaktion soll charakteristisch und spezifisch sein und kann zur colorimetrischen Bestimmung von Nitrilen ausgebaut werden. Es ist jedoch längere Zeit notwendig, bis eine volle Ausfärbung erreicht ist. Die Hopkins-Cole-Reaktion mit Glyoxylsäure und Cu-Ionen ist ebenfalls für die Bestimmung von Indolderivaten benutzt worden. So läßt sich Tryptophan (nach Herauslösen aus dem Papier mit Methanol und anschließender Lösung in Wasser) durch Vermischen von 1 ml der Lösung mit 0,2 ml $CuSO_4$-Lösung (0,01 m) und 1 ml Glyoxylsäure (0,027%) (g:v) bestimmen. Die Lösung wird in einem Eis-Aceton-Gemisch gekühlt und unter tropfenweisem Zufügen von 5 ml H_2SO_4 bei — 5° C gehalten. Nachdem man über Nacht bei niedriger Temperatur stehen ließ, wird das Gemisch 5 min lang auf 100° C erhitzt und die entstehende blauviolette Färbung photometriert [28]. Tryptophan kann in entsprechender Weise mit Ninhydrin bestimmt werden [120]. Die eluierte Substanz kann auch direkt durch Absorptionsmessung bei geeigneter Wellenlänge mit dem Beckman-Spektralphotometer bestimmt werden. So haben z. B. JERCHEL–MÜLLER [126] IES bei 280 mμ mit 95%iger Genauigkeit gemessen.

Phenoxyessigsäure-Derivate können ebenfalls spektrophotometrisch erfaßt werden. So hat BANDURSKI [127] 2,4-Dichlorphenoxyessigsäure durch Messung der Absorptionscharakteristik bei 325 mμ bestimmt. Chromotropsäure (1,8-Dihydroxynaphthalin-3,6-disulfonsäure) ergibt mit 2,4-Dichlorophenoxyacetat eine Purpurfärbung, die von MARQUARDT-LUCE [128] zur quantitativen Bestimmung benutzt worden ist. Die 2,4-D-Flecken werden mit CCl_4 eluiert, auf dem Wasserbad zu 0,1 ml eingedampft und nach Zusatz von 5 ml einer 0,15%igen Lösung von Chromotropsäure in Methanol wieder zur Trockne eingedampft. Mit 0,5 ml H_2SO_4, konz., wird der Rückstand aufgenommen, gut gemischt und 20 min lang bei 130—135° C erhitzt. Nach Abkühlung auf Raumtemperatur wird die Lösung auf 5 ml aufgefüllt. Die Transmission läßt sich bei 565 mμ (Filter PC 4) bestimmen. Die UV-Absorption von Naphthylessigsäure wird bei 284 und 274 mμ bestimmt [129].

b) Biologischer Test

Die quantitative Bestimmung durch biologischen Test erfolgt im wesentlichen mit gleicher Methode wie bei der Bioautographie. Anstelle der Farbreaktion wird die Reaktion eines wachsenden Gewebes gemessen, deren Konzentrationsabhängigkeit von der anwesenden Substanz hinlänglich bekannt ist.

Falls die zu bestimmende Substanz bekannt ist, werden Verdünnungsreihen entlang der Startlinie (2—3 cm vom Papierrand entfernt; 3—4 cm Abstand voneinander) als Flecken aufgetragen. Der Bogen wird sodann chromatographiert und getrocknet. Die Teile des Chromatogramms mit den entsprechenden R_F-Werten werden für jede Verdünnung herausgeschnitten und in geeigneten Lösungsmitteln eluiert. Nach Eindampfen zur Trockne wird der Rückstand in einer bekannten Menge Wasser oder gepufferter Salzlösung, die auch Saccharose enthält (s. oben), rückgelöst. Erbsenwurzeln, Weizen- oder Hafer-Koleoptilen dienen als Testobjekte. Die Längenänderung wird nach 24 stündiger Inkubation bei 25° C abgelesen und eine Standardkurve so ermittelt. Auf Grund der Längenänderung des Testgewebes kann nach Chromatographie und Rücklösung jede unbekannte Konzentration mit Hilfe der Kurve ermittelt werden. Ist die Konzentration zu hoch, so muß die Testlösung vorher entsprechend quantitativ verdünnt werden. BENNET-CLARK und Mitarbeiter [*111*] haben bestätigt, daß die prozentuale Längenänderung der Avena-Koleoptile im Sektionstest proportional dem Logarithmus der Konzentration ist. Der *Avena*-Krümmungstest kann entsprechend benutzt werden; die Krümmung ist proportional der Wuchsstoffmenge.

4. Molekulargewichts-Bestimmungen

Eine angenäherte Vorstellung vom Molekulargewicht kann von einer Substanz mit wachstumsregulatorischer Eigenschaft auf Grund der Agar-Diffusions-Methode gewonnen werden. Wenn die Substanz weitgehend gereinigt ist, dann ist der Fehler bei dieser Methode geringer als mit den üblichen Bestimmungsverfahren. Das Verfahren ist folgendes: Das Eluat des nicht besprühten Fleckens wird eingeengt, rückgelöst in einem kleinen Volumen Wasser und von einem kleinen Agar-Block aufgenommen. Dann läßt man die Diffusion durch einen Stapel von drei gleichmäßig gebauten Agar-Blöcken erfolgen und analysiert anschließend mit Hilfe des Avena-Krümmungs-Tests den Gehalt an aktiver Substanz. Die Verteilung der physiologischen Aktivität wird für jeden der 4 Blöcke errechnet und der Diffusions-Koeffizient (D) mit Hilfe folgender Gleichung bestimmt:

$$D = h^2/4\, xt\,.$$

Darin ist t die Zeit der Diffusion (in Tagen), x der prozentuale Gehalt an Gesamtmaterial in jedem Agar-Block, h die Dicke jedes Blockes (in cm). Das Molekulargewicht (M) läßt sich dann anhand folgender Gleichung errechnen:

$$M = K^2/D^2\,,$$

wobei K eine Konstante ist, deren Wert bei 20° C 7,0, bei 26° C 8,8 ist. Unter Benutzung der Diffusionsmethode konnte das Molekulargewicht von zwei chromatographisch getrennten Wachstumsregulatoren aus *Coleus* und *Helianthus annuus* mit 170, bzw. 210 bestimmt werden [*130*].

5. "Tracer"-Methodik

Neuere Untersuchungen über Wuchsstoffe werden mit der Isotopentechnik durchgeführt. Dabei werden markierte Substanzen in die Pflanze eingeführt oder Gewebe bzw. Aufarbeitungen mit markierten Stoffen inkubiert. Das Gewebe bzw. das Reaktionsgemisch wird dann mit einem geeigneten Lösungsmittel extrahiert (Äther oder 80% Äthanol), der Extrakt zu einem kleinen Volumen eingedampft und quantitativ auf das Chromatogramm aufgetragen. Die Aktivität wird mit dem Zählrohr bestimmt und der Bogen anschließend chromatographiert. Nach Trocknung des Papieres wird mit einem "No-Screen X-rayfilm" ein Radioautogramm hergestellt (Methodik s. S. 50ff.). Die Expositionszeit für C^{14}-markierte IES läßt sich errechnen durch Division von 10^6 durch die Zahl der β-Teilchen, die von dem ^{14}C-markierten Stoff auf das Papier pro Minute abgegeben werden. Nach Entwickeln des Films entsprechen die geschwärzten Stellen den Orten markierter Substanzen. Die Komponenten lassen sich durch Chromatographie in einer größeren Zahl von Lösungsgemischen identifizieren. Die Methode ist besonders dann geeignet, wenn die Mengen sehr klein sind, so daß chromogene Sprühreagentien nicht mehr brauchbar sind.

6. Papierelektrophorese

Für die Trennung bestimmter Indolyl-Verbindungen ist die Papierelektrophorese erfolgreich angewandt worden [*46, 50, 131—136*]. Dabei wird die Substanz in Form eines Tropfens oder Streifens in der Mitte oder an einer Seite (je nach Art des Stoffes) auf das feuchte Papier aufgetragen. Bei anodisch wandernden Substanzen ist die Auftragsstelle näher zur Kathode zu legen. Die Atmosphäre ist stets gesättigt zu halten; der Stromfluß wird durch ein Milliamperemeter kontrolliert. Wird die Elphor-H-Apparatur benutzt [*46, 131, 132*], so empfiehlt sich die Verwendung von Papierstreifen (4 × 30 cm) von Schleicher & Schüll 2043b oder Whatman Nr. 1, Phosphat-Puffer (nach SÖRENSEN) und eine

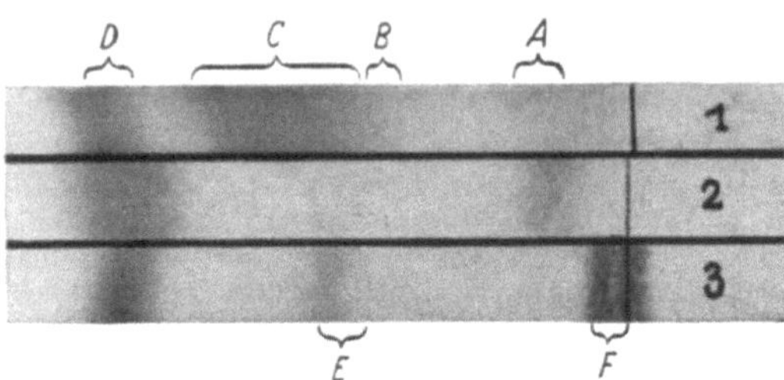

Abb. 88. Papierelektrophoretische Trennung von Indol-Derivaten: Streifen 1: Ätherextrakt aus Maissamen; Streifen 2: Gemisch aus synthetischer IES und Tryptophan; Streifen 3: Synthetische IES 2,5 min lang bestrahlt. — Nitrit-Reaktionszonen: *A* (gelb) Tryptophan; *B* (rot, schnell verblassend) unbekannte Substanz; *C* (gelb) unbekannt; *D* (rot)] ES; *E* (rot) IES-Zersetzungsprodukt; *F* (rot) IES-Zersetzungsprodukt nach UV-Bestrahlung

Spannung von 110 V Gleichstrom. Bei p_H 7,0 lassen sich Tryptophan und IES in scharfen Zonen trennen. Indolaldehyd und Indol-Acetonitril wandern zur Anode, aber Indolaldehyd 10mal schneller (Abb. 88). Bei Anwendung der Hochspannungselektrophorese (3000 V) muß mit kontinuierlichem Durchlauf der Pufferlösung (p_H 5,3) in den Elektrodengefäßen gearbeitet werden. Die Durchflußgeschwindigkeit des Veronal-Acetat-Puffers soll 8 l/min betragen [*136*]. Die Papierelektrophorese kann auch mit anschließender Papierchromatographie kombiniert werden. Dazu wird an die Pherogramm-Streifen nach der elektrophoretischen Trennung an jeder Seite ein geeigneter Papierstreifen angenäht und das Chromatogramm in üblicher Weise getrennt [*135*].

Literatur

[*1*] S. A. GORDON: Ann. Rev. Pl. Physiol. 5, 341 (1954). — [*2*] J. BENTLEY: Ann. Rev. Pl. Physiol. 9, 47 (1958). — [*3*] F. SALISBURG: Scientific Amer. 196 (4), 125 (1957). — [*4*] B. STOWE–T. YAMAKI: Ann. Rev. Pl. Physiol. 8, 181 (1957). — [*5*] J. MacMILLAN–P. J. SUTER: Naturwissenschaften 45, 46 (1958). — [*6*] C. A. WEST–K. H. MURASHIGE: Plant. Physiol. (Suppl.) 33, 38 (1958). — [*7*] M. RADLEY: Nature (Lond.) 178, 1070 (1956). — [*8*] M. RADLEY: Ann. Bot. N.S. 22, 297 (1958); G. M. SIMPSON: Nature (Lond.) 182, 528 (1958). — [*9*] B. O. PHINNEY–C. A. WEST–M. RITZEL–P. M. NEELY: Proc. nat. Acad. Sci. (Wash.), 5, 398 (1957). — [*10*] F. LONA: Atenco Parmense, 28, 111 (1957). — [*11*] M. B. RITZEL: Plant Physiol. 32 (Suppl.), 31 (1957). — [*12*] L. G. NICKELL: Science 128, 88 (1958). — [*13*] E. M. SHANTZ–F. C. STEWARD: J. Amer. chem. Soc. 74, 6133 (1952). — [*14*] E. M. SHANTZ–F. C. STEWARD: J. Amer. chem. Soc. 77, 6351 (1955). — [*15*] E. M. SHANTZ–F. C. STEWARD: Plant. Physiol. 30 (Suppl.), 35 (1955). — [*16*] E. C. BATE-SMITH–N. H. LERNER: Biochem. J. 58, 126 (1954). — [*17*] H. C. CHAKRABARTTY–S. P. SEN: Naturwissenschaften 42, 512 (1955). — [*18*] H. L. BIRD–C. T. PUGH: Plant. Physiol. 33, 45 (1958). — [*19*] H. H. MAYR: Planta 46, 512 (1956). — [*20*] N. P. KEFFORD: J. exp. Bot. 6, 129 (1955). — [*21*] S. P. SEN–A. C. LEOPOLD: Physiol. Plant. 7, 98 (1954). — [*22*] B. STOWE–K. V. THIMANN: Arch. Biochem. 51, 499 (1954). — [*23*] L. E. WELLER–S. H. WITTWER–H. M. SELL: J. Amer. chem. Soc. 76, 629 (1954). — [*24*] A. C. LEOPOLD: Persönl. Mitteilung. — [*25*] M. H. ZENK–A. C. LEOPOLD: Plant. Physiol. 32 (Suppl.), 21 (1957). — [*26*] W. A. ANDRAE–N. E. GOOD: Plant. Physiol. 32, 566 (1957). — [*27*] T. HEMBERG: Physiol. Plant. 11, 284 (1958). — [*28*] T. YAMAKI–K. NAKAMURA: Sci. Papers Coll. Gen. Educ., Univ. Tokyo 2, 81 (1952). — [*29*] A. J. VLITOS–W. MEUDT–R. BEIMLER: Contrib. Boyce Thompson Inst. 18, 283 (1956). — [*30*] C. H. FAWCETT–H. F. TAYLOR–R. L. WAIN–F. WIGHTMAN: Proc. roy. Soc. 148 B, 543 (1958). — [*31*] K. L. J. BLOMMAERT: Nature (Lond.) 174, 970 (1954). — [*32*] E. R. H. JONES–W. C. TAYLOR: Nature (Lond.) 179, 1138 (1957). — [*33*] J. A. BENTLEY–K. R. FARRAR–S. HOUSLEY–G. F. SMITH–W. C. TAYLOR: Biochem. J. 64, 44—49 (1956). — [*34*] J. VAN OVERBEEK–D. W. RACUSEN–M. TAGAMI–W. J. HUGHES: Plant. Physiol. 32 (Suppl.), 32 (1957). — [*35*] A. BOOTH: J. exp. Bot. 9, 306 (1958). — [*36*] J. B. GREENBERG–A. W. GALSTON–K. N. F. SHAW–M. D. ARMSTRONG: Science 125, 992 (1957). — [*37*] T. P. WAALKE–A. SJOERDSMA–C. R. CREVELING–H. WEISSBACH–S. UDENFRIEND: Science 127, 648 (1958). — [*38*] TH. WIELAND–G. HÖRLEIN: Liebigs Ann. Chem. 591, 192 (1955). — [*39*] E. C. BATESMITH: Biochem. J. 58, 122 (1954). — [*40*] T. SWAIN: Biochem. J. 53, 200 (1953). — [*41*] D. P. CHAKRABORTTY–P. K. BOSE: J. Ind. Chem. Soc. 33, 905 (1956). — [*42*] S. P. SEN (unveröffentlicht). — [*43*] L. J. AUDUS–R. THRESH: Ann. Bot. N. S. 20, 439 (1956). — [*44*] K. V. GIRI: Naturwissenschaften 43, 18 (1956). — [*45*] W. G. BURTON: Physiol. Plant. 9, 567 (1956). — [*46*] D. v. DENFFER—M. BEHRENS–A. FISCHER: Naturwissenschaften 39, 258 (1952). — [*47*] H. K. BERRY–H. E. SUTTON–L. CAIN–J. S. BERRY: Univ. Texas Bull. No. 5109, 22 (1951). — [*48*] A. HEYROVSKY: Chem. Listy 50, 1593 (1956). — [*49*] F. D. SNELL–C. T. SNELL: Colorimetric Methods of Analysis. 3rd Edition. New York 1936. [*50*] R. MÜLLER: Beitr. Biol. Pfl. 30, 1 (1953). — [*51*] P. LARSEN: In Moderne Methoden der Pflanzenanalyse. Berlin 1955. — [*52*] J. P. NITSCH: In Chemistry and Mode of Action of Plant Growth Substances. London. — [*53*] H. LINSER–F. MASCHEK: Planta 41, 567 (1953). — [*54*] S. P. SEN: J. Ind. bot. Soc. 36, 312 (1957). — [*55*] P. LARSEN: Physiol. Plant 8, 343 (1955). — [*56*] T. A. BENNET CLARK–N. P. KEFFORD: Nature (Lond.) 171, 645 (1953). — [*57*] K. LEXANDER: Physiol. Plant. 6, 406 (1953). — [*58*] A. J. VLITOS–W. MEUDT: Contr. Boyce Thompson Inst. 17, 413 (1954). — [*59*] J. R. HAY–K. V. THIMANN: Plant. Physiol. 31, 382 (1956). — [*60*] L. R. JONES–J. A. RIDDICK: Analyt. Chem. 24, 569 (1952). —

[*61*] J. P. Nitsch: Plant. Physiol. **30**, 33 (1955). — [*62*] H. Linser: Planta **39**, 377 (1951). — [*63*] L. C. Luckwill: J. Hort. Sci. **32**, 18 (1957). — [*64*] E. Libbert: Planta **46**, 256 (1955). — [*65*] R. H. Hamilton–R. S. Bandurski: Plant. Physiol. **33** (Suppl.), 5 (1958). — [*66*] L. E. Powell: Plant. Physiol. **33** (Suppl.), 5 (1958). — [*67*] A. Fischer–M. Behrens: Hoppe-Seylers Z. **291**, 242 (1953). — [*68*] F. Bode–K. Schöberl: Naturwissenschaften **43**, 83 (1956). — [*69*] G. Beauchesne: C. R. Acad. Sci (Paris) **244**, 112 (1957). — [*70*] A. Carlsson–M. Lindqvist–T. Magnusson–B. Waldeck: Science **127**, 471 (1958). — [*71*] H. Nitta–K. Ikai–Y. Noda: Nagoya Med. J. **3**, 47 (1955). — [*72*] R. J. Weaver: Bot. Gaz. **109**, 72 (1947). — [*73*] C. A. West–B. O. Phinney: Plant. Physiol. **32** (Suppl.), 32 (1957). — [*74*] L. Duhamet–C. Mentzer: C. R. Acad. Sci. (Paris) **241**, 86 (1955). — [*75*] E. M. Shantz–J. K. Pollard–F. C. Steward: Plant. Physiol. **33** (Suppl.), 16 (1958). — [*76*] E. M. Shantz–F. C. Steward: Plant. Physiol. **32** (Suppl.), 8 (1957). — [*77*] K. V. Thimann: Arch. Biochem. **44**, 242 (1953). — [*78*] J. P. Nitsch–C. Nitsch: Plant. Physiol. **31**, 94 (1956). — [*79*] A. C. Leopold: Auxins and Plant Growth. Calif. Univ. Press. Berkeley 1955. — [*80*] J. K. Pollard: Persönl. Mitteilung. — [*81*] S. M. Caplin–F. C. Steward: Ann. Bot. N. S. **16**, 219 (1952). — [*82*] D. R. Walker–C. H. Hendeschott–G. W. Snedecor: Plant. Physiol. **33**, 162 (1958). — [*83*] S. T. C. Wright: J. Hort. Sci **31**, 196 (1956). — [*84*] A. C. Leopold–F. S. Guernsey: Bot. Gaz. **115**, 147 (1953); **169**, 375. — [*85*] L. C. Luckwill: Nature (Lond.) **169**, 375 (1953). — [*86*] L. Ferenczy: Acta Biol. Acad. Sci. Hungaricae 8, 31 (1957). — [*87*] M. R. Corcoran–B. O. Phinney: Plant. Physiol. **33** (Suppl.), 11 (1958). — [*88*] A. C. Leopold–F. I. Scott–W. H. Klein–E. Ramstad: Physiol. Plant. **5**, 85 (1952). — [*89*] B. M. Pollock–R. H. Goodwin–S. Greene: Amer. J. Bot. **41**, 521 (1954). — [*90*] B. Stowe–K. V. Thimann–N. P. Kefford: Plant. Physiol. **31**, 162 (1956). — [*91*] H. N. Fukui–J. E. DeVries–S. H. Wittwer–H. M. Sell: Nature (Lond.) **180**, 1205 (1958). — [*92*] K. R. Farrar–J. A. Bentley–G. Britton–S. Housley: Nature (Lond.) **181**, 553 (1958). — [*93*] H. N. Fukui–F. G. Teubner–S. H. Wittwer–H. M. Sell: Plant. Physiol. **33**, 144 (1958). — [*94*] S. Housley–A. Booth–I. D. J. Phillips: Nature (Lond.) **178**, 255 (1956). — [*95*] E. Raadts–H. Söding: Planta **49**, 47 (1957). — [*96*] S. Housley–J. A. Bentley: J. exp. Bot. 7, 219, 239 (1956). — [*97*] N. P. Kefford–K. Helms: Nature (Lond.) **179**, 679 (1957). — [*98*] M. B. Varga–L. Ferenczy: Nature (Lond.) **178**, 1075 (1956). — [*99*] A. J. Vlitos–I. D. J. Phillips–H. Cutler: Plant. Physiol. **33** (Suppl.) 4 (1958). — [*100*] H. D. Klämbt: Planta **50**, 526 (1958). — [*101*] A. Poljakoff–Mayber–S. Goldschmidt–Blumenthal–M. Evenari: Physiol. Plant. **10**, 14 (1957). — [*102*] H. N. Fukui–L. E. Weller–S. H. Wittwer–H. M. Sell: Amer. J. Bot. **45**, 73 (1958). — [*103*] J. A. Bentley: Nature (Lond.) **181**, 1499 (1958). — [*104*] N. P. Kefford: J. exptl. Bot. **6**, 245 (1955). — [*105*] L. Ferenczy: Phyton **9**, 47 (1957). — [*106*] M. Varga: Acta Biol. Acad. Sci. Hung. 8, 39 (1957). — [*107*] M. Varga–L. Ferenczy: Naturwissenschaften **44**, 398 (1957). — [*108*] P. F. Wareing–H. A. Foda: Nature (Lond.) **178**, 908 (1956). — [*109*] D. Hess: Planta **50**, 504 (1958). — [*110*] M. B. Varga–L. Ferenczy: Nature (Lond.) **178**, 1075 (1956). — [*111*] T. A. Bennet-Clark–M. S. Tambiah–N. P. Kefford: Nature (Lond.) **169**, 452 (1952). — [*112*] Y. Nagai: Tohoku J. exp. Med. **61**, 331 (1955). — [*113*] O. E. Schultz–R. Gmelin: Arch. Pharm. u. Ber. dtsch. pharmak. Ges. **287**, 342 (1954). — [*114*] A. J. Haagen-Smit–D. R. Viglierchio: Réc. Trav. chim. Pays-Bas **74**, 1197 (1955). — [*115*] K. Schwarz–A. A. Bitancourt: Science **126**, 607 (1957). — [*116*] A. J. Vlitos–W. Meudt: Contr. Boyce Thompson Inst. **17**, 197 (1953). — [*117*] M. Clerc-Bory: Bull. Soc. Chim. France 337 (1954). — [*118*] P. Formijne–N. J. Poulie: Proc. Kon. Ned. Akad. Wetensch. **57 C**, 57 (1954). — [*119*] R. Mavrodineanu–W. W. Sanford–A. E. Hitchcock: Contrib. Boyce Thompson Inst. **18**, 167 (1955). — [*120*] J. F. Thompson–F. C. Steward: Plant. Physiol. **26**, 421 (1951). — [*121*] R. S. Platt–K. V. Thimann: Science **123**, 105 (1956). — [*122*] F. Trezzi: Nuovo Giorn. bot. ital. **61**, 391 (1954). — [*123*] S. A. Gordon–L. G. Paleg: Physiol. Plantarum **10**, 39 (1957). — [*124*] O. N. Hinsvark–W. H. Houff–S. H. Wittwer–H. M. Sell: Plant. Physiol. **33**, 107 (1954). — [*125*] J. Mitchell–B. Brunstetter: Bot. Gaz. **100**, 802 (1939). — [*126*] D. Jerchel–R. Müller: Naturwissenschaften **38**, 561 (1951). — [*127*] R. S. Bandurski: Bot. Gaz. **108**, 446 (1946). — [*128*] R. R. Marqardt–E. N. Luce: Analyt.

Chem. **23**, 1485 (1951). — [*129*] E. MARRÉ: Atti acad. naz. Lincei Rend. **18**, 88 (1953). — [*130*] H. v. GUTTENBERG-G. NEHRING-I. BLANKE: Naturwissenschaften **41**, 334 (1954). — [*131*] D. v. DENFFER-M. BEHRENS-A. FISCHER: Naturwissenschaften **39**, 550 (1952). — [*132*] A. FISCHER: Planta **43**, 288 (1954). — [*133*] A. SCHEIBE-B. WÖHRMANN-HILTMANN: Z. Bot. **45**, 97 (1957). — [*134*] A. A. BITANCOURT-K. SCHWARZ-A. P. NOGUEIRA: Arq. Inst. Biol. **24**, 169 (1957). — [*135*] K. SCHWARZ-A. A. BITANCOURT: Arq. Inst. Biol. **24**, 183 (1957). — [*136*] G. SCHNEIDER-G. SPARMANN: Naturwissenschaften **42**, 156 (1955).

II. Vitamine

Von

G. MARTEN

Bei den Vitaminen handelt es sich nicht, wie bei den Stoffgruppen der vorhergehenden Kapitel, um chemisch verwandte Substanzen, für deren Nachweis in vielen Fällen keine spezifischen Nachweisreaktionen vorhanden sind. Alle Vitamine lassen sich quantitativ mit chemischen oder mikrobiologischen Methoden erfassen. Gilt es jedoch bei stoffwechselphysiologischen Untersuchungen die natürliche Zustandsform der Vitamine oder ihrer Derivate zu untersuchen, so bedarf es eines besonderen Trennungsverfahrens.

1. Vitamine des B-Komplexes

Bioautographie

Die Grenzen der Vitamin-Analytik werden zumeist durch die Empfindlichkeit des Nachweises bedingt; besonders wertvoll war daher die Entwicklung der mikrobiologischen Testmethoden für den Vitamin B-Komplex in den letzten Jahren. Die Ortung der verschiedenen Substanzen auf dem Träger (Papier, Agar usw.) mit diesen Testverfahren nennt man Bioautographie [*20*]. Als Testorganismen kommen besondere Stämme von Bakterien, Pilzen und Hefen zur Anwendung. Die Testmedien sind zumeist vollsynthetisch oder zumindest von dem zu testenden Vitamin befreit (s. Tab. 70). Der Nährboden wird kurz vor dem Erstarrungspunkt des Agars mit einer gewaschenen Suspension des Testkeims oder seiner Sporen beimpft und auf Glasplatten entsprechender Größe gegossen. In der Praxis haben sich Platten von etwa 40×60 cm bei einer Stärke von etwa 4 mm gut bewährt, die mit Plexiglas oder anderen Kunststoffstreifen verschiedener Länge und etwa 10×15 mm Querschnitt umlegt werden. Die Streifen dichtet man mit flüssigem Agar so, daß eine flache Wanne entsteht. Auf einer ausnivellierten Unterlage (Marmorplatte mit 4 Stellschrauben) wird das Testmedium als eine blasenfreie Schicht von etwa 2—3 mm Stärke zum Erstarren gebracht. Für spätere photographische Dokumentation ist es ratsam, nur solchen Agar zu verwenden, der nach dem Erstarren absolut klar bleibt. Auf diesen Nährboden wird das Papier nach Verdunsten des Lösungsmittels aufgelegt und nach 5—20 min entfernt bzw. über Nacht mit inkubiert. Ein kurzfristiger Kontakt des Papiers mit dem Agar empfiehlt sich, wenn die Substanzen punktförmig entlang der Startlinie aufgetragen worden sind und das Papier die Platte völlig abdeckt.

Tabelle 70. *Zusammensetzung der Testmedien für 100 ml doppelter Stärke*
Die Lösung ist mit dem gleichen Volumen 3- bis 5%igem Agar zu mischen

	Medium						
	1	2	3	4	5	6	7
p_H	6,8	6,8	5,0	5,0	5,0	5,0	4,5
Caseinhydrolysat vitaminfrei	2 g		(2 g)				
L-Cystin.	20 mg					10 mg	
L-Tryptophan	20 mg						
L-Asparagin	0,1 g			200 mg		0,4 g	
Glucose	4 g	2 g	10 g	5 g	2 g	20 g	3 g
Ammoniumtartrat . .			1 g			0,5 g	1 g
Na-acetat	4 g						
Na-citrat		100 mg	1 g	1 g			0,4 g
Citronensäure			200 mg	200 mg			
Uracil	2 mg						
Adenin	2 mg						
Guanin	2 mg						
Xanthin	2 mg						
$(NH_4)_2SO_4$.		200 mg		0,5 g	0,4 g		
KH_2PO_4	100 mg	0,6 g	60 mg	100 mg		0,7 g	0,5 g
K_2HPO_4	100 mg	0,8 g			200 mg		
NH_4NO_3							0,4 g
$ZnSO_4 \cdot 7 H_2O$							0,2 mg
$CaCl_2$							20 mg
$MgSO_4 \cdot 7 H_2O$	40 mg	20 mg	20 mg	30 mg	80 mg	250 mg	100 mg
NaCl	2 mg					2 mg	20 mg
$FeSO_4 \cdot 7 H_2O$	2 mg			0,5 mg		2 mg	1 mg
$MnSO_4 \cdot 4 H_2O$	2 mg			0,5 mg		2 mg	
Thiamin	40 μg		400 μg	50 μg			
Riboflavin	40 μg					10 μg	
Pantothensäure . . .	40 μg		400 μg	500 μg		100 μg	
Nicotinsäure.	40 μg		400 μg	500 μg		100 μg	
Pyridoxin	40 μg		400 μg	100 μg		100 μg	
Pyridoxal	40 μg						
Pyridoxamin	40 μg						
p-Aminobenzoesäure .	40 μg					100 μg	
Biotin	0,8 μg		5 μg	2 μg		0,5 μg	1 μg
Folsäure	0,5 μg					0,2 μg	
Inosit			2 mg	5 mg			

Im allgemeinen wird man den Extrakt entlang der Startlinie ausstreichen. Nach der Trennung kann man aus dem breiten Blatt schmale Streifen ausschneiden, die je nach Bedarf verschiedenen chemischen und mikrobiologischen Nachweisverfahren unterworfen werden können und auch eine Extraktion für quantitative Bestimmungen ermöglichen. Diese Streifen (2—10 mm) läßt man bei der Bioautographie mitbebrüten; die Wachstumszonen sind dann am Rand der Streifen sichtbar.

Auch aus Ringchromatogrammen lassen sich schmale Streifen (2—4 mm breit) ausschneiden, sie sind für eine quantitative mikrobiologische Bestimmung im Plattentest geeignet, wenn man auf dem Chromatogramm 3—4 Standardkonzentrationen (geometrisch abgestuft) mitlaufen läßt [29].

Tabelle 71. *Zusammenstellung der wichtigsten Testorganismen für die Bioautographie der B-Vitamine*
Die stark umrahmten Felder geben den zu bevorzugenden Organismus an, die Ziffern den Nährboden in Tabelle 70

Testorganismus	ATCC-Nr.[1]	Thiamin	Ribovaflin	Pyridoxin	Pyridoxal	Pyridoxamin	Pantothensäure	Nicotinsäure	Biotin	Inosit	Cobalamine	Folsäure	p-Aminobenzoesäure
		B_1	B_2	B_6	B_6	B_6					B_{12}		
Lactobacillus fermentum 36	9338	1											
Lactobacillus casei	7469		1		1		1	1	1			1	
Streptococcus faecalis	8043				1	1	1	1	1			1	
Lactobacillus plantarum	8014						1	1	1				1
Escherichia coli Stamm 113—3	11105										2		
Candida pseudotropicalis	2512	3						3					
Saccharomyces carlsbergensis	9080			4	4	4	4			4			
Streptococcus spp.	10100		1										
Neurospora crassa Stamm 1633	9278	7	7	7	7	7	7	7	7	7			7
Neurospora sitophila	9276			7	7	7							

[1] Die Stämme für die Test-Organismen sind zu beziehen durch: American Type Culture Collection, 2112 M Street, N. W. Washington 7, D. C. — Eine Subkultur (auch in lyophilisiertem Zustand erhältlich) kostet 10.— $; Nicht kommerzielle Forschungsinstitute erhalten 60% Rabatt.

Eluate aus Chromatogrammabschnitten können sehr gut mikrobiologisch quantitativ bestimmt werden. Dazu wird ein geeignetes flüssiges Kulturmedium so mit abgestuften Mengen des Eluates versehen, daß mehrere Konzentrationen in den steilen Anstieg der Wachstumskurve fallen und mit einer gleichzeitig angesetzten Standardreihe verglichen werden können. Eine eingehende Beschreibung dieser Technik würde über den Rahmen dieser Abhandlung hinausgehen und muß in der Spezialliteratur [30] eingesehen werden.

Als Lösungsmittel scheiden solche aus, die bactericid wirken und sich nicht vollständig aus dem Papier entfernen lassen. Aus dem Papier diffundiert ein Teil der Wachstumsfaktoren in das Testmedium, das an diesen Stellen komplettiert wird und eine Entwicklung der wirkstoffbedürftigen Organismen ermöglicht. Um ein evtl. schwaches Wachstum im Nährboden, das durch Verunreinigung von Nährstoffkomponenten und des Agars oder durch endogene Reserven der Testkeime bedingt sein kann, zu unterdrücken, kann man dem Testmedium eine geringe Menge des entsprechenden Antivitamins, z. B. beim Thiaminnachweis Oxythiamin, zusetzen. Auch ein Zusatz von Antibiotica kann zur Unterdrückung eines generellen Wachstums und zur Empfindlichkeitssteigerung angebracht sein. So steigert z. B. Chlortetracyclin bei *Lactobacillus fermentum* in einer Konzentration von 1,5 μg/ml Testmedium den Durchmesser der Wachstumszonen von 42 auf 54 (Relativzahlen bei Projektion).

Die Wachstumszonen lassen sich auf Grund des Stoffwechsels der Testkeime und der entstehenden Stoffwechselprodukte durch chemische Reaktionen verstärken. Die Milchsäurebildung in den Wachstumszonen der Lactobacillen kann nach Besprühen mit einem geeigneten Farbindicator sichtbar gemacht werden, $CaCO_3$-Zusatz zum Testmedium läßt die Wachstumszonen im sonst milchigen Agar hell und durchsichtig erscheinen (Bildung von löslichem Calciumlactat). Von lebenden Mikroorganismen wird Triphenyltetrazoliumchlorid zum roten Formazan reduziert; ebenso reduziert z. B. *Lact. fermentum* Fe^{+++} zu Fe^{++}, das mit 2,2′-Dipyridil einen roten Farbkomplex gibt. Escherichia coli (mit verschiedenen Mutanten) reduziert in einem nitritfreien Testmedium die Nitrate zu Nitrit, das leicht mit Naphthylaminreagens innerhalb der Wachstumszonen sichtbar gemacht werden kann. Diese Reaktionen gewährleisten zwar keine bessere Auswertung der Ergebnisse, sind jedoch bei Demonstrationen sehr instruktiv.

Die Platten werden mit einer Mattscheibenkamera auf extrem hart arbeitendem orthochromatischem Material aufgenommen (z. B. Perutz-Peruline), hart entwickelt und extra hart kopiert. Zur Aufnahme wird die Platte etwa 1 m vor einem schwarzen Hintergrund aufgestellt; beleuchtet wird mit 2, besser 4, Lampen (500 W bzw. 250 W), die etwas hinter dem schwarzen Schirm stehen und das Licht seitlich auf die Platte werfen.

Ein steriles Arbeiten bei der Bereitung der Platten ist nicht notwendig; die Weiterzüchtung des Teststammes wird selbstverständlich unter Berücksichtigung der üblichen mikrobiologischen Verfahren durchgeführt.

Die Identifizierung der Flecken erfolgt durch Vergleich mit dem R_F-Wert bekannter Substanzen bei verschiedenen Lösungsmitteln und durch den unterschiedlichen Wirkstoffbedarf verschiedener Testorganismen. Die Spezifität der Testorganismen ist an bestimmte Anordnungen von chemischen Gruppen im Vitaminmolekül gebunden. Bei genauer Kenntnis des Wirkstoffbedarfs verschiedener Keime lassen sich Aussagen über die chemische Struktur eines unbekannten Vitaminderivates machen. Um möglichst viele Derivate eines Vitamins zu erfassen, wählt man einen Organismus, der evtl. auch noch auf Vorstufen bzw. auf Abbauprodukte anspricht, für eine allgemeine quantitative Bestimmung hingegen einen Testkeim, der nur auf biologisch aktive Verbindungen reagiert. Die Auswahl eines geeigneten Testkeimes ist ferner von der allgemeinen Zusammensetzung des Nährbodens abhängig, dessen Bereitung bei manchen *Lactobacillen* teils schwierig und auch teuer ist. In vielen Fällen erzielt man z. B. mit Hefen auf rein anorganischen einfachen Nährböden den gleichen Effekt.

Bekannt sind die DIFCO-Trockennährböden[1], die zweckmäßig dann einzusetzen sind, wenn es sich um einmalige oder kurzfristige Arbeiten mit komplizierten Nährböden handelt.

Die Technik der Bioautographie hat eine besondere Form der Elektrophorese von Wirkstoffen ermöglicht [5, 6]. Das im allgemeinen als Träger dienende Papier wird hierbei durch eine gepufferte Agarschicht ersetzt, die in oben angeführter Weise auf eine Glasplatte gegossen wird. Die Elektrodengefäße sind unten offene Kunststoffkammern, die man auf die erstarrte Agarschicht setzt; mit flüssigem Agar werden sie mit der Trägerschicht verbunden und zugleich abgedichtet. Der Start der Substanzen erfolgt aus Löchern, die man mit einem Korkbohrer in den Agar stanzt; so ist es möglich, Pflanzengewebe ohne Extraktion direkt in den Agar einzubetten und eine Zerstörung empfindlicher Verbindungen bei der Extraktion zu vermeiden. Die untere Nachweisgrenze der B-Vitamine liegt bei dieser Methode um 0,001—0,010 μg. Bei allen Untersuchungen an biologischem Material über natürlich vorkommende Verbindungen einer mikrobiologisch nachweisbaren Substanz (auch Hemmstoffe) dürfte diese Methode angebracht sein. Erforderlich ist ein möglichst stufenlos regelbarer Gleichrichter mit einer Ausgangsleistung von etwa 2000 V bei 200 mA[2]. Es wird mit etwa 20 V/cm gearbeitet, die Trennungen verlaufen wesentlich schneller als auf dem Papier, z. B. wandert Thiamin in 80 min bei p_H 5,4 (0,007 m Phosphatpuffer-Agar) etwa 35 cm in Richtung Kathode.

Chromatogrammstreifen und aufgerollte Chromatogramme können in einen ausgeschnittenen Graben eingelegt und anschließend mit Agar vergossen werden. Schließlich kann man die Elektrophorese zweidimensional bei verschiedenem p_H durchführen, indem man auf einem schmalen Agarstreifen die erste Trennung vornimmt und dazu im rechten Winkel eine weitere Agarschicht gießt und unter anderen Bedingungen weitertrennt.

a) Thiamin

Das Vitamin B_1 findet sich in freier Form und als Mono-, Di- und Triphosphorsäureester in Naturprodukten, außerdem als Thiamindisulfid und in Verbindung mit anderen schwefelhaltigen Substanzen, z. B. als Allithiamin in Allium gen. Als Synthese- bzw. Abbauprodukte finden sich Pyrimidine und Thiazole.

---

[1] Firma Otto Nordwald, Hamburg-Altona, Eimsbütteler Str. 58.
[2] Das komplette Gerät „Pherotron" wird von der Firma H. A. Kroll, Hamburg 11, Mattentwiete 1, hergestellt.

Bei der Aufbereitung der Proben sollte ein p_H-Bereich von 4,5—6 nicht über- oder unterschritten werden, um empfindliche Thaminderivate nicht zu zerstören.

Lösungsmittel:

a) Isobutanol–Pyridin–Wasser 3:2:5 [1, 2],
b) Isobutanol–Pyridin–Wasser 1:1:1, Essigsäure 1% [4],
c) n-Propanol–Wasser–1 M-Acetatpuffer p_H 5 65:20:15 [3].

R_F-Werte s. Tab. 72.

Tabelle 72. *R_F-Werte von Thiamin-Verbindungen*

	a (Wh 1) aufst.	b (Wh 1) aufst.	c (Munktell OB) aufst.
Thiamin (Th)	0,39	0,50	0,64
Chlorothiamin (ClTh)	0,56	0,61	—
Th-monophosphorsäureester (ThPE) .	0,13	0,25	0,38
Th-diphosphorsäureester (ThPPE) . .	0,08	0,15	0,21
Th-triphosphorsäureester (ThPPPE) .	—	—	0,12
Thiamindisulfid (ThDS)	0,45—0,51	—	—
Thiochrom	0,61	0,68	—

Weitere Lösungsmittelgemische:

Isobutanol–Essigsäure–Wasser 4:1:5 [7, 8],
Isobutanol–Äthanol–Wasser 5:1:5 [7, 8],
Glykolmonoäthyläther–Wasser 8:2 [9, 10],
Glykolmonoäthyläther–Methanol 1:1 [9, 10],
Isopropanol–Wasser (mit Essigsäure auf p_H 3 einstellen) 4:1 [10],
Pyridin–Wasser 1:1 [11],
Butanol–Pyrin–Wasser ges. 1:1 [11],
Collidin–Lutidin 1:1 [11].

Eine bessere Trennung besonders der Phosphorsäureester gelingt durch Elektrophorese auf Papier, Cellulose- und Stärkesäulen [3] und Agarplatten [5, 6].

Mit Acetatpuffer (p_H 5,44, $\mu = 0,05$) auf Munktell 20 bei einem Strom von 3,5 mA erzielte SILIPRANDI nach 6—7 h eine gute Trennung.

Nachweis (steigende Empfindlichkeit):

a) In höheren Konzentrationen durch Absorption des Pyrimidinteils bei 260 $m\mu$.

b) Gemisch von 0,066 m-KJ– und 0,0033 m Platinchlorwasserstoffsäure 1:1 in 6 Teilen H_2O.

c) Besprühen mit einem Gemisch von 0,5 n methanolischer NaOH und 1%iger Kaliumhexacyanoferrat(III)lösung im Verhältnis 25:1; die meisten Thiaminderivate werden dadurch zu den entsprechenden Thiochromen oxydiert, die im gefilterten UV-Licht hellblau fluorescieren. Die Grenze guter Erkennbarkeit auf dem Papier liegt bei 0,02 $\mu g/cm^2$ Thiamin.

d) Bioautographie.

Alle im Tierversuch biologisch aktiven Thiaminderivate bringen *L. fermentum* zur Entwicklung; dieses Bacterium dient daher vorzugsweise zur quantitativen Bestimmung des Thiamingehaltes. Die Hefe

Candida pseudo-tropicalis benötigt nur den Pyrimidinteil des Thiamins zu ihrer Entwicklung und zeigt daher auch im Thiazolteil veränderte Thiaminderivate an.

Das Vermögen einiger Testorganismen, aus der Pyrimidin- und Thiazolkomponente Thiamin zu synthetisieren, kann ebenfalls zur Identifizierung unbekannter Thiaminderivate herangezogen werden. In Abb. 89 ist die Synthese von 2-Methyl-4-amino-5-aminomethyl-pyrimidin und 4-Methyl-5-oxyäthyl-thiazol zu Thiamin durch *Phycomyces blakesleeanus* ersichtlich.

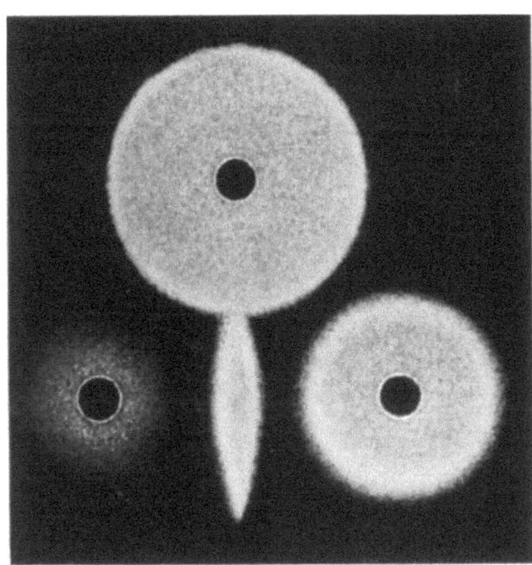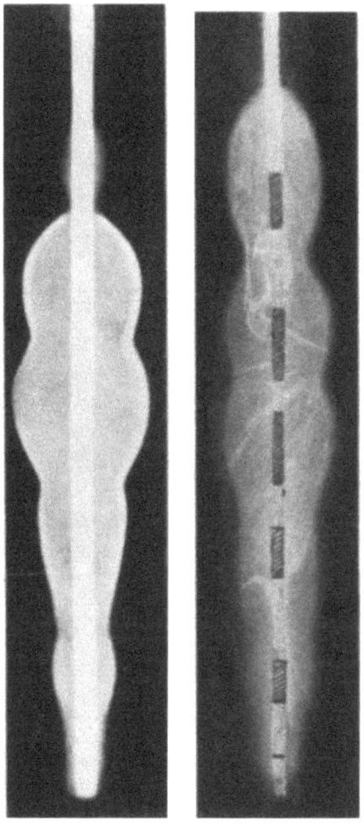

Abb. 89   Abb. 90

Abb. 89. Synthese von Thiamin durch *Phycomyces blakesleeanus.* Oben: Thiamin, rechts: Thiazolkomponente, links: Pyrimidinkomponente

Abb. 90. Reinheitsprüfung eines Thiaminpräparates mittels Bioautographie. Rechts: *Rh. mucilaginosa*, links: *L. fermentum*; schraffiert: Thiochromreaktion

In sehr hoher Thiazolkonzentration in der Nähe des Loches im Agar zeigt der Pilz Wachstum; aber erst dort, wo sich die Diffusionszonen der beiden Komponenten linsenförmig überschneiden, kommt es zur Synthese. Eine Suspension von *Phycomyces*sporen in Medium Nr. 6 kommt nur zur Entwicklung, wenn auf dem Chromatogramm das intakte Thiaminmolekül vorhanden ist. Ein Zusatz von 5 µg Thiazol zum Medium 6 ermöglicht außerdem Wachstum an den Stellen, wo Pyrimidine (mit bestimmten funktionellen Gruppen) abgetrennt worden sind; vice versa entwickelt sich der Pilz an den Thiazolpositionen, wenn dem Nährboden die Pyrimidinkomponente (5 µg) beigegeben wird.

In Abb. 90 sind zwei Streifen desselben Chromatogramms mit *L. fermentum* und *Rhodotorula mucilaginosa* (Nährboden Nr. 5) bioautographiert worden. Es handelt sich um eine Reinheitsprüfung eines handelsüblichen Thiamins. Getrennt wurde aufsteigend auf MN Nr. 814. Auf dem *Rh. mucilaginosa*-Streifen sind außerdem die

Stellen, die Thiochromreaktion zeigen, schraffiert. Die Substanz am oberen Bildrand zeigte, im Gegensatz zu *L. fermentum*, für *Rh. mucilaginosa* Wachstumswirkung; daraus konnte geschlossen werden, daß der Pyrimidinteil in Stellung 4 mit Sicherheit eine Aminogruppe aufweisen mußte. Das biologisch wichtige Wasserstoffatom in Stellung 2 des Thiazolringes ist für den Zusammenschluß mit der Aminogruppe des Pyrimidins zum Thiochrom notwendig. Es waren also Thiaminanaloge zu suchen, die im Thiazolring an den Stellen 4 und 5 verändert waren. Es handelt sich um das Chlorothiamin, bei dem die Oxygruppe durch Chlor ersetzt ist. Die beiden unteren Fraktionen sind Verunreinigungen aus der Thiaminsynthese und unbekannter Art. Das Thiamin selbst läßt sich in 2 Positionen auftrennen, die je nach dem p_H der aufgetragenen Thiaminlösung durch intramolekulare Umlagerungen bedingt sind; unter den üblichen Bedingungen wandert das Thiamin als einheitlicher Fleck.

Tabelle 73. *Wachstumswirkung von einigen Thiaminanalogen auf verschiedene Testorganismen im Plattentest*

	Tierversuch *L. fermentum* *Kloeckera brevis*	*Rhodutorula mucilaginosa*	*Sacch. cerevisiae*	*Candida pseudotropicalis*
Thiamin	+	+	+	+
ThPE	+	O	+	+
ThPPE	+	O	+	+
Th-Disulfid	+	+	+	+
Th-carbonsäure	—	+	—	+
Chlorothiamin	O	+	+	+
4-oxy-Th	—	O	—	O
4-oxy-Pyrimidin . . .	O	O	O	O
Th-Thiazolon	O	+	—	O
N-Dimethyl-Th	O	O	O	O

+ Wachstum;   O kein Wachstum;   — Hemmzone (Antivitamin).

Die in Tab. 73 dargestellte Wachstumswirkung von Thiaminderivaten kann sich bei den Hefen je nach Alter der verwandten Kultur und den Kulturbedingungen ändern und ist für spezielle Untersuchungen stets neu nachzuprüfen. Bei der Bioautographie mit *Candida pseudotropicalis* deckt man das Testmedium nochmals mit einer dünnen Schicht Agar ab, um ein diffuses Wachstum auf der gesamten Platte zu unterdrücken.

Die Elektrophorese in Agarplatten ergibt ebenfalls gute Trennungen; Laufzeit 90 min bei 17 V/cm, 0,007 m Phosphatpuffer p_H 5,4. Die Empfindlichkeit dieser Methode ist so groß, daß z. B. in 5 Teilstücken eines einzigen Weizenkeimes noch gut erkennbar Thiamin, ThPE, ThPPE, Thiamindisulfid (Vegetationskegel) und eine weitere unbekannte Thiaminverbindung (aktiv für *L. fermentum*) nachgewiesen werden konnten.

Derivate des 4-Oxythiamins (OTh) lassen sich elektrophoretisch wie folgt trennen [*12*]: Th, ThPE, OTh, OThPE in Citratpuffer $p_H 3 = 0,03$; ThPPE, OThPPE in Citratpuffer $p_H 4 = 0,03$; ThPPPE, OThPPPE in Boratpuffer $p_H 10 = 0,03$.

Bioautographie der Oxythiamine mit *Sacch. cerevisiae* oder *L. fermentum*, wenn man letzterem zum Testmedium etwa 2 μg Thiamin auf 100 ml Testmedium zugesetzt hat; aktive Thiaminverbindungen zeigen dichteres Wachstum als der leicht verschleierte Untergrund, von dem sich die Oxythiaminpositionen als Hemmzonen gut abheben.

b) Riboflavin

Neben der freien Form wird das Vitamin B_2 als Riboflavin-5'-Phosphorsäure (FMN) und als Coenzym der d-Aminosäureoxydase, Flavinadenin-dinucleotid (FAD) gefunden. Riboflavin ist lichtempfindlich, besonders in alkalischen und warmen Lösungen; alle Maßnahmen bei der Extraktion und Trennung werden bei gedämpftem Licht durchgeführt.

Lösungsmittel:

a) Isobutanol–Pyridin–Wasser–Essigsäure 33:33:33:1 [13],
b) Butanol–Ameisensäure–Wasser 77:10:13 [14].

Die chromatographische Abtrennung von FMN und FAD von Riboflavin und anderen Flavinen ist im allgemeinen der Elektrophorese unterlegen.

Bei der Elektrophorese in 0,03 m-Phosphatpuffer p_H 7,4 wandern mit abnehmender Beweglichkeit in Richtung Anode Riboflavindiphosphat, FMN, Riboflavin [13].

Elektrophorese mit 0,025 m-Ammoniumformiat-Ameisensäure-Lösung von p_H 4,6 bei einem Potentialabfall von 20 V/cm trennt FMN, FAD und Riboflavin [15].

In Acetatpuffer p_H 5,1, $\mu = 0,05$, wandert Riboflavin kathodisch, FMN und FAD anodisch [17, 18].

Nachweis:

Die Flavine kann man in höheren Konzentrationen durch ihre gelbe Fluorescenz im UV-Licht auf dem Papier orten.

Für die Bioautographie sind von den Lactobacillen besonders *L. casei* und *Streptococcus spp.* ATCC 10100 (50fache Empfindlichkeit) zu nennen; eine Mutante von *Neurospora crassa* (y 30539-3-47 A) ist ebenfalls B₂-heterotroph.

c) B₆-Gruppe

Neben der zuerst bekanntgewordenen Form des B₆, dem Pyridoxin, wurden durch mikrobiologische Verfahren Pyridoxamin, Pyridoxal, Pyridoxaminphosphat, Pyridoxinphosphat und als wichtiges Coenzym das Pyridoxal-5-phosphat gefunden. Ein Stoffwechselprodukt ist die 4-Pyridoxinsäure.

Lösungsmittel:
a) Butanol–Wasser [20],
b) Äthylacetat–Pyridin–Wasser 2:1:2 [21].

R_F-Werte s. Tab. 74.

Tabelle 74. R_F-*Werte der B₆-Gruppe*

	a)	b)
Pyridoxin	0,75	0,94
Pyridoxal	0,68	0,85
Pyridoxamin	0,18	0,65
4-Pyridoxinsäure . . .		0,76
Pyridoxinphosphat . .		0,56
Pyridoxaloxim		Front

Eine bessere Auftrennung, besonders zwischen Pyridoxin und Pyridoxal, erfolgt durch Papierelektrophorese [18] in Acetatpuffer p_H 5,1, $\mu = 0,05$, oder auf Agarplatten (0,007 m-Acetatpuffer-Agar p_H 5,4) [6].

Nachweise:

a) Primärfluorescenz im UV-Licht in höheren Konzentrationen.
b) Diazotierte p-Aminoacetophenon-Lösung.

Lösung I: 3,18 g p-Aminoacetophenon in 45 ml konz. HCl lösen und mit aq. dest. auf 1000 ml auffüllen.
Lösung II: 2,25 g NaNO₂/100 ml aq. dest.
Lösung III: 25 g Na-Acetat/100 ml aq. dest.

Vor Gebrauch werden gemischt: 2 ml Lösung I, 10 ml Lösung II und 10 ml Lösung III.

c) 1% methanolische Lösung von 2,6-Dichlorchinonchlorimid, einhängen in Ammoniakatmosphäre.

d) Bioautographie: *Sacch. carlsbergensis* und *Neurospora sitophila* 299 sind die meist angewandten Organismen zur Ortung von B_6-Derivaten. *Sacch. carlsberg.* spricht nicht auf die Phosphate an im Gegensatz zu *Neurospora*; *Str. faecalis* wird durch Pyridoxal, Pyridoxamin und Pyridoxaminphosphat zur Entwicklung veranlaßt. *L. casei* verwertet nur Pyridoxal.

Mit Agarelektrophorese und *Sacch. carlsbergensis* können von den aktiven Verbindungen noch je 0,0005 μg als Wachstumszone nachgewiesen werden [6].

d) Nicotinsäure

Im Stoffwechsel als Nicotinsäure, Nicotinsäureamid, Nicotinursäure, Nicotinsäureamid-mono-nucleotid, Phosphopyridin-nucleotide (DPN und TPN), ferner N^1-Methylnicotinamid, Trigonellin und andere Vor- und Abbaustufen. Zwischenstufen zum Tryptophanstoffwechsel sind bekannt.

Lösungsmittel:

a) n-Butanol–Aceton–Wasser 45:5:50 [22],

b) n-Butanol–1,5 n-Ammoniak [23].

R_F-Werte s. Tab. 75.

Tabelle 75. *R_F-Werte der Nicotinsäuregruppe*

	a (Wh 1) abst.	b
Nicotinsäure	0,30	0,24
Nicotinsäureamid	0,67	0,65
Nicotinursäure	0,13	
N^1-Methylnicotinamid	0,06	
Trigonellin	0,06	
Co-Enzym I und II	0,00	
Nicotinamid-ribose-phosphat .	0,02	
Ribosido-nicotinsäureamid . .	0,06	
Iso-Nicotinsäure		0,25

Zur Auftrennung der langsam wandernden Faktoren wird die obere Phase des Lösungsmittels a) mit 20% Äthyl-cellosolve gemischt.

Weitere Lösungsmittelsysteme: [24, 25, 26, 27, 28]
Butanol–Essigsäure–Wasser,
Butanol–Ammoniak–Wasser,
Butanol–HCl–Wasser,
Butanol–Äthylenchlorhydrin–Wasser,
Butanol–Äthylenchlorhydrin–Wasser–Essigsäure,
Butanol–Äthylenchlorhydrin–Ammoniak–Wasser,
Isobutanol–HCl–Wasser.

Nicotinsäureamid läßt sich von den Coenzymen und der freien Säure elektrophoretisch abtrennen (Acetatpuffer p_H 5,1; $\mu = 0,05$) [18].

Nachweis:

a) Bromcyan-Reaktion: Das Chromatogramm wird nach dem Trocknen in einen geschlossenen Behälter gebracht und Bromcyandämpfen ausgesetzt; anschließend kann man besprühen mit

α) 0,25% Benzidinlösung in 50% Äthanol, Nachweisgrenze 5 μg [23],

β) 2% p-Aminobenzoesäure (2 g in 75 ml 0,77 n-HCl, mit Äthanol auf 100 ml auffüllen [27],

γ) 0,5% Lösung von N-(1-naphthyl)-äthylendiamin-dihydrochlorid in Äthanol [22].

b) Die Coenzyme und die Nucleotide und Nucleoside der Nicotinsäure werden im UV-Licht sichtbar, wenn man durch das Zentrum der Flecken mit einer Pipette einen Strich mit 20% KOH zieht [22], oder Besprühen mit einem Gemisch von 2% $Na_2S_2O_3$ und 4% $NaHCO_3$ (1:1) [36].

c) Quaternäre Pyridinderivate geben im UV-Licht eine bläulichweiße Fluorescenz, wenn das Papier 1 h lang in einer Atmosphäre von Ammoniak und Methyl-äthyl-keton (1:1) gehalten wurde. Nachweisgrenze 0,05 μg.

d) Bioautographie: Nicotinsäure, Nicotinsäureamid, Nicotinursäure, Trigonellin und die Nicotinamid-Nucleotide und -Riboside können mit der Hefe *Candida pseudotropicalis* bis 0,01 μg nachgewiesen werden (Weglassen der Nicotinsäure aus dem Testmedium Nr. 3). Der zur quantitativen Bestimmung verwandte *L. plantarum* kann ebenfalls benutzt werden.

e) Pantothensäure

Pantothensäure wird in freier Form und gebunden als Coenzym A gefunden. Zahlreiche Verbindungen aus der Biosynthese des Coenzym A sind bekannt: Pantothenylcystin, Pantethein, 4-Phosphopantethein. Außerdem sind über die SH-Brücke des Coenzym A bzw. des Pantetheins zahlreiche natürlich vorkommende SH-Verbindungen möglich.

Lösungsmittel:

a) sek. Butanol–Ameisensäure–Wasser 75:10:15 [31],

b) n-Propanol–Ammoniak–Wasser 6:3:1 [32].

Nachweis mit Ninhydrin ist möglich. Lactobacillen (*L. plantarum*) verwerten nur freie Pantothensäure und Pantothenylcysteamid (LBF), Hefen nur freie Pantothensäure. Für die Bioautographie empfiehlt sich *Acetobacter suboxydans* ATCC 621 [33]; Testmedium 1 mit Zusatz von 10 g Glycerin.

f) Cobalamine

Das B_{12} ist mit verschiedenen Derivaten im Pflanzenreich fast ausschließlich in den Kulturlösungen von Mikroorganismen zu finden, welche auch für die Gewinnung des B_{12} herangezogen werden.

Lösungsmittel:

sek. Butanol–Wasser (1 ml 10% KCN-Lösung je L),

Entwickler gesättigt mit Kaliumperchlorat [38].

Aufsteigend werden getrennt: Faktor I, I a, B_{12}, Faktor III, Faktor A, Pseudovitamin B_{12}, Faktor C und V.

Von allen bisher vorgeschlagenen Lösungsmitteln ist mit dem oben angeführten System die beste Trennung zu erreichen.

Die B_{12}-Faktoren lassen sich auch nach Elektrophorese in 2 n-Essigsäure identifizieren [39].

Fast alle natürlich vorkommenden Cobalamine sind für *E. coli* 113-3 Wachstumsfaktoren, so daß dieser Keim für die Bioautographie sehr geeignet ist; für *L. Leichmannii* sind die meisten bekannten nucleotidhaltigen Cobalamine aktiv, jedoch im Verhältnis zu *E. coli* in verschiedenem Ausmaß [40]. Die Wachstumszonen können gut sichtbar gemacht werden, wenn das Papier während der Inkubationszeit auf dem Agar verbleibt und dem Testmedium 0,015 % TTC zugesetzt wird [41].

g) p-Aminobenzoesäure (PABS) und die Folsäure-Gruppe

PABS ist eine Vorstufe zur Biosynthese der Folsäure, welche in zahlreichen Verbindungen besonders mit der Glutaminsäure verknüpft ist.

Lösungsmittel:

5 % Citronensäure-Isoamylalkohol-NH_4OH (p_H 9). Das 2-Phasen-System wird im Verhältnis (wäßrige Phase:Lösungsmittelphase) 2:1 gemischt, so daß eine dünne Schicht des organischen Lösungsmittels die wäßrige Phase bedeckt [35]. R_F-Werte s. Tab. 76.

Tabelle 76. *R_F-Werte von PABS und der Folsäuregruppe*

	R_F-Werte (Wh 2) aufsteigend
Pteroinsäure	0,04
Pteroylglutamyl-α-glutaminsäure	0,17
Pteroylglutaminsäure (PGS)	0,19
Pteroylglutamyl-γ-glutaminsäure	0,35
Pteroylglutamyl-γ-glutamyl-γ-glutaminsäure	0,16; 0,34
N^{10}-Formyl-PGS	0,23; 0,55; 0,70
Leucoverin	0,65
Thymin	0,71
Thymidin	0,83

Die Bioautographie wird mit *L. casei, Strept. faecalis, Leuconostoc citrovorum* (spezifisch für Leukoverin) [ATCC 8082] oder einem Gemisch der ersten beiden Keime durchgeführt; 0,0005 μg PGS können nachgewiesen werden.

Das Verhalten der drei Bakterienstämme gegen verschiedene PGS-Derivate (Tab. 77):

Tabelle 77

	L. casei	*Str. faec.*	*Leuc. citrov.*
PGS	+++	+++	O
Pteroyl-γ-glutamyl-GS	++	+	O
Formylpteroinsäure	O	+++	O
Leukoverin	+++	+++	+++

PABS kann mit *Leuconostoc mesenteroides* P 60 nachgewiesen werden [37]; bevorzugt wird *Neurospora crassa* (Mutante 1633).

h) Biotin

Dieses Vitamin kommt z. B. als Biocytin und Biotoprotein vor allem in gebundener Form vor.

Lösungsmittel:

Butanol – Essigsäure – Wasser 4:1:5 [*34*]. R_F-Werte s. Tab. 78.

Der Nachweis erfolgt mikrobiologisch. Alle *Neurospora*-Stämme benötigen Biotin zu ihrem optimalen Wachstum. Meist verwandt wird die Mutante "cholinless" ATCC 9277.

Tabelle 78. *R_F-Werte der Biotine*

	R_F-Werte (aufsteigend, Wh 1)
Biotin	0,83
Desthio-biotin . . .	0,90
Oxybiotin	0,78
Biotin-l-sulfoxyd . .	0,46
Biotin-d-sulfoxyd . .	0,57
Biocytin	0,37

2. Ascorbinsäure (Vitamin C)

a) Extraktgewinnung

Die Extraktion von Ascorbinsäure aus pflanzlichem Material hat sehr vorsichtig zu erfolgen, da sie infolge ihres starken Reduktionsvermögens eine unbeständige Verbindung ist, die unter Abspaltung von Wasserstoff reversibel in Dehydro-Ascorbinsäure übergehen kann. Diese Reduktion erfolgt bereits unter dem Einfluß der Luft, besonders aber durch die im Gewebe vorhandenen Oxydasen. Für den Extraktionsvorgang ist daher Vakuumtrocknung und die Verwendung von Schutzgasen (N_2, CO_2) zu empfehlen. Für einen chromatographischen Test reichen 2 g Frischmaterial aus. Dieses wird rasch unter Vermeidung von Metallgeräten (rostfreie-Schere) zerkleinert und mit 0,2 g Oxalsäure und Quarzsand bei 0° C extrahiert; neben Oxalsäure erwiesen sich auch HPO_3(4%ig)-Lösung und Kochsalzlösung als gute Stabilisatoren. Metaphosphorsäure hat zudem den Vorteil, daß zugleich das Protein gefällt und die gebundene Ascorbinsäure freigesetzt wird. Da Schwermetall-Ionen (besonders Cu^{++}) die Oxydation begünstigen, ist für den Aufarbeitungsprozeß stets doppelt über Quarz destilliertes Wasser zu verwenden. Unter den die Bestimmung störenden Begleitstoffen sind besonders in frischem Pflanzenmaterial (Baumrinden, Beeren-Früchte) die Gerbstoffe zu nennen. Sie lassen sich durch Absorption entfernen. Dazu wird der HPO_3-Extrakt mit Hautpulver (0,2—0,3 g je 10 ml Extrakt) unter Stickstoff-Atmosphäre 1 h lang geschüttelt und dann filtriert.

b) Lösungsmittel

1. Butanol–Eisessig–Wasser (4:1:5), organische Phase. Die wäßrige Phase wird zur Unterdrückung des kathylytischen Effektes von Cu mit 5—10 mg KCN versetzt und in einer Schale am Boden des Chromatographiegefäßes aufgestellt [*42, 44, 45, 51*].

2. Phenol–Eisessig 1%. Das Gemisch wird mit der gleichen Menge Wasser ausgeschüttelt und die organische (untere) Phase zur Trennung benutzt. KCN-Atmosphäre [*43*].

3. Collidin, wassergesättigt. Die organische (obere) Phase dient zur Trennung. KCN-Atmosphäre [*42*].

4. Butanol–Eisessig–Wasser (10:2:5) [*16*].

5. Wie 4., jedoch wird während des Trennungsvorganges als Schutzgas H_2S (aus Na_2S und Essigsäure) zur Verhinderung einer Oxydation in den Behälter eingeleitet [*44*].

6. Butanol–Wasser–Oxalsäure (6:4:Überschuß) [*49*].

7. Butanol–Wasser–Oxalsäure (1:5:Überschuß) [*49*].

8. Butanol–Wasser (4:6) + 2% Oxalsäure + Spur KCN [*52*].

Die ermittelten R_F-Werte sind in Tab. 79 zusammengestellt. Bei Verwendung von oxalsäurehaltigen Lösungsmittelgemischen ist es zur Verbesserung des Trenneffektes ratsam, das Papier vor dem Auftragen des Extraktes in 2% (g:v) Oxalsäure zu tauchen und anschließend zu trocknen. Für die anderen Lösungsmittel wird Imprägnierung mit 1% HPO_3 und anschließende Lufttrocknung empfohlen.

Tabelle 79

	Lösungsmittel							Farbreaktionen	
	1	2	3	4	5	6	7	Indophenol	Silbernitrat
Ascorbinsäure	0,37	0,35	0,40	0,31—0,36	0,29	0,43	0,23—0,26	weiß	schwarz
iso-Ascorbinsäure	0,38	0,40	0,41	—	—	—	0,26	weiß	schwarz
Dehydro-Ascorbinsäure	0,41	0,38	0,44	—	—	—	—	—	braun
Redukton	0,63	0,66	0,46	0,61	0,59	0,68	0,59	weiß	schwarz

c) Nachweisreagentien

Das Chromatogramm wird nach 4—6 h im Luftzug bei Zimmertemperatur etwa 15 min lang getrocknet und dann besprüht.

1. Indophenol-Reagens (TILLMANs-Reagens): 0,8 g 2,6-Dichlorphenolindophenol werden in 1000 ml dest. Wasser und 1000 ml Äthanol gelöst. Die Reaktion erfolgt unmittelbar in der Kälte und ergibt farblose Flecken auf blauem Grund (s. Tab. 79) [*16, 43, 49*]. Cystein und Glutathion entfärben erst nach einer Einwirkungszeit von einigen Minuten.

2. Silbernitratreaktion: 10 ml 0,2 n-$AgNO_3$-Lösung werden mit 10 ml 10%iger NaOH gemischt. Der Lösung wird tropfenweise konz. NH_4OH zugefügt, bis sich das präcipitierte Silberoxyd gerade löst. Die resultierenden Farbreaktionen nach Erhitzen auf 100° C sind in Tab. 79 aufgeführt [*43*].

3. Tegethoff-Reagens: Nach Trocknung des Chromatogramms (110° C) wird 2%ig wäßrig gelöstes Kakothelin (Merck) aufgesprüht. Orte mit Ascorbinsäure treten als violette Flecken in Erscheinung, während andere reduzierende Substanzen (z. B. Glutathion) nach etwa 36 h blau-grüne Flecken ergeben [*44*] (Abb. 91).

4. Ascorbinsäure läßt sich als reduzierende Substanz ebenfalls, aber unspezifisch, mit **Tetrazol** nachweisen [57].

5. Molybdat-Reagens: Lösung I besteht aus 150 g Ammonium molybdat p. a. in 1%igem Ammoniak zu 1000 ml gelöst; Lösung II stellt einen Sörensenpuffer aus 0,1 m-Dinatriumcitrat und 0,1 n-HCl p_H 3,8 dar. Mischungsverhältnis: Lösung I 3 ml + Lösung II 2 ml + + 3 Tropfen konz. Schwefelsäure. Das Reagens wird durch Ascorbinsäure und andere reduzierende Verbindungen zu Molybdänblau reduziert, während Tannin, Rutin, Quercetin und Kojisäure durch Komplexbildung gelbe Flecken ergeben [51, 52].

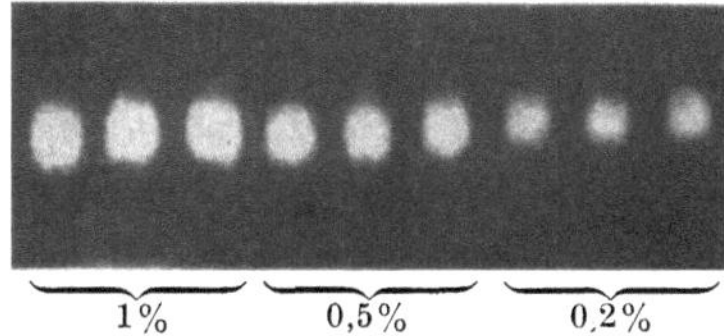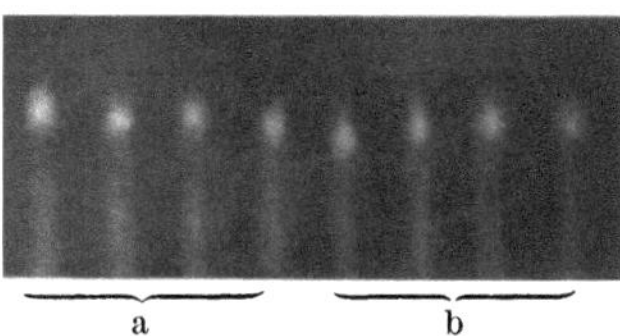

Abb. 91. Ascorbinsäure-Chromatogramme. Links: je 3 Flecken von 0,005 ml reiner Substanz, gelöst in 4% HPO₃. Rechts: je 4 Startpunkte (0,005 ml) aus Hagebutten-Extrakten, a) von *Rosa rugosa*, b) von *Rosa canina*. Violette Flecken auf Grund der Reaktion mit 2% Kakothelin.

6. Titan-Reaktion: Das trockne Chromatogramm wird zunächst mit einem Gemisch aus 50 Vol.-Teilen Methanol und 50 Vol.-Teilen Pyridin leicht besprüht und anschließend mit einer 5%igen wäßrigen Lösung von $TiCl_2$. Zunächst tritt eine Schwarzbraun-Färbung ein; nach Antrocknen bei Zimmertemperatur erscheinen die Endiol-Verbindungen als beständige, orangefarbene Flecken auf farblosem Untergrund [56].

7. Mit 1% p-Aminobenzoesäure in 10%iger Essigsäure ergibt lediglich Reduktion einen gelb gefärbten Flecken [60].

d) Quantitative Methoden

Infolge der zahlreichen störenden Begleitsubstanzen ist die quantitative Bestimmung der Ascorbinsäure schwierig.

1. Eine Kombination präparativer und analytischer Papierchromatographie gestattet in pflanzlichem Material eine sichere Identifizierung [48]. Vor die papierchromatographische Trennung nach der Rundfilter-Technik [46] wird eine Papiersäule im Tswett-Röhrchen (10 × 200 mm) vorgeschaltet, das in den Tubus des Exsiccatordeckels eingebaut ist (Abb. 20). Über der 2 cm hohen Papierpulverschicht (Whatman) wird das zu untersuchende Material, abgewogen und trocken mit Papierpulver vermischt, eingefüllt und mit einem Glasstab zusammengepreßt. Die endgültige Fraktionierung aus dem Papierpulver tropft sodann gleich auf einen Papierbogen (Schleicher & Schüll 2043 b), der unter Beachtung der Faserrichtung eingespannt und mit 2% Metaphosphorsäure imprägniert worden ist. Als Lösungsmittel dient ein Gemisch aus Äthanol und 2% m-Phosphorsäure (1:1) (v:v). Nach Beendigung des Trennvorganges wird der Bogen halbiert und die eine Hälfte zum qualitativen Nachweis und der Lokalisation der Ascorbinsäure-Zone benutzt. Als Nachweisreagens dient folgendes Gemisch [47, 48]:

Lösung A: 0,180 g 3-Nitro-4-aminoanisol in 1,225 ml konz. H_2SO_4 vollständig gelöst und unter ständigem Umrühren auf 125 ml mit Wasser aufgefüllt. Das gebildete Sulfat fällt dabei z. T. wieder aus.

Lösung B: 0,25 g Natriumnitrit werden in 250 ml Wasser gelöst. Lösung B wird unter Rühren zu Lösung A gegeben. Nach 1 h ist das Reagens gebrauchsfertig. Haltbarkeit im Dunkeln etwa 14 Tage.

Nach dem Besprühen des Papierchromatogramms mit diesem Gemisch wird zusätzlich mit 2 nNaOH besprüht. Sodann tritt die Zone der Ascorbinsäure charakteristisch blaugefärbt auf. Nach der Entwicklung und Lokalisation wird die gekennzeichnete Hälfte unter Zwischenschalten einer durchsichtigen Folie auf die andere unbehandelte Papierhälfte spiegelbildlich aufgelegt und im durchfallenden Licht der entsprechende Bereich gekennzeichnet. Der ausgeschnittene Streifen enthält nunmehr 50% der vorgelegten Ascorbinsäure. Er wird eluiert und kann durch Titration oder photometrisch nach Kupplung mit diazotiertem 3-Nitro-4-aminoanisol bei 570 mμ auf seinen Gehalt hin untersucht werden.

2. Auch nach eindimensionaler Trennung ist eine quantitative Bestimmung möglich. Die mit Vergleichsstreifen georteten Flecken werden in einer Cuvette mit 3 ml 3% (g:v) wäßriger Oxalsäure unter Einleiten eines N_2-Stromes 2 min lang gelöst. Sodann wird das Papierstück nach Abtropfen herausgenommen, 4 ml frisch bereitete wäßrige Lösung 0,004% (g:v) 2,6-Dichlorophenol-indophenol zugegeben und nach 30 sec bei 490 mμ photometriert. Anhand von Standardkurven lassen sich die Mengen ermitteln. Da durch Beleuchtung der Extrakte starke Verluste eintreten können, ist nach Möglichkeit weitgehend im Dunkeln zu arbeiten; in diffusem Licht ist der Verlust etwa 10% [49].

3. Auf einem unter gleichen Bedingungen getrennten Vergleichsstreifen wird durch Aufsprühen von Molybdänreagens die Lage der Ascorbinsäure bestimmt. Der entsprechende Flecken auf dem nicht besprühten Parallelstreifen wird ausgeschnitten, die Papierfläche in kleine Stücke zerschnitten und in 5—10 ml 0,5—1,0%iger Oxalsäurelösung unter Rühren und Einleiten eines Kohlensäurestromes in 2—3 min eluiert. Gleich anschließend erfolgt die Titration im gleichen Gefäß mit 0,001 n-2,6-Dichlorindophenol mittels 1 ml-Mikrobürette. 1 ml der Blaulösung entspricht 0,088 mg Ascorbinsäure. Gleichzeitig wird ein Blindwert ermittelt, der von der Haupttitration abzuziehen ist. Der Blindwert ergibt sich aus der Titrationsdifferenz von 20 μl 0,1% Ascorbinsäure ohne Papier und 20 μl der gleichen Ascorbinsäurelösung mit Zusatz der dem Hauptversuch entsprechend großen, zerschnittenen Papierfläche. Der Ausgangsfleck des Extraktes beim Auftragen auf das Papier soll mindestens 2—3 μg Vitamin C enthalten [52].

3. Tokopherole (Vitamin E)

Das Ausgangsmaterial (Weizen- oder Mais-Keimlinge) wird unter O_2-Ausschuß im Vakuum getrocknet. Daran schließt sich die 20stündige **Extraktion** mit Alkohol an. Der Extrakt wird eingeengt und mit KOH verseift. Nach Abdampfen des Alkohols wird der Rückstand 10—12mal mit peroxydfreiem Äther ausgeschüttelt. Die Fraktionen sind zu vereinigen und werden nach mehrmaligem Waschen zur Trockne eingedampft. Der verbleibende braune Rückstand wird mit Äthanol aufgenommen und kann unmittelbar chromatographiert werden. Sollen pflanzliche Öle auf ihren Tokopherol-Gehalt untersucht werden, so werden diese in Anwesenheit von Pyrogallol (zur Verhinderung der Oxydation) hydrolysiert. Es ist zweckmäßig vor der Chromatographie Sterole und Carotine zu entfernen. Die Sterole werden durch Kristallisation bei — 15° C aus Methanol entfernt. Carotine lassen sich durch Behandlung mit Zinnchlorid (1,5—2,0 g Florinin mit 250 mg $SnCl_2$ und 5—8 ml 10 n-HCl kochen, 1 mal mit 5 ml Äthanol und 5 mal mit je 5 ml Benzin waschen) entfernen. Die chromatographische **Trennung** erfolgt auf vorbehandeltem Whatman Nr. 1-Papier: dieses wird entweder mit Vaseline [2,5% g:v in Äther, Silikon-Fett (10% g:v in Methylenchlorid), oder flüssigem Paraffin (3% g:v in Petroläther, Sdp. 40—60° C)] imprägniert. Als **Lösungsmittel** dient 75%iges Äthanol [54], wobei eines Sättigung mit Stickstoff-Gas zu empfehlen ist [55]. Auch sollen sich mit Erfolg zur reversed-phase-Chromatographie an vorbehandeltem Papier verwenden lassen: Aceton–Wasser (80:20) und Acetonitril–Wasser in verschiedenen Mengenverhältnissen (50:50, 60:40, 93:7) [54].

Tabelle 80. *Die ermittelten R_F-Werte für die einzelnen Isomere sind:*

Lösungsmittel	Lite-ratur	Tokopherole			
		α	β	γ	δ
75% Äthanol, Papier Vaseline-imprägniert	[54]	0,50	0,72	0,72	0,84
75% Äthanol, Papier Paraffin-imprägniert	[55]	0,24	0,48	0,48	0,65

Als **Nachweisreagentien** dienen:

a) Alkoholische Silbernitratlösung [54]: 1,7 g $AgNO_3$ in 50 ml dest. Wasser und 33 ml Methanol unter Zusatz von 17 ml konz. Ammoniak. AgCl ist ebenfalls brauchbar.

b) 2,2'-Diphenyl-Eisenchlorid wird 0,25%ig gelöst in Äther und anschließend $FeCl_3$ in Äthanol aufgesprüht. Die Tokopherole erscheinen sodann als rote Flecken, die schnell verblassen.

c) Das luftgetrocknete Chromatogramm wird mit 2% HCl besprüht und anschließend mit einer 0,05%igen wäßrigen Lösung von $K_3Fe(CN)_6$ [56].

Zur quantitativen Bestimmung werden die Flecken nach Ortung auf einem besprühten Parallel-Chromatogramm ausgeschnitten und mit je 3 ml absolutem Alkohol bei Raumtemperatur in 1 h im Dunkeln eluiert. Dem Eluat werden dann 0,5 ml $FeCl_3$-Lösung (0,2% in Äthanol) und 0,5 ml α,α'-Dipyridyl (0,5% in Äthanol) zugesetzt. Die entstehende rote, sehr lichtempfindliche Lösung wird über ein Filter von Papierresten befreit und innerhalb 2 min bei 520 mμ im Spektralphotometer gemessen. Anhand von Standard-Kurven mit bekannten Mengen kann die Menge im Extrakt bestimmt werden [55].

Literatur

[1] A. Spadoni–G. Tecce: Quad. Nutr. 11, 33 (1950). — [2] A. Spadoni–G. Tecce: Quad. Nutr. 11, 238 (1950). — [3] O. Siliprandi–N. Siliprandi: Biochim. biophys. Acta 14, 52 (1954). — [4] G. Bergami et al.: Quad. Nutr. 11, H. 4 (1950). — [5] G. Marten: Nature (Lond.) 176, 1064 (1955). — [6] G. Marten: Pharmazie 10, 602 (1955). — [7] W. M. Stanier: Biochem. J. 48, 14 (1951). — [8] A. Baldantoni–M. M. Spadoni–G. Tecce: Quad. Nutr. 11, 330 (1950). — [9] H. Kraut–L. Wildemann: Biochem. Z. 321, 368 (1951). — [10] H. Kraut–L. Wildemann: Int. Z. Vitaminforsch. 27, 122 (1956). — [11] M. Beran–V. Sicko: Chem. Listy 54, 154 (1951). — [12] S. Fiosetti–A. Mascolo: Acta vitam. (Milano) 3, 97 (1956). — [13] A. Gaudiano–E. Cingolani: Boll. Soc. ital. Biol. sper. 30, 637 (1954). — [14] W. Forter–P. Kaner: Helv. chim. Acta 36, 1530 (1953). — [15] J. L. Peel: Biochem. J. 58, 30 (1954). — [16] F. Weygand: Ark. Kemi 3, 11 (1950). — [17] N. Siliprandi–P. Bianchi: Biochim. biophys. Acta 16, 424 (1955). [18] N. Siliprandi–D. Siliprandi–H. Lis: Biochim. biophys. Acta 14, 212 (1954). — [19] G. W. Beadle–E. L. Tatum: Amer. J. Bot. 32, 678 (1945). — [20] W. A. Winsten–E. Eigen: Proc. Soc. exp. Biol. (N. Y.) 67, 513 (1948). — [21] A. Pusztai: Acta physiol. Acad. Sci. hung. 6, 78 (1954). — [22] B. C. Johnson–Pei-Hsing Lin: Amer. chem. Soc. 75, 2971 (1953). — [23] C. F. Huebner: Nature (Lond.) 167, 119 (1951). — [24] R. Munier: Bull. Soc. chim. France 19, 861 (1951). — [25] R. Munier: Bull. Soc. Chim. biol. 33, 862 (1951). — [26] R. Allouf–R. Munier: Bull. Soc. Chim. biol. 34, 196 (1952). — [27] E. Kodicek–K. K. Reddy: Nature (Lond.) 168, 475 (1951). — [28] A. J. P. Martin et al.: Analyst 75, 651 (1950). — [29] G. Marten: Int. Z. Vitaminforsch. 25, 392 (1955). — [30] E. E. Snell: In Paul György Vitamin Methods 1. Bd. New York 1950. — [31] Th. Wieland–W. Maul–E. F. Möller: Biochem. Z. 327, 85 (1955). — [32] J. Baddiley–E. M. Thain: J. chem. Soc. 1951, 2252. — [33] G. M. Brown–M. Ikawa–E. E. Snell: J. biol. Chem. 213, 855 (1955). — [34] L. D. Wright et al.: Proc. Soc. exp. Biol. (N. Y.) 86, 480 (1954). — [35] O. P. Wieland et al.: Arch. Biochem. 40, 205 (1952). — [36] D. E. Green–J. G. Devan: Biochem. J. 31, 1069 (1937). — [37] D. Pennington: Science 103, 397 (1946). — [38] W. Friedrich–K. Bernhauer: Z. Naturforsch. 96, 6 (1954). — [39] E. S. Holdworth: Nature (Lond.) 171, 148 (1953). — [40] M. E. Coates–J. E. Ford: Biochem. Soc. Symposia 13. Cambridge 1955. — [41] J. E. Ford–E. S. Holdsworth: Biochem. J. 53, 22 (1952); 56, 35 (1954). — [42] E. Leiffer–W. H. Langham–J. F. Nyc–H. K. Mitchell: J. biol. Chem. 184, 589 (1950). — [43] L. W. Mapson–S. M. Patridge: Nature (Lond.) 164, 479 (1949). — [44] B. Tegethoff: Z. Naturforsch. 8b, 374 (1953). — [45] F. Weygand–H. Hofmann: Chem. Ber. 83, 405 (1950). — [46] H. Erbring–P. Patt: Naturwissenschaften 41, 216 (1954). — [47] M. Schmall–C. W. Pifer: Analyt. Chem. 25, 1486 (1953). — [48] H. Erbring–P. Patt: Madaus Jber. 7, 67 (1954). — [49] Y. T. Chen–F. A. Isherwood–L. W. Mapson: Biochem. J. 55, 821 (1953). — [50] W. Franke: In Paech-Tracey, Moderne Methoden der Pflanzenanalyse 2, 95, (1955). — [51] W. Heimann–R. Stroehcker–F. Matt: Z. Lebensmitt. Unters. u. Forsch. 97, 263 (1953); Z. analyt. Chem. 143, 381 (1954). — [52] R. Strohecker–W. Heimann–F. Matt: Z. analyt. Chem. 145, 401 (1955). — [53] J. M. McMahon–R. B. Davis–G. Kalnitzky: Proc. Soc. exp. Biol. (N. Y.) 75, 299 (1950). — [54] J. A. Brown–M. M. Marsh: Analyt. Chem. 24, 1952 (1952); 25, 1865 (1953). — [55] P. W. R. Eggitt–L. D. Ward: J. Sci. Food. Agr. Res. 4, 176 (1953). — [56] J. Guerillot–A. Guerillot–Vinet–L. Delmas: C. R. Acad. Sci. (Paris) 235, 1295 (1952). — [57] Z. Pádr–M. Šmíd–V. Šícho: Naturwissenschaften 42, 210 (1955).

K. Hemmstoffe

I. Antibiotica

Von

S. Yamatodani

Die papierchromatographische Technik ist auch bei der Untersuchung von Antibiotica anwendbar. Die verwendeten Lösungsmittelgemische sind ähnlich wie bei anderen Stoffgruppen. Gelegentlich wird eine Komponente dem Lösungsmittel zugefügt, die mit den Antibiotica reagiert. So wird bei der Trennung von Streptomycin und verwandten Substanzen p-Toluolsulfonsäure, Reinecke-Salz oder Methylorange zugesetzt. Die sich dabei bildenden Reaktionsprodukte erleichtern die Trennung. Im allgemeinen werden Ammoniumchlorid-Lösungen, 50%iges Aceton oder Aceton-Methanol-Gemische als Lösungsmittel mit Erfolg benutzt. Durch Imprägnierung der Papiere mit geeigneten Puffern sind bei verschiedenen Penicillinen, Tetracyclinen und Polymyxinen gute Trenneffekte zu erhalten. Zur Auftrennung von Streptomycin und verwandten Antibiotica ist die Papierelektrophorese eingeführt worden. Neuerdings haben verschiedene Untersucher den Gebrauch mehrerer Lösungsmittel in Parallelversuchen eingeführt. Die so erhaltenen Sammel-Chromogramme ("summarized papergrams") sind das zusammengefaßte Ergebnis der Bestimmung in verschiedenen Lösungsmitteln. Wenn möglich, werden Nachweisreagentien benutzt, die einen sichtbaren, gefärbten Fleck auf dem Papier ergeben; in vielen Fällen dient jedoch die Hemmwirkung des Bakterienwachstums auf Agar-Platten als Nachweis.

1. Vorbereitung der Proben

Die benötigte Menge Ausgangsmaterial hängt von der zu benutzenden Nachweisreaktion nach der Entwicklung des Chromatogramms ab. Wenn der mikrobiologische Test benutzt wird, sind 1—2 Penicillineinheiten[1], 3—12 Einheiten von Streptomycin und verwandten Stoffen notwendig. Demgegenüber erfordern Farbreaktionen 5—20 γ Substanz je Flecken.

Stammlösungen von jedem kristallinen Penicillin werden mit 100 Einheiten/ml in 1%igem Phosphatpuffer (p_H 6,0) hergestellt und 2—5 μl je Startpunkt aufgetragen. Zu untersuchende Penicillin-Rohlösungen sollten eine annähernd ähnliche Konzentration haben. Die Streptomycin-Konzentration kann zwischen 300 und 12000 Einheiten/ml liegen. Insgesamt sollten auf einem Startpunkt 2—120 Einheiten der Antibiotica aufgetragen werden. Im allgemeinen ergeben 0,2—0,5 Einheiten jeder Komponente noch klare Hemmhöfe auf der Agar-Platte, so daß noch semi-quantitative Werte erhalten werden können.

Bei der Untersuchung des Chloromycetins und seiner Abbauprodukte im Kulturfiltrat wird eine Ausschüttelung des Mediums zur Vortrennung in eine basische, saure und neutrale Komponente durchgeführt [17]. Gelegentlich wird bei der Prüfung unbekannter Hemmstoffe aus der bewachsenen Agar-Platte eine Scheibe von 5 mm Durchmesser vor der Front des wachsenden Mycels ausgestochen und auf den Chromatogrammbogen aufgelegt. Nach Diffundieren der Antibiotica wird das

---

[1] Eine internationale Penicillin-Einheit (1 iE) entspricht der Wirkung von 0,6γ kristall. Penicillin G.

Agar-Scheibchen entfernt und der Bogen chromatographiert. Wenn die Konzentration einer Testprobe sehr niedrig ist (z. B. in Agar-Scheiben oder aus Kulturfiltraten), kann es notwendig sein, auf dem Papier eine Anreicherung vorzunehmen, indem mehrmals auf den gleichen Startpunkt aufgetragen wird, wobei man immer wieder eintrocknen läßt. So kann man je Startfleck die notwendige Konzentration erzielen.

Zur Ermittlung des Gehaltes an Tetracyclinen in Tierfutter werden 1—2 g des Materials 3 min lang mit 10 ml eines Gemisches (9:1) aus Methanol und 1 n-HCl geschüttelt. Nach Zentrifugieren wird von der klaren, überstehenden Flüssigkeit 2—8 μl mit Mikropipette auf das Papier direkt aufgetragen [41].

N-Acetyl-Neomycine lassen sich gewinnen durch Acetylierung der freien Basen mit Essigsäureanhydrid in Methanol [47]. Bei Anwendung dieser Methode zur direkten Bestimmung von Neomycin werden Proben einschließlich Nährboden (1 ml mit einem Gehalt von etwa 1—2 mg Neomycin) mit 0,2 ml einer 4,5 mol Natriumacetat-Lösung oder 0,1 ml einer 3 mol K_2HPO_4 versetzt. Sodann wird tropfenweise unter Schütteln 0,1 ml Essigsäureanhydrid zugesetzt. Die sich ergebende Lösung kann direkt auf Papier aufgetragen werden [38].

Zur Bestimmung der Polymyxin-Art auf der Basis der bei der Hydrolyse entstehenden Aminosäuren werden 5 mg des gereinigten Polymyxins unter Erhitzen mit 6 n-HCl im zugeschmolzenen Röhrchen 24 h lang bei 110° C hydrolysiert. Ist die Probe jedoch flüssig z. B. Kulturfiltrat, so wird sie an einer lg-Säule von Amberlite IRC 50(H+) absorbiert, die aktive Substanz mit 1,5 ml konz. Salzsäure eluiert und mit 0,5 ml Wasser ausgewaschen, so daß das resultierende Eluat eine HCl-Konzentration von etwa 6 n hat. Es kann dann ebenfalls wie oben beschrieben hydrolysiert werden. Das nach den beiden Methoden sich ergebende Hydrolysat wird eingedampft, der Rückstand mit Wasser auf das ursprüngliche Volumen aufgefüllt und 0,01 ml der sich ergebenden Lösung je Startpunkt auf das Chromatogramm aufgesetzt [42].

2. Material und Arbeitsbedingungen

a) Papier

Whatman-Papiere Nr. 1 und Nr. 4 werden meist mit gutem Erfolg benutzt. Jedoch sind auch folgende Sorten brauchbar: Eaton-Dikeman Nr. 613, Whatman Nr. 2, Schleicher & Schüll Nr. 112, Toyo Nr. 131 und Nr. 51. Um bei Penicillingemischen gute Trennung zu erhalten, wird das Papier auf einen geeigneten p_H-Wert gepuffert. Nach KARNOVSKY [1] wird 20%ige K_2HPO_4-Lösung mit 85%iger Phosphorsäure auf p_H 6,2 eingestellt. Andere Untersucher benutzen 20—30%ige Phosphatpuffer zwischen p_H 5,0 und 7,0. Der p_H-Wert ist ein wichtiges Hilfsmittel, um die Wanderungsgeschwindigkeit der verschiedenen Penicilline zu steuern; bei niedrigem p_H verläuft die Wanderung schneller.

Das puffergetränkte Papier wird zwischen Fließpapierbogen gepreßt und dann luftgetrocknet. Es ist Sorgfalt darauf zu verwenden, daß sich die Papierstreifen während des Trocknungsvorganges nicht verziehen. Für die Trennung der Polymyxine [2] wird Papier benutzt, das mit 0,2 m-Glykokoll-HCl-Puffer (p_H 2,5) getränkt ist. Herstellung der Pufferlösung: 7,505 g Glykokoll und 5,85 g NaCl auf 1000 ml mit dest. H_2O aufgefüllt; 1/10 n-Salzsäure; Mischungsverhältnis 7:3. Bei der Entwicklung von Tetracyclinen werden die Papiere mit Phosphatpuffer vom p_H-Wert 3,0 imprägniert [3]. Herstellung der Pufferlösung: 60 g KOH p. a., 70 ml H_3PO_4 werden mit destilliertem H_2O auf 1000 ml aufgefüllt. Ebenfalls kann McIlvain-Puffer [49] mit einem p_H-Wert von 3,5 verwendet werden [41].

b) Lösungsmittel

Von den zahlreichen für die Trennung der Antibiotica verwendeten Lösungsmitteln sind die im folgenden zusammengestellten die am meisten gebräuchlichen;

für **Penicilline**

1. Äther, wasserfrei [8].
2. Äther, wassergesättigt [1, 5, 6, 7].
3. Amylacetat, wassergesättigt [9].

für **Streptomycine**

4. n-Butanol, wassergesättigt–Piperidin–p-Toluolsulfonsäure 98:2:2 (v:v:g) [10, 11].
5. n-Butanol, wassergesättigt–p-Toluolsulfonsäure 98:2 (v:g) [12].
6. n-Butanol–Methanol–Wasser–p-Toluolsulfonsäure (40:10:20:1) (v:v:v:g) [14].
7. n-Butanol–Methanol–Wasser–Methylorange 40:10:20:1,5 (v:v:v:g) [14].
8. 3%ige wäßrige NH_4Cl-Lösung [20, 21].

für **Chloromycetine**

9. n-Butanol, wassergesättigt–Essigsäure 975:25 (v:v) [17].
10. n-Butanol–Phenol–Pyridin 95,5:2,5:2 (v:g:v) [18].

für **Tetracycline**

11. Äthylacetat, wassergesättigt [3].
12. n-Butanol–Eisessig–Wasser 4:1:5 (v:v:v) [16].
13. Chloroform–Nitromethan–Pyridin 10:20:3 (v:v:v) [41].
14. Butylacetat–Methylisobutylketon–n-Butanol–Wasser 5:15:2:22 (v:v:v:v), der abgetrennten organischen Phase werden 2 Vol.-Teile Ameisensäure zugefügt [43].

für **Neomycine**

15. n-Butanol, wassergesättigt–p-Toluolsulfonsäure 98:2 (v:g) [13, 40].
16. n-Butanol–Pyridin–Wasser 6:4:3 (v:v:v), für N-acetyliertes Neomycin [39].
17. n-Butanol–Wasser–Methanol–Reinekesalz 40:10:20:2 (v:v:v:g) [15].

für **Polymyxine und Circuline**

18. n-Butanol–Wasser–Eisessig 495:495:10 (v:v:v), organische Phase [2].
19. n-Butanol, wassergesättigt [19].
20. n-Butanol–iso-Propylamin–Wasser 125:4:60 (v:v:v) [42].

für **Actinomycine**

21. n-Butyläther–Äthylacatat–2% Naphthalin-2-sulfonsäure,
    a) Rundfilter-Methode: 3:1:4 (v:v:v) [37, 45];
    b) absteigende Methode: 1:1:2 (v:v:v) [45].
22. n-Butyläther–Äthylacetat–2% p-Toluolsulfonsäure 1:1:4 (v:v:v) [45].
23. n-Butyläther–Äthylacetat–2% p-Naphthalin-1-oxy-2-sulfonsäure 1:3:4 (v:v:v) [45].

24. n-Butyläther–10% Na-naphthalin-1,6-disulfonat, organische Phase [35].
25. n-Butyläther–n-Butanol 3:2 (v:v)–10% Na-m-Cresotinat, organische Phase [50].
26. n-Butyläther–n-Butylacetat 1:3 (v:v)–10% Na-m-Cresotinat, organische Phase [50].
27. n-Butyläther–Äthylacetat–10% Na-o-Cresotinat 3:1:4 (v:v:v) [46].
28. n-Butyläther–n-Butanol–10% Na-o-Cresotinat 7:1:8 (v:v:v) [46].
29. Cyclohexan–Methanol–Benzol–Propylenglykol 1:1:1:1 (v:v:v:v) [46].

für Erythromycin (Ilotycin), Carbomycin (Magnamycin), Methymycin u. a.

30. Methanol–Aceton–Wasser 19:6:75 (v:v:v) [22].
31. n-Nonylalkohol, wassergesättigt [44].
32. n-Nonylalkohol–Eisessig 4:1 (v:v) [44].
33. iso-Amylalkohol–Tetrachlorkohlenstoff–Propionsäure 75:75:2 (v:v:v) [44].
34. n-Nonylalkohol–iso-Amylalkohol–Propionsäure 40:40:2 (v:v:v) [44]
35. 2,6-Dimethyl-4-heptylalkohol- (= Di-isobutyl-Carbinol), wassergesättigt [44].
36. n-Nonylalkohol–Di-isobutyl-Carbinol–Propionsäure 75:75:2 (v:v:v) [44].
37. n-Oktylalkohol–Di-isobutyl-Carbinol–Propionsäure 75:75:2 (v:v:v) [44].
38. tert. Butanol – Tetrachlorkohlenstoff – Propionsäure 100:100:2 (v:v:v) [44].
39. n-Hexylalkohol–tert. Butanol–Propionsäure 75:75:2 (v:v:v) [44].
40. n-Nonylalkohol–Tetrachlorkohlenstoff–iso-Amylalkohol–Propionsäure 50:25:50:2 (v:v:v:v) [44].
41. n-Nonylalkohol–Tetrachlorkohlenstoff–Propionsäure 75:75:2 (v:v:v) [44].

c) Besondere Versuchsbedingungen

Die Feuchtigkeit in dem Entwicklungsgefäß ist für die gute Trennung der Penicilline von großer Bedeutung. So wird z. B. die Sättigung der Atmosphäre durch Einstellen von gesättigter $CaSO_4$-Lösung empfohlen [1]. Außerdem sind die Papierstreifen mit der wasserdampfgesättigten Atmosphäre zu äquilibrieren, indem sie vor Beginn der Entwicklung 15 h in die Behälter eingehängt werden; andere Autoren empfehlen 2 h Angleichung [2]. Früher hat man die Trennung von Penicillingemischen mit Äther bei 4—5° C ausgeführt [4]. Es hat sich jedoch gezeigt, daß sie auch bei Raumtemperatur in 3—4 h zu erreichen ist [5, 8, 9].

Bei der Benutzung von gepufferten Papieren (p_H 6,2) liegen die Bereiche der größten Bewegungen für Penicilline in der Mitte der Papierbogen. Um eine bessere Trennung zu erhalten, ist die Entwicklungszeit so zu verlängern, daß die vordersten Komponenten die äußerste Kante des Chromatogramms erreichen. Die für diese Durchlaufchromatogramme notwendige Entwicklungszeit wird von KARNOVSKY [1] mit 15—20 h angegeben. Dabei tropft das Lösungsmittel von der unteren Kante des Papiers weg (vgl. S. 13).

Für die Auftrennung der Actinomycine wird von BROCKMANN und Mitarbeitern eine besondere Anordnung der Rundfilterchromatographie empfohlen [35].

3. R_F-Werte und Positions-Konstanten (Tab. 81—89)

Im allgemeinen werden für die Penicilline kleine R_F-Werte angegeben, da sich diese Konstante sehr stark durch kleinste p_H-Änderungen des Puffers verändert. Wenn Durchlaufchromatogramme hergestellt werden, ist außerdem infolge Fehlens einer definierten Lösungsmittelfront die R_F-Wert-Bestimmung unmöglich. Es ist üblich, die Position eines zu untersuchenden Penicillins in Beziehung zu setzen zu einem bekannten kristallinen Präparat. Solche Positionskonstanten basieren meist auf der Beweglichkeit von Dihydro-Penicillin F [1] oder Penicillin G [7, 23] als Standard = 100 (vgl. S. 42f).

Tabelle 81. *Positionskonstanten der natürlich vorkommenden Penicilline*
Lösungsmittel: Äther–Wasser

Penicillin	X	G	F	Dihydro F	K	Literatur
Dihydro F als Standard. Puffer: p_H 6,2	8	48	77	100	156	[1]
G als Standard. Puffer: p_H 5,6 . . .	17	100	162	218	310	[23]

Tabelle 82. *Positionskonstanten von Alkylmercaptomethylpenicillinen,*
durch Biosynthese hergestellt [7]
Lösungsmittel: Äther–Wasser

Alkylgruppe des Penicillins	Äthyl	Iso-propyl	n-Prophyl	Iso-butyl	n-Butyl
Penicillin G als Standard. Puffer: p_H 5,6 . .	75	148	152	230	235

Tabelle 83. *R_F-Werte von Streptomycinen und verwandten Substanzen* [14]
Lösungsmittel: Butanol–Wasser–Methanol–p-Toluolsulfonsäure

	Substanz	R_F-Wert
Streptomycine	Streptomycin	0,49
	Mannosidostreptomycin	0,10
	Dihydrostreptomycin	0,40
	Hydroxystreptomycin	0,41
Streptothricine	Streptothricin Typ I	0,27
	Streptothricin Typ II	0,16
	Streptothricin Typ III	0,22
Neomycine	Neomycin B	0,41
	Neomycin C	0,53

Tabelle 84. R_F-*Werte von Neomycinen* [40]
Lösungsmittel: n-Butanol, wassergesättigt–
p-Toluolsulfonsäure

Substanz	R_F-Wert
Neomycin A (Neamin)	0,85
Neomycin B (Streptothricin B II)	0,75—0,85
Neomycin C (Streptothricin B I)	0,26
Kanamycin.	0,21—0,26
Catenulin	0,29

Tabelle 85. R_F-*Werte von*
N-acetylierten Neomycinen [39]
Lösungsmittel:
n-Butanol–Pyridin–Wasser

Substanz	R_F-Werte
Acetyl-Neomycin B	0,29
Acetyl-Neomycin C	0,19

Tabelle 86. R_F-*Werte von Tetracyclinen*
Lösungsmittel: (a) Chloroform–Nitromethan–Pyridin [41]
(b) n-Butanol–Eisessig–Wasser, Papier gepuffert auf p_H 3,0 [16].

Substanz	R_F-Werte in Lösungsmittel (a)	(b)
Aureomycin (Chlortetracyclin) . .	0,50	0,6—0,7
Achromycin (Tetracyclin)	0,28	0,5—0,6
Terramycin (Oxytetracyclin) . . .	0,13	0,4—0,5
Chlorquatrimycin	0,08	—
Quatrimycin	0,05	—

Tabelle 87. R_F-*Werte von Polymyxinen*
Lösungsmittel: (a) n-Butanol–wassergesättigt, Papier gepuffert auf p_H 2,5 [12]
(b) n-Butanol–Wasser–iso-Propylamin [42]

Substanz	R_F-Werte in Lösungsmittel (a)	(b)
Polymyxin A . .	0,18	—
Polymyxin B . .	0,56	0,43
Polymyxin D . .	0,38	0,23
Polymyxin E . .	0,54	—

Tabelle 88. R_F-*Werte einiger basischer, butanol-löslicher Antibiotica* [44]

Lösungsmittel-System	Laufzeit in h	Proactinomycin	Erythromycin (Ilotycin)	Carbo mycin (Magnamycin)	Methymycin
Nonylalkohol, wassergesättigt . . .	48	0,46	0,58	0,92	0,82
Nonylalkohol-Essigsäure	21	0,35	keine Aktivit.	0,61	—
iso-Amylalkohol-CCl_4-Propionsäure .	17,5	0,43	0,52	0,89	0,64
Nonylalkohol-iso-Amylalkohol-Propionsäure	20	0,39	0,52	0,77	—
Di-isobutyl-Carbinol, wassergesättigt	18	0,22	0,33	0,71	—
Nonylalkohol-Di-isobutyl-Carbinol-Propionsäure	28	0,16	0,21	0,57	—
Octylalkohol-Di-isobutyl-Carbinol-Propionsäure	50	0,11	0,14	0,68	0,47
tert.-Butanol-CCl_4-Propionsäure . .	13	0,30	0,37	0,77	0,47
Hexylalkohol-tert. Butanol-Propionsäure	19	0,44	0,59	0,78	0,66
Nonylalkohol-CCl_4-iso-Amylalkohol-Propionsäure	35	0,39	0,47	0,81	0,60
Nonylalkohol-CCl_4-Propionsäure . .	29	0,19	0,27	0,71	0,56

Tabelle 89. *R_F-Werte des Chloromycetins und seiner Abbauprodukte* [17]
Lösungsmittel: Butanol–Eisessig–Wasser

Substanz	R_F	Nitro-Test	Arylamin-Test	Ninhy-drin-Test	Benzidin-Test	AgNO$_3$-Test	NaOH-Test
p-Aminophenylserin	0,03	+	+	+	—	—	—
1-(p-Aminophenyl)-2-amino, 1,3, propandiol	0,12	+	+	+	—	—	—
Äthanolamin	0,25	—	—	+	—	—	—
α-Amono-β-oxy-p-nitropropiophenon-HCl	0,36	+	—	—	—	+	+
1-(p-Nitrophenyl)-2-amino-1,3-propandiol	0,45	+	—	+	—	—	—
1-(p-Aminophenyl)-2-dichloracetamido-1,3-propandiol	0,69	+	+	—	—	—	—
p-Aminobenzoesäure	0,78	+	+	—	—	—	—
p-Nitrobenzoesäure	0,82	+	—	—	—	—	—
p-Aminobenzaldehyd	0,84	+	+	—	—	+	—
Formaldehyd	0,85	—	—	—	—	+	—
α-Acetamido-β-oxy-p-nitropropiophenon	0,86	+	—	—	—	+	+
α-Acetamido-p-nitro-acetophenon . . .	0,87	+	—	—	+	+	+
1-(p-Nitrophenyl)-2-dichloracetamido-1,3-propandiol (Chloromycetin) . . .	0,89	+	—	—	—	—	—
α-Dichloracetamido-β-oxy-p-nitro-propiophenon	0,95	+	—	—	—	—	—
p-Nitrobenzaldehyd	0,95	+	—	—	+	+	—

4. Nachweismethoden

Da Antibiotica schon in sehr kleinen Mengen bactericide oder bakterio-statische Eigenschaften haben, werden sie auf dem Chromatogramm gewöhnlich mikrobiologisch im Plattentest nachgewiesen. Obgleich die Auswertung auch durch Fluorescenz- oder Farbreaktionen erfolgen kann, bleibt die biologische Methode die empfindlichste.

a) Mikrobiologischer Nachweis

α) Versuchsgefäße

Jeder Untersucher benutzt andere Gefäße. KLUENER [8] verwendet Schalen von 28 cm Länge, 9 cm Breite und 1,2 cm Tiefe, die aus einem 50 mm-Aluminium-blechrahmen bestehen; in diesen ist als Boden eine Glasscheibe eingekittet. Die Versuchsschalen müssen durch Deckel verschlossen gehalten werden, um optimale Feuchtigkeitsbedingungen zu erhalten. GLISTER [5] benutzt eine Schale vom Aus-maß 45×32 cm, deren Wände durch Ankitten von Glasstreifen hergestellt werden. WINSTEN [10] gebraucht Rahmen aus galvanisiertem Stahlblech (42×26×1,2); als Boden wird eine Glasscheibe in den Rahmen eingelegt und mit Leukoplast (2,3 cm breit) abgedichtet. PETERSON [12] benutzt Pyrex-Schalen (28×42 cm). Desgleichen sind Petri-Schalen aus Laboratoriumsglas brauchbar.

β) Testorganismen

Für den biologischen Nachweis werden verschiedene Testorganismen verwendet: *Bacillus subtilis* (ATCC Nr. 6633), *Bacillus meganthericus, Staphylococcus aureus, Escherichia coli* (ATCC 9637), *Candida vulgaris* und andere.

Von *B. subtilis* wird eine Sporensuspension verwendet, die auf folgende Weise herzustellen ist: Eine Flüssigkeitskultur (3 g Pepton, 3 g Fleischextrakt auf 1000 ml Wasser) wird mit *B. subtilis* beimpft und 6 Tage auf der Schüttelmaschine bei 30° C inkubiert. Sodann wird die Suspension autoklaviert bei 80° C für 10 min. Nunmehr kann sie im Kühlschrank bis zum Gebrauch aufbewahrt werden (Haltbarkeit etwa $^1/_2$ Jahr). Für Stammkulturen von *E. coli* und *St. aureus* genügt eine Inkubation der Nährlösung von 16—20 h.

γ) Nährböden

Für *Streptomyces*-Antibiotica wird gewöhnlich ein Agar folgender Zusammensetzung benutzt [24]:

Pepton	6,0 g
Beef-Extrakt	1,5 g
Hefe-Extrakt	3,0 g
Agar	15,0 g
Dest. Wasser	1000 ml

p_H nach Sterilisation 7,9 ± 0,1.

Für den Penicillinnachweis werden Nährböden in den verschiedensten Zusammensetzungen benutzt. Der gebräuchlichste ist der folgende [1]:

Glucose	1,0 g
Fleischextrakt	1,5 g
Bakto-Pepton	6,0 g
Hefe-Extrakt	3,0 g
Agar	15,0 g
Dest. Wasser	1000 ml

p_H-Wert vor der Sterilisation auf 6,5—6,6 einstellen.

Bei der Verwendung von *Candida vulgaris* als Testorganismus (Pilztest) wird folgender Nähagar empfohlen [36]:

Malzextrakt	20,0 g
Agar	17,0 g
Brunnenwasser	1000 ml

Allgemein brauchbar als Grundlage für den Plattentest ist ein Nährboden folgender Zusammensetzung [36]:

Oxo Lab Lemco (Fleischextrakt)	3,0 g
Pepton Ciba B	5,0 g
Kochsalz	2,5 g
Agar	15,0 g
Brunnenwasser	1000 ml

p_H-Wert vor der Sterilisation auf 7,2 einstellen.

δ) Vorbereitung der Versuchsplatten

In die sterilisierten Testschalen (2 h 160° C) wird ein steriler Nährboden (s. oben) gleichmäßig eingegossen (Schichtdicke etwa 15—20 mm) und durch Erkaltenlassen (Deckel auflegen!) zum Erstarren gebracht. Auf diese Basalschicht wird sodann eine beimpfte Schicht (etwa 5 mm dick) aufgebracht; dazu wird der Nähagar zunächst im Autoklaven geschmolzen und auf 50° C abgekühlt; darauf wird mit der als Testorganismus zu verwendenden Kultur oder Sporensuspension beimpft.

Gewöhnlich gibt man 1 ml der Sporensuspension (die etwa 5×10^{10} Sporen enthält) oder einer 16—20 h alten Stammkultur zu 100 ml Nährboden. Der so beimpfte Nähragar wird möglichst gleichmäßig über die vorbereitete Platte verteilt. Werden gleichzeitig mehrere Testplatten hergestellt, so sollte in allen Platten die Agarhöhe gleich sein. Petrischalen von 9 cm Durchmesser benötigen als Basalschicht 17,5 ml, als obere Schicht 5 ml Nähragar. Nachdem das Medium erstarrt ist, können die Platten bis zur Verwendung im Kühlraum aufbewahrt werden. Bei + 3° C sind sie etwa 1 Woche haltbar.

ε) Nachweisverfahren

Nach der chromatographischen Trennung werden die Papierstreifen auf die Testplatten aufgelegt und zusammen für 3 h in den Kühlraum gestellt. Sodann werden die Papiere entfernt und die Schalen bei 30 bis 37° C inkubiert, bis die Hemmzonen gut sichtbar sind. Dazu werden etwa 12—17 h benötigt. Bei der Prüfung auf Streptomycin und verwandte Stoffe wird das Papier nur 10—15 min auf der Testplatte belassen und diese dann sogleich inkubiert [*10—14*].

Gelegentlich wird auch der Papierstreifen in kleine Quadrate zerschnitten und serienweise auf Agarplatten aufgelegt (Abb. 92). Diese Methode wird zur Unterscheidung von der „Plattenmethode" (*entire plating method*) als „Quadrat-Methode" (*square method*) bezeichnet [*1*]. Nach der Inkubation werden die Glasplatten aus dem Trägerrahmen herausgenommen und zur Dokumentation auf ein hochempfindliches Photopapier aufgelegt und eine Kontaktkopie (s. S. 45) hergestellt. Die anschließenden Messungen der Lage und Größe der Hemmzonen werden an den Abzügen durchgeführt. In den meisten Fällen sind die Kontraste zwischen den Hemmhöfen und dem bewachsenen Agar schwach [*25*]. Dann kann es zweckmäßg sein, die Schale auf eine schwarze Unterlage zu stellen und zur Belichtung bei der photographischen Aufnahme polarisiertes

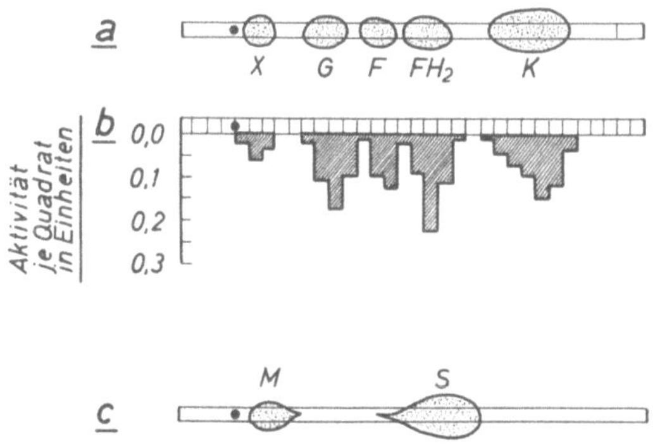

Abb. 92a—c. Typische Hemmzonen von Antibiotica-Chromatogrammen. a) Penicilline (Platten-Methode). b) Penicilline (Quadrat-Methode). c) Mannosidostreptomycin und Streptomycin

Licht zu verwenden. Das Polarisationsfilter vor der Kameralinse ist mit dem vor der Lichtquelle zu kreuzen. Zur Beleuchtung sind zwei 200 Watt-Lampen mit Reflektoren oder Leuchtstoffröhren geeignet. Um ein sauber polarisiertes Licht zu erhalten, ist eine Kontrolle unter Verwendung einer Plattenkamera mit Mattscheibe zweckmäßig. Abzüge werden auf hochempfindlichem Negativmaterial (Contrast Process Ortho, Kodalith) gemacht. Vor der Aufnahme wird am Rand der Testplatte ein Quadratmaßstab angebracht, um bei der folgenden Auswertung eine absolute Messung der Hemmzonen und Wanderungsstrecken der Flecken zu ermöglichen.

b) Farbnachweise

α) Für Streptomycine

1. SAKAGUCHI-Reaktion [20]. Der bekannte SAKAGUCHI-Test weist Streptomycine als Guanidin-Derivate auf dem Chromatogramm nach. Dazu wird der Bogen mit einer 0,25%igen Lösung von α-Naphthol in 0,5 n-NaOH besprüht. Nach 2 min wird das Papier mit einer äthanolischen Lösung von NaClO (1:1) besprüht. Streptomycin erscheint dann als leuchtendroter Fleck. Nachweisgrenze: 10 γ.

2. ELSON-MORGAN-Reaktion [26]. Das getrocknete Papier wird mit Lösung A besprüht, anschließend 5 min auf 100° C erhitzt. Nach Abkühlung wird Lösung B aufgebracht. Nach erneutem Erhitzen (100° C 2—3 min) erscheinen blaßrote Flecken. Die Reaktion erfolgt mit der n-Methylglucosamingruppe des Streptomycin-Moleküls.

Lösung A: 5 ml einer 50%igen (g:v) alkoholischen KOH-Lösung werden mit 100 ml einer 1%igen (v:v) Acetyl-Aceton-Lösung in n-Butanol kurz vor Gebrauch gemischt.

Lösung B: 0,5 g p-Dimethylaminobenzaldehyd werden in 15 ml Äthanol gelöst, das mit 7 ml konz. HCl angesäuert wurde. Dann werden 90 ml frisch dest. n-Butanol zugegeben.

3 Diacetyl-Reagens [26]. Das Reagens wird durch Mischung gleicher. Volumina einer 0,1%igen (v:v) wäßrigen Diacetyl-Lösung, 20%iger (g:v) wäßriger KOH und 2,5%iger (g:v) alkoholischer α-Naphthol-Lösung in der angegebenen Reihenfolge unmittelbar vor Gebrauch hergestellt. Bei Raumtemperatur entwickelt sich nach wenigen Minuten ein anilinroter Flecken, wenn wenigstens 5 γ oder mehr Streptomycin-Äquivalente anwesend sind. Hierbei wird Streptomycin durch Reaktion mit seiner Guanid-Gruppe nachgewiesen.

β) Für Chloromycetin und seine Abbauprodukte

1. Nitro-Test. Das Papier wird zuerst mit Lösung A, die stets frisch anzusetzen ist, besprüht und an der Luft getrocknet. Sodann wird Lösung B aufgesprüht und das Papier wiederum bei Raumtemperatur getrocknet. Nach etwa 5 min erscheinen hellgelbe Flecken. Nachweisgrenze: 5 γ. Die Reaktion basiert auf der Kondensation des aromatischen Aldehyds mit einem primären aromatischen Amin, das aus der Nitrogruppe durch Reduktion entsteht.

Lösung A: 3 ml einer 15%igen SnCl₂-Lösung werden mit 15 ml konz. HCl gemischt und mit 180 ml dest. Wasser verdünnt.

Lösung B: 1 g p-Dimethylaminobenzaldehyd wird in einem Gemisch aus 30 ml Äthanol, 3 ml konz. HCl und 180 ml n-Butanol gelöst.

2. Arylamin-Test. Das lufttrockene Papier wird nur mit der oben beschriebenen Lösung B besprüht. Nach Lufttrocknung erscheinen gelbe Flecken, die Orte von Arylamin-Abbauprodukten anzeigen.

3. Ninhydrin-Test. Der Ninhydrin-Test wird zum Nachweis von Neomycin, Circulin und Polymycin benutzt. Das Reagens wird auf folgende Weise dazu bereitet:

Stammlösung: 2 g Ninhydrin sind in 50 ml Wasser unter Erwärmen zu lösen. Sodann werden zu der Lösung 80 mg $SnCl_2$, H_2O in 50 ml Wasser zugegeben. Diese Lösung bleibt 24 h oder länger im Dunkeln stehen, worauf das Präcipitat abfiltriert wird. Die Stammlösung wird im Kühlschrank aufbewahrt.

Farbreagens: 25 ml der Stammlösung werden auf 50 ml mit Wasser verdünnt und 450 ml Isopropanol hinzugefügt.

4. Benzidin-Test. Das trockne Papier wird mit einer Lösung von 0,5 g Benzidin in 20 ml Eisessig und 80 ml absol. Äthanol besprüht. Anschließend ist das Chromatogramm bei 100° C 15 min lang zu erhitzen.

5. Silbernitrat-Test. Das trockene Chromatogramm wird mit einem Gemisch aus gleichen Teilen 0,1 n-$AgNO_3$ und 5 n-NH_4OH besprüht und anschließend 5—10 min lang auf 105° C erhitzt.

6. NaOH-Test. Hierzu wird eine Lösung von 1 n-NaOH verwandt. Die Teste 4—6 werden zum Nachweis von Formyl- oder Carbonyl-Gruppen in Abbauprodukten des Chloromycetins benutzt.

γ) Für Tetracycline

Das getrocknete Papier wird mit einer 2%igen (g:v) Lösung von p-Dimethylaminobenzaldehyd in 1,2 n-Salzsäure behandelt [27]. Nach 5—8 h, bei Raumtemperatur erscheinen Aureomycin (Chlortetracyclin) und Achromycin (Tetracyclin) als schmutzig-gelbe Flecken, während Terramycin (Oxytetracyclin) eine blau-grüne Färbung ergibt. Untere Nachweisgrenze: 5 γ. Ebenfalls ist ein Nachweis durch Besprühen mit 5%iger methanolischer Lösung von Eisenchlorid möglich [43].

δ) Für N-Acetyl-Neomycin

Die Nachweisreaktion besteht aus den folgenden 3 Schritten: 1. Das entwickelte Chromatogramm wird mit einer 25%igen NaClO-Lösung besprüht. 2. Nach dem Trocknen wird der Bogen mit 95% Äthanol besprüht. 3. Schließlich wird nach dem Verdunsten des Alkohols ein Jod-Stärke-Reagens aufgebracht. Dieses besteht aus gleichen Volumina einer 1%igen Lösung löslicher Stärke und 1%iger Kaliumjodid-Lösung.

Die acetylierten Neomycine erscheinen als tiefblaue Flecken auf farblosem Untergrund. Mit diesem Verfahren lassen sich N-Acetyl-Neomycin B oder C bis zu einer Menge von 2—4 γ nachweisen.

c) Fluorescenz-Nachweise

Chromatogramme der Tetracycline werden auf Grund der fluorescierenden Flecken im ultravioletten Licht identifiziert [16]. Tetracycline und ihre Epimere erscheinen als gelbe Fluorescenzflecken. Die Fluorescenz kann durch Berauchen des Papieres mit Ammoniakdampf verstärkt werden [41]; dazu stellt man ein Becherglas mit konz. Ammoniak-Lösung für kurze Zeit dicht unter das Papier. Streptomycin kann ebenfalls nach Vorbehandlung mit einem Reagens durch Fluorescenz

nachgewiesen werden [*26*]. Das Reagens wird durch Lösung von 0,5 g
Naphthoresorcinol in 225 ml Äthanol, das mit 25 ml konz. o-Phosphorsäure angesäuert wurde, hergestellt. Nach gleichmäßigem Auftragen des
Reagens wird das Papier 1—2 min lang bei 100° C erhitzt bis der Untergrund schwach rötlich erscheint. Bei Betrachtung im UV-Licht erscheinen
nunmehr die Streptomycin-Flecken mit starker Fluorescenz. Wenn das
Reagens stärker konzentriert wird, sind die Flecken auch im Tageslicht
sichtbar: Mannosidostreptomycin erscheint rosa, Streptomycin gräulich.
Die Reaktion benötigt mindestens 5 γ Streptomycin.

d) Radiographischer Nachweis

Radioaktives Penicillin wird durch Zusatz von S^{35} als Sulfat zum Kulturmedium gewonnen. Der Nachweis geschieht nach papierchromatographischer
Trennung im üblichen Verfahren durch Auflegen auf einen Röntgenfilm (Methodik
s. S. 51 ff.).

e) Nachweise mittels Aminosäuren [*42*]

Alle Polymyxine enthalten im allgemeinen Threonin und α-,
β-Diaminobuttersäure (DAB) außer etwa 9 verschiedenen Fettsäuren.
In Tab. 90 ist ersichtlich, daß die Gehalte an Leucin, Phenylalanin und
Serin unterschiedlich sind, so daß anhand derselben eine Differenzierung
möglich ist.

Daher läßt sich der Typ des Polymyxins an der Art der im Hydrolysat
einer gegebenen Probe vorkommenden Aminosäuren feststellen. So ist
das Fehlen von Serin ein Kennzeichen für die Abwesenheit von Polymyxin
D, aber die Existenz von Phenylalanin zeigt die mögliche Anwesenheit der Polymyxin B, C oder E. Polymyxin B und E lassen von Polymyxin C sich durch
den Nachweis von Leucin unterscheiden. Das geeignetste Lösungsmittel für
diese Untersuchung ist 80% wäßriges Methanol oder 80% wäßriges iso-Propanol.
Die ungefähren R_F-Werte sind in Tab. 91 nochmals zusammengestellt. Im
übrigen sei auf S. 148 ff verwiesen.

Tabelle 90.
Gehalt der Polymyxine an Aminosäuren

Verbindung	Phenyl-alanin	Leucin	Serin
Polymyxin A	—	+	—
Polymyxin B	+	+	—
Polymyxin C	+	—	—
Polymyxin D	—	+	+
Polymyxin E	+	+	—

Tabelle 91. R_F-*Werte der Aminosäuren in Polymyxin-Hydrolysaten*

	Leucin	Phenylalanin	Threonin	Serin	DAB
80% Methanol .	0,59	0,49	0,35	0,26	0,07
80% iso-Propanol	0,66	0,54	0,27	0,21	0,09

5. Quantitative Bestimmung

Bislang ist die chromatographische Methode für Antibiotica meist
qualitativ oder semi-quantitativ angewendet worden. Mancherlei Verbesserungen sind bei der Analyse von Gemischen noch möglich, ins-

besondere wenn man die Substanzen aus dem Papier eluiert. Die Eluate werden entweder spektrophotometrisch oder mit dem Lochtest bestimmt.

Bei der quantitativen Auswertung der Bakterienhemmzonen der Penicilline im Platten-Test wird die größte Breite des Hemmhofes gemessen und in Beziehung zur Konzentration gebracht. Benutzt man die ,,Plattenmethode", so wird das Ergebnis verglichen mit Werten, die unter Verwendung bekannter Konzentrationen von Penicillin G erhalten werden. Zwischen dem *log* der Konzentration und dem größten Durchmesser der Hemmzone besteht eine lineare Beziehung. Aus Standardkurven kann die unbekannte Konzentration abgelesen werden [1, 8]. GLISTER [5] zeigte, daß beträchtliche Fehler entstehen, wenn man die Standardkurven eines Penicillins auf ein anderes anwendet, dessen Form der Hemmzonen nicht gleichfalls ellliptisch ist. So lassen sich zwar Penicillin F und Dihydropenicillin F anhand der Standardkurve von Penicillin G bestimmen, da alle drei Hemmhöfe von gleicher Form sind.

Tabelle 92.
Eine entwickelte Standardkurve [5]

Aufgetragene Einheiten (Gegen B. subtilis)	G-Zone mm	K-Zone mm
20,00	37	35
14,00	36	34
8,00	34	33
4,00	33	31
2,00	31	30
1,40	28	27
0,80	27	26
0,40	25	24
0,20	22	20
0,14	20	20
0,08	18	19
0,04	16	18

Penicillin X und K jedoch erzeugen verschieden ausgebildete Zonen. Die Bestimmung beider Substanzen muß daher nach getrennten Standardkurven erfolgen (Tab. 92). Etwas bessere Resultate werden anstelle der ,,Platten-Methode" mit der ,, Quadrat-Methode" erzielt [1].

Dabei wird der Durchmesser der kreisförmigen Hemmzonen, die sich um die kleinen quadratischen Papierstückchen bilden, gemessen und mit Werten verglichen, die man mit identischen Papierstücken erhält, die mit Penicillin bekannter Konzentration getränkt waren. Die prozentuale Aktivität wird bestimmt durch den Quotienten, gebildet aus der Zahl der Einheiten jeder Penicillin-Komponente und der Gesamt-Penicillin-Aktivität.

Bei der Bestimmung von Tetracyclinen werden die aktiven Zonen unter der UV-Lampe aufgesucht, mit dem Bleistift umrandet und ausgeschnitten. Jedes Stück wird sodann mit einer ausreichenden Menge Phosphat-Puffer (p_H 4,5) versehen, so daß eine Lösung resultiert, die 0,04 γ/ml Aureomycin (Chlortetracyclin) oder 0,20 γ/ml Terramycin (Oxytetracyclin) bzw. Achromycin (Tetracyclin) enthält. Die Mischung wird kräftig geschüttelt, so daß die Papierstückchen sich auflösen. Die sich ergebende Suspension wird zentrifugiert. Die Aktivität der klaren überstehenden Flüssigkeit läßt sich im Lochtest bestimmen [41].

In einigen Fällen ist es möglich eine quantitative Bestimmung mit Hilfe eines Densitometers auszuführen. So konnten WOLF und NESCOT Novobiocin und Dihydronovobiocin durch Messung der UV-Absorption mit einer Apparatur bestimmen, die mit einer UV-Lichtquelle versehen war [48]. GREGORY et al. konnten auf die gleiche Weise die verschiedenen im Actinomycin vorhandenen Komponenten bestimmen [45]. Bei dieser Methode wird die optische Dichte oder die UV-Absorption als Kurve in Abhängigkeit von dem Abstand zur Auftragstelle aufgezeichnet. Die so abgegrenzten Flächen bei jedem Maximum lassen sich dann planimetrisch quantitativ auswerten. Als Beispiel sind in Abb. 93 typische Densitometer-Kurven von Actinomycin wiedergegeben. Die Flächen der fluorescierenden oder gefärbten Flecken, welche sich durch Ausschneiden und Wägen ermitteln lassen, sind im Bereich von 3—50 γ proportional der vorhandenen Menge [38]. Da jedoch die Lage und der Verlauf der Standard-Kurven meist etwas variabel ist, müssen stets Vergleichskurven mit reinen Substanzen bei jeder Bestimmung mitlaufen. Auf diese Weise ließen sich der Gehalt an N-acetyliertem Neomycin B und C in einer Probe quantitativ ermitteln [39].

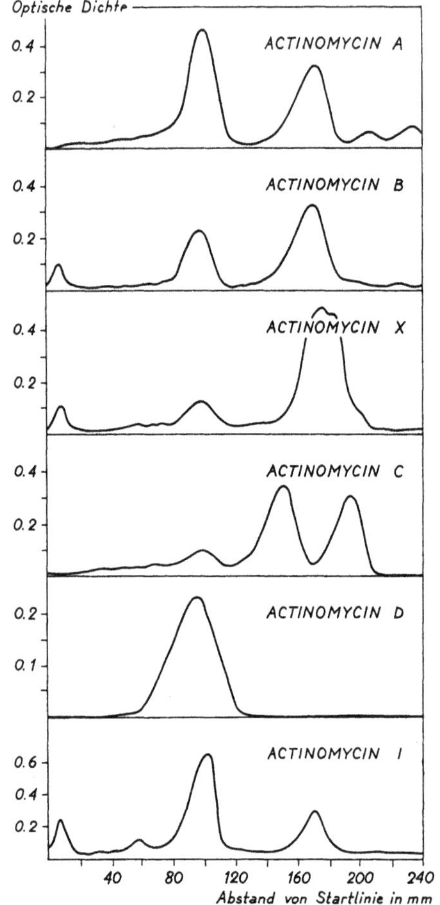

Abb. 93. Densitomer-Kurven eindimensionaler Chromatogramme von Actinomycinen

6. Sammel-Chromogramme

(summarized papergrams)
[29—30]

Benutzt man die unten aufgeführten verschiedenen Lösungsmittel in kurzer Laufzeit, so lassen sich innerhalb kurzer Zeit von einem Antibioticum zahlreiche R_F-Werte ermitteln. Werden die sich so ergebenden R_F-Werte in bestimmter Ordnung graphisch aufgezeichnet, so ergibt sich eine charakteristische Kurve. Diese wird Sammel-Chromatogramm ("summarized papergram") genannt. Die Identifizierung eines Antibioticums ergibt sich aus dem typischen Sammel-Chromatogramm (Abb. 94).

Als mobile Phasen werden benutzt:

Lösung A: Wassergesättigtes n-Butanol;
Lösung B: 3%ige NH$_4$Cl-Lösung;
Lösung C: Wassergesättigtes Phenol (80%);
Lösung C': Wassergesättigtes Phenol (80%) in NH$_3$-Atmosphäre;
Lösung D: 50%iges wäßriges Aceton;
Lösung E: 40 ml n-Butanol, 10 ml Methanol, 20 ml Wasser, 1,5 g Methylorange;
Lösung F: 40 ml n-Butanol, 10 ml Methanol, 20 ml Wasser;
Lösung G: 80 ml Benzol, 20 ml Methanol.

Durchführung: Die Probe wird auf kurze Papierstreifen (15 × 1 cm) aufgetragen; diese tauchen in etwa 1 ml der oben angegebenen Lösungsmittel in Reagenzgläsern. Die Reagenzgläser werden sodann ohne Äquilibrierung der Papiere verschlossen. Die Entwicklungsdauer beträgt etwa 30—120 min je nach Lösungsmittel. Nach Entwicklung und Trocknung werden die Chromatogramme mit Hilfe des mikrobiologischen Testes ausgewertet. Auf diese Weise lassen sich zahlreiche Proben gleichzeitig untersuchen.

Neuerdings hat sich auch gezeigt, daß die R_F-Kurven vieler Antibiotica bei Verwendung von Lösungen verschiedener NH_4Cl-Konzentration [31] oder wäßriger Acetone [32] stark voneinander abweichen.

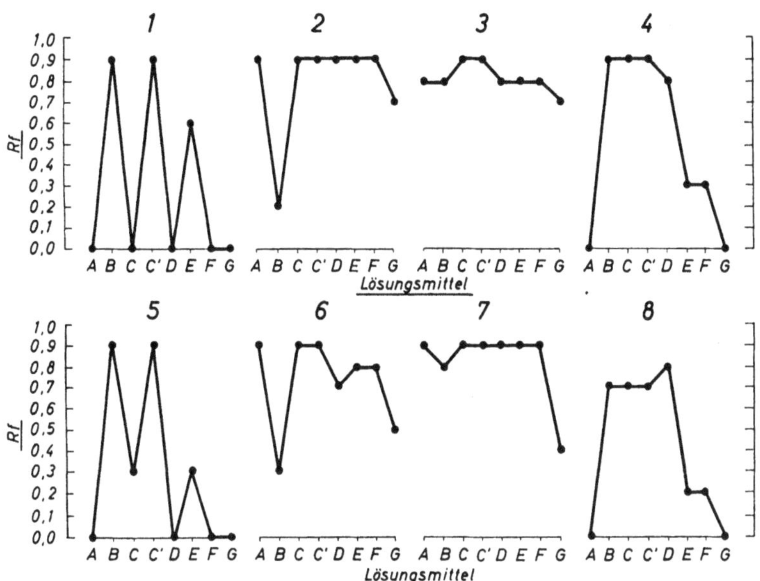

Abb. 94. Sammelchromogramme einiger Antibiotica. 1 Streptomycin; 2 Actinomycin; 3 Xanthomycin; 4 Grisein; 5 Streptothricin; 6 Aureothricin; 7 Chloromycetin; 8 Orientmycin

7. Elektrophorese

Verschiedene Untersucher haben die Papierelektrophorese zum Studium der Antibiotica eingeführt [15, 26, 33, 34]. Dazu wurden verschiedene Papiersorten benutzt; die besten Trennungen ließen sich bei hohen Spannungen mit Whatman-Papier Nr. 31 (dick) erzielen. Die notwendige Apparatur ist einfach [26]; sie besteht aus einem Paar Elektrodengefäßen (Pyrex-Schalen $17 \times 27 \times 5$ cm); in jedes taucht eine Graphit-Elektrode ($20 \times 2,5 \times 0,5$ cm) mit einem Platinblech. Halterung und Deckel für das Filterpapier ($28 \times 58,5$ cm) werden waagerecht angeordnet und durch Schrauben zwischen den Elektrodengefäßen horizontiert. Eine Kühlung ist bei Anwendung von 300 V Spannung und $0-100$ mA nicht notwendig. Die zu untersuchenden Lösungen werden auf die Startlinie aufgetragen und dann angetrocknet. Der Streifen wird mit einem Acetatpuffer geeigneten p_H-Wertes bis 0,5 cm beiderseits an die Auftragsstelle heran befeuchtet. Das nasse Papier wird zwischen Fließpapierbogen gelegt und mit einem Gummiroller geglättet. Dann wird es auf das Trägerglas aufgelegt und mit der Deckscheibe versehen. In jedes

Elektrodengefäß sind 300 ml Puffer einzufüllen. Das am weitesten von der Startlinie entfernte Papierende taucht in das Kathodengefäß; der Strom wird eingeschaltet. 16 h später ist die Trennung beendet. Das getrocknete Papier läßt sich entweder mikrobiologisch oder mit Farbreaktion entwickeln. Tab. 93 zeigt die mittleren Mobilitätswerte μ, die sich aus folgender Formel errechnen [26]:

Tabelle 93. *Mobilitätswerte verschiedener Antibiotica* [26] Puffer: p_H 5,0

Substanz	Mobilität $(\mu \times 10^{-5})$
Streptomycin	22,5
Mannosidostreptomycin .	19,5
Streptothricin	24,0
Streptidin	24,9
Streptamin	6,3

$$\mu = \frac{d \cdot l}{v \cdot t}$$

Dabei bedeuten:

$d =$ Die Entfernung in cm von der Auftragsstelle bis zur Mitte des Fleckens.

$v =$ Das Mittel der eingestellten und beobachteten Initial- und Endspannung in V.

$l =$ Die Länge des Papierstreifens in cm.

$t =$ Die Wanderungszeit in Sekunden.

TAKAHASHI [34] fand eine interessante Beziehung zwischen dem p_H-Wert der verwendeten Pufferlösung und dem elektrophoretischen Wanderungsverhalten der Antibiotica. So ließen sich die Antibiotica durch Papierelektrophorese zu verschiedenen Typen ordnen, die sich durch charakteristische Kurvenbilder unterscheiden (Abb. 95).

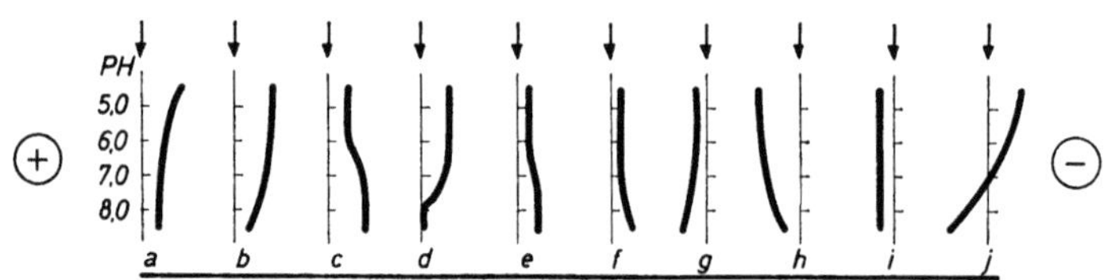

Abb. 95. Das elektrophoretische Verhalten einiger Antibiotica in verschiedenen p_H-Bereichen. ($\downarrow$)= Startlinie. *a* Streptomycin, Streptothricin, Neomycin, Polymyxin, Reticulin. *b* Luteomycin, Flavomycin, Xanthomycin. *c* Erythromycin, Albomycin. *d* Aureomycin, Terramycin, Grisein. *e* Chloromycetin. *f* Actinomycin, Aureothricin. *g* Trichonin. *h* Penicillin, Acidomycin. *i* Glyseoflavin. *j* Orientmycin

Literatur

[1] M. L. KARNOVSKY-M. J. JOHNSON: Analyt. Chem. 21, 1125 (1949). — [2] H. A. NASH-A. R. SMASHEY: Arch. Biochem. 30, 237 (1951). — [3] H. L. BIRD-C. T. PUGH: Antibiot. Chemother. 4, 750 (1954). — [4] R. R. GOODALL-A. A. LEVI: Nature (Lond.) 158, 675 (1946). — [5] G. A. GLISTER-A. GRAINGER: Analyst 75, 310 (1950). — [6] J. A. THORN-M. J. JOHNSON: J. Amer. chem. Soc. 72, 2052 (1950). — [7] T. TAIRA-S. YAMATODANI-S. FUJII: J. Antibiotics (jap.) 5, 313 (1952). — [8] R. G. KLUENER: J. Bact. 57, 101 (1949). — [9] W. A. WINSTEN-A. H. SPARK: Science 106, 192 (1947). — [10] W. A. WINSTEN-E. EIGEN: J. Amer. chem. Soc. 70, 3333 (1948). — [11] W. A. WINSTEN-C. I. JAROWSKI-E. X. MURPHY-W. A. LAZIER: J. Amer. chem. Soc. 72, 3969 (1950). — [12] D. H. PETERSON-L. M. REINEKE: J. Amer. chem. Soc. 72, 3398 (1950). — [13] B. E. LEACH-W. H. DE VRIES-H. A. HELSON-W. G. JACKSON-J. S. EVANS: J. Amer. chem. Soc. 73, 2797 (1951). — [14] N. ISHIDA-J. MIYAZAKI-S. OKAMOTO-K. OMACHI: J. Antibiotics (jap.) Ser. A. 6, 1 (1953). — [15] S. HOSOYA-M. SOEDA-N. KOMATSU-N. HARA-Y. SONODA-R. ARAI: J. Antibiotics (jap.) 4, 314 (1951). — [16] A. MIYAKE-K.

Ogata–K. Mizuno: Persönl. Mitteilung. — [17] G. N. Smith–C. S. Worrel: Arch. Biochem. 28, 1 (1950). — [18] A. J. Glazko–W. A. Dili–M. C. Rebstock: J. biol. Chem. 183, 679 (1950). — [19] J. H. Dowling–H. Koffler–H. C. Reitz–D. H. Peterson–P. A. Tetrault: Science 116, 147 (1952). — [20] R. E. Horne–A. L. Pollard: J. Bact. 55, 231 (1948). — [21] T. Taira–S. Yamatodani–S. Fujii–H. Komatsu–I. Takamoto: J. Antibiotics (jap.) 3, 724 (1950). — [22] C. W. Pettinga–W. N. Stark–F. R. van Abbele: J. Amer. chem. Soc. 76, 569 (1954). — [23] S. Yamatodani: J. Antibiotics (jap.) 3, 400 (1950). — [24] Y. H. Loo–P. S. Skell–H. H. Thornberry–J. Ehrlich–J. M. McGuire–G. M. Savage–J. C. Sylvester: J. Bact. 50, 701 (1945). — [25] N. A. Drake: J. Amer. chem. Soc. 72, 3803 (1950). — [26] M. C. Foster–G. C. Ashton: Nature (Lond.) 172, 958 (1953). — [27] W. T. Sokolsky–H. Koffler–P. A. Tetrault: Arch. Biochem. 43, 236 (1953). — [28] E. L. Smith–D. Allison: Analyst 77, 29 (1952). — [29] N. Ishida–T. Shiratori–S. Okamoto–J. Miyazaki: J. Antibiotics (jap.) 4, 505 (1951). — [30] N. Ishida–J. Miyazaki: J. Antibiotics (jap.) 5, 481 (1952). — [31] J. Miyazaki–K. Omachi–T. Kamata: J. Antibiotics (jap.) Ser. A. 6, 6 (1953). — [32] Y. Sano–T. Hoshi–T. Hata: J. Antibiotics (jap.) Ser. A. 7, 88 (1954). — [33] N. K. King–H. M. Doery: Nature (Lond.) 171, 878 (1953). — [34] B. Takahashi–Y. Amano: J. Antibiotics (jap.) Ser. B. 7, 81 (1954). — [35] H. Brockmann–P. Patt: Naturwissenschaften 40, 221 (1953); H. Brockmann–H. Grone: Naturwissenschaften 40, 222 (1953). — [36] Institut für Spezielle Botanik der ETH Zürich. H.F. Linskens: Mikrokosmos 46, 235 (1957). — [37] L. C. Vining–S. A. Waksman: Science 120, 389 (1954). — [38] R. J. Block–R. Le Strange–G. Zweig: Paperchromatography 38. New York 1952. — [39] S. C. Pan–J. D. Dutcher: Analyt. Chem. 28, 836 (1956). — [40] H. Umezawa–M. Ueda–K. Maeda–K. Yagishita–S. Kondo–Y. Okami–R. Utahara–Y. Osato–K. Nitta–T. Takahashi: J. Antibiotics (jap.) ser. A, 10, 181 (1957). — [41] G. B. Selzer–W. W. Wright: Antibiot. Chemother. 7, 292 (1957). — [42] A. G. Mistretta: Antibiot. Chemother. 6, 196 (1956). — [43] H. Fischbach–J. Levine: Antibiot. Chemother. 5, 640 (1955). — [44] W. T. Sokolski–S. Ullman–H. Koffler–P. A. Tetrault: Antibiot. Chemother. 4, 1057 (1954). — [45] F. J. Gregory–L. C. Vining–S. A. Waksman: Antibiot. Chemother. 5, 409 (1955). — [46] L. C. Vining–F. J. Gregory–S. A. Waksman: Antibiot. Chemother. 5, 417 (1955). — [47] J. D. Dutcher–N. Hosansky–M. N. Donin–O. Wintersteiner: J. Amer. chem. Soc. 73, 1384 (1951). — [48] F. J. Wolf–R. Nescot: Antibiotics Ann. 1035 (1956—1957). — [49] T. C. McIlvain: J. biol. Chem. 49, 183 (1921). — [50] H. Brockmann–H. Gröne: Chem. Ber. 87, 1036 (1954).

II. Toxine

Von

H. R. Hohl

Die nachfolgenden Ausführungen beschränken sich auf die Toxine pflanzenpathogener Organismen. Aus Gründen einer sich zusehends vertiefenden Analyse des Toxinstoffwechsels wurden nach Möglichkeit neben den Toxinen selbst auch deren Derivate und Abbauprodukte mit berücksichtigt.

1. Diaporthin

a) Aufarbeitung

Das Kulturfiltrat der *Endothia parasitica* (Murr.) Anders. wird entweder direkt zur Chromatographie verwendet oder nach folgender Methode behandelt [1]: Man sättigt das Kulturfiltrat mit Kochsalz und schüttelt es dreimal mit Benzol aus. Die leicht getrübten, gelblichen benzolischen Lösungen sind über Cellit zu filtrieren und werden darauf am Wasserstrahlvakuum zur Trockne eingedampft. Der Rückstand (= Diaporthinrohextrakt) wird chromatographiert.

b) Chromatographie

Laufmittel: System Bush B_3 [2]: 670 ml Heptan (Sdp. 98,4° C) — 330 ml Benzol — 800 ml Methanol — 200 ml Wasser werden gemischt. Von den beiden entstehenden Phasen dient die untere als Bodenflüssigkeit, die obere als Laufmittel. Chromatographie: eindimensional, absteigend, mit Whatman-Papier Nr. 1 bei 20° C. Nach Trocknung der aufgetragenen Proben sind die Papiere während 2 h zu akklimatisieren.

Diaporthin besitzt unter diesen Bedingungen einen R_F-Wert von 0,3. Anstelle von Heptan läßt sich auch Hexan verwenden, doch wird damit der R_F-Wert sehr temperaturempfindlich und steigt bei 27° C bis auf 0,7 [3].

c) Nachweis [1]

Das getrocknete Chromatogramm wird mit 2 n-Natronlauge besprüht. Diaporthin erscheint unter der UV-Lampe mit hellvioletter Fluorescenz. Der Nachweis ist sehr empfindlich und gestattet, noch 0,1—0,01 γ zu erfassen.

Durch Vergleich mit einer Standardlösung ($1^0/_{00}$ Diaporthin in 5%igem Alkohol und Verdünnungsreihen) läßt sich im Papierchromatogramm der Diaporthingehalt von Kulturfiltraten auf Grund der Fluorescenz im UV von bloßem Auge mit einer Genauigkeit von ± 50% bestimmen.

Diaporthin oxydiert in alkalischer Lösung bei Zimmertemperatur nach kurzer Zeit zu Diaporthinsäure.

2. Enniatine

Ein Gemisch von Enniatinen läßt sich dadurch analysieren und charakterisieren, daß man durch Hydrolyse die für jedes Enniatin spezifische N-Methyl-aminosäure freilegt und chromatographisch nachweist.

a) Aufarbeitung [4]

Das Mycel wird abfiltriert und mit einer Presse von der anhaftenden Kulturlösung befreit. Der noch feuchte Preßkuchen wird maschinell zerhackt, mit 1,5 Teilen wasserfreiem Natriumsulfat vermengt, das Gemisch in einer Kugelmühle pulverisiert und im Perkolator mit Äther extrahiert. Man trocknet die ätherische Lösung über Natriumsulfat und destilliert sie anschließend am Vakuum ab. Die weitere Reinigung des Rückstandes erfolgt an einer neutralen Aluminiumoxydsäule (Aktivität I, 25—30facher Überschuß). Die Toxine finden sich zum großen Teil in den Fraktionen Benzol–Äther bis Äther–10% Essigester und lassen sich daraus ohne Mühe in beinahe reiner Form auskristallisieren.

b) Hydrolyse der Enniatinpräparate [5]

Um die Aminosäuren freizulegen, sind 20 mg des Präparates mit 0,8 ml konstant siedender Salzsäure in einer beidseitig ausgezogenen und abgeschmolzenen Pipette während 24 h bei 110—120° C zu hydrolysieren.

Anschließend überträgt man das Hydrolysat quantitativ auf einen Alkathen-Streifen [6] und entfernt die überschüssige Salzsäure über Kaliumhydroxyd am Vakuum. Den auf dem Kunstharzstreifen verbliebenen Rückstand nimmt man in 1 ml Wasser auf und verwendet davon 3 μl für ein Chromatogramm.

c) Chromatographie

Laufmittel [5]:

1. Collidin (mit Brom gereinigt und destilliert, Fraktionen 62—67° C bei 17 mm [6])-Wasser;

2. s-Collidin (mit Brom gereinigt und dest. [6], Sdp. 14 mm 62° C)-Wasser;

3. tert. Amylalkohol (Sdp. 99—100° C)-Wasser;

4. sek. Butanol (Sdp. 95,3—95,5° C)-Wasser;

5. Benzylalkohol-Wasser.

Chromatographie: eindimensional, absteigend, mit Whatman-Papier Nr. 1 oder 4 bei 16—18° C. Bei den Laufmittelsystemen Collidin–Wasser und Benzylalkohol–Wasser werden den Bodenflüssigkeiten 0,2% Diäthylamin zugesetzt. Trocknung 30 min bei 80° C. Die R_F-Werte in den genannten Systemen sind aus Tab. 94 ersichtlich.

Tabelle 94. *R_F-Werte von N-Methyl-aminosäuren in verschiedenen Laufmittelsystemen* [5]

Laufmittelsystem	(1)		(2)		(3)		(4)		(5)	
Whatman Nr.	1	4	1	4	1	4	1	4	1	4
Sarkosin	0,21	0,25	0,25	0,26	0,06	0,07	0,20	0,22	0,10	0,11
N-Methyl-DL-valin . .	0,40	—	0,36	0,41	0,17	0,17	0,37	0,41	0,39	0,39
N-Methyl-L-valin . . .	0,39	0,45	0,37	0,42	0,17	0,17	0,37	0,42	0,38	0,39
N-Methyl-L-isoleucin .	0,49	0,53	0,47	0,50	0,29	0,29	0,50	0,54	0,53	0,53
N-Methyl-L-leucin. . .	0,51	0,57	0,48	0,50	0,35	0,36	0,54	0,59	0,59	0,59

d) Nachweis

α) Ninhydrin [5]: Besprühen mit einer 0,2%igen Lösung in wassergesättigtem n-Butanol und anschließendes Erwärmen auf 80—90° C während 10 min. Die N-Methyl-aminosäuren geben bei der auf dem Papier durchgeführten Ninhydrinreaktion purpurfarbene Flecken, deren Intensität allerdings, verglichen mit derjenigen der nicht methylierten α-Aminosäuren, etwas geringer ist. Bei der in üblicher Weise im Reagenzglas durchgeführten Ninhydrin-Reaktion geben dagegen diese N-Methyl-aminosäuren keine Färbung.

β) p-Nitrobenzoylchlorid und Pyridin [7, 8]: Zur Erzeugung der Farbreaktion nach WASER-EDLBACHER verwendet man eine 0,2%ige Lösung von p-Nitrobenzoylchlorid in absolutem Alkohol. Zusammen mit Pyridin treten die höheren N-Methyl-aminosäuren auf dem Filterpapier als deutliche leuchtendrote Flecken in Erscheinung, während Sarkosin nur einen schwachen,orangegelben Fleck ergibt. Von etwa 30 geprüften natürlichen Aminosäuren sowie einigen einfachen Peptiden reagiert in dieser Weise

Tabelle 95. *R_F-Werte von N-Methyl-aminosäuren aus verschiedenen Enniatin-Präparaten* [5]

Stamm ETH Nr.		R_F-Werte in tert. Amylalkohol			
1523/8	N-Methyl-L-isoleucin aus Hydrolyse von Enniatin A	—	—	0,29	—
1574	N-Methyl-L-valin aus Hydrolyse von Enniatin B	—	0,17	—	—
—	N-Methyl-L-leucin (synth.) (evtl. in Enniatin C)	—	—	—	0,36
1524	Rohes Hydrolysat	—	0,17	0,29 s	0,37 ss
1536	Rohe Aminosäure-hydrochloride	—	0,17 s	0,30	0,37 ss
1574	Rohes Hydrolysat aus Mutterlaugen	—	0,17	0,30 ss	—
4057	Rohe Aminosäure-hydrochloride	—	0,17	0,29 s	—
4620	Rohes Hydrolysat	—	0,18 s	0,30	0,37
—	Rohes Hydrolysat von Lateritiin-I	0,02	0,16	0,28	0,37

s = schwach;   ss = sehr schwach.

nur noch Glycerin mit orangebrauner Farbe. Der größte Teil der übrigen Aminosäuren erscheint erst durch nachträgliches Besprühen mit verdünnter Natronlauge, wobei purpurfarbene oder violette Flecken entstehen.

γ) UV-Licht. Die N-Methyl-aminosäuren unterscheiden sich auf dem Filterpapier von den entsprechenden nicht methylierten Verbindungen dadurch, daß sie im UV keine oder nur sehr schwache Fluorescenz (Collidin) aufweisen. Es ist somit möglich, selbst bei gleichen R_F-Werten die in Frage kommenden N-Methyl-aminosäuren von α-Aminosäuren eindeutig zu unterscheiden bzw. deren Vorliegen in Hydrolysaten auf einfachste Weise festzustellen.

Einige Beispiele zur Analyse und Charakterisierung von Enniatinpräparaten mittels der beschriebenen Methode sind in Tab. 95 zusammengestellt.

3. Fusarinsäure

Die Fusarinsäure [9] läßt sich papierchromatographisch noch nicht von der ihr chemisch eng verwandten Dehydrofusarinsäure [10] trennen. Bei einem biogenen Fusarinsäure-Präparat kann es sich also um ein Gemisch der beiden handeln. Zur Trennung muß die Craigsche Verteilung [11] oder die Säulenchromatographie [12] herangezogen werden.

a) Aufarbeitung

α) Kulturfiltrat. Das auf p_H 3,5 angesäuerte Kulturfiltrat wird entweder in einem Kutscher-Steudel-Apparat während 24 h mit Äthyläther extrahiert [11] oder 5mal mit $^1/_4$ Volumen Essigester ausgeschüttelt [13]. Die über Natriumsulfat getrockneten Extrakte dampft man am Vakuum ein und nimmt den Rückstand in wenig 80% Äthanol auf.

β) Pflanzenmaterial. Die nachfolgend beschriebene Methode wird von verschiedenen Forschern [13, 14] benutzt, um radioaktiv markierte Fusarinsäure aus Tomatenpflanzen zurück zu isolieren. Das in einem

Mörser mit Quarzsand fein zerriebene Pflanzenmaterial wird in einem Perkolator langsam mit 80% Äthanol eluiert (200 ml Lösungsmittel pro g Material, Durchflußmenge 1000 ml/24 h). Das Eluat engt man bei Zimmertemperatur bis auf $^1/_{10}$ des ursprünglichen Volumens ein, wobei darauf zu achten ist, daß organische Lösungsmittel möglichst vollständig entfernt werden. Mit einem Filter lassen sich die ausgefällten Pigmente aus der schmutzig-grünen, wäßrigen Lösung entfernen, worauf das gelbliche Filtrat mit Salzsäure auf p_H 4 eingestellt und in einem Kutscher-Steudel-Apparat mit Äthyläther 72 h extrahiert wird. Man trocknet über Natriumsulfat und dampft am Vakuum ein. Der Rückstand wird in 1 ml Äthanol aufgenommen und chromatographiert.

LAKSHMINARAYANAN und SUBRAMANIAN [15] verwenden zum chromatographischen Nachweis der Fusarinsäure in Form ihres Kupfer-Komplexes direkt den Preßsaft von Baumwollpflänzchen.

b) Chromatographie

Die Fusarinsäure läßt sich als freie Säure oder in Form ihres Kupfer-Komplexes chromatographieren und nachweisen.

α) **Fusarinsäure.** Das am häufigsten verwendete Laufmittelsystem ist sek. Butanol–Ameisensäure–Wasser (75:15:10), doch eignen sich noch verschiedene andere, untenstehend genannte Systeme ebenso gut. SANWAL chromatographiert radioaktiv markierte Fusarinsäure [16] in sek. Butanol–Eisessig–Wasser (45:5:50).

1. Sek. Butanol–Ameisensäure–Wasser (75:15:10).
2. n-Butanol–Eisessig–Wasser (50:10:40).
3. n-Butanol–Wasser ges.
4. n-Butanol–Salzsäure (90:100).
5. n-Butanol–Ammoniak (100:3).
6. n-Butanol–Propionsäure–Wasser (50:10:40).
7. Sek. Butanol–Eisessig–Wasser (45:5:50).

Chromatographiert wird eindimensional, absteigend, mit Whatman-Papier Nr. 1 oder 3 MM bei einer Temperatur von 20° C. Trocknung 2 h bei Zimmertemperatur, anschließend 10 min bei 60° C. Die R_F-Werte finden sich in Tab. 96.

Tabelle 96. *R_F-Werte der Fusarinsäure und verwandter Pyridinderivate in verschiedenen Laufmittelsystemen* [14, 17]

Laufmittelsystem	(1)	(2)	(3)	(4)	(5)	(6)
α-Picolinsäure	0,41	0,43	0,32	0,29	0,14	0,41
5-Methyl-picolinsäure	0,60	0,52	0,41	0,41	—	0,52
5-Äthyl-picolinsäure	0,69	0,65	0,61	0,64	0,29	0,68
5-n-Butyl-picolinsäure=Fusarinsäure	0,86	0,83	0,80	0,85	0,50[2]	0,86
3-Äthyl-pyridin	0,59[1]	—	—	—	—	—
3 n-Butyl-pyridin	0,71[1]	—	—	—	—	—
Picolinsäureamid	0,69[1]	0,80	—	—	—	—
Fusarinsäureamid	0,91	0,90	0,91	0,93	0,88	0,92
Fusarinsäure-Methyl-Betain . . .	0,78	0,73	0,65	0,65	0,55	0,76
Fus.säureamid-Chlor-methylat . .	0,78	0,66	0,43	0,54	0,33	0,72

[1] Auf Whatman-Papier Nr. 1.   [2] Schwanzbildung.

β) Fusarinsäure-Kupferkomplex. Die von LAKSHMINARAYANAN und SUBRAMANIAN [15] ausgearbeitete Methode gestattet den Nachweis sehr kleiner Fusarinsäuremengen, wie sie etwa in den vom Parasiten befallenen Pflanzen anzutreffen sind.

Zur Chromatographie eignet sich vor allem das Rundfilterverfahren [18]. Auf Whatman-Papier Nr. 1 werden 0,75 µl des rohen, fusarinsäure-haltigen Zellpreßsaftes, gefolgt von 4 γ/0,75 µl Kupfersulfat, gegeben, getrocknet und entwickelt. Tab. 97 zeigt die R_F-Werte in verschiedenen Laufmittelsystemen.

Tabelle 97. *R_F-Werte von Kupfer und Fusarinsäure-Kupferkomplex in verschiedenen Laufmittelsystemen* [15]

Laufmittelsystem	(1)	(2)	(3)
Kupfer	0,16	0,49	0,67
Fusarinsäure-Kupferkomplex . .	0,09	0,27	0,62

(1) n-Butanol–Ameisensäure–Wasser (10:7:10). (2) n-Butanol–Eisessig–Wasser (40:10:50). (3) n-Butanol–Eisessig–Wasser (35:15:50).

c) Qualitativer Nachweis

α) Fusarinsäure

UV-Lampe. Die Fusarinsäure ist im UV als dunkler Fleck erkennbar. Die Nachweisgrenze liegt bei 10 γ chromatographierter Substanz.

Biologischer Test. Das Chromatogramm wird auf einer Testplatte mit *Bac. subtilis* inkubiert (12 h bei 37° C). Technik s. S. 305 ff. Die Lage der Fusarinsäure ist als heller Fleck auf der getrübten Platte zu erkennen [19].

Bromkresolgrün. 40 mg Bromkresolgrün je 100 ml Wasser werden bis zum Umschlag nach blau mit Natronlauge versetzt. Nach dem Besprühen erscheint die Fusarinsäure gelb mit blaßrotem unterem Rand [19].

DRAGENDORFFsches Reagens. Fusarinsäure und viele ihrer Derivate ergeben nach dem Besprühen meist fleischfarbene Flecken (die entstehenden Farben sind z. T. auch weiß oder rot), die sich in der Regel gut vom gelblichen Untergrund abheben (der Untergrund bleicht am Tageslicht rasch aus und läßt so die Flecken noch schärfer begrenzt erscheinen). Es ist darauf zu achten, daß keine anorganischen Salze wie Natriumchlorid, Natriumsulfat mit chromatographiert werden, da sie ebenfalls weiße Flecken bilden.

Dragendorff-Reagens: Lösung A: Wismutsubnitrat 850 mg
Eisessig 10 ml
Wasser 40 ml
Lösung B: Kaliumjodid 8 g
Wasser 20 ml

A und B ergeben zusammen die Stammlösung, die in brauner Flasche unbegrenzt haltbar ist. Vor dem Sprühen wird 1 ml Stammlösung mit 2 ml Eisessig und 10 ml Wasser verdünnt.

Die Nachweisgrenze liegt bei 10 γ chromatographierter Substanz.

β) Radioaktive Fusarinsäure

Das Papier wird der Länge nach in Streifen geschnitten und die Lage der Fusarinsäure radiochromatographisch [13] bestimmt. Technik s. S. 50 ff.

γ) *Fusarinsäure-Kupferkomplex* [15, 21]

Besprühen mit einer 0,1 % Lösung von Rubeansäure (Dithio-oxamid) in Aceton. Fusarinsäure-Kupferkomplex und überschüssiges Kupfer erscheinen als scharfe, grüne Bande, deren Intensität durch kurzes Bedampfen (10 sec) mit Ammoniak verstärkt wird.

d) Quantitative Bestimmung

300 ml Kulturfiltrat werden auf p_H 4 angesäuert und 5 mal mit je 80 ml Essigester ausgeschüttelt. Die vereinigten Essigesterauszüge dampft man am Vakuum ein und nimmt den Rückstand in 1 ml Äthanol auf. 0,1 ml dieser Lösung werden als 10 cm breiter Streifen auf Whatman-Papier Nr. 1 aufgetragen und chromatographiert. Man lokalisiert die Fusarinsäure im UV, schneidet das entsprechende Band aus und eluiert es in einem vereinfachten Extraktionsapparat nach WASITZKI [22] mit 4 ml Alkohol während 3 h. Das Eluat läßt sich nach dem Eindampfen auf zwei verschiedene Arten weiter verarbeiten:

1. Bestimmung des Stickstoffs nach den Methoden von PEPKOWITZ und SHIVE [23] und RAYNAND [24], vgl. auch [13]. Anzahl mg Stickstoff mal 12,8 ergibt Anzahl mg Fusarinsäure. Fehlergrenze ± 10%.

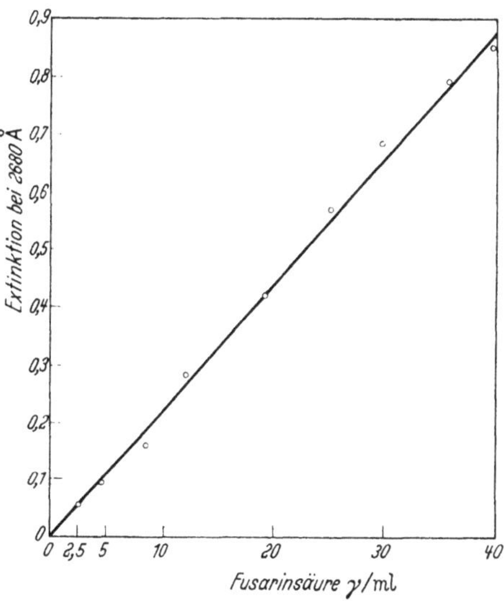

Abb. 96. Eichkurve (Konzentrations-Extinktionskurve) des Fusarinsäure enthaltenden Papiereluates

2. Das Eluat wird auf 5 ml aufgefüllt und die UV-Absorption bei einer Wellenlänge von 2680 Å (Schichtdicke 1 cm) gemessen [19]. Als Meßgerät dient ein Spektro-Photometer nach BECKMAN. Der Extrakt eines gleich großen Papierstückes dient als Blindprobe. Im Bereich des ersten Absorptionsmaximums bei 2270 Å sollte nicht gemessen werden, da bei dieser Wellenlänge auch der Papierextrakt sehr stark absorbiert. Die Fusarinsäuremenge läßt sich anhand einer Eichkurve ermitteln, die mit reiner Fusarinsäure aufgenommen wurde (Abb. 96).

4. Helminthosporium victoriae-Toxin

a) Aufarbeitung [25]

Das Kulturfiltrat wird angesäuert und im Vakuum auf $^1/_{10}$ seines Volumens eingeengt. Zum Filtrat gibt man Methanol, filtriert den entstehenden Niederschlag ab, verwirft ihn und befreit das Filtrat am

Vakuum vom Methanol. Das Toxin läßt sich anschließend mit Butanol extrahieren und mittels Chromatographie an Aluminium- und Stärke-säulen weiter reinigen.

b) Chromatographie [25]

Die aufgetragene Probe soll klein sein, da der im folgenden beschriebene Nachweistest sehr empfindlich ist und den Nachweis kleinster Mengen (bis 0,01 γ) erlaubt. Die benutzten Laufmittelsysteme und die dazugehörigen R_F-Werte finden sich in Tab. 98.

c) Nachweis

Das Chromatogramm wird in horizontale Streifen zerschnitten und jeder Streifen biologisch getestet [25]: Körner einer anfälligen Hafer-sorte *(Park C. I. 6611)* werden 1 h gewässert und daraufhin sorgfältig von den Hüllen befreit. Die geschälten Körner läßt man während 24 h zwischen feuchtem Filterpapier ankeimen. Von der Toxinlösung wird eine Verdünnungsreihe in Whitescher Nährlösung, mit McIlvaines Standardpuffer auf p_H 5 gepuffert, hergestellt und von jeder Verdünnungs-stufe 5 ml in eine 60×15 mm messende Petrischale gegeben. Zu jeder Schale setzt man 5 Keimlinge und inkubiert während 48 h bei 25° C. — Als Toxineinheit dient diejenige Konzentration, die das Wurzelwachstum der Keimlinge auf 1 cm oder weniger begrenzt (Kontrollen 5—6 cm). Die Nachweisgrenze liegt bei 0,01 γ.

Tabelle 98. *R_F-Werte des Helminthosporium-Toxins in verschiedenen Laufmittelsystemen* [25]

Laufmittelsystem	R_F-Wert
Butanol–Benzylalkohol–Wasser (1:1:0,288)	0,0
Butanol–Eisessig–Wasser (100:1:15)	0,2
Propanol–Eisessig–Wasser (200:3:100)	0,7
Propanol–Phosphatpuffer p_H 5,0 (2:1)	0,8
Methyl-äthyl-keton–Propionsäure–Wasser (15:5:6)	0,8

5. Lycomarasmin

a) Aufarbeitung [26]

850 ml Kulturfiltrat werden mit 250 ml gesättigter Barytlauge ver-setzt, und der entstandene Niederschlag wird über Cellit abfiltriert. Zum Filtrat gibt man nach Einengen auf 180 ml erneut 50 ml Barytlauge und filtriert. Zu diesem Filtrat von etwa 230 ml werden 500 ml Methanol gegeben; der Niederschlag wird gewonnen und über Calciumchlorid im Exsiccator getrocknet. 100 mg dieses Roh-Lycomarasmins sind in 10 ml Wasser zu lösen und zu chromatographieren.

b) Chromatographie

Folgende Laufmittelsysteme sind gebräuchlich [26, 27]:
1. Phenol–Wasser;
2. Methanol–22% wäßriger Ammoniak (3:1);
3. Aceton–85% Ameisensäure–Wasser (3:1:1);

4. Pyridin–Eisessig–Wasser (50:35:15);
5. Pyridin–Wasser (65:35);
6. Butanol–Eisessig–Wasser (40:10:50);
7. Collidin–Wasser (in der Bodenflüssigkeit 0,2% Diäthylamin).

Chromatographiert wird eindimensional, absteigend, mit Whatman-Papier Nr. 1. Trocknung bei 80° C während 30 min. Tab. 99 enthält die in den verschiedenen Laufmittelsystemen gefundenen R_F-Werte.

Besondere Vorsicht ist beim Auftragen der Proben geboten, da Lycomarasmin durch Hitze (Warmlufttrocknung!) rasch zerstört wird.

Tabelle 99. *R_F-Werte von Lycomarasmin und einigen seiner Abbauprodukte in verschiedenen Laufmittelsystemen* [26, 27]

Laufmittelsystem	(1)	(2)	(3)	(4)	(5)	(6)	(7)
Alanin	0,55	0,63	0,71	0,48	0,53	0,11	—
L-Asparagin	0,48	—	—	—	—	—	—
Asparaginsäure	0,14	0,42	0,50	0,31	0,36	—	—
N-Benzylglycin	0,85	0,75	0,84	0,73	0,73	—	—
Diaminotricarbonsäure . . .	0,11	0,24	0,32	0,22	0,36	—	—
Glycin	0,40	0,58	0,56	0,32	0,40	—	—
Glycinamid	0,88	—	—	—	—	—	—
Lycomarasmin	0,25	0,33	1	0,19	0,48	—	0,15
Lycomarasminsäure	0,11	1	1	0,16	0,49	—	—
Mannichprodukt	0,06	0,25	0,46	0,24	0,45	—	—
Substanz J	0,10	0,35	0,53	0,29	0,49	—	0,08

[1] Ungeeignet.

c) Nachweis [26, 27]

Besprühen mit 0,2% Ninhydrin in wassergesättigtem n-Butanol, anschließend 10 min auf 80—90° C erhitzen. Ohne Erhitzen wird Substanz J sichtbar, Lycomarasmin dagegen nicht.

Benzylglycin und Substanz J setzen sich mit Ninhydrin zu einer gelben bis braun-violetten Farbe um. Die Diaminotricarbonsäure ergibt einen purpurroten Fleck, während alle anderen Produkte die normale Violettfärbung zeigen.

Die Nachweisgrenze für Lycomarasmin liegt bei 30 γ chromatographierter Substanz.

6. Patulin

a) Aufarbeitung [28]

Zum Kulturfiltrat gibt man Kochsalz bis zur Sättigung und schüttelt mit dem gleichen Volumen Essigester aus. Die Essigesterschicht wird mit einer Natriumbicarbonatlösung (mit Ammonsulfat gesättigt) und anschließend mit einer gesättigten Kochsalzlösung gewaschen. Der Essigesterextrakt ist zu trocknen und am Vakuum einzuengen. Nach dem Abkühlen der konz. Lösung kristallisiert das Patulin aus. Die Mutterlauge wird an neutralem Aluminiumoxyd zur weiteren Patulingewinnung chromatographiert. Umkristallisation in Benzol.

b) Chromatographie [*29*]

Die aufgetragenen Proben werden in

1. Butanol–Eisessig–Wasser (4:1:5) oder

2. Butanol–Aceton–Wasser (2:7:1) chromatographiert und ergeben für Patulin R_F-Werte von 0,77 (in 1) bzw. 0,90 (in 2). Trocknung 5 min bei 120° C.

c) Qualitativer Nachweis

Mikrobiologisch durch Auflegen der Chromatogramme auf Testplatten mit *Bac. subtilis.* Technik s. S. 305f.

Benzidinreagens [30]. 0,5 g Benzidin, 20 ml Eisessig, 80 ml absoluter Alkohol. Besprühen und 15 min auf 105° C erwärmen: brauner Fleck wie bei Zuckern. Die Nachweisgrenze liegt bei 3 γ.

d) Quantitativer Nachweis [*29*]

Die Bestimmung erfolgt in Anlehnung an die von JONES und PRIDHAM [*31*] angegebene Methode zur colorimetrischen Bestimmung von Zuckern mit Benzidin. Der von den Autoren zur Stabilisierung der Benzidinlösung benutzte 0,1%ige Zinnchlorid-Zusatz wird nicht verwendet, weil dadurch die Empfindlichkeit der Patulinbestimmung erniedrigt wird. Die 0,2% Lösung von Benzidin in Eisessig ist daher stets frisch anzusetzen. Die Proben (1 ml wäßrige Patulinlösung in 5 ml Reagens) werden in mit Glaskugeln verschlossenen Reagenzgläsern 2 h im siedenden Wasserbad erhitzt, auf 10 ml mit Eisessig aufgefüllt und im Pulfrich-Photometer mit Filter S 45 gemessen. Da das Maximum der Farbbildung nach 2 h Erhitzungsdauer noch nicht erreicht ist, empfiehlt es sich, bei der Bestimmung 3—4 Standardproben bekannten Patulingehaltes mitzubestimmen. Außerdem wird eine Blindprobe (1 ml Wasser + 5 ml Reagens) im Versuch mitgeführt, gegen die die photometrischen Messungen erfolgen.

Die Eichkurve verläuft im Bereich von 50—500 γ linear und gestattet eine Genauigkeit der Bestimmung (reiner Patulinlösungen!) mit einem Fehler von $\pm$ 3%.

7. Wildfire-Toxin

a) Aufarbeitung

Man gewinnt das Toxin nach der von WOOLLEY–PRINGLE–BRAUN [*32*] beschriebenen Methode. Für den biologischen Nachweis des Toxins genügt es aber, das rohe Kulturfiltrat in Form eines Streifens auf das Chromatographiepapier aufzutragen.

b) Chromatographie [*32*]

Laufmittelsysteme [*32*]:

1. n-Propanol–Wasser (2:1).

2. n-Butanol–Wasser–konz. Ammoniak (100:95:5).

3. n-Butanol–Wasser–Eisessig (50:45:5), 5 h äquilibriert.

4. n-Butanol–1 n-Salzsäure (1:1).

5. n-Butanol–Ameisensäure–Wasser (1:1:1), 3 Tage äquilibriert.

6. n-Butanol–Äthanol–Ameisensäure–Wasser (1:1:1:1), 3 Tage äquilibriert.

Chromatographiert wird aufsteigend, eindimensional, mit Whatman-Papier Nr. 1. Die R_F-Werte des Toxins und seiner Derivate in den verschiedenen Laufmittelsystemen sind in Tab. 100 zusammengestellt.

c) Nachweis

α) Ninhydrin. 0,2%ige Lösung in wassergesättigtem n-Butanol. Nach dem Besprühen 10 min auf 80—90° C erhitzen: violetter Fleck.

Tabelle 100. *R_F-Werte des Wildfire-Toxins und einiger seiner Abbauprodukte in verschiedenen Laufmittelsystemen* [33]

Laufmittelsystem	(1)	(2)	(3)	(4)	(5)[1]	(6)
Wildfire-Toxin	0,26	—	—	—	—	—
Tabtoxinin	0,06	—	—	—	—	—
Alkali-inaktiviertes Toxin	0,18	—	—	—	—	—
DNP-Alkali-inaktiviertes Toxin	—	0,22	0,67	0,73	0,90	—
DNP-Toxin	—	—	—	0,63	1,00	—
ε-DNP-Tabtoxinin	0,32[2]	0,00	—	—	0,12	0,75
Di-DNP-Tabtoxinin	0,64	0,17	0,70	—	—	—
Milchsäure	—	—	—	—	0,52[3]	—

[1] Absteigend chromatographiert.
[2] R_F der freien Säure, das Hydrochlorid ergibt R_F 0,48.
[3] Mit Bromkresolgrün nachgewiesen.

β) Biologischer Test [32]. Das Chromatogramm wird in horizontale Streifen zerschnitten, die Streifen mit Wasser eluiert und einzeln getestet: Es werden Blätter von etwa 15 cm hohen Tabakpflänzchen verwendet. Vom Testmaterial ist eine Verdünnungsreihe herzustellen und je 1 Tropfen in einem Abstand von 1—2 cm von der Mittelrippe zwischen die größeren Venen der Blattoberseite aufzutragen. Alle Lösungen haben einen p_H zwischen 6 und 7. Mit der Nadel wird daraufhin ein kleiner Stich durch den Tropfen hindurch angebracht und die so inoculierten Pflanzen kommen ins Treibhaus unter eine Glasglocke zu stehen. Normalerweise werden auf einem Blatt 10 Inoculationen angebracht. Um die Reaktion zu beschleunigen, empfiehlt es sich, eine 1000 W-Glühbirne mit Reflektor in einem Abstand von 1 m aufzustellen. Die Pflanzen werden nach 24 und 48 h geprüft.

Das Toxin verursacht leicht nekrotische Flecken, umgeben von einem charakteristischen gelben Hof. Die Aktivität wird anhand des Fleckendurchmessers bestimmt. Als Einheit der Aktivität gilt diejenige Konzentration, bei der die Läsion eben gerade noch in ihrer typischen Ausprägung auftritt. 0,05 γ sind mit diesem Test noch erfaßbar.

Literatur

[1] A. BOLLER—E. GÄUMANN—E. HARDEGGER—F. KUGLER—ST. NAEF-ROTH—M. ROSNER: Helv. chim. Acta 40, 875—880 (1957). — [2] I. E. BUSH: Biochem. J. 50, 370 (1952). — [3] Persönliche Mittg. Frau Dr. ST. NAEF-ROTH. — [4] PL. A. PLATTNER—U. NAGER—A. BOLLER: Helv. chim. Acta 31, 594—602 (1948). — [5] PL. A. PLATTNER—U. NAGER: Helv. chim. Acta 31, 2203—2209 (1948). — [6] R. CONSDEN—A. H. GORDON—A. J. P. MARTIN: Biochem. J. 41, 590 (1947). — [7] S. EDLBACHER—F. LITVAN: Z. physiol. Chem. 265, 241 (1940). — [8] S. EDLBACHER—

F. Litvan: Z. physiol. Chem. **268**, 285 (1941). — [9] E. Gäumann: Phytopath. Z. **29**, 1—44 (1957). — [10] Ch. Stoll: Phytopath. Z. **22**, 233—274 (1954). — [11] Ch. Stoll–J. Renz–E. Gäumann: Phytopath. Z. **29**, 388—394 (1957). — [12] J. F. Grove–P. W. Jeffs–T. P. C. Mulholland: J. chem. Soc. März **1958**, 1236 bis 1240. — [13] B. D. Sanwal: Phytopath. Z. **25**, 333—384 (1956). — [14] D. Kluepfel: Phytopath. Z. **29**, 349—379 (1957). — [15] K. Lakshminarayanan–D. Subramanian: Nature (Lond.) **176**, 697—698 (1955); K. Lakshminarayanan–D. Subramanian: Experientia (Basel) **13**, 350 (1957). — [16] E. Hardegger–E. Nikles: Helv. chim. Acta **39**, 223 –229 (1953). — [17] H. R. Hohl: unveröffent-licht. — [18] K. Lakshminarayanan: Arch. Biochem. **49**, 396 (1954). — [19] H. Zaehner: Phytopath. Z. **22**, 227—228 (1954). — [20] R. Munier–M. Macheboeuf: Bull. Soc. Chim. biol. **31**, 1144—1162 (1949). — [21] K. Lakshminarayanan: Proc. Ind. Acad. Sci. **40**, 167—172 (1954). — [22] A. A. Morton: Lab. techn. in Org. Chem., New York 1938. — [23] L. P. Pepkowitz–J. W. Shive: Ind. Eng. Chem. **14**, 914—916 (1942). — [24] M. Raynand: Bull. Soc. Chim. biol. **30**, 713—715 (1948). — [25] R. B. Pringle–A. C. Braun: Phytopath. **47**, 369—371 (1957). — [26] A. Boller: Diss. ETH Nr. 2047. Kilchberg, Zürich: Schmidberger & Müller 1951. — [27] P. Liechti: Diss. ETH Nr. 2789. Zürich: Juris-Verlag 1958. — [28] O. W. Brzeski: Diss. ETH Nr. 1727. Zürich: Akad. Druck- und Verlagsanstalt 1949. — [29] H. Opel: Naturwissenschaften **44**, 306 (1957). — [30] R. H. Horrocks: Nature (Lond.) **164**, 444 (1949). — [31] J. K. N. Jones–J. B. Pridham: Biochemic. J. **58**, 288 (1954). — [32] D. W. Woolley–R. B. Pringle–A. C. Braun: J. biol. Chem. **197**, 409—417 (1952). — [33] D. W. Woolley–G. Schaffner–A. C. Braun: J. biol. Chem. **215**, 485—493 (1955).

L. Aldehyde und Ketone

Von

H. F. Linskens

Aldehyde und Ketone sind Produkte des pflanzlichen Dissimilationsstoff-wechsels. Sie kommen fast ausschließlich in ätherischen Ölen vor. Vereinzelt finden sich Aldehyde auch in Pilzen und Bakterien, Ketone häufig in unterirdischen Pflanzenteilen sowie Rinden und Wurzeln. Auch als Aromastoffe des Weines spielen sie eine Rolle [7, 8]. Die papierchromatographische Analyse dieser Verbindungen ist noch wenig untersucht.

I. Extraktion und Umsetzung

Aus dem Pflanzenmaterial werden die Carbonyl-Verbindungen im allgemeinen durch Wasserdampfdestillation gewonnen und als 2,4-Di-nitrophenylhydrazone papierchromatographisch getrennt. Diese Stoffe werden leicht in folgender Weise dargestellt:

a) Aldehyde. Die etwa 5%ige alkoholische Lösung (Äthanol muß frei von Carbonylverbindungen sein!) des Destillates wird mit einer äqui-valenten Menge 2,4-Dinitrophenylhydrazin-Lösung (50 g 2,4-Dinitro-phenylhydrazin werden in 600 ml 85% H_3PO_4 auf dem Wasserbad gelöst; Lösung dann mit 395 ml 95% Alkohol verdünnen und filtrieren) versetzt; Überschuß an Reagens ist zu vermeiden. Man läßt über Nacht stehen, saugt Kristallbrei ab, wäscht mit verdünntem Äthanol aus und kristallisiert 5mal aus Äthanol um.

b) Ketone. Die Destillate werden im Verhältnis 1:20 mit Äthanol verdünnt und mit der 2,4-Dinitrophenylhydrazin-Lösung versetzt. Der

Kristallbrei wird wie oben aufgearbeitet [4]. Die mit dem Reagens versetzten Lösungen können direkt auf das Papier aufgetragen werden. Überschüssiges 2,4-Dinitrophenylhydrazin läuft praktisch nicht mit. Es besteht jedoch auch die Möglichkeit, die Hydrazone mit Petroläther auszuschütteln, von dem das Hydrazin nicht aufgenommen wird.

Aldehyde lassen sich außerdem auch als Eisenhydroxam-Komplexe trennen [6, 10, 11]. Dazu werden etwa 20 ml der ätherischen Aldehydlösung mit 8 ml eines 8%igen methanolischen Benzsulfohydroxamsäure-Reagens und 2 ml einer 12,5%igen alkoholischen NaOH-Lösung versetzt. Das Gemisch verbleibt im verschlossenen Reagensglas 40 min bei 25 ± 1° C im Brutschrank. Das Reaktionsprodukt wird dann mit 0,46 ml 32%iger Salzsäure versetzt und durch ein hydrophobes Filter (Schleicher & Schüll Nr. 560) gegeben und 3mal mit 2 ml Äther, peroxydfrei nachgewaschen. Die ätherische Lösung der Hydroxamsäure kann bei Bedarf eingeengt werden, ist aber auch unmittelbar auf Eisen-(III)-Chloridimprägniertem Papier mit Lösungsmittel 13 zu chromatographieren. Die sich ergebenden R_F-Werte sind für einige Aldehyde in Tab. 101 zusammengestellt.

Tabelle 101. *R_F-Werte von Aldehyden*

	Lös.-mittel	Literatur	Form-	Acet-	Pro-pion-	Bu-tyr-	Va-leral-	Ca-pron-	Ca-prin-	Benz-	Zimt-	Fur-furol
						Aldehyd						
Fe III-Hydroxamat	13	[6]	0,24	0,32	0,50	0,68	0,80	0,90	0,95	0,83	0,90	0,70
Hydroxam-säuren	14	[14]	0,42	0,52	—	—	—	—	—	0,80	0,88	0,70

II. Trennung

Zur chromatographischen Trennung werden je Startpunkt nicht mehr als 20 γ je Komponente aufgesetzt. Das zu verwendende Lösungsmittelgemisch muß die Temperatur des Arbeitsraumes haben, die Atmosphäre wird bei den 2. bis 5. Lösungsmitteln mit der wäßrigen Phase des Gemisches, bei den übrigen mit dem Lösungsmittel selber gesättigt. Die Chromatographiergefäße müssen sehr dicht schließen.

Als **Lösungsmittel** für die Trennung haben sich aus einer großen Anzahl untersuchter Gemische [4] geeignet erwiesen:

1. Cyclohexan; Papier (Whatman Nr. 4) in 25%iger Lösung von Dimethylformamid in Äthanol baden und 10—15 min trocknen.
2. Cyclohexan–Methanol–Essigsäure–Wasser 6:12:1:2 [4].
3. Cyclohexan–Äthanol–Essigsäure–Wasser 6:12:1:2 [4].
4. Cyclohexan–Propanol–Essigsäure–Wasser 6:12:1:2 [4].
5. Benzin (Sdp. 55—70° C)–Methanol–Essigsäure–Wasser 3:6:1:1 [4].
6. Butanol–Methanol–Ameisensäure 83:15:2 [5].
   Für die Lösungsmittel 5. bis 7. wird acetyliertes Papier verwendet.
7. Petroläther–Methanol–Äthylacetat 65 15:20 [5].
8. Petroläther–Methanol–Äthylacetat 75:15:20 [5].

9. 5% Äther in Petroläther (Sdp. 65—110° C) [2].
10. Methanol–Heptan [3].
11. Petroläther–Benzol (1:1); acetyliertes Papier, das vor dem Auftragen mit Methanol–Oktanol (5:95) imprägniert wurde [1].
12. Benzin [9].
13. Butanol–Dimethylformamid–Wasser (4,5:0,5:5,0). Das Papier wird durch Baden in 2%iger methanolischer $FeCl_3$-Lösung imprägniert. Nach dem Abtropfen (30 sec) wird der Bogen bei 80° C getrocknet [6].
14. Butanol–Eisessig–Wasser 4:1:5 [14].

Neben der Verwendung von Acetyl-Papieren (s. S. 29f.) wird auch eine Imprägnierung mit Kieselsäure vorgeschlagen [2]. Hierüber liegen jedoch noch wenig Erfahrungen vor.

Für zahlreiche in pflanzlichem Material vorkommende Verbindungen sind die ermittelten R_F-Werte in Tab. 102 zusammengestellt.

Tabelle 102. R_F-*Werte von Aldehyden und Ketonen*

2,4-Dinitrophenylhydrazon vom	R_F-Werte in Lösungsmittelgemisch									
	1	2	3	4	5	6	7	8	9	10
Formaldehyd	0,20	0,29	0,42	0,51	0,30	0,44	0,48	0,19	0,75	0,09
Acetaldehyd	0,32	0,45	0,55	0,64	0,47	0,52	0,57	0,31	0,79	0,18
Propionaldehyd	0,50	0,60	0,66	0,75	0,65	—	0,70	0,37	0,57	0,32
n-Butyraldehyd	0,66	0,70	0,73	0,81	0,75	0,64	0,63	—	0,85	0,42
Isobutyraldehyd . . .	—	0,71	0,75	0,83	0,77	—	—	—	—	—
Isovaleraldehyd	0,76	0,76	0,78	0,85	0,82	—	—	—	0,84	—
n-Önanthaldehyd . . .	—	0,83	0,82	0,87	0,88	—	—	—	—	—
Crotonaldehyd	0,47	0,58	0,64	0,72	0,60	—	0,67	0,34	—	0,22
Valeralaldehyd	0,76	—	—	—	—	—	0,92	0,54	—	0,54
Aceton.	0,48	0,58	0,66	0,74	0,65	0,56	0,58	0,44	0,85	0,30
Diäthylketon	0,81	0,75	0,79	0,84	0,84	—	0,70	0,66	—	—
Diisopropylketon . . .	—	0,81	0,83	0,88	0,88	—	0,80	0,84	—	—
Methyläthylketon . . .	0,66	0,71	0,74	0,82	0,77	—	—	—	0,90	0,43
Methylisopropylketon .	—	0,78	0,78	0,85	0,84	0,71	0,77	—	0,91	—
Methylisohexylketon. .	—	0,79	0,83	0,86	—	—	—	—	—	—

III. Nachweis

Der Nachweis der Aldehyde und Ketone kann auf einfache Weise im UV-Licht erfolgen: alle Dinitrophenylhydrazone sowie alle Nitro-gruppen enthaltenden Verbindungen geben auf schwach fluorescierendem Papier eine starke Fluorescenzlöschung. Durch Besprühen des Chro-matogrammes mit einer 0,1%igen Lösung von Methylumbelliferon in 50% Alkohol kann die Kontrastwirkung verstärkt werden [5]. Bei der Trennung als Hydrazone sind die Flecken nach Trocknen der Bogen bei max. 50° C gut zu erkennen. Durch Aufsprühen von 10%iger wäßriger Natronlauge kann die Sichtbarmachung gefördert werden. Bei einer Trennung der Aldehyde als Hydroxamsäuren sind diese als rotviolette Fe-(III)-Komplexe gut zu erkennen; Zimtaldehyd und Furfurol haben blaue Eigenfärbung [6].

IV. Quantitative Bestimmung

Zur quantitativen Bestimmung der Aldehyde und Ketone sind die Flecken nach der chromatographischen Trennung samt gleich großen Leerstücken auszuschneiden und mit genau 5 ml Äthanol zu eluieren. Nach 2 h kann die Extinktion der Farblösungen gegen die Blindlösungen gemessen und die absolute Menge ermittelt werden. Dabei sind

$$\text{mg/l} = \text{Eichfaktor } „X“ \cdot \frac{\text{Extinktion}}{\text{Schichtdicke}}$$

Die Absorptionsmaxima und Eichfaktoren sind in Tab. 103 zusammengestellt [4]. Auch die als Eisen-Hydroxamsäuren getrennten Aldehyde lassen sich quantitativ nach der Trennung bestimmen. Die entsprechenden violetten Flecken werden ausgeschnitten, mit je 9,8 ml Methanol unter gelegentlichem Umschütteln eluiert und 0,2 ml 2%ige methanolische Lösung von wasserfreiem Eisen-(III)-Chlorid zugegeben. Die Extinktion wird gegen eine Vergleichsprobe bei 525 mμ bestimmt und die absolute Menge anhand einer Eichkurve mit definierten Aldehydgehalten bestimmt [6, 8].

Tabelle 103. *Absorptionsmaxima und Eichfaktoren von Hydrazonen*

2,4-Dinitrophenyl-Hydrazon vom	Mol-Gewicht	λ_{max}	$\log \varepsilon$	Eichfaktor „x" für λ_{max} mg/l
Formaldehyd	210,2	350	4,29	10,5
Acetaldehyd	224,2	358	4,31	11,2
Propionaldehyd	238,2	359	4,32	11,4
n-Butyraldehyd . . .	252,2	359	4,34	11,4
Isovaleraldehyd . . .	266,3	359	4,33	12,3
n-Önanthaldehyd . . .	294,3	359	4,33	13,7
Crotonaldehyd	250,2	375	4,46	8,7
Aceton	238,2	359	4,31	11,7
Diäthylketon	266,3	360	4,32	12,8
Diisopropylketon . . .	294,3	361	4,35	13,2
Methyläthylketon . . .	252,2	360	4,32	12,1
Methylisopropylketon .	266,3	361	4,34	12,1
Cyclohexanon	278,3	363	4,33	12,9
Methylcyclohexanon .	292,3	364	4,39	12,0

V. Papierelektrophorese

Eine papierelektrophoretische Trennung der Aldehyde und Ketone kann auf Whatman-Papier Nr. 3 bei 13—18,5 V/cm in 3—5 h erfolgen. Der zweckmäßige 0,1 mol Sulfit-Puffer p_H 4,7 wird hergestellt durch Lösen von 0,5 g trocknem Natriumpyrosulfit, 8,8 g Natriumacetat in 1 l dest. Wasser unter Zugabe von 2,3 ml Eisessig [13].

Literatur

[1] J. V. KOSTIR–K. SLAVIK: Chem. Listy Vedu Prumysl **44**, 17 (1950). — [2] R. G. RICE–G. J. KELLER–J. G. KIRCHNER: Analyt. Chem. **23**, 194 (1951). — [3] D. F. MEIGH: Nature (Lond.) **169**, 706 (1952); **170**, 579 (1952). — [4] P. TUNMANN: Arch. Pharmazie **289/61**, 329 (1956). — [5] V. PREY–A. KABIL: Mh. Chem.

87, 625 (1956). — [6] E. BAYER–K. H. REUTHER–R. T. HEIDE: Chem. Ber. 90, 1929 (1957). — [7] E. BAYER: Vitis 1, 34 (1957). — [8] E. BAYER: Vitis 1, 93 (1957). — [9] H. GROHMANN–F. H. MÜHLBERGER: Z. Lebensmitt.-Untersuch. 99, 361 (1954). — [10] E. BAYER–K. H. REUTHER: Chem. Ber. 89, 2541 (1956). — [11] E. BAYER–K. H. REUTHER: Angew. Chem. 68, 698 (1956). — [12] J. GASPARIC–M. VECERA: Col. Czech. Communs. 22, 1426 (1957). — [13] O. THEANDER: Acta chem. scand. 11, 717 (1957). — [14] H. STRUCK: Mikrochim. Acta 1956, 1277.

M. Phenolische Verbindungen und Gerbstoffe

Von

H. F. LINSKENS

I. Extraktion

Extrakte von Phenolen und Phenolaten werden aus frischem Pflanzenmaterial gewonnen, das nach grobem Zerkleinern in der Kälte (flüssiger Stickstoff, Kohlensäure-Aceton-Gemisch) abgetötet wurde. Wird Material gesammelt, das nicht sofort verarbeitet werden kann, so empfiehlt es sich, dies sofort in 95%igen Alkohol zu legen, um die schnell einsetzenden enzymatischen Umsetzungen zu blockieren. Der Alkoholgehalt soll durch das Einlegen nicht unter 60% sinken. In abgeschlossenen Gefäßen können die nachträglich grob zerkleinerten Pflanzenteile längere Zeit bei etwa -10 bis $-20°$ C in dieser Alkohollösung aufbewahrt werden [4]. Die eigentliche Extraktion kann durch Wasserdampfdestillation oder nach Trocknung mit Äther erfolgen. Dazu wird das trockne, fein zerkleinerte Material während 6 Tagen bei $2°$ C unter 3 maligem Wechsel der Lösung in 70% Alkohol und anschließend nochmals im Soxhlet mit 30 ml je 2 g extrahiert. Die weitere Reinigung kann durch mehrfaches Ausschütteln der vereinigten Extrakte mit Tetrachlorkohlenstoff erfolgen, bis dieser farblos bleibt. Da die Phenole in CCl_4 nicht löslich sind, treten keine Verluste auf. Weitere Reinigung kann durch mehrfaches Ausschütteln der Wasserphase mit Äther erfolgen. Die vereinigten Ätherphasen können unmittelbar oder nach Konzentrieren durch Abdunsten des Lösungsmittels auf das Papier aufgetragen werden. Auch kann der Rückstand der vereinigten Alkoholextrakte mit 2 ml Wasser aufgenommen, mit Hautpulver versetzt und filtriert werden. Das Filtrat ist dann unmittelbar oder nach Einengen zur Chromatographie zu verwenden.

Die Gerbstoffe sind in kaltem Wasser, wasserfreiem Äther, Chloroform, Benzol und Tetrachlorkohlenstoff nicht oder nur sehr schwer löslich. Daher werden die von äußerlichen Verunreinigungen gereinigten Materialien zerkleinert und in heißem Wasser, Aceton, Methanol oder Äthanol suspendiert, da sich in diesen Flüssigkeiten die Gerbstoffe gut lösen. Ist eine weitere Vorreinigung notwendig, so kann eine Fällung zweckmäßig sein [12]: Bei tropfenweiser Zugabe von $2-3$ ml einer 0,5%igen vor Gebrauch erwärmten Gelatine-Lösung (zur Verhinderung von Schimmelbildung werden einige Tropfen Chloroform zugegeben), zu dem gleichen Volumen des wäßrigen Gerbstoffextraktes fällt der Gerbstoff aus. Gibt man eine Spur 1/10 n-Salzsäure zu, so wird die Wirksamkeit der Gelatinefällung erhöht (p_H-Optimum 3,5—4,5). Die verschiedenen Gerbstoffe reagieren auf die Gelatine unterschiedlich: Gerbstoffe aus Fruchtextrakten geben noch in starker Verdünnung Niederschläge, während Rindengerbstoffe (besonders von *Picea*) schwächer ansprechen. Aus dem Niederschlag läßt sich das Gerbstoffgemisch mit Alkohol fast quantitativ wieder rückgewinnen.

II. Lösungsmittel

Als Lösungsmittel zur Trennung von Phenolen werden unter anderem angegeben:

a) n-Butanol–Pyridin—gesättigte wäßrige Lösung von NaCl, 1:1:2, organische Phase [1].

b) n-Butanol–Eisessig–Wasser, 4:1:5, organische Phase [2, 4, 16, 22 bis 25, 27].

c) m-Kresol–Eisessig–Wasser, 50:2:48 [2].

d) n-Amylalkohol, wassergesättigt [3, 21].

e) n-Butanol–Benzin–Wasser, 1:19:10 [3].

f) Essigester–Eisessig–Wasser, 3:1:3 + 0,35 Äthanol [13].

g) Essigester–Eisessig–Wasser, 2:1:2 + 0,35 Äthanol [13].

h) n-Butanol, gesättigt mit konz. wäßriger Lösung von Natriumbicarbonat. Das Papier wird vor dem Auftragen der Analysenlösung mit Puffer p_H 8,0 imprägniert [7].

i) Petroläther (Sdp. 100—110° C) gesättigt mit Wasser [5].

k) n-Butanol, wassergesättigt. Das Papier wird vor dem Auftragen mit 0,1 m-Natriumboratpuffer (p_H 8,7) imprägniert.

l) n-Butanol, wassergesättigt. Das Papier wird vor dem Auftragen mit 0,1 m-Natriumphosphat-Puffer (p_H 8,7) imprägniert.

m) Methyläthylketon–Aceton–Ameisensäure–Wasser, 80:4:2:12, p_H 2,7 [18].

n) Methyläthylketon–Diäthylamin–Wasser, 921:2:77; p_H 10,0 [18].

o) 1000 ml Methylisobutylketon werden 1 h lang mit 100 ml 4%iger Ameisensäure geschüttelt (4 ml Ameisensäure + 96 ml dest. Wasser). Nach Trennung dient die organische Phase als Lösungsmittel, p_H 3,9 [18].

p) 1000 ml Chloroform (stabilisiert, mit 1% Äthanol) werden 1 h lang mit 200 ml folgenden Gemisches geschüttelt: Methanol–Ameisensäure–Wasser 100:4:96. Nach Trennung dient die organische Phase als Lösungsmittel, die wäßrige zur Sättigung der Atmosphäre, p_H 4,8 [18].

q) Ein Gemisch von 900 ml Benzin und 100 ml Methyläthylketon wird 1 h lang mit 100 ml 2%iger Ameisensäure geschüttelt. Nach Trennung dient die organische Phase als Lösungsmittel, p_H 4,3 [18].

r) 1000 ml Benzin werden 1 h lang mit 100 ml 2%iger Ameisensäure geschüttelt. Die abgetrennte organische Phase dient als Lösungsmittel, p_H 5,8 [18].

s) Propanol–Ammoniak–Wasser, 8:1:1 [17].

t) 130-Amylalkohol–Xylol–Essigsäure–Wasser, 30:70:40:50 [26].

Zur Trennung von Gerbstoffen werden außer den Gemischen b), k) und e) empfohlen:

u) Wasser [14, 16].

v) n-Butanol–Eisessig, 8:2 [14].

w) Butanol–Eisessig–Wasser, 4:1:5; zu 10 Teilen der organischen Phase wird 1 Teil Glykol zugegeben [15].

x) Butanol–Wasser–Benzol, 1:1:1 [8].

y) 2% Essigsäure [36].

Für zweidimensionale Trennungen ist besonders die Kombination der Trennmittel b) und y) geeignet [36].

III. R_F-Werte

Die in den verschiedenen Lösungsmitteln ermittelten R_F-Werte sind in den Tab. 104, 105 und 107 für Phenole, ihre Derivate und Gerbstoffe zusammengestellt. Für Derivate und Cumarine s. auch Tab. 69.

Da einwertige Phenole in der Regel einen hohen Dampfdruck haben und sich beim Trocknen der Papiere leicht verflüchtigen, bereiten der Nachweis und die Dokumentation Schwierigkeiten. Wenn rasches Arbeiten und Verwendung größerer Substanzmengen nicht ausreichen, kann eine Trennung an Kieselsäure-Stärke-Gemischen auf Glasstreifen (*Chromatostrip*-Verfahren) versucht werden [30].

Tabelle 104. *R_F-Werte von Säuren mit Phenolcharakter*

Lösungsmittel	a	b	c	m	n	o	p	q	r	s
Literatur	[1]	[2,4]	[2]	[18]	[18]	18]	[18]	[18]	[18]	[17]
Gallussäure . . .	0,43	0,68	0,08	0,73	0,00	0,83	0,00	0,00	0,00	0,02
Chlorogensäure . .	—	0,73	—	0,68	0,01	0,13	0,00	0,00	0,00	—
Kaffeesäure. . . .	—	0,80	—	0,78	0,02	0,76	0,08	0,03	0,00	—
Cumarsäure . . .	—	0,94	0,82	0,94	0,18	0,94	0,68	0,52	0,00	0,40
Ferulasäure. . . .	—	—	—	0,83	0,02	0,87	0,68	0,41	0,12	0,24
Protocatechusäure	0,74	0,85	0,35	0,84	0,03	0,67	0,05	0,02	0,00	—
Shikimisäure . . .	—	—	—	0,24	0,00	0,02	0,00	0,00	0,00	—
Vanillinsäure . . .	—	0,92	0,81	0,83	0,04	0,89	0,62	0,42	0,08	0,22
Salicylsäure . . .	0,65	0,95	0,84	0,92	0,51	0,92	0,87	0,86	0,52	—
p-Oxybenzoesäure	0,85	0,90	0,72	0,88	0,09	0,86	0,45	0,35	0,01	0,23
Gentisinsäure . .	0,51	—	—	0,88	0,36	0,82	0,19	0,25	0,00	—
Zimtsäure	—	0,94	0,92	0,95	0,27	0,95	0,96	0,89	0,88	—

Tabelle 105. *R_F-Werte von Phenolen und Chinonen*

Lösungsmittel	a	b	c	d	e	h	k	l	t
Literatur	[1]	[2.4]	[2]	[3,21]	[3]	[7]	[8]	[8]	[26]
Phenol . . .	0,97	—	—	0,78	—	0,95	—	—	—
Brenzcatechin	0,96	0,90	0,74	0,86	0,38	0,91	—	—	0,69
Resorcin . .	0,97	0,91	0,63	0,83	0,13	—	0,91	0,96	0,58
Hydrochinon .	0,96	—	—	0,80	0,08	—	0,91	0,94	0,46
Pyrogallol . .	0,94	0,77	0,38	0,65	0,03	0,19	0,16	0,78	0,30
Phloroglucin .	0,96	0,76	0,16	0,61	0,00	—	0,78	0,80	0,11
Chinon . . .	—	0,88	0,69	—	—	—	—	—	—
Oxychinon. .	0,48	0,88	—	—	0,08	—	—	—	0,16

IV. Papierelektrophorese

Auch mittels Papierelektrophorese lassen sich Trenneffekte erzielen. Bei 210 V werden in 6 h die aromatischen Carbonsäuren in 0,1 m-Pufferlösungen von Salzsäure-Natriumcitrat-Na_2HPO_4-KH_2PO_4 und Glykokoll-NaOH in Abhängigkeit vom p_H-Wert getrennt [33]. Doch liegen hier sicherlich noch nicht ausgeschöpfte Möglichkeiten.

V. Nachweisreaktionen

Phenole lassen sich, sofern sie keine Eigenfärbung besitzen, auf Grund ihrer Fluorescenz erkennen. Das Verhalten im UV-Licht (2537 A) ermöglicht im Zusammenhang mit dem Besprühen mit einer 1 n NaOH-Lösung und anschließend mit p-Nitroanilin in Acetat-Puffer eine Differenzierung auf Grund der Fluorescenz. Es ergeben sich folgende Erscheinungen (Fl. = Fluorescenz) [39]:

	im UV-Licht		nach Besprühen mit p-Nitroanilin
	unbehandelt	nach NaOH-Behandlung	
Sinapinsäure	grüne Fl.	grüne Fl.	grün
Syringasäure	dunkelblaue Fl.	dunkelblaue Fl.	dunkelblau
Chlorogensäure	grünweiße Fl.	gelbgrüne Fl.	braun
Kaffeesäure	blaue Fl.	orange-gelbe Fl.	gelb-braun
Ferulasäure	grüne Fl.	hellgrüne Fl.	grün
p-Cumarinsäure	absorbiert	hellblaue Fl.	tiefblau
o-Cumarinsäure	gelbe Fl.	hellgelbe Fl.	violett
Zimtsäure	absorbiert	absorbiert	—
Gallussäure	schwachblaue Fl.	dunkelbr. absorb.	dunkelbraun
Veratrumsäure	schwachblaue Fl.	absorbiert	—
Salicylsäure	blaue Fl.	blaue Fl.	orange-braun
Protokatechusäure	blaßblaue Fl.	absorbiert	violett-braun
Vanillinsäure	absorbiert	absorbiert	violett-blau
p-Oxybenzoesäure	absorbiert	absorbiert	rot
Daphnetin	blaßgelbe Fl.	braun absorbierend	braun
Aesculetin	blauweiße Fl.	gelbe Fl.	braun
Scopoletin	hellblaue Fl.	blaugrüne Fl.	grau-grün
Herniarin	violette Fl.	blaue Fl.	violett-blau
Umbelliferon	hellblaue Fl.	hellblaue Fl.	braun
Cumarin	absorbiert	hellgelbe Fl.	violett

Weiterhin sind folgende Reagentien für einen mehr oder weniger spezifischen Nachweis geeignet:

1. Paulys Reagens (DSS) [1]. Die hierzu notwendige diazotierte Sulfanilsäure wird hergestellt, indem man 50 g Sulfanilsäure p. a. in 250 ml 10%iger KOH löst und nach dem Erkalten 200 ml 10%ige Natriumnitritlösung zusetzt. Sodann gibt man tropfenweise 120 ml eisgekühlte, verdünnte (2 Teile konz. HCl und 1 Teil dest. Wasser) Salzsäure zu. Nach Dekantieren wird der ausgefallene Bodensatz mit Eiswasser, Alkohol und Äther gewaschen und getrocknet. Vor Gebrauch wird stets frisch eine 0,5%ige (g:v) Lösung in 50% Äthanol hergestellt. Das Chromatogramm ist vor dem Besprühen so lange zu trocknen, bis der Geruch des Lösungsmittels verschwunden ist. Unter anschließender Einwirkung von NH_3-Dämpfen ergeben sich die in Tab. 106 und 107 zusammengestellten typischen Farbreaktionen.

Tabelle 106. *Farbreaktion von phenolischen Verbindungen*

	Paulys Reagens [1, 4, 17, 18]	Eisen-chlorid-Reaktion [2]	Ammoniak-Silber-nitrat [2]	Roux' Reagens sichtbar [6]	Roux' Reagens im UV [6]	Indophenol-Reaktion [11, 18, 28]
Gallussäure. . . .	farblos	grau	++			grau
Chlorogensäure . .	gelb	grün	—	—	—	grün
Kaffeesäure . . .	gelb	grün	—	—	—	grünbraun
o-Cumarsäure . .	gelb	orange	+			gelbgrün
Ferulasäure . . .	violett	braun	—	—	—	violett
Protocatechusäure.	rotbraun	grün	++			grau
Vanillinsäure . . .	orange	braungelb	—			hellblau
Salicylsäure . . .	blaßgelb	purpur	—			—
p-Oxybenzoesäure.	gelb	gelb	—			—
m-Oxybenzoesäure	gelb	blaßgelb	—			
Gentisinsäure. . .	farblos					
β-Resorcinolsäure .	braun	purpur	—			
Phenol	gelb					hellblau
Thymol	gelbbraun					hellrot
Brenzkatechin . .	braun	schwarz	++			graubraun
Resorcin	braun	grau	+	hellrosa	schwach-gelb	violett
Hydrochinon . . .	farblos	grau	+	grau	violett	grau
Pyrogallol	farblos	rotbraun	++	rosa	violett	braun
Phloroglucin . . .	orange	grau	+	braunrosa	rotbraun	graubraun
Katechol.	rotbraun		—	violett	braunviolett	
α-Naphthol . . .	braunrot	violett				hellrot
β-Naphthol. . . .	orange	—				rot-violett
Orcin		gelb	+	gelbrosa	hellblau	

Tabelle 107. *R_F-Werte von Gerbstoffen*

	R_F-Wert in Lös.-Mittel w)	Farbreaktion in DSS + NH$_3$	ges. Ammonium-vanadat-Lösung	ges. Amm.-Vanadat-Lösung + 1 n-H$_2$SO$_4$
Chebulinsäure. . .	0,64	farblos	olivfarben	rot-violett
Chebulagsäure . .	0,43	farblos	olivfarben	blau
Chebulsäure (= Spaltsäure) .	0,41	farblos	olivfarben verblaßt	blau → farblos
Gallussäure . . .	0,79	dunkelbraun	olivfarben	blau → braun
Hamameli-Tannin	0,57	dunkelbraun	olivfarben verblaßt	nach 1 min farblos
Chines. Tannin . .	0,79	farblos	schwarz-blau	nach 1 min farblos
Türkisch. Tannin .	0,77	farblos	grau-blau	nach 1 min farblos
Sumachgerbstoff .	0,78	farblos	olivfarben	nach 1 min farblos
Glucogallin . . .	0,53	dunkelbraun	olivfarben verblaßt	blau → farblos

Anstelle der selbst hergestellten DSS läßt sich auch eine 0,1%ige Lösung von Diazoniumsalz in 10% Sodalösung verwenden [17]. Phenole lassen sich auch vor der chromatographischen Trennung mit DSS kuppeln. Das entstehende Gemisch von Phenylazobenzensulfonsäure-Farbstoffen kann sodann gut zweidimensional getrennt werden [9].

2. Eisenchlorid-Reaktion. Im allgemeinen wird eine 1—2%ige wäßrige oder alkoholische Lösung benutzt [2, 29]; die resultierenden Färbungen sind in Tab. 106 ersichtlich. Es ist darauf zu achten, daß Spuren von organischen Lösungsmitteln typische Verfärbungen geben [20]. Andere Varianten bestehen darin, daß man 0,2% $FeNH_4(SO_4)_2 \cdot 12\,H_2O$ in wäßriger Lösung [14] oder ein Gemisch 1:1 aus 0,3% $FeCl_3$ und 0,3% Kaliumferricyanid [10, 36] verwendet.

3. Ammoniakalische Silbernitratlösung [2]. Auf das Papier wird ein Gemisch (1:1) aus 0,1 n-$AgNO_3$ und 5 n-NH_3-Lösung aufgesprüht. Das Reagens ist nicht spezifisch, ergibt aber zur ersten Orientierung deutliche Flecken (Tab. 106). Vor allem werden auch Polyphenole sichtbar.

4. Roux' Reagens [6]. 2,0 g Saccharose p. a. werden in 10 ml konz. HCl und 90 ml absol. Äthanol gelöst. Nach dem Aufsprühen werden die Chromatogramme 40—60 sec auf 85—95° C erhitzt. Die im sichtbaren und UV-Licht auftretenden Farbreaktionen sind in Tab. 106 zusammengestellt.

5. Indophenol-Reaktion. Eine hochempfindliche Reaktion auf Phenole mit freier p-Stellung beruht auf der Bildung von Indophenolen. Das getrocknete Papier wird mit einer 0,1%igen äthanolischen Lösung von Dichinon-Chlorimid besprüht und hierauf mit einer gesättigten wäßrigen Borax-Lösung. Nach dem Antrocknen erscheinen grüne, graugrüne bis blaue Flecken [11]. Durch anschließendes Besprühen mit 0,1%iger wäßrigen Natriumbicarbonatlösung wird eine Intensivierung der Fleckenfärbung erzielt. Verwendet man eine 0,3%ige methanolische Lösung von 2,6-Dichlorchinon-Chlorimid, so treten nach Erhitzen auf 80° C im Trockenschrank oder Warmluftstrom die in Tab. 106 aufgeführten Färbungen ein [28]. Nachweisgrenze bei 1 γ.

6. Vanadat-Reagens [15]. Durch Besprühen mit gesättigter Ammonium-Vanadat-Lösung können vor allem hochgalloylierte Verbindungen sichtbar gemacht werden (Tab. 107). Die Empfindlichkeit entspricht der Eisenchlorid-Methode. Wenn man das Chromatogramm anschließend mit 1 n-Schwefelsäure besprüht, so ändern die Flecken ihre Farben.

7. Phosphormolybdänsäure [3]. 2%ige wäßrige Phosphormolybdänsäure. Die Bogen werden anschließend Ammoniakdämpfen ausgesetzt. Die Reaktion gestattet die Unterscheidung von o- und m-Diphenolen.

8. Klinkhammer-Reagens [37]. Ein spezifisches Reagens auf phenolische OH-Gruppen mit beständigen, charakteristisch gefärbten Flecken. Das getrocknete Chromatogramm wird mit gesättigter wäßriger Ammoniumvanadat-Lösung besprüht; auf das noch feuchte Papier wird dann eine alkoholische p-Anisidin-Lösung (0,5 g in 2 ml o-Phosphorsäure gelöst, auf 100 ml mit absolutem Alkohol aufgefüllt und filtriert) aufgebracht. Nach Trocknen (80° C) verblassen die roten Anisidin-Vanadat-Komplexe und auf schwach-rosa Hintergrund erscheinen: Kaffeesäure (rot), Chlorogensäure (rosa), Ferulasäure (grau-grün), d-Catechin (graubraun) und Phloroglucin (blau-grün).

9. Zahlreiche Phenole ergeben durch Besprühen mit 1%iger alkoholischer Lösung von Aluminiumchlorid und kurzes Erhitzen auf 100° C violette bis gelborange Flecken [10, 32].

10. Von den zahlreichen weiteren Nachweisreaktionen seien genannt: 0,4%ige Lösung von 2,4-Dinitrophenylhydrazin in 2 n-HCl [5]; diazotiertes p-Nitroanilin

(1 Teil gesättigte Nitroanilin-Lösung in 0,33 n-HCl + 1 Teil 1% Natriumnitrit-lösung + 1 Teil 5% Harnstofflösung, nach 5 min 7 Teile dest. Wasser), nach anschließendem Besprühen mit 10%iger Soda-Lösung werden Flecken sichtbar; auch zum Nachweis von Phloroglucin-Derivaten geeignet [31, 35, 38]; BENEDIKTs Reagens [32]; zur Differenzierung von Tannin-Extrakten auf Grund der Fluorescenz im UV-Licht dient ein Zusatz von 10%iger Natriumsulfitlösung zur Analysenlösung [32].

VI. Quantitative Bestimmung

Die quantitative Bestimmung von Phenol und Kresol kann nach Anfärbung mit diazotiertem p-Nitroanilin auf Grund der Fleckengröße erfolgen: es besteht eine lineare Beziehung zwischen den Werten des Logarithmus der Konzentration der aufgetragenen Substanz und der Fläche des Fleckens. Bei einer Flächenbestimmung nach Übertragen mittels Kopierpapier auf Millimeterpapier liegen die Fehler bei etwa 4% [31, 34]. Resorcin und Phloroglucin lassen sich durch Überführung in beständige Azofarbstoffe nach Kuppelung mit diazotierter Sulfanilsäure quantitativ bestimmen [26]: Nach der Trennung und Sichtbarmachung werden die entsprechenden Stellen ausgeschnitten, in 4 gleich große Stücke zerschnitten und in 50 ml-Erlenmeyerkolben nacheinander in 4,0 (10 min) 3,5 (5 min) und 3,0 ml (5 min) Äthanol unter ständigem Umschütteln extrahiert. Die vereinigten Eluate werden auf 10 ml aufgefüllt und ein Blindextrakt eines gleichgroßen Papierstückes gleichartig behandelt. Das Eluat wird nach 30 min gegen den Blindextrakt photometrisch bestimmt: Resorcin mit Filter S 50 (20 mm Cuvette), Phloroglucin mit Filter S 47 (Cuvette 50 mm). Anhand einer Eichkurve lassen sich die absoluten Werte ermitteln. Die Extraktionsverluste liegen für Resorcin bei etwa 2%, für Phloroglucin bei etwa 15%.

Polyphenole lassen sich nach zweidimensionaler Trennung (Lösungsmittel u und v) aus dem Papier mit 10 ml 1%iger Schwefelsäure je Flecken eluieren. Das Eluat wird mit 0,01 n-$KMnO_4$ titriert, bis die Färbung 1 min lang stabil bleibt [18].

Literatur

[1] R. A. EVANS–W. H. PARR–W. C. EVANS: Nature (Lond.) **164**, 674 (1949). — [2] E. C. BATE-SMITH–R. G. WESTALL: Biochim. biophys. Acta **4**, 427 (1950); A. E. BRADFIELD–E. C. BATE-SMITH: Biochim. biophys. Acta **4**, 441 (1950). — [3] R. F. RILEY: J. Amer. chem. Soc. **42**, 5782 (1950). — [4] G. BAZZIGHER: Persönliche Mitteilung. — [5] D. BLAND: Nature (Lond.) **164**, 1093 (1949). — [6] D. G. ROUX: Nature (Lond.) **169**, 1041 (1952). — [7] J. A. DURANT: Nature (Lond.) **169**, 1062 (1952). — [8] C. A. WACHTMEISTER: Acta chem. scand. **5**, 976 (1951); **6**, 818 (1952). — [9] W. H. CHANG–R. L. HOSSFELD–W. M. SANDSTROM: J. Amer. chem. Soc. **74**, 5766 (1952). — [10] R. A. CARTWRIGHT–E. A. H. ROBERTS: Chem. a. Indust. **1954**, 1389. — [11] Unpubl. Mitt. M. SCHELLENBAUM–Zürich; H. O. GIBBS 1953 nach HOUBEN-WEYL 2, 369. — [12] O. TH. SCHMIDT: Modern Methods Plant Analysis Vol. 3, p. 527, 1955. — [13] O. TH. SCHMIDT–D. M. SCHMIDT: Ann. Chem. **578**, 29 (1952); G. BAZZIGHER: Phytopath. Z. **29**, 299 (1957). — [14] A. H. ROBERTS–D. J. WOOD: Biochem. J. **49**, 33 (1951); **49**, 414 (1951); **53**, 332 (1953). — [15] O. TH. SCHMIDT–R. LADEMANN: Ann. Chem. **571**, 41 (1951). — [16] W. G. C. FORSYTH: Biochem. J. **60**, 108 (1955). — [17] Kodak Report: Science **122**, 933 (1955); H. BÖRNER: Flora **145**, 479 (1958). — [18] L. REIO: J. Chromatogr. **1**, 338 (1958). — [19] J. H. FREEMAN: Analyt. Chem. **24**, 955 (1952). — [20] S. SOLOWAY–S. H.

WILEN: Analyt. Chem. **24**, 979 (1952). — [21] E. TERRES-F. GEBERT-H. HÜLSE-MANN-H. PETEREIT-H. TOEPSCH-W. RUPPERT: Brennstoff-Chem. **36**, 228 (1956). — [22] K. HERRMANN: Naturwissenschaften **42**, 462 (1955). — [23] K. HERRMANN: Naturwissenschaften **43**, 109 (1956). — [24] K. HENNIG-R. BURKHARDT: Naturwissenschaften **44**, 328 (1957). — [25] J. WOLF: Naturwissenschaften **45**, 130 (1958). — [26] G. WAGNER: Arch. Pharmaz. **58**, 269 (1953). — [27] W. E. HILLIS: Nature (Lond.) **166**, 195 (1950). — [28] E. HOFFMANN-G. HOFFMANN: Naturwissenschaften **45**, 337 (1958). — [29] H. FRIEDRICH: Arch. Mikrobiol. **25**, 297 (1956). — [30] G. WAGNER: Pharmazie **10**, 302 (1955). — [31] S. HUDECEK-D. BERANOVA: Plaste u. Kautschuk **4**, 88 (1957). — [32] L. W. HADDAWAY: Analyt. Chem. **28**, 1624 (1956). — [33] G. WAGNER: Pharmazie **9**, 741 (1954). — [34] S. HUDECEK-D. BERANOVA: Coll. Czechoslov. Chem. Comm. **22**, 1153 (1957). — [35] S. GODIN: Experientia (Basel) **14**, 209 (1958). — [36] E. A. H. ROBERTS-W. WIGHT-D. J. WOOD: New Phytolog. **57**, 211 (1958). — [37] F. KLINKHAMMER: Naturwissenschaften **45**, 571 (1958). — [38] L. A. GRIFFITHS: Biochem. J. **70**, 120 (1958). — [39] C. F. VAN SUMERE-C. VAN SUMERE-DE PRETER-L. C. VINING-G. A. LEDINGHAM: Canad. J. Microbiol. **3**, 847 (1957).

N. Organische Basen

I. Amine

Von

E. STEIN VON KAMIENSKI

1. Aufarbeitung des Pflanzenmaterials

Die Amine liegen zumeist in nur sehr geringen Mengen in den Pflanzenteilen vor und müssen deshalb für die chromatographische Analyse angereichert und von anderen Stoffen, die ihren Nachweis auf dem Chromatogramm stören können, wie z. B. Aminosäuren, abgetrennt werden.

1. Bei den flüchtigen Aminen erfolgt ein vollständiges Abtrennen von anderen störenden Stoffen durch Wasserdampfdestillation [*10, 11, 20, 21, 24*]. Die zur Untersuchung kommenden Pflanzenteile werden zunächst in einer Mixapparatur durch Zusatz einer genügenden Menge 1%iger wäßriger Citronensäure-Lösung angesäuert, um ein vorzeitiges Entweichen der Amine zu verhindern, und gründlich zerkleinert. Der so erhaltene Brei wird mit Wasser quantitativ in einen Destillationskolben gespült und mit einem Gemisch gleicher Teile einer 5%igen wäßrigen Soda- und Kochsalzlösung deutlich lackmusalkalisch gemacht (in der Regel genügen 20 ml) und der Wasserdampfdestillation unterworfen.

Folgende einfache Apparatur hat sich dabei bewährt: Ein je nach Menge 1—2 l fassender Jenaer Rundkolben wird mit einem doppelt tubulierten Normschliffstopfen versehen. Das Zuleitungsrohr ist an einen Dampfentwickler angeschlossen und reicht bis unmittelbar an den Boden des Kolbens. Das unter dem Schliff endigende ableitende Rohr ist durch eine Glasbrücke mit einem absteigenden Liebigkühler verbunden, der in eine 250 ml fassende Peligotröhre mündet. In diese wird je nach der zu erwartenden Aminmenge genügend 0,1 n-HCl vorgelegt. Meist reichen 10 ml aus. Durch Zusatz eines Tropfens Silikon SH zum Destillationsgut wird das vielfach lästige Schäumen vermieden [*24*].

Wenn nach etwa 15 min 150 ml Destillat übergegangen sind, wird die Destillation abgebrochen.

Unter diesen Bedingungen gehen alle aliphatischen Amine sowie Benzyl- und β-Phenyläthylamin quantitativ ins Destillat über, Cadaverin, Putrescin und Äthanolamin nur zu 10% der vorhandenen Mengen. Gar nicht flüchtig sind Tyramin, Tryptamin, Histamin, Diäthanol- und Triäthanolamin [24]. Auch eine längere Destillation ändert nichts an diesem Ergebnis.

Die Destillate werden sofort auf dem Wasserbad (70°) im Vakuum auf etwa 3—4 ml eingeengt, in kleine Schälchen übergeführt und im Chlorcalciumexsiccator getrocknet. Etwas festes KOH im Exsiccator dient zur Aufnahme der überschüssigen HCl. Die eingetrockneten Aminhydrochloride können nach Lösen in einer bestimmten Wassermenge (z. B. 2 ml) unter Zusatz von Thymol oder Chloroform beliebig lange zur chromatographischen Analyse aufgehoben werden [24].

2. Über die Abtrennung der nicht flüchtigen Amine zum papierchromatographischen Nachweis von anderen Stoffen ist bisher nur spärlich berichtet worden.

ERSPAMER [7] extrahiert Tyramin, n-Methyltyramin und Hordenin durch mehrmaliges Ausschütteln mit Äther aus alkalischem Pflanzenbrei. Die Ätherextrakte werden auf dem Wasserbad eingedampft und mit Wasser aufgenommen.

Nach GUGGENHEIM [10] können Histamin, Äthanolamin und β-Oxyphenyläthylamin aus sodaalkalischem Brei mit Amylalkohol ausgeschüttelt werden.

Eine Anreicherung der Amine ist auch durch Extraktion der nicht vollständig getrockneten Pflanzenteile mit absolutem Alkohol, der 1—2% Eisessig enthält, oder durch Aceton möglich. Die Extrakte werden auf dem Wasserbad eingedampft [7].

Mit diesen Verfahren wird aber auch ein großer Teil der Aminosäuren mitextrahiert, die den Nachweis der Amine stören können. Äthanolamin fällen NEU und FIEDLER [17] aus wäßrigen Pflanzenextrakten als Pikrolonat mittels alkoholischer Pikrolonsäurelösung. Das abzentrifugierte und in Alkohol wieder gelöste Pikrolonat tragen sie direkt auf das Chromatogramm auf. Das Aminsalz dissoziiert auf dem Chromatogramm und die frei gewordene Pikrolonsäure wandert mit der Lösungsmittelfront. Infolgedessen besitzen Aminpikrolonat und freies Amin den gleichen R_F-Wert. Da alle Amine in Wasser unlösliche Verbindungen mit Picrolonsäure bilden, könnte dieses Verfahren auch für andere nicht flüchtige Amine herangezogen werden. Nach GUGGENHEIM [10] sollen die Extrakte vorher z. B. mit 10%iger Trichloressigsäure enteiweißt und anschließend neutralisiert werden, um eine gute Pikrolonsäurefällung zu erhalten.

2. Beste Technik

a) **Primäre Amine.** Alle Verfahren zur Trennung der flüchtigen primären Amine ohne eine Papiervorbehandlung [2, 5, 6, 19] geben nur recht unbefriedigende Ergebnisse. Liegen größere Aminmengen vor, so haben die Aminflecke auf dem Chromatogramm lange Schwänze, überlappen einander, und eine Trennung ist nicht möglich.

Erst die Verwendung von mit Puffersubstanzen vorbehandeltem Papier, wie sie von MUNIER und MACHEBOEF [14, 15] für die Trennung der Alkaloide vorgeschlagen wurde, ermöglicht eine Trennung der flüchtigen Amine [17, 22, 24].

Zur Papiervorbehandlung werden die Papierstreifen in eine 0,15 mol Na-Acetat-Lösung getaucht und an der Luft hängend langsam getrocknet. Anstelle von Na-Acetat [24] kann auch Na_2HPO_4 oder K_2HPO_4 verwendet werden [17].

b) Sekundäre Amine können auf unbehandeltem und mit Na-Acetat behandeltem Papier getrennt werden [6, 24].

c) Tertiäre Amine geben die besten Trennungen auf unbehandeltem Papier [16, 24].

3. Laufmittel

Für alle Amine haben sich n-Butanol–Eisessig–Wasser-Gemische gut bewährt. Verwendet wird immer die organische Epiphase. Es wird nur aufsteigend gearbeitet. Alle Angaben sind in Vol.-% gemacht.

n-Butanol-Eisessig-Wasser (50:1:49) gibt für primäre und sekundäre Amine auf mit 0,15 mol Na-Acetat vorbehandeltem Papier sowie für tertiäre Amine auf unbehandeltem Papier die besten Ergebnisse [24]. Es kann auch das von der Zuckeranalyse bekannte Partridge-Gemisch (50:10:40) verwendet werden [5, 6, 17, 18, 22, 24]. Als Regel kann bei diesen Gemischen gelten, daß durch ein Erhöhen des Säuregehaltes die R_F-Werte größer werden.

Collidin-Wasser (50:50) (organische Phase) gibt mit allen cyclischen Aminen, Diaminen und Äthanolaminen auf unbehandeltem Papier eine sehr gute Trennung [24]. Alle eben erwähnten Amine sind mit großer Empfindlichkeit nachzuweisen, nicht hingegen die aliphatischen primären, sekundären und tertiären Amine. Dieses Laufmittel kann also gut zur Gruppendifferenzierung verwendet werden.

4. Papiersorten

In der Regel können alle Papiere verwendet werden. Bewährt haben sich zur Vorbehandlung Schleicher & Schüll (S & S) 2043b Mgl zum Nachweis der primären Amine und S & S 2043b M oder 2043a unbehandelt für die anderen Amine. Schnell laufende Papiere wie Whatman Nr. 4 sind nur für orientierende Vorversuche geeignet, da eine Trennung auf diesen nicht so sauber ist. Whatman Nr. 1 liefert ähnliche Resultate wie S & S 2043b Mgl, nur liegen die R_F-Werte ein wenig höher.

5. Qualitativer Nachweis und Nachweisgrenzen der Amine auf dem Chromatogramm
a) Primäre Amine

In der Regel können für primäre und einen Teil der sekundären Amine alle für den Aminosäurenachweis entwickelten Reagentien verwandt werden.

α) **Ninhydrin** ist das am meisten verwandte Reagens [*3, 5, 6, 17, 22, 24*]. Geeignet ist eine 0,1%ige Lösung in n-Butanol mit einem geringen Zusatz von Eisessig. Auch 1% Pyridin als Beimischung hat sich bewährt. Die Papiere werden nach dem Trocknen mit dem Reagens besprüht und im Thermostaten 10 min auf 90—100° erhitzt. Primäre Amine geben dunkelrote Flecke, die auf mit 0,15 mol Na-Acetat vorbehandeltem Papier bis 0,6 γ Aminhydrochlorid gut nachzuweisen sind. Auf unbehandeltem Papier liegt die Nachweisgrenze bei 1 γ. Sekundäre Amine reagieren mit helleren Farben, 10—20 γ können noch erfaßt werden. Tertiäre Amine reagieren nicht. Ungesättigte Amine bilden grau-rote Farbtöne, desgleichen einige cyclische Amine.

β) **o-Acetoacetylphenol** [*2*] 1% in n-Butanol wird auf das Chromatogramm gesprüht. Nach Erhitzen im Trockenschrank auf 60° bilden die primären Amine grün fluorescierende Verbindungen. Weniger als 4 γ können nicht nachgewiesen werden. Vorbehandeltes Papier kann nicht verwandt werden, da Na-Acetat selbst mit dem Reagens eine fluorescierende Verbindung gibt.

γ) **1,2-Naphthochinon-4-sulfonsaures Natrium** (Folin-Reagens) 0,02% in 5%iger wäßriger Sodalösung wird verwandt [*6*]. Nach dem Besprühen geben primäre Amine auf dem Chromatogramm taubenblaue Verbindungen, die beim Ansäuern nach Rot umschlagen. Weniger als 6 γ sind nicht nachweisbar. Sekundäre außer Dimethylamin, das eine intensiv rote Farbe gibt, und tertiäre Amine reagieren nicht.

δ) **Bromphenolblau** 2% in 96%igem Alkohol benutzt SCHWYZER [*19*] für den Aminnachweis. Die Amine erscheinen infolge ihrer alkalischen Reaktion auf unbehandeltem Papier als blaue Flecke. Primäre, sekundäre und tertiäre Amine können so in Mengen ab 5 γ nachgewiesen werden. Obwohl mit diesem Reagens alle Amine erscheinen, ist es nur bedingt zu gebrauchen, da mit ihm eine Differenzierung in primäre, sekundäre und tertiäre Amine nicht möglich ist. Dies ist aber für eine Analyse notwendig, da viele primäre Amine gleiche R_F-Werte wie sekundäre und tertiäre Amine haben.

b) Sekundäre Amine

α) **Nitroprussidnatrium** [*8, 24*]. Eine 3%ige Lösung in destilliertem Wasser, die 10% Acetaldehyd und 3% $NaHCO_3$ enthält, wird auf das Chromatogramm gesprüht. Schon während des Trocknens bilden sich blaue Flecken, die sich bis 30 min danach verstärken und nach 2 h verschwinden. Tertiäre Amine reagieren nicht, primäre erst ab 10 γ in blaßrotblauen Farben. Alle sekundären Amine reagieren ab 1—2 γ auch auf vorbehandeltem Papier. Das Reagens muß immer frisch bereitet werden.

β) **Chinon** [*13, 24*]. 50 mg Chinon, 1 ml Pyridin, 14 ml n-Butanol werden frisch vor dem Gebrauch gemischt. Nur Dimethylamin liefert eine intensiv rote Farbe, die noch bei 1 γ gut sichtbar ist.

c) Tertiäre Amine

α) **Joddampf** [*4, 6, 24*]. In einem Exsiccator wird durch Einbringen von Jodkristallen eine mit Joddampf gesättigte Atmosphäre geschaffen. In dieser werden die trockenen Chromatogramme 24 h belassen. Alle

Tabelle 108. R_F-Werte der Amine [24]

Laufmittel	B 40/W 50/E 10		B 50/W 49/E 1		C 50/W 50	
Papier	S&S2043 b Gl	S&S 2043 b M	S&S 2043 b Gl	S&S 2043 b M	S&S 2043 b Gl	Fleckennachweis Erfassungsgrenze in γ
Vorbehandlung mit 0,15 mol Na-Acetat	+	—	+	—	—	
Amin						
Methyl- . . .	43	(30)	15	(10)	—	N 0,6
Dimethyl- . .	47	35	20	11	—	Np2, N6, C1, J10
Trimethyl- . .	(40)	32	(19)	10	—	N—, J1, P5
Äthyl-	57	(40)	25	(15)	—	N 0,6
Diäthyl- . . .	(60)	45	(44)	25	—	N10, J5, Np3
Triäthyl- . . .	(67)	60	(43)	30	—	N—, J2, P5
n-Propyl- . .	68	(50)	41	(27)	—	N 0,6
i-Propyl- . . .	66	(48)	39	(25)	—	N5
Di-n-Propyl- .	(82)	64	(50)	46	—	N10, J5, Np2
Di-i-Propyl-. .	(80)	62	(49)	42	—	N10, J5, Np3
i-Butyl- . . .	75	(60)	55	(40)	—	N 0,6
n-Butyl- . . .	77	(64)	57	(41)	—	N 0,6
sek. Butyl- . .	74	—	53	—	—	N15
Di-n-Butyl- .	(96)	85	(82)	70	—	N10—15, J5, Np2
Tri-n-Butyl- .	(97)	90	(89)	80	—	N—, J2, P5
n-Amyl- . . .	82	(73)	70	(54)	—	N1
i-Amyl- . . .	80	(71)	69	(53)	—	N1
Di-n-Amyl-. .	(97)	92	(94)	85	—	N10, J5, Np3
Di-i-Amyl- . .	(96)	88	(93)	78	—	N10, J5, Np3
Tri-n-Amyl-. .	—	90	—	90	—	N—, J2, P5
n-Hexyl- . . .	85	(77)	75	(65)	—	N1
n-Heptyl-. . .	86	(80)	77	(66)	—	N1
n-Octyl- . . .	87	(82)	83	(72)	—	N1
n-Decyl- . . .	89	(85)	85	(74)	—	N1
Allyl-	59	(42)	35	(20)	—	N 0,6 graublau
Benzyl- . . .	77	(62)	60	(43)	80	N1 gelbrot
Tyramin . . .	75	(62)	56	(40)	79	N1 hellrot
Tryptamin . .	77	(65)	60	(45)	80	N1 braunrot
β-Phenyläthyl-	80	(62)	66	(45)	77	N1 graublau
Cadaverin . .	30	(10)	2	(1)	9	N 0,5 rotblau
Putrescin . .	27	(10)	1	(1)	12	N 0,5 rotblau
Histamin . .	30	42	5	1	46	N1 braungrau
Äthanol- . . .	40	(23)	10	(6)	35	N1, I5
Diäthanol- . .	—	30	(26)	10	40	N30, J8
Triäthanol- . .	—	29	—	9	70	N—, J2, P3
NH_3	40	—	8	—	40—50	N10 weiß, J10

Die in ( ) gesetzten R_F-Werte beziehen sich auf Amine, die bei dem betreffenden Papier und der betreffenden Entwicklungsart nur schlecht nachweisbar sind. Die R_F-Werte sind mit 100 multipliziert.

Nachweisreaktionen: N: Ninhydrin, J: Joddampf, P: Phosphormolybdänsäure, Np: Nitroprussidnatrium, C: Chinon, I: Isatin. Die Erfassungsgrenze bezieht sich auf γ Aminhydrochlorid.

Laufmittel: Butanol–Wasser–Eisessig (B–W–E). Collidin–Wasser (C–W).

Wie die Tabelle und die vor- und nachstehenden Angaben zeigen, müssen für eine vollständige Analyse der Amine immer drei Chromatogramme angefertigt werden. Das 1. auf Papier S&S 2043 b Mgl mit 0,15 mol Na-Acetat vorbehandelt und Laufmittel n-Butanol–Eisessig–Wasser (50/1/49) oder (40/10/50) zum Nachweis der primären Amine, das 2. auf Papier S&S 2043 b M unbehandelt mit gleichem Laufmittel zum Nachweis der tertiären und sekundären Amine und das 3. auf S&S 2043 b Gl unbehandelt mit Collidin–Wasser als Laufmittel, wenn zyklische Amine, Diamine und Alkanolamine zu erwarten sind.

Amine bilden dunkle Flecken auf leicht gelblich gefärbtem Papiergrunde. Empfindlichkeit und Farbton sind aber für die einzelnen Amine verschieden. Tertiäre Amine reagieren am stärksten ab 1 γ mit braunroter Farbe, sekundäre Amine geben heller braune Färbungen, besonders die höheren Homologe ab C_4 sind gut sichtbar. Primäre Amine erscheinen erst ab 20 γ als hellere graubraune Flecke. Mit dem Verdampfen des Jods verschwinden die Flecke wieder und die Chromatogramme können für die meisten anderen Nachweisverfahren weiter verwandt werden. Da fast alle Stoffe mit Jod auf dem Chromatogramm reagieren, ist dieser Nachweis unspezifisch und kann nur zur orientierenden Vorprüfung auf das Vorkommen von tertiären Aminen verwandt werden.

β) **Phosphormolybdänsäure** [1]. Die Chromatogrammstreifen werden in eine Lösung von 0,5 g Phosphormolybdänsäure in 100 ml Wasser und 5 Tropfen Eisessig getaucht, 2 min mit Wasser gewaschen und durch Eintauchen in eine Lösung von 1 g $SnCl_2$ in 10 ml Eisessig und 90 ml Wasser reduziert. Alle tertiären Amine erscheinen ab 5 γ und die höheren sekundären ab C_4 als tiefblaue Flecke auf leicht blaßblauem Grunde. Auch die niederen sekundären Amine und Ammoniak in größeren Mengen reagieren. Ihre Verbindungen sind aber leicht wasserlöslich und werden daher ausgewaschen [24].

γ) **Wismutsubnitrat** [16]. Lösung I: 0,85 g Wismutsubnitrat, 40 ml Wasser, 10 ml Eisessig. Lösung II: 8 g KJ, 20 ml Wasser. Zum Gebrauch werden je 5 ml der Lösungen I und II, 20 ml Eisessig und 100 ml Wasser gemischt. Beim Besprühen geben tertiäre Amine und höhere sekundäre ab C_4 einen orangeroten Fleck auf gelbem Grund. Ein Nachweis ist ab 10 γ möglich [24].

d) Alkanolamine

Isatin [17]. Mit dem für Oxyprolin und Prolin entwickelten Isatin-Reagens gibt Äthanolamin (Colamin) eine spezifisch rot-blaue Farbe. 5 γ können nachgewiesen werden. Eine 0,5%ige Isatinlösung in 96 Teilen n-Butanol und 4 Teilen Eisessig wird auf das Chromatogramm gesprüht und 15 min auf 100° erhitzt.

e) Ammoniak

Ammoniak gibt auf mit Na-Acetat vorbehandeltem Papier ab 30 γ bei der Ninhydrinreaktion einen weißen Fleck mit rosa Hof; mit Jod hingegen erscheint ab 6 γ auf unbehandeltem Papier ein grauer Fleck. In Collidinchromatogrammen bildet sich bei der Ninhydrinbehandlung ab 4 γ ein blauer Fleck [24].

6. Quantitative Methoden

Aus der Größe und der Farbintensität der Flecke auf dem Chromatogramm ist bei einiger Übung eine visuelle Schätzung möglich. Diese wird durch Mitlaufenlassen einer bekannten Aminmenge auf dem Chromatogramm erleichtert. Die Aminhydrochloride werden durch das Chromatographieren von ihrem Chlorid-Ion getrennt und liegen dann als freie Basen vor. Da diese leicht flüchtig sind, muß möglichst rasch nach dem Trocknen des Chromatogramms entwickelt werden, um quantitativ vergleichen zu können.

7. Weitere Identifizierungsmöglichkeiten der Amine

Wie aus der Tabelle der Amin-R_F-Werte und den beschriebenen Nachweismethoden hervorgeht, ist eine sichere Identifizierung aller in Frage kommenden Amine allein mit der Papierchromatographie nicht möglich. Die zur sicheren Trennung zweier Substanzen notwendige Differenz der R_F-Werte von etwa 0,04 wird nicht immer erreicht. Für eine sichere Identifizierung und Überprüfung der papierchromatographischen Befunde haben sich die 2,4-Dinitro-α-naphthol-kristalle[6,24] und Picronolate [19] der flüchtigen Amine bewährt.

Auf einem Chromatogrammstreifen (7×40 cm) wird die Aminlösung in einem Abstand von etwa 3—4 cm nebeneinander aufgetragen und chromatographiert. Nach dem Trocknen wird das Chromatogramm längs in zwei Hälften geschnitten und die Lage der Aminflecke auf der einen Hälfte durch Entwickeln mit Farbreagentien festgestellt. Die entsprechenden Stellen des unentwickelten Papierstreifens werden ausgeschnitten und in ein kleines, oben plangeschliffenes Glasröhrchen (3,5 cm hoch, 1 cm Öffnungsdurchmesser) gegeben und mit einem Tropfen 5 n-NaOH versetzt. Das Röhrchen wird mit einem Deckglas bedeckt, das auf der Unterseite einen Tropfen destillierten Wassers mit einigen aufgeschwemmten Kriställchen von 2,4-Dinitro-α-naphthol (DNN) trägt. Wenn nach etwa 12 h das Wasser verdunstet ist, hat sich das Reaktionsprodukt gebildet. Wohlausgebildete Kristalle entstehen nur durch langsames Verdunsten des Wassers und bei Vorliegen von wenig überschüssigem Reagens [24].

Die Sublimationsprodukte der DNN-Verbindungen sind von großem diagnostischem Wert [4, 20, 21]. Sie werden mit Hilfe eines Schmelzpunktmikroskopes hergestellt. Ein Deckglas mit der Kristallseite nach oben wird auf einen Objektträger (38×26 mm) gelegt und darauf ein zweites Deckgläschen, welches durch einige Deckglassplitter an den Ecken gestützt wird. Das Ganze kommt auf den Heiztisch des Schmelzpunktmikroskopes und wird ohne Abdeckplatte beobachtet. Der Vorwiderstand wird auf 150° eingestellt und die Temperatur bis 120° steigen gelassen. Die Sublimation beginnt um 100°. Sind 120° erreicht, wird die Heizung abgeschaltet. Auf dem oberen Deckglas liegen nun entweder die Kristalle des Sublimates oder Tröpfchen, die beim Abkühlen um 60° zu Kristallen erstarren.

Zur Bestimmung des Schmelzpunktes wird das Deckglas mit der Kristallseite nach unten auf den Heiztisch eines Schmelzpunktmikroskopes gebracht und nach den Angaben von L. und A. KOFLER [12] die Temperatur langsam bis zum Schmelzpunkt steigen gelassen. In der Regel schmelzen die Kristalle innerhalb eines Temperaturintervalles von 2—3°.

Die nachfolgenden Angaben können nur kurze Anhaltspunkte geben. In allen Zweifelsfällen empfiehlt es sich, Vergleichspräparate mit reiner Substanz herzustellen [24]. In Abb. 97—124 sind nur die DNN-Verbindungen für diejenigen Amine wiedergegeben, die bisher im Pflanzenreich gefunden wurden [24].

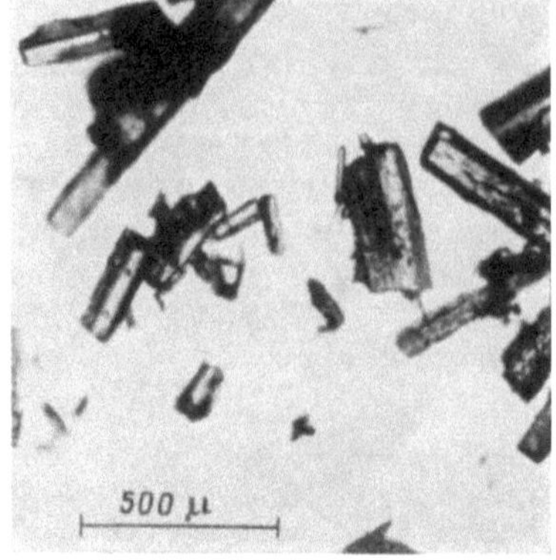

Abb. 97. DNN-Reagens
(2,4-Dinitro-α-Naphthol)

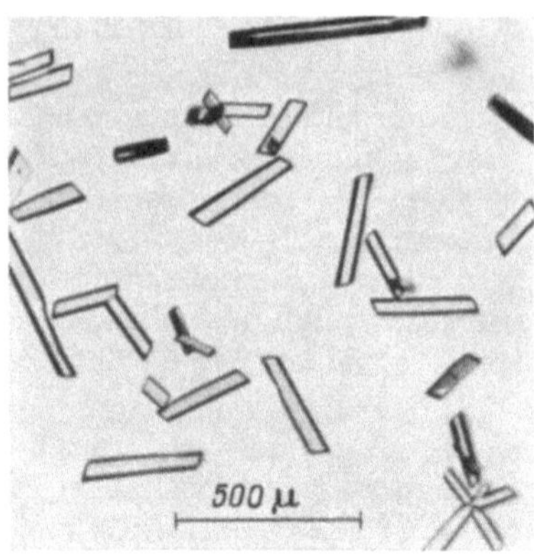

Abb. 98. DNN-Reagens, sublimiert

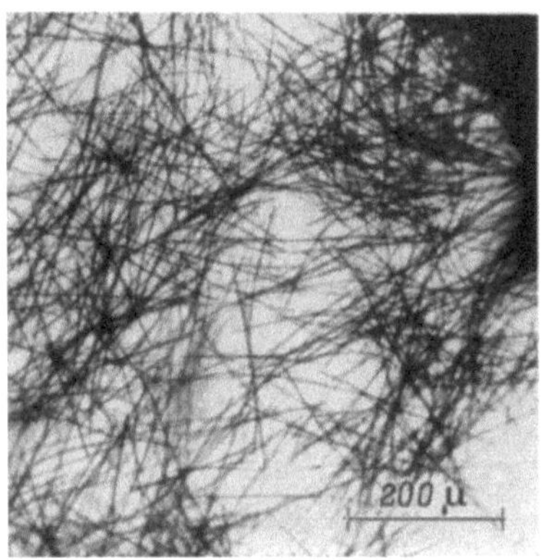

Abb. 99. Ammoniak, DNN-Verbindung

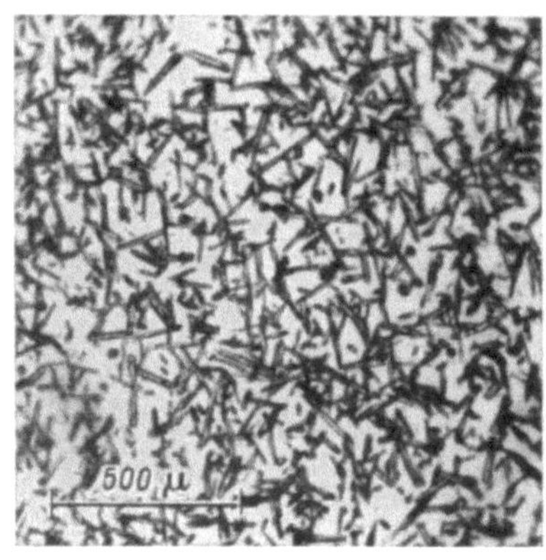

Abb. 100. Ammoniak, sublimiert

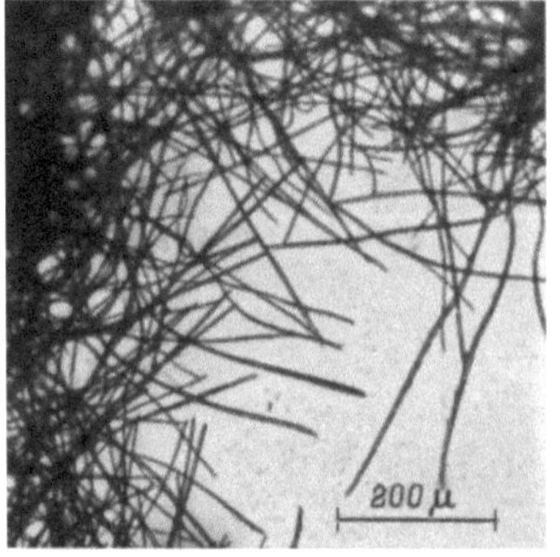

Abb. 101. Methylamin, DNN-Verbindung

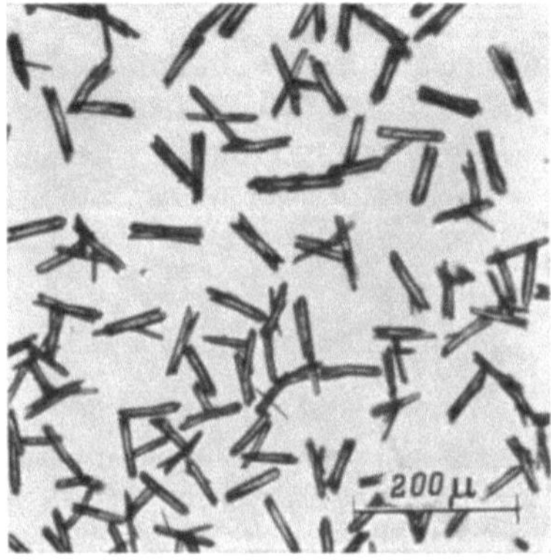

Abb. 102. Methylamin, sublimiert

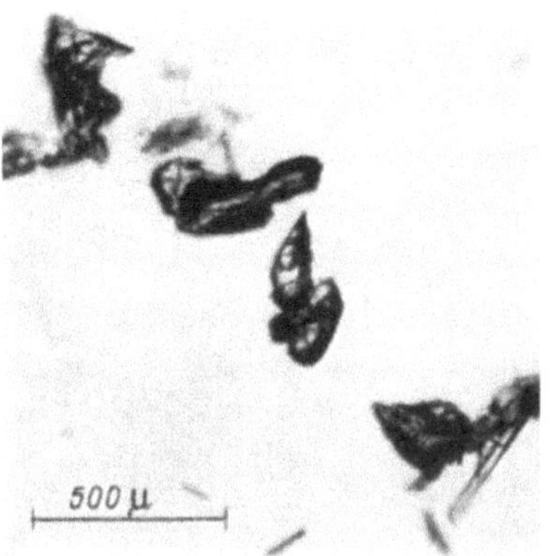

Abb.103. Dimethylamin, DNN-Verbindung

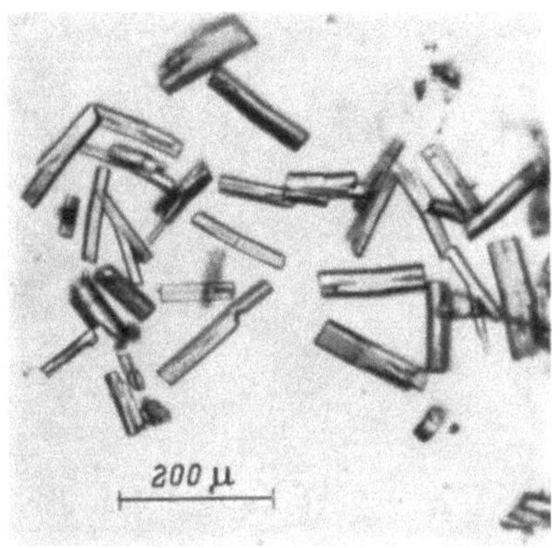

Abb. 104. Dimethylamin, sublimiert

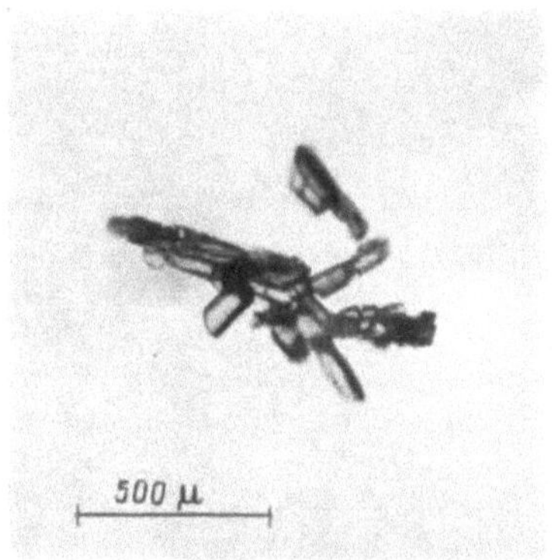

Abb. 105. Trimethylamin, DNN-Verbindung

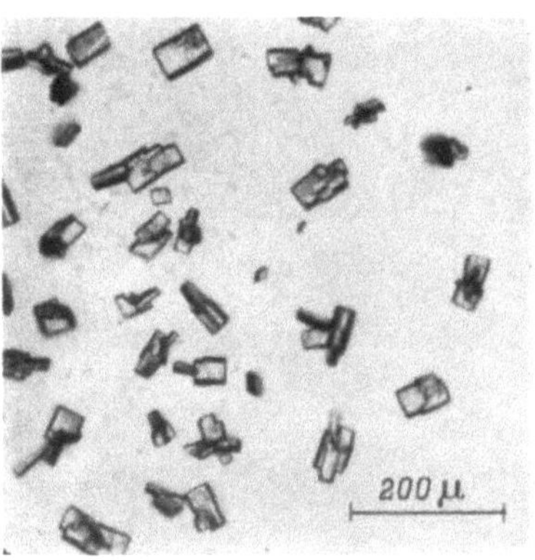

Abb. 106. Trimethylamin, sublimiert

Abb. 107. Äthylamin, DNN-Verbindung

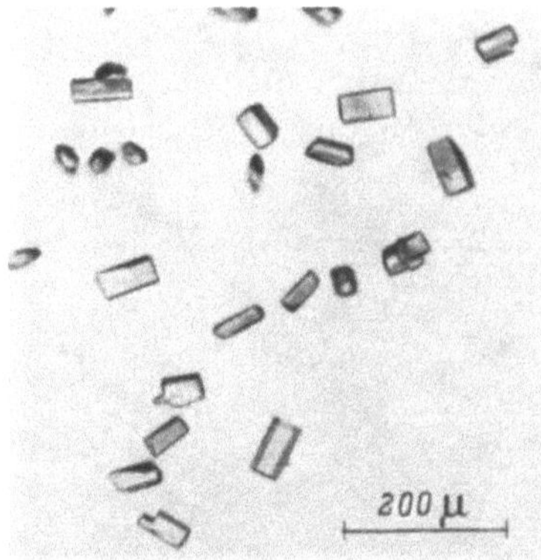

Abb. 108. Äthylamin, sublimiert

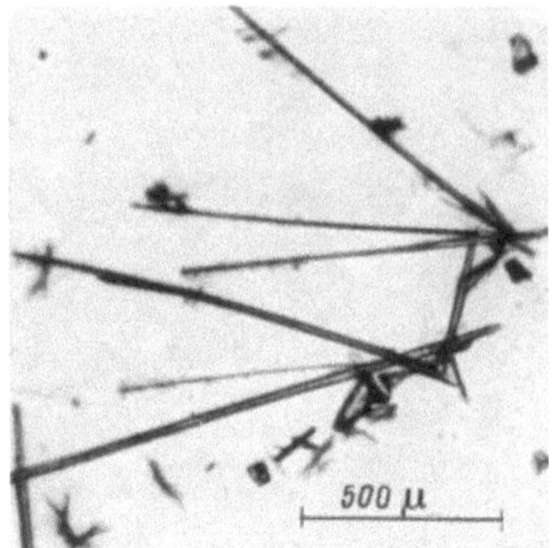

Abb. 109. n-Propylamin, DNN-Verbindung

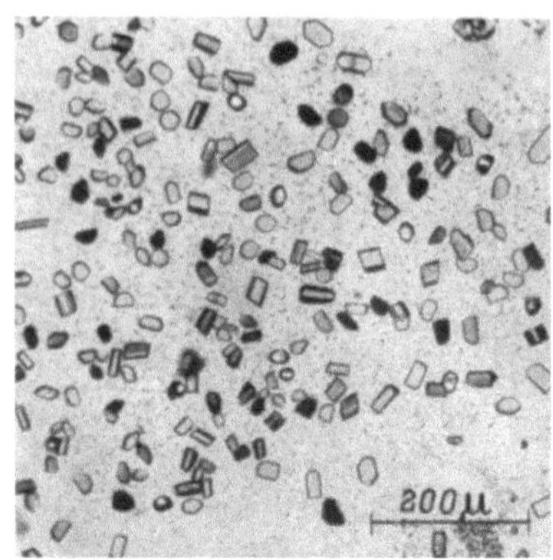

Abb. 110. n-Propylamin, sublimiert

Abb. 111. i-Propylamin, DNN-Verbindung

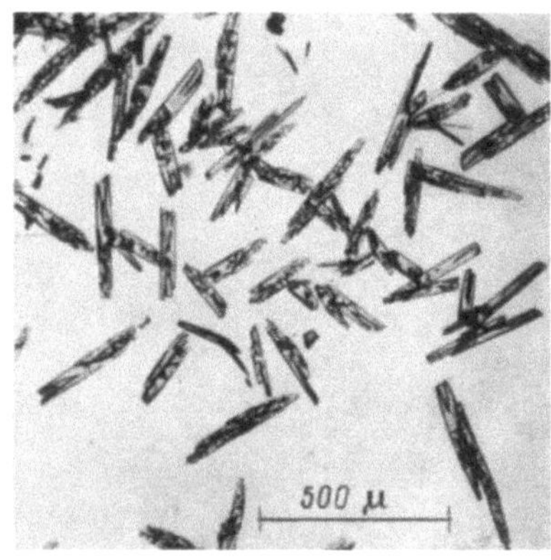

Abb. 112. i-Propylamin, sublimiert

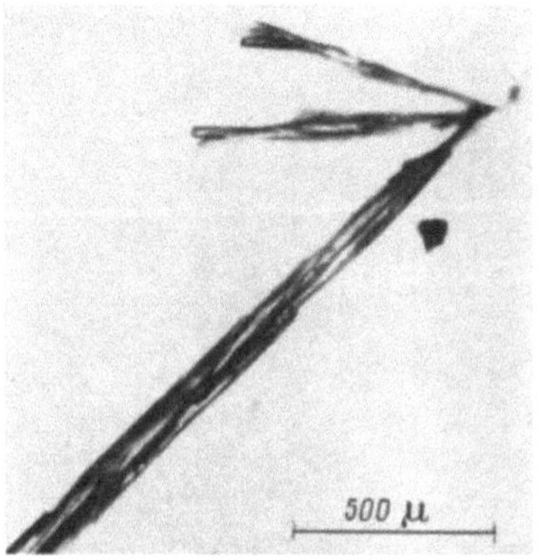

Abb. 113. Allylamin, DNN-Verbindung

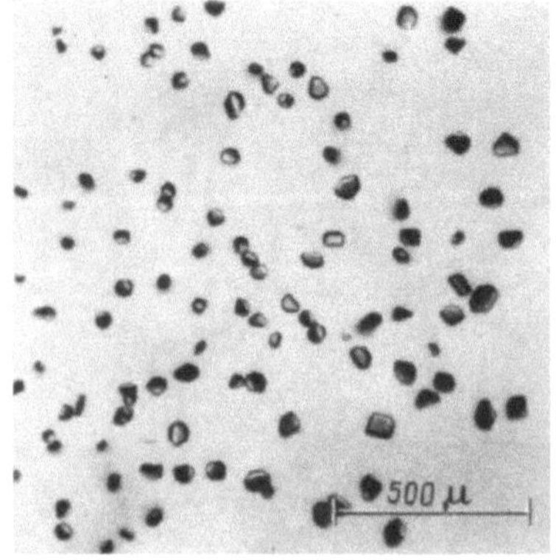

Abb. 114. Allylamin, sublimiert

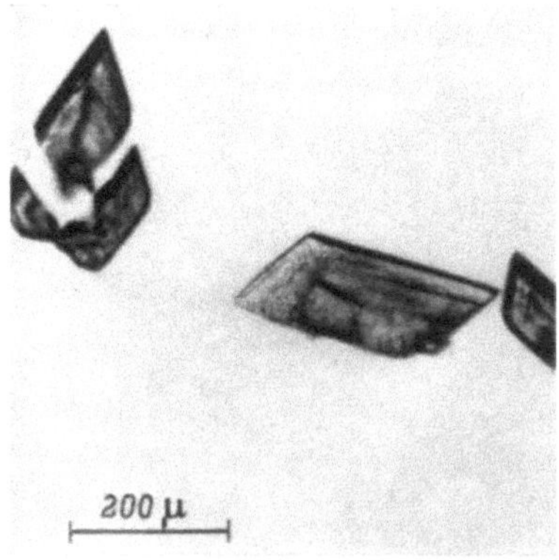

Abb. 115. i-Butylamin, DNN-Verbindung

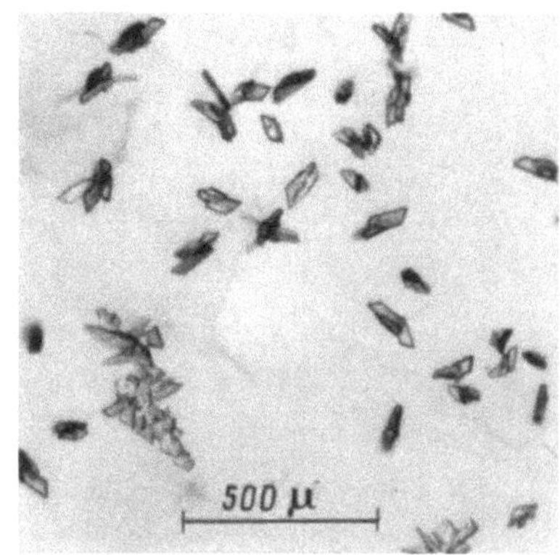

Abb. 116. i-Butylamin, sublimiert

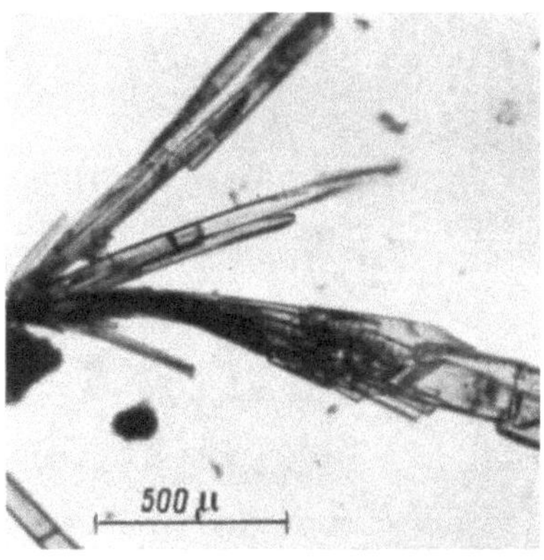

Abb. 117. i-Amylamin, DNN-Verbindung

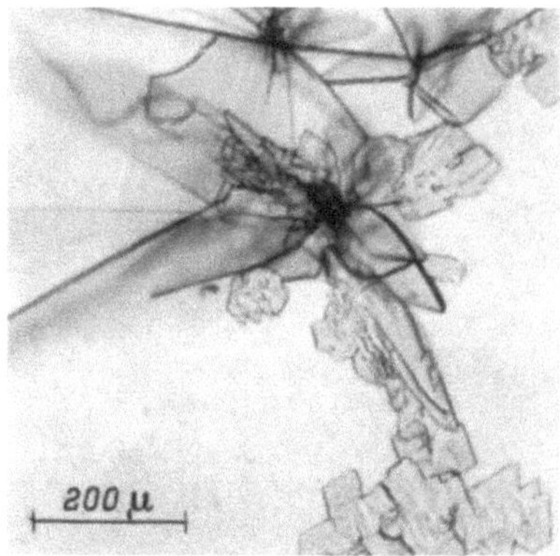

Abb. 118. i-Amylamin, sublimiert

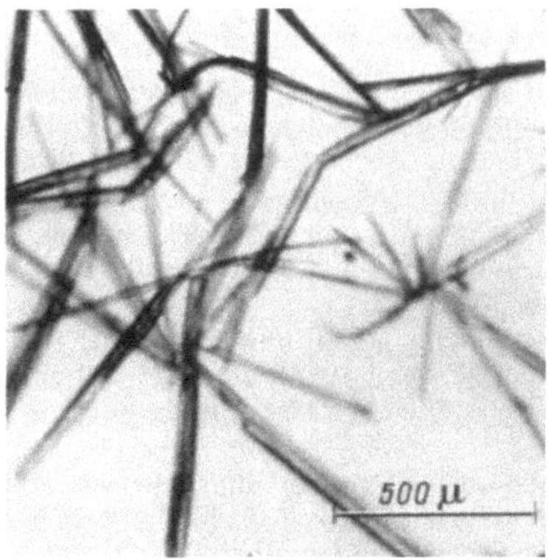

Abb. 119. n-Hexylamin, DNN-Verbindung

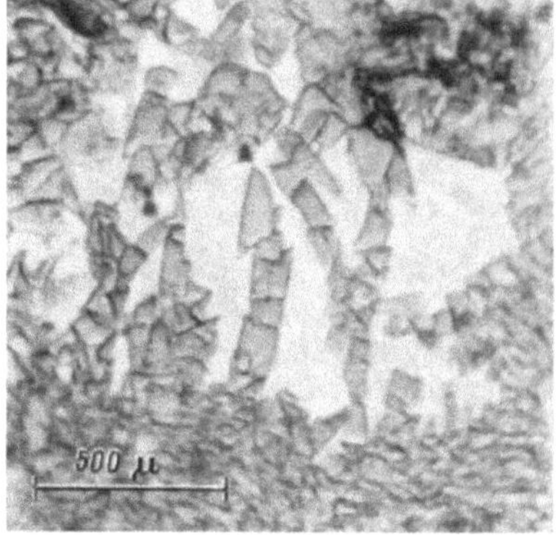

Abb. 120. n-Hexylamin, sublimiert

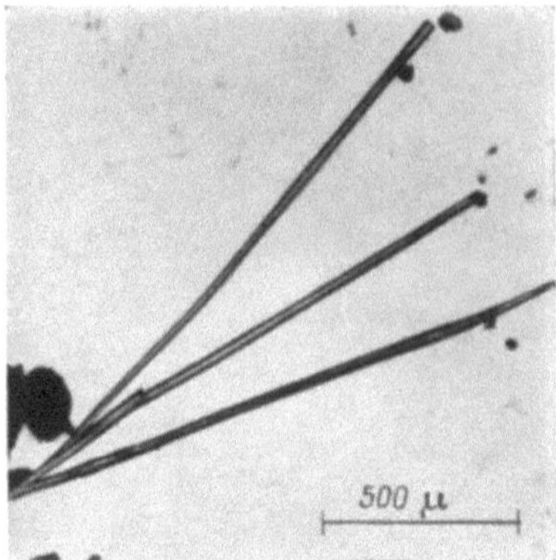

Abb. 121. Benzylamin, DNN-Verbindung

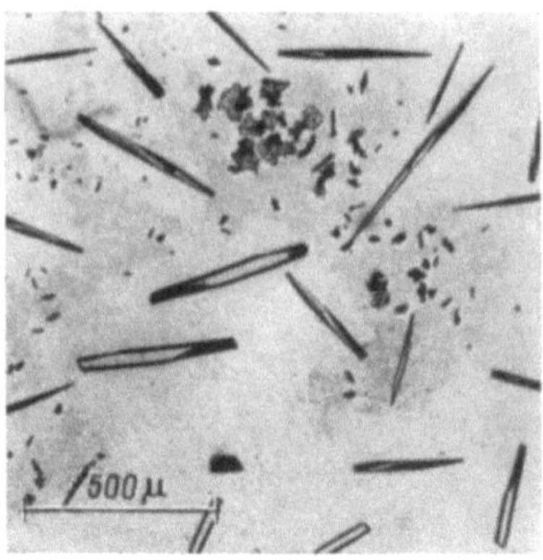

Abb. 122. Benzylamin, sublimiert

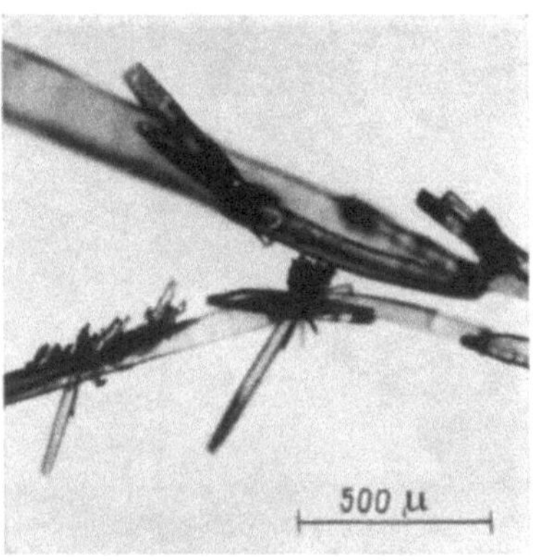

Abb. 123. β-Phenyläthylamin, DNN-Verbindung

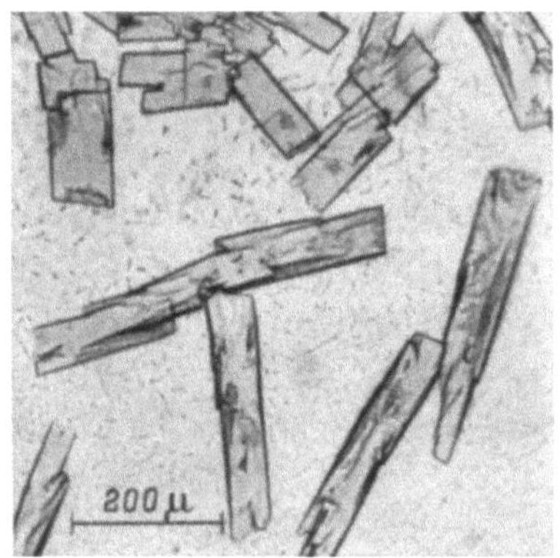

Abb. 124. β-Phenyläthylamin, sublimiert

a) 2,4-Dinitro-α-naphthol (DNN-)Verbindungen der Amine

1. **Reagens.** Blaßgelbe, schwach dichroitische langgestreckte Prismen, schiefe Auslöschung (20°), Fp. 125° (Abb. 97). Sublimat: blaßgelbe, langgestreckte Platten mit schiefen Enden, schwacher Dichroismus, schiefe Auslöschung (20°) (Abb. 98).

2. **Ammoniak.** Rotbraune, dünne, fast fädige Nadeln mit spitzen Enden, schwacher Dichroismus und schiefe Auslöschung (20°), Fp. 174° (Abb. 99). Sublimat: dunkelgelbe, dünne Prismen oder Nadeln mit unregelmäßigen Enden, schiefer Auslöschung (16°) und starkem Dichroismus (Abb. 100).

3. **Methylamin.** Gelbe, lange, gebogene Nadeln mit stumpfen Enden; Auslöschung 45°; Dichroismus sattgelb-braun. Fp. 166° (Abb. 101). Sublimat: sattgelbe bis braungelbe Nadeln und Prismen mit unregelmäßigem Ende, Auslöschung 45°, Dichroismus schwach (Abb. 102).

4. **Dimethylamin.** Tiefbraungelbe Rhomben, Prismen und Platten mit stumpfen Enden, Auslöschung 24°, Dichroismus braun-gelb (Abb. 103). Fp. 171°; Sublimat: dunkelcitrongelbe viereckige Tafeln und Rhomben mit stumpfen Enden; Auslöschung 45°; starker Dichroismus citrongelb-braunrot (Abb. 104).

5. **Trimethylamin.** Schmale, hellcitrongelbe Prismen mit stumpfen Enden; Auslöschung 20°; schwacher Dichroismus blaßgelb-messinggelb. Fp. 166° (Abb. 105). Sublimat: Beinahe rechtwinklige, sattcitrongelbe Täfelchen; gerade Auslöschung; schwacher Dichroismus (Abb. 106).

6. **Äthylamin.** Sattgelbe, stumpfe, sechsseitige Prismen, Platten, Rhomben; Auslöschung 46°; starker Dichroismus citrongelb-braun. Fp. 156° (Abb. 107). Sublimat: sattgelbe, kurze, stumpfe Prismen; Auslöschung 42°; schwacher Dichroismus (Abb. 108).

7. **Diäthylamin.** Braungelbe, stumpfe Prismen und Platten; Auslöschung 46°; starker Dichroismus rotgelb-braun. Fp. 125°. Sublimat: hellgelbe, vier- bis vieleckige Platten mit strahliger Struktur; Auslöschung 42°; starker Dichroismus hellgelb-gelborange.

8. **Triäthylamin.** Hellgelbe, stumpfe, häufig gebogene Prismennadeln; Auslöschung 34°; schwacher Dichroismus. Fp. 87°. Sublimat: keine Sublimation.

9. **n-Propylamin.** Hellcitrongelbe stumpfe Nadeln (in Büscheln), Prismen und Rhomben; Auslöschung 30°; schwacher Dichroismus. Fp. 156° (Abb. 109). Sublimat: hellcitrongelbe Rhomben und Plättchen; Auslöschung 45°; kaum dichroitisch (Abb. 110).

10. **i-Propylamin.** Goldgelbe Prismennadeln und Rhomben mit spitzen Enden; Auslöschung 30°; starker Dichroismus citrongelb-hellbraun; Fp. 135° (unscharf), nach Sublimation zweiter Fp. bei 152° (unscharf) (Abb. 111). Sublimat: blaßgelbe, stumpfe Nadeln und hellgelbe, plattige Prismen; Auslöschung 45°; schwacher Dichroismus (Abb. 112).

11. **Allylamin.** Dunkelgelbe bis rotbraune Prismennadeln mit schräger Endigung; Auslöschung 16°; kein Dichroismus. Fp. 138° (Abb. 113). Sublimat: kleine, citrongelbe Rhomben und Prismen; Auslöschung gerade oder fast gerade ($\pm$ 6°); kein Dichroismus (Abb. 114).

12. **Di-n-Propylamin.** Sattcitrongelbe, kurze, spitze Rhomben; Auslöschung 32°; starker Dichroismus citrongelb-hellbraun. Fp. 128°. Sublimat: dunkelgelbe, lange, längsrissige Platten mit unregelmäßigen Enden; Auslöschung 43°; starker Dichroismus hellgelb-dunkelgelb.

13. **Di-i-Propylamin.** Citrongelbe, kurze, stumpfe Rhomben; Auslöschung 36°; starker Dichroismus citrongelb-braungelb. Fp. 166°. Sublimat (unter teilweiser Zersetzung): hellgelbe, spitze Prismen und Nädelchen; Auslöschung 26°; schwacher Dichroismus.

14. **n-Butylamin.** Hellgelbe, dünne, lange, gekrümmte Nadeln mit schrägem Ende; Auslöschung 25°; kaum dichroitisch. Fp. 138°. Sublimat: hellgelbe, rhombische und rechteckige Platten mit oft unregelmäßiger Endigung; Auslöschung 23°; schwacher Dichroismus.

15. **i-Butylamin.** Sattgelbe Rhomben, hellgelbe Platten und stumpfe Prismen; Auslöschung 12° (Rhomben); starker Dichroismus citrongelb-hellbraun. Fp. 150° (Abb. 115). Sublimat: hellgelbe, wohlausgebildete Rhomben und Platten mit meist unregelmäßigen Enden; Auslöschung 22°; starker Dichroismus gold-gelbbraun (Abb. 116).

16. **Sek. Butylamin** (1-Äthyl-äthylamin). Hellgelbe Prismennadeln mit unregelmäßigem Ende; Auslöschung 20°; starker Dichroismus messinggelb-dunkelgelb. Fp. 145°. Sublimat: breite, messinggelbe Platten; gerade Auslöschung; schwacher Dichroismus.

17. **Di-n-Butylamin.** Citrongelbe, dicke, stumpfe Prismen und Rhomben; Auslöschung 45°; starker Dichroismus citrongelb-braungelb. Fp. 144°. Sublimat: Aggregate von dunkelgelben, viereckigen Platten; Auslöschung 0—10°; sehr starker Dichroismus hellmessinggelb-rotgelb.

18. **Tri-n-Butylamin.** Sattcitrongelbe, dicke, stumpfe, rhombische Prismen; Auslöschung 42°; starker Dichroismus citrongelb-braungelb. Fp. 147°. Sublimat: kleine, tiefcitrongelbe Plättchen in langen garbenförmigen Aggregaten mit vielen Querrissen; Auslöschung 45°; starker Dichroismus gelblichweiß-dunkelgelb.

19. **n-Amylamin.** Hellcitrongelbe, schief endigende Nadeln und Platten; gerade Auslöschung; sehr schwacher Dichroismus. Fp. 141°. Sublimat: hellgelbe, breite, fast rechteckige Platten in größeren Verbänden; Auslöschung 23°; sehr schwacher Dichroismus.

20. **i-Amylamin.** Sattgelbe Nadeln und Prismen mit scharf meißelförmigem Ende; Auslöschung 20°; sehr schwacher Dichroismus. Fp. 105° (Abb. 117). Sublimat: flache unregelmäßig endigende, sattcitrongelbe, rhombische Platten; Auslöschung 25°; kaum dichroitisch (Abb. 118).

21. **Di-n-Amylamin.** Hellgelbe, dünne, spitz endigende Nadeln; Auslöschung 20°, sehr schwacher Dichroismus. Fp. 105°. Sublimat: dünne, hellgelbe Platten in garbenförmigen Verbänden; gerade Auslöschung; starker Dichroismus hellgelb-dunkelgelb.

22. **Di-i-Amylamin.** Gelbe Prismennadeln mit meißelförmigem Ende; Auslöschung 35°; starker Dichroismus hellgelb-dunkelgelb. Fp. 156°. Sublimat: hellgelbe, dünne Platten in garbenförmigen Verbänden; gerade Auslöschung; starker Dichroismus citrongelb-dunkelgelb.

23. **Tri-n-Amylamin.** Gelbe, gebündelte Prismennadeln mit unregelmäßigem Ende; Auslöschung 40°; schwacher Dichroismus. Fp. 132°. Sublimat: messinggelbe, dachziegelartig vereinigte Plättchen; Auslöschung 0—10°; starker Dichroismus citrongelb-dunkelgelb.

24. **n-Hexylamin.** Citrongelbe, lange, dünne Prismennadeln mit meißelartig abgeschrägtem Ende; Auslöschung 40°; schwacher Dichroismus. Fp. 150° (Abb. 119). Sublimat: Zu langen Bändern vereinigte unregelmäßig viereckige, citrongelbe Plättchen; Auslöschung 16—20°; sehr schwacher Dichroismus (Abb. 120).

25. **n-Heptylamin.** Hellmessinggelbe, lange Prismennadeln mit meißelförmigem Ende; Auslöschung gerade; kein Dichroismus; Fp. 152°. Sublimat: In Farbe und Form sehr ähnlich n-Hexylamin. Auslöschung 30°; sehr schwacher Dichroismus.

26. **n-Octylamin.** Hellmessinggelbe, plattige Prismen in rankenförmigen Verbänden; Auslöschung 25°; kein Dichroismus. Fp. 151°. Sublimat: breite, citrongelbe Platten; Auslöschung 25—27°; sehr schwacher Dichroismus.

27. **n-Decylamin.** Hellmessinggelbe Platten und gekrümmte Nadeln; gerade Auslöschung; schwach dichroitisch. Fp. 148°. Sublimat: dünne, hellcitrongelbe Plättchen, zu einer fast zusammenhängenden Kristallkruste vereinigt; gerade Auslöschung; sehr schwacher Dichroismus.

28. **Benzylamin.** Braune, sphäritisch vereinigte Nädelchen und längere Prismennadeln; gerade Auslöschung; starker Dichroismus gelb-braun, Fp. 155° (Abb. 121). Sublimat: blaßgelbe, spitze Nadeln; Auslöschung 13—15°; schwacher Dichroismus (Abb. 122).

29. **β-Phenyläthylamin.** Hellcitrongelbe Prismen und Nadeln, oft hobelspanartig gekrümmt; Auslöschung 18°; schwacher Dichroismus. Fp. 171° (Abb. 123). Sublimat: breite, hellcitrongelbe Platten; Auslöschung 35°; starker Dichroismus blaßgelb-sattgelb (Abb. 124).

b) Die Identifizierung der einzelnen Amine [24]

Durch Kombination der oben beschriebenen Methoden können fast alle in der Tabelle angeführten Amine eindeutig bestimmt werden. Nur in einigen Sonderfällen ist die Heranziehung von weiteren Erkennungsmerkmalen notwendig [23]. Die nachfolgende Zusammenstellung gibt für die angeführten Amine Hinweise zur Identifizierung.

1. **Methylamin.** Chromatographisch schwer von NH_3 und Dimethylamin zu trennen. Von letzterem ist es durch die negative Chinonreaktion unterschieden. Die DNN-Verbindung bildet — im Gegensatz zu NH_3 — stark dichroitische Kristalle.

2. **Dimethylamin.** Liegt im Chromatogramm nahe bei Methyl- und Trimethylamin. Nur Dimethylamin gibt aber die Chinonreaktion, Trimethylamin eine dunklere Jodreaktion.

3. **Trimethylamin.** Siehe bei 1 und 2. Die DNN-Verbindung liefert bei Gegenwart von NH_3 mehr plattige Kristallformen, die aber nach Sublimation durch den schwachen Dichroismus zu erkennen sind.

4. **Äthylamin** wird im Chromatogramm durch kein anderes Amin gestört. Sehr charakteristische DNN-Verbindung.

5. **Diäthylamin.** Liegt im Chromatogramm sehr nahe dem Triäthylamin, ist aber von diesem durch die positive, empfindliche Nitroprussidnatrium-Reaktion unterschieden. Die DNN-Verbindung ist stark dichroitisch.

6. **Triäthylamin** (siehe 5).

7. **n-Propylamin.** Ist von i-Propylamin im Chromatogramm nicht zu trennen. Die Kristalle der DNN-Verbindung sind aber durch gutes Sublimationsvermögen und durch starken Dichroismus von denen der i-Propylamin-Verbindung zu unterscheiden. Liegen n- und i- Propylamin nebeneinander vor, so bilden sich Mischkristalle [23]. Zur weiteren Identifizierung werden die Trinitro-m-kresol-Verbindungen herangezogen. Fp. n-Propylamin 160°, i-Propylamin 145—147°.

8. **i-Propylamin** (siehe 7). Dieses Amin fällt durch seine Eigenschaften aus der Reihe. Die Ninhydrinreaktion ist wesentlich weniger empfindlich (5 γ) als bei den übrigen Monoaminen (0,6—1 γ). Die DNN-Verbindung liefert bei der Sublimation zwei Kristallformen: Gelbe Platten und fast farblose Nadeln. Bald kommen beide Formen vor, bald nur die eine oder andere. Gelegentlich wurde eine Umlagerung der Nadeln in die Platten beobachtet. Es scheint, daß jene eine unstabile Form darstellen. Das unsublimierte Kristallprodukt schmilzt sehr unscharf bei 135°, nach der Sublimation wird ein zweiter, gleichfalls unscharfer Fp. bei 152° beobachtet.

9. **Di-n-Propylamin** überdeckt sich im Chromatogramm mit Di-i-Propylamin. Die DNN-Verbindung des ersteren hat aber einen wesentlich höheren Schmelzpunkt. Liegen beide Isomere gleichzeitig vor, so bilden sich keine Mischkristalle. Man findet getrennte Schmelzpunkte.

10. **Di-i-Propylamin** siehe 9.

11. **n-Butylamin** ist im Chromatogramm nicht von i-Butylamin zu trennen. Die DNN-Verbindung hat aber einen schwachen Dichroismus. Tyramin, Benzylamin und Tryptamin haben etwa den gleichen R_F-Wert, sie erscheinen aber im Gegensatz zu Butylamin auch im Collidin-Chromatogramm. Sie geben außerdem andere Färbungen mit Ninhydrin.

12. **i-Butylamin** siehe 11.

13. **Sek. Butylamin** ist durch seine geringe Empfindlichkeit gegenüber der Ninhydrin-Reaktion und durch seine DNN-Verbindung gegenüber allen anderen Aminen unterschieden, die im gleichen Chromatogramm-Bereich liegen.

14. **Di-n-Butylamin** liegt im Chromatogramm nahe dem n-Octyl- und n-Decylamin. Zur Unterscheidung von diesen dient die positive Nitroprussid-Reaktion und die DNN-Verbindung.

15. **Tri-n-Butylamin** wird im Chromatogramm von keinem anderen Amin gestört.

16. **n-Amylamin** ist im Chromatogramm von β-Phenyläthylamin nur schwer, von i-Amylamin gar nicht zu trennen. Ersteres erscheint aber im Collidin-Chromatogramm. Letzteres ist von n-Amylamin durch den hohen Schmelzpunkt der DNN-Verbindung (156° gegenüber 141°) unterschieden. In Gemischen beider Amine bilden die DNN-Kristalle keine Mischkristalle. Die Kristallprodukte schmelzen nacheinander.

17. **i-Amylamin** siehe 16.

18. **Di-n-Amylamin** ist im Chromatogramm von der i-Verbindung kaum zu trennen. Die DNN-Verbindung hat aber einen wesentlich tieferen Schmelzpunkt.

19. **Di-i-Amylamin** siehe 18.

20. **Tri-n-Amylamin** wird im Chromatogramm durch kein anderes Amin gestört.

21. **n-Hexylamin** ist im Chromatogramm von n-Heptylamin nicht zu trennen. Auch die Kristalle der DNN-Verbindung unterscheiden sich im Schmelzpunkt und den übrigen Eigenschaften nur wenig. Eine sichere Identifizierung ist nur über die Pikrolonate möglich: Fp. für n-Hexylamin 188°, für n-Heptylamin 162°. Auch die Eutektika der Pikrolonate mit Benzanilid und mit Salophen liefern gute Unterscheidungsmerkmale [23].

22. **n-Heptylamin** siehe 21.

23. **n-Octylamin** liegt im Chromatogramm sehr nahe dem n-Decylamin, unterscheidet sich aber von diesem durch Form und die leichtere Sublimierbarkeit der DNN-Verbindung.

24. **n-Decylamin** siehe 23.

25. **Allylamin** wird im Chromatogramm von keinem anderen Amin gestört und gibt abweichend von anderen auf Na-Acetat-Papier mit Ninhydrin eine graue Reaktionsfarbe. Charakteristische DNN-Verbindung.

26. **Cadaverin** und

27. **Putrescin** kommen im Gegensatz zu den aliphatischen Aminen im Collidinchromatogramm vor. Sie sind mit Wasserdampf kaum flüchtig und bilden im Hängetropfen keine DNN-Verbindung. Untereinander sind die beiden Basen durch genügende R_F-Wert-Differenz unterschieden.

28. **Äthanolamin** liegt im Chromatogramm fast am gleichen Ort wie Methylamin, taucht aber im Gegensatz zu diesem auch im Collidin-Chromatogramm auf. Es gibt mit Isatin eine charakteristische Färbung [17]. Mit Wasserdampf ist es kaum flüchtig, es gibt keine Reaktion mit DNN im Hängetropfen.

29. **Diäthanolamin** und

30. **Triäthanolamin** sind durch die R_F-Werte im Collidinchromatogramm gekennzeichnet. Mit Wasserdampf sind sie nicht flüchtig, sie geben keine Reaktion mit DNN im Hängetropfen.

31. **Benzylamin** ist von allen aliphatischen Aminen durch das Auftreten im Collidinchromatogramm, von den übrigen cyclischen Aminen durch die gelbrote Ninhydrinreaktion unterschieden. Es bildet gute charakteristische DNN-Kristalle.

32. **β-Phenyläthylamin** liegt im n-Butanol–Wasser–Eisessig-Chromatogramm nahe bei den Amylaminen, gibt aber im Gegensatz zu diesen einen Fleck im Collidinchromatogramm. Graublaue Farbe mit Ninhydrin, gut kenntliches Reaktionsprodukt mit DNN.

33. **Tyramin** ist von den im n-Butanol–Eisessig–Wasser-Chromatogramm benachbarten Alkylaminen durch das Auftreten im Collidin-Chromatogramm unterschieden. Mit Wasserdampf nicht flüchtig (Unterschied gegen Benzylamin).

34. **Tryptamin** hat einen ähnlichen R_F-Wert wie Tyramin, ist aber durch eine braunrote Reaktionsfarbe mit Ninhydrin von der hellroten des Tyramins unterschieden. Mit Wasserdampf nicht flüchtig, keine Reaktion mit DNN im Hängetropfen.

35. **Histamin** gibt auf Na-Acetat-Papier eine bräunliche Graufärbung mit Ninhydrin. Mit Wasserdampf nicht flüchtig, keine Verbindung mit DNN im Hängetropfen.

Literatur

[1] E. CHARGOFF–C. LEVIN–C. GREEN: J. biol. Chem. **175**, 67 (1948). — [2] W. BAKER–J. B. HARBORNE–W. D. OLLIS: J. chem. Soc. (Lond.) **1952**, 1294 u. 3215. — [3] R. BLOCK: Paperchromatography. New York 1952. — [4] G. BRANTE: Nature (Lond.) **163**, 651 (1949). — [5] J. M. BREMNER–C. KENTEN: Biochem. J. **49**, 651 (1951). — [6] W. DIHLMANN: Naturwissenschaften **40**, 342 (1953); Biochem. Z. **325**, 295 (1954). — [7] V. ERSPAMER–G. FALCONIERI: Naturwissenschaften **39**, 431 (1952). — [8] FEIGL: Spot Test. New York 1954. — [9] K. GIRI–V. NAGABUSHANAN: Naturwissenschaften **39**, 548 (1952). — [10] M. GUGGENHEIM: Die biogenen Amine. Basel 1951. — [11] G. KLEIN–M. STEINER: Jb. wiss. Bot. **68**, 602 (1928). — [12] L. u. A. KOFLER: Thermomikromethoden zur Kennzeichnung organischer Stoffgemische. Wien 1954. — [13] R. MUNIER: Bull. Soc. Chim. biol. **33**, 854 (1951). — [14] R. MUNIER–M. MACHEBOEF: Bull. Soc. Chim. biol. **33**, 1919 (1951). — [15] R. MUNIER–M. MACHEBOEF–N. CHERRIER: Bull. Soc. Chim. biol. **34**, 204 (1952). — [16] R. MUNIER–M. MACHEBOEF: Bull. Soc. Chim. biol. **33**, 846 (1951). — [17] R. NEU–U. FIEDLER: Naturwissenschaften **41**, 259 (1954). — [18] S. M. PARTRIDGE: Biochem. J. **42**, 238 (1948). — [19] R. SCHWYZER: Acta chem. scand. **6**, 219 (1952). — [20] M. STEINER: Beitr. Biol. Pfl. **17**, 247 (1929). — [21] M. STEINER–H. LÖFFLER: Jb. wiss. Bot. **71**, 463 (1929). — [22] M. STEINER–E. STEIN V. KAMIENSKI: Naturwissenschaften **40**, 483 (1953). — [23] M. STEINER–E. STEIN V. KAMIENSKI: Naturwissenschaften **42**, 345 (1955). — [24] E. STEIN V. KAMIENSKI: Planta **50**, 291 (1957); **50**, 315 (1957); **50**, 331 (1958); Flora **146**, 472 (1958).

II. Alkaloide

Von

A. ROMEIKE

Grundlegend für die Papierchromatographie der Alkaloide sind die Arbeiten von MUNIER und MACHEBOEUF [1—10] vom Institut Pasteur, Paris. Sie stellten allgemeingültige Regeln für das Gesamtgebiet der Alkaloide auf. Zunächst ist die Tatsache zu beachten, daß die meisten Alkaloide zu den mittelstarken Basen gehören, deren Dissoziationskonstanten zwischen 10^{-3} und 10^{-10} liegen. Wird als mobile Phase ein neutrales Lösungsmittelgemisch benutzt, so stellt sich bei solchen Basen während der Chromatographie das Gleichgewicht zwischen dissoziierter und undissoziierter Form in jedem Augenblick neu ein. Da die Wanderungsgeschwindigkeiten der beiden Formen verschieden sind, kommt es zu störenden Schwanzbildungen, die ein genaues Ablesen der R_F-Werte unmöglich machen. In ihren ersten Arbeiten [1, 3, 5, 6] empfehlen Verfasser einen Zusatz von Säure zur mobilen Phase, wodurch die Dissoziation der Alkaloidsalze zurückgedrängt wird; weniger günstig ist der Zusatz von Basen, da die freien Alkaloidbasen meist mit der Lösungsmittelfront wandern. Schwache Basen (z. B. Coffein), die praktisch undissoziiert sind, und starke (z. B. Cholin), deren Dissoziationskonstante größer als 10^{-3} ist, so daß sie in Ionenform vorliegen, lassen sich auch mit neutralen Lösungsmitteln trennen. Jedoch wird auch hier ein Säurezusatz empfohlen.

Bezüglich des Säurezusatzes zur mobilen Phase gelten zwei Regeln:

1. Je stärker die Dissoziationskonstante der zugesetzten Säure von der des Alkaloids abweicht, desto höher muß der Säurezusatz zum organischen Lösungsmittel sein, um runde Flecken zu erhalten.

2. Mit zunehmendem Säurezusatz zur Lösungsmittelphase werden die R_F-Werte höher; sehr hoher Säuregehalt ist zu vermeiden, da dann die Alkaloide annähernd mit der Lösungsmittelfront wandern.

In späteren Arbeiten [7—10] wird in vielen Fällen Imprägnieren des Filterpapieres mit Salzen empfohlen, die noch ein oder mehrere Wasserstoffionen abspalten können [7, 9, 10].

Die Vorzüge dieser Methode sind: 1. Vermeidung von Schwanzbildung trotz Anwendung neutraler mobiler Phase; 2. die Möglichkeit, auch relativ große Mengen von etwa 150—200 μg noch zu trennen.

Bei hohem Säurezusatz tritt leicht eine Entmischung ein. Die Säuremenge läßt sich jedoch erheblich herabsetzen, wenn das Papier mit einem Salz imprägniert wird, dessen Anion das gleiche ist wie das der Säure [8, 9]. Trotz des geringen Säurezusatzes wird Schwanzbildung vermieden; die R_F-Werte sind kleiner als bei unbehandelten Papieren.

Das Imprägnieren der Papiere geschieht durch Tränken mit der Salzlösung, kurzes Absaugen der überschüssigen Flüssigkeit zwischen Filtrierpapier und vorsichtiges Trocknen im Trockenschrank bei 150° C gerade bis zur Trockne; nach 24stündigem Aufbewahren der Papiere in Luft bei Zimmertemperatur sind sie gebrauchsfertig.

1. Allgemeine Nachweisreaktionen

a) DRAGENDORFF-Reagens

Zum Nachweis der Alkaloidflecken auf dem Chromatogramm benutzt man ein modifiziertes DRAGENDORFF-Reagens [5]:

<pre>
        Lösung A: Wismutsubnitrat . . 850 mg
                  Wasser . . . . . .   40 ml
                  Eisessig . . . . .   10 ml
        Lösung B: Kaliumjodid . . . .   8 g
                  Wasser . . . . . .   20 ml
</pre>

Die Lösungen A und B geben gemischt die Stammlösung für das Reagens; diese Stammlösung ist in brauner Flasche aufzubewahren und bei Bedarf zu verdünnen:

$$\begin{array}{lr}
\text{Stammlösung} & 10 \text{ ml} \\
\text{Eisessig} & 20 \text{ ml} \\
\text{Wasser} & 100 \text{ ml}
\end{array}$$

Die Verdünnung ist mehrere Wochen haltbar. Die Chromatogramme werden mit dem Reagens besprüht oder damit getränkt und dann zwischen Filterpapier abgesaugt. Diese Nachweismethode hat sich bei fast allen Alkaloiden bestens bewährt.

FRANCK [138] empfiehlt bei Verwendung phosphat-imprägnierter Papiere DRAGENDORFF-Reagens mit Zusatz von 10,5 g Jod zur Lösung B.

b) MUNIER-Reagens

Bei Verwendung von phosphat-imprägnierten Papieren empfiehlt sich auch folgende etwas variierte Zusammensetzung, die ebenfalls einen ausgezeichneten Alkaloidnachweis ermöglicht [10].

$$\begin{array}{llr}
\text{Lösung A:} & \text{Wismutsubnitrat} & 17 \text{ g} \\
& \text{Weinsäure} & 200 \text{ g} \\
& \text{Wasser} & 800 \text{ ml} \\
\text{Lösung B:} & \text{Kaliumjodid} & 160 \text{ g} \\
& \text{Wasser} & 400 \text{ ml}
\end{array}$$

Mischung der Lösungen A und B ergibt die Stammlösung, die bei Bedarf verdünnt wird:

$$\begin{array}{lr}
\text{Stammlösung} & 50 \text{ ml} \\
\text{Weinsäure} & 100 \text{ g} \\
\text{Wasser} & 500 \text{ ml}
\end{array}$$

c) Reagens nach THIES und REUTHER [11]

2,6 g basisches Wismutcarbonat (DAB 6) und 7 g Natriumjodid (etwa 24 h über konz. H_2SO_4 im Exsiccator getrocknet) werden mit 25 ml Essigsäure einige Minuten gekocht. Beim Stehen über Nacht scheiden sich reichliche Mengen Natriumacetatkristalle aus, die abgetrennt werden. 20 ml der verbleibenden klaren tiefroten Lösung werden mit 80 ml Essigester versetzt und bilden die Stammlösung, die in gut verschlossenem Gefäß längere Zeit haltbar ist. Eine Mischung von 20 ml Stammlösung, 50 ml Essigsäure und 120 ml Essigester wird tropfenweise mit 10 ml Wasser versetzt. Das Anfärben der Chromatogramme geschieht am besten durch Eintauchen in das Reagens; bei Verwendung als Sprühreagens kann bis zur Hälfte weniger Stammlösung genommen werden.

Verfasser empfehlen das Reagens zur quantitativen photometrischen Auswertung von Papierchromatogrammen, da die orangefarbenen Alkaloidflecke auf gelbem Grund scharf abgegrenzt sind, während die Flecke bei wasserhaltigen Reagentien leicht verlaufen und weiße Höfe bilden [12].

Der gelbe Untergrund der Chromatogramme stört nicht, wenn mit entsprechenden Filtern gearbeitet wird, z. B. Schott-Farbfilter BG 7 ($d = 2$ mm) + GG 11 ($d = 1$ mm) + GG 14 ($d = 1$ mm); Durchlässigkeitsbereich $\lambda_{max} = 5080$ Å; Halbwertsbreite 490 Å.

d) Reagens nach MASSICOT [13]

Die Chromatogramme werden zunächst mit wäßriger Jodkalilösung besprüht, getrocknet und dann mit einer Lösung von Wismutsubnitrat in verdünnter Perchlorsäure besprüht. Wurde mit imprägnierten Papieren (Boratpuffer vom p_H-Wert 9) gearbeitet, so benutzte Verf. 0,07%ige Jodkalilösung und 0,1%ige Wismutsubnitratlösung in 4%iger Perchlorsäure, während er bei unbehandelten Papieren 0,16%ige Jodkalilösung und 0,1%ige Wismutsubnitratlösung in 0,5%iger Perchlorsäure verwendete. Das Reagens ist für alle „DRAGENDORFF-positiven" Alkaloide geeignet, es entstehen orangefarbene Flecke. Besonders zu empfehlen ist es für Opiumalkaloide, Atropin und Brucin, die Flecke mit einer gelben Randzone bilden, die schon bei Mengen von 0,05 μg auftritt, während die Empfindlichkeitsgrenze der Orangefärbung bei 0,5—5 μg liegt. Dies gilt für imprägniertes Papier (Puffer vom p_H-Wert 9), während auf unbehandelten Papieren die Empfindlichkeitsgrenze der Gelbfärbung sogar mit 0,005 μg angegeben wird.

e) Molybdänblau-Reaktion [14]

Für die quantitative Bestimmung von Alkaloiden auf Chromatogrammen und Pherogrammen ist die Molybdänblau-Reaktion photometrisch auszuwerten, die mit allen Alkaloiden durchführbar ist, die mit Phosphormolybdänsäure schwerlösliche Fällungen ergeben.

Die trockenen Chromatogramme werden durch eine Lösung von 1 g Phosphormolybdänsäure in 2 ml konzentrierter Salpetersäure und 98 ml Wasser gezogen und 10 min lang bei mäßiger Strömungsgeschwindigkeit in fließendem Wasser gewaschen. Zur Reduktion der Phosphormolybdate werden die luftgetrockneten Chromatogramme in ein Bad von 1 g Zinn(II)chlorid in 100 ml 38%iger Salzsäure getaucht und wieder an der Luft getrocknet. Die bei der Reduktion auf nahezu weißem Grund auftretenden blauen Zonen können nach Behandeln des Papiers mit der üblichen Mischung von α-Bromnaphthalin–Paraffin (1:1) mit dem Grassmannschen Auswertegerät photoelektrisch ausgemessen werden. Die Blaufärbung der Alkaloidzonen ist in α-Bromnaphthalin-Paraffin mehrere Tage unverändert haltbar.

f) Reagens nach REINDEL und HOPPE [139]

Für den selektiven Nachweis sekundärer Alkaloide neben tertiären benutzte FRANCK [138] eine Anfärbemethode für Aminosäuren und Peptide [139]. Die Chromatogramme werden mit Äthanol:Aceton (1:1) getränkt und 5 min lang in einem geschlossenen Gefäß aufbewahrt, auf dessen Grund sich ein Becherglas mit einer frisch bereiteten Mischung aus je 30 ml 10%iger Salzsäure und 0,1 n-Kaliumpermanganat befindet. Beim Besprühen der so chlorierten Chromatogramme mit einer Mischung (1:5) aus 0,05 n-KJ-Lösung und gesättigter Benzidinlösung in 2%iger Essigsäure ergeben sekundäre Alkaloide intensiv blau gefärbte Zonen, während tertiäre Basen kaum reagieren.

23*

g) Joddämpfe

Behandlung der Chromatogramme mit Joddämpfen ist weniger geeignet, da die Flecken wenig beständig sind und die Reaktion außerdem gegen andere, nicht zu den Alkaloiden gehörige Substanzen, sehr empfindlich ist. Jedoch zum Nachweis von Mescalin, Hordenin und Ephedrin hat diese Methode den Vorzug [1].

Auch die Fluorescenz im UV-Licht wird bei bestimmten Alkaloiden zum Nachweis herangezogen [15]. Spezialreagentien auf bestimmte Alkaloide werden später behandelt.

2. Vorbereitung der Proben

Bei Anwendung der Papierchromatographie zur Alkaloidtrennung in der Praxis müssen die Alkaloide im allgemeinen zunächst aus dem Pflanzenmaterial extrahiert werden. Dazu benutzt man am besten die für die betreffende Alkaloidgruppe übliche Arbeitsweise. Im Prinzip beruhen diese Methoden darauf, daß Alkaloidbasen in organischen Lösungsmitteln leicht löslich sind, während die entsprechenden Salze sich in wäßriger Phase lösen. Meist wird das in der Pflanze als Salz vorliegende Alkaloid durch Zusatz von Alkali zum getrockneten Pflanzenmaterial als Base in Freiheit gesetzt und dann mit Chloroform oder Äther extrahiert; durch Ausschütteln mit verdünnter Säure wird das Alkaloid in die Salzform übergeführt und von Chlorophyll u. a. lipophilen Ballaststoffen abgetrennt. Nach Alkalisieren des sauren Extraktes und Ausschütteln mit Chloroform liegt das Alkaloid schließlich wieder in Basenform vor. Eine weitere Reinigung ist meist unnötig. Bei der Papierchromatographie stören geringe Mengen Chlorophyll u. a. Ballaststoffe nicht, da sie mit der Lösungsmittelfront wandern. Der auf diese Weise gewonnene Extrakt kann zum Auftragen auf das Papier benutzt werden. Die optimale Alkaloidmenge beträgt bei auf- oder absteigender Arbeitsweise im allgemeinen 10—50 μg, bei Rundfiltermethode 50—100 μg. Ein entsprechender Anteil des Alkaloidextraktes wird in Tropfen von 0,01 ml aufgetragen, wobei das Papier vor Auftragen des nächsten Tropfens jedesmal getrocknet wird. Spezielle Extraktionsverfahren (z. B. für Solanum-Glykoalkaloide) werden in den betreffenden Kapiteln behandelt.

Arbeiten über die Trennung von Alkaloiden verschiedener Gruppen voneinander erschienen u. a. von GORE und ADSHEAD [16], ROMANO [17], MESNARD und BOUSSEMART [18] und BURMA [19].

Einen systematischen Analysengang zum papierchromatographischen Nachweis einer großen Zahl von Alkaloiden verschiedener Struktur entwickelten MACEK, HACAPERKOVÁ und KAKÁČ [20] und SCHULTZ und STRAUSS [21]. „Die Möglichkeit der Verwendung der Papierchromatographie in der Alkaloidchemie" (z. B. Strukturaufklärung) beschreibt MACEK [22].

Auf Alkaloidderivate, die nicht natürlich in Pflanzen vorkommen, aber von pharmakologischem Interesse sind, soll entsprechend dem Rahmen des Buches nur ausnahmsweise eingegangen werden.

Eine Zusammenstellung der Literatur über die Papierchromatographie der Alkaloide gibt BRÄUNIGER [23, 24].

3. Trennungsmethoden

a) Tropan-Alkaloide

α) *Atropin-Typ* [9, 25, 28, 31, 33—40]

MUNIER und MACHEBOEUF erzielten die beste Trennung mit Durieux-Papier Nr. 122, das mit m/2-KCl-Lösung getränkt worden war [9]. Die Zusammensetzung der mobilen Phase war folgende: 100 Vol.-Teile Isobutanol, 2 Vol.-Teile Salzsäure ($d = 1,179$) tropfenweiser Wasserzusatz bis zur Sättigung. Nach der aufsteigenden Methode bei einer Temperatur von 22° C ergaben sich folgende R_F-Werte:

Atropin 0,87
Scopolamin. 0,52
Homatropin 0,71
Tropin. 0,26

DREY und FOSTER [25] arbeiteten bei der Trennung von Tropanalkaloiden mit gepuffertem Whatman-Papier (Nr. 1 oder 2). Die zum Tränken benutzte Lösung enthielt 0,76 g Na_2HPO_4 und 0,18 g KH_2PO_4 auf 100 ml Wasser, was etwa einem p_H-Wert von 7,4 entspricht. Nach 5 min langer Einwirkung dieser Lösung werden die Papiere 5 h lang bei Zimmertemperatur getrocknet. Als Lösungsmittel diente wassergesättigtes n-Butanol. Nach mindestens $2^1/_2$stündigem Trocknen der fertigen Chromatogramme bei Zimmertemperatur wurden die Alkaloidflecken durch Besprühen mit modifiziertem DRAGENDORFF-Reagens nachgewiesen. Bei absteigender Arbeitsweise ergaben sich folgende R_F-Werte:

Scopolamin. 0,84
Valeroidin 0,70
Hyoscyamin 0,61

Diese Methode wurde auch zu einer quantitativen Bestimmung der Einzelalkaloide in Gemischen benutzt. Man ließ gleichzeitig 5 gleiche Chromatogramme laufen, von denen nur eins mit DRAGENDORFF-Reagens besprüht wurde. Aus den übrigen 4 Streifen schnitt man die den einzelnen Alkaloidzonen entsprechenden Bezirke aus und eluierte sie über Nacht mit Äthanol; die ausgelaugten Streifen wurden mit DRAGENDORFF-Reagens auf Vollständigkeit der Elution geprüft. Ein Volumenanteil des Alkoholauszuges, der 0,06—0,12 mg Alkaloid entspricht, wird dann zur Trockne eingedampft (Wasserbad), der Rückstand mit Chloroform aufgenommen, durch Whatman-Papier Nr. 1 filtriert und wieder zur Trockne eingedampft. Der mit 1 ml 6%iger Essigsäure aufgenommene Rückstand dient nach nochmaligem Eindampfen zur quantitativen photometrischen Bestimmung nach ALLPORT und WILSON [26], die auf der Reaktion nach VITALI-MORIN beruht. Nachdem der Alkaloidrückstand auf dem Wasserbad zur Trockne eingedampft ist, werden sofort 0,2 ml rauchende Salpetersäure ($d = 1,5$) zugesetzt (völlige Benetzung des Alkaloids) und 3 min auf dem siedenden Wasserbad abgedampft. Der Rückstand wird dann quantitativ mit Aceton in ein 10 ml-Meßkölbchen übergeführt und die Lösung nach völligem Abkühlen auf 10 ml ergänzt. Durch Zusatz von 0,1 ml 0,5%igem methanolischem KOH wird nun die bekannte Purpurfärbung hervorgerufen [25, 27]. Nach genau 5 min wird die Extinktion bei 550 mμ in 1 cm-Cuvetten bestimmt.

ROMEIKE [28] empfiehlt zur Trennung von Atropin, Scopolamin, Tropin und Scopolin die Rundfiltermethode [29], da bei Anwendung dieses Verfahrens auch Papiersorten, die bei der auf- oder absteigenden Methode keinen Trenneffekt ergaben, noch brauchbar sind. Ein weiterer Vorteil zeigt sich, wenn relativ große Mengen von Ballaststoffen im aufzutragenden Alkaloidextrakt enthalten sind. Dieser Fall tritt z. B. in der

Praxis ein, wenn Pflanzenmaterial analysiert wird, das nur Spuren an Alkaloid enthält. Während beim auf- oder absteigenden Verfahren die Verunreinigungen, die mit der Front wandern, auf der ganzen Breite des Chromatogrammes hemmend auf die Wanderung der Alkaloide wirken, so daß häufig keine Trennung erfolgt, sieht man auf dem Rundfilter stets noch Bezirke, in denen es zu einer normalen Ausbildung der Alkaloidringe kommt. Als Lösungsmittel zur Trennung der Tropanalkaloide benutzte ROMEIKE eine Mischung aus 100 Vol.-Teilen n-Butanol und 10 Vol.-Teilen Eisessig, die tropfenweise mit Wasser gesättigt wurde. Der Nachweis erfolgt mit modifiziertem DRAGENDORFF-Reagens. Folgende Papiersorten sind brauchbar: Schleicher & Schüll 2043a, 2043b, 1104L, 602hP, 597 desgl. die Papiere Qualität 3 mittel, 3 weich, Qualität 388 hart und WF 1 der Spezialpapierfabrik VEB, Niederschlag im Erzgebirge. Die R_F-Werte bei Verwendung von Papier 2043a waren folgende:

Atropin	0,70
Scopolamin	0,60
Tropin	0,46
Scopolin	0,36

Die Methode ist bei Atropin und Scopolamin für Mengen zwischen 30 und 200 μg anwendbar und bei Tropin und Scopolin für Mengen von 10—50 μg.

Die Trennung von L-Hyoscyamin und D-Hyoscyamin [30] gelang auf Whatman-Papier Nr. 1, das mit Pufferlösung vom p_H-Wert 5,8 imprägniert wird, absteigend, quer zur Faserrichtung. Als Lösungsmittelgemisch dient Isobutanol–Toluol (1:1 Vol.-T.) mit Wasser gesättigt. Im Handel erhältliches Isobutanol wird durch zweistündiges Kochen mit Zinkstaub und anschließende doppelte Destillation gereinigt, das Toluol wird 4 h lang mit 7%iger Schwefelsäure geschüttelt, mit Natronlauge behandelt und rektifiziert.

Die Alkaloidbasen werden in Methanol gelöst aufgetragen, welches Di-(p-toluyl)-L-Weinsäure in geringem Überschuß enthält. Eine einstündige Klimatisierung der Chromatogramme vor Beginn des Lösungsmitteldurchlaufs erwies sich als zweckmäßig. Die R_F-Werte waren folgende:

Tropin	0,03
D-Hyoscyamin	0,19
L-Hyoscyamin	0,29
Atropin	0,19 + 0,29
Scopolamin	0,52
Apoatropin	0,65

Die Trennung von Tropanalkaloiden mit Hilfe der Papierelektrophorese [31] bringt einen wesentlichen Fortschritt durch die Möglichkeit einer kontinuierlichen Trennung. Dazu wird die „Vertikal"-Apparatur von GRASSMANN und HANNIG [32] unter Verwendung von Papiersorte Schleicher & Schüll 2040a benutzt. Als Elektrolyt dient Veronalpuffer nach MICHAELIS (p_H 8,6) bei einer Spannung von 160 V und einer Stromstärke von 10 mA. Zur Indizierung während des Trennungsvorganges wird Bromphenolblau verwendet. Nach etwa 40 h Laufzeit läßt sich auf diese Weise ein Alkaloidgemisch von etwa 100 mg Atropin und Scopolamin quantitativ in seine Komponenten trennen.

β) *Cocain-Typ* [41]

Eine Trennung der Coca-Alkaloide Ecgonin, Benzoylecgonin, Tropacocain und Cocain ist [41] mit einem Lösungsmittelgemisch aus 30 Vol.-Teilen Methyläthylketon, 5 Vol.-Teilen Wasser, 0,5 Vol.-Teilen Pyridin, 1,5 Vol.-Teilen Äthylglykol und 3,5 Vol.-Teilen Ligroin (95—105°) zu erreichen. Das Chromatographiegefäß ist mit dem Dampf dieses Gemisches zu sättigen. Zum Nachweis der Alkaloidflecken wird eine Lösung von 0,1 g Bromkresolpurpur in 250 ml 20%igem Äthanol, dem 3,7 ml n/20-NaOH zugesetzt sind, verwandt. Das Reagens läßt die Alkaloide als blaue Flecken auf gelbem Grund erscheinen, es ist jedoch so wenig empfindlich (kleinste nachweisbare Menge Ecgonin: 200 μg), daß empfohlen wird, anschließend außerdem noch mit DRAGENDORFF-Reagens zu besprühen. Folgende R_F-Werte wurden gefunden:

Ecgonin 0,00
Benzoylecgonin 0,53
Tropacocain 0,75
Cocain 0,07

b) Tabak-Alkaloide [2, 5, 6, 42—46]

Die Tabak-Alkaloide Nicotin, Nornicotin und Anabasin lassen sich nach der Rundfiltermethode [42] gut trennen: Rundfilter (10 cm Durchmesser) der Papiersorte WF 1 der Spezialpapierfabrik VEB, Niederschlag im Erzgebirge, werden mit Pufferlösung getränkt und bei Zimmertemperatur getrocknet. Nach dem Auftragen des in Chloroform gelösten Basengemisches werden die Filter 3 h in n-Butanol–Wasser-Atmosphäre äquilibriert. Anschließend wird bei 25° C mit wassergesättigtem n-Butanol gearbeitet. Versuche mit Citrat-, Borat-, Glykokoll- und Phosphat-Pufferlösungen verschiedener p_H-Werte ergaben, daß bei Verwendung von Boratpuffer die R_F-Werte die geringste Streuung zeigen; auch die Haltbarkeit des Boratpuffers ist besser als die der anderen Pufferarten. Tab. 109 zeigt die Trennwirkung der Pufferlösungen bei verschiedenen p_H-Werten:

Tabelle 109

Art des Puffers	p_H	R_F-Werte von		
		Nicotin	Anabasin	Nornicotin
Glykokoll	1,9	0,40	0,36	0,29
Glykokoll	2,8	0,47	0,44	0,41
Glykokoll	3,2	0,61	0,59	0,48
Glykokoll.	8,1	0,71	0,61	0,51
Glykokoll	8,7	0,92	0,76	0,64
Borat	7,8	0,77	0,63	0,55
Phosphat	5,9	0,51	0,42	0,31
Phosphat	6,5	0,68	0,47	0,35
Phosphat	7,1	0,88	0,58	0,45
Phosphat	7,8	0,97	0,70	0,55
Phosphat	8,1	1,00	0,73	0,57
Citrat	5,9	0,65	0,43	0,31
Citrat	6,5	0,86	0,53	0,41

Zum Nachweis der Alkaloid-Zonen dient eine Verdünnung des üblichen Dragendorff-Reagens mit Äthanol 1:10. Wird alkalische Pufferlösung zum Tränken der Filter benutzt, so treten die Farbringe erst auf, wenn die Filter nach dem Besprühen und Trocknen einige Stunden in Essigsäuredampf aufbewahrt werden.

Eine gute Trennung von Nicotin, Nornicotin und Anabasin wird erreicht durch Tränken der Filter mit Phosphatpuffer vom p_H-Wert 7,00—7,25 (aufsteigende Methode) [43]. Zum Sichtbarmachen der Tabakalkaloide auf dem Chromatogramm werden die getrockneten Filter mit einer Lösung von 2% Anilin in Phosphatpuffer (p_H-Wert 6,1) besprüht und anschließend 15 min lang Bromcyandämpfen ausgesetzt. Dabei entstehen gelbe Polymethinfarbstoffe. Durch anschließende Behandlung mit 20%iger Sodalösung färbt sich der Nornicotinfleck braunrot und der Anabasinfleck rosa, während der Nicotinfleck gelb bleibt. Charakteristische Färbungen erhält man auch, wenn man Lösungen von 1-Phenyl-3-methylpyrazolon, Barbitursäure oder Thiobarbitursäure verwendet (Tab. 110).

Tabelle 110

	1-Phenyl-3-methylpyrazolon + Bromcyan		Barbitursäure + Bromcyan		Thiobarbitursäure + Bromcyan	
	vor	nach	vor	nach	vor	nach
	Sodaeinwirkung		Sodaeinwirkung		Sodaeinwirkung	
Nicotin . . .	erikafarben	Färbung verblaßt	rosa	Färbung verblaßt	hellrot	Färbung verblaßt
Nornicotin .	erikafarben	violett	rosa	rosa	hellrot	erikafarben
Anabasin . .	erikafarben	violett	rosa	rosa	hellrot	erikafarben

Tewari [44] trennte verschiedene Tabakalkaloide mit Hilfe der Rundfiltermethode. Er benutzte Whatman-1-Filter von 20 cm Durchmesser. Das Alkaloidgemisch wurde, in Essigsäure gelöst, aufgetragen und im Eisschrank bei 5° C mit einem Gemisch aus n-Butanol–Eisessig–Wasser (6:1:3) gearbeitet. Zum Sichtbarmachen der Flecken wurde das trockene Chromatogramm mit einer 0,25%igen Lösung von Benzidin in 50%igem Äthanol besprüht. Die R_F-Werte waren folgende:

Meta-Nicotin 0,30
Nornicotin 0,37
Nicotin 0,43
Anatabin 0,53
Anabasin 0,62
Nicotinsäureamid 0,67
Nicotyrin 0,70

c) Conium-Alkaloide [47]

Zur Trennung von *Conium*-Alkaloiden [47] benutzte Cromwell Whatman-Papier Nr. 1 oder Nr. 3 MM und arbeitete aufsteigend mit dem Lösungsmittelsystem: tert. Pentanol–tert. Butanol–wäßrige n-Salzsäure (9:3:2). Die Papierstreifen (35×19 cm) werden vor Beginn 5 min mit n-Salzsäure und 5 min mit Wasser gewaschen, an der Luft getrocknet und dann die Alkaloide als Hydrochloride in Äthanol gelöst aufgetragen. Die Chromatographie ist nach etwa 18 h beendet; die Chromatogramme

werden zunächst bei Zimmertemperatur getrocknet, dann wird bei 60°
die Salzsäure vollständig vertrieben. Zum Nachweis eignen sich 0,2%ige
Jodlösung in Petroläther oder 0,1%ige Lösung von Ninhydrin in Essigsäure. Nach Besprühen mit Ninhydrin-Reagens und Erhitzen auf 105°
geben Coniin, Conhydrin, Piperidin und 2-Methylpiperidin violette
Flecke. γ-Conicein und andere ungesättigte sekundäre Basen gelbbraune
Flecke. N-Methylconiin gibt keine Färbung. γ-Conicein und andere
Piperidine bilden beim Besprühen mit einer 1%igen Lösung von Nitroprussidnatrium in 10%iger Sodalösung rote Flecke.

R_F-Werte:

2-Methylpiperidin	0,20
Pipecolinsäure	0,29
Piperidin	0,34
γ-Conicein	0,36
Conhydrin	0,50
N-Methylconiin	0,64
Coniin	0,74

Diese Methode ist auch zur mikropräparativen Gewinnung der
einzelnen *Conium*alkaloide geeignet. Auf eine Serie von Bogen Whatman-
Papier Nr. 3 MM (35 × 45 cm) wird die Alkaloidlösung in Form von 0,5 cm
breiten und 42 cm langen Strichen aufgetragen; die Menge jedes enthaltenen Alkaloids kann etwa 5 mg betragen, so daß bei Verwendung
von 20 Bogen etwa 100 mg jedes Alkaloids gewonnen werden können.
Die in der oben beschriebenen Weise behandelten Chromatogramme
werden nach dem Trocknen mit dem Jodreagens getränkt und die
braunen Alkaloidzonen markiert, ausgeschnitten und nach dem Verblassen der Färbung mit Äthanol extrahiert.

d) Alkaloide aus Punica granatum [*48*]

Mit dem Lösungsmittelgemisch Butanol–36%ige Salzsäure–Wasser
(100:8:20) trennten sich Pseudopelletierin, D,L-Isopelletierin und D,L-
Methyl-isopelletierin aus *Punica granatum* [*48*]. Die Alkaloide werden
als salzsaure Salze in Mengen von 140 μg aufgetragen. Zum Nachweis der
Alkaloidflecken diente DRAGENDORFFs Reagens.

e) Lobelia-Alkaloide [*49, 50*]

9 ml Formamid werden mit wasserfreiem Ammoniumformiat durch-
geschüttelt. Bei Zusatz von 20 ml Aceton fällt überschüssiges Formiat
aus. Zur filtrierten Lösung fügt man 1 ml konz. Ameisensäure zu. Mit
diesem Gemisch wird das Papier (Schleicher & Schüll Nr. 2043 b) imprägniert, und zwar wird das in Laufrichtung zusammengerollte Papier
durch häufiges Drehen in der Lösung gesättigt und dann so lange an der
Luft getrocknet, bis das überschüssige Aceton verdunstet ist. Chromatographiert wird am besten bei 15° mit Benzol–Chloroform (1:9). Mit
dieser Methode [*49*] trennt das Alkaloidgemisch aus *Lobelia inflata* in 13
verschiedene Substanzen auf, u. a.:

Lobelin	0,43
Lobelanin	0,77
Lobelanidin	0,60
Norlobelanin	0,80

Zur Sichtbarmachung ist modifiziertes DRAGENDORFF-Reagens geeignet.

Die Alkaloide aus *Lobelia salicifolia* werden mit Hilfe eines zweidimensionalen Verfahrens aufgetrennt [*50*]. Bogen von 40×50 cm werden mit Octanol–Aceton (1:2) imprägniert und nach dem Verdunsten des Acetons in einer Ecke (10 cm von beiden Rändern entfernt) 300—400 μg des Alkaloidgemisches aufgetragen. In der ersten Dimension dient als mobile Phase eine Lösung vom p_H-Wert 4,8—5,3, bestehend aus Formamid–Natriumformiat–Wasser (20:2:78); nach dem Trocknen wird das Papier bis zu der Zone, wo vermutlich die Alkaloidflecke liegen, mit Formamid–Aceton (1:2) getränkt und dann die Alkaloidzone mit Formamid besprüht. Senkrecht zur ersten Richtung dient Chloroform–Benzol (1:1) als Lösungsmittelgemisch.

f) Sedum-Alkaloide [*138*]

Die Auftrennung von Alkaloiden aus *Sedum acre* gelingt mit dem Phasenpaar aus: n-Butanol, Di-n-butyläther, 1%ige Ameisensäure (2:1:3) auf Papier, das mit 0,5 m KH_2PO_4 imprägniert wurde [*138*]. Tab. 111 gibt die R_S-Werte (Wanderungsstrecke des Alkaloids: Wanderungsstrecke von Sedamin) synthetischer Mauerpfeffer- und Lobelia-Alkaloide sowie verwandter Basen an.

Tabelle 111

Alkaloid	R_S-Wert	Dragendorff-Reagens	Reagens nach REINDEL u. HOPPE
8-Methyl-norlobelon (Isopelletierin) . . .	0,38	—	blau
8-Äthyl-norlobelon	0,66	—	blau
8-Phenyl-norlobelon	1,20	—	blau
8-Methyl-norlobelol (Sedridin)	0,54	—	blau
8-Äthyl-norlobelol	0,72	—	blau
8-Phenyl-norlobelol	1,11	—	blau
8-Phenyl-lobelol (Sedamin)	1,00	gelb	—
8, 10-Dimethyl-lobelidion	0,32	gelb	—
8-Methyl-10-phenyl-lobelidion	0,96	gelb	—
8, 10-Diphenyl-lobelidion (Lobelanin) . .	1,35	gelb	—
8-Methyl-10-phenyl-lobelidiol	1,15	gelb	—
8, 10-Diphenyl-lobelidiol	1,53	gelb	—

g) Lupinen-Alkaloide und verwandte Leguminosen-Alkaloide [*9, 51, 53-55*]

Die Extraktion der Alkaloide [*51*] muß an frischem oder an durch Hochvakuum-Gefriertrocknung vorbereitetem Pflanzenmaterial durchgeführt werden, da sich Trocknen bei Zimmertemperatur ungünstig auf bestimmte Nebenalkaloide auswirkt. Frischmaterial wird vor der Extraktion alkalisiert, im Mörser zerrieben und mit Kieselgur getrocknet. Da die Lupinenalkaloide außer Spartein gut wasserlöslich sind, müssen bei der Extraktion entsprechende Vorsichtsmaßregeln eingehalten werden, z. B. sorgfältiges Trocknen nach der Alkalisierung des Pflanzenmaterials, wozu sich Kieselgur am besten eignet.

Die papierchromatographische Trennung [*51*] erfolgte nach der Rundfiltermethode [*29, 52*] auf Whatman-Papier Nr. 1 oder Nr. 3. Da eine befriedigende Trennung eines Gemisches aus Lupanin, Lupinin, Hydroxylupanin und Spartein in einem Gang nicht zu erreichen ist, wird eine Methode mit drei verschiedenen Lösungsmittelsystemen benutzt:

1. Wassergesättigtes n-Butanol ermöglicht die Trennung von Hydroxylupanin, Spartein und (Lupanin + Lupinin) sowie einer Reihe noch nicht näher identifizierter Nebenalkaloide, die mit n 1, n 2 usw. bezeichnet werden.

Die R_F-Werte sind:

<pre>
n 1 0,14
n 2 0,25
n 3 0,29
Spartein 0,36
Hydroxylupanin 0,42
n 4/5 0,50
Lupanin + Lupinin 0,56
n 6 0,67
</pre>

2. Ein Lösungsmittelgemisch aus gesättigter Ammoniumsulfatlösung und absolutem Äthanol (25:0,3 Vol.-T.) ergibt folgende R_F-Werte:

<pre>
n 2 . . . . am Start
Lupanin + n 6 0,57
Hydroxylupanin + n 4/5 0,67
Lupinin + Spartein 0,77
n 3 0,87
</pre>

3. n-Butanol, konzentrierte Salzsäure und Wasser im Verhältnis 50:7,5:13,5 Vol.-T. führt zu folgender Auftrennung:

<pre>
n 4/5 0,50
Hydroxylupanin + n 2 0,54
Spartein + Lupanin 0,62
Lupinin + n 6 0,70
n 3 0,83
</pre>

Von Bedeutung für die Identifizierung der Alkaloide ist die Tatsache, daß ihre Reihenfolge im Chromatogramm bei Anwendung der verschiedenen Lösungsmittelsysteme wechselt.

Zur colorimetrischen Mikrobestimmung von Lupinenalkaloiden in Papierchromatogrammen [53] werden die aus dem Chromatogramm ausgeschnittenen Alkaloidflecke (1—25 μg) mit sehr verdünnter wäßriger Natronlauge durchfeuchtet und 4mal mit je 5 ml Chloroform eluiert; der Chloroformauszug wird durch wenig Watte filtriert und die Watte mit soviel Chloroform nachgewaschen, bis das Filtrat 20 ml beträgt. Beim Schütteln des Chloroformextrakts mit 0,2 ml gesättigter wäßriger Methylorangelösung entsteht mit dem Alkaloid eine farbige Komplexverbindung, die sich im Chloroform löst. 5 ml der Chloroformlösung werden mit 1 ml absolutem Alkohol geschüttelt und colorimetrisch ausgewertet.

Zur Trennung von Spartein und Genistein aus *Sarothamnus scoparius* L. wird das Filtrierpapier (Durieux 122) mit primärem Natriumcitrat getränkt [9]. Nach der aufsteigenden Methode ergaben sich die in Tab. 112 aufgestellten R_F-Werte.

Tabelle 112

Primäres Natrium-citrat	Mobile Phase	R_F-Werte	
		Spartein	Genistein
m/2	Isobutanol, wassergesättigt	0,07	0,18
m/2	sek. Butanol, wassergesättigt	0,18	0,35
m/5	Isobutanol, wassergesättigt	0,11	0,26
m/5	sek. Butanol, wassergesättigt	0,23	0,42

Cytisin, N-Methylcytisin und Anagyrin aus *Cytisus laburnum* lassen sich auf Papier von Schleicher & Schüll Nr. 2045a eindimensional absteigend trennen [*54*]. Mit dem Lösungsmittelgemisch Methyl-isobutyl-keton–Pyridin–Wasser (2:1:2) ergeben sich bei einer Laufzeit von etwa 8 h folgende R_F-Werte:

Cytisin 0,08
N-Methylcytisin 0,31
Anagyrin 0,45

Die Basen wurden in Mengen von 40 μg, in Chloroform gelöst, aufgetragen. Der Nachweis geschah durch Eintauchen der an der Luft getrockneten Streifen in eine 4%ige Eisen(III)chlorid-Lösung in Äther–Methanol (10:1). Nach dem Trocknen erscheinen die Alkaloide als rotbraune Flecken auf hellgelbem Grund. Der Anagyrinfleck zeigt eine leichte Schwanzbildung. Neben 400 μg Cytisin sind noch 8 μg N-Methylcytisin nachweisbar.

h) China-Alkaloide [*56—58*]

Die China-Alkaloide lassen sich mit Pyridin–Wasser (5:95) oder 4%iger Ammoniaklösung trennen [*56*]. Die Alkaloide wurden als Basen, in Chloroform gelöst, aufgetragen. Zum Nachweis eignet sich das Reagens von MUNIER und MACHEBOEUF [*5*]. Chinidin und Chinin lassen sich auch durch ihre Fluorescenz im UV-Licht erkennen. Mit wäßriger Pyridinlösung gelingt eine Trennung von Chinin und Chinidin, die R_F-Werte sind 0,70 bzw. 0,60; Cinchonidin läßt sich jedoch nicht von Chinin trennen (R_F= 0,72). Cinchonin gibt einen langen Streifen, ein R_F-Wert läßt sich nicht ermitteln. Chinin und Chinidin lassen sich quantitativ photometrisch durch ihre Fluorescenz bestimmen. Nachdem die Alkaloidzonen mit Hilfe eines mit DRAGENDORFF-Reagens besprühten Parallelchromatogramms ermittelt waren, wurden die Alkaloide mit verdünnter Schwefelsäure eluiert. Konzentration und Fluorescenzstärke sind einander direkt proportional. Extraktion aus dem Papier mit organischen Lösungsmitteln ist unvollständig.

Eine Methode zur Trennung von (Cinchonin + Cinchonidin) von (Chinin + Chinidin + Hydrochinin) [*57*] arbeitet auf Whatman-Papier, das mit 0,02 m-Kaliumoxalatlösung imprägniert war, aufsteigend mit 1,25 m-Kaliumoxalatlösung als mobile Phase. Chinin bildet einen langgezogenen Fleck, von dem Cinchonin + Cinchonidin, die untereinander die gleiche Wanderungsgeschwindigkeit haben, deutlich abgetrennt sind. Chinidin und Hydrochinin bilden zusammen einen Fleck, der innerhalb des langgestreckten Chininflecks liegt, so daß dort ein Konzentrationsmaximum entsteht.

i) Opium-Alkaloide [*7, 9, 13, 59—71*]

MUNIER benutzt zur Trennung der Opiumalkaloide Durieux-Papier Nr. 122, das mit m/2 KCl-Lösung imprägniert ist [*9*]. Als mobile Phase diente ein Gemisch aus n-Butanol (100 Vol.-T.), 30%iger Salzsäure (2 Vol.-T.) und Wasser bis zur Sättigung (tropfenweiser Zusatz). Mit dieser Arbeitsweise gelingt besonders gut die Trennung von Cotarnin und Narkotin.

Morphin 0,49
Codein 0,61
Thebain 0,86
Heroin 0,84
Papaverin 0,94
Narkotin 0,94
Cotarnin 0,70

Für die Trennung der sieben wichtigsten Opiumalkaloide [59] wird Whatman-Papier Nr. 1 in Streifen von 10 bis 20×48 cm geschnitten und mit Pufferlösung nach KOLTHOFF vom p_H-Wert 3,5 getränkt. Als Lösungsmittelgemisch dient ein wassergesättigtes Gemisch von Isobutanol und Toluol (1:1)[1], die Laufrichtung soll quer zur Faserrichtung sein. Es wird absteigend bei möglichst konstanter Temperatur und vor Licht geschützt gearbeitet. Die mobile Phase befindet sich in 15 mm Schichthöhe in einer Cuvette am Boden der Wanne, der 1—2 cm hoch mit Wasser bedeckt ist; die Wände der Wanne sind mit feuchtem Filtrierpapier ausgekleidet, das in das Wasser eintaucht. Die so vorbereitete Wanne läßt man 48 h stehen und bringt dann das Chromatogramm 14 h lang in diese Atmosphäre, bevor man mit dem Durchlauf des Lösungsmittels beginnt. Eine Laufstrecke von 30 cm, die nach etwa $3^1/_2$ h erreicht ist, erwies sich als ausreichend. Auf den lufttrockenen Chromatogrammen geschieht der Nachweis der Alkaloidflecke im UV-Licht bzw. mit DRAGENDORFFs Reagens. Folgende R_F-Werte wurden erhalten:

Morphin 0,03
Codein 0,09
Cryptopin 0,15
Thebain 0,39
Narcein 0,47
Papaverin 0,76
Narkotin 0,86

Zur quantitativen Bestimmung des Morphins modifizierten SVENDSEN, AARNES und PAULSEN [60] das Verfahren von SVENDSEN [61]. Anstelle des zur Farbreaktion benutzten Nitrit-Reagens [61, 62] verwendeten sie das Phenolreagens nach FOLIN und CIOCALTEU [137]: 20 g Natriumwolframat und 5 g Natriummolybdat werden in 140 ml Wasser gelöst. Nach Zusatz von 10 ml 85%iger Phosphorsäure und 20 ml konz. Salzsäure wird 10 h am Rückflußkühler gekocht. Danach wird mit 15 g Lithiumsulfat, 10 ml Wasser und einigen Tropfen Brom versetzt, 15 min ohne Rückflußkühler gekocht, um das überschüssige Brom zu vertreiben (Abzug) und nach dem Abkühlen mit Wasser auf 200 ml aufgefüllt.

Dies Reagens gibt noch mit Morphinmengen von 1 μg dunkelblaue Flecke, wenn das besprühte Chromatogramm anschließend in eine Ammoniakatmosphäre gebracht wird. Für die quantitative Auswertung dieser Reaktion werden mehrere Chromatogramme hergestellt, wobei die günstigste Morphinmenge pro Fleck 50—150 μg beträgt. An einem Probechromatogramm wird die Lage der Flecke ermittelt, die entsprechenden Zonen der übrigen Chromatogramme ausgeschnitten und jeweils mit 5 ml verdünntem Reagens nach FOLIN und CIOCALTEU (1,5 ml Reagens + 23,5 ml Wasser) 2 h stehen gelassen und mit je 5 ml Sodalösung (10%ig) versetzt. Nach einer Stunde wird im Beckmann-Spektrophotometer bei 700 mμ die Extinktion gemessen.

Eine densitometrische Bestimmung läßt sich in folgender Weise durchführen: Die getrockneten Chromatogramme werden von beiden

---

[1] Reinigungsverfahren s. Kapitel Tropan-Alkaloide [30], S. 358.

Seiten mit FOLINs Reagens besprüht und nach 5 min 1h lang Ammoniakdämpfen ausgesetzt. Von den trockenen Papieren werden die Abschnitte,
die den blauen Morphinfleck enthalten, abgeschnitten und nach dem
Befeuchten mit Glycerin zwischen die Glasplatten des Densitometers
gebracht. Nach Aufstellen der Justierkurve werden die Ergebnisse mit
dem Planimeter ermittelt.

k) Berberin-Typ [72, 73, 75, 76]

Die Trennung von *Hydrastis*-Alkaloiden gelingt nach der aufsteigenden Methode (Schleicher & Schüll Nr. 2043 b) [72], wenn als
mobile Phase wassergesättigtes Collidin (2,4,6-Trimethylpyridin) oder
94%iges Äthanol benutzt wird. Um das Chromatographiegefäß mit
Dämpfen des Lösungsmittels zu sättigen, ist darin ein mit der mobilen
Phase getränkter Bogen aufzuhängen. Zum Nachweis der *Hydrastis*-
Alkaloide auf dem Chromatogramm dient ihre Fluorescenz im UV-Licht.
Hydrastin fluoresciert nicht, durch Oxydationsvorgänge entsteht jedoch
innerhalb von 24—48 h Hydrastinin, das eine blaue Fluorescenz zeigt.
Bei Verwendung des Collidin-Lösungsmittelgemisches ergibt sich für
Berberin ebenso wie für Hydrastinin der R_F-Wert 0,47. Hydrastin und
Canadin wandern an der Lösungsmittelfront. Die R_F-Werte bei Anwen-
dung von Äthanol als mobile Phase sind für Hydrastin 0,87, für Hydrastinin 0,76. Zwischen beiden liegt der schwach wahrnehmbare gelblich
fluorescierende Canadinfleck; Berberin bildet eine lange, vom Startpunkt
ausgehende Zunge.

Die Trennung der Alkaloide Berberin, Tetrahydropalmatin, Tetra-
hydrojatrorrhizin, Tetrahydrocoptisin, Neprotinhydrochlorid und Hi-
manthin [73] gelingt aufsteigend mit Whatman-Papier Nr. 1, das teils
unbehandelt, teils mit Pufferlösung nach CLARK [74] (0,1 m-Citronensäure und 0,2 m sekundäres Natriumphosphat) imprägniert war. Folgende Lösungsmittelsysteme und Imprägnierungen des Papiers erwiesen
sich als die geeignetesten (es wurde jeweils die obere Phase benutzt):

a) n-Butanol–Essigsäure–Wasser (25:2:Sättigung); Papier mit Pufferlösung
vom p_H-Wert 4,8 behandelt;

b) wassergesättigtes n-Butanol; unbehandeltes Papier;

c) wassergesättigtes n-Butanol; Papier mit Pufferlösung vom p_H-Wert 4,8
behandelt;

d) Formamid–wäßrige Lösung von Ameisensäure vom p_H-Wert 4,4 (1:9); unbehandeltes Papier;

e) Collidin, wassergesättigt; unbehandeltes Papier.

Folgende R_F-Werte ergaben sich (Tab. 112):

Tabelle 113

Verfahren	a	b	c	d	e
Berberin	0,60	0,29	0,22	0,16	0,29
Tetrahydropalmatin . . .	0,86	0,90	0,76	0,59	0,94
Tetrahydrojatrorrhizin .	0,73	0,89	0,66	0,53	0,90
Tetrahydrocoptisin . . .	0,70	0,90	0,83	—	—
Neprotinhydrochlorid . .	0,55	0,26	0,24	0,20	0,40
Himanthin	0,49	0,90	0,14	0,46	0,40

Die Alkaloidflecke zeigen im UV-Licht charakteristische Fluorescenz; auch modifiziertes DRAGENDORFF-Reagens ist zum Nachweis geeignet.

l) Yohimbin-Typ [5, 9, 77]

MUNIER und MACHEBOEUF gelang die Trennung einiger Alkaloide aus *Pseudocinchona africana* und *Corynanthe Yohimbe* [5, 9]. Als mobile Phase benutzten sie eine Mischung aus 100 Vol.-Teilen n-Butanol und 4 Vol.-Teilen Salzsäure (d = 1,179), die tropfenweise mit Wasser gesättigt worden war. Nach der aufsteigenden Methode bei Benutzung von Durieux-Papier Nr. 122 ergaben sich folgende R_F-Werte:

Corynanthin 0,80
Corynanthein 0,93
Corynanthidin 0,72
Corynantheidin 0,89
Yohimbin 0,73

Die Alkaloide wurden als salzsaure Salze in Mengen von 40 μg aufgetragen; die Laufstrecke betrug 45 cm.

Alkaloide aus den Gattungen *Vinca* L. und *Catharanthus* G. Don trennten PARIS und MOYSE mit Hilfe der Papierelektrophorese [77]. Eine 2%ige Lösung des Alkaloidgemischs in 95%igem Äthanol wird 2 h bei 10 V/cm und 0,5 mA/cm der Elektrophorese unterworfen. 5 μl der Alkaloidlösung werden für 1 Probe gebraucht, es wird mit Papier von Arches Nr. 301 und 2 n-Ameisensäure vom p_H-Wert 1,5 als Elektrolyt gearbeitet. Die Alkaloidzonen sind im UV-Licht sichtbar und unterscheiden sich z. T. durch ihre verschiedene Fluorescenzfarbe. Das Alkaloidgemisch wurde in eine große Zahl z. T. noch unbekannter Substanzen aufgetrennt.

m) Rauwolfia-Alkaloide [78—84]

Serpentin, Ajmalin, Ajmalicin, Reserpin, Rescinnamin und Deserpidin lassen sich voneinander mit Whatman-Papier Nr. 1, das mit einer Mischung von 30 ml Formamid und 100 ml Aceton getränkt wurde, trennen [78]. Chromatographiert wird in einem geschlossenen Gefäß in ammoniakgesättigter Atmosphäre und unter Lichtschutz wegen der Lichtempfindlichkeit von Reserpin. Als Lösungsmittelsystem diente die obere Phase einer Mischung aus 100 ml Isooctan, 50 ml Benzol und 5 ml Formamid, welcher nach Abtrennung von der unteren Phase 2 ml Cyclohexan zugesetzt wurden. Auf dem bei 90° getrockneten und einige Minuten Salzsäuredämpfen ausgesetzten Chromatogramm sind die Alkaloidflecke im UV-Licht sichtbar.

Zur Trennung von *Rauwolfia*-Alkaloiden mit höherem R_F-Wert, wie Reserpinin und Ajmalin, benutzt man Formamid-imprägniertes Papier und als Lösungsmittel die obere Phase einer Mischung aus 40 ml Benzol, 60 ml Isooctan und 2 ml Formamid [79]. Als Sprühreagens diente eine Lösung von 5 g Trichloressigsäure und 25 mg Nitroprussidnatrium in 100 ml Methanol. Auf dem besprühten Chromatogramm zeigten die Alkaloide im UV-Licht charakteristische Fluorescenz.

Zur Trennung von *Rauwolfia*-Alkaloiden mittels Papierelektrophorese [80] dienen Streifen aus Schleicher & Schüll-Papier Nr. 2043a im Format 6 × 36 cm, mit der Elektrolytlösung (5 n-Essigsäure) angefeuchtet. Die zu untersuchende Alkaloidlösung wird in der Mitte des Papiers 1 cm vom

Rande entfernt in Form eines 4 cm langen Querstreifens aufgetragen.
Die Elektrophorese wird bei 8 V, 1,2 mA und unter Lichtschutz durchgeführt. Nach etwa 5 h Dauer werden die Streifen in waagerechter Lage
im heißen Stickstoffstrom 5 min lang getrocknet. Die Alkaloidzonen
fluorescieren im UV-Licht.

Zur quantitativen Bestimmung werden die Papierstreifen längs der
Startlinie gefaltet und die auf der Kathodenseite befindlichen Flecke
gleichzeitig mit den entsprechenden gegenüberliegenden (als Blind-
proben) ausgeschnitten. Das zerkleinerte Papier wird 15 h lang bei 0—5°
mit 5 n-Essigsäure eluiert und das auf Zimmertemperatur erwärmte
Filtrat spektrophotometrisch ausgewertet. Mit dieser Methode lassen
sich Reserpsäure und Serpentin voneinander und von (Rescinnamin +
+ Reserpin), deren Zonen sich z. T. überlagern, abtrennen. Dank ihrer
unterschiedlichen UV-Spektren können Rescinnamin und Reserpin
quantitativ in der beide Alkaloide enthaltenden Zone rechnerisch ermittelt werden.

n) Strychnos-Alkaloide [7, *31, 33, 85, 87—90*]

Brucin und Strychnin lassen sich nach MUNIER und MACHEBOEUF [7]
auf gepuffertem Papier (Durieux Nr. 122) mit verschiedenen Lösungsmittelgemischen trennen. Bei aufsteigender Methode ergaben sich die
in Tab. 114 aufgeführten R_F-Werte.

Tabelle 114

Imprägnierungs-lösung	Mobile Phase	R_F-Werte			
		Brucin	Strych-nin	Brucin	Strych-nin
		einzeln		im Gemisch	
m/5 KH$_2$PO$_4$	n-Butanol, wassergesättigt	0,32	0,42	0,23	0,38
m/5 KH$_2$PO$_4$	sek. Butanol, wassergesättigt	0,23	0,36	0,20	0,34
m/5 KH$_2$PO$_4$	tert. Butanol–Wasser (3:1)	0,61	0,72	0,61	0,75
m/5 KH$_2$PO$_4$	prim. Propanol–Wasser (3:1)	0,55	0,69	0,60	0,70
m/2 KH$_2$PO$_4$	Isopropanol–Wasser (3:1)	0,49	0,63	0,50	0,63
m/1 KH$_2$PO$_4$	N-Butanol, wassergesättigt	0,16	0,27	0,15	0,27
m/1 KH$_2$PO$_4$	sek. Butanol, wassergesättigt	0,20	0,31	0,16	0,30
m/2 KCl	wassergesättigtes n-Butanol–konz. HCl (100:3)	0,80	0,86	—	—
m/2 KCl	wassergesättigtes n-Butanol–konz. HCl (100:4)	0,91	0,82	—	—

Die Trennung von Strychnin, Brucin und einigen ihrer Oxydations-
bzw. Reduktionsprodukte erreicht man mit Hilfe einer zweidimensionalen
Methode [*85*]. In der 1. Dimension wurde mit Aceton–Diäthylamin–
Wasser (150:10:40) das Gemisch zunächst in 1. Oxystrychnin, 2. Methyl-
strychnin, 3. ein Gemisch aus Strychnidin + Tetrahydrostrychnin und
4. eine Mischung aus Strychnin und Brucin getrennt. Wird in der zweiten
Dimension eine Mischung von 30 Vol.-Teilen Salzsäure, 200 Vol.-Teilen
Butanol, 50 Vol.-Teilen Kaliumferrocyanid-Lösung (10%ig), 5 Vol.-
Teilen Glycerin und 5 Vol.-Teilen Eisessig als mobile Phase verwendet,
so bilden Strychnin, Oxystrychnin, Tetrahydrostrychnin und Strychnidin

mit Kaliumferrocyanid Verbindungen, die in salzsaurem Milieu unlöslich sind. In der zweiten Dimension können also nur Brucin und Methylstrychnin wandern. Um die Alkaloidflecken sichtbar zu machen, werden die Chromatogramme zunächst mit Diäthylamindämpfen behandelt, um die Alkaloid-Ferrocyanidfällung in Lösung zu bringen. Besprühen mit verdünntem Dragendorff-Reagens läßt dann die Alkaloide als ziegelrote Flecken erscheinen, die jedoch schnell verblassen.

DECKERS und SCHREIBER [31] trennen Strychnin und Brucin mit Hilfe der Papierelektrophorese. Sie benutzen die Elektrophorese-Apparatur nach GRASSMANN [86]; als Elektrolyt bewährte sich Citratpuffer (p_H 3,5). Die Alkaloide können als Salze oder als Basen vorliegen und werden in einer Konzentration von 20—200 μg pro 10 μl Lösungsmittel mit einer Capillarpipette als gleichmäßiger Streifen in etwa $^2/_3$ der Papierbreite auf das trockene Elektrophoresepapier (Whatman Nr. 1 oder Schleicher & Schüll 2043 b) aufgetragen. Dann wird der Papierstreifen mit Pufferlösung besprüht und in das Gerät eingehängt. Nach 2—5 stündiger Elektrophorese sind die Alkaloide 3—10 cm gewandert und ausreichend getrennt. Auf dem getrockneten Papier gelingt der Nachweis der Basen durch Besprühen mit modifiziertem DRAGENDORFF-Reagens.

o) Kalebassen-Curare [91—93, 140]

1 mg des Alkaloidgemischs wird als Chlorid aufgetragen und zweidimensional absteigend in Durchlauftechnik gearbeitet [91, 140]:

Folgende Tabelle gibt die R_C-Werte für eine Reihe von Kalebassen-Alkaloiden wieder, wobei unter R_C-Wert der Quotient aus der Wanderungsstrecke des betreffenden Alkaloids und der Wanderungsstrecke von C-Curarin zu verstehen ist. Als Lösungsmittel wurde in einer Dimension wassergesättigtes Methyläthylketon verwendet, dem 1—3% Methanol zugesetzt waren = Lösungsmittel „C"; in der anderen Dimension ein Gemisch aus Essigester : Pyridin : Wasser (7,5 : 2,3 : 1,65) = Lösungsmittel „D".

Tabelle 115

Kalebassen-Alkaloide	R_C-Wert		Kalebassen-Akaloide	R_C-Wert	
	„C"	„D"		„C"	„D"
C-Alkaloid A	0,23	0,55	C-Curarin	1,00	1,00
C-Alkaloid B	0,34	0,51	C-Alkaloid J	1,04	1,12
C-Alkaloid C	0,34	0,51	C-Dihydrotoxiferin . .		
C-Alkaloid D	0,35	0,68	(C-Alkaloid K) . . .	1,22	1,14
C-Alkaloid E	0,36	0,58	C-Alkaloid UB	—	1,13
C-Toxiferin I	0,42	0,67	C-Alkaloid M	1,45	—
C-Alkaloid F	0,49	0,73	C-Alkaloid Y	1,59	—
C-Alkaloid G	0,65	0,73	C-Calebassinin	1,68	1,38
C-Alkaloid H	0,71	0,99	C-Fluorocurin	2,10	1,70
C-Calebassin	0,80	1,03	C-Fluorocurinin . . .	2,23	1,65
C-Alkaloid I.	0,89	1,06	C-Fluorocurarin . . .	2,25	1,71
			(C-Curarin III)		
			C-Alkaloid L	2,50	1,99
			C-Mavacurin	2,70	—

Zur näheren Bestimmung der Kalebassenalkaloide sind Farbreaktionen notwendig, die entweder direkt auf dem Papier oder auf der Tüpfelplatte durchgeführt werden. Als Sprühreagens dient eine 1%ige

Cer(IV)sulfatlösung in 2 n-Schwefelsäure; auf der Tüpfelplatte geben konz. Schwefelsäure 50%ige H_2SO_4, konz. Salpetersäure und ein Gemisch aus 1 Tropfen konz. $H_2SO_4 + 1$ Tropfen 1%ige Cer(IV)sulfatlösung in 2 n-H_2SO_4 charakteristische Farbreaktionen. Einige Alkaloide fluorescieren im UV-Licht.

WIELAND und MERZ [92] weisen darauf hin, daß die Kalebassen-Alkaloide, wie auch andere Indolderivate, mit Zimtaldehyd in einer Atmosphäre von HCl-Gas eine Blauviolettfärbung geben.

p) Mutterkorn-Alkaloide [34, 35, 94—108]

Kompliziert ist die Trennung der Mutterkornalkaloide, da wasserlösliche und wasserunlösliche Alkaloide eine gesonderte Behandlung erfordern.

a) Nach G. E. FOSTER und Mitarbeitern [94] gelingt die Trennung der wasserlöslichen Basen Ergometrin und Ergometrinin voneinander und vom Gesamtkomplex der wasserunlöslichen Alkaloide. Zur Herstellung des Lösungsmittelgemisches werden 4 Vol.-Teile n-Butanol, 1 Vol.-Teil Eisessig und 5 Vol.-Teile Wasser im Scheidetrichter geschüttelt; die obere Schicht dient als mobile, die untere als stationäre Phase. Nach der absteigenden Methode auf Whatman-Papier Nr. 1 erhält man für Ergometrin den R_F-Wert 0,59 und für Ergometrinin 0,68, während die wasserunlöslichen Alkaloide der Ergotoxin- und der Ergotamingruppe mit der Lösungsmittelfront wandern. Die Alkaloide werden als Tartrate, Lactate oder Maleate, in Mengen von 5—10 μg in 0,05 ml Wasser gelöst, aufgetragen; die Laufzeit beträgt 12—18 h. Durch ihre blaue Fluorescenz im UV-Licht sind die Mutterkorn-Alkaloide auf dem Chromatogramm leicht nachzuweisen.

b) PÖHM und FUCHS [95] fanden ein geeignetes Verfahren zur Auftrennung der wasserunlöslichen *Secale*-Alkaloide. Mit dieser Methode ist es sogar möglich, die physiologisch hochaktiven, linksdrehenden Basen von ihren weniger wirksamen rechtsdrehenden Isomeren zu trennen. Whatman-Papier Nr. 1 wird mit einer Lösung von Formamid in einem leicht flüchtigen Lösungsmittel, dem noch 4% Benzoesäure zugesetzt sind, imprägniert. Die optimale Konzentration des Formamids beträgt 0,5 g pro dm² des Filterpapiers. Mit dem Lösungsmittelgemisch Tetrachlorkohlenstoff–Chloroform–Benzol (7:2:1) werden die folgenden, an ihrer intensiven Fluorescenz im UV-Licht erkennbaren Alkaloidflecken erhalten (in der Reihenfolge steigender Wanderungsgeschwindigkeit):

1. Ergometrin und Ergometrinin (bleiben am Start),
2. Ergotamin,
3. Ergosin,
4. Ergotaminin,
5. Ergosinin,
6. Ergocristin und Ergocornin,
7. Ergokryptin,
8. Ergocristinin und Ergocorninin,
9. Ergokryptinin.

R_F-Werte sind nicht angegeben, da die Wanderungsgeschwindigkeit der einzelnen Alkaloide in Mischungen von der Menge der einzelnen Bestandteile beeinflußt wird. Zur Identifizierung der Alkaloide unbekannter Proben trennt man gleichzeitig „Leitmischungen" verschiedener quantitativer Zusammensetzung. Eine Unterscheidung der Komponenten der Fraktionen 6 und 8 läßt sich durch Säurehydrolyse und papierchromatographischen Nachweis der entstandenen Aminosäuren erreichen [94]. Ergocristin und Ergocristinin liefern Phenylalanin, Ergocornin und Ergocorninin Valin.

c) MACEK und Mitarbeiter [96, 97] benutzten gleichfalls Formamidlösung als stationäre Phase, sowohl zur Trennung der wasserlöslichen als auch der wasserunlöslichen Mutterkorn-Alkaloide. Sie arbeiteten nach dem absteigenden Verfahren mit Whatman-Papier Nr. 1. Die Alkaloide werden als freie Basen in Mengen von etwa 20 μg aufgetragen, und dann wird das Papier von beiden Enden in eine 50%ige äthanolische Formamidlösung getaucht, bis auf einen etwa 1 cm breiten Streifen um die Startlinie, worauf die Alkaloide aufgetragen sind. Überschüssige Flüssigkeit wird zwischen Filtrierpapier abgesaugt. Nach vorsichtigem Besprühen des schmalen Streifens um die Startlinie mit der Imprägnierungsflüssigkeit wird dann in einem Chromatographiegefäß gearbeitet, das mindestens seit 5 h mit Dämpfen der mobilen Phase gesättigt ist. In etwa 5 h beträgt die Laufstrecke 40 cm. Benzol oder Benzol-Chloroformgemische sind als mobile Phase geeignet. Ergotamin, Ergotaminin, Ergokryptin, Ergocornin und D-Lysergsäure lassen sich mit Benzol oder einem Benzol–Chloroform-Gemisch (8:2) trennen. Die gefundenen R_F-Werte sind bei Anwendung von Benzol als Lösungsmittel:

<pre>
D-Lysergsäure und D-Isolysergsäure . . 0,00
Ergotamin   0,10
Ergotaminin   0,42
Ergocornin und Ergocristin   0,54
Ergokryptin   0,67
</pre>

Zur Trennung von Dihydroergotamin, Ergotaminin, Ergotamin, D-Lysergsäure, D-Isolysergsäure eignet sich ein Benzol–Chloroform-Gemisch 6:4. Zum Nachweis der Mutterkorn-Alkaloide, die nur schwach fluorescieren (z. B. Dihydroergotamin), empfehlen Verfasser VAN URK-Reagens: 0,2 g p-Dimethylaminobenzaldehyd werden in einer Mischung aus 55 ml Wasser und 65 ml konz. Schwefelsäure gelöst und 2 Tropfen 5%ige Ferrichloridlösung zugesetzt. Das getrocknete Chromatogramm wird auf eine mit dem Reagens bestrichene Glasplatte aufgelegt, wobei die Alkaloidflecken sich blau färben. Die Nachweisgrenze liegt bei 1—3 μg.

Benutzten Verfasser Chloroform als mobile Phase, so erreichten sie die Trennung folgender Alkaloide:

<pre>
Lysergsäure und Isolysergsäure 0,00
Ergometrin und Methylergometrin . .   0,03
Ergometrinin   0,19
Methylergometrinin   0,33
Ergotamin   0,86
</pre>

24*

Noch bessere Trenneffekte liefert das Durchlaufverfahren, dessen besonderer Vorteil darin liegt, daß eine nachträgliche Elution der Alkaloide vom Papier vollständig gelingt, da es unter den Versuchsbedingungen zu keiner Adsorption an die Papierfaser kommt. Dies bedeutet bei einer quantitativen Auswertung der Chromatogramme einen großen Vorzug.

d) STOLL und RÜEGGER [98] erzielten ausgezeichnete Trennungen innerhalb der natürlichen Gruppen von Mutterkornalkaloiden auf imprägnierten Papieren (Whatman Nr. 1). Diese werden dazu in einem Gemisch aus Phthalsäuredimethylester und Isopropyläther (10:90) (v:v) getränkt. Während der Verdunstung des Äthers trägt man die Alkaloide nach etwa 10 min auf, in Methanol/Chloroform oder Pyridin 1—2%ig in bezug auf jede Komponente gelöst. Als Lösungsmittel dient ein Formamid–Wasser-Gemisch, das mit Ameisensäure für die einzelnen Alkaloidgruppen auf verschiedenen p_H-Wert eingestellt wird (Tab. 116). Vor der Chromatographie werden die Bogen über Nacht in der Dampfphase des Lösungsmittels äquilibriert. Nach einer Trocknung von 45 min bei 100° C wird der Papier-Bogen mit einer wegen der geringen Löslichkeit des Reagens erwärmten 0,5%igen Lösung von p-Dimethylaminobenzaldehyd in Cyclohexan getränkt oder besprüht. Nach dem Verdunsten des Lösungsmittels bringt man den locker zusammengerollten Bogen in einen Behälter, der in seinem Unterteil konz. Salzsäure enthält. In der HCl-Atmosphäre werden nach kurzer Zeit die Stellen, auf denen sich Alkaloide befinden, als blauviolette Flecken sichtbar.

e) PÖHM und FUCHS [99] entwickelten eine Methode zur quantitativen Bestimmung der einzelnen Mutterkornalkaloide nach Elution aus dem Papierchromatogramm.

Die ausgeschnittenen, im UV-Licht fluorescierenden Zonen der auf Whatman-Papier Nr. 1 getrennten Alkaloide werden in einem Schliffgläschen mit einem Vol.-Teil 1%iger wäßriger Weinsäurelösung und zwei Vol.-Teilen Dimethylaminobenzaldehyd-Reagens (s. oben) versetzt, bis zur Zerfaserung des Papiers geschüttelt und durch eine Fritte G 3 filtriert. Die Farbintensität der blauen Lösung wird im Photometer

Tabelle 116

	Zusammensetzung der wäßrigen Phase und ihr mit Ameisensäure eingestelltes p_H	R_F-Wert
Ergocornin		0,73
Ergokryptin		0,63
Ergocristin	Formamid–Wasser (4:6) (v:v)	0,51
Ergocorninin	p_H 4,0	0,35
Ergokryptinin		0,25
Ergocristinin		0,17
Ergotamin		0,37
Ergosin	Formamid–Wasser (4:6) (v:v)	0,55
Ergotaminin	p_H 5,2	0,16
Ergosinin		0,27
Ergobasin	Formamid–Wasser (1:9) (v:v)	0,52
Ergobasinin	p_H 5,0	0,63

bestimmt. Die gemessenen Extinktionen entsprechen dem Lysergsäure-anteil jedes einzelnen Alkaloids, so daß man daraus den Alkaloidgehalt der papierchromatographisch erhaltenen Flecken bestimmen kann. Weitere Arbeiten über die papierchromatographische Trennung von Mutterkorn-Alkaloiden siehe Literaturverzeichnis *34, 35, 100—108*.

q) Solanum-Alkaloide [*109—118*]

Das frische Pflanzenmaterial wird zunächst zur Inaktivierung der Glykosidasen unmittelbar nach der Ernte 15 min lang auf 105° C erhitzt und dann bis zur Gewichtskonstanz bei 50—60° C getrocknet. 20 g des getrockneten Pflanzenpulvers werden mit 300 ml 2%iger Essigsäure übergossen und unter öfterem Umrühren 48 h lang stehengelassen und filtriert. Beim Versetzen des Filtrats mit konz. Ammoniak im Überschuß und Erhitzen auf 50—70° flockt das Rohglykosid aus; es wird abfiltriert, gründlich mit ammoniakalischem Wasser ausgewaschen und bei 50° getrocknet. Dieser Rohfällung, die reichlich anorganische Salze enthält, werden durch mehrmaliges Auskochen mit Äthanol die Glykoalkaloide entzogen [*109*]. Man destilliert den Alkohol auf dem Wasserbad ab und benutzt den Glykosidrückstand in 2%iger Essigsäure gelöst (0,5—1% Alkaloidgehalt) zur Papierchromatographie [*110*].

Man kann die Rückstände der alkoholischen Extraktion an einer Aluminium-oxydsäule vorreinigen [*111*]. Das Aluminiumoxyd wird mit nassem n-Butanol ein-geschlämmt und eine konzentrierte Lösung des Glykoalkaloids in wassergesättigtem n-Butanol auf die Säule gebracht. Bei gründlichem Waschen der Säule mit wasser-gesättigtem n-Butanol gehen die nur noch schwach grün gefärbten Alkaloide ins Filtrat. Die soweit gereinigten Alkaloide kommen in Eisessig gelöst zur Papier-chromatographie.

Auf Papier von Schleicher & Schüll Nr. 2043 b wurde nach der auf-steigenden Methode mit folgendem Lösungsmittelgemisch gearbeitet [*112*]: Essigester–Eisessig–Wasser (3:1:3 Vol.-Teile); die obere Phase wird mit 15% ihres Volumens an Äthanol versetzt. Nebenstehende $R_{\alpha S}$-Werte (Wanderungsstrecke des Glykoalkaloids: Wanderungsstrecke von α-Solanin) wurden erhalten:

	$R_{\alpha S}$		$R_{\alpha S}$
α-Solanin	1,00	α-Chaconin	1,61
β-Solanin	1,61	β-Chaconin	2,26
γ-Solanin	2,50	γ-Chaconin	2,50

SCHREIBER [*113, 114*] arbeitet aufsteigend oder aufsteigend/absteigend nach der Streifen- bzw. Keilstreifenmethode mit Streifen von 20 bis 35 cm Länge (Papier Schleicher & Schüll 2043 b). Die Alkaloidproben werden in Eisessig, 5%iger methanolischer Essigsäure oder Pyridin gelöst in Mengen von etwa 100 μg aufgetragen. Es wird mit der orga-nischen Phase einer Mischung von Essigsäureäthylester–Pyridin–Wasser (3:1:3) gearbeitet, wobei es zweckmäßig ist, das Papier 12—24 h vor Beginn der Chromatographie mit der Atmosphäre der organischen Phase des Gemisches zu äquilibrieren. Die Sichtbarmachung der getrennten Alkaloide auf dem Papier erfolgt zweckmäßigerweise mit Antimon-trichlorid (Durchziehen des Chromatogramms durch eine 10%ige Antimontrichloridlösung in Chloroform, trocknen in üblicher Weise und

Auswertung unter der UV-Lampe). Gesättigte und ungesättigte Alkaloide lassen sich an ihrer Fluorescenzfärbung voneinander unterscheiden. Für Routineuntersuchungen hat sich auch die Sichtbarmachung mit Hilfe einer Kaliumjodid-Jodlösung (1:200) oder mit DRAGENDORFFschem Reagens bewährt. Mit Hilfe dieses Verfahrens ist es möglich, Tetraoside, Trioside usw. voneinander zu trennen, es treten also Unterschiede im Aufbau der Kohlenhydratkomponente in Erscheinung, während die Natur des steroiden Aglykons keinen wesentlichen Einfluß hat.

TUZSON [115] trennte die Aglykone verschiedener Solanum-Glykosid-alkaloide. (Solanidin + Demissidin), Soladulcidin + Solasodin, Tomatidin und (Solanidien + Solasodien) lassen sich voneinander nach der absteigenden Methode auf Papier von Schleicher & Schüll Nr. 2043 b oder von Macherey und Nagel Nr. 214 trennen, das mit einer Mischung von Formamid und Aceton (3:7) imprägniert war. Als Lösungsmittelgemisch diente Benzol–Chloroform (1:2); es ergaben sich folgende R_F-Werte:

Solanidin	0,56
Demissidin	0,58
Soladulcidin	0,76
Solasodin	0,75
Tomatidin	0,85
Solanidien	0,98
Solasodien	0,98

Solasodien und Solanidien trennte Verf. mit der oberen Phase einer Mischung aus Cyclohexan, n-Butanol, Eisessig, Wasser (40:2:20:10), Solanidin und Demissidin mit der oberen Phase einer Mischung aus Toluol, Eisessig, n-Butanol, Wasser (30:5:0,5:10). Die untere Phase der Gemische diente jeweils zum Imprägnieren des Papiers. Die Detektion gelang außer beim Demissidin mit 25%iger Lösung von Antimontrichlorid in Chloroform. Demissidin wurde durch Joddämpfe sichtbar gemacht.

r) Veratrum-Alkaloide [119—121, 123—125]

HEGI und FLÜCK [119] entwickelten zur Trennung von *Veratrum*-alkaloiden verschiedene Vorschriften:

Vorschrift I

Mobile Phase: wassergesättigter Essigester. (Der Essigester muß vor Gebrauch durch Ausschütteln mit Wasser, das eine Spur Natriumcarbonat enthält, von etwa vorhandenen geringen Mengen Essigsäure befreit werden.)

Papier: mit Pufferlösung nach MCILVAINE vom p_H-Wert 5,4 getränkt.

Diese Vorschrift empfehlen Verfasser zur Vorprüfung von gereinigten Veratrumauszügen ohne säulenchromatographische Vorfraktionierung.

Vorschrift II

Mobile Phase: obere Phase der Mischung n-Butanol 16 ml:Essigester 64 ml:Wasser 20 ml. (Reinigung des Essigesters wie bei I.)

Papier: mit Pufferlösung nach MCILVAINE vom p_H-Wert 3,0 getränkt.

Diese Vorschrift ist zur qualitativen und halbquantitativen Analyse von Gesamtalkaloidauszügen aus Veratrumblättern geeignet sowie zur Untersuchung der Einzelfraktionen, die mittels Säulenchromatographie erhalten wurden.

Vorschrift III

Mobile Phase: wassergesättigter Äther.

Papier: mit McILVAINE-Puffer vom p_H-Wert 5,0 getränkt.

Vorschrift III ist zur Prüfung auf Cevadin und Veratridin besonders geeignet.

Vorschrift IV

Mobile Phase: Oberschicht der Mischung n-Butanol 20 ml:Äther 80 ml:Wasser 20 ml.

Papier: mit McILVAINE-Puffer vom p_H-Wert 4,6 getränkt.

Diese Vorschrift empfehlen Verfasser zur Untersuchung von Gesamtalkaloidauszügen aus *Veratrum*blättern und -rhizomen.

Vorschrift V

Vorschrift V entspricht derjenigen von NASH und BROKER [120], die auf ungepuffertem Papier mit einem Lösungsmittelsystem, bestehend aus der oberen Phase von n-Butanol 100 ml:Eisessig 2 ml:Wasser 100 ml arbeiten. Hiermit lassen sich die sauerstoffreichen Alkamine, wie z. B. Germitrin, trennen, die nach den Vorschriften I bis IV am Start bleiben. Vorschrift V ist auch zur Identifizierung der basischen Verseifungsprodukte geeignet.

Folgende R_F-Werte ergaben sich:

Tabelle 117

	Vorschrift I	II	III
Germin	0	0	0
Germitetrin	0,76	0,74	0,18
Jervin.	verzogen	0,75	0,05
Protoveratrin A . .	0,74	0,80	0,22
Protoveratrin B . .	0,25	0,49	0,03
Rubijervin.	verzogen	0,65	0,38
Veralbidin	verzogen	0,70	0,05
Veratrobasin	0,05	0,59	0

Es wurden Gemische von je 200 μg Reinalkaloid verwendet. Im Chromatogramm laufen zwar Stoffe mit, die fluorescierende Flecke erzeugen, doch sprechen diese nicht auf Alkaloidreagentien an. Zum Nachweis der Alkaloide benutzten Verfasser zwei Reagentien.

Reagens I. 2,0 g Jod und 4,0 g Jodkali in 94 ml Wasser gelöst ergeben die Stammlösung, die vor Anwendung 1 + 9 zu verdünnen ist.

Die Papiere werden durch die Reagensflüssigkeit gezogen, wobei zunächst gelbe Flecke auf braunem Grund entstehen. Nach etwa $^1/_2$ h ist die braune Farbe des Untergrunds verblaßt, und die Alkaloide sind als gelb- bis dunkelbraune Flecke auf hellem Grund sichtbar. Jervin bildet auf sauer gepufferten Papieren im Gegensatz zu den anderen Alkaloiden einen Fleck, der zunächst gelb wie die anderen, dann grünblau, dann violettblau und nach einigen Stunden wie die anderen bräunlich wird. Auf alkalisch gepuffertem Papier verhält sich Jervin wie die übrigen Alkaloide. Die Färbung des Germins mit Reagens Nr. 1 ist hellorangebraun, die des Rubijervins ausgesprochen dunkelbraun.

Reagens II. Oleum (66%ig)–konzentrierte Schwefelsäure (etwa 99%ig) [1:5 Vol.-T.].

Das Papier wird in einer Glasschale mit dem Reagens übergossen und mit einer Glasplatte bedeckt. Der Zusatz von Oleum bindet Wasser und verzögert die Zersetzung des Papiers. Die direkten Farben der einzelnen Alkaloide sowie ihre Fluorescenzfarben unter der Quarzlampe gibt Tab. 118 wieder:

Tabelle 118

	direkte Farbe	Fluorescenz unter der Quarzlampe
Germin	sofort rot, dann violettrot	sehr schwach violett
Germitetrin . .	nach 5—10 min schwach violett	nach 3 min schwach hellblau
Jervin	sofort gelb, dann braun	grünlich
Protoveratrin A	keine Farbe	nach 3—5 min hellblau
Protoveratrin B	nach 10 min sehr schwach violett	nach 3—5 min intensiv hellblau
Rubijervin . .	sofort gelb, dann rotviolett	sehr schwach violett
Veralbidin. . .	nach einigen Minuten schwach violett	nach einigen Minuten hellblau
Veratrobasin .	sofort intensiv orange	sofort intensiv orange

Zur Trennung der isomeren Alkamine der *Veratrum-* und *Sabadilla-*Alkaloide sowie ähnlicher Verbindungen verwendeten AUTERHOFF und GÜNTHER [121] Schleicher & Schüll-Papier Nr. 2043 b Mgl oder M und die obere Phase eines Gemisches aus Butanol–Eisessig–Wasser (4:1:5) und arbeiteten nach der absteigenden Methode.

Es ergaben sich folgende R_F-Werte:

Veracevin	0,60
Cevagenin	0,57
α-Cevin	0,60
Dehydro-Cevagenin	0,51
Germin	0,52
Isogermin	0,42
Pseudo-Germin	0,80
Dehydro-Isogermin	0,47
Protoverin	0,35
Isoprotoverin	0,30
Pseudo-Protoverin	0,61
Dehydro-Isoprotoverin	0,56
Isozygadenin	0,51
Pseudo-Zygadenin	0,90

Sämtliche dieser Verbindungen sind mit DRAGENDORFF-Reagens, modifiziert nach THIES und REUTHER oder JATZKEWITZ [122], nachweisbar.

Die Ketoformen lassen sich mit Triphenyltetrazoliumchlorid-Reagens nachweisen: 1%ige TTC-Lösung + 1%ige Natronlauge (1:1); die analogen Dehydroderivate ergeben mit 3%iger wäßriger Eisen(III)-chloridlösung auf dem Papier eine Schwarzfärbung.

s) Pilocarpin-Gruppe [8]

Pilocarpin, Isopilocarpin und Pilosin lassen sich [8] auf Durieux-Papier Nr. 122, das mit m-2-KCl-Lösung imprägniert wurde, trennen. Etwa 40 μg jedes Alkaloids werden in Chloroform aufgetragen. Die R_F-Werte (aufsteigende Methode) waren für:

Pilocarpin 0,44
Isopilocarpin 0,47
Pilosin 0,55

t) Xanthin-Derivate (und Trigonellin) [1, 3, 9 , 126—130]

Die papierchromatographische Trennung der Xanthin-Alkaloide und des Trigonellins [1, 3, 9] läßt sich mit verschiedenen sauren Lösungsmittelgemischen auf Durieux-Papier 122 erreichen. Über die R_F-Werte orientiert Tab. 119.

Tabelle 119

	n-Butanol, Eisessig (100:20) wassergesättigt	n-Butanol, Salzsäure (d = 1,179) (100:10) wassergesättigt	n-Butanol, Ameisensäure (96—98%ig) (100:10) wassergesättigt	n-Butanol, Ameisensäure (100:20) wassergesättigt	n-Butanol, Ammoniak (d = 0,9232) Wasser (100:2:16)	n-Butanol, Äthanol, Ammoniak (d = 0,9232) (90:10:1) wassergesättigt
Coffein. . .	0,75	0,65	0,75	0,79	0,73	0,72
Theophyllin	0,69	0,49	0,66	0,66	0,36	0,57
Theobromin	0,53	0,33	0,42	0,43	0,25	0,45
Xanthin . .	—	0,13	—	—	—	—
Trigonellin .	0,25	0,21	—	—	0,102	0,09

Bei der Trennung von Xanthinderivaten nach dem zweidimensionalen Verfahren [126] benutzt man: 1. wassergesättigtes Butanol, 2. eine Mischung aus 6 Vol.-Teilen n-Propanol und 4 Vol.-Teilen 20%igem Ammoniak. Zum Nachweis der Xanthinderivate dient die Eigenschaft der Purine, Licht von Wellenlängen von etwa 260 mμ zu absorbieren.

Werden die Chromatogramme mit 0,005%iger Lösung von Fluorescein in 0,5 n-Ammoniaklösung besprüht und, ohne sie ganz zu trocknen, im UV-Licht betrachtet, so erscheinen die absorbierenden Substanzen als dunkle Flecken auf gelbgrün fluorescierendem Grund. Zur Erzeugung des UV-Lichts im gewünschten Wellenlängenbereich eignet sich eine Analysen-Quarzlampe, deren Licht durch ein UG-5-Glas (Schott & Gen.) und eine mit Chlor von Atmosphärendruck gefüllte 30 mm lange Quarzcuvette tritt, die außerdem noch einen Tropfen Brom enthält. Dies Licht enthält hauptsächlich die Quecksilberlinien 254 und 265 mμ. Die unterste Empfindlichkeitsgrenze dieses Nachweises liegt bei einer Konzentration von 5—10 μg in einem pfenniggroßen Fleck. Nach dem Photoprint-Verfahren lassen sich diese Flecken abbilden: Das trockene Chromatogramm wird auf UV-empfindliches Papier gelegt und mit Licht der oben angegebenen Wellenlänge belichtet (1,5 min im Abstand von 1,2 m für eine Fläche von 15×40 cm). Nach dem üblichen Entwickeln, Fixieren und Waschen erscheinen die Xanthinflecken als helle Stellen auf dunklem Grund.

Die R_F-Werte in beiden Dimensionen zeigt Tab. 120.

Tabelle 120

	n-Butanol wassergesättigt	n-Propanol, Ammoniak (20%ig) (6:4)
7-Methylxanthin	0,23	0,41
3-Methylxanthin	0,30	0,52
Theobromin (3,7-Dimethylxanthin) . . .	0,41	0,63
Paraxanthin (1,7-Dimethylxanthin) . . .	0,50	0,60
Theophyllin (1,3-Dimethylxanthin) . . .	0,57	0,72
Coffein (1,3,7-Trimethylxanthin)	0,70	0,90

Der Nachweis der Xanthinderivate durch ihre UV-Absorption ist schwierig, wenn Farbstoffe oder fluorescierende Stoffe in der Analysensubstanz enthalten sind [127]. Deshalb werden zum Nachweis von Coffein, Theobromin und Theophyllin die Chromatogramme mit Chlorgas behandelt, wobei stark fluorescierende Verbindungen entstehen. Die vorher gut getrockneten Papiere werden vorsichtig mit Wasser durchfeuchtet, so daß ihr Feuchtigkeitsgehalt 50—100% des Trockengewichts beträgt, und 3 min in einer Glasglocke aufgehängt, auf deren Grund sich gesättigtes Chlorwasser befindet. Anschließend trocknet man vorsichtig bei 80—90° C und bringt den Streifen einige Minuten lang in eine Ammoniakatmosphäre. Die Xanthinderivate geben nach dieser Behandlung unter einer normalen UV-Lampe violette, die anderen Purine grüne Fluorescenz. Andere im Pflanzenmaterial vorkommende fluorescierende Stoffe haben durch die Chlorbehandlung ihre Fluorescenz verloren und stören daher nicht weiter. Mengen von 0,5 μg der Xanthinderivate sind noch nachweisbar (vgl. auch S. 198ff.).

Zur quantitativen Bestimmung des Coffeins und Trigonellins im Kaffee [128] werden 5—10 g gemahlene, geröstete oder eine entsprechende Menge grüner Kaffeebohnen durch vorsichtiges Kochen mit einer Mischung aus 200 ml Wasser und 50 ml 0,05 n-Schwefelsäure extrahiert (20 min). Nach Zusatz von 25 g schwerem Magnesiumoxyd wird nochmals 20 min gekocht, auf 275 ml aufgefüllt und filtriert. Vom Filtrat werden auf die Startlinie, etwa 3 cm von der unteren Kante des Papiers (Whatman Nr. 1) entfernt und im Abstand von 8 cm voneinander, 2 Flecken von je 0,06 ml aufgetragen (in 3 Portionen zu je 0,02 ml). Mit einer Lösung von 2 n-HCl in 65%igem Isopropanol als mobile Phase wurde für Coffein der R_F-Wert 0,78, für Trigonellin 0,59 und für Chlorogensäure 0,86 gefunden. Die Erkennung der Flecken gelingt durch ihre Fluorescenz im UV-Licht, 10—30 μg jeder Substanz wurden gebraucht. Für die quantitative Bestimmung werden die fluorescierenden Bezirke ausgeschnitten, mit 5 ml 0,1 n-Salzsäure bei Zimmertemperatur 4 h lang leicht geschüttelt und in Quarzcuvetten zur Bestimmung im Beckman-Spektrophotometer übergeführt. Als Blindwert dient ein auf gleiche Weise hergestelltes Eluat aus gleich großen, gleichgeformten alkaloidfreien Bezirken des Chromatogramms. Die Absorptionsmaxima liegen für Coffein bei 272 mμ, für Trigonellin bei 265 mμ.

u) Colchicum-Alkaloide [131, 132]

Colchicum und verwandte Gattungen enthalten verschiedene Typen von Alkaloiden, solche von neutralem, basischem und phenolischem Charakter sowie Heteroglykoside. Demzufolge können die üblichen

Extraktionsmethoden für Alkaloide nicht angewandt werden. Daher wird zunächst das feingepulverte Pflanzenmaterial mit Methanol oder Äthanol extrahiert, dann der Auszug bei etwa 35° bis zur Trockne eingedampft [*131*], der Rückstand in etwa 5—10 ml 0,1 n-Salzsäure gelöst und nach dreistündigem Schütteln vom Ungelösten abfiltriert unter zweimaligem Nachwaschen mit 5 ml Wasser. Das Filtrat wird dann 5mal mit je 5 ml Chloroform geschüttelt und der Chloroformauszug nach dem Trocknen über Natriumsulfat destilliert. Der so gewonnene Alkaloidanteil kommt in 0,1%iger Lösung zur Papierchromatographie, gesondert von dem restlichen Anteil, der in der oberen Phase der Chloroformausschüttelung enthalten ist und nach Neutralisieren der salzsauren Lösung mit Ammoniak mit Chloroform ausgeschüttelt wird.

Zu der papierchromatographischen Trennung der Colchicum-Alkaloide [*132*] benutzt man drei verschiedene Lösungsmittelgemische:

1. Benzol–Essigsäure–Wasser (10:3:7),
2. Butanol–Essigsäure–Wasser (5:1:4),
3. Essigester–Pyridin–Wasser (2:1:1).

Die erste Mischung eignet sich am besten für die Chromatographie neutraler Substanzen, während die zweite und dritte für basische und phenolische Derivate und besonders für die Heteroglykoside in Frage kommen.

Die zu untersuchenden Substanzen wurden in einer Konzentration von 0,1%, nach Möglichkeit in Chloroform gelöst, aufgetragen, nicht in Chloroform lösliche Stoffe in alkoholischer Lösung. Auf 45 cm langen Streifen Whatman-Papier Nr. 1 wurde nach der Durchlauftechnik gearbeitet, da sie auch eine Trennung der Alkaloide mit geringer Wanderungsgeschwindigkeit ermöglicht. Vor Ausführung der Chromatographie wurden die Chromatogramme 12 h lang in der Atmosphäre der wäßrigen Phase des jeweiligen Lösungsmittelsystems äquilibriert.

Die kleinen R_F-Werte der phenolischen Substanzen können durch vorhergehende Alkylierung bzw. Acetylierung der Phenolgruppe erhöht werden. Ebenso wird eine vorhergehende Acetylierung bei basischen Substanzen empfohlen. Um eine Zersetzung der Alkaloide durch Licht zu vermeiden, muß im Dunkeln gearbeitet werden.

Zum Nachweis ist die Fluorescenz der *Colchicum*alkaloide im UV-Licht am besten geeignet, aber auch Phosphorwolframsäure-Lösung ist brauchbar [*133*]. Die Tropolonderivate geben bei der Reaktion nach OBERLIN-ZEISEL [134] eine Grünfärbung. Das fertige Chromatogramm wird mit 10%iger Salzsäure besprüht, im Autoklaven bei 110° 2 min erhitzt und dann mit 7%iger Eisenchloridlösung besprüht.

v) Bärlapp-Alkaloide [*135*]

3—4 kleine Tropfen einer Lösung von 2 mg des Basengemisches aus *Lycopodium annotinum* L. in 3 ml absolutem Aceton wurden in einer Ecke eines Bogens Whatman-Papier Nr. 1 aufgetragen; dann wurde aufsteigend mit wassergesättigtem n-Butanol entwickelt. Im Chromatographiergefäß befand sich außerdem noch ein Schälchen mit KCN-

Lösung. Nach 8 h wurde das Papier herausgenommen und nach Markierung der Steigfront getrocknet. Der um 90° gedrehte Bogen wurde mit dem gleichen Lösungsmittel in gleicher Weise behandelt.

Die R_F-Werte waren folgende:

Annotin 0,35
Acrifolin 0,44
Annotinin 0,60

w) Ephedrin [135]

(+)- und (−)-Ephedrin werden in Lösung von Wasser oder Methanol aufgetragen und aufsteigend mit n-Butanol–Wasser–Eisessig (5:4:1) getrennt (Laufzeit etwa 20 h). Die Fällung organischer Basen mit DRAGENDORFFs Reagens wird durch die Methylierung des basischen Stickstoffs beeinflußt. Vor der Behandlung mit DRAGENDORFFs Reagens methyliert man deshalb die nachzuweisenden Alkaloide zunächst vollständig: Nach dem Besprühen der trockenen Chromatogramme mit 10%iger wäßriger Lösung von Kaliumcarbonat werden die getrockneten Papiere dann in Dimethylsulfat getaucht, zwischen Filtrierpapier abgesaugt und 10 min lang in Luft auf 90° erwärmt. Wegen der starken Giftwirkung des Dimethylsulfats ist unter einem gut ziehenden Abzug zu arbeiten. Beim Besprühen mit einer 5fachen Verdünnung von DRAGENDORFFs Reagens mit 70%iger Essigsäure erscheinen die Alkaloide als rotorange Flecken mit folgenden R_F-Werten:

(+)-Ephedrin-Hydrochlorid 0,78
(—)-Ephedrin-Hydrochlorid 0,82

Literatur

[1] R. MUNIER–M. MACHEBOEUF: Bull. Soc. Chim. biol. **31**, 1144—1162 (1949). — [2] R. MUNIER–M. MACHEBOEUF: Bull. Soc. Chim. biol. **31**, 1198—1199 (1949). — [3] R. MUNIER–M. MACHEBOEUF: Bull. Soc. Chim. biol. **32**, 192—212 (1950). — [4] R. MUNIER–M. MACHEBOEUF: Bull. Soc. Chim. biol. **32**, 904—907 (1950). — [5] R. MUNIER–M. MACHEBOEUF: Bull. Soc. Chim. biol. **33**, 846—856 (1951). — [6] R. MUNIER: Bull. Soc. Chim. biol. **33**, 857—861 (1951). — [7] R. MUNIER–M. MACHEBOEUF–N. CHERRIER: Bull. Soc. Chim. biol. **33**, 1919—1929 (1951). — [8] R. MUNIER–M. MACHEBOEUF: Bull. Soc. Chim. biol. **34**, 209—213 (1952). — [9] R. MUNIER: Bull. Soc. chim. France **1952**, 852—873 (1952). — [10] R. MUNIER: Bull. Soc. Chim. biol. **35**, 1225—1231 (1953). — [11] H. THIES–F. W. REUTHER: Naturwissenschaften **41**, 230—231 (1954). — [12] H. THIES–F. W. REUTHER: Naturwissenschaften **42**, 486—487 (1955). — [13] J. MASSICOT: C. r. Acad. Sci. (Paris) **246**, 1622—1624 (1958). — [14] P. H. LIST: Naturwissenschaften **41**, 454 (1954). — [15] P. H. LIST: Photogr. u. Wiss. **4**, 23 (1955). — [16] D. N. GORE–J. M. ADSHEAD: J. Pharm. Pharmacol. **4**, 803—810 (1952). — [17] C. ROMANO: Minerva med. **70**, 172—174 (1950). — [18] J. MESNARD–E. BOUSSEMART: Bull. Trav. Soc. Pharm. (Bordeaux) **88**, 175—177 (1950). — [19] D. P. BURMA: Naturwissenschaften **41**, 19 (1954). — [20] K. MACEK–J. HACAPERKOVÁ–B. KAKÁČ: Pharmazie **11**, 533—538 (1956). — [21] O. E. SCHULTZ–D. STRAUSS: Arzneimittelforsch. **5**, 342—348 (1955). — [22] K. MACEK: Abh. dtsch. Akad. Wiss. Berlin, Kl. Chem. **1957**, 51—56. — [23] H. BRÄUNIGER: Pharmazie **9**, 643, 719, 834 (1954); **11**, 28, 115 (1956). — [24] H. BRÄUNIGER–L. HONERJÄGER: Pharmazie **12**, 203, 271 (1957). — [25] R. E. A. DREY–G. E. FOSTER: J. Pharm. Pharmacol. **5**, 839—848 (1953). — [26] N. L. ALLPORT–E. S. WILSON: Quart. J. Pharm. Pharmacol. **12**, 399—408 (1939). — [27] M. G. ASHLEY: J. Pharm. Pharmacol. **3**, 181 (1952). — [28] A. ROMEIKE: Pharmazie **7**, 496—497 (1952). — [29] L. RUTTER: Nature

(Lond.) **161**, 435 (1948). — [*30*] J. Büchi–H. Schumacher: Pharmac. Acta Helv. **31**, 417—420 (1956). — [*31*] W. Deckers–J. Schreiber: Naturwissenschaften **40**, 553—554 (1953). — [*32*] W. Grassmann–K. Hannig: Z. physiol. Chem. **292**, 32 (1953). — [*33*] H. Bräuniger–G. Borgwardt: Pharmazie **8**, 909—913 (1953). — [*34*] H. Brindle–J. E. Carless–H. B. Woodhead: J. Pharm. Pharmacol. **3**, 793—813 (1951). — [*35*] J. E. Carless–H. B. Woodhead: Nature (Lond.) **168**, 203 (1951). — [*36*] J. B. Schute: Pharm. Weekbl. **86**, 201 (1951). — [*37*] K. Jentzsch: Scientia pharmac. **20**, 216—223 (1952). — [*38*] P. Mathes–W. Klementschitz: Scientia pharmac. **19**, 235—236 (1951). — [*39*] W. C. Evans–M. W. Partridge: J. Pharm. Pharmacol. **6**, 702 (1954). — [*40*] J. Reichelt: Pharmazie **9**, 968 (1954). — [*41*] W. Klementschitz–P. Mathes: Scientia pharmac. **20**, 65—69 (1952). — [*42*] D. Kraft: Pharmazie **8**, 251—256 (1953). — [*43*] E. Wegner: Naturwissenschaften **40**, 580—581 (1953). — [*44*] S. N. Tewari: Naturwissenschaften **41**, 217 (1954). — [*45*] W. L. Porter–J. Naghski–A. Eisner: Arch. Biochem. **24**, 461 bis 463 (1949). — [*46*] L. Leierson–Th. B. Walker: Analytic. Chem. **27**, 1129 (1955). — [*47*] B. T. Cromwell: Biochem. J. **64**, 259—266 (1956). — [*48*] J. Wibaut–H. Beyermann–P. Enthoven: Rec. Trav. chim. Pays-Bas **73**, 102—108 (1954). — [*49*] E. Steinegger–F. Ochsner: Pharmac. Acta Helv. **31**, 65—72 (1956). — [*50*] E. Steinegger–F. Ochsner: Pharmac. Acta Helv. **31**, 89—96 (1956). — [*51*] M. Wiewiórowski–M. D. Bratek: Abh. dtsch. Akad. Wiss. Berlin, Kl. Chem. **1957**, 79—87. — [*52*] A. Seifer–J. Oreskes: Analytic. Chem. **25**, 1539 (1953). — [*53*] I. Reifer–S. Nizioŀek: Acta biochim. polon. **4**, 165—180 (1957). — [*54*] M. Pöhm–F. Galinovsky: Mh. Chem. **84**, 1197—1200 (1953). — [*55*] M. Grims: Arch. Pharmaz. **290**, 467—472 (1957). — [*56*] P. de Moerloose: Pharmac. T. Belgie **29**, 117—121 (1952). — [*57*] P. de Moerloose: Pharmaz. Weekbl. **89**, 1 (1954). — [*58*] D. Lussmann–E. Kirch–G. Webster: J. Amer. pharmac. Ass. **40**, 368—370 (1951). — [*59*] J. Büchi–H. Schumacher: Pharmac. Acta Helv. **32**, 273—288 (1957). — [*60*] A. B. Svendsen–E. D. Aarnes–A. Paulsen: Medd. norsk farmac. Selsk. **17**, 116 (1955). — [*61*] A. B. Svendsen: Pharmac. Acta Helv. **26**, 323—333 (1951). — [*62*] E. Graf–P. H. List: Arznei-mittelforschg. **4**, 450—453 (1954). — [*63*] H. Bräuniger–G. Borgwardt: Pharmazie **8**, 909—913 (1953). — [*64*] J. B. Schute: Pharmaz. Weekbl. **86**, 201 (1951). — [*65*] G. Vitte–E. Boussemart: Bull. Trav. Soc. Pharm. (Bordeaux) **89**, 83—85 (1951). — [*66*] A. B. Svendsen: Dansk Tidsskr. Farm. **26**, 125 (1952). — [*67*] H. Jatzkewitz: Z. physiol. Chem. **292**, 94—100 (1953). — [*68*] B. Salvesen–A. Paulsen: Medd. norsk farmac. Selsk **15**, 33—43 (1953). — [*69*] H. Häussermann: Arch. Pharmaz. **289**, 303—308 (1956). — [*70*] J. Reichelt: Pharmazie **10**, 234—235 (1955). — [*71*] A. Mariani: Pharmac. Weekbl. **90**, 125 (1955). — [*72*] H. Erbring–W. Wulf: Kolloid-Z. **125**, 99—105 (1952). — [*73*] D. P. Chakraborty: Biol. Physic. Res. **21**, 13—17 (1956—57). — [*74*] W. M. Clark: The Determination of Hydrogen Ions (1922). — [*75*] J. Büchi–H. Schumacher: Pharmac. Acta Helv. **32**, 403—410. — [*76*] A. Roux: Ann. pharmac. franç. **15**, 119—123 (1957). — [*77*] R.-R. Paris–H. Moyse: C. R. Acad. Sci (Paris) **245**, 1265—1268 (1957). — [*78*] D. Baues–J. Carol–J. Wolff: J. Amer. pharmac. Ass., sci. Edit. **44**, 640 (1955). — [*79*] J. Carol–D. Baues–J. Wolff–H. O. Fallscheer: J. Amer. pharmac. Ass., sci. Edit. **45**, 200 (1956). — [*80*] M. Sahli: Pharmac. Acta Helv. **33**, 1—9 (1958). — [*81*] Ch. Wunderly: Chimia **7**, 146 (1953). — [*82*] F. A. Hochstein: J. Amer. chem. Soc. **77**, 5744—5745 (1955). — [*83*] K. Yamaguchi–H. Shoji–K. Nishimoto: J. Pharmac. Soc. Japan **77**, 337—340 (1957). — [*84*] K. Yamaguchi–T. Tabata–H. Shoji: J. Pharmac. Soc. Japan **77**, 341—346 (1957). — [*85*] H. Griffon–C. Romano: Ann. pharmac. franç. **10**, 497—514 (1952). — [*86*] Herstellerfirma Dr. Bender und Dr. Hobein, München. — [*87*] A. Denoel–F. Jaminet–E. Philippot–M. Dallemagne: Arch. int. Physiol. **59**, 341—347 (1951). — [*88*] G. Marini-Bettólo–M. Lederer: Nature (Lond.) **174**, 133 (1954). — [*89*] J. Büchi–H. Schumacher: Pharmac. Acta Helv. **32**, 462—474 (1957). — [*90*] G. Dušinský–M. Tyllová: Nature (Lond.) **181**, 1335 (1958). — [*91*] P. Karrer: J. Pharm. Pharmacol. **8**, 161—184 (1956). — [*92*] Th. Wieland–H. Merz: Chem. Ber. **85**, 731—743 (1952). — [*93*] Th. Wieland: Liebigs Ann. Chem. **564**, 154 (1949). — [*94*] G. E. Foster–J. Macdonald–T. S. G. Jones: J. Pharm. Pharmacol. **1**, 802—812 (1949). — [*95*] M. Pöhm–L. Fuchs: Naturwissenschaften **41**, 63

(1954). — [96] K. Macek–A. Černý–M. Semonský: Pharmazie 9, 388 (1954). — [97] K. Macek–M. Semonský–S. Vaněček–V. Zikán–A. Černý: Pharmazie 9, 752—754 (1954). — [98] A. Stoll–A. Rüegger: Helv. chim. Acta 37, 1725 (1954). — [99] M. Pöhm–L. Fuchs: Naturwissenschaften 40, 244 (1953). — [100] E. Thielemann–W. Lang–H. Kaiser: Arch. Pharmaz. 286, 380—387 (1953). — [101] A. M. Berg: Pharmac. Weekbl. 86, 900—901 (1951). — [102] A. M. Berg: Pharmac. Weekbl. 87, 282 (1952). — [103] V. Tyler–A. Schwarting: J. Amer. pharmac. Ass. Sci. Ed. 41, 354—355 (1952). — [104] J. V. Koštiř–D. Rybář–B. Oulehla–J. M. Hais–M. Beran: Čs. farm. 1, 621 (1952). — [105] J. Tuzson–G. Vastagh: Pharmac. Acta Helv. 29, 357—360 (1954). — [106] P. Horák–S. Kudrnáč: Pharmazie 10, 469—470 (1955). — [107] R. Schindler–A. Bürgin: Helv. chim. Acta 39, 2132—2136 (1956). — [108] D. D. Jones–H. Katyama–V. E. Tyler: J. Amer. pharmac. Ass. Sci. Edit. 46, 426—427 (1957). — [109] K. Schreiber: Pharmazie 10, 379—386 (1955). — [110] W. A. Passeschnitschenko–A. P. Gussewa: Biochimija 21, 585—590 (1956). — [111] R. Kuhn–I. Löw: Chem. Ber. 88, 289—294 (1955). — [112] R. Kuhn–I. Löw: Angew. Chem. 66, 639 (1954). — [113] K. Schreiber: Persönliche Mitteilung 1958. — [114] K. Schreiber: Planta med. 6, 93—96 (1958). — [115] J. Tuzson: Naturwissenschaften 43, 198 (1956). — [116] Z. Procházka–L. Lábler–Z. Kotásek: Chem. listy 48, 1066—1070 (1954). — [117] R. K. McKee: Nature (Lond.) 179, 313—314 (1957). — [118] G. L. Szendey: Arch. Pharmaz. 290, 563—567 (1957). — [119] H. R. Hegi–H. Flück: Pharmac. Acta Helv. 31, 428—447 (1956). — [120] H. Nash–R. Brooker: J. Amer. chem. Soc. 75, 1942 (1953). — [121] H. Auterhoff–F. Günther: Arch. Pharmaz. 288, 455 (1955). — [122] H. Jatzkewitz: Hoppe-Seylers Z. physiol. Chem. 292, 94 (1953). — [123] H. Auterhoff: Arch. Pharmaz. 286, 69 (1953). — [124] H. Auterhoff: Arch. Pharmaz. 287, 59; 380 (1954). — [125] J. Levine–H. Fischbach: J. Amer. pharmac. Ass. Sci. Edit. 44, 543 (1955). — [126] Th. Wieland–L. Bauer: Angew. Chem. 63, 511—513 (1951). — [127] H. Michl: Naturwissenschaften 40, 390 (1953). — [128] L. Kogan–F. J. Dicarlo–W. E. Maynard: Analytic. Chem. 25, 1118—1120 (1953). — [129] G. Fleischer: Pharmazie 11, 248 (1956). — [130] V. E. Krogerus–V. Leivonen–U. Ukkonen–L. Bastman–H. Lehmus: Faraseuttinen Aikakauslehti (Farmac. Notisbl.) 65, 141—157 (1956); ref. Chem. Centralbl. 128, 7433 (1957). — [131] H. Potěšilová–J. Bartošová–F. Šantavý: Ann. pharmac. franç. 12, 616 (1954). — [132] K. Macek–J. Bartošová–F. Šantavý: Ann. pharmac. franç. 12, 555 (1955). — [133] E. Walaszek–F. Kelsey–E. Geiling: Science 116, 225 (1952). — [134] Oberlin–Zeisel: Mschr. Chem. 7, 591 (1886). — [135] A. Bertho–A. Stoll: Chem. Ber. 85, 663—685 (1952). — [136] T. Kariyone–Y. Hashimoto: Nature (Lond.) 168, 739 (1951). — [137] O. Folin–J. Ciocalteu: J. biol. Chem. 73, 627 (1927). — [138] B. Franck: Chem. Ber. 91, 2803—2818 (1958). — [139] F. Reindel–W. Hoppe: Chem. Ber. 87, 1103 (1954). — [140] H. Schmid–J. Kebrle–P. Karrer: Helv. chim. Acta 35, 1864—1879 (1952).

O. Sterine, Steroide und verwandte Verbindungen

Von

H. Machleidt

Der Nachweis und die Isolierung von Steroiden und verwandten Verbindungen hat in den letzten Jahren durch die Anwendung der Papierchromatographie einen außerordentlichen Aufschwung erfahren. Einige ausgezeichnete Literaturzusammenstellungen geben Auskunft darüber [1, 2, 3].

Bedingt durch den lipoiden Charakter der Steroide kann die ursprüngliche Form der Papierchromatographie nicht angewendet werden, da die Substanzen mit der Lösungsmittelfront laufen. Es kommt daher die

„echte zweiphasige" Papierchromatographie zur Anwendung, wobei das Papier mit einer der beiden Gleichgewichtsphasen des Lösungsmittelgemisches imprägniert wird. Die Konzentration der Steroide im pflanzlichen Material ist gewöhnlich gering. Ihr Nachweis gelingt daher erst nach einer Anreicherung, die sich auf Grund des lipoiden Charakters der Steroide gut durchführen läßt und meist in zwei Stufen erfolgt: Aufschluß und Extraktion des pflanzlichen Materials und Adsorptions- oder Verteilungschromatographie der Extrakte. Ohne diese Operationen ist der Nachweis nicht möglich.

I. Aufschluß und Extraktion
1. Unpolare, neutrale Steroide

Das zerkleinerte Material wird mit 5%iger alkoholischer KOH in der Hitze unter Rückfluß verseift. Nach Zusatz von Wasser wird mit Äther mehrmals ausgeschüttelt, die Ätherlösung mit wäßriger 10%iger KOH und Wasser gewaschen, im Vakuum eingedampft, der Rückstand gewogen und an neutralem Aluminiumoxyd (Al_2O_3) chromatographiert [4]. Auch die Abtrennung mancher Steroide mit Hilfe der Digitoninfällung ist möglich [5]. Da die unpolaren Sterine im Papierchromatogramm häufig nur geringe Unterschiede im R_F-Wert zeigen, sind meist noch chemische Operationen zur weiteren Auftrennung erforderlich [6].

2. Glykoside und Aglykone

Die Pflanze enthält gewöhnlich zuckerreiche Primärglykoside, Glykoside und Aglykone nebeneinander, jedoch in verschiedenen Konzentrationen. Die Primärglykoside stellen häufig den größeren Anteil, sie werden meist nach Zerstörung der pflanzlichen Zellen durch die freigelegten Fermente in zuckerärmere Glykoside gespalten [7, 8]. Manche Glykoside liegen mit Essigsäure oder Ameisensäure verestert vor. Auch hier hat die Isolierungstechnik einen wesentlichen Einfluß auf das spätere chromatographische Ergebnis. Der Nachweis der genuinen Glykoside wird unter Ausschaltung der Fermentwirkung bei tiefen Temperaturen [9, 10] oder in Gegenwart von viel Ammoniumsulfat und Extraktion in organische Lösungsmittel unter neutralen Bedingungen durchgeführt [11—14]. Eine anschließende Adsorptionschromatographie an Al_2O_3 verändert häufig die Primärglykoside (Abspaltung von Ameisensäure usw.); auch werden wegen der beträchtlichen Molekülgröße schlechte Trennungen erreicht. Die genuinen Glykoside werden daher durch Verteilungschromatographie an der Silicagel- [10, 15—18] oder Cellulosesäule [19] angereichert. Oft jedoch wird gerade die Fermentaktivität der Pflanze ausgenutzt, um die Primärglykoside in niedermolekulare Glykoside zu spalten, welche sich viel besser trennen und kristallisieren lassen [20—25].

Das in Wasser zerkleinerte (homogenisierte) Material (Samen, Blätter, Wurzeln oder Zwiebeln) wird unter Toluol mehrere Tage bei 25—37° stehengelassen, mit Alkohol erschöpfend extrahiert und der Extrakt im Vakuum auf ein kleines Volumen eingeengt. Das wäßrige Konzentrat wird mit der gleichen Menge Alkohol versetzt, mit $Pb(OH)_2$ oder basischem Bleiacetat gereinigt, durch eine Schicht Kieselgur (Celite 545) filtriert, der Alkohol im Vakuum entfernt und die wäßrige Lösung nacheinander mit Äther, Chloroform und Chloroform–Alkohol 2:1 ausgeschüttelt. Lipoidreiche Samen werden vorher mit Petroläther entfettet. Die einzelnen Extrakte werden im Vakuum eingedampft, gewogen und einer Vorprüfung mit Hilfe von Farbreaktionen unterworfen.

Häufig lassen sich die Hauptglykoside- und Aglykone bereits an dieser Stelle in den entsprechenden Extrakten papierchromatographisch nachweisen. Ist jedoch eine genaue Analyse der Steroidfraktion erwünscht, so muß unbedingt eine weitere Anreicherung und Auftrennung durch eine anschließende Adsorptions- oder Verteilungschromatographie durchgeführt werden.

II. Adsorptions- und Verteilungschromatographie

1. Adsorptionschromatographie

Eine passende, über dem Hahn mit etwas Watte gedichtete Chromatographiersäule wird mit Lösungsmittel gefüllt und neutrales Al_2O_3 (30- bis 50fache Menge des Extrakttrockenrückstandes) in feinem Strom unter Beklopfen des Rohres eingefüllt. Durch eine längere Sinkstrecke erreicht man eine gleichmäßige Schichtung der Al_2O_3-Partikel, die möglichst eine einheitliche Korngröße besitzen sollten. Der Hahn wird nun geöffnet, das Lösungsmittel ablaufen gelassen und wiederholt nachgefüllt bis keine Schrumpfung der Al_2O_3-Schicht mehr erfolgt. Das Al_2O_3 muß jedoch immer mit Lösungsmittel bedeckt sein und darf nicht trockenlaufen. Die Wahl des stationären Lösungsmittels richtet sich nach der Zusammensetzung des Substanzgemisches. Es liegt in der eluotropen Reihe vor dem Lösungsmittel, welches das unpolarste interessierende Steroid von der Al_2O_3-Säule eluiert (Tab. 121). Wird z. B. Digitoxigenin als erstes unpolares Aglykon mit Chloroform von der Säule eluiert, so wählt man als stationäres Lösungsmittel ein Gemisch von Benzol–Chloroform 1:1. Das Substanzgemisch wird, wenn möglich, in möglichst wenig stationären Lösungsmitteln gelöst, 10—20%ig, notfalls unter Zusatz des nächst polareren Lösungsmittels. Man läßt die Lösung in die Al_2O_3-Schicht einziehen und gibt etwas stationäres Lösungsmittel nach. Wird die Substanz nicht gelöst, so verwendet man ein polares Lösungsmittel, versetzt mit der 5—15fachen Menge Al_2O_3 und dampft im Vakuum oder in einem warmen Luftstrom zur Trockne. Das zerriebene trockene Pulver wird mit stationärem Lösungsmittel aufgeschlämmt und auf die Al_2O_3-Schicht aufgetragen. Alle Lösungsmittel sollen trocken und frisch destilliert zur Anwendung kommen. Sodann eluiert man mit weiteren Portionen des gleichen Lösungsmittels und dampft die einzelnen Fraktionen (2—3fache Menge des Auftragsvolumens) im Vakuum ein. Diese werden laufend gewogen. Sobald das Gewicht unter 5% der aufgegebenen Substanzmenge sinkt, beginnt man die Elution durch Zusatz des nächst stärkeren eluotropen Lösungsmittels, wobei man stufenweise vorgeht und die Konzentration des stärker polaren Lösungsmittels jeweils verdoppelt wird, z. B. Benzol–Chloroform 1:1, Chloroform, Chloroform–Methanol 99:1, 98:2, 96:4, 92:8, 84:16, 68:32, Methanol, Methanol–Wasser 99:1

Tabelle 121　*Eluotrope Reihe* (für Al_2O_3)

(unpolar)　Hexan (Petroläther) → Tetrachlorkohlenstoff → Benzol → Äther → Methylenchlorid → Chloroform → Essigester → Propanol → Methanol → Wasser → Pyridin　(polar) usw. Die nunmehr erhaltenen einzelnen Fraktionen werden papierchromatographisch untersucht. Die Wahl des Lösungsmittelsystems richtet sich nach der Polarität des Steroids, über die das Verhalten bei der Al_2O_3-Chromatographie bereits Auskunft gibt. Man sollte jedoch mehrere Systeme mit möglichst verschiedener Zusammensetzung zur Charakterisierung heranziehen. Nach beendeter Papierchromatographie und guter Trocknung des Papiers erfolgt die Sichtbarmachung durch verschiedene Farbreaktionen, wovon ebenfalls mehrere zur Anwendung kommen sollten [bei Cardenoliden z. B. Antimontrichlorid und 3,5-Dinitrobenzoesäure-(Kedde-)reagens].

2. Verteilungschromatographie

Schwer trennbare oder empfindliche Substanzen lassen sich auch durch Verteilungschromatographie gut auftrennen. Sie ist jedoch nicht so einfach wie die Adsorptionschromatographie durchzuführen und erfordert für die jeweilige Stoffgruppe ein bestimmtes Lösungsmittelsystem. Die Zusammensetzung des Systems, die Wahl des Trägers der stationären Phase und das Mengenverhältnis von Substanzgemisch zu Träger variieren in weiten Grenzen und müssen von Fall zu Fall empirisch neu ermittelt werden. Einige charakteristische Verteilungschromatographien sind in der Tab. 122 zusammengestellt.

Tabelle 122

Träger	Lösungsmittelsystem stationär — mobil	Stoffklasse	Lit.
Cellulose oder Kieselgur	Wasser/Essigester Wasser/Essigester–Butanol 9:1 Wasser/Essigester–Methanol 95:5	*Scilla*	[*18*]
Silicagel	Wasser/Essigester–Methanol bis 5% Wasser/Chloroform–Methanol bis 5%	*Scilla, Digitalis* *Strophanthus*	[*17*]
Cellulose	Pentanol/Wasser 1:1	*Digitalis*	[*26*]
Cellulose	Formamid/Xylol–Butanon 1:1	*Digitalis*	[*19*]
Cellulose	Wasser/Äther–Äthanon 5,3/12/4,5	*Scilla*	[*27*]
Silicagel	Wasser/Chloroform–Äthanol 4—12%	*Digitalis*	[*10*]

Die Aufschluß- und Anreicherungsoperationen für andere Steroide und verwandte Verbindungen werden in ähnlicher Weise vorgenommen, jedoch liegen weniger umfangreiche Erfahrungen wie in der Cardenolid- und Bufadienolidreihe vor. Folgende Arbeiten geben über die Isolierung und Papierchromatographie Auskunft: Saponine und Sapogenine [*28* bis *31*], Triterpencarbonsäuren [*32*], Aminosteroide und Steroidalkaloide [*33—39*].

III. Papierchromatographie

Alle im nachfolgenden Abschnitt beschriebenen Systeme sind zweiphasig und erfassen den gesamten polaren Bereich, der für pflanzliche Steroide in Frage kommt. Die Lösungsmittel werden im bestimmten Volumenverhältnis in einem Schütteltrichter zusammengegeben, geschüttelt und bis zur Trennung in zwei klare Phasen stehengelassen. Man achte darauf, daß die Temperatur der Gleichgewichtsphasen mit der Temperatur im Chromatographierzylinder (meist runde Form) oder Chromatographieraum möglichst übereinstimmt. Eine der beiden Phasen dient zur Imprägnierung des Papiers, welche möglichst gleichmäßig erfolgen soll, da hiervon die Größe des R_F-Wertes abhängt. Die gleichmäßigsten Imprägnierungen erhält man durch Eintauchen des angezeichneten Papierstreifens in eine Lösung der stationären Phase in Aceton. Doch sind nicht alle Lösungsmittelsysteme hierfür geeignet. Die Löslichkeit der Steroide soll in beiden Phasen möglichst groß sein, da nur so eine leicht eintretende Schwanzbildung vermieden wird. Werden keine langen Laufstrecken benötigt, so ist häufig die aufsteigende Chromatographie wegen ihres geringen technischen Aufwandes und guter Sättigungsbedingungen vorzuziehen. In diesem Falle wird die Startlinie auf dem Papier 4 cm vom Ende angebracht, bei einem absteigenden Chromatogramm 8—10 cm vom Knick für den Trogrand entfernt. Am besten haben sich Streifen von 8 oder 11 cm Breite bewährt, auf die 3—4 oder 4—5 Startpunkte aufgetragen werden können.

IV. Die Lösungsmittelsysteme

1. Unpolare Sterine

a) Äthylenglykol-mono-phenyläther–Heptan [40, 41]

Lösungsmittel. Der Glykoläther soll im Vakuum durch Destillation gereinigt sein, da bei der Farbreaktion mit $SbCl_3$ der Farbuntergrund des Papiers zu intensiv erscheint.

Imprägnierung. Papierstreifen,Wh Nr. 7, S & S 2043 b, werden bis auf einen schmalen oberen Rand mit dem Glykoläther getränkt, zwischen Filtrierpapier 3×3 min in einer Stockpresse abgepreßt, wobei das Papier 3 mal erneuert wird. Man vermeide langes Liegen an der Luft, damit die Imprägnierung keine Feuchtigkeit aufnimmt, anderenfalls werden leicht verwaschene Flecken erhalten. Die Imprägnierung gelingt auch durch Eintauchen in eine 10%ige Lösung des Glykoläthers in Äther (5 min), Abpressen zwischen Filtrierpapier und kurzes Trocknen in warmer, trockener Luft unter konstanten Bedingungen [42]. Das Substanzgemisch wird in Äther oder Chloroform gelöst, 20—50 mg/ml, und möglichst punktförmig aufgetragen. Tritt eine Zerstörung der Imprägnierung ein, was sich durch eine Aufhellung bemerkbar macht, so wird mit einem kleinen Tropfen der Imprägnierungslösung nachimprägniert.

Chromatographie absteigend, mit Heptan als mobile Phase, welches mit dem Glykoläther bei der Temperatur gesättigt wurde, bei der die Chromatographie erfolgt. Der Boden des Chromatographierzylinders wird mit einer Mischung Glykoläther–Heptan 1:1 bedeckt. Die Lösungsmittelfront läuft in 2—3 h etwa 45 cm. Das Chromatogramm wird 20 bis 30 min bei 90—100° getrocknet.

R_S-Werte (S = Cholesterin): Ergosterin 0,6; β-Sitosterin 1,0; Brassicasterin 1,0; α-Spinasterin 0,9; Stigmasterin 1,0.

b) Testbenzin-Methanol-Butylcellosolve-Wasser 100:80:40:5 [43]

Lösungsmittel. Als Testbenzin sind Benzinfraktionen von Siedebereichen innerhalb der Grenzen 120—180° brauchbar. Es wird ein Gleichgewichtsgemisch 100:80:40:5 verwendet.

Imprägnierung. Papierstreifen, S & S 2040b oder 2043b, werden bis auf einen schmalen oberen Rand mit der leichten Phase eingesprüht und zwischen Filtrierpapier kräftig abgepreßt. Das Substanzgemisch wird wie vorstehend aufgetragen.

Chromatographie aufsteigend, die schwere Phase ist mobil. Das System ist ebenfalls gegen Feuchtigkeit empfindlich und soll gut verschlossen aufbewahrt werden. Für 20 cm Laufstrecke werden etwa 6—8 h benötigt. Absteigende Chromatographie ist möglich. Unpolare Sterine ergeben kleine R_F-Werte (Ergosterin 0,35), steigende Polarität erhöht den R_F-Wert.

2. Glykoside und Aglykone (Cardenolide)

a) Xylol-Methyläthylketon 1:1-Formamid [44]

Lösungsmittel. Xylol–Methyläthylketon 1:1 wird unter Schütteln tropfenweise mit Formamid bis fast zur Sättigung versetzt. Die Lösung soll nicht getrübt sein und wird als mobile Phase auf den Boden des Chromatographierzylinders gegeben.

Imprägnierung. Papierstreifen, S & S 2043b, werden 15 min in eine 25%ige Lösung von Formamid in Aceton eingetaucht, zwischen Filtrierpapier abgepreßt und 15 min an der Luft getrocknet. Das Substanzgemisch wird in Chloroform, wenn nötig unter Zusatz von etwas Methanol, gelöst (20—50 mg/ml) und während der Trocknungszeit aufgetragen. Man imprägniert mit einem kleinen Tropfen der Imprägnierungslösung nach.

Chromatographie aufsteigend. Das Lösungsmittelsystem läuft sehr rasch, 25 cm in 2—3 h, und trennt mäßig polare Glykoside und Aglykone ausgezeichnet(!), zu hohe Belastungen sind jedoch zu vermeiden. Polare Steroide ergeben kleine, schwach polare große R_F-Werte. Das Chromatogramm wird 20 min bei 100° getrocknet. Einige R_F-Werte sind in der Tab. 123 zusammengestellt.

b) Chloroform-Tetrahydrofuran-Formamid 50:50:6,5 [44]

Lösungsmittel. Je 50 ml Chloroform und Tetrahydrofuran werden vereinigt und mit 6,5 ml Formamid teilgesättigt! Das Gemisch wird als mobile Phase auf den Boden des Chromatographierzylinders gegeben.

Imprägnierung. Imprägnierung und Auftragen der Substanz erfolgen wie im vorstehenden Gemisch [44] beschrieben.

Chromatographie aufsteigend. Das Lösungsmittelsystem läuft sehr rasch 25 cm in 2 h und trennt stark polare Glykoside ausgezeichnet, die in dem vorstehenden System zu kurz laufen. Das Chromatogramm wird 20 min bei 100° getrocknet. Einige R_F-Werte sind in der Tab. 123 zusammengestellt.

c) n-Octanol-iso-Pentanol-Wasser-Formamid 6:2:1:4 [45]

Imprägnierung. Papierstreifen, S & S 2043a oder b, werden bis auf einen schmalen oberen Rand mit der leichten Phase eingesprüht und zwischen Filtrierpapier kräftig abgepreßt. Die Substanz wird in Chloroform, wenn nötig unter Zusatz von etwas Methanol, gelöst (20—50 mg/ml) und aufgetragen. Eine Aufhellung zeigt an, daß die Imprägnierung am Startpunkt zerstört ist. Man imprägniert dann mit einem kleinen Tropfen der leichten Phase nach.

Chromatographie absteigend. Der Boden des Chromatographierzylinders wird mit etwas Gleichgewichtsgemisch bedeckt. Das Gemisch läuft langsam, 12—24 h bei 25—35 cm, trennt jedoch gut und zeigt auch bei höchster Belastung kreisrunde Flecken. Es ist besonders zur quantitativen Bestimmung von Cardenoliden [45] geeignet. Polare Steroide ergeben große, schwach polare kleine R_F-Werte, welche in der Tab. 123 zusammengestellt sind.

Das Chromatogramm wird 30—60 min lang bei 100° C getrocknet.

d) n-Octanol-iso-Pentanol-Wasser-Formamid 6:2:8:2 [45]

Die Darstellung des Lösungsmittels, der Imprägnierung und die Durchführung der Chromatographie erfolgen wie beim System c beschrieben. Es zeigt sehr ähnliche Eigenschaften und ist besonders für polare Primärglykoside und stark polare Aglykone geeignet. Es kann sehr gut zur quantitativen Bestimmung von Cardenoliden herangezogen werden. Die R_F-Werte sind in der Tab. 123 zusammengestellt.

e) iso-Octanol-Hexylcellosolve-Wasser-Formamid 5:5:6:6 [46]

Imprägnierung. Papierstreifen, S & S 2043b, werden 10 min in eine Lösung der leichten Phase in Aceton (2:3) eingetaucht, zwischen Filtrierpapier kräftig abgepreßt und 15 min an der Luft getrocknet. Die Imprägnierung kann auch durch Einsprühen mit einer 25%igen Lösung der leichten Phase in Aceton erfolgen. Das Auftragen der Substanz erfolgt wie beim System c beschrieben. Für die Nachimprägnierung der Startpunkte verwende man die Imprägnierungslösung.

Chromatographie aufsteigend oder absteigend. Laufeigenschaften und Belastbarkeit entsprechen dem vorstehenden System c. Die R_F-Werte sind in der Tab. 123 zusammengestellt.

f) iso-Octanol-Hexylcellusolve-Wasser-Formamid 1:6:7:4 [46]

Die Darstellung des Lösungsmittels, der Imprägnierung und die Durchführung der Chromatographie erfolgen wie beim System e beschrieben. Laufeigenschaften und Belastbarkeit entsprechen dem System d.
Die R_F-Werte sind in der Tab. 123 zusammengestellt.

g) iso-Pentanol-Wasser 1:1 [45]

Imprägnierung. Papierstreifen, S & S 2043a oder b, werden bis auf einen schmalen oberen Rand mit der leichten Phase eingesprüht und zwischen Filtrierpapier kräftig abgepreßt. Die Substanz wird in Chloroform–Methanol gelöst (20—50 mg/ml). Man imprägniert mit einem kleinen Tropfen der leichten Phase in Aceton 2:3 nach.

Chromatographie absteigend. Der Boden des Chromatographier-zylinders wird mit etwas Gleichgewichtsgemisch bedeckt. Das System läuft langsam 25—30 cm in 12 h, trennt jedoch ausgezeichnet stark polare Glykoside, welche große R_F-Werte ergeben. Schwach polare Substanzen laufen kurz. (Digifolein 0,70; Strospesid 0,31; Bovosid A 0,27; Gluco-bovosid A 0,42; Bovosid B 0,67.) Das Chromatogramm wird 20 min bei 100° getrocknet.

Tabelle 123

Lösungsmittel	a	b	c	e	d	f
Digitalinum verum . .	—	0,16	F	F	0,95	0,95
Digifolein	0,11	—	F	F	0,88	0,85
Gitorin	—	—	F	F	0,78	0,79
Strospesid.	0,05	—	0,95	0,92	0,75	0,77
Lanatosid C	—	0,33	F	F	0,86	0,71
Purpureaglykosid B .	—	0,19	F	F	0,73	0,58
Purpureaglykosid A .	—	0,50	—	0,80	0,39	0,32
Lanatosid B	—	0,47	F	0,89	0,66	0,45
Diginin	0,38	—	—	0,78	0,48	0,59
Lanatosid A	—	0,85	F	0,66	0,28	0,24
Digoxin	0,16	—	0,72	0,60	0,29	0,42
Digoxigenin	0,32	—	—	0,69	—	0,61
Gitoxin	0,29	—	0,55	0,40	0,18	0,19
Gitoxigenin	0,42	—	0,52	0,48	0,17	0,40
Digipurpurin	0,25	—	0,46	0,33	—	0,21
Digipurpurogenin . .	—	—	—	0,41	—	0,39
Digitoxin	0,69	—	0,27	0,18	—	—
Digitoxigenin	0,81	—	—	0,22	—	—
Acetyldigoxin-α . . .	0,39	—	—	0,42	—	—
Acetyldigoxin-β . . .	0,45			0,50		
Acetylgitoxin-α . . .	0,59		0,41			
Acetylgitoxin-β . . .	0,64					
Acetyldigitoxin-α + β	0,90—0,95		0,21	0,13		
Oleandrin	0,93					
Oleandrigenin	0,72					
Nervifolin.	0,55					
Cymarin	0,55					
Allocymarin	0,48					
Strophanthidin . . .	0,40	—	—	0,94		0,68
Allostrophanthidin . .	0,32					
Isostrophanthidin . .	0,76					
Strophanthidol . . .	0,26	—	—	0,94		0,94
Cymarol	0,36					
Emicymarin.	0,11					
Alloemicymarin . . .	0,07					

F = in der Lösungsmittelfront. Die Lösungsmittel a—f sind auf Seite 386—388 in ihrer Zusammensetzung angegeben.

h) Wasser-Butanol-Toluol 2:1:1 [47]

Imprägnierung. Papierstreifen, Whatman Nr. 1, werden durch die schwere Phase gezogen und 10 min in der Längsrichtung abtropfen gelassen (Startlinie unten). Man preßt zwischen Filtrierpapier ab und trägt die Substanz in Äthanol gelöst auf (20 mg/ml). Da die Lösungs-mittelfront schlecht zu erkennen ist, läßt man einen lipoiden Farbstoff, z. B. 1-Amino-2-methyl-anthrachinon, mitlaufen.

Chromatographie. Der Papierstreifen wird in den leeren Trog des Chromatographierzylinders eingehängt, der durch viel Gleichgewichtsgemisch mit möglichst großer Oberfläche (Filtrierpapier) gut gesättigt sein soll. Nach 2—3 h wird der Trog mit der mobilen leichten Phase gefüllt und absteigend chromatographiert. Laufzeit 8—20 h. Das Chromatogramm wird 10 min bei 100° getrocknet. Das Lösungsmittelsystem ist gut brauchbar zur Trennung von Convallatoxin, Digitalinum-verum-monoacetat, Gofrosid, Frugosid, Nigrescigenin, Odorobiosid-G-monoacetat, Sargenosid-diacetat. Die R_F-Werte sind nur mäßig reproduzierbar und von der Imprägnierung des Papieres abhängig. Wird Butanol–Toluol durch Butanol ersetzt, so erhält man ein Lösungsmittelsystem zur Trennung von Acolongiflorosid K, Ouabain, Sarmentosid A, k-Strophanthin-β, k-Strophanthosid, Uzarin, Convallatoxin, Digitalinum-verum-monoacetat, Nigrescigenin, Odorotriosid-G-monoacetat, Sargenosid-diacetat, Thevebiosid und Thevetin. Das System dient zur Trennung von stark polaren Glykosiden. Es ist mit dem *"reversed phased system"* Pentanol–Wasser vergleichbar.

3. Glykoside und Aglykone (Bufadienolide)

Grundsätzlich eignen sich für die Papierchromatographie alle unter Abschnitt 2 beschriebenen Lösungsmittelsysteme [27, 48]. Daneben erwiesen sich Varianten vom Zaffaroni-Typ, wie z. B. Formamid/Benzol-Chloroform 6:4 [49] oder das System Wasser/Toluol–Butanol 8:2, als gut brauchbar [50].

Der Cumalinring der Bufadienolide läßt sich auf Grund seiner UV-Absorption bei 300 mμ mit einer kurzwelligen UV-Lampe gut nachweisen (z. B. Analysenlampe der Quarzlampengesellschaft Hanau für 254 mμ). Die Flecken sind durch die Löschung der Eigenfluorescenz des Chromatographierpapiers gut sichtbar.

V. Nachweis der Steroide durch Farbreaktionen

Die meisten Farbreaktionen mit Reagentien in nicht wäßrigen Lösungen erfordern ein gut getrocknetes Chromatogramm, da sonst keine intensiven Fluorescenzfarben unter einer UV-Analysenlampe (λ_{max} etwa 360 mμ) erscheinen.

a) Phosphorsäure

Eine 20%ige Lösung in Äthanol wird aufgesprüht und das Chromatogramm einige Minuten auf 100° erhitzt. Unter der UV-Lampe beobachtet man lebhafte Fluorescenzfarben, besonders bei hydroxylreichen Glykosiden und Aglykonen [51—53].

b) Trichloressigsäure

2 Vol. 25%ige Lösung in Äthanol + 8 Vol. 3%ige Lösung von Chloramin in Wasser werden aufgesprüht und das Chromatogramm 5 min auf 120° erhitzt. Man erhält im UV-Licht Fluorescenzfarben. Das Reagens ist geeignet für Glykoside, Aglykone und Sapogenine [54, 55].

c) Antimontrichlorid

20%ige Lösung in Chloroform aufsprühen und 3—6 min auf 100° erhitzen. Dieses Reagens ist sehr universell zu verwenden. Es lassen sich unpolare Sterine, Glykoside und Aglykone anfärben. Man erhält im Tageslicht gefärbte Flecken von lebhafter Fluorescenz unter der UV-Lampe.

d) 3,5-Dinitrobenzoesäure

Gleiche Vol. 2%ige Lösung in Methanol und 2 n-KOH werden gemischt und aufgesprüht. Cardenolide erscheinen als blauviolette Flecken [45].

e) DRAGENDORFFs Reagens

8 g basisches Wismutnitrat werden in 40 g Salpetersäure (d 1,18) gelöst und zu einer konz. wäßrigen Lösung von KJ gegeben. Anschließend wird auf 200 ml aufgefüllt. Das Chromatogramm wird mit dem Reagens eingesprüht und 10 min in fließendem Wasser gewässert. Man erhält bei Aminosteroiden dunkelbraune Flecken auf gelbem Grund [34].

f) Zinntetrachlorid

In Tetrachlorkohlenstoff–Eisessig 1:1, 10 ml in 160 ml Gemisch. Das Chromatogramm wird eingesprüht und 3 min auf 100° erhitzt. Man erhält bei Glykosiden, Aglykonen und Saponinen farbige Flecken, die im UV-Licht Fluorescenzen zeigen [32, 56].

Neben diesen Reagentien stehen noch weitere zur Verfügung [57].

Literatur

[1] CH. TAMM: Fortschr. Chemie org. Naturstoffe 13, 137—231 (1956). — [2] CH. TAMM: Fortschr. Chemie org. Naturstoffe 14, 71—140 (1957). — [3] R. NEHER: Chromatographie von Sterinen, Steroiden und verwandte Verbindungen. Amsterdam-London-New York-Princeton 1958. — [4] R. REICHERT: Helv. chim. Acta 28, 484 (1945). — [5] H. P. KLEIN: Biochim. biophys. Acta 13, 59 (1954). — [6] H. LETTRE – H. H. INHOFFEN – R. TSCHESCHE: Über Sterine, Gallensäuren und verwandte Verbindungen Bd. 1, S. 104—131. Stuttgart 1954. — [7] A. STOLL – J. RENZ: Enzymologia 7, 362 (1939); vgl. H. HELFENBERGER – T. REICHSTEIN: Helv. chim. Acta 31, 1470, 2097 (1949). — [8] E. ANGLIKER – F. BARFUSS – W. KUSS-MAUL – J. RENZ: Liebigs Ann. Chem. 607, 131 (1957). — [9] G. GRIMMER – H. MACHLEIDT – F. SCHWANITZ – R. TSCHESCHE: Z. Naturforsch. 13b, 672 (1958). — [10] E. HAAK – M. GUBE – F. KAISER – H. SPINGLER: Chem. Ber. 91, 1758 (1958). — [11] A. STOLL – W. KREIS: Helv. chim. Acta 16, 1049 (1933). [12] A. STOLL – W. KREIS: Helv. chim. Acta 18, 120 (1935). — [13] A. STOLL – J. RENZ – W. KREIS: Helv. chim. Acta 20, 1484 (1937). — [14] A. STOLL – E. SUTER – W. KREIS – B. BUSSE-MAKER – A. HOFMANN: Helv. chim. Acta 16, 703 (1933). — [15] H. HEGEDÜS – CH. TAMM – T. REICHSTEIN: Helv. chim. Acta 36, 357 (1953). — [16] H. LICHTI – CH. TAMM – T. REICHSTEIN: Helv. chim. Acta 39, 1933 (1956). — [17] A. STOLL – E. ANGLIKER – F. BARFUSS – W. KUSSMAUL – J. RENZ: Helv. chim. Acta 34, 1460 (1951). — [18] A. STOLL – W. KREIS: Helv. chim. Acta 34, 1431 (1951). — [19] E. HAAK – F. KAISER – H. SPINGLER: Chem. Ber. 89, 1353 (1956). — [20] A. KATZ: Helv. chim. Acta 33, 1420 (1950). — [21] A. AEBI – T. REICHSTEIN: Helv. chim. Acta 33, 1013 (1950). — [22] A. HUNGER: Helv. chim. Acta 34, 898 (1951). — [23] H. HUBER – F. BLINDENBACHER – K. MOHR – P. SPEISER – T. REICHSTEIN: Helv. chim. Acta 34, 46 (1951). — [24] O. SCHINDLER – T. REICHSTEIN: Helv. chim. Acta 34, 18 (1951). — [25] J. v. EUW – H. HESS – P. SPEISER – T. REICHSTEIN: Helv. chim. Acta 34, 1821 (1951). — [26] R. TSCHESCHE – G. LIPP – G. GRIMMER: Liebigs Ann. Chem.

606, 160 (1957). — [27] R. TSCHESCHE–U. DÖLBERG: Chem. Ber. 90, 2378 (1957). — [28] T. TSUKAMOTO–T. KAWASAKI–A. NARAKI–T. YAMAUCHI: J. Pharm. Soc. (Japan) 74, 1097 (1954). — [29] N. L. DUTTA: Nature (Lond.) 175, 85 (1955). — [30] E. HEFTMANN–A. HAYDEN: J. biol. Chem. 197, 47 (1952). — [31] W. McALEER–M. KOZLOWSKI: Arch. Biochem. 66, 120 (1957). — [32] R. TSCHESCHE–G. POPPEL: Chem. Ber. 92 (1959) (im Druck); vgl. R. TSCHESCHE–D. FORSTMANN: Chem. Ber. 90, 2383 (1957). — [33] G. SVOBODA–L. PARKS: J. Amer. pharmac. Ass. Sci. Ed. 43, 584 (1954). — [34] R. TSCHESCHE–R. PETERSEN: Chem. Ber. 87, 1719 (1954); vgl. R. TSCHESCHE–K. WIENSZ: Chem. Ber. 91, 1504 (1958). — [35] H. ROSTOCK–E. SEEBECK: Helv. chim. Acta 41, 11 (1958). — [36] Z. PROCHAŹKA–L. LÁBLER–Z. KOTÁSEK: Collection Czechoslov. Chem. Communs. 19, 1258 (1954). — [37] R. KUHN–I. LÖW: Angew. Chem. 66, 639 (1954). — [38] H. AUTERHOFF: Arch. Pharmac. 287, 380 (1954). — [39] H. A. NASH–R. M. BROOKER: J. Amer. chem. Soc. 75, 1942 (1953). — [40] R. NEHER–A. WETTSTEIN: Helv. chim. Acta 35, 276 (1952). — [41] CH. RIDDEL–R. P. COOK: Biochem. J. 61, 657 (1955). — [42] F. J. LOOMEIJER–G. M. LUINGE: J. Chromatogr. 1, 179 (1958). — [43] R. TSCHESCHE–H. MACHLEIDT: Unveröffentlicht. — [44] F. KAISER: Chem. Ber. 88, 556 (1955). — [45] R. TSCHESCHE–G. GRIMMER–F. SEEHOFER: Chem. Ber. 86, 1235 (1953). — [46] G. GRIMMER–H. MACHLEIDT–F. SCHWANITZ–R. TSCHESCHE: Z. Naturforsch. 13 b, 672 (1958). — [47] E. SCHENKER–A. HUNGER–T. REICHSTEIN: Helv. chim. Acta 37, 680 (1954). — [48] R. TSCHESCHE–U. DÖLBERG: Chem. Ber. 91, 2512 (1958). — [49] J. P. RUCKSTUHL–K. MEYER: Helv. chim. Acta 40, 1270 (1957). — [50] A. KATZ: Helv. chim. Acta 36, 1344 (1953). — [51] FR. JAMINET: J. pharm. Belg. 7, 169 (1952). — [52] D. G. EDGAR: Biochem. J. 54, 50 (1953). — [53] J. BEY-REDER–H. RETTENBACHER-DÄUBNER: Mh. Chem. 84, 99 (1953). — [54] K. B. JENSEN: Acta pharmacol. toxicol. 9, 99 (1953). — [55] E. HEFTMANN–A. L. HAYDEN: J. biol. Chem. 197, 47 (1952). — [56] S. A. SIMPSON–J. F. TAIT–A. WETTSTEIN–R. NEHER–J. v. EUW–O. SCHINDLER–T. REICHSTEIN: Helv. chim. Acta 37, 1163 (1954). — [57] R. NEHER: J. Chromatogr. 1, 205 (1958).

Fachausdrücke der Papierchromatographie

Von

H. F. LINSKENS

Vorbemerkung: Bei den Benutzern der papierchromatographischen Methoden haben sich eine Reihe Termen eingebürgert, deren Synonyme nicht allgemein verbreitet sind. In Anlehnung an eine Aufstellung von OPIENSKA-BLAUTH–WAKS-MUNDSKI–KANSKI wird nachstehend eine Liste der papierchromatographischen Termini technici gegeben, an der die Bearbeiter dieses Buches zusammengearbeitet haben. Für die deutsche Sprache geben wir den gesperrt gedruckten Begriffen den Vorzug, während wir die (in Klammern gesetzten) Worte wegen der leichten Verwechslungsmöglichkeit oder Unklarheit vermieden sehen möchten.

Englisch	Französisch	Deutsch
paper chromatography	chromatographie sur papier	Papierchromatographie
paper chromatogram	chromatogramme sur papier	Chromatogramm, Papier-chromatogramm, Papyrogramm, (Chromogramm)
chromatographic chamber tank, vessel	cuve chromatographique	Chromatographie-Gefäß, Kammer, Kasten, chromatogr. Behälter, (Steiggefäß)
trough	nacelle	Trog, Wanne, (Schiffchen), (Cuvette), (Fließmittelbehälter), (Lösungsmitteltrog)

Englisch	Französisch	Deutsch
solvent-mixture	solvant développant, solution éluante	Laufmittel, Lösungsmittel, Trennmittel, Fließmittel, (Steigflüssigkeit), (Trogflüssigkeit), (Verteilungsgemisch), (Entwickler)
sheet	feuilles de papier	Papier-Bogen
strips, paperstrips	rubans de papier, bandes de papier	Papier-Streifen
saturation	présaturation	Sättigung
saturate	saturer de la vapeur,	Äquilibrieren, Einstellen des Sättigungsgleichgewichtes, (Akklimatisieren)
start point	dépôt, départ, point d'application	Startpunkt, Start, Startfleck, (Auftropfpunkt)
spot of standard	test pilote, référence	Vergleichssubstanz, Standardlösung
spot	tache	Fleck
sample, mixture	échantillon, mélange	Analysenlösung, Stoffgemisch, Probe, Extrakt, (Probelösung), (Versuchsgemisch)
separation, development	séparation chromatographique développement	Trennung, (Entwicklung)
solvent front	front liquide	Front, Lösungsmittelfront, Laufmittelfront, Fließmittelfront, Trennmittelfront, (Gesamtsteighöhe)
migration speed, travelling speed	vitesse de migration	Laufgeschwindigkeit, Wanderungsgeschwindigkeit, (Steiggeschwindigkeit), (Durchlaufzeit)
drying	séchage	Trocknung
demixing	demixion	Entmischung
length of run	durée du développement	Laufstrecke, (Trennstrecke)
tail, tailing	queue, trainée	Schwanz, Schwanzbildung, (Schweif)
streak, streaking	comète	Strich, Streifenbildung
spray	vaporisation, pulvérisation	sprühen, besprühen
atomizer	vaporisateur, pulvérisateur	Sprüher
application of sample, spott, apply, locate, place	déposer	Auftragen, aufbringen, auftropfen
dipping technic	bain colorant de trempage	Eintauchen, baden, Bade-Technik
dye-bath	bain colorant	Färbe-Bad
rinse	rincer	Spülung, Auswaschen
color-reagent	réactif colorant	Nachweis-Reagens, Farb-Reagens, (Entwickler)
quantitative estamation	détermination	quantitative Bestimmung
band	bande, zone	Zone, Substanzzone
eluate	éluate	Eluat
eluent	éluant	Eluent
elution	lavage-élution	Herauslösen, eluieren, (Auswaschen)
detection, identification	localisation dans le papier, identification	Nachweis, Identifizierung, Anfärben, (Kenntlichmachung), (Entwicklung)

Sachverzeichnis